注册土木工程师(水利水电工程)资格考试指定辅导教材

水利水电工程专业案例

(工程规划、工程移民篇)

(2009年版)

全国勘察设计注册工程师水利水电工程专业管理委员会
中国水利水电勘测设计协会 编

黄河水利出版社

图书在版编目(CIP)数据

水利水电工程专业案例:2009年版.工程规划与工程移民篇/全国勘察设计注册工程师水利水电工程专业管理委员会,中国水利水电勘测设计协会编.—郑州:黄河水利出版社,2009.4 (2022.9 重印)

注册土木工程师(水利水电工程)资格考试指定辅导教材

ISBN 978-7-80734-589-3

Ⅰ.水… Ⅱ.①全… ②中… Ⅲ.①水利工程-工程技术人员-资格考核-自学参考资料②水力发电工程-工程技术人员-资格考核-自学参考资料 Ⅳ.TV

中国版本图书馆CIP数据核字(2009)第047291号

出 版 社:黄河水利出版社

地址:河南省郑州市顺河路黄委会综合楼14层　　邮政编码:450003

发行单位:黄河水利出版社

发行部电话:0371-66026940、66020550、66028024、66022620(传真)

E-mail:hhslcbs@126.com

承印单位:河南承创印务有限公司

开本:787 mm×1 092 mm　1/16

印张:37.5

字数:860千字

版次:2007年4月第1版　　印次:2022年9月第4次印刷

2009年4月第2版

定价:95.00元

注册土木工程师(水利水电工程)资格考试
指定辅导教材编委会

前　言

为加强对水利水电工程勘察、设计人员的管理，保证工程质量，国家对从事水利水电工程勘察、设计活动的专业技术人员实行职业准入制度，注册土木工程师(水利水电工程)执业制度于2005年9月起正式实施。今后，在水利水电工程勘察、设计活动中形成的勘察、设计文件，必须由注册土木工程师(水利水电工程)签字并加盖执业印章后方可生效。专业技术人员经考试合格并注册后方可以注册土木工程师(水利水电工程)名义执业。根据执业岗位需要，注册土木工程师(水利水电工程)执业岗位划分为水利水电工程规划、水工结构、水利水电工程地质、水利水电工程移民、水利水电工程水土保持5个执业类别。

注册土木工程师(水利水电工程)资格考试分为基础考试和专业考试，基础考试合格后方可报名参加专业考试。基础考试分为两个半天，分别进行公共基础、专业基础考试；专业考试分为两天，分别进行专业知识、专业案例考试。基础考试不分执业类别，专业考试分执业类别。

为更好地帮助考生复习，全国注册土木工程师(水利水电工程)专业管理委员会和中国水利水电勘测设计协会成立了由行业资深专家、教授组成的考试复习教材编审委员会，于2007年5月组织编写并出版了参加资格考试的专用复习教材。针对2007年、2008年考试情况，全国勘察设计注册工程师水利水电工程专业管理委员会组织专家对考试大纲进行了修订，并经全国勘察设计注册工程师管理委员会审定，于2009年3月公布，考试复习教材编审委员会也组织专家对原复习教材进行了修编。

《水利水电工程专业基础知识》属于注册土木工程师(水利水电工程)必须要掌握的基本内容，此次没有修编，其余教材均进行了增加或删除，结构也进行了调整，将原来的专业案例(工程规划、水土保持与工程移民篇)分为两册，使水土保持的内容更丰富，同时让考生复习更具针对性。修编后的复习教材分《水利水电工程专业基础知识》、《水利水电工程专业知识》(2009年版)、《水利水电工程专业案例(水工结构与工程地质篇)》(2009年版)、《水利水电工程专业案例(工程规划与工程移民篇)》(2009年版)和《水利水电工程专业案例(水土保持篇)》(2009年版)五册,《水利水电工程专业基础知识》供参加基础考试的考生复习参考,其他四册供参加专业考试的考生复习参考。本套复习教材及《注册土木工程师(水利水电工程)资格考试大纲》(2009年版)由黄河水利出版社出版发行。《注册土木工程师(水利水电工程)执业资格专业考试必备技术标准汇编》及其增补本由中国水利水电出版社出版发行。

本复习教材以《注册土木工程师(水利水电工程)资格考试大纲》(2009年版)为依据,以注册工程师应掌握的专业知识、勘察设计技术标准为重点,紧密联系工程实践,不仅能帮助考生系统掌握专业知识和正确运用设计规范、标准处理工程实际问题,而且可作为水利水电专业技术人员从事勘察、设计、咨询、建设项目管理、专业技术管理的辅导读本和高等院校师生教学、学习的参考用书。

参加本教材编写的专家以其强烈的责任感、深厚的理论功底、丰富的工程实践经验以及对技术标准的准确理解,对教材字斟句酌,精心编撰,付出了辛勤劳动。我们对各位作者表示深切的谢意,对编者所在单位给予的关心和支持表示衷心的感谢,对黄河水利出版社展现的专业精神表示敬意。

全国勘察设计注册工程师水利水电工程专业管理委员会

中国水利水电勘测设计协会

2009年3月

目　录

工程规划篇

工程移民篇

工程规划篇

第一章　水　文

第一节　基本资料

一、水文气象要素的观测内容及整编方法

（一）水文气象要素的观测内容

气象要素观测主要包括降水、蒸发、气温、湿度、风向、风速、日照时数、地温、雾、雷电、霜期、冰期、积雪深度、冻土深度等。

水文要素观测主要包括：水位、潮位、流量；悬移质含沙量、输沙率、颗粒级配、矿物组成；推移质输沙量、颗粒级配；床沙组成、级配；水温，冰情及洪、枯水调查考证等。

1. 降水观测

降水可采用人工观测或自记方式。当同时有自记记录和人工观测记录时，应使用自记记录。自记记录有问题的部分，可用人工观测代替。自记记录无法整理时，可全部使用人工观测记录，同时期的降水量摘录表与逐日降水量表所依据的记录必须完全一致。

2. 水位观测

水位基本定时观测时间为北京标准时间8时，在西部地区，冬季8时观测有困难或枯水期8时水位代表性不好的，经实测资料分析，可改在其他代表性较好的时间定时观测。水位观测测次应能测到完整的水位变化过程，满足日平均水位计算、各项特性值统计、水文资料整编和水情拍报的要求。在峰顶、峰谷、水位过程转折处应有测次；水位涨落急剧时，应加密测次。水位应读记至1cm。

3. 流量观测

流量观测一般采用流速仪，流速仪法的测量成果可作为率定或校核其他测流方法的标准。

当具备下列条件时，宜采用流速仪法测流：断面内大多数测点的流速不超过流速仪的测速范围；垂线水深不小于流速仪用一点法测速的必要水深；在一次测流的起讫时间内，水位涨落差不大于平均水深的10%，水深较小而涨落急剧的河流不大于平均水深的20%；流经测流断面的漂浮物不致频繁影响流速仪正常运转。

4. 泥沙观测

国家基本泥沙站分为三类：一类站为对主要产沙区、重大工程设计及管理运用、河道治理或河床演变研究等起重要控制作用的站；二类站为一般控制站和重点区域代表站；三类站为一般区域代表站和小河站。

一类站应施测悬移质输沙率、含沙量及悬移质和床沙的颗粒级配，并进行长系列的全年观测；二类站应施测悬移质输沙率和含沙量，大部分二类站应测悬移质颗粒级配；三类

站应施测悬移质输沙率和含沙量，部分三类站应测悬移质颗粒级配，测验精度可低于一、二类站。

（二）水文资料整编的内容与方法

1. 降水资料整编

降水资料整编包括：

（1）对观测记录进行审核，检查观测、记录、缺测等情况；

（2）数据整理；

（3）整编逐日降水量表、降水量摘录表；

（4）单站合理性检查；

（5）编制降水量资料整编说明表。

2. 水位、潮位资料整编

水位资料整编包括：

（1）考证水尺零点高程；

（2）绘制逐时或逐日平均水位过程线；

（3）数据整理；

（4）整编逐日平均水位表，水位站可整编洪水水位摘录表；

（5）单站合理性检查；

（6）编制水位资料整编说明表。

潮位资料整编包括：

（1）考证水尺零点高程；

（2）数据整理；

（3）整编逐日高低潮位表（或逐时潮位表）和潮位月、年统计表（或逐日最高、最低潮位表）；

（4）单站合理性检查；

（5）编制潮位资料整编说明表。

3. 流量资料整编

河道流量资料整编包括：

（1）编制实测流量成果表和实测大断面成果表；

（2）绘制水位流量、水位面积、水位流速关系曲线；

（3）水位流量关系曲线分析和检验；

（4）数据整理；

（5）整编逐日平均流量表及洪水水文要素摘录表；

（6）绘制逐时或逐日平均流量过程线；

（7）单站合理性检查；

（8）编制河道流量资料整编说明表。

水工建筑物流量资料整编包括：

（1）编制堰闸流量率定成果表或水电（抽水）站流量率定成果表；

（2）绘制水力因素与流量系数相关曲线或关系方程式（经验公式）并作关系线的检

验；

(3)数据整理；

(4)整编逐日平均流量表、堰闸洪水(或水库)水文要素摘录表；

(5)绘制瞬时流量或逐日平均流量过程线；

(6)单站合理性检查；

(7)编制水工建筑物流量资料整编说明表。

4. 泥沙资料整编

悬移质输沙率资料整编包括：

(1)编制实测悬移质输沙率成果表；

(2)绘制单样含沙量(简称单沙)与断面平均含沙量(简称断沙)关系曲线或比例系数过程线或流量与输沙率关系曲线；

(3)关系曲线的分析与检验；

(4)数据整理；

(5)整编逐日平均悬移质输沙率、逐日平均含沙量表和洪水要素摘录表；

(6)绘制瞬时或逐日单沙(或断沙)过程线；

(7)单站合理性检查；

(8)编制悬移质输沙率资料整编说明表。

泥沙颗粒级配资料整编包括：

(1)编制实测悬移质颗粒级配成果表及实测悬移质单样颗粒级配成果表或悬移质断面平均颗粒级配成果表；

(2)绘制单断面颗粒级配曲线并进行检验；

(3)数据整理；

(4)整编月、年平均悬移质颗料级配成果表；

(5)绘制日、月、年平均悬移质颗粒级配曲线；

(6)单站合理性检查；

(7)编制泥沙颗粒级配资料整编说明表。

二、基本资料的复核及可靠性、一致性、代表性评价

(一)基本资料的复核

流域特征和水文测验、整编、调查资料是水文计算的依据，应进行检查。对计算设计洪水所依据的暴雨洪水资料和流域特征资料，应进行重点复核，必要时要进行现场调查和比测试验。对有明显错误或存在系统偏差的资料，应予改正，必要时需到现场调查，以取得改正依据。

1. 降水、蒸发资料

降水、蒸发中的不合理资料或特异值，一般与观测场地、仪器类型、观测时段等有关，可从这些方面检查。降水量的单站合理性检查需符合下列规律：

(1)各时段最大降水量应随时间加长而增大，长时段降水强度一般应小于短时段的降水强度。

(2)降水量摘录表或各时段最大降水量表与逐日降水量对照:检查相应的日降水量及符号,24h 最大降水量应大于或等于一日最大降水量;各时段最大降水量应大于或等于摘录表中相应的时段降水量。

特大暴雨发生时,由于降雨强度很大,往往给观测工作及资料的保存和传递带来很多困难,所以应对特大暴雨资料做仔细认真的审查。

2. 水位资料

水位、潮位资料,应查明高程系统、水尺零点、水尺位置的变动情况,并重点复核观测精度较差、断面冲淤变化较大和受人类活动影响显著的资料。可采用上下游水位相关、水位过程对照以及本站水位过程的连续性分析等方法进行复核,必要时应进行现场调查。

水位资料合理性检查可通过以下途径进行:

(1)绘制基本水尺断面平均河底高程变化过程线,检查水尺高程变动情况。在河床比较稳定的测站,相同水位的平均河底高程相同,利用这一点,可检查水尺高程系统的变动情况。

(2)绘制本站累积水位保证率曲线,检查水尺高程变动情况。在河床比较稳定,且河流水情未受水库等调节影响时,对水尺高程可能发生变动的前后两个时期分别绘制累积水位保证率曲线。由于枯水期的水位变动较小,查出两条保证率曲线 75% 的水位进行比较,若两者差别小,则认为高程系统相同,否则,水尺高程系统不一样。

(3)绘制本站的水位过程线,并对该曲线进行检查。检查水位过程线是否连续、前后是否脱节、形状是否符合一般的变化规律、年际之间的水位是否相互衔接。

(4)对与相邻站的水位点绘相关关系图进行检查。从图上检查不同时期的相关点据是否呈不规律的分布,或是不同时期的相关点分布自成体系,以发现问题。

(5)绘制上下游站的水位过程线进行对照。当上下游各站水位之间具有相似的关系时,将上下游站的水位过程线纵排在一起,比较同时段各站水位变化趋势,检查本站与上下游站的水位过程线是否对应和协调。

当检查出水位资料有明显矛盾或突出疑点时,可通过调查或核对原始记录及有关计算底稿进行复核。水位资料复核,可采用以下方法进行:

(1)核实水准基面的正确性。测站常用的基面有冻结基面(或测站基面)与绝对基面(或假定基面)等。绝对基面,我国沿用的有大连、大沽、黄海、废黄河口、坎门、吴淞、珠江等基面。同一高程系统,各流域(或地区)称谓不一,如吴淞基面因采用测量平差前后不同高程,有的流域对平差前成果称吴淞平差前基面、吴淞初算基面,而称平差后成果为吴淞平差后基面、吴淞基面,对最终平差前的初评成果常称资用吴淞基面;有的流域称新中国成立前为老吴淞基面,新中国成立后为吴淞基面,等等。1954 年以后,全国统一采用黄海基面。要检查不同时期采用的测站基面是否统一;检查引测的水准点的高程是否因自然或人为原因有所变动。

(2)核定水尺断面和水尺零点高程的变动情况。同一测站不同时期的水尺断面位置不同,观测的水位自然有差别。若水尺有变动,校测不及时,或测量操作不符合规定甚至有错误,都会影响水位的准确性。应重点复核观测精度较差、水尺位置和水尺零点高程变动较多和大洪水时期的资料。

(3)观测方面的核实。水位有缺测、漏测、测次不足，都会使水位过程不连续；记录混乱，伪造观测记录，更会造成水位过程线变化不合理与上下游水位线不对应。在洪水期特别是大洪水时，有时存在缺测、漏测以及伪造等问题，对上述情况应逐项进行了解、审查。对水位观测中存在的问题一般应进行改正。

3. 流量资料

我国的流量测验，20 世纪 50 年代中期以前一般采用浮标法，以后虽多采用流速仪法，但在大水时期由于设备等原因，有些测站还是采用浮标法测流，采用的浮标系统多为假定或根据中低水位分析的浮标系数外延确定。利用借用断面或外延的水位流量关系曲线推算，均可能影响流量的精度。因此，在复核流量资料时，应着重复核测验精度较差及大洪水资料，主要检查浮标系数、水面流速系数、借用断面、水位流量关系曲线等的合理性。当浮标缺乏高水流速仪比测资料时，应组织进行比测试验，以分析所采用的浮标系数的合理性。

对资料复核发现的问题，如是水文测验允许误差，或对水文计算成果影响甚小可不改，情况不明时暂不改。但是计算错误较大的系统性误差，应进行改正。

流量资料合理性检查可采用历年水位流量关系曲线比较、流量与水位过程线对照、上下游水量平衡分析等方法进行，必要时应进行对比测验。

1）水量平衡法

取本站与上、下游站不同时段的水量，计算不同时段的区间流域水量，并比较本站与上、下游站及区间流域的水量（或径流深）、径流系数地区分布的合理性。

水量平衡常用两种方法计算：

（1）简单计算法。取同一时段（如一个月、一次洪水过程等）上、下游两站的水量差，即 $\Delta Q_{区} = Q_{下} - Q_{上}$（式中，$\Delta Q_{区}$ 为两站间的区间流量，$Q_{上}$ 及 $Q_{下}$ 为河段上游站和下游站的流量）。这种方法多用于两站间河道调蓄作用较小、计算时段较长的条件。

（2）流量演算法。用流量演算公式将上游站的流量演算到下游站，与下游站的实测流量相减，便得到区间流量过程线。从区间流量过程线的形状、洪峰出现的时间、水量大小检查分析上、下游站水量平衡关系。此法消除了河段蓄变量对水量平衡的影响，多运用于长河段的水量平衡计算，计算时段的长短不受限制。

影响河段水量不平衡的因素，除水文测验资料质量外，有时还与工农业用水、河床水文地质的封闭条件，以及上下两站距离较短、两个大流量数值相减的综合误差大于区间产水量等有关。因此，对于区间水量不平衡问题，要从多方面分析。

2）相关法

绘制本站与上、下游站的洪峰或不同时段洪量相关图，从相关图上检查点据的分布趋势及偏离平均关系线的程度，以检查各年资料的合理性。

3）水位流量关系曲线综合比较法

绘制本站历年的水位流量、水位面积、水位流速关系曲线，综合比较历年水位流量关系曲线变化趋势，并分析定线的合理性。

当合理性检查发现有水量不平衡（岩溶地区河流和有明显的河道渗漏损失的地区除外）或其他明显不合理现象时，应从测流方法、浮标系数选用、水位流量关系曲线定线及其高水部分外延等方面进行复核。流量资料复核，从以下几方面进行：

(1)流速仪法。流速仪法用于中、高水测流，经常出现的问题有：仪器使用时间过长，或者有损坏情况，或者测速超过了仪器规定的使用范围而未经重新检定，致使施测的流速不准确。用简测法、水面一点法测流，缺乏足够的精测法的比较资料，布设的测深、测速垂线以及测点数代表性不足，洪水过程中测次不足。

(2)水面浮标法。浮标系数和水道断面是决定浮标测流精度的两个主要因素。浮标系数选用不当，会给计算结果带来 10% ~20% 的误差。借用断面不当带来的计算误差，与断面的稳定程度关系密切。

①浮标系数分析。浮标系数由同步比测的流速仪精测法测到的流量 Q 与浮标法测到的流量 Q_f 之比得到，即 $K_f = Q/Q_f$。若两者施测的水位不同，则将流速仪所测的流量改正到浮标相应水位时的流量 Q_c，此时，$K_f = Q_c/Q_f$。

浮标系数是河段内水深、比降、流速、糙率、风向、风力等因素综合影响的结果，其数值的大小与水位、河道形式、河床平整程度等有一定关系。我国部分测站试验比测的资料表明，一般河道顺直、河床平整的测站，浮标系数变化较小，且随水位上升逐渐加大。一些中低水位受急滩控制、高水位受峡谷控制的测站，浮标系数变化较大，但高水位时随水位的上升逐渐趋于稳定。当测站上游附近有石梁、深潭时，一般其低水的浮标系数较大，且随水位上升逐渐减小并趋于稳定。

②借用断面。对于推流借用的断面，要详细了解它的测量时间、能否反映测流当时断面的实际情况等，可绘制测站洪水期历年及当年的大断面图、水位面积关系线，对照进行检查，了解断面的冲淤变化规律，区别情况，分别对待。

(ⅰ)河床稳定，断面面积与水位的关系为单一曲线，点据分布偏离曲线在 ±3% 以内的，可借用当年任何一次实测大断面推算流量。

(ⅱ)河床冲淤变化明显的测站，测流时虽未测得全部断面，但却抢测了部分断面，即使只测量了几条垂线水深的，也可根据断面在洪水涨落过程中冲淤的特点，选用与以往情况相近的大断面。当无任何测深资料时，可在测流前期或后期测量的大断面资料中，选其中比较接近测流当时断面情况的资料，也可通过各种途径探索断面的冲淤规律，使借用的断面尽量接近实际。

(ⅲ)测流断面不稳定，冲淤变化频繁，或主槽发生移动的测站，不宜借用断面推算流量。

4. 泥沙资料

泥沙资料应着重复核多沙年份和测验精度较差的资料。悬移质泥沙资料可采用本站水沙关系分析、上下游含沙量或输沙率过程线对照、颗粒级配曲线比较等方法进行检查。推移质泥沙资料可从测验方法和采样器效率系数等方面进行检查。

5. 其他资料

水库资料，应着重从库水位、库容曲线、各种建筑物过水能力曲线等方面检查其合理性。其他蓄、引、提水工程，堤防、分洪、蓄滞洪工程，水土保持工程及决口、溃坝等资料，应着重从资料来源、水量平衡等方面检查其合理性。

水库水位的代表性和观测时段、库容曲线历次变化、各建筑物过水能力曲线的变动等对水库还原精度影响较大,应重点从这些方面进行复核。

(二)资料系列可靠性、一致性和代表性评价

水文计算所用到的资料系列一般有降水、径流、洪水、泥沙系列等。资料系列包括年统计量,不同时段年最大、最小统计量,年固定时段统计量等。

资料系列的可靠性、一致性和代表性是水文计算对基本资料的共同要求。资料系列的可靠性是水文计算成果精度的重要保证,在进行水文计算时应复核所用资料,以保证资料正确可靠。资料系列的一致性是指产生各年水文资料的流域和河道的产流、汇流条件在观测和调查期内无根本变化,如上游修建了水库或发生堤防溃决、河流改道等事件,明显影响资料的一致性时,需将资料换算到统一基础上,使其具有一致性。资料系列的代表性是指现有资料系列的统计特性能否很好地反映总体的统计特性。

资料系列,应在可靠性和一致性分析的基础上,进行代表性分析。

1. 可靠性

水文计算成果的精度主要取决于基本资料情况及其可靠程度,故必须予以重视。实测水文资料是水文计算的主要依据,应尽量搜集,尤其是近期资料,反映现状的水文规律,对水文计算更为重要。当设计断面及邻近河段缺乏水文资料时,为使成果合理,应根据工程及水文计算要求,尽早设立水文站(水位站)或增加测验项目,分析或检验水文计算成果。

2. 一致性

资料系列一致性改正是将资料改正到同一基础上。将受人类活动影响的资料还原到天然状态,一般称还原改正;将早期未受人类活动影响的资料修改到现状条件下,一般称为还现改正。

降水、暴雨系列因受人为因素影响较小,具有随机特性,一般满足一致性要求。

径流、洪水统计分析要求系列具有随机特性,而这种特性只有在未受人类活动影响、河流处于天然状态下的水文资料才能满足要求。因此,径流、洪水计算应采用天然径流系列。当径流、洪水受人类活动影响较小或影响因素较稳定,径流、洪水形成条件基本一致时,径流、洪水计算也可采用实测系列。当人类活动对径流、洪水影响显著时(如上游修建了水库或发生堤防溃决、河流改道等),应进行资料一致性改正。

人类活动对工程地址的输沙量影响显著时,应进行资料一致性改正。改正方法可采用输沙率法、地形法和分项调查法等。输沙率法是通过建立流量与输沙率相关关系,用流量推算相应输沙量;地形法是根据人类活动或溃口等自然事件发生前后水库、湖泊或河道容积冲淤变化进行改正;分项调查法是对各种人类活动、水土保持措施等进行分项调查改正。其成果应结合流域水沙变化规律进行合理性分析。

3. 代表性

降水、暴雨系列常具有连续若干年的偏丰期或偏枯期交替出现的现象,如 20 世纪 30 年代,在辽西、江淮、松花江、黄河、江汉、海河相继出现特大暴雨,但 80 年代偏旱,很少出现特大暴雨洪水。如系列短,其中各级大小暴雨量的出现频率与该地区长期资料所反映的雨量频率分布有一定出入,则该短期系列缺乏代表性。

暴雨的邻站相关性一般较差,雨量系列代表性分析比较困难,只能作定性分析,即在多种对比分析的基础上加以综合判断。分析方法主要为与邻近地区长系列雨量、洪水和灾情资料作比较分析。短历时雨量的系列一般更短,还可参照本站具有较长系列的长历时雨量资料作比照。但邻站之间暴雨量相关大多并不密切,暴雨参数的确定还应通过地区协调和特大值处理等途径提高估算精度。

系列代表性分析的重点为近几十年内流域水文丰枯的变化、大暴雨和大洪水出现量级和次数,分析系列中稀遇暴雨的量级和次数是否与长期变化规律相一致。

对一个被研究的短系列,首先需在周围地区查找记录较长的雨量站。例如系列只有20年左右的短系列站A和B分别位于北京和上海附近,则可选用北京和上海的长期雨量系列作为A、B站系列代表性检查的依据。现以此为例(见表1-1-1)对系列代表性分析加以说明。

表1-1-1　北京、上海站10年暴雨统计表　(单位:mm)

站名	系列	最大1日雨量			最大3日雨量			说明
		最大	平均	最小	最大	平均	最小	
北京	1875* ~1889	224.7	123.3	40.2	294.1	149.6	51.3	不连续
	1890* ~1918	609.0	190.6	43.1	613.0	231.2	55.4	不连续
	1919* ~1929	205.2	99.0	26.9	307.8	156.1	37.4	不连续
	1930* ~1942	121.7	70.8	44.0	203.8	104.4	61.7	不连续
	1943 ~1952	127.5	82.1	46.3	199.2	125.6	63.6	
	1953 ~1962	212.0	105.0	39.2	220.8	133.0	72.0	
	1963 ~1972	292.2	101.7	34.4	324.5	125.1	37.8	
	1973 ~1982	165.1	93.1	33.2	193.7	111.8	45.9	
	1875* ~1982	609.0	108.2	26.9	613.0	142.1	37.4	80年
上海	1880 ~1889	171.8	90.5	41.8	204.7	131.6	82.5	
	1890 ~1899	135.6	91.8	40.4	207.9	118.6	66.9	
	1900 ~1909	122.5	76.9	61.8	144.8	112.4	72.7	
	1910 ~1919	155.3	96.6	67.6	193.4	143.6	111.1	
	1920 ~1929	195.5	88.7	50.9	261.0	135.5	67.6	
	1930 ~1939	96.6	70.9	43.0	150.7	104.8	64.1	
	1940 ~1949	180.2	114.9	77.0	203.5	144.5	80.3	
	1950 ~1959	102.6	78.5	51.5	207.1	113.4	65.8	
	1960 ~1969	204.4	93.1	57.3	258.1	131.2	58.1	
	1970 ~1979	125.8	72.1	39.9	139.9	104.7	65.4	
	1880 ~1979	204.4	86.4	39.9	261.0	124.0	58.1	100年

注:*表示资料观测年份有中断。

短系列雨量均值所处丰枯状况的分析显示,北京1963~1982年20年最大1日和3日雨量均值比80年长系列平均值偏低10%和17%;上海1960~1979年20年系列比100年长系列雨量均值偏小4%和5%。可以认为,北京附近A站的20年系列明显偏小,而上海附近的B站则基本处于正常水平。系列最大值的对比分析表明,在20年中北京站极值属中等偏高，上海站则为偏高。定性分析显示，A 站 20 年均值偏低严重，适线时应适当加大。B 站系列首项偏大，适线时不能过分照顾特大值。对各级雨量频率分布的检查更为重要。如上海 20 年中最大 1 日雨量大于 200mm、150 ~ 200mm 和 100 ~ 150mm 各区间发生频率分别为 5%、0% 和 10%，而 100 年长系列分析的该三区间雨量频率则为 1%、6% 和 18%，可见近 20 年雨量分布表现为大于 200mm 的频次偏多，150 ~ 200mm 和 100 ~ 150mm 频次偏少，频率分布过于偏曲。

径流系列代表性分析应通过分析系列中、平、枯水年和连续丰、枯水段的组成及径流的变化规律，评价其代表性。设计依据站径流系列代表性分析，根据资料条件可采用下列方法：

（1）径流系列较长时，可采用滑动平均、累积平均、差积曲线等方法分析评价该系列或代表段系列的代表性。

（2）径流系列较短，而上下游或邻近地区参证站径流系列较长时，可分析参证站相应短系列的代表性，评价设计依据站径流系列的代表性。

（3）径流系列较短，而设计流域或邻近地区雨量站降水系列较长时，可分析雨量站相应短系列的代表性，评价设计依据站径流系列的代表性。

一个代表性较好的洪水系列，应比较均匀地包含各种量级的洪水，这样才能较好地代表总体，避免频率分析成果的系统偏差。洪水系列代表性分析，可根据资料条件采用下列方法：

（1）当洪水系列较长时，可将洪水系列按实际发生年份排列，以分析各个时期各种特征量级洪水（如特大、大、较大、一般洪水等）的频次规律。

（2）当本站洪水系列较短，而邻近站有长系列时，可对邻近站系列进行类似的分析，并与本站系列进行对比，以判断本站较短系列是否处于洪水偏大或偏小时期。

悬移质泥沙系列的代表性分析，可根据资料条件采用下列方法：

（1）悬移质泥沙系列较长时，可评价长系列或代表段系列的代表性。

（2）悬移质泥沙系列较短，而径流系列较长且水沙关系较好时，可分析径流相应短系列的代表性，评价泥沙系列的代表性。

（3）悬移质泥沙系列较短，而上下游或邻近相似流域参证站有较长悬移质泥沙系列时，可分析参证站相应短系列的代表性，评价设计依据站泥沙系列的代表性。

第二节　设计洪水

一、洪水资料一致性改正及暴雨、洪水资料插补延长

（一）洪水资料的一致性改正

用数理统计法计算设计洪水，要求各年的洪水是在同一产流和汇流条件下形成的，即流量系列应具有一致性。当流域内修建蓄水、引水、分洪、滞洪等工程，或发生决口、溃坝等情况，明显影响各年洪水的一致性时，应将受影响后的各年洪水量系列还原到受影响前的同一基础上。水利工程对洪水的影响不仅与工程规模、分布以及与水文站的远近有关，

而且还随着洪水特性,工程运用方式,水库蓄、泄量大小等情况的不同,对洪水影响的程度而有差别。因此,洪水流量的还原计算应根据工程的不同,采用不同的方法。

受上游大、中型水库影响时,应推算上游水库的入库洪水,再将入库洪水按建库前汇流条件演算至上游水库坝址,然后与区间洪水叠加,顺演至设计断面,即为还原成果;当受上游引水、分洪、溃决、滞洪影响时,应将引水、分洪等流量过程演算至设计断面,与实测流量过程叠加即为还原成果;受水利、水土保持措施影响,流域内产汇流关系有明显改变,且流域面积不大时,可用改变前的暴雨径流关系及汇流曲线推算相应的洪水过程线。

1. 受大、中型水库调蓄影响的洪水还原计算

还原计算水库坝址及其下游水文站的洪水,首先要计算水库的入库洪水。所谓入库洪水,是指水库建成后,由库尾和周边同时注入水库的洪水,并包括库面降雨量。

1)入库洪水计算

入库洪水,通常利用水库的库水位、库容曲线以及出库流量等资料,按下面的水量平衡方程式计算:

$$Q_{入} = Q_{出} \pm \frac{\Delta W}{\Delta t} + \frac{\Delta W_{损}}{\Delta t} - \frac{\Delta W_{雨}}{\Delta t} \pm \frac{\Delta W_{库岸}}{\Delta t} \pm Q_{跨引} \qquad (1\text{-}2\text{-}1)$$

式中 $Q_{入}$——时段平均入库流量;

$Q_{出}$——实测的时段平均出库流量;

$Q_{跨引}$——跨流域引出或引入的时段平均流量,引出为正值,引入为负值;

ΔW——Δt 时段内水库内蓄水量变化值;

$\Delta W_{损}$——Δt 时段内水库内损失水量(包括蒸发、渗漏量);

$\Delta W_{雨}$——Δt 时段内水库内由陆面变化为水面直接接纳的降雨量;

$\Delta W_{库岸}$——Δt 时段内库岸调蓄量变化值;

Δt——计算时段长。

其中,$\Delta W_{损}/\Delta t$、$\Delta W_{雨}/\Delta t$、$\Delta W_{库岸}/\Delta t$ 在一次洪水过程中所占比重甚小,可忽略不计,则式(1-2-1)简化为:

$$Q_{入} = Q_{出} \pm \frac{\Delta W}{\Delta t} \pm Q_{跨引} \qquad (1\text{-}2\text{-}2)$$

关于时段长 Δt 的取值,有的取变动值,如在洪峰段 Δt 取值小些,落水后部 Δt 取值长些,有的取固定值。但不论用哪种方法,一座水库的各场洪水,Δt 值应一致。

式(1-2-2)所求出的值是时段平均流量,并非瞬时值。瞬时流量可通过根据建库以前的资料绘制的时段平均流量与瞬时流量的关系推求。

水量平衡可按表 1-2-1 格式计算。

2)坝址洪水计算

所谓坝址洪水,是指不受水库调节影响情况下的坝址处洪水。水库形成后,坝址洪水不能直接观测,只能通过间接方法计算求得。推求坝址洪水,常用下面的三种方法。

A. 由入库洪水计算坝址洪水

式(1-2-2)计算的入库洪水,实际上是水库周边同时流入水库的洪水。与坝址洪水比较,其洪峰流量增大且提前出现,洪水过程变得尖瘦,这是由于修建水库后,一部分河道变

表 1-2-1　某水库 1978 年 6 月入库洪水计算表

日期		水库水位 H (m)	库容 W (亿 m^3)	ΔW (W_2-W_1) (亿 m^3)	ΔQ $(\Delta W/\Delta t)$ (m^3/s)	出库流量 $Q_{出}$ (m^3/s)	入库流量 $Q_{入}$ (m^3/s)
日	时						
	⋮	⋮	⋮	⋮	⋮	⋮	⋮
7	8	145.53	7.039	0.007	48.6	348	397
	12	145.68	7.084	0.045	312	319	631
	16	146.01	7.183	0.099	687	359	1 046
	20	147.21	7.553	0.370	2 569	361	2 930
8	0	149.28	8.238	0.685	4 757	396	5 153
	4	150.88	8.818	0.580	4 028	398	4 426
	8	151.74	9.119	0.301	2 090	372	2 462
	12	152.18	9.283	0.164	1 139	359	1 498
	16	152.44	9.384	0.101	701	345	1 046
	20	152.70	9.484	0.100	694	332	1 026
9	0	152.97	9.583	0.099	687	319	1 006
	4	153.20	9.670	0.087	604	288	892
	⋮	⋮	⋮	⋮	⋮	⋮	⋮

注：$Q_{跨引}=0$。

成水库，调蓄作用减小，洪水汇流时间变短，原来靠近坝址的河谷陆地变成水域，产流条件发生了变化。产汇流条件的变化，导致入库洪水不同于坝址洪水。坝址洪水与入库洪水之间具有成因关系，所以可以将入库洪水转换成坝址洪水。转换计算通常使用马斯京根法演算：

$$Q_{坝2}=C_0Q_{入2}+C_1Q_{入1}+C_2Q_{坝1} \tag{1-2-3}$$

$$C_0=\frac{0.5\Delta t-Kx}{0.5\Delta t+K(1-x)} \tag{1-2-4}$$

$$C_1=\frac{0.5\Delta t+Kx}{0.5\Delta t+K(1-x)} \tag{1-2-5}$$

$$C_2=\frac{-0.5\Delta t+K(1-x)}{0.5\Delta t+K(1-x)} \tag{1-2-6}$$

$$C_0+C_1+C_2=1.0$$

式中　$Q_{坝1}$、$Q_{坝2}$——时段初、末坝址流量；

$Q_{入1}$、$Q_{入2}$——时段初、末入库流量；

Δt——计算时段长；

x——流量比重因素；

K——蓄量与流量关系线的坡度，具有时间因次。

例如，已知桓仁水库 1986 年 7 月 30 日至 8 月 1 日入库洪水流量过程资料，求桓仁水库坝址流量。

演进参数：$K=8\text{h}$，$x=0.3$。分两段演进，取 $\Delta t=4\text{h}$，则 $K_1=K_2=4\text{h}$，$n=K/\Delta t=8/4=2$，$x_1=x_2=\frac{1-n(1-2x)}{2}=0.1$，将 K_1、x_1 代入式(1-2-4)～式(1-2-6)，得 $C_0=0.285\ 7$，$C_1=0.428\ 6$，$C_2=0.258\ 7$，演进公式为：

$$Q_{坝2}=0.285\ 7Q_{入2}+0.428\ 6Q_{入1}+0.285\ 7Q_{坝1} \qquad (1\text{-}2\text{-}7)$$

演算结果即桓仁水库坝址流量。

B. 由入库站与坝址站洪水相关法推求坝址洪水

在建库以前，入库站和坝址站有同步观测资料时，利用这些资料建立相关关系。建库后坝址站的洪水，由入库站的洪水资料相关求得。

C. 由坝址站建库前后峰量相关法推求坝址洪水

分析坝址站建库前后的洪水变化规律，通过坝址站本身建库前后的资料推求建库后坝址天然洪水资料。例如，由松涛水库坝址观测资料分析，该水库建库以前24h洪量占3日洪量的40%～70%，建库后则变为50%～88%，建库后洪峰流量一般增大60%左右。但建库后5日洪量没有增大，3日洪量增大很小。据此，点绘建库前后的 $W_{3\text{d}}\sim W_{24\text{h}}$ 和 $W_{3\text{d}}\sim Q_{\text{m}}$ 相关线（见图1-2-1）。于是，可根据建库后入库3日洪量在建库前的 $W_{3\text{d}}\sim Q_{\text{m}}$ 关系线推求坝址天然条件下的洪峰流量和 $W_{24\text{h}}$ 洪量。

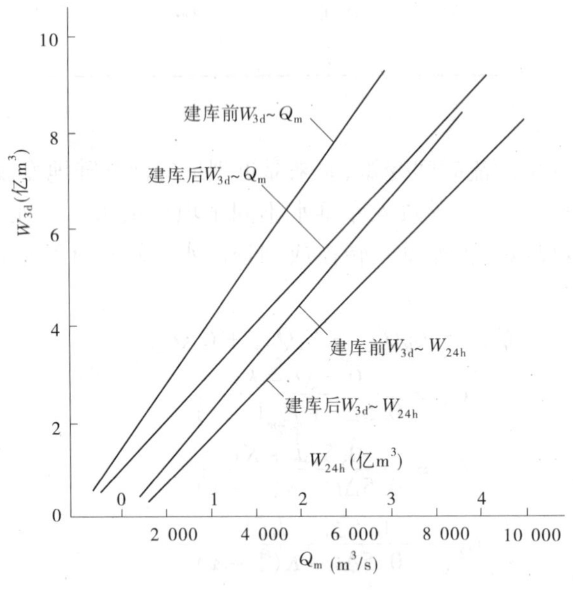

图1-2-1　松涛水库3日洪量 $W_{3\text{d}}$ 与24h洪量 $W_{24\text{h}}$ 及洪峰流量 Q_{m} 相关图

3）水库下游水文站的洪水还原计算

位于水库下游的水文站所观测到的流量资料，是经水库调蓄以后的结果。其不受水库调蓄影响的流量过程资料，只有根据水库和水文站的水文观测资料进行还原计算得到。具体还原计算的方法和步骤是：首先将水库的泄流量过程用马斯京根公式(1-2-3)演算到下游水文站断面，从水文站实测的流量过程中减去上游水库泄流量演算到水文站断面的过程，即为上游水库坝址与水文站间的区间流量过程；再将上游水库坝址的同次洪水过程演算到下游水文断面，并与同一时间的区间流量相加，即为下游水文站的洪水还原计算值。

2. 受小型水库调蓄影响的洪水还原计算

1）小型水库还原洪水过程计算

小型水库数量多、分布广，单个水库的拦蓄能力小。因此，要像大中型水库那样计算不大可能。还原此类洪水过程可以概化处理，其方法是用代表库观测资料推算出库群次拦洪总量，将其转化为全流域的净雨。小水库群次拦蓄总净雨的时段分配，可用本次降雨所求时段净雨分配比作模型进行分配，再用流域单位线计算出小水库群拦蓄量在出口断面的洪水过程。此法在小水库群面上分布比较均匀时为好。若水库分布不均匀，可用分区单位线推求。

2）用于计算中小水库洪峰流量的经验公式

$$Q_{原} = Q_{实}/r \tag{1-2-8}$$

其中 r 值可按下列公式推求：

$$r = \left[\left(1 - \frac{\sum f}{F}\right)\left(1 - \frac{\sum W_{拦}}{W_{次} + \sum W_{拦}}\right)^{\alpha}\right]^{\beta} \tag{1-2-9}$$

或

$$r = 1 - KR^{m}\left(\frac{\sum f}{F}\right)^{n} \tag{1-2-10}$$

或

$$r = K_1\left(1 - \frac{\sum W_{拦}}{W_{次} + \sum W_{拦}}\right)^{\lambda} \tag{1-2-11}$$

或

$$r = 1 - K_2 \cdot \frac{\sum f}{F} \tag{1-2-12}$$

式中 r——洪峰流量修正系数；

$Q_{原}$——还原后的洪峰流量；

$Q_{实}$——实测洪峰流量；

$W_{次}$——与 $Q_{实}$ 相应的实测次洪总量；

$\sum W_{拦}$——次洪中水库拦蓄量之和；

K、K_1、K_2——经验系数；

α、β、m、n、λ——经验指数；

$\sum f$——中小水库控制总面积；

F——流域集水面积。

3. 中小流域受水利工程影响的洪水还原计算

中小流域，当水利化程度较高时，水利工程对洪水的影响不仅仅限于对洪水过程的调蓄作用方面，而且还表现在洪水量的变化（一般是影响后的洪水量变小）上，需要对流域洪水进行还原计算。

1）洪量还原

洪量还原一般采用两类方法。第一类根据受影响前的流域产流模型参数，或受影响

前的降雨径流经验关系,用受影响后的次雨量、蒸发量计算。第二类用分项还原法计算:

$$V_{天然} = V_{实测} \pm V_{库蓄} \pm V_{库蒸} \pm V_{库渗} \pm V_{灌溉} \pm V_{工业、生活} \pm V_{跨引} \pm V_{分洪} \quad (1\text{-}2\text{-}13)$$

式中 $V_{天然}$——还原后的天然水量,万 m^3;

$V_{实测}$——水文站实测径流量,万 m^3;

$V_{库蓄}$——计算时段的水库蓄水变量,万 m^3,增加为正值,减少为负值;

$V_{库蒸}$——水库蒸发增加损失量,万 m^3,为水库水面蒸发与相应陆面蒸发的差值;

$V_{库渗}$——水库渗漏水量,万 m^3,水库站应计算,其下游站的此项水量仍可回到断面以上,不予计算;

$V_{灌溉}$——灌溉还原水量,万 m^3;

$V_{工业、生活}$——工业、生活还原水量,万 m^3;

$V_{跨引}$——跨流域引出或引入水量,万 m^3,引出为正值,引入为负值;

$V_{分洪}$——河道分洪量,万 m^3,分出为正值,泄入为负值。

式(1-2-13)中的 $V_{库蒸}$、$V_{库渗}$、$V_{工业、生活}$ 等项,由于中小河流洪水过程时间短,其量可以忽略不计。

2)洪水过程还原

中小流域受水利工程影响的洪水过程还原计算,可用式(1-2-13)计算的还原后的天然水量,与受影响前洪水资料分析的经验单位线等方法计算不受影响的洪水过程。如果受影响前缺乏实测资料,可用地区资料计算综合单位线的经验公式或计算综合瞬时单位线参数的经验公式推求洪水过程。

4. 受溃堤影响的还原计算

受溃堤影响的洪水还原计算方法有水量平衡法、上下游站洪水相关法、流量叠加法、暴雨径流法。

1)水量平衡法

水量平衡法还原计算溃堤洪水,首先求出溃堤后各控制断面的流量过程和各堤围蓄泄流量过程,然后将控制断面溃堤的流量过程加上考虑洪水传播时间后的堤围蓄泄流量过程,便得到不溃堤的归槽洪水。

例如,西枝江水系 1979 年 9 月发生了历史上罕见的特大洪水,平潭、平马、马安、永良、惠沙等五大堤围决堤(见图 1-2-2)。下面用水量平衡法进行溃堤洪水还原计算。

A. 各堤围区蓄泄流量推求

根据各堤围观测及调查的围内水位过程线和由 1/10 000 地形图量算的水位与容积关系,按公式 $\Delta Q = (W_2 - W_1)/\Delta t$,求得堤围蓄泄流量过程线。由于马安围的水量是由平潭流入的,故将马安围的蓄泄流量并入平潭围。

B. 各控制断面的洪水流量还原计算

各控制断面的洪水流量还原计算,可由下游的西枝江口往上游逐个断面推求,也可从上游的平潭向下游的断面依次计算。这里仅列前者的计算过程。

a. 溃堤后各控制断面洪水流量推求

西枝江口:由惠阳站实测流量减去岭下站流量演进至惠阳站的流量 D,求得西枝江的

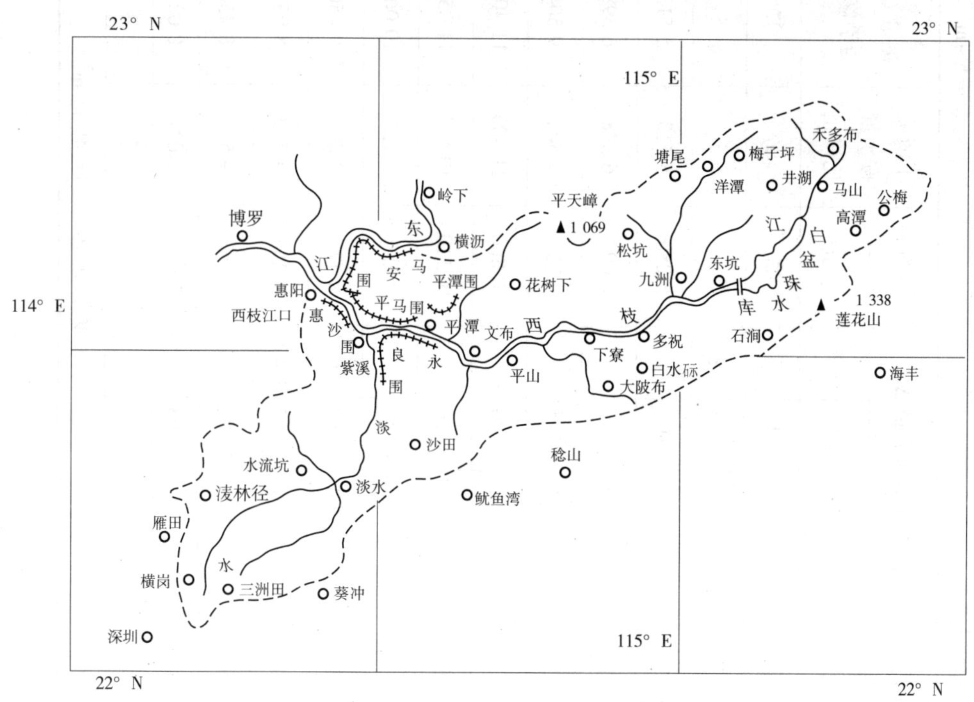

图 1-2-2　西枝江流域图

来水量，即 $Q'_{西} = Q_{惠阳} - D$，填写在表 1-2-2 的第⑥栏内。然后按水量比 $K = 21.48/22.388$（即 $\sum(Q_2 - D)$/由西枝江降雨径流关系求得的洪水量）对第⑥栏的流量作修正（下同）后，填入表 1-2-2 第⑦栏。

紫溪：　$Q'_{紫} = Q'_{西} + \Delta Q_{惠}$

平潭：　$Q'_{平潭} = Q'_{紫} - Q_{淡} + \Delta Q_{永} + \Delta Q_{平马}$

b. 不溃堤（洪水归槽）各控制断面洪水流量推求

西枝江口：　$Q_{西} = Q'_{西} + \Delta Q_{惠} + \Delta Q_{永} + \Delta Q_{平马} + \Delta Q_{平潭}$

紫溪：　$Q_{紫} = Q'_{紫} + \Delta Q_{永} + \Delta Q_{平马} + \Delta Q_{平潭}$

平潭：　$Q_{平潭} = Q'_{平潭} + \Delta Q_{平潭}$

上列各式中的 $Q'_{西}$、$Q'_{紫}$、$Q'_{平潭}$ 分别为西枝江口、紫溪、平潭溃堤后的流量；$Q_{西}$、$Q_{紫}$、$Q_{平潭}$、$Q_{淡}$ 分别为西枝江口、紫溪、平潭、淡水口不溃堤的流量；$\Delta Q_{惠}$、$\Delta Q_{永}$、$\Delta Q_{平马}$、$\Delta Q_{平潭}$ 分别为惠沙围、永良围、平马围、平潭围蓄泄流量。

控制断面流量和堤围蓄泄流量相加时，考虑的洪水传播时间为：西枝江口至惠沙围 3h，至紫溪、永良围、平马围、淡水口 9h，至平潭和平潭围 18h。

C. 计算步骤

（1）首选将岭下站流量演进至惠阳，将惠阳站流量减去岭下站演进至惠阳的流量 D，求得西枝江口溃堤后的岭下—惠阳区间流量（$Q_2 - D$），而后按水量比 $K_1 = 21.48/22.388 = 0.959$ 修正为西枝江口溃堤后的流量 $Q'_{西} = K_1(Q_2 - D)$。

表 1-2-2　西枝江口洪水流量推求 *　　（流量单位：m^3/s）

日	时	岭下流量 Q_1	Q_1 演进至惠阳流量 D	惠阳流量 Q_2	Q_2-D	西枝江口溃堤流量 $Q'_{西}$	日	时	西枝江口溃堤流量 $Q'_{西}$	各堤围蓄泄流量 ΔQ				西枝江口 $Q'_{西}+\sum\Delta Q$	不溃堤按水量比修正	流量 $Q_{西}$ 徒手修匀
										惠沙	平马	永良	平潭			
①	②	③	④	⑤	⑥	⑦	⑧	⑨	⑩	⑪	⑫	⑬	⑭	⑮	⑯	⑰
⋮	⋮	⋮	⋮	⋮	⋮	⋮	⋮	⋮	⋮	⋮	⋮	⋮	⋮	⋮	⋮	⋮
24	18	1 820	587	3 260	2 673	2 563	25	15	5 250			0		5 250	5 513	5 513
25	4	3 780	1 067	5 400	4 333	4 155		18	5 260	0	0	833		6 093	6 398	6 398
	14	5 020	1 867	7 330	5 463	5 239		21	5 300	2 410	230	1 111		9 051	9 504	9 504
26	0	5 640	2 726	8 270	5 544	5 317	26	0	5 320	3 800	500	1 240		10 860	11 403	11 403
	10	5 310	2 449	8 960	6 511	6 244		3	5 310	2 130	1 270	1 400		10 110	10 616	11 050
	20	4 080	3 826	8 550	4 724	4 530		6	5 300	509	1 440	1 440		8 689	9 123	10 068
27	6	2 900	3 793	7 720	3 927	3 766		9	5 290	370	1 370	1 440	0	8 470	8 894	9 450
⋮	16	2 200	3 505	6 830	3 325	3 189		12	5 120	324	890	1 482	1 450	9 266	9 729	8 950
	⋮	⋮	⋮	⋮	⋮	⋮		15	4 880	231	560	1 482	1 910	9 063	9 516	8 450
				$\sum$62 189				18	4 660	46	230	1 203	1 500	7 639	8 021	8 021
				$W=22.388$			⋮	⋮	⋮	⋮	⋮	⋮	⋮	⋮	⋮	⋮
				21.48 亿 m^3										$W=20.46$	21.48 亿 m^3	

注：* 由下游往上游推求。

(2)将西枝江口溃堤后的流量 $Q'_{西}$ 点绘成过程线，并在过程线中读出每隔 3h 的流量 $Q'_{西}$。

(3)将西枝江口溃堤后的流量 $Q'_{西}$ 加上各堤围蓄泄流量（错开传播时间），则得西枝江口不溃堤流量 $Q_{西}$，然后按水量比 $K_2 = 21.48/20.46 = 1.05$ 修正过程线 $Q_{西} = K_2(Q'_{西} + \sum \Delta Q$，并按水量平衡原则徒手修匀。

各控制断面流量和各堤围蓄泄流量相加求得的流量过程线按水量比 K 进行修正。修正系数 $K = W/W_1$，W 为根据九洲、东坑及西枝江口本次洪水的径流系列和控制断面以上流域平均降雨量，按暴雨径流关系求得的各控制断面的洪量，W_1 为各控制断面溃堤后的流量和堤围蓄泄流量相加求得的流量过程线的总水量。

2)流量叠加法

当测站上游有决口、分洪、滞洪等情况时，可按决口、分洪、滞洪河流断面上游干支流站实测流量过程线分别演算到下游测站，与区间洪水过程线相叠加，求得本站天然条件下的洪水过程线。

区间洪水过程线的推求：当区间的自然地理条件和暴雨洪水特性与某一支流相近似时，可将支流站的洪水过程线按流域面积比放大成为区间洪水；当区间无测站时，可用暴雨径流关系推求。

3)暴雨径流法

利用未受水利工程影响的实测天然洪水和相应的暴雨资料，分析求得产、汇流参数，采用本次洪水实测雨量，应用单位线、等流时线、河槽汇流曲线及推理公式等方法，计算不受影响的天然洪水。

(二)洪水、暴雨资料的插补延长

1.洪水资料插补延长

当洪水资料不足 30 年或实测期内有缺测年份时，通常要进行流量资料的插补延长，以增加资料的连续性和代表性。插补延长，可根据资料条件选用以下方法：

(1)当上、下游或邻近流域测站有较长实测资料，且与本站同步资料具有较好的关系时，可据以插补延长。上、下游站的流量插补，只有当区间面积较小时才可直接利用两者的关系插补；如区间面积较大，导致相关点据比较散乱，则应分析洪水特性，引入如降雨量、洪水涨率等参数进行插补延长。展延资料的年限不宜过长，相关线的外延部分亦不宜过长，应尽量避免使用辗转相关。

(2)当洪峰和洪量关系以及不同时段洪量之间的关系较好时，可用本站的洪峰和不同时段的洪量建立关系相互插补延长。当因暴雨成因、暴雨历时、降雨分布和洪水过程峰型的影响使相关关系不够密切时，可适当增加一些参数，如洪水峰型、暴雨中心位置、暴雨季节、暴雨历时等进行插补延长。当测站水位观测系列长、流量观测系列短时，视本站历年水位流量关系曲线稳定的程度，选用其中合适的某年水位流量关系曲线或者综合性的水位流量关系曲线，插补缺测流量年份的流量。

(3)本流域暴雨与洪水的关系较好时，可根据暴雨资料插补延长洪水资料。由暴雨插补洪水，可由暴雨量与洪水直接建立关系插补，也可建立一次降雨的净雨量与洪峰及不同时段的洪量的关系图。插补时首先将暴雨量由降雨径流关系转换成净雨量，再由净雨量插补洪峰和洪量。

2. 暴雨资料插补延长

采用点暴雨或面暴雨计算设计洪水,不足30年或缺测暴雨时,应进行插补延长。可用下列方法进行暴雨资料的插补延长:

(1)邻站与本站距离较近,地形差别不大时,可直接移用邻站资料,这种方法只适用于插补点暴雨。

(2)本站邻近地区测站较多时,大水年份可绘制同次暴雨等值线图进行插补,一般年份可采用邻近各站的平均值。这种方法直接从等值线图上查该处点暴雨,也可量算出面暴雨。

(3)本流域暴雨与洪水的相关关系较好时,可利用洪水资料插补延长面平均暴雨资料。这种方法直接求出的是面暴雨,通过点面暴雨的换算关系,也可求出点暴雨。

插补延长的暴雨、洪水资料的可靠程度,受基本资料的精度、实测点据的数据及变化幅度、相关程度以及外延幅度等多种因素的影响,因此任何一种因素都可能影响插补延长的质量,应从上下游的水量平衡、本站长短时段洪量变化及降雨径流关系的变化规律等方面进行综合分析,检查插补成果的合理性。

二、历史暴雨、洪水调查与考证

频率计算成果的质量主要取决于系列的代表性,要求系列能较好地反映洪水多年变化的统计特性。调查历史洪水、考证历史文献和洪水系列的插补延长是增进系列代表性的重要手段。

在我国,绝大多数水利水电工程规划设计中使用的洪水系列都包含有历史洪水。被选入洪水系列的历史洪水,无论发生在水文观测之前(即所谓历史时期),还是发生在实测系列中,都应有相应的、确切的调查期及它(们)在其中的确切排位。历史洪水应是当地发生过的特大或大洪水,它(们)的量值应明显大于实测洪水系列中为首的几次洪水,它(们)参加排位的调查期也应比实测系列年数长得多。

历史洪水加入洪水系列,常对频率分析结果有重大影响。由于历史洪水包含有较多的关于当地大洪水的信息,加入频率分析有助于提高设计洪水的估计精度。但是,这一结论是在历史洪水资料与实测洪水资料有同样的精度,且它们的调查期及在其中的排位都是精确的前提下提出的。实际上,对于历史时期发生的特大洪水最高水位的调查和最大流量的估算等都包含有许多不可忽略的误差,它们的调查期以及排位也往往是不很确切的。所以,无论是历史洪水本身的量值,还是相应的经验频率的误差,都要比实测洪水的大。因此,在选取历史洪水加入洪水系列时,应仔细分析它们的误差,不应把情况不明、没有把握定量的历史洪水资料随便加入洪水系列。

(一)历史洪水和暴雨的调查

全国绝大多数河流都进行过历史洪水调查,并取得了大量的调查成果。1979年后主管部门组织有关单位将以往调查的洪水资料进行了全面的搜集、整理、汇编。经筛选、率定,全国共有6 500个河段的调查洪水成果,并由各省(市、自治区)和流域机构分别刊布。

在使用调查洪水资料汇编成果时应当注意到,不同河段或同一河段不同年份洪峰流量的精度往往不同。因此,在使用之前必须对河段整编情况进行全面了解,对重大的历史洪水调查成果还应作进一步检查、核实。复核的重点在所选用的估算流量的方法及各项计算参数是否合适。有条件时,应根据近期所发生的大洪水,对原采用的水位流量关系曲线,高水糙率、比降等参数进行率定。

历史洪水调查应着重调查洪水发生时间、洪水位、洪水过程、主流流向、断面冲淤变化及影响河道糙率的因素,并了解雨情,灾情,洪水来源,有无漫流、分流、壅水、死水,以及流域自然条件变化等情况。在调查洪水中所施测的横断面、河床组成等情况,都只反映调查时的状况,与历史洪水发生时期可能有较大的差别,因而影响最大流量计算的精度。如黄河龙门河段,近 100 年来床面淤高近 10m,这种变化对于合理确定计算参数有很大影响,因此应引起足够重视。对调查到的大洪水,还应从流域雨情、水情、灾情等方面进行综合分析。

1. 历史洪峰流量调查

调查洪水的洪峰流量可采用下列方法估算:

(1)当调查河段附近有水文站时,可将调查洪水位推算至水文站,用水位流量关系曲线推求洪峰流量。用水位流量关系推求历史洪水洪峰流量,一般都需要将水位流量关系曲线外延。外延时应注意分析水面比降、河床糙率、断面形态等因素随水位升高而变化的情况,如外延幅度较大,需应用其他方法进行验算。

(2)当调查河段无水文测站、洪痕测点较多、河床稳定时,一般可用比降法推算洪峰流量。比降法是历史洪水洪峰流量推算中应用较多的一种方法。当河段顺直,河段内断面变化不大时一般均采用稳定均匀流公式计算。当河段内断面沿水流方向逐渐扩散或逐渐收缩时应采用非稳定均匀流公式计算。应用比降法推算流量时应注意河床糙率、过水断面面积和水面比降等计算参数的合理确定。稳定均匀流公式如下:

$$Q = \frac{1}{n} A R^{2/3} I^{1/2} \tag{1-2-14}$$

式中 Q——洪峰流量,m^3/s;

n——河床糙率;

A——洪痕高程以下河道断面面积,m^2;

R——水力半径,m;

I——水面比降。

用比降法计算,糙率对计算成果影响很大,选用时要特别慎重。式(1-2-14)中的过水断面面积 A、水力半径 R 及水面比降 I 是根据调查测定的,当河段顺直、断面稳定时其精度大致可予估计。而糙率实际上是一个综合指数,包括河床质组成、岸坡及水中植物生态、断面形状、河段水流形态等诸多因素,因而给分析工作带来很大困难,而且河床糙率无法直接测定,一般是通过曼宁公式用实测流量、断面比降反算而后分析确定,计算结果也只能适用于本河段,很难进行地区综合。

(3)当调查河段较长、洪痕点较少、河底坡降及过水断面变化较大时,一般可采用水面曲线法推算洪峰流量。采用水面曲线法推算洪峰流量时,应对河段流态的变化进行调查了解,同时应注意各分段糙率值的合理选用。

洪水调查资料，受历史条件的限制，不确定的因素较多，各项计算参数不可避免会包含或大或小的误差，对计算成果，不论用什么方法都需要通过多种途径进行合理性分析，若发现问题，再从水力因素、断面变化以及河道特征等方面分析原因，以提高计算成果的精度，避免错误。

这种合理性分析，包括对上下游、干支流河段洪峰流量、洪水年份、洪水序位之间进行对照分析，检查各河段之间成果是否协调；根据历史文献中雨情、水情记载，分析洪峰模数空间分布是否合理。此外，还可以通过其他一些途径和方法进行检查。这种检查和分析只是作为发现问题的一种手段，不能作为改正数据的依据。例如，1931 年河南伊洛河发生了百年一遇的特大洪水，上游有两条大支流伊河和洛河。伊河龙门镇站河道调查到洪峰流量为 10 300m^3/s，洛河洛阳站洪峰流量为 11 000m^3/s，两河汇合以后的黑石关站，洪峰流量仅为 7 000m^3/s。从上下游对比来看，流量很不平衡，汇合以后流量偏小很多，但从洪痕水位、推流参数上检查，水位根据洪水碑刻所得，数据可靠，选用参数基本上合理，而后重到现场调查，发现洛阳、龙门镇到黑石关区间，存在一个长 40km、宽 10km 的天然滞洪区，滞洪面积约 300km^2，1931 年前，两岸没有完整堤防，一旦发生大洪水，该地区一片汪洋，具有很大的削峰作用。由于上述原因，干支流洪峰流量不协调的问题得到合理解释。

2. 历史洪量调查

历史洪量可采用下列方法估算：

（1）当有调查的历史洪水位过程时，可根据其水位过程推求流量过程，求得各时段洪量。洪水过程线是洪水的重要特征要素，在洪水调查中应注意搜集洪水涨落过程的材料和历史文献有关的文字描述，以便近似地绘制洪水过程线。

如黄河水利委员会根据《三门峡志》椿水位涨落的记载，绘出 1843 年特大洪水的涨落过程。长江水利委员会根据《万县志采访事实》中的文字描述，通过实地补充调查，绘出宜昌站 1870 年水位过程。中南勘测设计研究院通过现场调查，根据居民回忆的洪水起涨、淹滩、出槽、进屋、峰顶、停涨和出屋，以及归槽、落平的时间和水位高程，绘出江西修水 1901 年、湖南资水 1926 年的水位过程线。

（2）根据历史文献中有关雨情和灾情的描述，判断洪水类型，参照同类型实测洪水的峰量关系估算。由于峰量关系受降雨时空分布、流域汇流及洪水地区组成等条件的影响，峰量不一定是单一关系。因此，需要通过调查访问，并结合文献资料分析形成该次洪水的降雨特征、洪水来源等，以便判断洪水过程的类型，选择相应类型的峰量关系近似估算洪量。

对估算的历史洪水的峰量，除从本断面估算流量时所选用的有关参数及估算方法进行综合分析检查外，还应从面上进行综合分析。洪水的时空分布在流域面上或一个地区有一定的规律，对同一次洪水可通过本流域的上下游、干支流或相邻流域的资料作对比分析。发现矛盾时，应当深入调查研究，找出问题，对成果进行调整。

3. 历史暴雨调查

由于我国雨量站网密度较稀，且分布又很不均匀，暴雨中心的雨量不易观测到，尤其是干旱地区，经常发生局地性大强度暴雨，而这些地区站网密度更稀，用暴雨推算设计洪水时，暴雨调查更有必要。国内一些点暴雨极值也是通过调查获得的。

（二）历史洪水和暴雨重现期考证

历史洪水、暴雨的重现期，应根据调查资料和历史文献、文物等资料，分析调查期或考证期内大洪水、暴雨发生的次数和量级，合理确定。

1. 历史洪水重现期考证

通过现场调查测量，一般可以取得调查期内若干次历史洪水的定量资料。调查期的长度在我国人口稠密的中部和东部地区一般可达200年，西部以及边远地区可达约100年。我国历史文献非常丰富，通过文献和文物资料的考证，可以了解到更远的历史年代的大洪水情况。文献记载多属于描述性质，难以定量，但可以了解到在文献考证期内大洪水发生的年份、次数、量级及大小序位。根据文献记载中有关洪水淹没地、物、建筑物的破坏程度、情节等，与已有的文字描述及有定量的调查洪水对比，可以分析各次洪水的量级范围和大小序位，以便合理确定计算系列中历史洪水的重现期。

历史洪水的数值确定以后，还需要分析其在某一代表年限内的大小序位，以便确定洪水的经验频率或重现期。在实践中，常根据资料的不同情况，将与确定历史洪水代表年限有关的年份分为实测期、调查期和文献考证期。

实测期即从有实测洪水资料年份开始迄今的时期。调查期即在调查到的若干可以定量的历史大洪水中，一般以最远的洪水年份迄今的时期。文献考证期即从具有连续可靠的文献记载开始年份迄今的时期。调查期以前的文献考证期内的历史洪水，一般只能确定洪水大小等级和发生次数，不能定量。

历史洪水包括实测期内发生的特大洪水，都要在其所代表的年限中进行排位，在排位时不仅要考虑已经确定数值的大洪水，也要考虑虽然不能确定数值但已能确定其洪水等级的历史洪水，并排出序位。

为了减小经验频率估值的抽样误差，计算系列中的调查或实测大洪水 Q_M，应当在尽可能长的时期 N 中确定其序位 m。按统计学原理，m 值越大，抽样误差越小。但在具体操作时，在所选定的排位期 N 年中，必须确认没有遗漏掉大于等于 Q_M 的洪水。如果不能肯定是否有遗漏，则应当重新选一个较短的排位期以保证做到这一点。在具体确定计算系列中各次大洪水的排位期和序位时，可能遇到以下各种不同情况：

（1）如果计算系列中只有一个历史大洪水，并通过调查和文献考证，在某一历史时期内，大于等于该量级的洪水次数全部查明，且无遗漏，则该次洪水的排位期和序位不难确定。但是，若系列中有若干个大小量级不等的大洪水，一般来说，不宜在同一个排位期中确定各次洪水的序位，因为历史资料相去年代越远，相对较小的洪水遗漏的可能性越大。为了保证相应量级的洪水不被遗漏，应当选取若干个不同长度的排位期，分别确定其序位。

（2）计算系列中首大项洪水，若在该洪水发生之前，洪水情况不详，则它的排位期只能按自发生年份起算，但若能断定该次洪水量是更远年份以来的首位洪水，就不应把它作为自发生年份迄今的首位来处理，而应排为最远年份以来的首位。例如黄河陕县1843年洪水，通过沿河古代遗物的考证，证明该年洪水位为近千年来最高一次。

（3）如果没有任何文献、文物资料，调查洪水排位期可参考被访者年龄确定，如果还能提供其祖辈流传的有关洪水情况，则排位期还可以相应延长。

(4)如果通过调查和文献查证，定性上判定有多个量级相当的大洪水，其中可以定量的大洪水序位，一般可以排在同量级洪水的中位，或者根据情况给出序位幅度。下面举一个具体例子加以说明。

汉江安康站，自1935年开始有实测资料，截至1990年有56年实测系列(1939～1942年插补)，实测最大流量31 000m³/s(1983年)，调查到的历史大洪水有：

1583年　$Q_M=36\ 000\text{m}^3/\text{s}$

1867年　$Q_M=30\ 000\text{m}^3/\text{s}$

1921年　$Q_M=26\ 000\text{m}^3/\text{s}$

现对1583、1983、1867、1921年4次大洪水的排位期和其序位的确定进行讨论。

1583年洪水为计算系列中首位洪水，文献资料和调查到的洪痕刻记证实，该年洪水不仅是自发生年份迄今(1990年)408年中最大的一次，而且在近600年有连续文献记载期内仍然是最大的一次洪水。应如何确定它的排位期？若以408年中第1位或以600年中第1位来确定排位期和序位都不尽合理，因为它在更远的历史年代中仍然可能是第1位洪水。

该年洪水将历史古城安康冲毁，第二年在赵台山脚重建新城，这是一个重要史实，设想历史上还曾发生类似的大洪水，也一定会被记录下来。

安康城西有一道防洪堤，史称"万春堤"，是防御洪水、保卫安康城的屏障，史载最初建于宋熙宁年间(1068～1077年)。这道防洪堤的修建，证明安康城址至少从熙宁以来就已固定在现今位置，迄今已历时900余年。在这900余年中，洪水"毁城"的史实也只有1583年一次，因此1583年排位期至少可以延伸到900年，其序位仍属第1位。

1867年和1983年的这两场洪水流量相近，能否直接从1583年以后的407年作为排位期并确定其序位，则需要分析。因为自1583年大水后，安康城曾一度迁移至地势较高的城南赵台山脚，因此在1583年以后的百余年间有可能发生过这一量级的洪水而没有被记录下来，但1693年以后，文献记载连续，漏掉这一级洪水的可能性不大，因此应以1693～1990年的298年作为1867年和1983年洪水的排位期。在此期间，相当于这一量级的洪水有5年，即1693、1770、1852、1867、1983年大洪水，其中1693年最大，1983年居第2位，1852年比1867年小。而1770年与1867年哪一年大难以判定，因此1867年的序位可以按第3位或第4位处理，或者为3.5位。

至于1921年洪水因为量级较小，自1693年以来的298年中，文献记载漏掉这一量级洪水的可能性较大，为确保不漏掉这一量级的洪水，应当重选一个较短的排位期。根据调查和文献资料，自1832年以来这一量级洪水被漏掉的可能性不大，可以1832～1990年作为它的排位期，在此期间，大于1921年洪水的有1983、1867、1852年3年，1921年洪水序位为4。各次洪水的排位期N和序位确定以后，即可按通常的经验频率公式计算它的频率或重现期。

2. 特大暴雨重现期考证

特大暴雨的重现期一般远大于实测系列年数，但估算比较困难，宜从多方面加以估算，综合评定。

1)由洪水重现期估算

洪水(主要是由最高水位推估)重现期可通过野外调查、历史文献等资料作出估计。暴雨重现期则较难估算,一般可从该次暴雨所形成洪水的重现期估算。面暴雨量的重现期,如前期降雨和雨型分配并无严重异常,可直接采用洪水重现期。如流域面积很小,可近似假定流域内接近面平均值的点雨量的重现期等于同次洪水的重现期,但暴雨中心点雨深的重现期应大于相应洪水的重现期。还需注意,当流域面积较大时,如时面雨型分配比较特殊,会导致降雨重现期与洪水重现期出现巨大差别。这时不宜简单地将洪水重现期移用于暴雨。

2)由地形地貌调查估算

有些罕见特大暴雨形成毁灭性的灾害,造成河流形态、地貌状况发生巨大变化。对此可通过实地考察,结合历史文献考证,对其稀遇程度作出估计。如内蒙古商都县张家房子于1959年7月19日发生了一次特大暴雨。据调查,在3.5h内降雨600mm,原有的草坡地被洪水冲出一条大沟壑,可见该暴雨在当地是从未发生过的极稀遇暴雨。

3)由特大值代表地区范围估算

在较大的地区范围内分析特大暴雨的出现频次,对重现期作定性分析。短历时暴雨统计参数的地域变化相对较小,设计值的地域变化也较小,可从暴雨一致区的范围分析特大暴雨重现期的相对大小。如某次暴雨在一个面积较小的范围内为地区最大值,则其重现期不宜定得过长。而有的暴雨在面积较大的范围内属最大值,则其重现期可定得较长。在估算中,可相应参考区内暴雨记录的总站年数。

三、设计洪水计算

(一)设计洪水分析计算的基本原则

设计洪水是指水利水电工程规划、设计、施工中指定设计标准的洪水的总称,其内容根据工程设计需要、洪水特性等分别提供洪峰流量、时段洪量及设计洪水过程线。对水库工程而言,当防洪库容较小时,一般以洪峰流量或短时段洪量作控制计算设计洪水;当防洪库容较大时,一般以较长时段的洪量作控制。根据设计需要也可以洪峰及洪量同时控制。

设计洪水计算必须重视基本资料,充分利用已有的实测资料,并重视、运用历史洪水、暴雨资料。当坝址及附近缺乏可以直接引用的水文资料时,必须根据工程要求及设计洪水计算的需要,尽早建立水文站或水位站,以推算设计洪水或检验设计洪水计算中各个环节的成果及坝址水位流量关系曲线。

对设计洪水标准较低的工程,当设计流域缺乏洪水和暴雨资料,但工程地点附近已调查到可靠的历史洪水,其重现期又与工程的设计洪水标准接近时,可直接采用历史洪水或进行适当调整,作为该工程的设计洪水。

对设计洪水计算过程中所依据的基本资料、计算方法及其主要环节、采用的各种参数和计算成果,应进行多方面分析检查,论证其合理性。

对大型工程或重要的中型工程,用频率分析法计算的校核标准设计洪水,应计算抽样误差。经综合分析检查后,如成果有偏小的可能,应加安全修正值,一般不超过计算值的

20%。

(二)设计洪水计算的主要内容

我国已建水库一般是以坝址设计洪水作为设计依据。由于建库后库区范围内的天然河道已被淹没,原有的河槽调蓄已包含在水库容积内,库区产汇流条件也发生了明显的改变。建库前流域内的洪水向坝址出口断面的汇流变为建库后洪水沿水库周界向水库汇入,造成建库后入库洪水较坝址洪水的洪峰流量、短时段洪量增大,峰现时间提前。随着设计时段的增长,入库洪量与坝址洪量的差别逐渐减小。

当库区的天然河道槽蓄量较大时,干支流洪水易遭遇,应采用入库洪水作为设计依据。

当库区的天然河道槽蓄量较小时,干支流洪水遭遇改变不大,对于壅水不高、库容较小或壅水虽高,但河道比降较陡、回水距离较短、洪枯水位的河宽变化不大的河道型水库,可采用坝址洪水作为设计依据。

有的水库虽然入库洪水与坝址洪水差别较大,但水库调洪库容也很大。在这种情况下,仍可采用坝址洪水作为设计依据。

当工程设计需要时,可用水文气象法估算可能最大暴雨,再推算可能最大洪水。对于一级大型土坝、堆石坝,应以可能最大洪水作为校核洪水。20 世纪 70 年代以来我国采用水文气象法对可能最大暴雨进行了研究,如当地暴雨放大法、暴雨移置法、暴雨组合法及暴雨时面深概化法。应当根据本流域特性及资料条件,选用多种方法推算可能最大暴雨,然后综合比较,合理选用。

(三)设计洪水计算方法

根据资料条件,设计洪水可采用以下一种或几种方法进行计算:

(1)坝址或其上、下游邻近地点具有 30 年以上实测和插补延长洪水流量资料,并有调查历史洪水时,应采用频率分析法计算设计洪水。

大中型水利水电工程应尽可能采用流量资料来计算设计洪水,所依据的水文站的观测系列达不到 30 年的要求时,可通过相关插补延长。因实测洪水系列计算的设计洪水成果仍具有较大的抽样误差,因此必须同时采用一定的历史洪水资料,以弥补系列代表性的不足,减小抽样误差。

当坝址处或坝址附近有水文站且与坝址的集水面积相差不大时,可直接使用其资料作为计算设计洪水的依据。

(2)设计河段附近没有可以直接引用的流量资料,工程所在地区具有 30 年以上实测和插补延长的暴雨资料,并有暴雨洪水对应关系时,可采用频率分析法计算设计暴雨,推算设计洪水。

由暴雨推算设计洪水,有许多环节,如产流、汇流计算中有关参数的确定,应有多次暴雨洪水实测资料,以分析这些参数随洪水特性变化的规律,特别是大洪水时的变化规律。

(3)工程所在流域内洪水和暴雨资料均短缺时,可利用邻近地区实测或调查暴雨、洪水资料,分析计算洪峰、洪量统计参数,或相同频率的洪峰模数等,运用地区综合法估算设计洪水。计算资料短缺地区设计洪水和可能最大洪水时,应尽可能采用几种方法。对各种方法计算的成果,应进行综合分析,合理选定。

1. 根据流量资料计算设计洪水

1）洪水频率计算

设计洪水计算，一般采用年最大值选样。洪峰流量每年只选取最大的一个洪峰流量，洪量采用固定时段独立选取年最大值。时段的选定，应根据汛期洪水过程变化、水库调洪能力和调洪方式以及下游河段有无防洪、错峰要求等因素确定。当有连续多峰洪水、下游有防洪要求、防洪库容较大时，则设计时段较长，反之较短。一般常用时段为3、6、12h及1（或24h）、3、5、7、10、15、30d等。

洪水系列的选取应满足频率计算中关于样本独立、同分布的要求，洪水的形成条件应具有同一基础。许多地区的洪水常由不同成因（如融雪、暴雨）、不同类型（如台风、锋面）暴雨形成。一般认为它们是不同分布的，不宜把它们混在一起作为一个洪水系列进行频率计算，也不能把由垮坝所形成的洪水加入系列作频率计算。必要时，可按季节或成因分别进行频率计算，然后转换成年最大值频率曲线。

在n项连序洪水系列中，按大小顺序排位的第m项洪水的经验频率P_m，可采用下列数学期望公式计算：

$$P_m = \frac{m}{n+1} \quad (m = 1,2,\cdots,n) \tag{1-2-15}$$

若在调查考证期N年中有特大洪水a个，其中有l个发生在n项连序系列内，这类不连序洪水系列中各项洪水的经验频率可采用下列数学期望公式计算：

a个特大洪水的经验频率为：

$$P_M = \frac{M}{N+1} \quad (M = 1,2,\cdots,a) \tag{1-2-16}$$

$n-l$个连序洪水的经验频率为：

$$P_m = \frac{a}{N+1} + \left(1 - \frac{a}{N+1}\right)\frac{m-l}{n-l+1} \quad (m = l+1,l+2,\cdots,n) \tag{1-2-17}$$

或

$$P_m = \frac{m}{n+1} \quad (m = 1,2,\cdots,n) \tag{1-2-18}$$

我国大中型设计洪水计算中使用的洪水系列一般都含有历史洪水（或作特大值处理的实测洪水），对于这类不连序系列的洪水经验频率公式，目前国内一般有两种方法。

一种方法是：将已知的a个历史洪水和n个实测洪水看成是抽自所采用水文总体的一个容量为N（调查期）的一个不连序系列。其中a个历史洪水的序位可通过调查、考证确定，因而是已知的；而n个实测洪水的序位是不确定的，尚有$N-a-n$个洪水值未知。在此前提下，已推导出洪水频率次序统计量的数学期望公式，如式（1-2-16）和式（1-2-17）。

另一种方法是：将实测系列与特大洪水系列看成是从所采用总体中独立抽出的两个或几个连序系列，故各项洪水可在各个系列中分别进行排位。于是，认为特大洪水和实测洪水的经验频率都可分别采用式（1-2-16）和式（1-2-18）确定。从这些公式可以看出，实测洪水系列和特大洪水系列的容量显然分别被取作n和N。

历史洪水对频率计算成果有重大影响，但历史洪水数值及其调查期、序位等的不确定度又要比实测洪水的大。应分析、论证少数特大洪水的定量计算和调查期、序位，并尽可能估计它们可能的误差，以便提高洪水频率分析的精度。

我国洪水频率曲线的线型一般应采用皮尔逊Ⅲ型。特殊情况，经分析论证后也可采用其他线型。由于洪水总体的频率曲线线型是未知的，目前只能选用能较好地拟合大多数较长洪水系列的线型来分析洪水统计规律。20 世纪 60 年代以来，根据我国洪水资料的验证，认为皮尔逊Ⅲ型能适合我国大多数洪水系列。此后，我国洪水频率分析一直采用皮尔逊Ⅲ型曲线。但考虑到我国幅员辽阔，各地水文情势差别甚远，洪水成因各地不一，而且皮尔逊Ⅲ型曲线也有一定的局限性，所以对于特殊情况，并经专门的分析论证，可以采用其他线型。

皮尔逊Ⅲ型频率曲线的统计参数采用均值$\overline{X}$、变差系数 C_v 和偏态系数 C_s 表示，它们分别有一定的统计意义。均值$\overline{X}$表示系列的平均数量水平；C_v 表示系列年际变化剧烈程度；C_s 表示年际变化的不对称度。

根据统计参数，应用下式确定相应频率的设计洪水值：

$$X_P = (1 + C_v \Phi_p) \overline{X} \tag{1-2-19}$$

式中，Φ_p 为离均系数，根据 C_s 及 P 值查表选用。

统计参数的估计可按下列步骤进行：

(1)初步估计参数。一般首先采用参数估计法，如矩法估计统计参数。将这些参数值作为适线的初始值。由于矩法简单易行，因此使用最广。

对于 n 年连序系列，矩法计算各统计参数的公式为：

均值

$$\overline{X} = \frac{1}{n}\sum_{i=1}^{n} X_i \tag{1-2-20}$$

变差系数

$$C_v = \frac{1}{\overline{X}}\sqrt{\frac{1}{n-1}\sum_{i=1}^{n}(X_i - \overline{X})^2} \tag{1-2-21}$$

偏态系数

$$C_s = \frac{n\sum_{i=1}^{n}(X_i - \overline{X})^3}{(n-1)(n-2)\overline{X}^3 C_v^3} \tag{1-2-22}$$

对于调查考证期 N 年中有特大洪水 a 个，其中有 l 个发生在 n 项连序系列内，这类不连序洪水系列，矩法计算各参数的公式为：

均值

$$\overline{X} = \frac{1}{N}\left[\sum_{j=1}^{a} X_j + \frac{N-a}{n-l}\sum_{i=l+1}^{n} X_i\right] \tag{1-2-23}$$

变差系数

$$C_v = \frac{1}{\overline{X}}\sqrt{\frac{1}{N-1}\left[\sum_{j=1}^{a}(X_j - \overline{X})^2 + \frac{N-a}{n-l}\sum_{i=l+1}^{n}(X_i - \overline{X})^2\right]} \tag{1-2-24}$$

偏态系数

$$C_s = \frac{N\left[\sum_{j=1}^{a}(X_j - \overline{X})^3 + \frac{N-a}{n-l}\sum_{i=l+1}^{n}(X_i - \overline{X})^3\right]}{(N-1)(N-2)\overline{X}^3 C_v^3} \tag{1-2-25}$$

式中 X_j——特大洪水变量,$j=1,2,\cdots,a$;

X_i——实测洪水变量,$i=l+1,l+2,\cdots,n$。

(2)采用适线法来调整初步估计的参数。目前我国实际工作中采用的适线法有两种:一种是先选择适线目标函数(即适线准则),然后求解相应的最优统计参数;另一种是经验适线法(目估适线法)。

选择适线准则时,应考虑洪水资料精度,并且要便于分析、求解。当系列内各项洪水(绝对)误差比较均匀时,可考虑采用离差平方和准则或离差绝对值和准则;当不同量级的洪水(尤其是历史洪水)误差差别较大,但相对误差比较均匀时,可考虑采用相对离差平方和准则。

经验适线法简易、灵活,能反映设计人员的经验,但难以避免设计人员的主观任意性。而且,为适线方便,经验拟定的 C_v、C_s 倍比值也缺乏根据。洪水频率计算时,应尽可能拟合全部点据,尽量照顾点群的趋势,使曲线通过点群中心,拟合不好时,可侧重考虑较可靠的大洪水点据。对于特大洪水,应分析它们可能的误差范围。

(3)适线调整后的统计参数应根据本站径流、洪峰、不同时段洪量统计参数和设计值的变化规律,以及上下游、干支流和邻近流域各站的成果进行合理性检查,必要时可作适当调整。

2)设计洪水过程线

洪水系列是表征洪水过程特征值(如洪峰流量、各种时段洪水总量等)的样本。根据洪水特征、工程特点和规划设计要求,许多情况下,常分别选取洪峰流量和几个时段的洪水总量的系列,以便既能反映工程调洪控制时段内的洪水过程,又不致破坏流域洪水过程的完整性。

所谓控制时段 t_c 是指洪水过程对工程调洪后果起控制作用的时段。它接近于调洪过程中从蓄洪开始至达到最高蓄水位后的全部历时。显然,它与流域洪水特性和工程调洪能力有关。一般来说,当流域洪水过程尖瘦、洪水历时较短、水库调洪库容较小、而泄洪能力大时,t_c 较短,反之,t_c 较长。在实际工作中,控制时段 t_c 是通过对调洪演算成果分析后确定的。当 t_c 较长时,一般再将 t_c 时段划分成若干时段(以 2 ~3 时段为宜)。

设计洪水过程线应选资料较为可靠、具有代表性、对工程防洪运用较不利的大洪水作为典型,采用放大典型洪水过程线的方法推求。

放大典型洪水过程线时,可根据工程和流域洪水特性,采用下列方法:

(1)同频率放大法。按设计洪峰及一个或几个时段设计洪量同频率控制放大典型洪水,也可按几个时段设计洪量同频率控制放大,所选用的时段以 2 ~3 个为宜。

同频率法洪峰和各时段洪量同时控制时,放大系数计算公式为:

$$\left.\begin{aligned} K_Q &= \frac{Q_P}{Q_{典}} \\ K_{W1} &= \frac{W_{1P}}{W_{1典}} \\ K_{W2} &= \frac{W_{2P} - W_{1P}}{W_{2典} - W_{1典}} \end{aligned}\right\} \tag{1-2-26}$$

式中　Q_P、W_{1P}、W_{2P}——频率 P 相应的洪峰流量及各时段洪量；

$Q_{典}$、$W_{1典}$、$W_{2典}$——典型洪水过程线的洪峰流量和各时段洪量。

(2)同倍比放大法。按设计洪峰或某一时段设计洪量控制，以同一倍比放大典型洪水。

对水库工程而言，当防洪库容较小时，一般以洪峰流量或短时段洪量作控制计算设计洪水；当防洪库容较大时，一般以较长时段的洪量作控制。

同倍比法以峰控制时，放大系数公式为：

$$K_Q = \frac{Q_P}{Q_{典}} \tag{1-2-27}$$

以控制时段(t_c)内洪量控制时，放大系数公式为：

$$K_W = \frac{W_{tc,P}}{W_{tc,典}} \tag{1-2-28}$$

3)入库设计洪水

历年或典型年的入库洪水，可根据资料条件选用下列方法分析计算：

(1)流量叠加法。当水库周边附近有水文站，其控制面积占坝址以上面积的比重较大、资料较完整可靠时，可分干支流、区间陆面和库面分析推算分区的入库洪水，再叠加为集中的入库洪水。

(2)流量反演法。当汇入库区的支流洪水所占比重较小时，可采用马斯京根法或槽蓄曲线推算入库洪水。

(3)水量平衡法。对于已建水库，可根据水库下泄流量及水库蓄水量的变化反推入库洪水。

根据资料条件及工程设计需要，可采用下列方法计算集中的或分区的入库设计洪水：

(1)当有较长的入库洪水系列时，可采用频率分析法计算入库设计洪水。

(2)当入库洪水系列较短，不能采用频率分析法时，可采用坝址设计洪水的放大倍比，放大典型入库洪水，作为入库设计洪水。

(3)当汇入库区的支流洪水所占比重较小时，可将坝址设计洪水采用流量反演法推求入库设计洪水。

2. 根据暴雨资料推算设计洪水

1)设计暴雨

水利水电工程各种标准的设计暴雨包括设计流域各种历时面平均暴雨量、暴雨的时程分配和面分布等，并假定设计暴雨和设计洪水同频率。根据计算设计洪水的需要，可计算其全部或部分内容。

流域各种历时设计面平均暴雨量，根据流域面积大小和资料条件，可采用以下方法计算：

(1)当流域各种历时面平均暴雨量系列较长时，应采用暴雨频率分析的方法直接计算。

(2)当流域面积较小，各种历时面平均暴雨量系列短缺时，可用相应历时的设计点暴雨量和暴雨点面关系间接计算。

暴雨点面关系，一般应采用本地区综合的定点定面关系，当资料条件不具备时也可借用动点动面关系，但应设法作适当修正。

(3)当流域面积很小时，可用设计点暴雨量作为流域设计面平均暴雨量。

各种历时设计点暴雨量可采用以下方法计算：

(1)在流域内及邻近地区选择若干个测站，对所需的各种历时暴雨作频率分析，并进行地区综合。根据测站位置、资料系列的代表性情况，合理确定流域的设计点暴雨量。

(2)从经过审批的暴雨统计参数等值线图上查算工程所需历时的设计点暴雨量。当本地区及邻近地区近期发生大暴雨时，应对查算成果进行检查，必要时作适当调整。

设计点暴雨量和面暴雨量的频率分析，按以下规定进行：

(1)特大暴雨的重现期可根据该次暴雨的雨情、水情和灾情以及邻近地区的长系列暴雨资料分析确定。

(2)当设计流域缺乏大暴雨资料，而邻近地区已出现大暴雨时，可移用邻近地区的暴雨资料加入设计流域暴雨系列进行频率分析。但对移用的可能性及重现期应进行分析，并注意地区差别，作必要的改正。

(3)设计暴雨的统计参数及设计值必须进行地区综合分析和合理性检查。

设计暴雨的时程分配，应根据符合大暴雨雨型特性的综合或典型雨型，采用不同历时设计暴雨量同频率控制放大。

设计暴雨量的面分布，应根据符合大暴雨面分布特性的综合或典型面分布，以流域设计面雨量为控制，进行同倍比放大计算。也可采用几种面积的设计面雨量同频率控制放大计算。

2)可能最大暴雨

采用水文气象法推求可能最大暴雨，应分析流域和邻近地区暴雨特性及成因，根据资料条件和设计要求一般可采用下列方法：

(1)设计流域有特大暴雨资料时，可用当地暴雨法。

(2)邻近地区有特大暴雨资料时，可用暴雨移置法。

(3)流域面积大、设计历时长时，可用暴雨组合法。

(4)设计流域及气候一致区内有较多特大暴雨资料时，可用暴雨时面深概化法。

放大暴雨时，应根据所选暴雨的具体情况，确定放大方法和放大指标：

(1)当所选暴雨为罕见特大暴雨时，可只作水汽因子放大。以地面露点作为水汽因子指标，应分析地面露点在时间和地区上的代表性。

(2)当所选暴雨为非罕见特大暴雨，动力因子与暴雨有正相关趋势时，可作水汽和动力因子放大。放大时应分析上述因子的合理组合。对风速指标应分析代表站风速在时间及空间上的代表性。

放大时应根据因子的物理特性,选用暴雨过程中实测资料的最大值或重现期为50年的数值作为放大指标。

移置暴雨时必须研究移置的可能性。设计流域与移置暴雨发生地区应有相似的天气、气候、地形条件。暴雨移置时,应根据地理位置、地形条件的差异对暴雨进行移置改正。

组合暴雨时必须分析暴雨的大环流形势及天气系统衔接演变的可能性,并分析论证组合方式的合理性。

应用暴雨时面深概化法时,应分析分区综合的可能最大暴雨时面深外包线的合理性。转换为设计流域可能最大暴雨时,应符合设计流域的暴雨特性。

当流域面积小于1 000km^2,暴雨资料又缺乏时,可根据本地区的可能最大24h点暴雨等值线图和点面关系查算设计流域的可能最大暴雨。如本地区及邻近地区近期发生特大暴雨,应对查算的成果进行检查,必要时作适当调整。

当设计流域所在地区有一定数量的大暴雨资料而缺乏气象资料时,也可采用统计估算法推求可能最大暴雨。

资料条件具备,天气、气候和暴雨的季节变化明显,工程设计需要时,可推求分期可能最大暴雨。

可能最大暴雨的时程分配和流域面分布,可采用典型或综合概化的雨型放大确定。

3)产流和汇流计算

由设计暴雨推算设计洪水,应充分利用设计流域或邻近地区实测的暴雨、洪水对应资料,对产流与汇流计算方法中的参数进行率定,并分析参数在大洪水时的特性及变化规律。参数率定与使用方法必须一致。洪水过程的分割与回加必须一致。不同方法的产流、汇流参数不得任意移用。

产流和汇流计算应根据设计流域的水文特性、流域特性和资料条件,选用不同的方法。产流计算可采用暴雨径流相关与扣损等方法。汇流计算可采用单位线、河网汇流曲线等方法。如流域面积较小可用推理公式计算。当资料条件允许时,也可采用流域模型进行计算。

当流域面积小于1 000km^2,暴雨资料短缺时,可采用经审批的暴雨径流查算图表作为计算设计洪水的一种依据。如当地或邻近地区近期发生大暴雨洪水,应对查算的产流、汇流参数进行合理性检查,必要时可对参数作适当修正。

如单位线的峰值、滞时或汇流参数有随雨强和暴雨中心位置而变化的趋势,应作非线性校正。校正时应分析高水位的河槽蓄泄关系的变化规律,拟定控制非线性外延的临界雨强或临界流量。

当流域面积较大,暴雨在面上的分布不均匀,产流、汇流条件有较大差异时,可将流域划分成几个计算单元,分别进行产流、汇流计算,再经河道演算,并与底水组合叠加为设计断面的洪水过程线。

用推理公式计算的设计洪水成果,应与本地区实测和调查的特大洪水以及设计洪水成果进行对比分析,以检查其合理性。

(四)分期洪水计算

工程设计、施工、运行时要求有不同分期的设计洪水。为了满足工程设计方面的需要,应结合洪水特性计算分期设计洪水。为了保证分期最大洪水系列能满足分期设计洪水的精度,分期不应太细,一般不宜短于一个月。

分期的起讫日期,应根据流域洪水的季节变化规律,并考虑设计需要确定。由于洪水出现的偶然性,各年分期洪水的最大值不一定正好在所定的分期内,可能往前或往后错开几天。因此,在用分期年最大值选样时,有跨期或不跨期两种选样方法。跨期选样时,为了反映每个分期的洪水特征,选样的日期不宜超过5~10d。

不跨期和跨期计算的分期设计洪水是不相同的。不跨期选样的系列没有反映分期洪水提前或推迟的偶然特点,在使用时允许跨期。跨期选样时,系列中已反映了洪水出现时间的偶然性,因此使用分期洪水时就不再跨期。

分期洪水的年际变幅较大,分期历史洪水的调查与考证难度大,特别是系列较短时,分期洪水频率计算成果的随机误差要比年最大洪水的大,因此应进行综合分析。一般应将分期洪水的均值及各种频率的设计值置于同一分布图上,分析季节或分期变化规律,并与年最大洪水的频率计算成果加以比较。在使用范围内,各分期的洪水不允许与年最大洪水的频率曲线相互交叉,如不协调,应当加以调整。

四、洪水地区组成计算

随着江河治理与开发,我国许多河流采用梯级开发方式,水库群的调蓄对下游设计断面洪水的影响愈来愈突出。推求设计断面受上游水库调蓄影响的设计洪水,必须拟定设计断面以上的设计洪水地区组成。为此,常用洪水地区组成法,其中包括以下两种方法:典型洪水组成法和同频率洪水组成法。此外,还有地区洪水频率组合法和洪水随机模拟法。

对拟定洪水地区组成方法中存在组成后洪水的频率含义不清、对防洪不安全等问题,地区洪水频率组成法和洪水随机模拟法,具有一定的优点和精度。但由于这两种方法对资料及计算条件的要求较高,因此在有条件时才可考虑采用。

(一)洪水地区组成法

拟定设计洪水的地区组成,即通常先将控制断面设计洪量分配给上游各分区,然后选择典型洪水过程线,以各分区分配到的洪量为控制,放大各分区洪水过程线。设计洪量分配时可采用两类基本方法:

(1)典型洪水组成法,关键是典型洪水的选择。典型的大洪水是指能代表各分区不同来水类型、在设计条件下可能发生的且对控制断面防洪不利的洪水典型。用设计断面的洪量放大倍比放大区间及上游水库同一典型洪水过程,以推求区间及上游水库的设计洪水。

(2)同频率洪水组成法,即区间洪水与设计断面洪水同频率,上游水库为相应洪水;或上游水库洪水与设计断面洪水同频率,区间为相应洪水。再按各自的洪量控制放大同一典型洪水,推求区间及上游水库的设计洪水。上游水库洪水经水库调蓄后,其下泄洪水过程与区间洪水过程组合,即为设计断面受上游水库调蓄影响的设计洪水。分洪及滞洪等工程对下游设计断面洪水的影响与水库相似,同样可采用上述方法确定。

在梯级水库情况下,典型洪水组成法和同频率洪水组成法是基本方法。不过由于梯级水库涉及多控制断面、多区间的复杂情况,在具体应用这些方法时,应作更多的分析。我国目前梯级水库较多的河流,如黄河上游、红水河、乌江、松花江等,流域面积均较大,在拟定洪水组成时往往不易选择到对各级水库防洪都不利的一次典型洪水。此时从防洪安全考虑,可自下而上逐级分析,每一级可以独立拟定洪水的地区组成,即各级设计洪量可以采用不同的典型洪水进行分配,也可混合采用典型洪水组成法及同频率洪水组成法分配洪量。

由于河网调蓄作用等因素的影响,一般不能用同频率组成法拟定设计洪峰流量的地区组成。

由于分区洪水过程线是控制断面设计洪水过程线的组成部分,因此对控制断面及各分区都应采用同一典型洪水过程线进行放大,才可能使各分区逐时段流量组合后与控制断面相应时段的流量基本一致,满足上下游之间的水量平衡。

所拟定的设计洪水地区组成在设计条件下是否合理,需要通过分析该组成是否符合控制断面以上各分区洪水组成规律才能加以判断。由于拟定洪水地区组成时一般是先分配洪量,再放大过程线,如果采用同频率组成法分配洪量,各分区洪水过程线的放大倍比是不一样的,虽然总的时段洪量已得到控制,但逐时段流量就不一定都满足水量平衡要求。因此,从水量平衡方面进行合理性检查十分必要。同样,各分区洪水过程线组合演算到控制断面,与控制断面设计洪水过程线的形状应进行对比检查。如差别较大,一般以控制断面的设计洪水过程线为准,修正各分区的洪水过程线。

(二)地区洪水频率组合法

采用地区洪水频率合成法需要有各区组合变量的频率曲线,以洪量作为组合变量比以洪峰作为组合变量较易处理各分区与控制断面之间的水量平衡问题。同时,频率组合计算的目的是分析不同组成情况下上游工程的调蓄作用,对这种调蓄作用影响较大的也是洪量。当分区较多,即组合变量较多时,不仅大大增加计算量,而且精度难以控制,因此组合变量不宜太多,一般以不超过3个为宜。

(三)洪水随机模拟法

采用洪水随机模拟法,应根据工程要求及流域特性和资料条件选择适当的模型。模型选择应考虑如下主要因素:所选定的模型数学上合理,物理意义明确,概念清楚,能适应流域洪水时空变化规律;基本资料能符合建模要求,且模型的适应性较强,结构简单,参数易于估计;所选用的模型应有一定的使用经验。分区的原则主要考虑蓄水工程、防洪控制断面及资料条件等因素。有的防洪系统由于工程需要分区面积从数千平方千米到数万平方千米,因此所选定的模型必须有相应的适应性。洪水随机模型的对象可以是时段洪量,也可以是一次或汛期逐日洪水过程。对所选定的模型除应进行残差独立性、正态性检验外,主要还应从水文特性上进行检验。如按日生成则应对洪水过程各截口的统计参数、洪峰、关键时段洪量的统计参数和分位数、峰现时间、洪水地区组成特性等方面进行实用性检验。

第三节　水资源

一、径流还原计算、资料插补延长

(一)径流还原计算

随着各类水利水电工程的兴建、水土保持措施的逐步实施以及分洪、溃口等情况的发生,径流及其过程发生明显变化,改变了径流系列的一致性,应将受影响的部分还原到天然状况。

径流还原计算可采用分项调查法、降雨径流模式法、蒸发差值法等方法。集水面积较大时,可根据人类活动影响的地区差异分区调查计算。

1. 分项调查法

分项调查法以水量平衡为基础。当社会调查资料比较充分,各项人类活动措施和指标比较落实时,可获得较满意的结果。一般根据各项措施对径流的影响程度采用逐项还原或对其中的主要影响项目进行还原。径流还原计算分项调查法采用的水量平衡方程式为:

$$W_{天然} = W_{实测} + W_{农业} + W_{工业} + W_{生活} \pm W_{调蓄} \pm W_{水保} \pm W_{引水} \pm W_{分洪} \tag{1-3-1}$$

式中　$W_{天然}$——还原后的天然径流量;

$W_{实测}$——实际观测的径流量;

$W_{农业}$、$W_{工业}$、$W_{生活}$——农业、工业、生活耗水量;

$W_{调蓄}$、$W_{水保}$——蓄水工程、水土保持工程蓄水变量(蓄水为正,泄水为负);

$W_{引水}$、$W_{分洪}$——跨流域引水和分洪溃口水量(流出为正,流进为负)。

一般情况下,农业灌溉用水量是还原计算的主要项目,应详细计算。工业用水量可通过工矿企业的产量、产值及单产耗水量调查分析而得。蓄水工程的蓄变量可按水位容积曲线推求。跨流域引出水量为直接还原水量,跨流域引入水量只计算其回归水量。水土保持措施对径流的影响可根据资料条件分析计算。

2. 降雨径流模式法

降雨径流模式法适用于人类活动措施难以调查或调查资料不全时,直接推求天然径流量。首先建立未受人类活动等影响的降雨径流模式,再采用受人类活动等对径流有显著影响期间的降水资料,推求天然径流量。

3. 蒸发差值法

蒸发差值法适用于时段较长情况下的还原计算。还原时可略去流域蓄水量变化,还原量为人类活动前后流域蒸发的变化量。使用时要注意流域平均雨量计算的可靠性、蒸发资料的代表性和蒸发公式的地区适用性。

还原计算应逐年、逐月(旬)进行。逐年还原所需资料不足时,可按人类活动措施的不同发展时期采用丰、平、枯水典型年进行还原估算。逐月(旬)还原所需资料不足时,可分主要用水期和非主要用水期进行还原估算。

对还原水量和还原后的天然径流量成果,要进行合理性检查。采用分项调查法进行还原计算时,要着重检查和分析各项人类活动措施数量和单项指标的准确性;经还原计算后的上下游、干支流长时段径流量,要基本符合水量平衡原则。可通过点绘还原前后上下游年、月径流相关图,根据降雨分布和下垫面条件检查还原前后相关关系的合理性。也可通过还原前后的径流深点绘降雨径流关系,通常还原后的相关点据较还原前的相关点据集中,相关系数提高,且符合地区降雨径流关系的一般规律。

(二)径流资料的插补延长

径流频率计算依据的资料系列应在30年以上。当设计依据站实测径流资料不足30年,或虽有30年但系列代表性不足时,应进行插补延长。插补延长年数应根据参证站资料条件、插补延长精度和设计依据站系列代表性要求确定。在插补延长精度允许的情况下,尽可能延长系列长度。

径流系列的插补延长,根据资料条件可采用下列方法:

(1)本站水位资料系列较长,且有一定系列长度流量资料时,可通过本站的水位流量关系插补延长。

(2)上下游或邻近相似流域参证站资料系列较长,与设计依据站有一定长度同步系列,相关关系较好,且上下游区间面积较小或邻近流域测站与设计依据站集水面积相近时,可通过水位或径流相关关系插补延长。

(3)设计依据站径流资料系列较短,而流域内有较长系列雨量资料,且降雨径流关系较好时,可通过降雨径流关系插补延长。该法较适用于我国南方湿润地区,对于干旱地区,降雨径流关系较差,难以利用降雨径流关系来插补径流系列。

采用相关关系插补延长时,其成因概念应明确。相关点据散乱时,可增加参变量改善相关关系;个别点据明显偏离时,应分析原因。相关线外延的幅度不宜超过实测变幅的50%。

对插补延长的径流资料,应从上下游水量平衡、径流模数等方面进行分析,检查其合理性。

二、径流分析的主要内容及方法

(一)径流分析的主要内容

径流分析计算应包括下列内容:

(1)径流特性分析;

(2)人类活动对径流的影响分析及径流还原;

(3)径流资料插补延长;

(4)径流系列代表性分析;

(5)年、期径流及其时程分配的分析计算;

(6)计算成果的合理性检查。

径流分析计算一般包括以上所列各项内容,但并不是所有的工程都要完成全部内容,而是可以根据设计要求有所取舍。对径流特性要着重分析径流补给来源、补给方式及其年内、年际变化规律。

径流统计分析要求径流系列具有随机特性,而这种特性只有在未受人类活动影响,河流处于天然状态下的水文资料才能满足要求。因此,径流计算应采用天然径流系列。当径流受人类活动影响较小或影响因素较稳定,径流形成条件基本一致时,径流计算也可采用实测系列。

(二)径流分析方法及成果合理性检查

1. 径流频率计算

径流频率计算依据的资料系列应在30年以上。径流的统计时段可根据设计要求选用年、期等。对于水电工程,年水量和枯水期水量决定着发电效益,采用年或枯水期作为统计时段;而灌溉工程则要以灌溉期或灌溉期各月作为统计时段等。

在 n 项连续径流系列中,按大小次序排列的第 m 项的经验频率 P_m,应按式(1-3-2)数学期望公式计算:

$$P_m = \frac{m}{n+1} \times 100\% \qquad (m = 1,2,\cdots,n) \tag{1-3-2}$$

当实测或调查的特枯水年,经考证确定其重现期后,可仍采用数学期望公式计算经验频率 P_m。

径流频率曲线的线型,应采用皮尔逊Ⅲ型。经分析论证,也可采用其他线型。

径流频率曲线的统计参数,采用均值 $\overline{X}$、变差系数 C_v 和偏态系数 C_s 表示。统计参数可用矩法等方法初估,用适线法调整确定。适线时,应在拟合点群趋势的基础上,侧重考虑平、枯水年的点据。

当工程地址与设计依据站的集水面积相差不超过15%,且区间降水、下垫面条件与设计依据站以上流域相似时,可按面积比推算工程地址的径流量。若两者集水面积相差超过15%,或虽不足15%,但区间降水、下垫面条件与设计依据站以上流域差异较大,应考虑区间与设计依据站以上流域降水、下垫面条件的差异,推算工程地址的径流量。

根据资料条件和设计要求,可采用长系列或选用代表段、代表年的径流资料作为设计的依据。代表段的径流系列中应包括丰、平、枯水年,且其年径流的均值、变差系数应与长系列接近。代表年应选择测验精度较高的年份,其年、期的径流量应与设计频率的径流量接近。

径流资料短缺时,工程地址径流量可根据设计流域降水资料,采用设计流域或邻近相似流域的降雨径流关系估算,也可采用经主管部门审批的最新水文图集或水文比拟、地区综合等方法估算。设计年径流的年内分配,可参照邻近相似流域的资料,采用水文比拟、地区综合等方法分析确定。水文资料短缺地区的水文计算,应采用多种方法,对计算成果应综合分析,合理确定。

根据设计要求,可采用随机模型法模拟径流系列。

径流的分析计算成果可通过上下游、干支流及邻近流域的径流量对比分析,按水量平衡原则、水文要素地区变化规律等检查其合理性。

2. 枯水径流分析计算

枯水径流应根据设计要求,分析计算其最小流量、最小日平均流量、时段径流量及其过程线等。

枯水径流分析计算,应调查历史枯水水位、流量及其出现与持续时间,河道变化、干涸断流情况及人类活动对枯水径流的影响等。

枯水径流系列的插补延长,可采用水位流量关系、上下游或邻近相似流域参证站与设计依据站的流量相关等方法。

人类活动使工程地址枯水径流发生明显变化时,应进行枯水径流的还原。可采用分项调查、退水曲线、长短时段或上下游枯水径流量相关等方法进行还原计算。

特枯径流的重现期应根据调查资料,结合历史文献、文物,设计流域和邻近流域长系列枯水径流、降水等资料,综合分析确定。

枯水径流的分析计算,应结合枯水径流特性,按《水利水电工程水文计算规范》(SL278—2002)的3.5条的规定执行。枯水径流系列中出现零值时,可采用包含零值项的频率计算方法计算。

枯水径流的分析计算成果,应与上下游、干支流及邻近流域的计算成果比较,分析检查其合理性。

3. 冰雪融水补给地区径流分析计算

设计流域冰川覆盖率大于5%或受冰雪融水影响的设计依据站,其水位、流量夏季有明显日周期变化时,应根据冰雪融水补给特性进行径流分析计算。

冰雪融水补给地区径流分析计算,应搜集设计流域冰川面积和储量、季节性积雪、冰川区降水、冰川站和邻近地区探空站气温、冰川湖容积、冰坝溃决及冰川考察研究成果等资料。

冰雪融水补给地区径流还原计算,除应符合一般径流还原的规定外,尚应着重调查人工融冰化雪和冰川湖溃决等情况。有条件时应进行还原计算,还原计算困难时,应加以说明。

冰雪融水补给地区径流资料短缺时,应进行插补延长。采用上下游径流插补延长时,应分析设计依据站与区间径流补给条件的差异。采用邻近流域的径流资料插补延长时,应分析设计依据站与参证站径流成因的相似性。当径流与气温关系较好时,可用气温与径流相关,或降水、气温等与径流相关进行插补延长。

冰雪融水补给地区径流系列代表性分析,可根据设计依据站或气候一致区内邻近流域的长系列径流资料分析评价。冰雪融水所占比重较大,且无长系列径流资料时,也可采用与径流关系密切的气温资料等分析评价。

冰雪融水补给地区径流分析计算的频率曲线线型,除采用皮尔逊Ⅲ型外,经分析论证也可采用适合冰雪融水补给地区的线型。

工程地址设计径流量推算,应考虑设计依据站与区间径流补给条件的差异。

冰雪融水补给地区径流计算成果,应充分利用已有的水文、气象图集等资料,分析冰雪融水补给地区的水文规律,根据冰雪融水补给条件,通过上下游及邻近流域成果比较,分析检查其合理性。

4. 岩溶地区径流分析计算

岩溶地区设计依据站与邻近非岩溶地区水文站的年径流系数相差20%以上,且径流年内分配有明显差异,经调查设计依据站以上流域地下分水线与地面分水线的控制面积相差20%以上时,应根据岩溶地区的径流特性进行径流分析计算。

岩溶地区径流的分析计算,应调查搜集设计依据站以上地下分水线及其控制面积,漏斗、溶洞、泉水出露及伏流、暗河的水文特性等资料。

岩溶地区的径流还原计算，对水库尚应采用包括地下库容在内的库容曲线。

采用上下游参证站径流插补延长设计依据站径流，或根据设计依据站径流推算工程地址径流时，应考虑区间岩溶对径流的影响。

采用上下游或邻近流域参证站的径流年内分配推求设计依据站的年内分配时，应分析溶洞、暗河等的调蓄作用对径流年内分配的影响。

岩溶地区径流计算成果，可通过上下游、邻近流域参数比较，降雨径流关系对比分析及径流参数等值线图查算等，检查其合理性。对比分析时，应将非闭合流域计算成果换算成闭合流域相应成果。

（三）径流系列代表性分析

径流计算要求系列能反映径流多年变化的统计特性，较好地代表总体分布。系列代表性分析包括设计依据站长系列、代表段系列对其总体的代表性分析。由于总体是未知的，一般来说，系列越长，样本包含总体的各种可能组合信息越多，其代表性越好，抽样误差越小。径流系列应通过分析系列中丰、平、枯水年和连续丰、枯水段的组成及径流的变化规律，评价其代表性。

设计依据站径流系列代表性分析，根据资料条件可采用下列方法：

(1)设计依据站径流系列较长时，其代表性可通过滑动平均，均值、变差系数的累积均值曲线等分析，了解均值、变差系数趋于稳定的系列长度，同时为代表段的选取提供依据。也可通过对系列的差积曲线变化、时间序列分析等，了解该系列或代表段系列是否包含一个或几个完整的周期，是否处于径流的偏大或偏小时期，以及丰、平、枯和连续丰、枯水径流组成等，评价该系列或代表段系列的代表性。

(2)径流系列较短，而上下游或邻近地区参证站径流系列较长时，可在邻近地区选取与设计依据站水文气象和下垫面条件相似、有长系列径流资料的参证站，分析参证站相应短系列的代表性，评价设计依据站径流系列的代表性。用参证站进行代表性分析时，应分析参证站与设计依据站的径流丰、枯变化规律，计算参证站长系列与设计依据站同步短系列的均值和变差系数。如果两者大致接近，即认为设计依据站径流系列具有代表性。

(3)径流系列较短，而设计流域或邻近地区雨量站降水系列较长时，可分析雨量站相应短系列的代表性，评价设计依据站径流系列的代表性。用降水资料进行代表性分析时，首先分析降水与径流的同步性、降水和径流的相关程度。关系密切时，可比较降水量长、短系列的均值和变差系数，如果两者接近，说明降水的短系列具有代表性，从而认为与短系列降水资料同步的设计依据站径流系列也具有代表性。

当设计依据站径流系列代表性不足而又难以延长时，可通过参证站长、短系列的统计参数或地区综合，对发现偏丰或偏枯的设计依据站系列，参照参证站长、短系列的比例关系，对径流计算进行修正。当难以修正时，应对计算成果加以说明。

三、地表水、地下水资源量分析计算

（一）地表水资源量分析计算

地表水资源是指河流、湖泊、冰川等地表水体中由当地降水形成的可以逐年更新的动态水量，用天然河川径流量表示。我国最近的水资源评价，采用一致性较好、反映近期下垫面条件下的1956～2000年天然年径流系列作为评价地表水资源的依据。地表水资源数量评价应包括下列内容：

(1)单站径流资料统计分析；

(2)主要河流(一般指流域面积大于5 000km^{2}的大河)年径流量计算；

(3)分区地表水资源数量计算；

(4)地表水资源时空分布特征分析；

(5)入海、出境、入境水量计算；

(6)地表水资源可利用量估算；

(7)人类活动对河川径流的影响分析。

1. 单站径流量分析

单站径流资料统计分析应符合下列要求：

(1)凡资料质量较好、观测系列较长的水文站均可作为选用站，包括国家基本站、专用站和委托观测站。各河流控制性测站为必须选用站。

(2)受水利工程、用水消耗、分洪决口影响而改变径流情势的测站，应进行还原计算，将实测径流系列修正为天然径流系列，并进行一致性分析，参见水利部水利水电规划总院2002年8月编制的《全国水资源综合规划技术细则(试行)》。

(3)统计大河控制站、区域代表站历年逐月天然径流量，分别计算长系列和同步系列年径流量的统计参数；统计其他选用站的同步期天然年径流系列，并计算其统计参数。

2. 主要河流年径流量计算

主要河流年径流量计算，选择河流出口控制站的长系列径流量资料，分别计算长系列和同步系列的平均值及不同频率的年径流量。

3. 分区地表水资源量分析

分区地表水资源量是指区内降水形成的河川径流量，不包括入境水量。分区地表水资源量计算应符合下列要求：

(1)针对不同情况，采用不同方法计算分区年径流量系列：当区内河流有水文站控制时，以大江大河一级支流控制站和中等河流控制站为骨干站点，计算各水资源分区天然年径流量系列，根据控制站天然年径流量系列，按面积比修正为该地区年径流量系列；在没有测站控制的地区，可利用水文模型或自然地理特征相似地区的降雨径流关系，由降水系列推求径流系列；还可通过逐年绘制年径流深等值线图，从图上量算分区年径流量系列，经合理性分析后采用。

(2)计算各分区和全评价区同步系列的统计参数和不同频率的年径流量。

4. 入海、出境、入境水量计算

入海、出境、入境水量计算应选取河流入海口或评价区边界附近的水文站，根据实测径流资料采用不同方法换算为入海断面或出、入境断面的逐年水量，并分析其年际变化趋势。

5. 地表水资源时空分布特性分析

地表水资源时空分布特征分析应符合下列要求：

(1)选择集水面积为 300 ~ 5 000km^2 的水文站(在测站稀少地区可适当放宽要求),根据还原后的天然年径流系列,绘制同步期平均年径流深等值线图,以此反映地表水资源的地区分布特征。

(2)按不同类型自然地理区选取受人类活动影响较小的代表站,分析天然径流量的年内分配情况。

(3)选择具有长系列年径流资料的大河控制站和区域代表站,分析天然径流的多年变化。

(二)地下水资源量分析计算

地下水资源量,主要是与大气降水、地表水体有直接补给或排泄关系,并可逐年更新的动态地下水量。当前地下水资源评价是对近期多年平均浅层地下水资源量及其分布特征进行全面评价。

地下水资源量分析计算应计算补给量、排泄量和可开采量及时空分布特征,以及人类活动对地下水资源的影响。分析计算时,应搜集含水层特征、水文地质参数、地下水开发利用情况、实际开采量和地下水动态观测等资料。地下水资源量分析计算所需搜集的资料中,含水层特征包括地质构造,包气带及开采含水层岩性组成、厚度和空间位置等;地下水动态观测资料是指地下水水位、水温、水质等。

1. 地下水分区

应根据区域地形地貌特征、地层岩性、地下水类型和矿化度等划分水文地质单元。为确定计算方法和选用水文地质参数,需划分地下水资源评价类型区。首先按地形地貌特征划分出平原区和山丘区,称Ⅰ级类型区。再根据次级地形地貌特征、地层岩性及地下水类型,将山丘区划分为一般山丘区和岩溶山区;将平原区划分为一般平原区、黄土台塬区、内陆盆地平原区、山间盆地平原区、山间河谷平原区和沙漠区,称Ⅱ级类型区。最后根据水文地质条件将Ⅱ级区划分为若干均衡计算区。

地下水资源量应以现状条件为基础,按水文地质单元分区,分年计算。现状条件是指当前地表水、地下水开发利用状况。在计算地下水资源量时,先按水文地质单元分区,分别计算各单元区的地下水资源量,然后归并到各水资源分区将其汇总后,求得总的地下水资源量。在进行分年计算地下水资源量时,只有搞清地表水与地下水的相互关系,才能合理地计算地下水资源量,所以地下水计算应与地表水计算统一考虑,并宜采用同步系列。如果资料不足以分年计算,也可只计算多年平均地下水资源量。

2. 水文地质参数

水文地质参数应根据水文气象、水文地质条件、地下水动态观测、三水(降水、地表水、地下水)转换关系和室内外试验资料分析确定。资料短缺时,可移用岩性、水文和水文地质条件相似和邻近地区参数,并分析其合理性。主要水文地质参数包括给水度、降水入渗补给系数、潜水蒸发系数、渠系渗漏补给系数、灌溉入渗补给系数、含水层渗透系数等,其定义如下:

给水度 μ,是含水层给水和蓄水能力的一个指标,在数值上等于饱和岩土层在重力作用下自由排出的水的体积与岩土层体积的比值。

降水入渗补给系数 α,是降水入渗补给的地下水量与其相应降水量的比值。

潜水蒸发系数 C，是潜水蒸发量与其相应水面蒸发量（E－601 型蒸发器观测值）的比值。

渠系渗漏补给系数 m，是渠系渗漏补给地下水量与渠首引水总量的比值，用下式计算：

$$m = \frac{Q_{引} - Q_{净} - Q_{损}}{Q_{引}} \tag{1-3-3}$$

式中 $Q_{引}$——渠首引水总量，m^3；

$Q_{净}$——经由渠系输送到田间的净灌水量，m^3；

$Q_{损}$——除补给地下水外的全部损失量，m^3，包括水面蒸发损失、滋润土壤损失、浸润带蒸发损失等。

灌溉入渗补给系数 β，是田间灌溉水入渗补给地下水量与净灌溉水量的比值。

含水层渗透系数 K，是水力坡度（又称水力梯度）等于 1 时的渗流速度（m/d）。

3. 地下水资源量计算

1）水均衡法

水均衡法是地下水资源评价与分析的基本原则和基本方法，即以现状（指在现有水利工程设施运行条件下地表水、地下水开发利用状况）条件为评价的基础，求出评价区多年平均的各项补给量、排泄量，各项补给量的总和为总补给量，各项排泄量的总和为总排泄量，据此建立多年平均的水均衡方程：

总补给量＝总排泄量

其中 平原区总补给量＝降水入渗补给量＋山前侧向补给量＋河道渗漏补给量＋水库（湖泊、闸坝）蓄水渗漏补给量＋渠系渗漏补给量＋渠灌区田间入渗补给量＋井灌回归补给量＋越流补给量＋人工回灌补给量

平原区总排泄量＝潜水蒸发量＋河道排泄量＋浅层地下水实际开采量＋侧向流出量＋越流排泄量

山丘区总排泄量＝河川基流量＋河床潜流量＋山前侧向流出量＋未计入河川径流的山前泉水出露总量＋潜水蒸发量＋浅层地下水实际开采量的净消耗量

用现状条件下的多年平均浅层地下水总补给量或总排泄量计算和评价现状条件下的多年平均浅层地下水补给资源量。

考虑到平原区与山丘区、南方与北方现状条件下地下水特点的差异，在应用水均衡原理的统一基础上，分别列出南方平原区、山丘区计算和评价资源量的要求。

南方地区由于雨量丰沛、河川径流量大，目前地下水的开发利用和研究程度都很低，不少地区还缺乏水文地质资料，故适当简化计算。

2）平原区地下水资源量计算

采用补给量法计算，同时计算排泄量和地下水蓄变量，以进行水均衡分析，即

$$Q'_{补} = Q_{降水} + Q_{山侧} + Q_{表渗} \tag{1-3-4}$$

式中 $Q'_{补}$——平原区年均地下水总补给量；

$Q_{降水}$、$Q_{山侧}$、$Q_{表渗}$——平原区年均降水入渗补给量、年均山前侧向补给量、年均地表

水渗漏补给量。

$$Q'_{排} = Q_{潜蒸} + Q_{河排} \tag{1-3-5}$$

式中　$Q'_{排}$——平原区年均地下水总排泄量；

$Q_{潜蒸}$、$Q_{河排}$——年均潜水蒸发量、年均河道排泄量。

式(1-3-4)中 $Q'_{补}$即为地下水资源量。以下式进行水均衡分析：

$$\left.\begin{aligned} Q'_{补} - Q'_{排} \pm \Delta W &= X \\ \frac{X}{Q'_{补}} &= \delta \end{aligned}\right\} \tag{1-3-6}$$

式中　ΔW——地下水蓄变量，年均量很小；

δ——相对均衡差。

若 $|X|$ 或 $|\delta|$ 值较小，可判断计算误差较小。若 $|\delta| > 10\%$，则需对各项补给量、排泄量和蓄变量复核调整。

3）山丘区地下水资源量计算

山丘区总补给量可用总排泄量表达，采用排泄量法计算，即

$$Q''_{排} = Q_{基流} + Q_{山侧} + Q_{山泉} + Q_{潜蒸} + Q_{开采} \tag{1-3-7}$$

式中　$Q''_{排}$——山丘区地下水总排泄量；

$Q_{基流}$——河川基流量，是山丘区地下水的主要排泄量；

$Q_{山侧}$——山丘区以地下潜流形式向平原区排泄的水量；

$Q_{山泉}$——山丘区与平原区交界处未计入河川径流量的泉水溢出量；

$Q_{潜蒸}$——山间平原浅层地下水蒸发量；

$Q_{开采}$——山间平原浅层地下水实际开采净消耗量。

4）水资源分区地下水资源量计算

A. 北方地区水资源分区

多年平均地下水资源量采用下式计算：

$$Q'_{资} = Q_{山资} + Q_{平资} - Q_{侧补} - Q_{基补} \tag{1-3-8}$$

式中　$Q'_{资}$——北方地区水资源分区年均地下水资源量；

$Q_{山资}$、$Q_{平资}$——山丘区、平原区年均地下水资源量；

$Q_{侧补}$——平原区年均山前侧向补给量；

$Q_{基补}$——平原区内河川基流形成的年均地表水补给量。

B. 南方地区水资源分区

若资料条件限制，可简化用补给法近似计算，即

$$Q''_{资} = Q_{降水} + Q_{溢渗} \tag{1-3-9}$$

式中　$Q''_{资}$——南方地区水资源分区年均地下水资源量；

$Q_{降水}$——年均降水入渗补给量；

$Q_{溢渗}$——地表水入渗补给量。

四、水资源总量计算

(1)分区水资源总量计算。一定区域内的水资源总量是指当地降水形成的地表和地

下产水量，即地表产流量与降水入渗补给地下水量之和。

水资源总量一般可用下列公式计算：

$$W = R_s + P_r = R + P_r - R_g \tag{1-3-10}$$

式中　W——水资源总量；

R_s——地表径流量（不包括河川基流量）；

R——河川径流量；

P_r——降水入渗补给量（山丘区用地下水排泄总量代替）；

R_g——河川基流量（平原区只计入渗补给量形成的河道排泄量）。

上述各分量均应在近期下垫面条件下进行计算，可直接采用地表水和地下水资源量计算评价的系列。在某些特殊地区如南方水网区、岩溶山区等，难以计算降水入渗补给量和分割基流量的，可根据当地情况采用其他方法估算。

(2)应计算各分区和全评价区同步期的年总水资源量系列、统计参数和不同频率的总水资源量；在资料不足地区，组成总水资源量的某些分量难以逐年求得，则只计算多年平均值。

(3)利用多年均衡情况下的区域水量平衡方程式，分析计算各分区水文要素的定量关系式(1-3-10)。根据各分区的降水量(P)、地表径流量(R_s)、降水入渗补给量(P_r)、水资源总量(W)和计算面积(F)，分区计算地表产流系数(R_s/P)、降水入渗补给系数(P_r/P)、产水系数(W/P)和产水模数(W/F)，结合降水量和下垫面因素的地带性规律，分析其地区分布情况，检查水资源总量计算成果的合理性。

五、水资源可利用量计算

(一)地表水资源可利用量

1. 地表水资源可利用量定义

地表水资源可利用量是指在可预见的时期内，在统筹考虑生活、生产和生态环境用水，协调河道内与河道外用水的基础上，通过经济合理、技术可行的措施可供河道外一次性利用的最大水量（不包括回归水重复利用量）。

2. 影响地表水资源可利用量的主要因素

(1)自然条件。包括水文气象条件和地形地貌、植被、包气带及含水层岩性特征、地下水埋深、地质构造等下垫面条件。

(2)水资源特性。即地表水资源数量、质量及其时空分布、变化特性以及由于开发利用方式等因素的变化而导致的未来变化趋势等。

(3)经济社会发展及水资源开发利用技术水平。经济社会的发展水平既决定水资源需求量的大小及其开发利用方式，也是水资源开发利用资金保障和技术支撑的重要条件。

(4)生态环境保护要求。生态环境状况是确定地表水资源可利用量的重要约束条件。地表水体的水质状况以及为了维护地表水体具有一定的环境容量均需保留一定的河道内水量，从而影响地表水资源可利用量。

3. 估算地表水资源可利用量的主要原则

(1)在水资源紧缺及生态环境脆弱的地区，应优先考虑最小生态环境需水要求，可采用从地表水资源量中扣除维护生态环境的最小需水量和不能控制利用而下泄的水量的方法估算地表水资源可利用量。

(2)在水资源较丰沛的地区,上游及支流重点考虑工程技术、经济可行条件下的供水能力,下游及干流主要考虑满足较低标准的河道内用水。

(3)国际河流应根据有关国际协议及国际通用的规则,结合近期水资源开发利用的实际情况估算地表水资源可利用量。

(4)随着社会经济和科技水平的变化,河道内用水需求和生态用水等会相应变化,地表水资源可利用量也会不断变化。

(二)地下水资源可开采量

(1)地下水资源可开采量是指在可预见的时期内,通过经济合理、技术可行的措施,在不致引起生态环境恶化条件下允许从含水层中获取的最大水量。

(2)地下水资源可开采量评价的地域范围为目前已经开采和有开采前景的地区。其中,北方平原区的多年平均浅层地下水资源可开采量是计算和评价的重点。

(3)平原区多年平均浅层地下水资源可开采量的确定方法有实际开采量调查法(适用于浅层地下水开发利用程度较高,浅层地下水实际开采量统计资料较准确、完整且潜水蒸发量不大的地区)、可开采系数法(适用于含水层水文地质条件研究程度较高的地区)、多年调节计算法和类比法(用于缺乏资料地区)等。

(4)深层承压水可开采量评价成果要求单列,不参与水资源可利用总量计算。

(5)山丘区多年平均地下水资源可开采量可根据泉水流量动态监测、地下水实际开采量等资料计算,也可采用水文地质比拟法估算。

(三)水资源可利用总量

(1)水资源可利用总量是指在可预见的时期内,在统筹考虑生活、生产和生态环境用水的基础上,通过经济合理、技术可行的措施在当地水资源中可资一次性利用的最大水量。

(2)水资源可利用总量的计算,可采用地表水资源可利用量与浅层地下水资源可开采量相加再扣除地表水资源可利用量与地下水资源可开采量两者之间重复计算量的方法估算。两者之间的重复计算量主要是平原区浅层地下水的渠系渗漏补给量和渠灌田间入渗补给量的开采利用部分,可采用下式估算:

$$Q_{总} = Q_{地表} + Q_{地下} - Q_{重} \tag{1-3-11}$$

其中

$$Q_{重} = \tilde{n}(Q_{渠} + Q_{田}) \tag{1-3-12}$$

式中 $Q_{总}$——水资源可利用总量;

$Q_{地表}$——地表水资源可利用量;

$Q_{地下}$——浅层地下水资源可开采量;

$Q_{重}$——重复计算量;

$Q_{渠}$——渠系渗漏补给量;

$Q_{田}$——田间地表水灌溉入渗补给量;

$\tilde{n}$——可开采系数,是地下水资源可开采量与地下水资源量的比值。

第四节　水位流量关系

一、有资料地区水位流量关系曲线的拟定

根据工程设计要求，应拟定设计断面工程修建前天然河道的水位流量关系，水位高程系统应与工程设计采用的高程系统一致。我国各地水位观测和洪、枯水调查采用的高程系统较多，同一水准点基面平差前后的数值也有差异，水文站、水位站多采用冻结基面和假定基面。拟定水位流量关系时，要查明水位高程的基面系统、平差情况及其转换关系，如与工程设计采用的基面不一致，要予以转换。

设计断面实测水位、流量资料较充分时，可根据实测资料拟定水位流量关系曲线。设计断面有实测水位资料、上下游有可供移用的流量资料时，可根据实测水位和移用流量拟定水位流量关系曲线。

上下游有可供移用的流量资料，设计断面无实测水位资料时，应设站观测水位。设计断面有实测水位资料、上下游无可供移用的流量资料时，应在设计断面所在河段施测流量。

非单一性的水位流量关系曲线，应分析其成因，提出反映不同影响因素的下列水位流量关系曲线：

(1)受洪水涨落而产生附加比降影响的绳套曲线，可通过校正因素、抵偿河长等方法对其进行改正，或依据洪水峰、谷点据拟定其稳定的水位流量关系曲线，也可根据洪水涨落率的变化范围及设计应用条件，分别拟定涨水、落水的外包线或平均线。

(2)受下游变动回水影响的河段，可拟定以下游顶托水位(流量)为参数的一簇水位流量关系曲线。

(3)断面冲淤变化较大的河段，可拟定现状水位流量关系曲线。也可根据设计要求，预估某设计年的水位流量关系曲线。

设计断面位于河弯、分汊等河段时，应分析横比降或分流的影响，可分别拟定左、右岸或各河汊的水位流量关系曲线。

二、资料欠缺地区水位流量关系曲线的拟定

设计断面所在河段无实测水文资料时，可利用水文调查资料，在设计断面所在河段施测大断面、调查测量不同水位级的水面比降、临时观测水位、施测流量等，用多种方法推算水位流量关系，相互检验，合理确定。

三、水位流量关系高、低水延长

水位流量关系曲线的高水外延，应利用实测大断面、洪水调查等资料，根据断面形态、河段水力特性，采用史蒂文斯法、水位面积与水位流速关系曲线法、水力学法、顺趋势外延等多种方法综合分析拟定。低水延长，应以断流水位控制。断流水位可用图解法、试算法推求，也可以河道纵断面图上的河床凸起处的高程确定。低水延长产生的相对误差一般

较大，应特别慎重。

第五节 泥 沙

一、悬移质泥沙分析计算

目前我国的水文测站并非都进行泥沙测验，有些测站测验项目也不全。相对降水、水位、流量，泥沙系列较短、精度较差。一般水利水电工程设计均要求提供多年平均含沙量、多年平均年输沙量；泥沙对水轮机磨损严重的水利水电工程，需分析其矿物组成。我国20世纪80年代后，泥沙颗粒分析方法有所改变，因此在进行颗分特征值统计时，应对80年代以前的资料加以订正。

悬移质泥沙分析计算，根据工程设计要求和资料条件可包括下列内容：

(1)多年平均含沙量、多年平均年输沙量及其年内分配。

(2)丰、平、枯不同典型年的年平均含沙量、年输沙量及其年内分配。

(3)实测最大断面平均含沙量及其出现时间，最大、最小年输沙量及其出现年份。

(4)多年平均和多年汛期平均颗粒级配、平均粒径、中数粒径、最大粒径及矿物组成。

(5)泥沙地区分布。

人类活动对工程地址的输沙量影响显著时，应进行资料一致性改正。改正方法可采用输沙率法、地形法和分项调查法等。泥沙资料一致性改正是将资料改正到同一基础上。将受人类活动影响的资料还原到天然状态，一般称还原改正；也可将早期未受人类活动影响的资料修改到现状条件下，一般称为还现改正。输沙率法是通过建立流量与输沙率相关关系，用流量推算相应输沙量；地形法是根据人类活动或溃口等自然事件前后水库、湖泊或河道容积冲淤变化进行改正；分项调查法是对各种人类活动、水土保持措施等进行分项调查改正。其成果应结合流域水沙变化规律进行合理性分析。

设计依据水文站控制流域内有下列情况时，应对其泥沙测验资料进行处理：

(1)滑坡堵江、溃决，使天然输沙特性发生重大改变。

(2)上游有已建、在建水利水电工程，使设计工程所在河段输沙特性发生显著变化。

我国有泥沙观测的水文站，其系列大多超过20年，有的站系列虽不足20年，但可插补延长达到20年。若设计依据站虽有20年但缺少丰沙年或少沙年时，需插补延长系列以改善系列代表性。一般认为设计依据站具有20年以上，且有一定代表性悬移质泥沙资料时，可统计泥沙特征值。

设计依据站实测悬移质泥沙资料系列不足20年，或虽有20年但代表性不足时，可用下列方法进行插补延长：

(1)流量资料系列较长时，可采用流量与悬移质输沙率的关系插补延长。

(2)上下游或邻近流域参证站有较长悬移质泥沙资料时，可建立设计依据站与参证站悬移质输沙量的相关关系，并考虑区间或邻近流域产输沙特性的差异插补延长。

悬移质泥沙系列的代表性分析，可根据资料条件采用下列方法：

(1)悬移质泥沙系列较长时，可按径流代表性分析规定评价长系列或代表段系列的代表性。

(2)悬移质泥沙系列较短,而径流系列较长且水沙关系较好时,可分析径流相应短系列的代表性,评价泥沙系列的代表性。

(3)悬移质泥沙系列较短,而上下游或邻近相似流域参证站有较长悬移质泥沙系列时,可分析参证站相应短系列的代表性,评价设计依据站泥沙系列的代表性。

无实测悬移质泥沙资料时,可用下列方法估算多年平均输沙量:

(1)进行短期悬移质泥沙测验,插补延长泥沙系列后进行估算。

(2)上下游或降水、产沙条件相似的邻近流域有径流、泥沙资料时,可采用类比法估算。

(3)采用经主管部门审批的输沙模数图估算。

(4)采用遥感分析法估算。

坝(闸)址与设计依据水文站的集水面积相差小于3%,且区间无多沙支流汇入时,入库输沙量、含沙量可采用设计依据水文站测验资料计算。

坝(闸)址与设计依据水文站的集水面积相差大于3%小于15%时,入库输沙量、含沙量应考虑区间来沙影响。区间输沙量可根据下列方法确定:

(1)坝(闸)址与设计依据水文站区间为非主要产沙区,可采用设计依据水文站含沙量和区间流量计算,或用流域面积比推算。

(2)坝(闸)址与设计依据水文站区间为主要产沙区,采用区间输沙模数计算。

当两者集水面积相差大于15%时,入库输沙量应考虑含沙量沿程变化的影响,不能简单地用上述方法计算。对泥沙问题严重的工程,宜设站进行泥沙测验。

二、推移质泥沙分析

我国推移质泥沙测验开展较晚,资料系列较短,可根据实际情况确定计算系列长度,但不宜少于10年,以减小误差。设计依据站具有较长系列的推移质泥沙实测资料时,可统计下列特征值:

(1)多年平均和不同典型年推移质年输沙量及其年内分配。

(2)颗粒级配及平均粒径、中数粒径和最大粒径。

上游有较大的蓄水工程时,其上游的推移质基本上被拦截,只需计算蓄水工程至工程地址区间的推移质输沙量。

鉴于我国实测推移质资料短缺,测验的手段和方法尚不完善,当工程设计需要时,可根据资料条件选择一种或几种方法估算推移质输沙量:

(1)推移质泥沙实测系列较短,而流量系列较长时,可建立流量或断面平均流速与推移质输沙率的关系估算。

(2)无推移质泥沙实测资料时,可进行短期推移质测验,按悬移质插补规定估算。

(3)利用上下游或邻近流域已建水库的泥沙淤积量和颗粒级配估算入库推移质输沙量,并考虑地区产沙和推移因素的差异,估算设计依据站推移质输沙量。

(4)采用水槽试验方法估算。

(5)沙质河床设计依据站有悬移质输沙量及级配资料,且与有实测推移质资料参证站的水深、流速、床沙级配组成相近时,可用参证站推移质与悬移质中床沙输沙率的比例关系(称推悬比),估算设计依据站推移质输沙量。采用此方法要注意以下三点:第一,推移质必须是沙质推移质;第二,设计依据站与参证站的水深、流速和床沙级配相近;第三,悬沙中的床沙输沙率与沙质推移质输沙率之比,不是指悬移质输沙率(包含冲泻质)与推移质输沙率的关系,因为冲泻质往往占悬移质的大部分甚至绝大部分,且与推移质相关关系不甚密切。

设计依据站有悬移质输沙量而无级配资料,邻近相似流域有较长系列悬移质、推移质输沙量同步资料或有水库淤积资料分析推悬比时,也可借用邻近相似流域的推悬比,近似估算设计依据站推移质输沙量。

(6)采用经验公式估算。用经验公式估算成果精度较差,为提高估算成果精度,可在设计流域进行野外调查,在设计断面所在河段选点坑测,以便确定合适的估算参数。

由于推移质测验资料少,误差较大,计算方法也不够成熟,所以计算推移质输沙量,应采用几种方法综合分析,合理选用。计算成果应结合降水、产输沙因素,与上下游、干支流、邻近流域的计算成果进行比较,检查其合理性。

第二章 防洪、治涝工程

第一节 防洪工程水利计算

一、堤防工程

堤防工程水利计算，应分析选定防洪标准，计算确定主要控制站的设计洪(潮)水位和相应河段的设计水面线，作为堤防工程设计的依据。

防洪标准一般依据国家标准《防洪标准》(GB50201—94)选定。有些大江大河，在经国家批准的防洪规划中选定某一实际年洪水作为防洪标准，故设计位于整体防洪体系内的堤防亦应按审定的防洪规划执行。对重要的堤防，必要时应进行不同防洪标准的论证，从技术、经济、社会、环境等方面综合考虑，在规范规定范围内选定。

(一)堤防设计洪水位的确定

堤防设计洪水位，是堤防工程设计采用的防洪最高水位。它相应于选定的防御洪水标准或防洪系统中经论证确定的河道安全(允许)泄量。在防洪规划中，堤防设计水位要考虑众多影响因素，分析计算后确定。

1. 确定堤防设计洪水位的途径

在单独由堤防防洪的情况下，设计洪水位取决于要求堤防防御的洪水标准。由这一洪水标准，在控制水文站的洪峰流量频率曲线上，查出相应的洪峰流量。这就是要求堤防能通过的安全泄量。根据这一流量推算洪水水面线(见后述)，水面线在各堤段的高程就是该堤段的设计洪水位。对于防洪工程系统中的堤防，要求它能通过的安全泄量应基于整个防洪工程系统的论证分析后合理确定，然后据此安全泄量推算相应的水面线。在工作程序上，往往是先确定一些主要控制站的设计洪水位，然后再根据设计条件来推算控制站之间河段的水面线。这样做概念清晰，控制性能较好。

对于大江大河来说，堤防系统是多年逐步形成的。历史上，往往是发生一次大洪水后，即以这次洪水的最高水位作为设计水位，进行堤防的加高加固。例如，长江中下游在1931年洪水以后，即以该年最高水位为设计洪水位。1954年大水后，改以1954年最高水位为设计洪水位。洞庭湖区重点堤垸，目前即以新中国成立以来至1991年的实际最高水位为设计水位。当进一步对堤防系统加高加固，以使得堤防能适应更多的洪水典型组合情况时，就要在对目前各地已达到的堤防保证水位进行综合分析的基础上，合理确定各地堤防合理加高的高度，使各地堤防标准趋于平衡。例如，长江中下游干流在发生1954年特大洪水后，相当长的时间里一直以1954年实测最高洪水位作为堤防的设计水位，以此为奋斗目标进行堤防的加高加固。大致在20世纪60年代末期，各堤段基本上达到了这一标准。1972年及1980年的两次长江中下游防洪座谈会，贯彻“以泄为主、蓄泄兼筹”的方针，确定要把堤防在现有基础上再加高一些，以便使更多的洪水能直泄入海。为此，又根据1954年实际洪水位产生的水文条件、各地堤防的现实情况、分洪工程安排的可能性、国家对堤防建设的可能投入、上下游水位的合理关系等综合因素，重新确定了各控制站的设计水位。

2. 堤防设计洪水位分析方法

江河、湖泊主要控制站的设计洪水位，应根据水文资料和工程情况，采用以下方法分析计算确定：

(1)实测和调查的年最高洪水位资料系列较长，基础一致、代表性好，可据以进行频率分析，根据选定的防洪标准推算相应的设计洪水位。

中华人民共和国成立以来，进行了大规模的水利建设及其他建设，河湖现状与新中国成立初期相比已有较大变化，从而使不少地方的河湖调蓄能力下降，洪水位有明显抬高。另外，有些大水年份发生了分洪溃口，实测的水文数据已受到其影响。从样本一致性要求考虑，不能直接用实测的水位系列资料来推求设计频率的洪水位，而必须将它们改正到目前的河湖状况及不分洪、不溃口的情况，再进行计算，其结果才能基本反映今后的情况。

(2)根据控制站洪峰流量系列进行频率分析，按选定的防洪标准推算设计洪峰流量或防洪工程系统要求的河道允许（安全）泄量，通过该站的水位流量关系，推求设计洪水位。有关人类活动等影响考虑的原则同上。

(3)以某一实际年洪水作为防洪标准的堤防，可根据该年实测或调查的最高洪水位，考虑整体防洪方案对堤防工程的要求及堤防加高的合理性等方面进行论证，合理选定设计洪水位，一般较实际洪水位适当抬高。

(4)感潮河段主要控制站的设计潮位，应根据实测的潮位资料，分析江河洪水、天文潮、气象潮的相关关系，按以上几个因素较不利的组合，分析确定。

感潮河段是指潮区界以下的河段，愈往下游，洪水径流的影响愈小，而天文潮与气象潮的影响愈大，河口段潮位则基本上取决于天文潮与气象潮。这几种因素的组合十分复杂，设计潮位还难以完全从理论分析确定。目前对较高重现期设计潮位，常用的做法是根据实测的高潮位资料，分析上述几种因素不利组合条件下实测与设计条件的可能差别，然后通过历史资料所建立的相关线，把这些可能差别换算成潮位差值加在实测高潮位上得到设计潮位。

(5)河口段堤防及沿海海塘的设计潮位，应利用所在地区测站历年实测高潮位资料进行频率分析，根据设计防洪标准确定。应重视稀遇高潮位的调查和成因分析，必要时应适当留有余地。

如工程所在地区缺乏潮位观测资料，可参照邻近地区的设计潮位，分析两地区自然条件的差异，进行适当修正后确定。

(二)河道允许泄量的确定

设计河段河道的允许泄量（亦称安全泄量），可根据控制站的设计洪水位，按该断面的水位流量关系曲线，考虑壅水顶托、分流降落、断面冲淤，以及河道演变等因素分析确定。

河道允许泄量，是在正常情况下河道（或堤防）的防洪控制断面能够安全通过的最大流量。允许泄量是防洪工程规划设计以及防汛斗争中最重要的数据之一，它在很大程度上决定水库的防洪库容、分洪区所需的容积，也是洪水预报及判断堤防安危程度的关键数据。因此，在防洪规划中，对允许泄量应认真分析确定。

1. 影响河道允许泄量的因素

一般情况下，河道允许泄量对应于防洪控制站的保证水位，即可以由保证水位在防洪控制点的稳定水位流量关系曲线上查得，但因大江大河中下游比降比较平缓，水流互相顶托，还有冲淤、涨落的影响，故水位流量关系曲线往往不是单一曲线。因此，应当考虑到各种可能的影响因素，偏于安全方面确定采用的数值。影响河道安全泄量的因素如下：

(1)下游顶托。由于洪水组成情况的差异，当下游支流先涨水抬高了干流水位时，则上游河段的安全泄量就要减小。长江荆江河段的安全泄量就受到城陵矶水位的影响，当城陵矶水位为34.40～30.50m时，允许泄量(包括干流及松滋、太平两口分流在内)为60 000～68 000m^3/s，城陵矶水位上升时荆江安全泄量就减少。

(2)分洪溃口。当下游发生分洪溃口时，由于比降的变化，上游的过水能力就加大了。但这只代表了一种非正常的情况，不能代表未分洪溃口的情况。例如长江1954年大水时，大通站曾测得最大流量92 600m^3/s，但这是在下游无为大堤发生溃口、枞阳圩行洪达30 000m^3/s的情况下的数据。在分析湖口站安全泄量时，就不能直接以此作根据，而要适当加以改正。

(3)起涨水位。从长江一些站的资料分析得知，一次洪水的洪峰水位流量关系与正常水位流量关系的偏离程度，与这次洪水的起涨水位有一定关系。起涨水位高，则水位流量关系偏左(即同一水位相应流量小)，反之则偏右。例如，汉口站的水位流量关系就有此规律，且比较明显。

(4)泥沙冲淤。对某些含沙量较大的河流，在一次洪水过程中，河床的冲淤有时亦可对过水能力有影响。据分析，长江不少河段有涨淤落冲的规律，泥沙淤积将减少泄量，故必要时应分析确定其影响。

其他方面，可参考水文站水位流量关系分析所要考虑的有关因素，按具体情况加以考虑。

2. 已有堤防安全泄量的确定

对已有的堤防，如果多年来未曾加高，保证水位未变，河床变化不大时，安全泄量应根据实际的水文资料分析确定，一般即以历史上安全通过的最大流量作为安全泄量。但必须指出的是，安全泄量是要在比较恶劣的洪水遭遇组合情况下，河道在堤防约束下能够安全通过的流量。关于堤防本身的质量，已经综合反映在堤防的保证水位中，这里只着重研究水情方面的问题。对以往堤防已通过的实测最大流量能否即作为安全泄量，还要进行以下分析：

(1)分析实测洪水与设计洪水的情况是否基本一致，要注意实测资料是否有代表性。例如，如果设计洪水一般历时要5～7d，而实测洪水只是2～3d的一次尖瘦洪水，虽然当年堤防安全通过了，但可能得益于河槽的调蓄作用，而遇到设计洪水则由于调蓄作用没有那么大，也可能通不过，这就要加以考虑。

(2)分析前述有关影响因素是否已充分考虑。例如，分析表明安全泄量受下游顶托影响较大,那就要看实测洪水资料是否是下游顶托较高的数值。如1981年长江上游发生大水,枝城站洪峰流量为68 000m³/s,但相应城陵矶水位较低,故这一数据只能代表荆江河段受顶托很小时的过流能力情况,而不能代表一般情况。

(3)从河床演变的长远观点来分析安全泄量的可能变化。例如,长江下荆江实施三处裁弯后,上荆江高水通过能力增大了约4 500m³/s。目前分析,沙市水位45.0m、城陵矶水位34.40m时相应的沙市泄量正常情况下约为53 200m³/s。但从长远规划方面考虑,裁弯后河道还要不断演变,有继续回弯的可能。因此,在三峡工程的防洪规划中,沙市安全泄量仍采用50 000m³/s,以留有一定的余地。

总之,安全泄量是一个关系重大的数据,必须从安全出发,慎重加以拟定。

3. 新建、加高堤防安全泄量的确定

对于新建或加高堤防,安全泄量取决于要求达到的堤防设计水位,这里分为两种情况:

(1)以堤防作为唯一的防洪工程措施时,按照要求达到的防御洪水标准,在防洪控制点的洪峰流量频率曲线上查出设计洪峰流量,以这一流量考虑设计水文条件推算河道水面线,则新建或加高堤防即以此设计水面线为准考虑一定的安全超高建设。此时,设计洪峰流量即为安全泄量。如还要进行防御洪水标准的经济论证,则要进行几个标准的比较,以选定的防御洪水标准的设计洪峰流量为安全泄量,并据以进行堤防设计。

(2)当堤防是防洪工程系统的组成部分时,按照要求达到的防御洪水的标准,拟定设计洪水过程线,然后设定几个堤防安全泄量,求出河道水面线,相应得到新建或加高堤防的工程数量。同时,求出为达到同一防御洪水标准不同堤防规模相应的其他工程措施(水库、分洪区等)的规模。通过综合比较,选定合理的堤防工程规模,则安全泄量也就相应确定。

此外,还应注意:

(1)防洪控制断面不止一处时,应分段推算,并进行上下河段的泄量平衡,拟定全河段或分段的允许泄量。

(2)凡河段受壅水顶托、分流降落、断面冲淤等影响时,应慎重加以考虑。

(三)河道水面线推算

河段设计洪水水面线是堤防设计的主要依据,应根据控制站的设计洪水位和相应的河道允许泄量,考虑区间入流、分洪等因素推算。

对于干支流洪水、河湖洪水相互顶托的河段,应研究其洪水组合和遭遇规律,进行不同组合情况的水面线推算,以外包线作为设计的依据。

推算设计洪水水面线采用的河道糙率等参数,应根据实测或调查洪水位资料率定。推算的成果,应与实测或调查的大洪水水面线进行比较验证。

分汊河道的设计洪水水面线,应根据主要控制站的设计洪水位和符合分流规律的各分汊流量进行推算。

河道水面线数值与堤防工程数量及防洪安全关系很大,故水面线的推算必须全面考虑各方面的因素,做到合理、可靠。目前水面线推算的具体方法,大多采用分段恒定流法。以下着重介绍有关设计条件及参数的拟定和推算中应注意的问题。

1. 推算的控制水位与流量

堤防的规划设计,往往要以已经确定的某些控制点的水位、流量作为推算水面线的控制条件,使得堤防的设计符合保证这些控制点防洪安全及本身安全的要求。例如,长江中游干堤近期加高加固的设计水位,要按照荆州市 45.0m、城陵矶 34.4m、武汉 29.73m、湖口 22.5m 来控制,这就是最主要的控制条件。因此,水面线推算也要以已经确定的某一地点的设计水位,作为推算的起始条件或控制条件。

2. 推算糙率的取用

河道糙率是推算水面线时最重要的参数,但水面线推算中采用的糙率,实际上已成为反映水流诸复杂因素中除目前可以度量的外所有其他一些因素的一个组合值,也就是一个综合因素。它的变化规律,尽管也有过一些探讨,有随水位升高变大、变小、基本不变等种种形式,但究竟在什么情况下应是什么形式,还较难说清。目前推算水面线时所采用的糙率,最可靠的来源还是根据所推算的河段的实测或调查的水面线资料,反推出糙率数值,然后经过检验及适当处理,决定采用的值。具体进行时,是从实测或调查的资料中摘取若干条同时水面线,试算反推出各河段对应的糙率,再加以综合;或点绘成水位~糙率图、流量~糙率图,最好再以另外一些资料用这些糙率值来进行推算检验,证明误差不大即可采用。在资料不多时,也可根据最接近于设计条件的水面线反推出糙率值,经分析后在推算设计水面线中加以采用。

3. 一些问题的考虑

堤防的建设,要花费大量资金、劳力,水面线的推算必须十分慎重,要多考虑安全方面的因素。从长江的实践中,有以下一些经验可借鉴。

1)要考虑河道的可能演变带来的不利影响

对于冲积型的河流,河床在不断演变中,一定水位下的过水能力也是有变化的。由于堤防(特别是重要的堤防)加高一次不容易,要管较长的一段时间,故在允许泄量的确定中要考虑到这些因素。

2)要考虑干支流来水的不同组合

对于支流堤防的水面线推算,应当考虑到干支流来水的不同组合,再取上包线作为设计依据。一般来说,支流水面线的上段主要由本支流来水决定,下段主要由干流水位决定。因此,主要的组合情况是:支流来水符合设计标准,干流来水相应;干流水位符合设计标准,支流来水相应。具体的流量数据,一般参照由实际典型年出现的情况加以确定。

3)分汊河段流量分配的考虑

分汊河段推算水面线,流量分配是主要问题。在有实测资料时,当然应根据实测的数据;如无实测资料,可采用试算的办法,即根据两汊的地形资料及糙率值,按照上下汇合点水位相等为条件进行迭代试算,确定分流比。

4)设计堤防以外如有防洪等级较低的圩垸推算水面线时的考虑

一般来说,防洪等级较低的圩垸先溃决后,河道水位是有所降低的。但对于河流转弯的情况,外面的圩垸溃决后水流条件发生变化,有可能局部壅高水位,应有所考虑。

5)分洪区堤防的设计水位

位于河道两岸的分洪区,分洪后区内水位要一直涨到与分洪口门处河道水位齐平,而沿河道的堤防一般有一定坡降，如果分洪口门偏上，则分洪一段时间后蓄水将从下端溢出，造成严重影响。因此，要保证分蓄洪效果，就必须把圈堤各段的设计水位按不低于分洪口处的水位进行控制加高加固。

二、分洪工程

分洪工程包括行洪区、分滞（蓄）洪工程、分洪道（含分洪减河）等。它们常由分洪闸、分洪道及蓄洪区的堤防、退水闸等工程组成。作为这些工程的设计条件的各种水位、流量及容量，均要通过水利计算加以确定，在分洪工程方案确定后还要通过水利计算验算其效能。

分洪工程的水利计算，应根据分洪任务和要求，拟定分洪原则和运用方式，分析确定各种设计水位、分洪水位、分洪流量和分洪量，并验算分洪工程的效能。

分洪工程的运用原则、方式和分洪水位关系到分洪工程的有效使用，应根据防洪要求、上下游控制水位、洪水特性、河道情况，以上下游河段河道允许泄量作为控制条件，分析拟定。

分（蓄）洪是防洪的重要措施之一，具有缩小与限制洪灾范围、保护重点地区防洪安全的作用。分（蓄）洪区有蓄洪区与滞洪区两类，常与堤防、水库等共同组成防洪工程体系。分（蓄）洪区的进（泄）洪口门又可分为有闸控制与临时扒口两种。进行防洪规划时，通常根据设计洪水先求得所需分（蓄）洪量，据以安排一个或若干个具体的分（蓄）洪区，并根据洪水组合情况，确定分（蓄）洪区的运用顺序、投入时间、进洪流量，预测分（蓄）洪后防洪控制点的水位及流量过程等。计算所需的基本资料包括设计洪水过程、分（蓄）洪区容积曲线、河道设计水位与河道安全泄量、分洪水位、分（泄）洪闸（口门）的进（泄）洪能力等。

（一）分洪量计算

分洪区以位于紧靠防洪保护区的上游最为有效。其分洪量计算，通常多以河道上某控制点的设计洪水过程为依据，应用一般的洪水演进方法，先将其演算到分洪口门前，求得该处的洪水流量过程线，再与口门下游的河道安全泄量相比较。其超过安全泄量部分的洪水总量，即是超额洪量，也就是所需的分（蓄）洪量。对于重要的分（蓄）洪区，必要时需采用非恒定流法推求分（蓄）洪量及分洪过程。如果分洪区位于防洪保护区下游，则防洪作用主要靠分洪后调整的沿程河道水面坡降来加大河道泄量和降低防洪保护区段的河道水位，这时需根据推算的河道水面线求得分洪口门以下河道可下泄的流量，并以此进行分（蓄）洪量的计算。

以上分洪量计算是理想情况。由于受洪水预报精度、分洪时机掌握、口门形成过程等多种复杂因素的制约，实际分洪时不可能完全按理想情况实现。因此，防洪规划中安排的分（蓄）洪容量往往要大于上述计算成果。特别是扒口分洪时，安排的分洪容量更要留有余地。

分洪计算涉及的上下游边界条件十分复杂，具体计算时还需要注意：①当几个分洪区同时运用时，要计及水面降落的相互影响，修正进洪流量及分洪量；②经分（蓄）洪区拦蓄后部分洪水又泄回原河道时，要计及由于下游回水顶托对分洪流量的影响；③当分洪区下游河道受干流河道、湖泊或潮汐顶托影响时，要计及由此引起的河道泄洪能力降低对分洪量的影响。

（二）分洪闸设计水位、流量计算

分洪闸的设计洪水位，应根据外江上下游控制站的设计洪水位及不利来水组合，按照未分洪情况所推算的水面线确定。这是由于分洪闸的设计洪水位是作为工程安全的设计条件，故应考虑到在设计范围内可能出现的最高水位。这一水位一般出现在即将要分洪的时刻，故要按未分洪情况及上下游控制水位、分洪闸上游区间来水较大的情况推算水面线确定分洪闸的设计洪水位。

分洪闸的设计分洪流量，应根据整体防洪要求，按照设计洪水和分洪工程运用方式进行演算确定。这是由于设计分洪流量一般是由整体防洪方案中对平衡上下河段泄量情况进行分析比较后确定的，分洪闸设计应满足分泄这一流量的要求。由于分洪后将引起水位降落，故验算分洪闸规模不能用上述设计洪水位，而应采用考虑分洪降落影响后的相应水位。流量系数的选择要根据流态和上下游水位衔接情况慎重研究，留有一定余地。

（三）分洪闸运用规则拟定

根据国内已建分洪闸的经验，分洪闸的运用规则应根据工程任务、预报条件、闸前或控制断面的水位以及上游洪水等因素拟定。如有多个工程联合运用，应根据水情和分洪闸位置，按损失最小与适应各种洪水典型的原则拟定。在具体运用时，尚须注意：

（1）分洪闸的运用规则，一般以保护区控制断面或闸前河道的水位（流量）作为启闭条件，因而应研究闸前河道的水位与上游河段来水及下游河段安全泄量的关系。

（2）分洪工程运用时，开闸前主要根据上游水情及控制河段（站）的安全泄量，确定需要的分洪流量以及相应的闸前水位和开闸高度等，并视具体情况，灵活掌握，要使闸门开关适度，避免过小流量进入洪道发生淤积。

（3）开闸后仍须根据干流及洪道的水情变化合理调整闸门，以充分利用洪道泄洪，确保防洪安全。

（4）若遇特大洪水，估计来水量将超过设计洪水标准，除开闸争取多分外，还应视条件选择适当地点临时扒口分洪，以保证分洪闸的安全。

为了验证分洪闸的规模选择是否得当，应根据水文系列、河道泄洪能力、河湖调蓄能力等进行洪水演进计算，分析是否达到了预期的目标，以及据以计算分洪工程的经济效益及论证运用规则的合理性。

河道分洪后，水流条件将发生很大变化，河道水流与分洪水流互相干扰与影响，可能影响到分洪效果，故在分洪工程水利计算中应加以研究。以下一些方面宜弄清其影响：

（1）分洪闸上游如有分流河道，分洪后因水位降低会使分流河道泄量减少。

（2）分入分洪区的水量，如在分洪区下游流回本河道会引起水位抬高。

（3）闸址以下河段的水位、泄量会受到交汇点的干流、湖泊或潮汐顶托的影响。

（4）对已决定于近期实施的河道整治工程（裁弯、疏浚等）可能对分洪量产生影响。

（5）闸上下游泥沙冲淤可能对分洪量产生影响。

当分洪几率较小时，为节约投资，有时可采用临时扒口分洪的办法，或在洪水期分洪闸受进洪能力的限制，不能满足防洪要求时，为了扩大进洪能力迅速降低洪水位，亦可配合再扒口分洪。扒口宽度可根据需要扒口部分分泄的最大流量，按宽顶堰流量公式进行近似计算确定。

采用扒口分洪时，对其口门尺寸及作用要根据扒口方法和控制条件，考虑难以适时适量分洪的影响，留有适当余地。这是由于扒口分洪实施方案受到许多难以预见的因素的影响。

由于扒口宽度是根据最大分洪流量确定的，运用时需要在最大洪水到来之前扒口，由于无法控制，所以一般前期分洪流量常较需要分泄的流量为大。因此，主河道的泄洪能力不能得到充分利用，在最大洪峰流量过后也有类似的情况，故扒口分洪的有效作用比分洪闸要小，其有效系数与洪水特性有关。例如，当分洪有效系数为0.7~0.8时，即扒口分洪10亿m^3实际只能起7亿~8亿m^3的作用。

(四)分洪道设计水位确定

跨流域或入湖、入海的分洪道，其分洪口的设计水位，应根据所在河道的设计水面线，考虑分洪降落影响确定。出口的设计水位，应在分析进口与出口水域洪水遭遇规律的基础上，按偏于不利的情况确定。如二者来源相近，河道规模差别不大，需要考虑同频率遭遇的可能性，出口端水位在分析历年洪水遭遇情况的基础上只考虑偏于恶劣情况即可。

三、防洪水库

水库可承担多种水利任务，承担有下游防洪任务的只是一部分水库。但所有水库设计均应进行防洪水利计算，其要求有所不同：

(1)对于未承担下游防洪任务的水库，要配合枢纽布置对泄洪建筑物形式、尺寸、高程的选择进行洪水调节计算，并确定各防洪特征水位及最大下泄流量。

(2)对于承担下游防洪任务的水库，除上述内容外，要着重研究下游防洪保护对象的范围、性质、防洪标准，下游河道的允许泄量，考虑与其他防洪措施配合，确定水库的防洪库容及相应的防洪特征水位。

(一)水库调洪计算方法

洪水进入水库后形成的洪水波运动，其水力学性质属于明渠渐变非恒定流动，特点是：库区各断面的水力要素（水位、流速、流量等）都随时间而变化。受库周、库床阻力和水库调蓄作用，洪水波形状自入库断面至坝前逐渐坦化，其变化规律可用圣维南偏微分方程组表示。

动力平衡方程式：

$$-\frac{\partial Z}{\partial S}=\frac{1}{g}\frac{\partial v}{\partial t}+\frac{v}{g}\frac{\partial v}{\partial S}+\frac{Q^2}{K^2} \tag{2-1-1}$$

连续方程式：

$$\frac{\partial A}{\partial t}+\frac{\partial Q}{\partial S}=0 \tag{2-1-2}$$

式中 Z——水位，m；

v——流速，m/s；

t——时间，s；

S——距离,m;

g——重力加速度,m/s^2;

Q——流量,m^3/s;

A——过水断面面积,m^2;

K——流量模数,m^3/s。

具体计算方法,根据所考虑的因素不同可分为静库容法(又称平库容法)、动库容法(又称斜库容法或全库容法)及非恒定流法三类,它们各适用于一定的条件。

1. 静库容法

静库容法仅考虑坝前水位水平面以下的库容对洪水进行调节。连续方程式可写成有限差形式的水量平衡方程:

$$\frac{1}{2}(Q_1 + Q_2)\Delta t - \frac{1}{2}(q_1 + q_2)\Delta t = V_2 - V_1 \tag{2-1-3}$$

水库泄流量与库水位或库容的关系为:

$$q = f(Z) \quad 或 \quad q = f(v) \tag{2-1-4}$$

式中 Q_1、Q_2——时段初、末的入流量;

q_1、q_2——时段初、末的出流量;

V_1、V_2——时段初、末的蓄水量;

Δt——计算时段;

Z——库水位。

在计算时,已知时段初的数值及库容曲线、泄流能力曲线,联解式(2-1-3)、式(2-1-4),即可求出时段末的数值,然后以此作为下一时段初的数值继续进行计算。

静库容法是水库调洪计算中应用最广的方法。实测资料证明,在大多数水库应用效果较好,特别是对于壅水高度较大的湖泊型水库,该法具有较高的精度。

2. 动库容法

动库容法不仅考虑坝前水位水平面以下的静库容,还考虑库区实际水面线与坝前水位水平面之间的楔形库容(静库容与楔形库容之和称动库容)对洪水进行调节。楔形库容是由洪水波在库区的运动所形成的,与入库流量、出库流量、库水位及附加坡降等因素有关,其变化规律是比较复杂的。在动库容调洪计算中,对每一时段蓄量的确定,常采用以下简化办法:

(1)参用马斯京根法原理,分析选择一个权重系数 x,然后根据式(2-1-5)计算化算流量 Q_h。

$$Q_h = xQ_i + (1 - x)Q_j \tag{2-1-5}$$

式中 Q_i、Q_j——同一时段入库、出库流量。

于是可将以库区稳定流量为参数的水库蓄量曲线(蓄量中包括楔形库容和静库容,通过回水曲线推算作出)转换为以入库流量为参数的蓄量曲线,采用类似静库容法进行水库调洪计算。本法亦称化算流量法。

(2)假定多组入库流量、出库流量,推算相应的回水曲线并求得蓄量,点绘并概化制定出库水位~入库流量~出库流量~蓄量曲线,再采用类似静库容法进行调洪计算。本法亦称四参数法。

(3)根据某些假定与模式,各时段根据入库流量及可能的出库流量拟定出水面线并计算相应的蓄量,再采用类似静库容法试算。本法亦称瞬时水面线法。

以上各种考虑动库容进行调洪计算的方法,均是近似的、经验性的。动库容法常应用于:①水库地理位置十分重要,或水库承担下游某些重要的防洪任务时;②水库库尾开阔,楔形库容占防洪库容比重较大时;③水库采取补偿调洪方式,且泄流量前大后小时等情况。

3. 非恒定流法

非恒定流法直接将圣维南偏微分方程组,即式(2-1-1)、式(2-1-2)应用于水库调洪计算。这种方法,理论上比较严谨,可以解出库区不同断面的水位和流量过程,但需有较多的基本资料。计算时,上边界条件为入库洪水过程线,下边界条件为由水库调洪方式所给定的泄量过程线或水库泄水能力曲线。应根据洪水的特点选择差分格式,并应用实测水文资料率定有关参数及检验所用的格式的合理性。这一方法目前在中国主要用于特别重要的水库及对淹没问题十分敏感的低水头河道型水库。

4. 各种方法的适用条件

水库洪水调节计算是水库防洪水利计算的主要工作,其成果对水库的规划设计关系重大,应当选择合适的计算方法,并对基本资料要有足够重视。

(1)对于一般的水库,特别是湖泊型水库,实际观测资料证明仅考虑静库容进行洪水调节计算已基本反映了实际情况,成果已较可靠,但要注意:

①计算时段长度按符合时段内入库流量与库水位近似呈直线变化的条件选定。

②当水库由几个分库连通组成时,应从偏于安全出发考虑连通渠道的过水能力,分别求出各分库的调洪最高水位。

(2)当楔形库容所占比重较大时,宜考虑楔形库容参与调洪,即按动库容法进行计算。在一般情况下,可采用比较简化的方法进行动库容计算,但要注意:

①针对水库的具体情况,确定影响动库容的主要因素。

②考虑动库容查算的简化方法与参数,应根据库形及来水组合情况仔细分析研究确定。

③计算成果应与只考虑静库容的成果对比,并进行合理性分析确定。

《水利工程水利计算规范》(SL104—95)规定,当库尾比较开阔、楔形库容较大时,应采用入库洪水和动库容法进行调洪计算。另外,对于特别重要的大型水库,也应研究是否需进行动库容调洪计算。许多实践经验表明,同一个水库、同样的计算条件,由静库容调洪改为动库容调洪后,调洪最高水位有升有降。这说明楔形库容参与洪水调节起的作用有正(即调洪最高水位下降)有负(即调洪最高水位上升)。起负作用的情况多发生在库长较长的河道型水库,这种情况下不考虑动库容调洪反而是不安全的。

另外,水库洪水调节计算还应注意:入库洪水与坝址洪水比较,一般表现为洪峰流量增大、涨水期洪量加大、洪量更集中,这些均为调洪的不利因素,故对于建库前天然河道槽蓄量较大的水库洪水调节计算,一般应采用入库设计洪水。如因资料条件不具备而采用坝址设计洪水时,要估计改为入库设计洪水后可能产生的影响,在应用洪水调节计算成果时留有余地。

(3)河道型水库,特别是分支型的河道型水库,如具备资料条件,宜采用非恒定流方法计算,并应注意:

①根据具体情况选择合适的差分格式,并相应确定计算时段、流段长度。

②各分段静库容曲线必须与总的静库容曲线相协调。

③糙率应采用实测洪水资料率定。

④应采用几种典型的实测洪水过程资料对计算模型加以验证,达到要求的精度后才能在设计中使用。

(二)水库调洪方式

水库调洪计算须按照一定的蓄泄规则(或称洪水调度方式)进行。当水库未承担下游防洪任务时,水库调洪只需解决大坝遭遇设计和校核洪水时的安全度汛,一般采取当库水位将超过防洪限制水位或正常蓄水位时,即按入库流量的大小逐步加大泄量直至敞开泄洪的办法。当水库承担下游防洪任务时,则要对大坝安全度汛及下游防洪要求一并考虑,根据统一、严格的判别条件拟定调洪方式。例如,可采用库水位为判别条件(即当库水位超过防洪高水位时敞开泄洪),或采用入库流量为判别条件(即当入库流量超过下游防洪设计入库洪峰流量时敞开泄洪),或同时采用入库流量与库水位为判别条件。具体调洪方式一般可分为固定泄量和补偿调节两类。

1. 固定泄量方式

其调洪方式是当入库洪水小于下游防洪标准的洪水时,控制水库下泄量不大于下游河道安全泄量;当下游不同防护对象有分级的防洪标准时,可采用分级控制下泄量的调洪方式。

2. 补偿凑泄方式

其调洪方式是区间来水大时水库少泄,区间来水小时水库多泄,使水库泄水与区间来水的合成流量不超过下游安全泄量。这种方式能较有效地利用防洪库容。根据具体条件,补偿调节方式又可分为两类:①较完善的补偿调节,即逐时段根据区间洪水预报确定水库下泄流量,这种方式效果较好,但必要条件是水库放水至防洪控制点的传播时间要小于区间洪水预报的预见期,且预报精度及其合格率要求较高;②经验性的补偿调节,一般根据防洪控制点的洪水特性及出现的水情特征值(水位、流量、涨率等)拟定水库蓄泄方式,也有根据防洪区的气象要素(如降水)拟定水库蓄泄方式等。

《水利工程水利计算规范》(SL104—95)规定,拟定的水库洪水调度运用方式应符合水库特点,并要求可操作性强。根据流域的洪水特性和防洪系统的情况,可选择分级控制泄量、补偿凑泄、错峰等方式。可参考以下意见进行选择:

(1)对于防洪保护对象距水库较近、区间洪水较小的情况,可采用固定控制泄量调度方式,如防护对象标准不同,可采用分级控制泄量调度方式。

(2)防洪保护对象距水库较远、区间洪水较大的情况,若水库泄水传播到防洪控制点的时间小于区间洪水预报的预见期及传播时间,可采用补偿凑泄的调度方式,否则宜采用按防洪控制站已出现的水文要素判别的错峰调度方式。

(3)多沙河流上的防洪水库,拟定洪水调度方式应有利于保持库容能长期使用。例如,当滩库容占有较大比重时,水库调洪应主要针对设计防洪标准的洪水进行控泄,对一般洪水应尽快下泄,以尽量使滩库容少淤。

(4)未承担下游防洪任务的水库,其洪水调度方式一般是库水位超过规定数值后即加大泄量或敞泄,但如不加限制,有可能出现最大下泄流量大于本次洪水发生在建库前的坝址最大流量,这就人为加大了洪灾。因此,必须规定水库总的最大下泄流量不能大于本次洪水发生在未建库情况下的坝址最大流量,并应在运行方式上加以规定落实。

采用分级控制泄量调度运用方式,判别条件的拟定十分重要。各级洪水调节计算都必须按统一的洪水调度方式进行,即大洪水的开始阶段小流量部分应按小洪水对待。而判别由小洪水的调度改变为大洪水的调度,必须按事先定好的数据与条件,不能随心所欲。判别条件以水库水位最可靠,但判别较迟,有把握时亦可用入库流量判别。

(三)分期洪水防洪调度问题

我国若干河流,洪水在整个汛期中各个时期的大小常有一定变化规律。这主要是受大气环流的影响,各个时期降雨成因不同,因而各时期洪水的特性与大小各异。例如,在沿海地区由梅雨产生的洪水与由台风雨产生的洪水有明显不同;华中地区受太平洋副热带高压北进与南撤的影响,洪水峰型与大小各时期有明显差别。利用这一特性,就可以在汛期中根据各时期设计洪水的大小及其他条件,留出不同的防洪库容,即各时期防洪高水位一致而防洪限制水位不同。如果是前期所需防洪库容大、后期所需防洪库容小,则有利于逐步蓄水,对防洪与兴利的结合十分有利;若所需防洪库容前期小后期大(如某些地区梅雨小于台风雨的情况),也可适当利用这一特性,使前期保持较高水位,以便万一后期无水可蓄时能保持一定的蓄水量,对兴利也是有好处的。

1. 分期的原则

在整个汛期内分为几个时期,应当基于对洪水特性的分析,不能硬性划分。因此,应研究本流域洪水成因,找出在气象上有明显不同的时间界限,使分期起讫日期符合洪水的季节性变化规律及成因特点。分期不宜太多,每期不宜太短,一般来说,以分两期、至多三期为好。分期过多,不但使调度显得复杂,也缺乏足够依据。

2. 分期设计洪水计算问题

以往在进行此项工作时,对各期设计洪水计算均取与不分期计算的同一标准。例如防洪标准为1%洪水,则各期设计洪水均取1%为设计标准,进行统计计算。但计算分期设计洪水后,各期同一标准设计洪水的最大者往往与同标准全年最大设计洪水不一致,因此需作一定处理。一般的做法是,以全年最大设计洪水代替分期计算中最大的分期洪水,其余各期洪水则以分期计算者为准。这种做法虽然在理论上没有充分论证,但实际上还是可行的。

3. 分期防洪库容计算

分期设计洪水确定后,即可根据水库的具体情况,选择合适的调洪计算方法与防洪调度原则,进行调洪计算,求得所需各期防洪库容。按照统一的防洪高水位,即可定出分期防洪限制水位。需要指出的是,分期调洪计算中所考虑的因素,可根据各期具体情况采用不同的数值。例如,对预报预见期、下游允许泄量等,可根据洪水特性、河道情况等各期采用不同的数值。

（四）防洪库容及防洪限制水位确定

《水利工程水利计算规范》（SL104—95）规定，水库的防洪库容应按照流域防洪规划、防护对象的要求和应达到的防洪标准，根据整体防洪设计洪水和下游河道的允许泄量及水库调度运用方式，进行洪水调节计算确定。

对承担防洪任务的综合利用水利枢纽，防洪库容确定后，应根据防洪兴利尽可能结合的原则，进行协调安排，确定防洪库容的位置和相应的防洪限制水位及防洪高水位。

水库防洪库容的确定是十分复杂的课题，牵涉到诸多因素。一般来说，较大江河仅用水库来解决流域防洪问题的不多，总是要在整体的防洪安排下，采用堤防、河道整治、分蓄洪工程、水库等来共同达到一定的防洪标准。因此，在整体防洪标准确定后，要考虑下游允许泄量的可能变化、水库的调洪方式，以及防洪与兴利可能结合的程度，通过多方案比较，综合考虑各种因素后进行选择。有时，防洪标准还要进行论证，则要确定不同防洪标准的防洪库容，并相应求出其他指标，参与技术经济比较选定防洪标准。

1.防洪标准论证的步骤

（1）基本资料与数据的准备。应具备库容曲线、泄洪建筑物的泄水能力曲线、各种设计洪水过程线、河道允许泄量资料、分洪区的容积曲线、分洪道的泄水能力曲线、水文预报资料，以及有关淹没、投资、工程量资料等。

（2）根据下游防护对象的重要性，及水库可能提供防洪库容的情况，参照规范所列防护对象的防洪标准表，拟定几个供比较用的防洪标准。

（3）按照防护对象及水库的具体情况及水文特性，拟定合理的水库防洪调度方式。

（4）根据相应标准的设计洪水过程线及水库基本资料，按照所拟的防洪调度方式，采用符合设计阶段及水库特性的调洪计算方法，进行水库调洪计算，求出所需的防洪库容。

（5）当水库的规模受到一定限制，例如防洪高水位受到上游某一不允许淹没的城市高程限制，则可比较由于采用不同防洪标准对兴利的影响，从而对防洪标准进行比较选择。其一般步骤如下：

①由于防洪高水位已定，对几种不同的防洪标准求得相应的防洪库容后，即可求得几个相应的防洪限制水位。

②对每一个防洪限制水位方案，进行兴利调节计算，求出各项水利水能指标，例如电站保证出力、装机容量、调节流量、灌溉面积等。调节计算中可根据具体情况利用部分防洪库容作为兴利库容。

③对每一种防洪标准，计算平均防洪效益。

④根据以上资料，进行方案比较。一般来说，防洪标准由天然情况初步提高时，开始防洪效益增加显著，对兴利影响不大，但防洪标准提高到一定程度后，防洪效益增加较慢，而对兴利影响较大。因此，从经济比较而言，应有有利的防洪标准方案。实际上由于影响因素复杂，很多因素难以用经济指标表示，方案的决定往往不完全根据经济比较。但为了综合论证，以上工作还是有必要进行的。

（6）当水库的规模可以有较大的变化范围时，则可比较由于采用不同的防洪标准对工程量、投资的影响情况，从而对防洪标准及相应的防洪库容进行选择。

①根据兴利方面的基本要求，拟定一个防洪限制水位。将几个防洪标准相应的防洪

库容(考虑与兴利的结合后)置于其上,得到相应的几个防洪高水位。

②对每一个防洪高水位和相应的其他特征值方案,计算工程量与投资,推算回水,计算淹没损失。

③对每一种防洪标准,计算平均防洪效益。

④根据以上资料,进行方案比较,选择防洪标准及防洪高水位。

2. 根据整体防洪方案的安排确定防洪库容

防洪库容的具体确定,还要考虑到整体防洪的安排及与兴利库容相结合的可能性,从而具体确定各种防洪特征水位(防洪限制水位、防洪高水位、设计洪水位、校核洪水位)的具体位置。

水库往往由于它的可控性强,是整体防洪方案的关键部分。防洪库容的确定,就要按照整体防洪方案要求本水库应达到的防洪标准,根据整体防洪设计洪水及调洪计算方法进行计算求得。

例如,三峡工程的防洪库容的确定,所考虑的整体防洪方案的有关方面为:①荆江河段是长江中下游防洪形势最严峻的河段,三峡工程主要考虑荆江河段的防洪要求,也兼顾城陵矶及其他河段的防洪要求;②荆江河段的防洪标准,应达到百年一遇,并应在遇到类似1870年那样的特大洪水时,经过三峡水库的调蓄,能做到荆江河段行洪安全,南北两岸大堤不发生漫溃;③北岸荆江大堤,根据总体研究确定按照荆州市水位45m的标准进行加高加固,大致可通过60 000m^3/s(包括分流),能达到约十年一遇的标准;④荆江河段已有的荆江分洪区,可进洪15 000m^3/s(含腊林洲扒口扩大分洪),涴市扩大区可进洪5 000 m^3/s,即在考虑分洪条件下,荆江河段可通过约80 000m^3/s,上述分洪区总容量56亿m^3,蓄满后回吐长江,与北岸洪湖分蓄洪区联合运用;⑤南岸松滋江堤,按能通过80 000m^3/s进行加高加固。总的运用程序为:洪水在堤防防御能力范围内,尽量下泄;洪水超过堤防防御标准,至百年一遇洪水由三峡水库拦蓄,即小于百年一遇的洪水荆江河段不分洪;洪水超过百年一遇,荆江河段分洪区配合运用,三峡水库加大泄量,仍适当蓄洪,控制枝城流量不超过80 000m^3/s。根据以上安排,三峡水库按整体防洪设计洪水进行洪水调节计算,按补偿调节调度,防洪控制点为枝城,百年一遇以下洪水控制枝城流量56 700m^3/s(适当留有余地),大于百年一遇洪水后按不超过80 000m^3/s控制,来水大于千年一遇则以保坝为主。通过调洪计算确定防洪库容为221.5亿m^3。

3. 防洪库容与兴利库容的结合

防洪库容求定后,应根据防洪兴利尽可能结合的原则,研究防洪库容与兴利调节库容重叠使用问题,从而提高了水库的综合效益。

防洪与兴利库容结合的类型,主要有完全结合与部分结合两类。

完全结合,指的是防洪库容可全部用于兴利,或兴利库容可全部用于防洪,这在洪水发生的规律性很好、水库调节性能不高的情况下才能实现。这种水库的防洪库容利用汛末稍大的来水即可充满,对防洪兴利结合十分有利。例如三峡工程就是防洪库容与兴利库容完全结合的。由于长江的来水相对比较稳定,且三峡的防洪库容虽有200多亿m^3,但与多年平均水量4 510亿m^3相比,库容系数不到5%,就是一个“小”水库。经分析计算,可以利用10月的来水(少数年份延期到11月)把防洪库容蓄满,防洪兴利能达到完全结合。又如赣江万安水库，防洪库容 10.2 亿 m^3，但水库多年平均来水达 200 多亿 m^3，充蓄也是很容易的，故也能达到防洪兴利完全结合。

部分结合，指的是防洪库容与兴利库容只有一部分是重叠的。这类水库的防洪高水位高于正常蓄水位，防洪限制水位低于正常蓄水位。一般是洪水发生有一定规律性，但库容相对较大、调节性能较好的水库属于这种情况，它只能利用汛末经常能充满的那一部分库容作为既防洪又兴利的重叠库容，这对汛末收水还是较有把握的。

对年内洪水发生在时间上有明显差异的水库，还可采用分期防洪调度促使防洪兴利结合。就是利用年内各时期暴雨的气象成因和洪水大小的差别，分时期留出不同的防洪库容，以利于防洪兴利的结合。实践证明，这是行之有效的办法。

四、防洪工程系统洪水调度

对由多种防洪工程措施（堤防、分蓄洪工程、水库、河道整治等）组成的防洪工程系统，应根据整体防洪规划明确本工程的任务与标准，在满足地区防洪要求的前提下，各项工程调度运行的规则，应按照实行堤防与分洪区结合、堤库结合、防洪与兴利结合，充分发挥各项工程措施的效能。

（一）防洪工程系统联合调度原则

防洪工程联合调度，要充分发挥各项工程的功能及其互相配合的作用，应用系统优化方法，以全部防护区取得最大效益为目标，确定统一补偿的联合防洪优化调度方案。通常根据工程实际情况及相互关系，分析防洪地区的洪水组成及遭遇规律，考虑水情预报的条件，作出多种防洪工程联合调度方案，通过比较优选出较合理的调度方案。在发挥堤防作用的同时，按照工程组成情况分为 3 种类型：

（1）水库群防洪系统，可分为：梯级水库群，由位于不同河流的上下游水库所组成；并联水库群，由位于不同支流（包括干流）的水库组成；混联水库群，由梯级水库（群）及并联水库（群）组成。

（2）分蓄洪工程防洪系统，由不同位置的分蓄洪工程组成。

（3）水库（群）与分蓄洪工程系统联合组成的防洪系统。

1. 水库群防洪联合调度

1）梯级水库群防洪调度

在不考虑预报情况下，各梯级水库补偿调度的基本原则：在暴雨中心上游的水库先蓄、下游的后蓄。若各水库的情况比较复杂，难以确定水库运用次序时，可按自上而下的顺序确定水库运用次序。蓄洪期间，可按预先确定的运用次序，先用第一个水库调洪，若不能满足下游防护区的防洪要求，再用第二个水库调洪。依次类推，直至能满足下游防洪要求为止。泄洪期间，水库泄洪次序一般与水库蓄洪运用次序相反，并以最下一级水库的泄量加区间流量不大于防护区安全泄量为原则，尽快腾空各水库的防洪库容。由于洪水组成遭遇复杂，梯级水库群在实际运行中，还要根据洪水实际发生的情况及各水库的蓄洪情况确定运用程序。

2）并联水库群防洪调度

若各水库距干支流汇合点不远，且水库特点有明显差别时，不考虑预报的水库运用程序可按下述原则确定:选取防洪调节能力最小,有重叠库容的水库,先按本河下游的防洪要求,然后考虑汇合点以下防护区的防洪要求进行防洪调度;若不能满足汇合点以下的防洪要求,再顺次运用防洪调节能力和水库淹没损失次小的水库,在满足该水库下游防洪要求的前提下,对汇合点以下防护区进行防洪补偿调度。

3)混联水库群防洪调度

可大致按梯级水库群及并联水库群防洪调度的基本原则,根据各水库的特点及洪水分布特性,确定混联水库群的防洪补偿调度方式及运用次序。

2. 分蓄洪工程系统联合调度

1)运用程序

通常以满足防洪要求为前提、分蓄洪总损失最小为原则,根据各分蓄洪区的作用和特点,及其与上下游、左右岸防护区的关系制定运用程序。

(1)分蓄洪阶段运用程序:对于有重要工矿企业及铁路干线、人口稠密、迁安困难、农林牧副渔生产建设较好、淹没损失较大、泄洪时积水不能及时排出、离防护区较远并采取扒口进洪的分蓄洪工程一般后运用;对于分洪效果好、有闸控制的分蓄洪工程一般先运用。

(2)泄洪阶段运用程序:洪峰过后,各分蓄洪区要尽快开闸(或扒口)泄洪,尽快腾空容积,以便重复利用。若同时泄洪的总流量超过下游安全泄量,一般以有控制设施的分蓄洪工程最先泄洪,并以下游安全泄量为控制进行补偿泄洪。

(3)分蓄洪与泄洪并用:分蓄洪区全部蓄满后,如洪水仍继续上涨而需继续分蓄洪时,分蓄洪区将起滞洪或分洪道作用,可同时打开下游泄洪闸(或扒口),采取“上吞下吐”的运用方式。

2)运用判别指标

运用判别指标指控制分洪工程开始投入运用的判别指标。一般以防护区控制点的水位或者流量作为控制运用分蓄洪工程的判别指标。在实际运用中,通常以保证水位或稍低的水位,或者以安全泄量或略小的流量,作为启用分蓄洪工程的判别指标。当发生洪水时,先尽量发挥河道泄洪能力,待控制点的实际水位或流量即将达到判别指标,且根据水情预报或趋势分析洪水仍将继续上涨时,即应准备启用分蓄洪工程。对于水系纵横交错,洪水组成错综复杂的水域,也可同时用多个控制点的判别指标共同控制分洪工程的运用,以策安全。

3. 水库(群)与分蓄洪工程(系统)联合调度

这种防洪系统的联合调度,一般可以水库(群)与分蓄洪工程(系统)各自的防洪(联合)调度方案为基础,拟定统一的防洪联合调度的基本原则。实际运行时,要针对当时洪水的组成遭遇情况,合理安排各种防洪工程(系统)的运用程序。

1)分蓄洪阶段运用程序

水库蓄洪运用灵活、安全,利用重叠库容蓄洪对兴利储备水资源有利;分蓄洪工程靠近防护区,可及时启用以控制防护区水位不超过保证水位,但运用分蓄洪工程(系统)损失较大。因此,一般先用水库(群)后用分蓄洪工程(系统)较为有利。

2)泄洪阶段运用程序

一般以不超过安全泄量为控制条件,先泄分蓄洪工程(系统)的洪水,再对水库(群)进行补偿泄洪,尽可能减少分蓄洪区的洪水淹没损失和有利于尽快恢复生产。

(二)水库防洪调度

水库往往是防洪系统的关键工程,搞好水库的防洪调度,对提高下游防洪标准,减免下游洪灾损失,有极为重要的作用。同时,为确保水库本身安全也需搞好防洪调度。

1. 防洪预报调度

对洪水预报精度及准确率较高,蓄泄运用较灵活的水库,可以采用防洪预报调度。通常有以下几种主要方式:

(1)根据洪水预报提前腾出库容以蓄纳即将发生的洪水。对于有兴利任务的水库,可以预泄的水量一般以该次洪水过后水库能回蓄到防洪限制水位,不致影响兴利效益为原则确定。

预报调度可以与补偿调度相结合。预报预见期越长、预报误差越小,则防洪预报调度效果越好。目前多采用短期防洪预报调度;中期预报精度较差,实际应用尚不多;长期预报尚处于探索阶段。随着水文预报科学技术水平的提高,防洪预报调度将是提高防洪效益的有效途径。

(2)根据入库洪水(或防洪控制点以上的洪水)的洪峰或总量的预报进行水库调度。在考虑分级调度的情况下,若预报洪水(考虑预报误差)即将超过下游某一级防洪标准的相应安全泄量,即可提前按高一级标准的安全泄量泄洪。如预报将发生超过防洪标准的洪水(考虑预报误差),可提前按确保水库工程安全的调度方式运用,以提高水工建筑物的安全度。

2. 水库工程安全的防洪调度

为确保水工建筑物的安全,在水库遭遇设计洪水时,库水位应不超过设计洪水位;遭遇校核洪水时,库水位应不超过校核洪水位。

1)正常运用方式

可以采用库水位或者入库流量作为控制运用的判别指标。按照预先制定的运用方式蓄泄洪水,控制库水位不高于设计洪水位。

2)非常运用方式

当库水位已达到设计洪水位并将超过时,对有闸门控制的永久性泄洪设施(包括非常溢洪道等),可打开全部闸门或按规定的泄洪方式泄洪,以控制发生校核洪水时库水位不超过校核洪水位。如需启用临时性泄洪设施,而启用后会使下游产生严重的淹没损失,或可能冲毁部分水工建筑物,影响水库效益,造成严重后果时,则需要慎重拟定合理的启用条件(或称启用判别指标)。通常以库水位略高于设计洪水位,或以入库流量略超过设计洪峰流量且有上涨的趋势作为临时性泄洪设施的启用条件。具有较大蓄洪能力的水库,以库水位作为启用条件比较可靠,而且易于掌握。库容较小,设计洪水位与校核洪水位相差不大的水库,可以入库流量作为启用条件。水库非常运用时,应严格控制泄量不超过入库最大流量,以免造成下游人为的洪灾损失。

（三）河道洪水演进计算

洪水演进计算是防洪工程规划设计及防汛调度工作中常用的方法，用于验算防洪工程系统是否满足设计要求，阐明防洪工程系统的作用与效益，以及防汛中推算各地实时水位流量。

1. 概述

河道中的洪水演进计算，主要是解决洪水往下游传递沿程的洪水变形问题，即由入流断面的流量过程线变化，求出流断面流量（或水位）过程线。天然河道洪水沿程传递，水库下泄洪水沿河传播和分蓄洪工程对下游河道的作用计算等，均属于洪水变形的性质，须根据河道特性及资料条件、计算要求，选取符合实际的洪水演进计算方法进行计算。其成果是防汛，水库调度和防洪规划，及沿江桥、涵、闸、站和防洪建筑物设计的主要依据。

江、河洪水演进计算，属于明渠非恒定流计算问题。对此问题，远在150多年前法国数学家拉普拉斯和拉格朗日就开始了研究，1871年圣维南根据质量守恒和动量守恒原理，导出偏微分方程组。在运动方程式中考虑了摩阻项、流速水头项、加速水头项。由于在平原河道中，流速水头仅为摩阻项的百分之几或更小，在缓变流中加速水头甚微，且在整个洪水过程中有正有负，因而摩阻项在计算较长河段的流动中起主要影响。

圣维南方程组至今仍为解河渠非恒定流的基本方程组，该方程组在数学上归纳为一组拟线性双曲线型偏微分方程组求解。自1871年圣维南导出上述方程组以来，还没有精确的解析法，通常是根据具体情况求其近似的数值解。目前，对其方程组的简化近似解法较多，常用于生产实践中的方法可归纳为两类：一类是以已有实测洪水流量资料为依据，分析变化规律，建立数学模型及参数求解的水文学法，如马斯京根法、连续平均法、特征河长法、汇流曲线法等；另一类是以江、河水道地形（或纵、横断面）和实测水位、流量资料为依据，简化一维的圣维南方程组，用显式或隐式的差分法求解的水力学法。

水文学法，在一般情况下，只要资料和计算处理得当，能得到满足精度要求的计算结果。由于具有概括性强、费工少、较直观、易于掌握等优点，在生产实践中得到广泛推广和应用。

水力学法，即非恒定流法，考虑较细致和完善，能计算各断面水位、流速、流量的变化。由于需用资料多且细，糙率取用的难度大，其计算精度取决于观测资料的精度，随着电子计算机的普及使用，近年水力学法已有较多实践。

选择计算方法，一方面要考虑计算问题的性质、河道特性、依据资料的精度、数据的取得和计算工作量，另一方面要考虑计算成果的要求及所算结果的可靠性。在选择中，一是应用在实践中得到的经验，二是用试算寻求最适宜的计算方法及演算模型。

对选取的演进计算模型，至少要用两次以上不同类型的实测洪水进行验算，用控制站的实测洪水位及流量过程与采用演进计算模型计算成果对比，评判演进计算模型是否符合实际及其计算精度。

2. 计算中常遇的具体问题

1）河段的划分

计算河段的划分与长度，原则上讲，河段愈短，愈能使演进计算模型符合实际。但限于资料条件及为减少工作量，一般是在主要支流入汇及分流口、重要城镇及保护区有代表性的防洪控制断面等处分段，并尽可能利用水文测站资料分段建立演进计算模型。如采用水力学法，还应考虑水面比降和断面的变化确定分段，分段长度 Δx 须与计算时段 Δt 协调。

2）计算时段的选择

计算时段的选择与河段的划分关系密切。Δt 选得太长，与时段内流量过程线线性变化的假设不符；Δt 选得太短，则与上下游涨、落水过程线不相应。一般要求除满足过程线在 Δt 时段内能用直线来近似表达的条件外，还应考虑使 Δt 接近或等于洪水流经该河段的时间。当入流过程线由上涨段到下降段的变化陡急时，或当入流过程线逐时有明显的改变时，为保持计算精度，有必要相应调整计算时段。

3）起始条件和边界条件

起始条件通常为流程全长在某瞬时 t 的流态。在实际演算中，洪水起涨前开始演算第一个时段的初瞬值即为起始条件。通常认为，在洪水起涨前起始条件的水流状态是稳定的，即流经各河段的沿程流量基本为一常量。在实际计算中常取典型洪水实测起涨前沿程各点的水位、流量，作为起始条件的初瞬值。

边界条件为流程始端和末端的流态所应满足的条件。在计算天然河道中的洪水时，上边界条件一般是流程始端的流量过程线 $Q(t)$，流程内有区间洪水加入时还应计入区间流量值。当河段的上端建有水库时，即为水库的下泄洪水过程线 $q(t)$，可由水库根据洪水和防洪调度方式来确定。下边界条件，在天然河道内一般是取离流程末端最近距离处，或利用水位相关移至流程末端的水位流量关系曲线（包括有几个影响参数的水位流量关系曲线）；在感潮河段，下边界为河口的潮位过程线 $Z(t)$。如流程末端上接的是大的湖泊，或支流洪水注入大江大河的干流且占干流的比重较小时，支流流程末端的下边界可取湖泊或江河干流的水位过程线 $Z(t)$。

4）水量平衡检查与修正

在天然河道中，由于流量资料的误差和区间洪水往往无流量观测资料，需要用雨量或其他站的流量资料插补；在平原圩区的河流，还有沿江两岸圩区排涝水量的加入。为此，需对洪水演进计算模型研究或检验，采用洪水资料进行水量平衡检查与修正。水量平衡检查修正中，为消除河段内河槽蓄水量的影响，一般要求取始末时刻水位接近相等的一次洪水总量进行入、出水量平衡计算，常以出流断面水量为准进行入流或区间加入水量的修正或过程的调整。区间来水过程调整时，需充分利用沿程水道地形和实测水位过程资料。

5）演进计算模型的检验

演进计算模型必须用江、河水文站实测水位、流量过程进行检验，合格后才能使用。在进行实测与演进计算模型计算结果比较时，强调使用水位过程线是很重要的，因为在汛期不可能连续观测流量，而沿江、河的实测水位是连续可靠的，一般用实测整编流量资料作为演进计算模型校正和检验的补充。演进计算的计算数据与江、河实测洪水之间存在偏差的原因，可归纳为以下五点：

（1）基本方程中简化和近似不够准确，不能模拟原型的复杂性。

（2）量测技术不够精确，如测量误差、水尺设置不当等。

（3）数据不够充分，如河段内加入的支流或排涝水量数据不准。

（4）现象考虑不周，如河床冲刷或淤积造成河床变化，或随植被而异的糙率系数的变化等。

(5)地形的概化欠妥,如断面的代表性,对一维计算来说这些特征是断面面积、水面宽度、流量模数,这三者均是水位的函数。

3. 计算方法

应根据资料条件和计算要求,结合洪水和河道特性选取。

采用恒定流方法进行洪水演进计算时,计算时段应根据使时段内洪水波传播的距离大于或等于河段的长度且入流量接近直线变化等条件选定。计算的起始条件应为洪水波来临前全流程同一时刻较稳定的流态。上游端的边界条件应为入流断面的流量过程线。下游端的边界条件可采用水位流量关系曲线(稳定的或以涨落、顶托等影响为参数的),下端为大湖或海时可采用水位过程线。

采用非恒定流计算时,流段的划分应考虑水力因素均一性、支流入口与分流位置、控制断面与计算时段长短等因素。

1)河道槽蓄与出流成单一关系时的计算方法

这种方法适用于洪水水面开阔、附加坡降很小,而河段下端出流断面处有较稳定的水位流量关系的情况,其步骤如下:

(1)绘制河段出流和河段槽蓄量关系曲线 $q=f(W)$。当计算河段入、出流断面具有较充分的实测水文资料时,首先取单峰型及较易分割成单峰的双峰型洪水,考虑区间洪水,修正上游站洪水,使之与下站同次洪水的洪量相等。再按水量连续方程 $\overline{Q}_{入}\Delta t-\overline{q}\Delta t=\Delta\overline{W}$计算 Δt 时段内的槽蓄量增值。计算开始时可假定相应出流量 q_1 的起始槽蓄量 W_1,则第一时段末的槽蓄量为 $W_2=W_1+\Delta\overline{W}_1$,相应出流量为 q_2,如此可求一次洪水的 $q=f(W)$ 关系曲线。根据几次洪水求出的槽蓄曲线可能有差别,一般可取其平均线。

当计算河段缺乏水文资料时,可将计算河段划分成若干小段,引用实测水道地形图或大断面图,以及实测水面线或推算水面线,计算出流断面水位和槽蓄量关系曲线 $Z_{下}=f_1(W)$,再用水力因素法计算出流断面的水位流量关系曲线 $Z_{下}=f_2(Q)$,最后将两者合并换算,即得 $q=f(W)$ 关系曲线。

(2)演算方法。将 $q=f(W)$ 曲线转化为工作曲线 $q=f(\overline{W}+\frac{1}{2}q\Delta t)$,再按半图解法进行洪流演进计算,即由入流过程线求出出流过程线。

2)河段槽蓄量和出流关系受入流影响时的计算方法

这种方法适用于计算河段入、出流断面的水位流量关系为单一线,而河宽随洪水入流的增加迅速加大,入流的大小对河段槽蓄量和出流量关系有明显影响的情况。

要点为:应用实测水文资料或地形资料,绘制以入流量为参数的入流量和槽蓄量关系曲线 $q=f(\overline{Q}_{入},\overline{W})$,并转换成以入流量为参数的工作曲线 $q=f(\overline{W}+\frac{1}{2}q\Delta t)$,演算方法相同,仅以 $\overline{Q}_{入}$ 为参数由工作曲线查得相应时段的出流量 q。

3)河段槽蓄量和出流量关系受下游支流汇入或分流影响的计算方法

在出流断面下游有支流汇入或分流而影响出流量的情况下,可采用本法进行简化计算。当河段槽蓄量与出流断面水位近似成单一关系时，计算方法与方法2）同，不同之处仅在于以下游支流有效顶托或分流流量值$\sum q$替代入流量为参数，绘制$q=f(\sum q,\overline{W})$曲线及辅助工作曲线$q=f(\sum q,\overline{W}+\frac{1}{2}q\Delta t)$，计算时以$\sum q$为参数由辅助工作曲线求得相应时段的出流量$q$。

当入流量的变化影响河段槽蓄量和出流断面水位关系时，应同时考虑入流量和下游支流顶托或分流的影响进行计算。

4）化算流量法——马斯京根法

当缺乏河道地形资料且实测水文资料不多，而支流汇入或分流等又需划分多流段进行洪流演进计算时，可采用本法。

（1）假定计算河段中某瞬时的化算流量Q_n满足如下关系式：

$$Q_n = XQ_{入} + (1-x)q$$
$$W = KQ_n = K[XQ_{入} + (1-X)q] \tag{2-1-6}$$

式中　x——权重系数，对一定河段在水位变化不大时取定值；

K——$W=f(Q_n)$关系线的斜率，在水位变化不大时取定值；

其他符号含义同前。

根据水量平衡原理及式（2-1-6）得：

$$q_2 = C_0 Q_{入2} + C_1 Q_{入1} + C_2 q_1 \tag{2-1-7}$$

式中

$$C_0 = \frac{\frac{1}{2}\Delta t - Kx}{K(1-x)+\frac{1}{2}\Delta t}$$

$$C_1 = \frac{\frac{1}{2}\Delta t + Kx}{K(1-x)+\frac{1}{2}\Delta t}$$

$$C_2 = \frac{K(1-x)-\frac{1}{2}\Delta t}{K(1-x)+\frac{1}{2}\Delta t}$$

若上式中的K、x已定，则C_0、C_1、C_2可求得，已知时段初的入、出流量$Q_{入1}$、q_1及时段末入流量$Q_{入2}$，即可求得时段末的出流量q_2，以时段末数据作为下一时段初数据，继续计算，就可求出整个洪水的出流过程。

（2）x、K的确定，有以下几种方法：

①试算法。假定各种不同的x值，作出同次洪水的$W=f(Q_{化算})$关系线，若x假定不合适，该曲线成绳套线；若x假定合适，该曲线近似成单一线，K值为$W=f(Q_{化算})$曲线的斜率。

②按最小二乘法计算x值：

$$x = \frac{\sum_{i=1}^{n}(Q_{入i} - q_i)q_i}{\sum_{i=1}^{n}(Q_{入i} - q_i)^2}$$

式中　$Q_{入}$、q——同次洪水同时的入、出流量值。

③对于水位变幅较大的河段,可分别定出高、中、低水位的不同的 x 和 K 采用值。此法用于计算河段区间来水较大的情况时,首先应将同次实测洪水的入流水量按出流水量修正,再进行 x、K 值的计算;选定 x、K 值后,应演算几次实测洪水,若误差较大,应适当修正 x、K 值。

第二节　治涝工程水利计算

一、治涝工程总体方案确定的原则与要求

(一)治涝工程系统组成

治涝工程一般包括各级排水沟道、蓄涝区、排水出口、承泄区,以及排水闸、挡潮闸、排水站等排水连接建筑物。

排水沟包括明沟和暗沟。明沟沟系层次因涝区面积、地形、水系、排水出口和承泄条件的不同而有差异,一般分为干、支、斗、农、毛五级。干、支、斗三级沟道是汇集排水区渍涝水的主要通道。田间排水网直接控制农田地表水及地下水位,一般由末级固定沟(多数指农沟)以下的沟道(如田间排水沟)所组成。暗沟排水系统主要布设在田间,通常采用一级地下管道(仅有田间末级排水管)和二级地下管道(即排水管和集水管)的布置形式,主要作用是排土壤水及地下水。三级和三级以上的输水管道的管径增大很多,投资过高,一般采用明沟。

涝区中的蓄涝区与排水工程互相配合,可以缩小各类排水工程规模,削减排涝峰量。

排水闸、挡潮闸、排水站是沟通各级排水沟道、蓄涝区和承泄区的连接工程,其作用是保证涝水排泄畅通,控制地下水位,并拦阻涝区外洪水、潮水入侵。

承泄区一般包括海洋、江河、湖泊、洼地以及地下透水层和岩溶区等,可以根据实际情况选用。涝区的涝水除部分暂时滞蓄于蓄涝区外,其余应由承泄区接纳。

截流沟及撇洪道是治涝工程系统的重要组成部分,其作用是拦截客水及高地水,实现内外水分排和高低水分排。

治涝工程系统示意框图见图 2-2-1。

(二)治涝标准

1. 治涝设计标准的表达方式

1)以涝区发生一定重现期的暴雨作物不受涝为标准

这种表达方式除明确指出一定重现期的暴雨外,还规定在这种暴雨发生时作物不允许受涝。即当实际发生暴雨不超过设计暴雨时,耕地的淹没深度、历时应不超过农作物正常生长所允许的耐淹水深、耐淹历时。这种概念能够较全面地反映涝区设计标准的有关

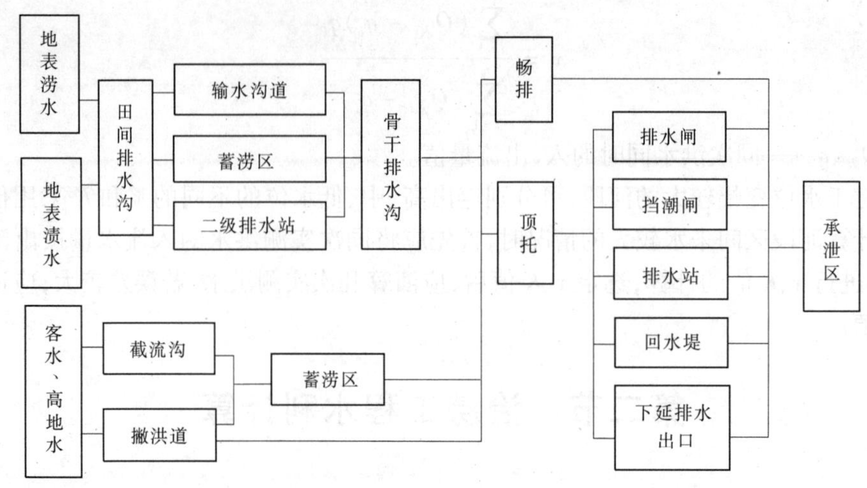

图 2-2-1　治涝工程系统示意框图

因素。

2）以涝区作物不受涝的保证率为标准

作物不受涝的保证率是指治涝工程实施后作物能正常生长的年数与全系列总年数之比（经验保证率）。实际应用时，先假定不同的工程规模分别进行全系列的排涝演算，求出各种工程规模下作物能正常生长的经验保证率。然后选择经验保证率与治涝设计保证率相一致的工程规模作为设计采用值。这种方法能综合反映雨量、水位及其他有关因素在时间、地点和数量上的组合情况，比较符合实际。但要求具有相当长的降雨、水位等在时间、地点和数量上的组合情况，除重要涝区或大型涝区外，一般较少采用。

3）以某一定量暴雨或涝灾严重的典型年作为治涝设计标准

这种表达方式能反映涝灾的实际情况，概念比较明确、具体，不因资料加长而改变成果。与第二种表达方式一样，具有能反映各有关因素之间有机联系的优点。但定量暴雨或典型年仍有一定的重现期概念，在选择定量暴雨或典型年时仍须进行频率分析。

在治涝规划设计时，一般可采用第一种表达方式。

2. 治涝设计标准选择

选择治涝设计标准，应考虑涝区的自然条件、灾害轻重、影响大小，正确处理需要与可能的关系，进行技术经济论证。按《水利水电工程水利动能设计规范》（SDJ11—77）第 31 条的规定，其重现期一般采用 5 ~ 10 年；条件较好的地区或有特殊要求的粮棉基地和大城市郊区可适当提高，条件较差的地区可适当降低。

（三）治涝规划的一般原则

编制治涝规划应根据河流规划、地区农业、水利和国民经济发展规划等要求，考虑涝区的地形、土壤、水文、气象、水文地质、涝碱灾害、现有治涝措施等因素，认真总结经验，正确处理大中小、近远期、上下游、泄与蓄、地面水与地下水、自排与抽排、工程措施与非工程措施等关系。

治涝规划的一般原则如下：

(1)必须统筹兼顾,因地制宜地采取综合治理措施。应以水利措施为主,其他措施相配合;以排为主,滞、蓄、截相结合;以近期为主,近远期相结合;以治理涝、渍、盐碱为主,同时,在可能条件下,与防洪、灌溉以及其他要求相结合。

(2)应考虑综合利用的要求。排水闸、挡潮闸、排水站、排水沟道,蓄涝工程等在满足治涝要求的前提下,应与防洪、灌溉、航运、给水、养殖、卫生等工程建设适当结合。

(3)应建立完整的排水系统,扩大排水出路。

(4)在有自排条件的地区,应以自排为主、抽排为辅。在受洪、潮顶托,排水不良的地区,应适当多设排水出口,以利于自流抢排。在距排水出口较远、抢排困难的地区,应设排水站抽排。

(5)对有外水汇入的涝区,应考虑在上游修建蓄水工程,开挖撇洪、截流、截渗等排水沟道,以调蓄和拦阻山丘区坡水和地下水进入涝区。

(6)贯彻"蓄泄兼筹"的方针,充分利用湖泊、河流、沟渠、洼地、坑塘等容积滞蓄涝水,以削减排涝峰量。在有可能产生次生盐碱化的地区,采取蓄涝措施应十分慎重。

(7)排水条件较差、地下水位较高或有盐碱化威胁的地区,根据实际情况,可采取开挖深沟大渠,修筑台田、条田,适当改种耐涝、耐渍、耐碱作物等综合措施。

(8)有渍、碱灾害的地区。应考虑降低地下水位的要求。

(9)由于不同地区的涝水在发生时间上和数量上存在差异,在有条件的地方,要考虑相邻地区补偿排水的可能性与合理性。

(10)涝区内河的上游水库,可考虑留有一定的蓄涝库容,以减少上游客水汇入涝区。涝区外河的上游水库,要合理进行水库调度,有条件时在排涝期间适当蓄水,减少泄量,降低外河水位,以改善下游两岸自排和抽排条件。

(四)蓄涝区规划

蓄涝区是指涝区内的湖泊、洼地、河流、沟渠、坑塘等可以滞蓄涝水的地方。利用蓄涝区调蓄涝水是治涝的重要措施之一,可以减轻渍涝灾害,削减排水流量,减少抽排装机。

在排涝规划中,应合理安排蓄涝区,保持一定的蓄涝容积。

1. 蓄涝区设计水位

蓄涝区设计水位,包括正常蓄水位、死水位。对容积较大并有闸门控制运用的蓄涝区,其正常蓄水位、死水位一般应根据蓄涝任务并考虑灌溉、航运、水产、卫生、生活用水以及降低地下水位的要求确定。

正常蓄水位一般按涝区内大部分农田能自流排水的原则来确定。较大蓄涝区的正常蓄水位应通过内排站与外排站装机容量之间的关系分析,结合考虑其他效益,合理确定。对水面开阔、风浪较高的蓄涝区,在确定正常蓄水位时,应考虑堤坝有足够的超高。处于涝区低洼处,比较分散又无闸门控制的蓄涝区,其正常蓄水位一般低于附近地面 0.2 ~ 0.3m。

死水位除考虑综合利用要求外,一般在死水位以下应保留 0.8 ~ 1.0m 的水深,以满足水产、养鱼或航运的要求。

在可能产生次生盐碱化的地区,采取蓄涝措施应十分慎重,死水位应控制在地下水临界深度以下 0.1 ~ 0.3m。

2. 蓄涝区容积

蓄涝区容积的大小应因地制宜、合理确定。当涝区内的自然湖泊、洼地、河流、沟渠、坑塘等容积较大时,蓄涝容积可大一些。如蓄涝区较小,需要新开挖蓄涝区时,蓄涝容积可适当小一些。

蓄涝率是反映涝区蓄涝容积大小的相对指标。根据湖南、湖北两省的经验,对排水面积较大的涝区,一般按5万~15万 m^3/km^2 的蓄涝率考虑排水站的装机容量比较合理。

3. 蓄涝区的运用方式

蓄涝区的一般运用方式如下:

(1)先抢排田间涝水,后排蓄涝区涝水。

(2)涝区调蓄工程要与抽排工程统一调度,配合运用。可边蓄边排,或者待蓄涝区蓄水到一定程度后再开机排水。

(3)蓄涝容积一般有以下三种排降运用方式:①一次暴雨过后,即将水位排降到死水位;②汛后才开始将水位排降至死水位;③配合灌溉或其他用水要求降低水位。

(4)蓄涝区蓄排水方式,应从经济上是否合理与控制运用是否方便等方面分析比较后决定。从减少装机的角度看,汛期宜采用随时降雨随时排水的方式,以充分利用蓄涝容积削减排涝峰量,但其运行历时长,年费用大。从节约年费用来看,则宜在蓄涝容积蓄满后开机排水,但不能最有效地发挥蓄涝容积削减排涝峰量的作用,装机容量也较大。

(5)当蓄涝容积同时兼有灌溉任务时,可根据灌溉要求拟定运用方式,但在汛期应随时通过预报了解天气情况,以便在暴雨发生前及时腾空蓄涝容积蓄纳涝水。

(五)承泄区规划

1. 选择承泄区的原则

(1)承泄区位置应尽可能与涝区中心接近。

(2)承泄区与排水系统布置应尽可能协调。

(3)尽可能选择水位较低的地方,争取有较大的自排面积以及较小的电排扬程。

(4)有排泄或容纳全部涝水的能力。

(5)有稳定的河槽。

2. 承泄区治理的主要内容

(1)如条件允许,在承泄区上游修建水库,削减洪峰,降低下游河道水位。

(2)扩大原有河道或开挖新河,增加排水流量。

(3)疏浚河槽和浅滩,清除河道上的阻水工程设施。

(4)对过于弯曲的河段,采取裁弯取直措施。

3. 承泄区与排水系统的连接

承泄区与排水系统的连接,可分为畅排和顶托两种情况,因地制宜地采用以下一种或几种方式。

建闸:在内水位高于外水位时,相机抢排涝水;在内水位低于外水位时,关闭闸门,防止倒灌。

建排水站:在外水位长期高于内水位,蓄涝容积又不能满足调蓄要求的涝区,需修建排水站排水。

建回水堤:排水沟受顶托影响时,可在排水沟道两侧修建回水堤。回水影响范围以外的涝水可以通过排水沟道自排入承泄区。回水影响范围内不能自排的涝水,建抽水站排水。

(六)治涝规划方案的拟定

在治涝规划中,应根据截、排、蓄等综合治理原则,初步拟定若干可能的治理方案,通过技术经济比较,最后选出最优方案。

1. 拟定排水分区方案

应考虑各涝区的自然特点及承泄条件,根据高水高排、低水低排、内外水分开、主客水分开、就近排水、自排为主、抽排为辅的原则,适当照顾行政区划和水利土壤改良区划,合理拟定排水分区方案。

1)排水分区的形式

(1)将整个涝区作为一个排水区,布置成一个独立的排水系统,设一个出水口,集中排入承泄区。

(2)将排水区划分为几个排水分区,各个排水分区有独立或互相联系的排水系统、排水出口及承泄区。

2)排水分区的主要类型

A. 沿江沿湖圩区的排水分区

根据排水区的地形特点和外水位条件,适当考虑原有排水系统现状,对地势较高,有可能自排的地区,划分为高排区;对地势较低,排涝期间外水位长期高出田面需要抽排的地区,划分为低排区;介于上述二者之间的地区,则采用自排与抽排相结合的排水方式。

B. 半山半圩地区的排水分区

处于丘陵山区和江湖之间的半山半圩地区,汛期外水位高于圩内农田,同时客水下压,涝情严重。应在高低分界处规划截流沟或撇洪道,将排水区划分为高排和低排两类地区。

C. 滨海和感潮河段地区的排水分区

对这类地区应根据潮汐影响程度、时间和范围划分排水区。

(1)按排水沟道出口有闸及无闸两种情况划分排水区。

如出口建闸,以高于挡潮闸正常蓄水位所相应的设计回水水面线高程以上的地区为自排区或称畅排区;低于挡潮闸设计低水位所相应的设计回水水面线高程以下的地区为抽排区。介于上述二者之间的地区为半畅排区。

如出口无闸,直接以出口处的设计高潮位及低潮位,分别用排水河道设计排水流量推算沿程回水水面线,并按上述原则确定自排区、抽排区及半畅排区。

(2)以排水流程最短为原则,尽可能均衡地划分若干排水区,以缩短排水时间。

2. 拟定治涝工程方案应注意的几个问题

(1)因地制宜地采用截流、蓄涝、排水等综合治理方式,选择一种或数种主体治涝工程,配合其他工程及非工程措施,组成各种治涝方案。对所有可行的方案都应进行初步分析比较,逐步归纳成若干主要方案,再通过技术经济论证和综合分析,最后选出最优方案。

(2)对灾情严重而且治理工作量很大的涝区,应研究分期治理方案。先按低标准治理，减轻涝灾的危害程度，以后分期提高标准。

(3)在拟定治涝方案时，应正确处理治涝工程与有关部门和相邻地区的关系。

(4)非工程措施包括修筑台田、条田，改种耐涝、耐渍、耐碱作物，以及生物排水等，一般与农业生产相结合，这类措施投资少、综合效益大，应予以重视。

二、治涝工程特征水位与流量计算

(一)排水河道设计排涝流量与水位计算

1.设计排涝流量计算

排水河道，应分别计算设计排涝流量和设计排渍流量。

设计排涝流量根据涝区特点、资料条件和设计要求，宜选用产流、汇流方法，排涝模数经验公式，排涝期平均排除法估算。降雨、流量资料比较全，计算精度要求较高的涝区可采用产流、汇流方法推算排涝流量。以下介绍排涝模数经验公式法及平均排除法。

1)排涝模数经验公式法

排涝模数指涝区每平方千米排水面积的最大排水流量，它的单位是 $m^3/(km^2 \cdot s)$。以排水模数乘排水面积即可求得最大排水流量。

A.排涝模数计算公式

排涝模数主要与涝区暴雨、地形、涝区形状、排水面积、蓄涝容积、植被情况、土壤性质、水利设施及作物组成等因素有关。

由于影响的因素较多，精确的分析比较困难。一般根据实测暴雨径流资料分析求出平原区排涝模数的经验公式：

$$M = KR^m F^n \tag{2-2-1}$$

$$Q = MF = K R^m F^{n+1} \tag{2-2-2}$$

式中 M——设计排涝模数，$m^3/(km^2 \cdot s)$；

Q——设计排水流量，m^3/s；

F——排水沟设计断面所控制的排水面积，km^2；

R——设计净雨深，mm；

K——综合系数(反映河网配套程度、排水沟道坡度、降雨历时及流域形状等因素)；

m——峰量指数(反映洪峰与洪量关系)；

n——递减指数(反映排涝模数与面积关系)。

式(2-2-1)、式(2-2-2)中考虑了形成最大流量的主要因素 R 和 F，计算简便，具有一定的精度，目前平原地区多采用这一方法确定设计排水流量。

采用这一方法确定排水流量时，关键问题在于合理确定排涝模数中的参数。部分地区根据大量实测暴雨径流资料，进行统计分析求出各地区排涝模数计算公式的参数，列于表2-2-1，供参考。

B.公式参数的确定方法

在确定排涝模数经验公式的参数时，应首先分析确定峰量指数 m，然后再确定 n、K 两个参数，下面介绍常用的方法。

表 2-2-1　部分地区排涝模数公式参数值

地　区		适用范围(km^2)	K	m	n	设计降雨天数
淮北平原地区		500 ~ 5 000	0.025	1.00	-0.25	3
河南省豫东及沙颍河平原区			0.030	1.00	-0.25	1
山东省沂沭泗地区	湖西地区	2 000 ~ 7 000	0.031	1.00	-0.25	3
	邳苍地区	100 ~ 500	0.031	1.00	-0.25	1
河北省黑龙港地区		>1 500	0.058	0.92	-0.33	3
		200 ~ 1 500	0.032	0.92	-0.25	3
河北省平原地区		30 ~ 1 000	0.040	0.92	-0.33	3
山西省太原平原区			0.031	0.82	-0.25	
湖北省平原湖区		≤500	0.013 5	1.00	-0.201	3
		>500	0.017	1.00	-0.238	3
辽宁省中部平原区		>50	0.012 7	0.93	-0.176	3

(1)峰量指数 m 的确定:首先分析单站的峰量关系,这样可以消除流域面积因素对排涝模数 M 的影响。单站排涝模数与净雨深的关系为:

$$M = K_0R^m \tag{2-2-3}$$

式中　K_0——峰量系数,可用下式表示:

$$K_0 = KF^n \tag{2-2-4}$$

上两式中其他符号含义同前。

将若干实测的 $M \sim R$ 数据点在双对数纸上,由式(2-2-3)可见,$\ln M$ 与 $\ln R$ 为线性关系,故可根据实测点据优选或目估定出关系线,则参数 m、K_0 可求出。

(2)递减指数 n、综合系数 K 的确定:在峰量指数 m 值确定后,即可进一步求 n、K 参数。

对某一测站,控制面积 F 已知,当 m 给定后,即可由上述方法求出相应的 K_0 值。以不同测站的 F 及相应的 K_0 值数据,点在双对数纸上,由式(2-2-4)可知,$\ln K_0$ 与 $\ln F$ 为线性关系,故可根据实际点优选 n 与 K。

2)平均排除法

对于控制面积较小的排水沟,在不超过作物允许耐淹历时的条件下,可以允许地面径流在短时间内漫出沟槽。因此,其设计排水流量不必采用设计暴雨情况下产生的最大流量计算,而可以按照排水面积上的净雨在规定的排水时间内平均排除的排水流量或平均排水模数加以确定。

A. 旱地设计排水模数

旱地设计排水模数采用下式计算:

$$M_{旱} = \frac{R_{旱}}{86.4T} \quad (m^3/(km^2 \cdot s)) \tag{2-2-5}$$

式中　$R_{旱}$——历时为 T 的旱地净雨深,mm;

T——排涝历时,d,一般可取旱作物的耐淹历时作为排涝历时,旱作物一般 $T=1\sim2$d。

B. 水田设计排水模数

水田设计排水模数采用下式计算:

$$M_{水}=\frac{R_{水}-h_{田}-E-f}{86.4T}\quad(\mathrm{m^3/(km^2\cdot s)})\tag{2-2-6}$$

式中　$R_{水}$——历时为 T 的水田净雨深,mm;

$h_{田}$——水田滞蓄水深,mm,一般为 20~40mm,$h_{田}=h_m-h_0$,h_m 为水稻的耐淹水深(mm),h_0 为水稻的适宜水深(mm);

T——排涝历时,d,一般采用水稻的耐淹历时作为排涝历时,水稻一般 $T=3\sim5$d;

E——历时为 T 的水田腾发量,mm,$E=aE_{水}T$;

$E_{水}$——水面蒸发强度,一般采用 3~5mm/d;

a——可根据当地资料确定;

f——历时为 T 的水田渗漏量,mm,$f=\varepsilon T$;

ε——渗漏强度,mm/d,当田间水层深度为 10~40mm 时,粘土、壤土、沙壤土的 ε 值分别为 1.0~1.5、2.5~3.0、4.0~4.5。

式(2-2-6)中 h_m、h_0、T 值可参照有关水稻耐淹水深、耐淹历时确定。

C. 综合设计排水模数

当涝区内既有旱地又有水田时,综合设计排水模数按下式计算:

$$M_{综}=\frac{M_{旱}F_{旱}+M_{水}F_{水}}{F_{旱}+F_{水}}\quad(\mathrm{m^3/(km^2\cdot s)})\tag{2-2-7}$$

式中　$F_{旱}$——旱地面积,$\mathrm{km^2}$;

$F_{水}$——水田面积,$\mathrm{km^2}$;

其他符号含义同前。

有了设计排水模数,就可以进一步求出设计排水流量。用平均排除法确定排水流量时,没有反映出排水面积越大排水模数越小这一客观规律。而且当排水面积很大时,涝水汇流时间往往也超过计算中规定的排涝历时。因此,平均排除法只适用于确定较小排水面积的排水设计流量,对于较大的排水面积是不宜采用的。

2. 设计水位的确定

设计排水河道,一方面要能通过设计排水流量,使涝水顺利排入承泄区;另一方面还要满足控制地下水位、通航、养殖等对于沟道水位的要求。

排水沟的设计水位可以分为日常水位和设计水位,这是确定排水沟道断面尺寸的依据。

1) 日常水位

日常水位是排水沟经常需要维持的水位,在平原地区主要由控制地下水位的要求(防渍或防治土壤盐碱化)所决定,同时也要考虑排水沟对外通航的要求。

对于有防渍或防治土壤盐碱化要求的地区,排水农沟的日常水位应当低于作物要求的地下水适宜深度或地下水临界深度。而斗、支、干沟的日常水位,因为要考虑各级沟道的水面比降和局部水头损失,则要求比农沟的日常水位更低。如排水干沟为了满足最远处低洼农田降低地下水位的要求,其沟口日常水位可由最远处农田平均田面高程 A_0,考虑降低地下水位的深度和斗、支、干各级沟道的比降及其局部水头损失等因素逐级推算而得,即

$$Z_R = A_0 - D_{农} - \sum (i_k L_k) - \sum \Delta Z \tag{2-2-8}$$

式中 Z_R——排水干沟沟口的日常水位,m;

A_0——最远处低洼地面高程,m;

$D_{农}$——农沟日常水位离地面距离,m;

L_k——斗、支、干各级沟道计算长度,m,;

i_k——斗、支、干各级沟道的水面比降,如为均匀流,则为沟底比降;

ΔZ——各级沟道沿程局部水头损失,m,如过闸水头损失取0.05~0.10m,上、下级沟道在排地下水时日常水位衔接落差一般取0.1~0.2m。

对外河日常水位较低的北方平原地区,干河有可能自流排除设计日常流量时,按式(2-2-8)推得的干沟沟口处日常水位应不低于外河日常水位。否则,应适当减小各级河道的比降,争取自排。

2)设计水位

设计水位是宣泄设计排水流量(或满足蓄涝要求)时的水位。由于各地区外水位条件不同,因而确定设计水位的方法不同,但基本上分为两种情况:

(1)在自流外排时,为了保证排水通畅,干沟出口处设计水位至少要与外河的设计洪水位相平,其余斗、支沟的设计水位则按比降逐级上推。

(2)在外水位很高、长期顶托无法自流外排的情况下,降雨后主要靠排水站提排。此时沟道设计水位要分两种情况考虑:一种情况是没有内排站的情况,这时设计水位一般不超出地面,以离地面0.2~0.3m为宜,最高可与地面齐平,以利涝水排入沟道,设计水位以下的沟道断面要能容泄设计排水流量和满足蓄涝要求;另一种是有内排站的情况,则沟道设计水位可以超出地面一定高度(如内排站采用圬工泵时,超出地面的高度不应大于2~3m),相应沟道两岸亦需筑堤。

(二)排水闸设计水位及设计流量确定

1.设计水位

排水闸的设计水位包括闸上(内)及闸下(外)水位。

1)闸上设计水位

闸上设计水位分别按无蓄涝容积与有蓄涝容积两种情况确定。

无蓄涝容积的闸上设计水位为排水闸设计排水流量的排水干沟末端的相应水位。

有蓄涝容积的排水闸,分别根据蓄排涝要求和综合利用各部门的要求确定正常蓄水位、死水位以及综合利用各部门要求的控制水位。

汛期关闸期正常蓄水位根据湖区耕作要求的高程确定,排水闸应保证在遭遇设计标准以内的年份不超过这一水位。

在确定正常蓄水位、死水位的同时,还应根据综合利用部门的要求确定冬播控制水

位，春耕控制水位，工农业、生活用水各不同时期要求控制的水位，航运要求的最低通航水位，渔业要求的养殖水深，灭螺要求控制的最高水位等。在上述各种水位及相应时间确定后，即可通过蓄排涝计算选定排水闸尺寸。

2）闸下设计水位

汛期抢排的闸下水位是汛期抢排时刻相应的外水位。一般为了最大限度地抢排涝水，总是在外水位退落到接近闸上水位时尽早开闸，以抓住外水位短暂回落的有利时机排水。一般选择低于闸上水位0.1～0.2m的外水位作为排水闸下游设计水位。

当内河与外江汛期错开时，如内河汛期为4～6月，外江汛期为7～9月，这就有利于内河汛期排涝水。对于这种情况，可以取相应于排水闸计算排水流量所采用的同一典型年的外江水位，或取4～6月相应于排水闸排水标准的外江水位作为闸下设计水位。

冬春季排除内河涝水的闸下设计水位，一般取2年一遇的外江水位。

当闸上、闸下有引水渠时，要考虑内河与外江到闸前引水渠的水头损失。

2. 设计排水流量

设计排水流量分别按无、有蓄涝容积两种情况计算确定。

1）无蓄涝容积情况

对闸内无蓄涝容积的情况，其设计排水流量可根据排水任务的要求，按排水河道设计流量计算。对蓄涝容积较小的情况，为简化起见，也可不考虑蓄涝容积的影响，按无蓄涝容积的方法计算排水流量。

2）有蓄涝容积情况

当排水闸内具有较大的蓄涝容积时，需根据正常蓄水位、死水位及综合利用各部门对水位控制的要求，进行蓄排涝计算，求出设计排水流量、闸孔宽度和闸底高度；或者根据假定的闸孔宽度及闸底高程进行蓄排涝计算，确定正常蓄水位、死水位及各部门可能满足的控制水位。

在方案比较阶段，一般可选相应于排水标准的典型年进行蓄排涝计算。但由于闸内涝水与外水位遭遇组合的复杂性，一般需要有长期的涝区雨量与外水位资料，通过逐年蓄排涝计算，校核初选闸孔宽度和各种控制水位可能满足的情况。一般当排水标准为10年一遇时，如有20年资料，则通过蓄排涝计算不能满足排水要求的年份至多不应超过2年，否则需要重新选定闸孔宽度或闸底高程。

蓄排涝计算，需同时满足排水闸出流公式及水量平衡方程。

水量平衡方程用下式表示（为简化计算，蓄涝容积水面一般按水平情况考虑）：

$$V_{末} = V_{初} + \overline{Q}\Delta t - \bar{q}\Delta t \tag{2-2-9}$$

式中 $V_{末}$——时段末蓄涝容积；

$V_{初}$——时段初蓄涝容积；

$\overline{Q}$——时段平均入流量，$\overline{Q}=\frac{1}{2}(Q_{初}+Q_{末})$；

$Q_{初}$、$Q_{末}$——时段初、末入流量；

$\bar{q}$——时段平均泄流量，$\bar{q}=\frac{1}{2}(q_{初}+q_{末})$；

$q_{初}$、$q_{末}$——时段初、末泄流量；

Δt——计算时段。

具体计算方法，可采用试算法或图解法进行。

（三）排水泵站设计排水流量与设计水位确定

排水泵站的设计排水流量，应根据排水要求计算确定。

（1）对通过排水河道直接排除涝区涝水的泵站，宜按设计排水河道设计排水流量计算方法确定。

（2）对涝区涝水经河道自流或由内排站提排入蓄涝区，再外排入承泄区的泵站，应根据设计暴雨和相应蓄涝区的入流过程线进行调蓄计算，以最大出流量作为设计的依据。

（3）对既排涝区涝水又排蓄涝区积水的泵站，应按先排涝区、后排蓄涝区的运用原则，按上述方法，分别计算排水流量，以其大者作为设计排水流量。

1. 设计排水流量的确定

在计算排水流量时，首先必须通过基本资料的分析确定以下计算条件和数据。

（1）设计暴雨。当治涝设计标准确定后，则一定设计重现期（如 5 年一遇或 10 年一遇）暴雨量的大小还和暴雨历时（暴雨天数）的长短有关。对抢排面积较大、蓄涝容积相对较小的地区，装机容量决定于排田流量的情况下，应选用强度大而集中的短历时（如 24h、3d）暴雨作为设计暴雨。反之，对蓄涝容积较大，装机容量决定于排蓄涝容积流量的情况，则应选择降雨历时较长（如 7 ~ 15d），产生的径流总量也较大的暴雨作为设计暴雨。

（2）排涝天数。排涝天数与作物种类有关，为保证作物不受涝，排涝天数不应超过作物允许的耐淹历时，有条件时应对涝区进行典型调查，以作物不减产为原则确定设计排涝天数，一般旱作物为 1 ~ 2d，水稻为 3 ~ 5d。

确定排涝天数所需的各种作物不同生长期的耐淹历时数据，可根据实际调查及科学试验确定。

蓄涝容积的排涝天数，可适当延长至 7 ~ 15d。在确定蓄涝容积的排涝天数时，特别要分析两次暴雨间歇期的长短。排涝天数不能超过两次暴雨的间歇天数，以备第一次暴雨结束后到第二次暴雨来临之前，及时将蓄涝容积腾空，供蓄纳第二次暴雨之用。如湖南省洞庭湖，两次暴雨的间歇期一般为 7 ~ 15d，其蓄涝容积的排涝天数与设计暴雨历时均采用 15d。

（3）田间允许蓄涝深度。为了减少电排装机，一般允许田间蓄纳部分涝水。不同时期水稻田间允许蓄涝深度，即该时期水稻的耐淹水深减作物适宜水深。

（4）蒸发与渗漏量。在计算排水流量时，对水面蒸发、作物蒸腾、水田深层渗漏、圩堤涵闸渗漏以及套闸通航放入内的水量，由于这些水量较小，难以精确计算，且可能部分抵消，可考虑根据各地实际情况决定。

水面蒸发损失一般采用 3 ~ 5mm/d（可根据各地区水文手册的数据决定）。

根据排水区地势、蓄涝容积大小与分布情况、电排站布局（分散或集中布站、一级布站、二级布站等不同形式）及电排站的排水方式（排田为主、排湖为主或排田排湖结合）等因素，采用不同的排水流量计算方法。如排水区内有蓄涝容积调蓄涝水，当蓄涝容积已知时，计算排水流量；当蓄涝容积未知时，求出不同蓄涝容积与排水流量的关系。

1）排田情况

如泵站的任务主要是排田，一般的特点是排水区内地势较平坦，只有分散的中小型蓄洪容积，没有大的蓄涝容积。这类地区的涝水除田间滞蓄和蓄涝容积蓄纳外，均需由泵站在规定的排涝时间内排出。

排田的排水流量计算可采用平均排除法。

这种计算方法的概念是：将某一设计标准的暴雨径流总量在规定的排涝天数内均匀排除，也就是按平均流量排水。当实际流量超过平均流量时，则部分农田短期受淹。一般平均排除法的计算公式为：

$$Q = \frac{1\,000 \sum F_i R_i - V}{3\,600 tT} \tag{2-2-10}$$

式中 Q——泵站设计排水流量，m^3/s；

F_i——各种地面的面积，km^2，如水田、旱田、坡地及容蓄区面积等；

R_i——各种地面的净产水量，mm，一般包括水稻田产水量、旱地及非耕地产水量、容蓄区水面产水量、圩堤渗漏水量、涵闸进水产水量等；

V——蓄涝容积的容量，m^3；

T——排涝天数，d；

t——水泵每天开机小时数，h。

也可以采用下式：

$$Q = \frac{1\,000 \sum F_i C_i (P - h_i) - V}{3\,600 tT} \tag{2-2-11}$$

式中 C_i——各种地面的径流系数，水田及一切水面的径流系数皆为1.0，不同地面的径流系数值随地面坡度、土壤渗透情况及暴雨量等因素而不同，可从各省区编制的水文手册查得，其数值为0.5~0.7，暴雨量愈大，地面坡度愈大则径流系数愈大；

P——设计暴雨量，mm，根据设计标准由水文手册查得或计算求得；

h_i——各种地面的可蓄水深，mm。

2）排蓄涝容积情况

可根据涝水过程线与蓄涝容积试算求出排水流量。

当蓄涝容积与排水流量均未定时，可求出蓄涝容积与排水流量的关系，通过综合分析，尽可能选择自排面积较大、总投资较省的最优方案。

3）先排田、后排蓄涝容积情况

在这种情况下，应分别计算排田流量及排蓄涝容积的流量，然后以二者中的最大值作为设计排水流量。

地势平坦、蓄涝容积不大（一般蓄涝率在10万m^3/km^2以下）的排水区，其排田流量一般大于排蓄涝容积的流量，在这种情况下应以排田流量作为设计排水流量，并据以确定装机容量。

当蓄涝容积较大（一般蓄涝率在15万m^3/km^2以上，或大于控制面积总产水量的80%）且位于较低地区时，排蓄涝容积流量大于排田流量，则以排蓄涝容积流量作为设计排水流量，并据以确定装机容量。

对于重要的涝区，可根据资料、条件采用下述方法进行排水计算：

(1)根据涝区设计标准，综合选定降雨与外水位组合均符合设计要求的典型年，根据典型年实际的降雨与水位过程进行装机容量及蓄涝容积规模的校核。

(2)用多年实测资料系列，进行逐日或逐旬的排涝演算，求出各年的装机容量或蓄涝容积规模，并计算装机容量或蓄涝容积特征值的经验频率，然后求出与设计标准相应的装机容量与蓄涝容积规模。

2. 设计水位与设计扬程的确定

1)外水位

外水位(压力池水位)包括设计外水位、平均外水位、设计最高外水位、设计最低外水位等，主要作为计算各种扬程的依据。

A. 设计外水位

设计外水位是计算设计扬程的依据。

各地区确定设计外水位的原则和方法不尽一致。综合各地区运行经验和设计中采用的方法，建议在确定设计外水位时考虑以下原则：

(1)涝区暴雨与承泄区最高水位同时遭遇的可能性较大时，设计外水位一般可采用与设计暴雨相同频率的排涝期间的平均水位。

(2)涝区暴雨与承泄区最高水位遭遇的可能性较小时，可根据各地区的具体情况确定。一般可采用排水设计期排涝天数(3d 或 5d)最高平均水位的多年平均值。

(3)直接采用设计暴雨典型年相应的外水位。这样选择的外水位其频率的任意性较大，在选择典型年时需慎重。一般应使所选择的典型年暴雨与外水位的频率基本符合设计要求。如湖北省一些地区选 1969 年为典型年，暴雨与同期外水位均约相当于 10 年一遇的频率。

(4)对感潮河段，设计外水位原则上可按上述方法确定，但应考虑潮汐影响。一般可取设计标准(5 ~ 10 年)的排涝天数(3 ~ 5d)的平均半潮位，或取排涝天数(3 ~ 5d)的连续平均高潮位符合设计标准(5 ~ 10 年)的潮型作为设计外水位。当排涝地面高程介于高潮位与低潮位之间而采用高潮开机抽排、低潮开闸自排的运用方式时，设计外水位应根据当地经验确定。

具体计算时，首先应分析确定成涝的排水设计时期。然后根据历年外水位资料，选排水设计时期按排涝天数(排田一般 3 ~ 5d，排蓄涝容积一般 7 ~ 15d)平均的高水位进行频率计算，然后按设计频率确定设计外水位。如湖北省排水设计时期为 6、7 月两月，则根据历年外水位资料，每年从 6、7 月中挑选一个 3 ~ 5d(排涝天数)连续最高水位平均值进行频率计算，然后选取相应于设计暴雨 10 年一遇频率的外水位作为设计外水位。

B. 平均外水位

一般取排水设计时期平均外水位(按排涝天数平均)的多年平均值。

平均外水位是计算平均扬程的依据，其作用是供选择泵型时参考，即平均扬程要求经常出现在水泵高效率区或接近高效率区。

C. 设计最高外水位

一般采用较高标准的外水位，宜采用历年排水期承泄区最高水位平均值。具体可根据建筑物等级及防汛要求等情况确定。

设计最高外水位的作用：①用于确定水泵的设计最高扬程；②用于泵房的防洪安全校核；③作为虹吸型管道选择驼峰底部高程的依据。

D. 设计最低外水位

可选用排水设计时期频率为80% ~90%的旬平均水位或排水期历年最低水位平均值。其作用：①供水泵选型用，当出现最低水位时，允许水泵效率适当降低，但应能保证水泵运行稳定；②供确定虹吸型或其他类型出口流道高程用。

2）内水位

内水位（前池水位）包括设计内水位、设计最低内水位、设计最高内水位。

内水位是计算扬程及确定水泵安装高程与运行方式的依据。

A. 设计内水位

设计内水位也称起排水位或前池（集水池）设计水位。设计内水位即水泵运行经常出现的内水位，是选择泵型的依据。这个水位的确定应以能争取全机组运行历时最长为原则，可采用排涝期水泵站前运行历时最长的水位。

具体可分别按以下几种情况确定：

（1）根据排田要求确定设计内水位。在没有蓄涝容积调蓄或调蓄作用较小的涝区，一般以涝区较低耕作区（90% ~95%的土地）的涝水能被排除为原则确定排水河道的设计水位。湖北、湖南、广东等省一般根据涝区内部耕地90%以上不受涝的高程确定排水河道设计水位。有些地区按大部分耕地不受涝的高程确定排水河道设计水位。在计及坡降损失后即得泵站前池水位，作为泵站设计内水位。这样河道和泵站都可充分发挥其排水作用，只是土方工程量略大，在河道距离较短时完全可以做到。

（2）根据排蓄涝容积要求确定设计内水位。当泵站前池通过排水河道与蓄涝容积相连时，可根据下列情况确定设计内水位。

①以蓄涝容积设计低水位为河道设计水位，并计及坡降损失求得设计内水位。运行时，自蓄涝容积设计低水位起泵站开始满机组运行（当泵站外水位为设计外水位时），随着来水不断增加，边泄边蓄，直至蓄涝容积水位达到正常蓄水位为止。此时泵站前池的水位也较设计内水位高，这种河道土方量最大，泵站满机组运行历时最长，腾空蓄涝容积也最快。

②以蓄涝容积的正常蓄水位作为河道的设计低水位，并计及坡降损失求得设计内水位。这种情况只有到正常蓄水位泵站才能满机组运行（当泵站外水位为设计外水位时），除节省河道工程量外，没有什么优点。在实际运行中，当蓄涝容积水位未到设计蓄水位时，河道过水能力不足。

③以蓄涝容积的设计低水位与正常蓄水位的平均值作为河道的设计水位，其效果界于上述两种情况之间。湖北省泵站设计内水位即是按这种方式确定的。

B. 设计最低内水位

设计最低内水位主要是确定泵站机组安装高程的依据，一般水泵厂房的基础高程即

据此而定。最低内水位需满足下述三方面的要求:

(1)满足作物对降低地下水位的要求:按大部分耕地高程减去作物的适宜地下水深度,再减0.2~0.3m确定。

(2)满足盐碱地控制地下水位的要求:按大部分盐碱地高程减去地下水临界深度,再减0.2~0.3m确定。

(3)满足蓄涝容积预降水位的要求。

上述水位计及河道比降推算至前池,并采用其中最低者作为设计最低内水位。

C. 设计最高内水位

设计最高内水位即涝区因泵站运行失效,可能导致的前池最高水位。一般根据设计暴雨所产生的全部径流不能排除所造成的最高洪水位确定,宜采用建闸前历史上出现的最高水位。

最高内水位是确定电机层楼板高程或机房挡水高程的依据。一般在最高内水位以上加0.5~0.8m的高度作为电机层楼板或机房挡水的设计高程。

第三章　河道整治工程

第一节　河床演变的基本原理、基本规律及分析方法

一、河床演变基本原理

(一)河流的一般特性

河流作为输送流域水沙产物的通道,按其流经地区的不同,一般可分为山区河流及平原河流两大类。对于较大的河流,其上游段多为山区河流,其下游段则多为平原河流,位于上游段及下游段之间的中游段,则往往兼有山区河流和平原河流的特性;对于较小的河流,其自身的上、中、下游三段可能均位于山区,也可能均位于平原区。山区河流和平原河流由于所处的地理、地质和气象条件的不同,其一般属性有许多共同点,但也有不少各自的特点。

1. 山区河流的一般特性

山区河流的形成和发展一方面与地壳构造运动的内动力作用密切相关,另一方面受水流侵蚀作用的外动力作用的影响。这两种作用虽然都进行得很缓慢,但山区河流的河床就是这种在漫长的历史过程中由水流不断地纵向切割和横向拓宽而逐步发展形成的。

1)河床形态

山区河流发育过程一般以下切为主。河谷断面多呈 V 形或 U 形。V 形河谷较年青,河槽狭窄,枯水期无依附一岸的边滩出露。U 形河谷较成熟,河槽相对宽广,枯水期有岩盘、紧靠一岸的卵石边滩或位居河心的卵石心滩出露。山区河流的坡面往往表现为阶梯状,由一级一级顶部平坦的平台和它们之间的斜坡构成,平台称为阶地面,斜坡称为阶地前坡,最下一级阶地称为一级阶地,其前坡与河谷的谷底相连。

山区河流的平面形态十分复杂,河道曲折多变,沿程宽窄相间,急弯卡口比比皆是,两岸与河心常有巨石突出,岸线和床面都极不规则,仅在宽段才有比较规律的卵石边滩或心滩出现。山区河流的河床纵剖面十分陡峻,急滩深潭上下交替。与此相应,床面起伏甚大,对于大的高程偏低的山区河流,其河床下切的最深点有些地方会远在下游的侵蚀基准面(如海平面)以下,这显然与这些地方河身狭窄,而河床岩石的抗冲能力又较弱有关。另外,也说明,所谓侵蚀基准面主要是对上游水面起作用,对上游河床所起的作用是间接的、有限度的。长江在三峡出口处河床高程低达 -45m 即为一例。

2)水流及泥沙运动

由于山区坡面陡峻,岩石裸露,径流系数大,汇流时间短,洪水猛涨猛落是山区河流重要的水文特点。受地理及气象条件的影响,山区河流的流量与水位变幅极大,较大的山区

河流其洪水流量往往为枯水流量的100倍或数百倍，较小的山区河流甚至超过1 000倍或数千倍，洪枯水位之差视河流大小而不同，有数米至数十米不等。

与上述河床形态和水文条件相应，在水流的水力条件方面也有其特点。山区河流的水面比降一般都较大，而且受河床形态影响，沿程分配极不均匀，绝大部分落差集中于局部河段。此外，河床上存在的急弯、石梁、卡口等滩险，造成很大的横比降，对航行威胁很大，同时，这些滩险由于在不同水位下壅水情况不同，比降的因时变化也是十分突出的。比降大，河槽窄，流速很大，在一些滩险上形成急流，如乌江中游16处滩险上的流速高达6～8m/s。由于河床形态极不规则，山区河流的流态十分紊乱险恶，常有回流、泡水、旋涡、跌水、水跃、剪切水、横流等出现。

山区河流的悬移质含沙量视地区而异。在岩石风化不严重和植被较好的地区，含沙量较小。相反，在岩石风化严重和植被甚差的地区，不但含沙量大，而且在山洪暴发时甚至能形成含沙浓度极大并挟带大量石块的泥石流。山区河流悬移质大都是中细沙和粘土，由于比降及流速大，往往处于不饱和状态，可全部视为冲泻质。山区河道的推移质多为卵石及粗沙。

3）河床演变

山区河流由于比降陡，流速大，含沙量不饱和，有利于河床向冲刷变形方向发展，但山区河流的河床多由原生基岩、乱石或卵石组成，抗冲性能强，冲刷受到抑制，变形速度十分缓慢。因此，尽管山区河道从长时期来看是不断下切展宽的，只是在某些河段，由于特殊的边界、水流条件，可能发生大幅度的暂时性的淤积和冲刷。明显可察而且比较常见的山区河流的河床演变有以下四个方面：

（1）由卵石运动引起的河床演变。山区河流河床为卵石成型堆积体，具有特有的形态及运动规律。这些成型堆积体，如边滩、心滩及与它们相连接的过渡段沙埂，亦即浅滩，具有汛期淤积壮大，枯季冲刷萎缩，年内基本平衡的特点。

（2）由悬移质运动引起的河床演变。山区河流的悬移质一般属于所谓冲泻质，不会在河床上发生永久性淤积，但暂时性的淤积和冲刷则是存在的。

（3）以溪口滩形式出现的河床演变。大的山区河流，当两岸溪沟发生洪水时，特别在发生泥石流时，常在溪口堆积成溪口滩，由于溪口滩冲积物量大、粒粗，一旦形成，往往不易被主流迅速冲走，表现为冲冲淤淤，在长期内维持某种平衡状态，大支流入汇干流的情况与此类似，但由于两江洪水相互顶托，加上含沙量不同，情况要更复杂一些，在干流和支流上都可能出现淤积，而且它们往往处于变化不定的状态之中。

（4）地震、山崩、滑坡带来的河床演变。山区河流由于谷坡陡峻，如果岩石风化严重，裂隙发育，突然遭受地震或暴雨等强烈外界因素的影响，或岩体中积累的应力变化达到临界状态，就可能出现山崩、滑坡等大规模突发现象，在极短时间内将河道部分甚至全部堵塞，在其上下游出现壅水和跌水，剧烈改变水流和河床现状。

2. 平原河流的一般特性

平原河流流经地势平坦、土质疏松的平原地区。与山区河流不同，平原河流的形成过程主要表现为水流的堆积作用。在这一作用下，平原上淤积成广阔的冲积扇，具有深厚的冲积层；河口淤积成庞大的三角洲，我国黄河下游的华北平原和长江口三角洲便是这样形成的。平原河流的冲积层一般都比较深厚，往往深达数十米甚至数百米以上。冲积层的组成视不同高度而异，最深处多为卵石层，其上为夹沙卵石层，再上为粗沙、中沙以至细沙，在枯水位以上的河漫滩表层部分则有粘土和粘壤土存在，某些局部地区也可能存在深厚的粘土棱体。

1）河床形态

平原河流的河谷发育完整，有河槽及河漫滩。其洪、中、枯三级水位，与此相应的河槽称为洪、中、枯水河槽。由于洪水过流时间比较短暂，通常所说的河槽即指中水河槽。中水河槽比较宽浅，枯水期常有边滩、心滩出露，断面宽深比高达100以上。

平原河流也有阶地存在，但阶数相对较少，也不如山区河流完整，这显然是因为平原地区河流以堆积过程为主的缘故。河流的走向及其平面形态在某种程度上也受构造运动的影响，例如江汉平原的向南掀斜运动就是迫使荆江偏靠平原南部的重要原因。

平原河流在平面上具有顺直、弯曲、分汊、散乱等外形，其横断面可概括为抛物线形、不对称三角形、马鞍形和多汊形等四类。其与山区河流的不同之处在于，平原河流的河床形态是在特定条件下水流与河床相互作用的结果，因而具有较强的规律性。

平原河流的纵剖面与山区河流不同，无明显折点，但同样是深槽浅滩交替，所以河床纵剖面也并不是一条光滑的曲线，而是有起伏的波状曲线，其平均纵比降比较平缓。

2）水流及泥沙运动

平原河流的水文水力特性，由于集水面积大，流经地区又多土壤疏松、坡度平缓的地带，因而汇流时间长。此外，由于大面积降雨分配不均，支流入汇时间有先有后，所以洪水一般没有陡涨陡落现象，持续的时间也相对较长。同时平原河流由于河床纵坡平缓，所以水面比降一般较小，其流速也相应较小，一般都在2~3m/s以下，水流流态也较平缓。

平原河流的水沙运动因河型而异，这里仅就各类河型的共同问题——滩槽水沙交换略加论述。滩槽水流存在两种情况：一种情况是河漫滩与中水河槽平行，滩槽水流之间存在紊动动量交换，使近岸槽流速减缓、滩流速增加，而泥沙则沿滩槽流速及含沙量梯度方向源源不断地从河槽进入滩地；另一种情况是，具有弯曲外形的中水河槽位于顺直或微弯的洪水河槽之中，则河漫滩水流将横截中水河槽，滩槽水流出现对流性质的交换，除使含沙量不同的滩槽水流反复交换从而促进滩淤槽冲外，还将使中水河槽中的环流结构发生变化，使弯道的冲淤模式也发生相应变化。

3）河床演变

平原河流的河床演变，在最一般的情况下，或者说在宏观上处于输沙平衡的状态下，主要体现在河槽中成型堆积体的发展和变化上。这些成型堆积体演变的主要规律是：汛期淤积壮大，枯季冲刷萎缩。这些成型堆积体还会发生平面位移，与此相应，中水河槽的平面外形也会发生变化，河岸在有些地方会蚀退，而在另一些地方则会淤长。

（二）演变基本原理

河床演变的含义有广义和狭义两个方面。广义上是指从河源到河口所流经河谷的各个部分的形成和发展的整个历史过程；狭义方面的含义则仅限于近代冲积河床的演变发展。前者主要是属于河流地貌学的研究范畴，后者则属于河床演变学的研究范畴。由于近期的河床演变建立在历史的和河谷各个部分的变化基础之上，因此二者存在着内在的联系，不能加以截然分开。下面着重介绍平原冲积河流的问题，但所阐明的基本原理对具有一定冲积层的山区河流也是适用的。

1. 河床演变分类

按河床演变时间特征，可以分为长期变形和短期变形两类。这里所说的长期，是指在工程规划设计中必须考虑的数十年以至数百年。例如黄河下游河床近 30 余年内平均抬升 2m 以上就属于一种长期变形；而川江放宽段，汛期由于水流取直所发生的回流淤积在汛后即被冲走的现象则属于年内的短期变形。至于一场洪水所造成的丁坝坝头冲刷则属于更短期的变形。

从河床演变的空间特性出发，又可分为长距离变形及短距离变形两类。如黄河下游的河床抬升波及下游长逾 800km 的范围，自然属于长距离变形；而川江放宽段的淤积范围不过几百米，丁坝坝头的冲刷范围则更小，应为短距离变形。

以河床演变的形式为特征，可将河床沿纵深方向发生的变化，例如河床的冲深或淤高，称为纵向变形；而将河床在与流向垂直的两侧方向发生的变化，例如弯道的凹岸冲刷与凸岸淤积，称为横向变形。

以河床演变的方向性为特征，则可将河床的单向冲刷或淤积，例如水库坝下游的清水冲刷或坝上游的浑水淤积，称为单项变形；而将河床有规律的冲淤交替现象，例如过渡段沙埂亦即浅滩的汛期淤积、汛后冲刷，称为复归性变形。

近代冲积河流的河床演变受到人为干扰十分严重，除水利枢纽的兴建会使河床演变发生根本性变化外，其他如河工建筑物、渡桥、过河管道以及从河床大规模取土等，也会使河床演变发生巨大变化。据此，还可将河床变形分为自然变形与人为变形两类。

2. 河型分类

冲积河流按其平面形式及演变过程可分为以下四种基本类型。

(1)顺直型或边滩平移型。中水河槽顺直，边滩呈犬牙交错分布，并在洪水期向下游平移。

(2)弯曲型或蜿蜒型。中水河槽具有弯曲外形，深槽紧靠凹岸，边滩依附凸岸，凹岸冲退，凸岸淤长，河身或自由弯曲，或约束弯曲。

(3)分汊型或交替消长型。中水河槽分汊，一般为双汊，也有多汊的，各汊道周期地交替消长。

(4)散乱型或游荡型。沙滩密布，汊道纵横，而且变化十分迅速。

上述四种河型可依次称为顺直型、蜿蜒型、分汊型及游荡型。这一分类与常见分类法不同之处是，将游荡型与分汊型区别开来，作为一种独立的河型，其分开原因是：游荡型和分汊型在动态特征上差异甚大，两者的平面外形虽均具分汊特点，但主流变化强度与幅度相差甚远。

3. 河床演变的基本原理

1)输沙不平衡是产生河床演变的根本原因

河床演变的具体原因尽管千差万别，但根本原因总是归结为输沙不平衡。例如，当上游来沙量与本河段水流挟沙力不适应时，本河段整个河床都将发生变形。当上游来沙量大于本河段水流挟沙力时，水流无力将上游来沙全部带走，会产生淤积，使河床升高；当上游来沙量小于本河段水流挟沙力时，则来沙量不能满足水流挟带的要求，会产生冲刷。这是由河床决定的纵向水流条件与纵向来沙不适应所引起的纵向变形。

2）河床的自动调整作用

河流的自动调整作用，通常是指基本上处于输沙平衡状态的河流，当外部条件改变使河流遭受到输沙平衡破坏的冲击时，所产生的表现为河床冲淤变形的反应。反应的方向趋向于输沙平衡恢复，河床冲淤停止，亦即吸收外部条件改变所产生的影响。

对外部条件稳定的基本上处于输沙平衡状态的河流，由于内部矛盾的发展，河床上各个部分仍可能处于输沙不平衡状态，这里河床的冲淤变形能克服河床某些部分的输沙不平衡，抑制其冲淤变形的发展，但同时又激发另一些部分的输沙不平衡，引起新的冲淤变形，河底沙波或沙丘的运动就是这种情况的实例。这种情况虽然也可看成河流的自动调整，但与前述有原则上的不同，它不是外部条件改变的后果，也不吸收改变所产生的影响，因此一般倾向于不将其纳入河流自动调整作用的范畴之内。

河流的自动调整作用是河流为了适应外部条件而采取的一种手段，认识这一调整作用有助于预测或控制河流的发展方向。

河流的自动调整作用具有如下及几种重要特性：

（1）平衡趋向性。在特定外部条件下，水流与河床相互作用，通过河床变形，形成一种能输送上游来水来沙、河床处于相对平衡状态的河流。当外部条件改变时，河床将发生再造床，在新的外部条件下，建立新的平衡。这就是河流自动调整作用的平衡趋向性。平衡趋向性最常见的形式是纵向输沙平衡的破坏与重建。

（2）调整的多样性。在外部条件改变，输沙平衡遭到破坏后，河流将作出反应，调整的主要形式是河床的冲淤变化，但远远不限于此，其他方面也会发生相应的变化。但是尽管存在调整的多样性，它们之间仍有主次之分，淤积使水深变小，比降变陡，毕竟还是主要的，其效用是可以长期起作用的；而有些调整，例如淤积床沙细化则是次要的，其效用是有时间性的，只要来水来沙条件不变，当水库淤积至接近平衡时，已经细化的床沙会通过淤粗冲细而逐渐变粗，当然，淤积开始前的原始河床粗度可能永远也达不到了。至于河床形态，在水库淤至接近平衡之后是否也会逐渐变得窄深一些，显然与枢纽布置有关，不能一概而论。

（3）反应的整体性。河流的上、中、下游以至河口是一个整体，当外部条件发生巨大改变时，河流将整体性地作出反应。自然，反应的强弱和快慢应与外部条件改变的程度及改变地区的远近有关，改变程度大和距离近则反应强烈而迅速，改变程度小和距离远则反应微弱和缓慢，但终归要作出反应则是必然的。不但河流的不同河段是一个整体，河流每一河段的洪、中、枯水河槽也是一个整体，它们的冲淤变化也是相互影响不可分割的。强调河流反应的整体性是为了说明河流各个部分不是孤立的，一部分的改变必然引起另一部分也发生改变。

（4）河床变形的滞后性。在自然河流上，水流条件的变化是比较快的，而河床要通过冲淤变化达到与水流条件相适应，须经历一段比较长的时间，在这个时间尚未到来之前，水流与河床总是不相适应的，河床变形将持续进行，水库的整个淤积过程就是实例，这就是河床变形的滞后性。

(5)能耗的最小性。所谓能耗的最小性,是指河流自动调整过程中,在追求输沙平衡的同时,还追求在给定约束条件下能耗率最小,达到某种最佳动力平衡状态。

3)河床变形的重点特点

(1)河床变形的绝对性。尽管河床变形通过河床的自动调整作用,将朝着使变形停止的方向发展,即从输沙不平衡朝输沙平衡的方向发展。但是,这种平衡状态只是暂时的、相对的,河床自动调整作用并不能消除河床变形的绝对性。其基本原因是,一方面上游来水来沙条件总是不断变化的,一成不变是不可能的。来水来沙条件的改变,必然引起输沙平衡的破坏,出现新的输沙不平衡,从而促使河床发生变形。另一方面,即使上游来水来沙条件不变,河床上的沙波运动仍然存在,河床仍然处于经常不断的变形过程中。由此可见,河道中的泥沙运动总是处于输沙不平衡状态,所谓输沙平衡只是对较长时间内的平均情况而言,或者只是对较长河段内的平均情况而言,因而只具有相对意义。

(2)影响河床变形因素的相对性。冲泻质对河槽主流区的变形毫无影响,而对盲肠河段变形的影响则起决定性的作用。因此,在研究 个具体河床变形问题时,对影响它的主要因素是应予以认真考虑的。

(3)河床变形的集中性。由于输沙率与流量的 2 ~ 3 次方成正比,汛期大流量时的输沙强度远大于枯季小流量时的输沙强度,因此河床变形主要集中在汛期,甚至是汛期的一两次大洪水。作为底沙运动主要体现形式的泥沙成型堆积体的变形仅在汛期才有可能出现,而一例外是浅滩脊在汛后会发生冲刷,而冲起的泥沙则堆存在下深槽中。故此,研究河床变形总是以研究汛期的河床变化为重点,即使研究枯水浅滩通航条件问题也不能忽略前者,因为枯水对浅滩的塑造是在洪水期淤长的浅滩基础上进行的。

4.影响河床演变的主要因素

河床演变是具有动边界的水沙两相流必然会发生的现象。河床决定水流,水流反过来通过泥沙冲淤使河床发生变化。由因生果,倒果为因,循环往复,变化无穷,这就是河床演变。不妨设想,我们已经找到能充分描述这种水沙两相流运动的偏微分方程组,要据以解出某特定河流的河床演变现象,即得到方程组的特解,显然必须有特定的定解条件,影响河床演变的主要因素应该全部包括在定解条件之中。

从这样的认识出发,影响河床演变的主要因素可概括为进口条件、出口条件及河床周界条件。

进口条件主要是:①河段上游的来水量及其变化过程;②河段上游的来沙量、来沙组成及其变化过程。这两个条件也可理解为河流作为一条输水输沙通道所必须完成的基本任务。为此,河流必须进行自我塑造,使之具有在平均情况下输送来水来沙的能力,而当来水来沙发生波动时,则适时地作出自我调整来适应这种变化。

出口条件主要是出口的侵蚀基点条件。它可以是能控制出口水面高程的各种水面,如河面、湖面、海面等,也可以是能限制河流向纵深方向发展的抗冲岩层的相应水面。应该说明,所谓侵蚀基点并不是说在此点之上的床面不可能侵蚀到低于此点,而只是说,在此点之上的水面线和床面线都要受到此点高程的制约。在特定的来水来沙条件下,侵蚀基点的情况不同,河流纵剖面的形态、位置及其变化过程会出现明显的差异。

河床周界条件泛指河流所在地区的地理、地质条件,包括河谷比降,河谷宽度,组成河底、河岸的土层是较难冲刷的岩层、卵石层、粘土层，或是较易冲刷的沙层等。即使进、出口有相同的来水来沙条件及侵蚀基点条件，不同的河床周界条件仍会带来不同的河床演变特点。

在阐明了决定河床演变的三个定界条件或影响河床演变的几个因素之后，还有必要对以下几个问题作进一步的讨论：

第一，上述三个条件有主有从，不能同等看待。其中来水来沙条件是最重要的。这一方面是因为来水来沙集中反映了河流作为输水输沙通道而存在的必要前提；另一方面还认为，后两个条件往往受到第一个条件的影响，甚至有时是第一个条件派生出来的。例如在多沙河流上出口侵蚀基点的变化往往会明显受到泥沙淤积的影响；而河谷比降的大小显然与来沙量的大小有关；河底河岸土层的差异也是直接由泥沙的淤积过程决定的。

第二，这三个条件虽然不能同等看待，但又是缺一不可的。这首先是因为，只有三个定解条件完整地存在，问题才是可解的，否则就不可解了。其次是因为，后两个条件一旦派生出来，其对河床演变的影响就有独立的意义。例如游荡性河流的比降是由来沙量大派生出来的，比降大导致流速大，淤积物粘性颗粒小，这就造成了主流易于摆动的游荡性。显然，这样的周界条件一旦形成，即使来沙量因某种原因减少到不再发生淤积，河流的游荡性仍然是不会根本改变的。

第三，这三个条件和影响河床演变的几个主要因素的因时变化问题，前已述及，在历史上由于地壳运动和全球性的气候波动，河床曾发生过多次巨大变化，但这种变化的时间尺度是很长的。以往，由于工程师主要着眼于近期的河床演变，这种由造山运动引起的地面高程的变化和由气候变暖引起的海平面升高，往往不予考虑，认为在较短的时间尺度内这种现象不会发生，从而假定它们是不变的。但是值得重视的是，随着人类活动对河流的干扰日益加剧，对上述三个条件变化的考虑已逐渐列入议事日程。大型水库的修建和工农业用水的大幅度增加，已使河流的来水来沙条件发生了巨大变化，这些变化在干旱或半干旱地区的河流上尤为显著，严重的已成为间歇河，如永定河，水沙条件的变化已到了非考虑不可的时候了。水库群的修建在许多河流上构造了一系列新的侵蚀基点，其对河床演变的影响早在考虑之中。至于由气候变暖可能引起的海平面升高早已敲响警钟，已不能不有所考虑了。河床周界条件的受控程度，随着堤防，护岸工程及各种沿河、跨河建筑物的广泛兴建而日益增加，由此产生的对河床演变的影响同样也是不可忽视的。

二、河床演变基本规律

平原河流的河床演变与河型关系甚大，不同的河型具有不同的演变规律。

（一）顺直型河道

天然河流中通常所谓顺直型河道是指某些河身比较顺直而又不太长的河道。顺直型河道往往与其他类型河道交织在一起并受后者的影响，但仍保持有其自身的特点。顺直型河道是一种最简单、最基本的河型，有其独特的演变规律，其他各类河型均可视为这一基本河型在不同条件下演变而成的。

从平面形态来看，这种河道河身比较顺直，河槽两侧分布有犬牙交错的边滩和深槽，上下深槽之间存在较短的过渡段，常成浅滩。判断顺直型河道的主要指标是曲折系数，根据长江、北江等30余处顺直型河道的资料，其曲折系数都小于1.15。

从水流特性来看，对顺直型河道水面比降的观测表明，在造床流量下边滩头部水位沿程降低，滩尾水位沿程略有升高，而深槽部分则恰好相反。由于边滩的存在，水流在边滩高程以下呈弯曲状态，产生离心力，因而深槽一侧的水位高于边滩一侧的水位，形成横比降，其大小与纵比降属同一数量级，且随流量的减小而增大。

在输沙特性上，从横向分布看，边滩的推移质输沙率远大于深槽的；从纵向分布看，边滩中部的输沙率大于滩头和滩尾的，而深槽则相反，中部的输沙率小于深槽头部和尾部的，这样的输移规律是与流速场相应的。顺直型河道由于环流强度较弱，泥沙横向输移的强度也较弱，从深槽段冲起的泥沙一般不会到达相对应的边滩。

从河岸与河床相对可动性角度看，当河岸不可冲刷时，顺直型河道演变最主要的特征是犬牙交错的边滩向下游移动，与此相应，深槽和浅滩也同步向下游移动。交错边滩向下游移动，可以看成是推移质运行的一种体现形式。根据水流、泥沙运动特点，边滩头部的流速和推移质输沙率都大于滩尾的，故滩头表现为冲刷后退，滩尾则淤积下延，整个边滩向下游缓慢移动。同一河岸，上一边滩滩尾的淤积下移和下一边滩滩头的冲刷后退所引起的两边滩间深槽的变化，则表现为深槽首部淤积、尾部冲刷，整个深槽相应下移。边滩和深槽的下移，使位于其间的浅滩也相应下移。所以，顺直型河道的演变是通过推移质运行使边滩、深槽、浅滩作为一个整体下移的。顺直型河道的演变，除体现在边滩下移外，根据河岸土质情况，还可能呈现周期性展宽现象。

（二）蜿蜒型河道

蜿蜒型河道是冲积平原河流中最常见的一种河型，在流域条件变化十分广泛的范围内，都存在这种河型。

从平面上看，蜿蜒型河道是河身由正反相同的曲率达到一定程度的弯道和介乎其间的长短不等的过渡段连接而成的，蜿蜒曲折。它具有相对的稳定性。有相应的凹岸、凸岸、浅滩，产生凹岸坍退、凸岸淤长。从横断面看，弯道段呈不对称三角形，凹岸一侧坡陡水深，凸岸一侧坡缓水浅。过渡段基本是呈对称的抛物线形或梯形。从纵剖面看，其深泓线是沿程起伏相间的，弯道段高程较低，而过渡段则较高。

从水流特性来看，蜿蜒型河道的水流运动受重力和离心惯性力的双重作用，其等压面与重力和离心惯性力的合力相垂直，因而水位沿横向呈曲线变化，凹岸一侧的水位恒高于凸岸一侧的，这一力学现象决定了弯道水流结构的特点。凡是水流弯曲的部位都存在环流，所以不能以河道的弯曲与否，而应以水流的弯曲与否判断是否产生环流。为了区别其他类型的环流，在弯道内产生的环流常称为弯道环流。纵向水流横断面最大垂线平均流速处的连线，称为水流动力轴线，也称主流线。一般在弯道进口段或者在弯道上游的过渡段，主流常偏靠对面凸岸，进入弯道以后，主流则逐渐向凹岸转移，至弯顶稍上部位，主流才靠近凹岸，主流逼近凹岸的位置叫做顶冲点。自顶冲点向下相当长的距离内，主流靠近凹岸。弯道水流动力轴线的另一特点是“低水上提，高水下锉；低水傍岸，高水居中”，这与水流动量及惯性有关。一般低水时顶冲部位在弯顶附近或弯顶稍上，高水时顶冲点在弯顶以下。

从输沙特性来看，蜿蜒型河道存在的横向环流，决定了泥沙运动的特点。将泥沙横向和纵向输移两者结合在一起考虑,并着眼于颗粒较粗的底沙(包括推移质及较粗的床沙质),则泥沙输移存在如下的两个突出特点:一是泥沙的异岸输移和同岸输移;二是泥沙沿程的聚散现象。

蜿蜒型河道的演变现象,按其缓急程度,可分为两种情况:一种是经常发生的一般演变,另一种是在特殊条件下发生的突变。一般演变情况下,蜿蜒型河道的平面变化为蜿蜒曲折的程度不断加剧,河长增加,曲折系数也随之增大;横断面变形主要表现为凹岸崩退和凸岸相应淤长,其最本质的原因是横向输沙不平衡;纵向变形即弯道段洪水期冲刷而枯水期淤积,过渡段则相反,年内冲淤变化虽不能完全达到平衡,但就较长时期的平均情况而言,是平衡的。对于突变情况,则为蜿蜒型河道的发展由于某些原因(例如河岸土壤抗冲能力较差),使同一岸两个弯道的弯顶崩退,形成急刷河环和狭颈。蜿蜒型河道在发展过程中,弯顶不断向下游蠕移,河身不断延长,当河弯狭颈两侧崩退的宽度很小时,将发生自然裁弯。而当河弯半径变得较小时,则发生撇弯切滩。河弯自然裁直后,新河又重新向弯曲方向发展,老河则逐渐淤积,形成牛轭湖。

(三)分汊型河道

分汊型河道是冲积平原河流中常见的一种河型。分汊型河道的两汊或多汊总是处于演变之中,经常是一汊在发展,另一些汊处于衰退或淤废,往往给国民经济各部门带来一系列不利影响。

从平面形态上看,单个的分汊型河道是上端放宽、下端收缩而中间最宽;从较长河段看,其间常出现几个分汊段,呈单一段与分汊段相间的平面形态。从横断面看,在分流区和汇流区均呈中间部位凸起的马鞍形,分汊段则为江心洲分割的复式断面。从纵断面看,宏观上呈两端低中段高的凸起形态,而几个连续相间的单一段和分汊段,则呈起伏相间的形态;局部上分流区至汊道入口,自分流点开始,两侧深泓线先为逆坡而后转为顺坡,呈马鞍状。

分汊型河道水流运动最显著的特征是具有分流区和汇流区。分流区的分流点是变化的,一般是高水下移,低水上提;分流区的水位,支汊一侧总高于主汊一侧;分流区的纵比降,支汊一侧的小于主汊一侧的;同时分流区恒存在环流。汇流区的水位,支汊一侧的高于主汊一侧的;汇流区的断面平均流速沿程增大,来自主汊一侧和支汊一侧的垂线平均流速也是如此,但前者大于后者,这样的变化与纵比降的变化是相应的。

从输沙特性来看,分流区左右两侧含沙量都较大,而中间较低,这样的分布特点是与等速线相对应的;汇流区的情况相反,左右两侧含沙量较小而中间较大,底部的含沙量更大,这样的分布特点可能与汇流后两股水流在交界面处掺混作用加强有关。

分汊型河道演变最主要的特点是主、支汊的易位,其他如洲头、洲尾的冲淤,汊道的横向位移,各汊的纵向冲淤等,而最为显著的是主、支汊易位。演变的结果体现在汊道几何形态的变化上。分汊型河道的演变极为复杂,受很多因素的影响。平面的位移主要取决于河岸的抗冲能力。河道分汊后,如果一岸的抗冲能力较强,另一岸较弱,随着河岸的坍塌后退,则一侧会单向位移,江心洲相应展宽。洲头的淤长与冲退主要取决于分流区河岸的展宽与否;洲尾的冲淤主要取决于主、支汊汇流角的大小。汊道纵向冲淤,对于相对稳定的汊道,一般表现为汛期淤积、枯季冲刷,总的冲淤幅度不大。而主、支汊稳定与否可从分流分沙情况判断。根据长江中下游若干汊道的统计分析,支汊的分沙比小于其分流比,高水期的分流比大于低水期的分流比,都是有利于支汊长期存在的条件。

(四)游荡型河道

游荡型河道是一种有独特地貌特征的河型,在世界各地广泛存在。游荡型河道因河床宽浅散乱,主流摆动不定,河势变化急剧,常常给防洪、航运、工农业用水各部门带来不利影响。游荡型河道,就是主流摆动不定,没有固定的河道主槽的河段,它变形快,变形强度大。

从平面形态看,游荡型河道的河身比较顺直,曲折系数一般不大于1.3。曲折系数就是弯曲河道中心线的长度与其直线长度的比,即 $K = L/e$。在较长的范围内,往往宽窄相间,类似藕节状。河道内河床宽浅,洲滩密布,汊道交织。游荡型河道的纵比降比蜿蜒型河段的大,其横断面宽浅。

从水流特性来看,游荡型河道因河床宽浅,平均水深很小;水文特性主要表现为洪水暴涨暴落,年内流量变幅大。

从输沙特性上看,游荡型河道的含沙量往往很大;由于比降大,床沙组成细,其河床纵向稳定系数很小。

游荡型河道演变的主要特点为:①河床多年是逐步抬高的;②游荡型河段年内的冲淤变化,一般是汛期主槽冲刷、滩地淤积,而非汛期则主槽淤积、滩地崩塌,这一规律与河段的水力、泥沙因素及河道形态有关;③在平面变化上,表现为主流摆动不定,主槽位置也相应摆动,且摆幅相当大,导致河势变化剧烈。

(五)浅滩演变

浅滩演变是河道演变的一部分,分析河道演变也往往要涉及浅滩的演变。在冲积平原河流上,总有各种不同形式的淤积体,而连接上、下边滩,割断上、下深槽的沙埂是常见的泥沙成型淤积体之一,其水深常比邻近水域的水深小,通称浅滩。

浅滩从河床形态讲,它由5部分组成,即上、下边滩,上、下深槽和浅滩脊。浅滩脊是浅滩可能出浅碍航的关键部位。由于冲积河流不同河段的水沙条件及河床周界条件各异,浅滩存在不同的类型。根据浅滩形态特征及其对航行的影响,通常将其分为正常浅滩、交错浅滩、复式浅滩和散乱浅滩。

冲积平原河流上的浅滩都是由松散的泥沙堆积成各种类型的沙积体,在水流的不断作用下,将发生变化。然而,天然河流的水流总是不断地运动着的,流域的来水来沙条件也总是不断地因时因地变化着,因而这种由松散泥沙所组成的浅滩也必然是随着水流的运动和来水来沙条件的变化而变化的,浅滩的这种经常不断地运动变化,我们通常称为浅滩演变。浅滩演变是河床演变的组成部分,属于局部河床演变。就其演变形式来说,也有纵向变形与横向变形、单向变形与复归性变形之分。但主要表现形式为复归性变形,即随河道水文过程而呈周期性的变化。浅滩的涨淤落冲规律,与深槽的冲淤规律有极为密切的关系,根据水流挟沙力表达式在理论上分析深槽与浅滩涨水期和退水期的冲淤关系:涨水期深槽冲刷、浅滩淤积,退水期深槽淤积、浅滩冲刷。

三、河床演变的分析方法

河床演变过程是一种极为复杂的现象,影响因素极其错综复杂,要作出精确的定量分析,现阶段仍有不少困难,但作出定性分析和对某些问题的粗略的定量分析还是有可能的。

实践中通常用以下几个基本手段对河床演变进行分析研究:

(1)对天然河道的实测资料进行分析。

(2)运用泥沙运动的基本理论和河道演变的基本原理,对河床的变形进行理论计算。

(3)运用模型试验的基本理论,通过河工模型试验,对河道的演变进行预测。

(4)利用条件相似的河道的实测资料进行类比分析。

在分析研究具体河道的河床演变时,这四个方法可单独运用,也可联合运用,相互比较,以求得较为可靠的认识。一般对于重要河流的重大问题,有条件时要尽可能运用各种方法进行分析研究;对于次要问题,则往往仅采用上述基本方法中的(1)、(2)两个进行分析研究。

(一)实测资料的分析方法

对实测资料进行分析的具体方法是很多的,视资料的具体情况和所要回答的问题不同,可以采用各种不同的方法。

1. 现场查勘,调查研究

当接受一项河道演变或整治任务后,除对现有书面资料进行收集和熟悉外,应进行现场查勘,调查研究。要对河道的现状和它的历史以及它的未来发展趋势有确切的认识,对河道进行深入、广泛的调查,并据以进行认真的分析,这是极为重要的。向有实践经验的、了解情况的沿河两岸老居民、老渔民、老船工,访问、学习、了解河道的现状、历史及其发展趋势,一方面进一步收集资料,更重要的是增加感性认识,取得实践经验,这对正确地认识河道演变的规律具有十分重要的意义。

2. 资料分析

河道演变是挟沙水流与河床相互作用的产物,影响河道演变的主要因素有来水来沙、河谷地质地貌情况等。因此,在分析河道演变规律时,应紧紧抓住以上各因素,找出其相互联系和内在规律。

1)河道平面变化

在分析河床演变时,为了找出其平面变化规律,应大量收集历年的水道地形图、河势图等资料,以及有关古籍(如县志等)所记载的河道变迁情况和草图。利用水道地形图、河势图分析河床演变时,首先应对有关资料、图纸进行审查,去伪存真;其次,应对资料、图纸进行整理,若比例尺不同,应将图纸加以缩放,使所有采用的图纸具有统一的比例尺;然后将历年的水道地形图和河势图根据图上的坐标系统或控制点位置分别加以套绘。

2)河道纵向变化及冲淤量估算

为了了解河道的纵向冲淤变化,可把该河道历年测得的深泓线绘制在同一坐标图上,加以分析比较,便可得到该河道沿深泓线的纵向冲淤变化。

(1)点绘实测水位流量关系曲线:当河段上有历年水位、流量实测资料时,点绘水位与流量关系，可以判断河床的冲淤情况，并可据以分析冲淤发展趋势。

(2)点绘同流量的水位过程线：选择一个或几个流量(包括枯水流量在内)，按年份将各年相同流量下的水位分别加以平均，或取水位流量关系点群中值，得各年的平均水位，便可点绘同流量下的水位过程线。一般来说，枯水期河床是比较稳定的，如果在相同枯水流量下水位发生了变化，则说明河床必然发生变化。

(3)进行输沙量的计算：当河道上设有多处水文站，并有历年实测悬移质输沙率资料时，可以根据输沙平衡原理，分别计算同时间内上一个水文站与下一个水文站的输沙量之差，由此判断在此时间内河床的冲淤情况及估算其冲淤量。

(4)根据断面资料进行冲淤量计算：每一个断面选择一个定常的比较高的控制高程作为断面冲淤计算的基准面，分别计算各断面历次实测控制基准面以下的断面面积、各断面相邻两个测次的断面面积之差，并根据上下相邻两个断面的间距，计算其间的冲淤量，最后根据计算得到的冲淤量绘制冲淤变化图。

3)来水来沙资料分析

由于来水来沙是影响河道演变的主要因素，因此应对它进行较详尽的分析，以便找出河床演变的规律和原因。根据多年平均流量和平均输沙率的资料，找出多年平均流量与平均输沙率，确定要分析的年份是属于什么类型的典型年。

4)河道地形地质分析

河床地质资料是影响河床演变的重要因素，在分析河床地质情况时，应根据地质钻探资料绘制地质剖面图。

(二)河床变形的理论计算

运用泥沙运动和河床演变的基本理论来计算河床变形。河床变形计算所依据的基本原理为输沙平衡原理，即流入某一河段或某一区域的沙量与流出该河段或该区域的沙量之差，应等于该河段或该区域内河床床面淤积或冲刷的沙量。写成数学表达式应为：

$$G_i \Delta t - G_o \Delta t = \rho' BL \Delta y_0 \tag{3-1-1}$$

式中 G_o、G_i——流出及流入该河段或该区域的输沙率；

Δt——历时；

B、L——河段或区域的宽度和长度；

Δy_0——在时段 Δt 内的河床冲淤厚度，正为淤，负为冲；

ρ'——淤积物的干密度。

要具体利用这一公式进行计算，须先求 G_o 与 G_i，对不同性质的河床变形有不同的计算方法。对于一般挟沙水流的河床冲淤变化，通常是先运用水力学公式(水流连续方程式和水流运动方程式)计算进出口的水力因素，再据以计算出口的水流挟沙力。如采用饱和输沙模式，取实际含沙量等于水流挟沙力即可算出 G_i(进口含沙量已事先给定)；如采用非饱和输沙模式，则应根据非饱和输沙的出口含沙量与进口含沙量及河段水流挟沙力的关系式求出出口含沙量，再计算 G_i。

需要说明的是，上面所介绍的只是一种最简单的计算模式，在解决较复杂的问题时可能要采用比这复杂得多的模式，但所遵循的输沙平衡原理则是完全一致的。

第二节　河道整治设计流量的计算方法和要求

一、设计流量和设计洪水位的确定

与洪、中、枯河槽相对应的特征流量和水位是河道整治设计的基本依据。其确定方法如下。

(一)洪水河槽的设计流量和水位

整治洪水河槽,首先须确定设计洪水流量,再推求相应的设计水位。这是因为某些河段由于河床冲淤变化较大,不同时期的流量水位关系可能相差较大。设计洪水流量的选择,是根据某一频率的洪峰流量来确定的。频率的大小视工程的重要性而定。特别重要的地区,可取1% ~0.33%;重要地区可取2% ~1%;一般重要地区可取5% ~2%;一般地区可取10% ~5%。

洪峰流量和水位,一般用于设计堤防高程、估算局部冲刷坑的深度及范围或校核各类整治建筑物结构的安全性。

(二)中水河槽的设计流量和设计水位

由于中水河槽主要是在造床流量作用下形成的,其治理相当于是在造床流量条件下进行的河槽治理,其设计流量和水位的确定亦即为造床流量及水位的确定。在一般情况下,平滩流量接近造床流量,可直接采用平滩条件下的流量和水位作为中水河槽的设计流量和水位。

(三)枯水河槽的设计流量和设计水位

以解决航运问题为目的的枯水河槽治理,主要在于保证航深。因此,确定设计枯水位是关键性问题。确定这一水位的方法有两种,一种是由长系列日平均水位的某一水位保证率来确定。保证率的大小,视航道的等级而定,一般采用90% ~95%。另一种是采用多年平均枯水位或历年最枯水位为枯水河槽的设计水位,而后根据其水位求出相应的流量,即为枯水设计流量。另外,在河道整治中,常常需要以设计枯水位为界来确定整治措施是采取护脚工程还是护坡工程。

按照河流所处状况的不同,上述三种流量和水位的求法也不尽相同。当河流处于自然状态时,可通过整理河流的水文资料来推求;当河流受水利枢纽的影响时,一般要通过水力计算来推求;当河床变化较大时,还要通过河床变形计算来推求。

二、整治河槽横断面的设计

整治河槽横断面的设计是指河槽横断面形式及其尺寸的确定。由于天然河道横断面形式是水流与河床相互作用的结果,不能任意给定,所以在河道整治中,通常不是硬性规定某一特定的纵、横断面形式,而是通过规定的整治线以控制其纵、横断面尺寸,且所控制的横断面尺寸往往也只限于河宽控制,至于其高程的变化以及横断面形式,则由水流自行塑造。

关于河床横断面尺寸的确定,多采用模范河段法。所谓模范河段是指无须整治即能满足要求的优良河段。这种河段，在河床形态方面，应该是河岸岸线略呈弯曲，深槽较长而浅滩较短，水深沿程变化较小，过渡段的沙埂方向与水流接近垂直，枯水时没有分汊现象，洪水河槽泄洪能力很强；在水流方面，应该和缓平顺，主流稳定，洪、中、枯水流向的交角较小等。模范河段应从整治河段所在的河流上进行选择，要求其边界条件相近，如在本河流上难以选到合适的模范河段，也可在其他条件诸如来水来沙、边界条件相似的河流上选择。

以下进一步阐明洪、中、枯水河床横断面尺寸设计。

(一)洪水河槽设计断面

由于漫滩洪水作用时间较短，且滩地流速较小，故水流对河漫滩的造床作用并不显著。因此，洪水河槽作为一个整体来说，其形态并不决定于洪水流量。也就是说，洪水河床的宽度和深度之间无一定的河相关系。设计洪水河道横断面主要是从能宣泄洪水的角度来考虑的。

(二)中水河槽设计断面

中水河槽断面取决于来水来沙条件及河床地质组成。对于平原河流，在造床流量条件下，其中水河槽横断面尺寸应受如下河相关系式控制(如图 3-2-1 所示)：

河相关系式
$$\frac{\sqrt{B}}{h} = \zeta \tag{3-2-1}$$

水流阻力公式
$$U = \frac{1}{n}h^{2/3}J^{1/2} \tag{3-2-2}$$

水流连续公式
$$Q = BhU \tag{3-2-3}$$

联解上式得
$$h = \left(\frac{Qn}{\zeta^2 J^{1/2}}\right)^{3/11} \tag{3-2-4}$$

$$B = h^2\zeta^2 \tag{3-2-5}$$

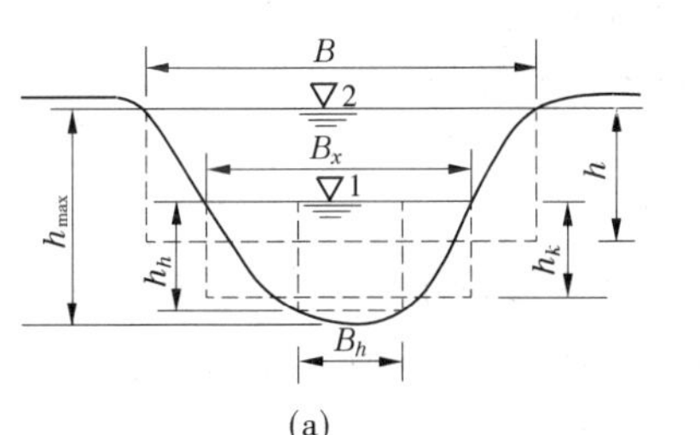

(a)

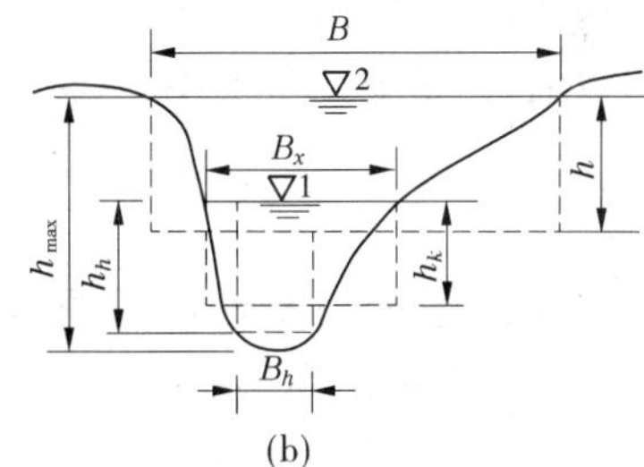

(b)

图 3-2-1　整治河槽横断面图

(a)过渡段断面；(b)弯曲段断面

1—枯水位；2—洪水位

当给定设计造床流量 Q、糙率 n、比降 J 及模范河段的河相系数 ζ 时，即可求得设计河段的河宽 B 及水深 h。

中水河槽的平均水深 h 与最大水深 h_{max} 的关系，可由下式确定：

$$h_{max} = \alpha h \tag{3-2-6}$$

其中 α 值也由模范河段实测资料确定。

（三）枯水河槽设计断面

枯水河槽设计断面，一般限于过渡段浅滩断面的设计。为此，应先从模范河段求得过渡段的枯水平均水深 h 与通航宽度内的水深 h_h 之间的关系，如图 3-2-2(a)所示。

显然，只有图 3-2-2(b)中的曲线 1 才是满足通航要求的过渡段。其关系可近似表示为：

$$h_h = \beta h \tag{3-2-7}$$

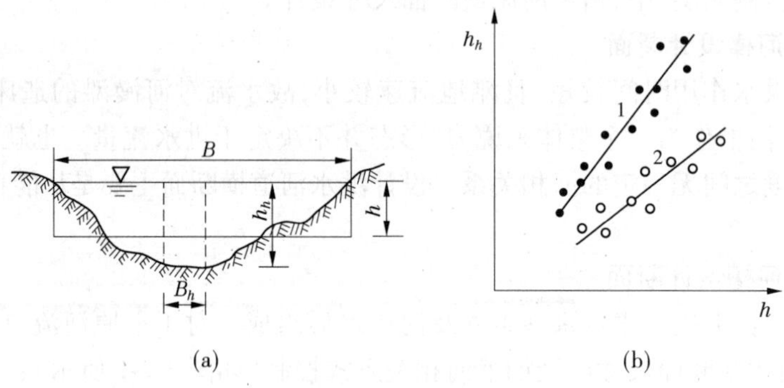

图 3-2-2　航深确定图

(a)航道断面；(b)航深与平均水深关系

1—符合要求；2—不符合要求

联解式(3-2-2)、式(3-2-3)、式(3-2-7)得：

$$B_h = \frac{\beta^{5/3}\beta n}{h_h^{5/3} J^{1/2}} \tag{3-2-8}$$

式(3-2-8)即为所求的枯水河槽设计横断面的宽度计算式。式中 β 为系数，由本河道的实测资料来确定；h_h 为设计所要求的最小航深，由通航标准确定。枯水河槽断面的设计也可以遵循中水河槽处理方式，采用河相关系法求解，不过此时的河相系数 ζ 要采用与枯水时相对应的数值，但重要的是要用式(3-2-7)校核航深能否满足通航要求。

三、整治线

所谓整治线，是指经过整治以后的河道，在设计流量下的水面轮廓线，亦称治导线。整治线的位置应根据整治的目的和要求，按照因势利导的原则，尽量利用已有整治工程，力求上下游呼应，左右岸兼顾，洪、中、枯水统一考虑，整治线上下游应与具有控制作用的河段相衔接，最后整治线应满足国民经济各部门对河道的要求。显然，相应于不同的设计流量，有着不同的整治线。对应于设计洪、中、枯流量，就有三种整治线，即洪水整治线、中水整治线、枯水整治线。

由于洪水漫滩时滩地水浅流缓，河道的轮廓对河道演变和水流形态影响不大，故洪水整治线实际意义不大。仅在考虑堤线与中水河槽岸边线间的相对位置时参考用，一般只要尽可能使二者保持相对一致，避免滩地上发生强烈的回流或主流直接顶冲堤岸等现象出现即可。

与洪水整治线不同，中、枯水整治线在河道整治中极为重要。中水河槽整治线往往是控制河势发展的关键,设计合理的中水整治线,能有效地控制中水和枯水河床的发展,这不仅有利于防洪、护岸,而且也有利于获得优良的枯水航道。至于枯水整治线,仅限于控制枯水河床,使其有利于航运。

(一)中水河槽整治线

整治线的制定是根据河道整治的目的和要求,遵循因势利导的基本原则及河道演变分析的主要结论来进行的。确定整治线时,应尽量利用已有工程和比较难冲的河岸;力求上下游呼应,左右岸兼顾,洪、中、枯水统一考虑;整治线的起讫点宜位于可控性强的较为稳定的河段内,使所确定的整治线最大可能地满足于国民经济各部门对河道所提出的要求。

一般而言,整治线是光滑的曲线,曲率半径在上、下过渡段处最大,甚至达到无穷;在弯曲顶点最小;其间的曲率半径沿程渐变,曲线能光滑衔接,如图 3-2-3 所示。

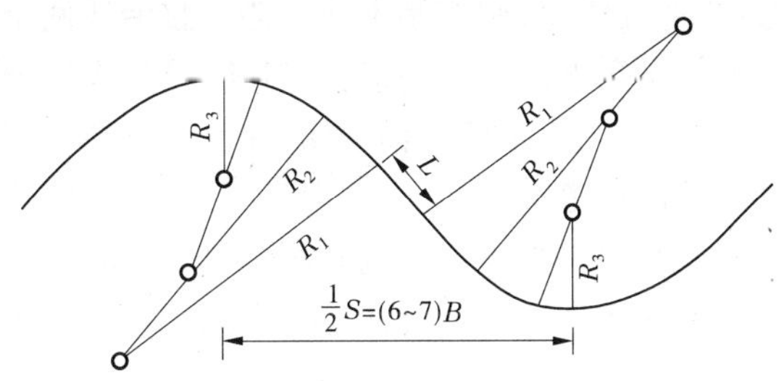

图 3-2-3　复合圆弧整治线

对于整治线的确定,一方面,目前还不可能通过理论途径来解决;另一方面,整治线的确定往往并不需要很准确,通常根据实际经验来确定。可采用余弦曲线方程来表示:

$$y = y_0 \cos\frac{\pi}{2}\cdot\frac{x}{x_0} \tag{3-2-9}$$

式中:$x_0 = \frac{\pi}{2}KR_{\min}$;$y_0 = K^2 R_{\min}$;$K = \tan\frac{\phi}{2}$。其中 $R_{\min}$ 为最小曲率半径,可参考模范河段来确定;ϕ 为中心角,以弧度计,选定后即可绘制整治线。也可根据模范河段的河势选定 y_0、x_0 绘制整治线。

若采用复合圆弧曲线形式,如图 3-2-3 所示,其曲率半径 R 的变化,可按阿尔图宁的建议,根据直线段的河宽 B,由下式来决定:

$$R_1 = (7 \sim 8)B;\ R_2 = (5 \sim 6)B;\ R_3 = 3.5B; \tag{3-2-10}$$

整治线中的两反向曲线之间的直线段,属于河道的过渡段,它不能过长或过短。过长的过渡段会导致泥沙淤积加重,甚至形成过分犬牙交错边滩,使浅滩情况恶化;过短则在过渡段的某些横断面上产生反向环流,形成交错浅滩。一般可取为:

$$L = (1 \sim 3)B \tag{3-2-11}$$

两弯道顶点间的距离,按下式控制:

$$S = (12 \sim 14)B \tag{3-2-12}$$

(二)枯水河槽整治线

枯水河槽整治线是根据枯水航道的要求,遵循因势利导、集中水流的原则来确定的。

确定时，应注意整治线应尽量利用边滩或江心洲；使枯水流向与洪、中水流向的交角不要太大；整治线的起讫点应在具有控制性的优良航道范围内。枯水整治线的曲线形式，可用余弦曲线、圆弧曲线或复合圆弧曲线等。由于枯水河槽一般比中水河槽更弯曲，故枯水整治线的曲率半径须小于中水整治线的曲率半径。按公式(3-2-9)和公式(3-2-10)计算时，$R_{\min}$为枯水河槽的最小曲率半径，由枯水模范河段确定；B为枯水河槽直段的河宽。整治线两反向曲线之间的直线段，应满足航行的要求，一般可取为：

$$L = (1 \sim 2)\ l_c \tag{3-2-13}$$

式中 l_c——船队的长度。

整治线的曲线特性主要确定弯曲半径(R)、河弯间距(L_m)、弯曲宽度(B_m)、河弯跨度(T)、直线段长度(L)等。

这些特征值相互影响，一般讲，河弯半径过大，排水导流作用小，工程修建长度长，投资大；反之，河弯半径过小，弯陡流急，则控制不住河势。整治线两个反向河弯间的直河段不能过长也不能过短。从航运角度出发，若直河段过长，易加大河道淤积，水流变为宽浅，航深不足；反之，若直河段太短，则上下两深槽交错，深泓线弯曲剧烈，浅滩上水流分散，均不利于航运。以防洪为目的的河道整治，若直河段长了，弯道处修建工程量减小，投资少；但直河段过长，河势流路不稳，河势得不到控制，对防洪极为不利。

这些特征值的确定目前尚无理论计算公式，主要通过与整治河段相类似的河段分析求得或直接采用经验公式。

第三节 河道水力学计算方法以及河流模拟的原理

一、河道水力学计算方法

能够自由发展的冲淤平衡河流的河床，在挟沙水流的长期作用下，有可能形成与所在河段具体条件相适应的某种均衡形态，即所谓水力几何形态。河流的水力几何形态与河床的稳定性及特征流量大小有关。

(一)河床的稳定性

研究冲积河流的河床演变特性时，往往引用一些特征参数。将不同河流的这种特征参数进行对比，特别是与研究较多的河流的这种特征参数进行对比，就可对所研究河流的河床演变特性作出初步评价，而这种评价对于认识一条河流是十分必要的，河床的稳定指标是重要的特征参数之一。判别河床稳定不稳定的特征参数也与河型有关，还不能提出定量成果，只是一个稳定概念。

1. 纵向稳定系数

河床在纵深方向的稳定性主要决定于泥沙抗拒运动的摩阻力与水流作用于泥沙的拖曳力的对比，$\varphi_{h1} = \dfrac{d}{hJ}$。这个比值愈大，泥沙运动强度愈弱，河床因沙坡、成型堆积体运动与之相应的水流变化产生的变形愈小，因而愈稳定；相反，比值愈小，泥沙运动强度愈强，河床产生的变形愈大，因而愈不稳定。或者另一种形式的纵向稳定系数——洛赫庆数：

$\varphi_{h2} = \frac{d}{J}$。

2. 横向稳定系数

横向稳定系数与河岸稳定密切相关，主要是主流顶冲地点及其走向和河岸土壤抗冲能力。主流顶冲河岸，而河岸土壤的抗冲能力愈弱，则河岸愈不稳定。此外，滩槽高差对河岸的抗冲能力也有一定的影响。滩槽高差愈小，则冲刷同样宽度带走的土方量愈少，因而需要的时间愈短，河岸也愈不稳定，但滩槽高差较小，也可看成河岸抗冲能力甚弱的直接后果，不一定能像河岸抗冲能力那样可看成独立的影响因素。为此，间接用河岸变化的结果来描述河岸的稳定性，借用阿尔图宁计算稳定河宽的经验公式计算河宽 B_s，并与实际河宽 B 作比较，即 $\zeta = \frac{BJ^{0.2}}{Q^{0.5}}$。对于河床由粗、中、细沙组成的中游河段，$\zeta = 1.0 \sim 1.1$；对于河床由细沙组成的下游较稳定河段，$\zeta = 1.1 \sim 1.3$；对于河床由细沙组成的下游不稳定河段，$\zeta = 1.3 \sim 1.7$。显然，比值愈大，表明实际河宽相对较大，这自然是由于河岸抗冲能力较弱造成的；相反，比值愈小，表明实际河宽相对较小，这自然是由于河岸抗冲能力较强造成的。因此，可用这个比值表达河岸的稳定性。当 $\zeta = 1$ 时，得一特定流量级及比降相应的虚拟河宽，此虚拟河宽与实际河宽的比值自然也反映河岸的稳定性，得到 $\varphi_{b1} = \frac{Q^{0.5}}{J^{0.2}B}$，比值愈大表示河岸愈稳定，愈小则表示河岸愈不稳定。为了表征河岸的稳定性，还采用 $\varphi_{b2} = \frac{b}{B}$，其比值愈大，说明枯水期露出的河滩较小，河身相对较窄，河岸较稳定；反之则较不稳定。

3. 综合稳定系数

综合稳定系数反映河岸、河床的综合稳定性，钱宁在研究游荡型河流时提出：

$$\Theta = \left(\frac{hJ}{d_{35}}\right)^{0.6}\left(\frac{B_{\max}}{B}\right)^{0.3}\left(\frac{B}{h}\right)^{0.45}\left(\frac{Q_{\max} - Q_{\min}}{Q_{\max} + Q_{\min}}\right)^{0.6}\left(\frac{\Delta Q}{0.5TQ}\right) \tag{3-3-1}$$

式(3-3-1)不仅对影响河床稳定的各种因素考虑比较全面，而且找到了一种用深泓摆动强度表征游荡强度的方式，用来描述各次洪峰的游荡强度看来是比较合适的。为了寻求河段整体的平均稳定性指标，特别是当用来作为河型判数的时候，应紧紧抓住对河流稳定性起决定性作用的因素，基于这一认识，建议采用如下形式的同时包含纵向和横向稳定的综合系数：

$$\varphi = \varphi_{h1}(\varphi_{b1})^2 = \frac{d}{hJ}\left(\frac{Q^{0.5}}{J^{0.2}B}\right)^2 \tag{3-3-2}$$

(二)造床流量

造床流量是一个特征流量，是其造床作用与多年流量过程的综合造床作用相当的某一种流量，这种流量的塑造河床作用最大，它不等于最大洪水流量，因为作用时间过短；它不等于枯水流量，因为尽管作用时间甚长，但流量过小，造床作用也不可能很大。因此，造床流量应该是一个较大但并非最大的洪水流量。

1. 马卡维也夫法

某个流量的造床作用大小应与该流量的输沙能力有关，同时也与该流量持续时间有关。具体做法:①将河段某断面历年(典型年)的流量过程分成相等的流量级;②确定各级流量出现的频率 P;③绘制该河段流量~比降关系曲线,以确定各级流量相应的比降;④计算相应于每一级流量的 $Q^m PJ$ 值,其中 Q 为该级流量的平均值,m 为指数,可由实测资料确定,即在双对数纸上作 $G_s \sim Q$ 关系曲线,曲线斜率即为 m 值,对平原河流来说一般可取 $m=2$;⑤绘制 $Q \sim Q^m PJ$ 曲线;⑥从图中看出 $Q^m PJ$ 最大值相当的流量,相应于此最大值的流量 Q 即为所求的造床流量。平原河流一般有两个较大的峰值。相应于多年平均最大洪水流量,平河漫滩水位的流量,一般称为第一造床流量;相应于略大于多年平均流量,平边滩水位的流量一般称为第二造床流量。

2. 平滩水位法

用漫滩水位确定造床流量与马卡维也夫计算法第一造床流量相当。水位漫滩以后,水流分散,造床作用减弱;水位低于河漫滩,流速较小,造床作用也不强;满槽流量,流速最大,造床作用最强。再研究河段上的两岸,取不同代表断面的河漫滩高程,相应这一高程时水位的流量。

(三)河相关系

(1)定义:能够自由发展的冲积平原河流的河床,在水流长期作用下,有可能形成与所在河段具体条件相适应的某种均衡的水力几何形态,在这种均衡状态的有关因素(如水深、河宽、比降等)和表达来水来沙条件(如流量、含沙量、粒径等)及河床地质条件(在冲积平原河流中其本身的部分甚至整体往往又是来水来沙的函数)的特征物理量之间,常存在某种函数关系,这种函数关系称为河相关系或均衡关系。

必须指出,由于河床形态常处在发展变化的过程之中,所谓均衡形态并不意味着一成不变,而只是就空间和时间的平均情况而言。当然,所谓均衡形态也不是变化不定,不可捉摸的,它出现的概率毕竟是较大的,就所在来水来沙条件及河床地质条件而言,是一种有代表性的形态。当条件发生变化时,这种代表性形态虽然也会跟着变化,但它是可逆的。存在两种河相关系:一种是相应某特征流量,如前述造床流量的河相关系;另一种是同一断面相应于不同流量的河相关系,它能确定断面形态随流量变化的细节,有时称为断面河相关系。既然河相关系所描述的是与来水来沙条件及河床地质条件相适应的均衡条件,它就应该是冲积河流水力计算和河道整治的依据。

(2)早期河相关系:根据渠道、河道实测资料,取较稳定河道,冲淤幅度不大,年输沙接近平衡可自由发展的冲积河段。

(3)近代的河相关系:尽可能将各种形态关系排列在一起,使之系统化,并力图用一定的理论体系加以概括,大体可分为两种不同的途径,即量纲分析法和联解公式法。

(四)河流纵剖面

河流纵剖面实际上也属于一种河相因素,河流纵剖面分为河床纵剖面和水流纵剖面两类。河流纵剖面在冲积平原河流上一般呈起伏不平的正弦曲线形式,与此相应的水流纵剖面虽然也有起伏,但变化并不明显。这样的纵剖面一般具有比降沿程减小的上凹曲线形式。

1. 准平衡纵比降

由前面的分析可以得到,输沙平衡情况下:

$$J = \frac{1}{A}\left(\frac{S^{11/15}d^{13/15}}{Q^{1/5}}\right) \tag{3-3-3}$$

当 S、d、Q 为定值，不因时沿程变化时，纵剖面为一稳定的比降沿程不变的直线，称绝对平衡纵剖面，实际不存在。

2. 持续堆积纵剖面

纵剖面形态基本不变，但它处于持续淤积状态，称为持续堆积纵剖面。

持续堆积纵剖面出现时具备两个条件：①上游来水量小，来沙量大，进入下游平原地区发生严重堆积；②河口地区水浅、潮弱，入海泥沙沉积在河口，河口三角洲不断外延。

二、河流模拟的原理与方法

河流在自然情况下及在修建整治建筑物后所发生的演变过程，对人类生产活动影响甚大，有必要作出预报，作为制定工程规划并进一步控制这一演变过程的依据。河流模拟正是预测这 演变过程的重要研究手段，它包括数值模拟和实体模拟两个组成部分。

（一）数值模拟的原理

广义来说，凡是通过数学方法来定量描述特定的物理过程并回答某些理论或实际问题的方法都是数值模拟方法。

挟沙水流数学模型是根据水动力学、河流动力学公式和数学方程式的解来模拟和预测水流泥沙运动和河床变形的，它包括水流模型和泥沙模型两大类，前者着眼于研究不动周界的水流演进过程，而后者则侧重于研究周界可动的水沙过程和河床变形。水流模型的理论基础起源于描述明渠水流运动的圣维南方程，它奠定了非恒定水流的理论基础，但真正的水流模型技术的运用是在电子计算机问世后开始的。而着眼于动周界的泥沙模型，到如今已进入迅猛发展及广泛运用阶段。

挟沙水流模型是在计算水动力学、河流动力学的基础上发展起来的，嵌套了数值计算技术，它给出的结果的真伪主要依赖于两大部分：一是物理模式（数学方程式和基本公式等），与比尺实体模型一样，这是理论基础的主体。数学模型还需要某些必要的概化模式，为了使其适应于某个问题的个性，不得不作某些假定和限制，正与实体模型相似率限制和放弃相似条件来适应研究问题的个性那样。二是数值方法（数学方程数值解及数值处理技巧等），数学模型能给出满意结果是与数值方法休戚相关的，这与实体模型要准确模拟原型而少不了精心的制作工艺相类似。认识和掌握这两个方面是实现和完善数学模型的基本保证。

挟沙水流模型是研究水流泥沙运动和河床演变的数学方法。河道是水流与河床长期作用的结果，水流作用于河床导致河床变形，变形了的河床回转来反作用于水流，迫使水流结构发生新的变化，两者相互作用、相互制约的矛盾是通过泥沙运动为媒介来调节的。掌握这些基本规律的学科是河流动力学。因此，挟沙水流数学模型也就是根据河流动力学阐述的基本规律来重演和再现这些规律的必要手段。

目前，国内外河道数学模型多缺乏公认的分类和确切的定名，从数学角度讲，按河道水流各物理量运动变化的维数，可分为一维、二维、三维模型，这三大模型着眼研究的内容有所不同，一维模型着重模拟和计算断面各水沙要素总体平均值；二维模型则着重于局部平均,因局部平均的方式不同,可划分为平面二维模型和纵剖面二维模型;三维模型则是研究任一空间位置上各水沙要素场,包括近场问题和远场问题。

一维挟沙水流模型,按其具体内容进一步划分:按水流泥沙运动随时间变化情况,可分为非恒定流模型和恒定流模型;按河道泥沙的运动方式,可分为悬移质模型和推移质模型以及全沙模型;按实际水流输沙量的计算方法,可分为饱和输沙模型和非饱和输沙模型。此外,依据水流运动的均匀性和泥沙组成的非均匀性,又有均匀流模型和非均匀流模型,以及均匀沙模型和非均匀沙模型;根据模型水流及泥沙计算方法,可分为耦合解模型及非耦合解模型等。

一维数学模型是发展最早,也是最简单的数学模型,它是以断面平均的河床、水流及泥沙因素作为研究对象,主要用于研究长时期长河段的水流及河床变形情况。二维模型有两种:一种是平面二维模型,以垂线平均的水流及泥沙因素作为研究对象,研究它们在平面上的变化情况,主要用来研究河床细部变化;另一种是立面二维模型,以在水流中截取的纵剖面上的水流及泥沙因素作为研究对象,主要研究泥沙颗粒垂向扩散问题。目前三维水沙数学模型尚处于研究阶段,仅有一些初步成果。在实际水利泥沙工程应用中,究竟选择几维模型应根据实际情况来定。就计算费用而言,二维数学模型与一维模型相比要大得多,在实际应用过程中,凡能用一维模型解决的问题就用一维模型进行计算,但若要研究河床细部变化的问题,必须用二维模型进行计算。在进行长河段计算时,若要同时研究河床细部变化,可根据实际情况采用平面二维及一维嵌套模型,即对非重点河段采用一维数学模型,对重点河段或需要了解河床平面变化的河段采用二维水沙数学模型。

恒定流模型发展较早,也较成熟,其方法就是将非恒定流作为恒定流处理,将进口断面的来水过程线概化为梯级过程线进行计算。对每一个梯级过程来说,流量为常数,水流为恒定流。但大部分自然状态下的河道水流经常处于不恒定状态,即流速、水深等随时间的变化而发生改变。对于洪水演进、潮汐河口等问题不恒定现象尤为突出。随着计算机的发展,运算速度提高,恒定流模型逐渐向非恒定流模型发展。在一维模型计算中,非恒定泥沙数学模型的研究及应用较少;二维非恒定泥沙数学模型仅限于河段短时间内的冲淤计算,在河道长时间的冲淤计算中还存在许多困难,距工程实际的要求还有一定的距离。

耦合解就是将水流方程和泥沙方程直接联立求解,适用于河床变形比较急剧的情况;非耦合解方法就是先求解水流方程,求出有关水力要素后,再求解泥沙方程,推求河床冲淤变化,如此交替进行,适用于河床变形比较缓和的情况。

(二)实体模拟的原理和方法

自然界的各种物理现象都是由有关物理量相互作用反映出来的特定物理过程。在这个特定的物理过程中,各个物理量之间常存在一定的内在联系。描述各物理量这种内在联系的数学方程式就是所谓的物理方程式,建立和求解这样的物理方程式是研究物理现象的一个重要途径。求解水沙运动方程式的一种途径是通过数值计算求解,另一种途径是通过实体模型试验求解。由于水沙运动十分复杂,目前对复杂的三维问题认识有限,许多描述三维水沙运动的物理方程式尚未建立。对于比较复杂的物理现象,除使用数学模型外,往往不得不采用理论分析与试验相结合的研究手段,例如通过整理分析原型及室内试验资料，探求经验性的物理方程式；或设计及制作与原型相似的模型，进行实体模型试验。

1. 实体模拟的原理

实体模型试验是建立在相似理论基础之上的，只有相似理论所规定的相似条件得到满足，模型和原型才是相似的，才能根据模型中的试验成果推断原型中的情况。

实体模型试验所研究的物理现象属于机械运动的范畴，和原型相似的模型必须具备以下三方面的特征：

（1）几何相似，即模型与原型的几何形态相似。模型与原型中的任何相应的线性长度，必须具有同一比例：

$$\frac{l_{p1}}{l_{m1}} = \frac{l_{p2}}{l_{m2}} = \cdots = \frac{l_{pn}}{l_{mn}} = \lambda_l \tag{3-3-4}$$

式中 l_{p1}、l_{p2}、…、l_{pn}—— 原型中各个线性长度，如任一断面的宽度，任一点的水深，任一水工建筑物的长度、高度等；

l_{m1}、l_{m2}、…、l_{mn}—— 模型中的相应线性长度；

p、m—— 原型和模型；

1、2、…、n—— 表示不同位置；

λ_l—— 长度的比例常数，或称长度比尺、几何比尺。

模型试验要严格做到几何相似很困难，因为它不仅要求床面的细部地形相似，而且要求床面的糙度相似，这是不容易做到的。实际上，从原型也难以获得如此详细的资料。

（2）动态相似，即原型与模型的运动状态相似。模型与原型中任何相应点的速度、加速度在对应时刻的速度、加速度场几何相似，它表现为对应点在对应时刻速度、加速度的方向一致，大小具有同一比例：

$$\frac{u_{p1}}{u_{m1}} = \frac{u_{p2}}{u_{m2}} = \cdots = \frac{u_{pn}}{u_{mn}} = \lambda_u \tag{3-3-5}$$

$$\frac{a_{p1}}{a_{m1}} = \frac{a_{p2}}{a_{m2}} = \cdots = \frac{a_{pn}}{a_{mn}} = \lambda_a \tag{3-3-6}$$

式中 u、a——速度、加速度；

λ_u——速度比尺；

λ_a——加速度比尺。

（3）动力相似，即原型与模型的作用力相似。模型与原型中任何相应点所受的作用力在对应时刻的力场几何相似，它表现为对应点在对应时刻作用力的方向一致，大小具有同一比例：

$$\frac{f_{p1}}{f_{m1}} = \frac{f_{p2}}{f_{m2}} = \cdots = \frac{f_{pn}}{f_{mn}} = \lambda_f \tag{3-3-7}$$

式中 f——作用力；

λ_f——力的比尺。

作用力可能是多种多样的，对于水流运动而言，通常有质量力（如重力、离心力等）、压力、粘滞力、紊动阻力、惯性力等，这些力在模型和原型中不仅同时存在，而且方向一致，并具有同一比例。

从动态相似和动力相似的特性可以看出，严格的相似应是空间流场、作用力场的相似，在模型试验中很难做到。

除上述三个相似特征外，如能量或动量相似特征等都可以通过这三个相似特征表示出来。物理相似可以形式地归结为向量场及标量场的几何相似。

由上述各式可知，模型的各个物理量可以通过将原型相应量除以相应比尺求得，原型的各个物理量也可以通过模型中的相应量乘以相应比尺求得，这就是通过模型试验成果预测原型情况所采用的办法。

模型或原型中物理量的相互转化，称为相似转化，可用下式表示：

$$x_p = \lambda_x x_m \tag{3-3-8}$$

或

$$x_m = \frac{x_p}{\lambda_x} \tag{3-3-9}$$

式中 x——任一物理量；

λ_x——比尺。

这种相似转化不仅对 x 是正确的，对 x 的微分量也是正确的，因为微分量尽管很小，但毕竟是有限量，可以写成：

$$\mathrm{d}x = x_2 - x_1$$

故

$$\frac{\mathrm{d}x_p}{\mathrm{d}x_m} = \frac{x_{p2} - x_{p1}}{x_{m2} - x_{m1}} = \frac{x_{p2}}{x_{m2}} = \frac{x_{p1}}{x_{m1}} = \lambda_x \tag{3-3-10}$$

式中 1、2 分别表示系统空间或时间相临近的两点。

一般来说，互为相似的现象，通常并不只有两个，而是有很多个，它们组成相似现象的群。在相似现象群中，以某一现象为标本，而将相似现象群中的所有现象与之比较，当相似与标本的一个现象依次转换到另一个现象时，其每次转换的常数都有不同的数值。

实体模型相似条件如下：

(1) 显然，与原型相似的模型不仅有一个，而是有一系列大小不等的模型都与原型相似，这些模型中的任何一个在几何形态上都必须与原型相似，而且和原型一样，为同一物理方程式所描述。

(2) 我们所考虑的模型是一系列大小不等且相似的模型中的一个确定的模型，在这个确定的模型中，研究的相似现象也是在特定的时间内的一个确定的相似现象。因此，将确定的模型从一系列相似的模型中区分出来，将所研究的确定的相似现象从一系列相似现象中区分出来的单值条件，必须是已知的。这正同描述物理现象的微分方程的某一个特解，是通过单值条件从微分方程的通解中区分出来一样。单值条件包含的物理量，原型与模型应该是对应的，但数值上有所不同，它们之间的比值应该等于对应的比尺。单值条件在通常情况下就是边界条件。显然，如果边界上的物理量不相似，现象是不会相似的。因此，模型和原型单值条件包含的物理量相似，是实现相似的第二个必要条件。

(3) 单值条件包含的物理量相似，还不能认为模型与原型就是相似的。如前所述，相似现象中有关物理量的比尺不是可以任选的，它们之间必须受到比尺关系式，即相似指示数等于 1 的约束，表征单值条件的有关物理量的比尺，自然也应该同样受到这个约束。因此,模型与原型单值条件所包含的物理量的比尺关系满足相似指示数等于1的要求,或单值条件所包含的物理量构成的相似准则必须相等,为实现相似的第三个必要条件。

上述三个相似条件,还可归纳为一个相似条件:由相同的物理方程式所描述的原型和模型的物理现象,其单值条件必须相似。

2. 实体模拟的方法

河工模型试验既可以采用定床,也可以采用动床。模型水流为清水,河床在水流作用下不发生变形的模型称为定床模型。模型水流挟带固体颗粒,河床在水流作用下发生变形的模型称为动床模型。定床模型也称为水流模型。动床模型也称为泥沙模型。

河工模型试验中定床模型所研究的水流通常属于三维紊动水流,作为最一般的情况,有关物理量的比例尺关系式,应该从描述三维紊动水流的一般微分方程式导出。对于基本满足几何相似的正态模型,这样的比尺关系式主要有三个,即时间比尺 λ_t、流速比尺 λ_u、长度比尺 λ_l,正态模型必须遵守的比尺关系式应为:

水流连续相似 $$\frac{\lambda_t \lambda_u}{\lambda_l} = 1$$

惯性力重力比相似 $$\frac{\lambda_u^2}{\lambda_l} = 1$$

惯性力阻力比相似 $$\lambda_f = 1$$

或 $$\lambda_n = \lambda_1^{1/6}$$

另外,在设计模型时,为了保证模型水流与原型水流能基本上为相同的物理学方程式所描述,还有两个限制条件必须同时满足:模型水流必须是紊流,要求模型雷诺数 $Re_m >$ 1 000 ~2 000;不使表面张力干扰模型的水流运动,要求模型水深 $h_m > 1.5$ cm。

这样,我们就得到正态河工模型全部比尺的表达式及主要限制条件。在设计模型时,一般根据任务性质、场地大小,并考虑可能供应的流量大小,首先确定模型的长度比尺 λ_l。λ_l 一经确定后,其他比尺即可根据上述相应比尺关系算出。

这里值得进一步讨论的是糙率系数比尺 λ_n,$\lambda_n = \lambda_l^{1/6}$ 是由惯性力阻力比相似条件决定的,由于长度比尺 λ_l 远大于1,因此 λ_n 也是一个大于1的数值。例如,当长度比尺 λ_l 为500时,糙率比尺 λ_n 将为2.82,也就是模型的糙率要比原型的小得多,仅为原型糙率的1/2.82。以长江中下游为例,原型糙率为0.025左右,相应模型糙率仅为0.008 9。糙率的大小是与河床表面的粗糙程度直接关联的,河床表面越粗糙,n 就越大;河床表面越光滑,n 就越小。根据实践经验,一般纯水泥粉光的表面,其糙率 n 约为0.021;即使光滑得像玻璃那样,其糙率 n 也只能小到0.01,像前述实例中所要求的模型糙率0.008 9是很难达到的。一般来说,如果原型糙率 n 较小,而长度比尺 λ_l 选得太大,则模型糙率 n_m 就有可能无法达到要求。另外,已经很小的模型糙率 n_m,采取磨光之类的措施进一步减糙,通常十分困难,这一点在选择模型比尺时必须注意。模型糙率主要决定于模型所用材料及处理方式,另外还与地形有关,在设计模型时只能根据经验大致选定。

定床模型的验证试验,通常包括两个部分:一个是验证水面线相似;另一个是验证流速场相似。

对比原型及模型试验成果,如果水面线相符,表示总的糙率相似得到满足。如果模型水面偏高，则表示模型糙率偏大，应该减糙；如果模型水面偏低，则表示模型糙率偏小，应该加糙。水面线不符，不但表明糙率不相似，也同时影响到流速不相似。但在通常情况下，特别是大江大河，由于水深相对较大，水位的不相似对流速的影响较小。

对比原型模型试验成果，如果流速流态相符，则表示河床地形的几何相似及糙率分布相似满足较好；如果流速流态不相符，则表示这两者的相似还存在问题，要对模型制作作出相应的改正。

动床模型试验和定床河工模型试验对比起来有两个特点。一个特点是，模型水流挟带泥沙。另一个特点是，模型周界是可动的，在挟沙水流作用下，发生冲淤变化，周界形状不固定。这一点，模型也应与原型相对应，并做到相似。以上两个特点正是动床模型区别于定床模型的地方，也是动床模型在许多情况下较定床模型更接近实际的地方。

然而，上述两个特点却给模型试验带来了很大的困难。由于挟沙水流运动规律十分复杂，各种相似要求之间存在的矛盾远较清水水流为大，不容易做到像清水水流那样相似。另外，由于要施放挟沙水流并做到相似，模型的供水供沙系统及监视装置比较复杂；每进行一次模型试验，地形必须重新塑制，加上模型沙的制备，工作量往往十分巨大。以上这些困难，使得进行动床模型试验远较定床模型试验复杂、艰巨。

第四节　整治方案确定的原则及整治措施的作用与适用范围

河床整治作为一种工程技术手段，其目的在于控制河床演变的发展方向，使之有利于人类的经济活动。正确的河床整治工程必须建立在对河床演变的正确理解及掌握的基础之上，进行河床整治工程的难点不在于建筑物本身，而在于整治建筑物所激起的河床演变是否朝预期的方向发展。

一、顺直型河道的整治原则及整治措施的作用与适用范围

顺直型河道的演变特点是交错边滩在水流作用下不断平行下移，滩槽易位，主流则随边滩位移而变化。所以，主流、深槽和浅滩位置难以稳定下来，对防洪、航运、港埠和引水都不利。因此说，顺直的单一河型并非稳定河型，那种希望把天然河道整治成顺直渠槽的做法，从稳定河势的角度来看，并不可取，也难实现。对于顺直型河道的河势控制，要着重研究边滩移动规律，当河势向有利方向发展时，因势利导，及时将边滩控制稳定下来。边滩稳定以后，在横向环流的作用下，河弯将继续发展，边滩也进一步淤长，当基本形成具有适度弯曲的连续河弯时，再将凹岸一侧守护起来，这样整个河道的河势也就会稳定下来。综上所述，顺直型河道的整治基本原则是固定边滩，使其不向下游移动，从而达到整个顺直型河道处于稳定状态的目的。

固定边滩的工程措施，多采用淹没式丁坝群，坝顶高程均在枯水位以下，且一般为正挑式或上挑式，这样有利于坝裆落淤，促使边滩的淤长。在多沙河道上，也可采用编篱杩槎等简易措施或其他促淤措施，防冲落淤。当边滩个数较多时，施工顺序应从最下游的边滩开始，以后视下游各边滩的变化情况逐步进行整治。

二、蜿蜒型河道的整治原则及整治措施的作用与适用范围

蜿蜒型河道是冲积平原河流最常见的一种河型。就航运而言，随着河曲的不断发展，弯曲半径过小和中心角过大，通视距离不够，船队转向受到限制，操纵困难，容易撞击河岸或上下船队可能因避让不及而造成海事，这种弯道的进出口，由于水深变化急剧，水流湍急，流态紊乱，航行甚为困难。除这些不利因素外，这种弯道的曲折系数大，航行里程长，时间久，降低了船舶的周转率，同时还增加了航标的维护费用。反之，弯道曲率半径过大，中心角过小，对航行也有不利之处。在这种弯道的凹岸深槽内，可能出现心滩，使枯水航道迂回曲折，不利航行。过渡段的长短对航运条件也有影响：过短，则在过渡段上会出现上下深槽交错的浅滩；过长，则会出现复杂浅滩。两者都对航行不利。凹岸的冲刷面是构成河道演变的关键，在整治时，这便是主要的着眼处。因此，蜿蜒型河道的整治，根据河道形势可分为两大类：一为稳定现状，防止其向不利的方向发展；二为改变现状，使其朝有利的方向发展。

稳定现状措施，主要是当河弯发展至适当弯曲的河段时，对弯道凹岸应加以保护，以防止弯道的继续恶化。只要弯道的凹岸稳定了，过渡段也可随之稳定。其主要采用的是护岸工程。改变现状措施，主要是因势利导，通过裁弯工程将迂回曲折的河道改变为有适当弯曲度的连续河弯，再将河势稳定下来，获得防洪、航运和满足沿河国民经济建设需要的综合效益。

人工裁弯引河开挖断面设计原则是：在保证引河能够及时冲开，以满足国民经济各部门的要求，特别是航运部门要求的前提下，力求土方量最少，设计内容应包括引河河底高程和横断面尺寸。

三、分汊型河道的整治原则及整治措施的作用与适用范围

分汊型河道一般在其上下游均有节点控制，其演变特征主要表现为主、支汊的交替兴衰，但周期较长，长江中下游分汊河段主、支汊易位短者四五十年，长则100多年。因此，相对来讲这类河道的河势也是比较稳定的。对于分汊型河道的整治，首先应稳定上游河势，利用工程措施调整水流，至于本河段的河势控制，则应根据河势发展趋势和国民经济建设的需要，或采取工程措施，稳定主、支汊分流比，或采用堵汊并流、塞支强干等各种方案。当汊道分流对沿岸国民经济各部门都有利，河势也比较稳定时，可采用护岸及鱼嘴工程将汊道进出口和江心洲固定下来。分汊型河道的整治，应根据航行上的需要进行，整治前在充分分析研究其水流泥沙特性和演变规律的基础上，提出整治措施和方案。每一个具体分汊型河道的水流泥沙特性和演变规律都不尽相同，因而整治的原则和方法也应具体制定。

对分汊型河道的整治，有两种不同的观点。一种认为微弯型河道是比较理想的河型，应将汊道的支汊堵塞，使河段成为单一的S形微弯河道；另一种认为分汊型河道比单一的弯曲型河道更稳定，所以认为对分汊型河道的整治，应是保留分汊形式。从实际出发，对不同的汊道，采用不同的整治方法是比较恰当的。在实践中，整治汊道的一般原则是：当通航汊道流量足够时，宜稳定流量分配，保持分汊现象；当通航汊道来沙较多或流量不足

时，可部分堵塞非通航汊道，改变汊道之间的分流、分沙比；当通航汊道处于淤积、衰退状态，而非通航汊道处于稳定、发展状态时，可考虑开辟非通航汊道；通航汊道内的浅滩，可按单一河槽浅滩整治的原则和方法进行整治。当通航汊道流量增大时，应考虑流量增大后对浅滩的影响，往往需采取一些相应的整治措施。

其相应的整治方法主要有以下几种。

(一)固定汊道

1. 保护节点附近河床

当节点在水流的冲刷下有变化可能时，就应加以保护。保护的措施主要是采用沉排或抛石工程来加固河床。当节点上游河岸发生崩坍时，将威胁节点本身的稳定或使节点更突出江中，从而改变本河段的水流流向，破坏原有的良好河势。因此，也必须对节点上游可能崩坍的河岸加以保护。

2. 保持分汊型河道的进口段边界条件

汊道的发展与衰退，都直接和汊道进口处的水流条件有关，要稳定良好的河势就必须稳定汊道进口段的边界条件。造成汊道进口段边界条件改变的直接原因有两方面：一是河岸的崩坍，二是对岸边滩的消长。边滩的消长，又可出现两种情况，一种是边滩大幅度淤宽下移，另一种是出现切割现象。因此，加固分汊型河道进口崩坍段的岸坡，不仅可以制止崩岸的发展，而且还可以限制边滩淤宽下移。当进口段上游的边滩有可能产生切割时，也应加以保护。

3. 控制江心洲的洲首和洲尾

为了保证汊道进口具有较好的水流条件和河床形态，为了使在各级水位时具有比较稳定的流量和沙量分配，可在江心洲首修建分水堤。分水堤的外形为上游窄矮，下游宽高，状似“鱼嘴”，其上游没入水下。分水堤沿流高程、沙量的分配和进口水流状态，应根据实际经验并配合模型试验来确定。在修建分水堤的同时，应适当修建一些护岸工程，以防止江心洲首受到冲刷而与分水堤分离。江心洲尾部的变化直接关系到出口段水流条件和河床形态，对汊道的发展与衰退也有一定的影响。在汊道出口处，由于两股水流交汇，能量有较大的损失，并产生复杂环流，使泥沙在不同部位落淤，其结果将促使洲尾向下游延伸并向一侧摆动，增加该侧汊道的阻力，破坏现有汊道的河势。为了维持汊道的相对稳定和汊道出口处具有较好的水流条件和河床形态，可在江心洲尾部修建岛尾坝。岛尾坝的外形与分水堤相似，但方向相反，坝的上游端与洲尾平顺衔接。

4. 控制河弯

在分汊河道中，往往两汊中总有一汊弯曲，而弯曲段在沙质河床中总是要向下游发展的。在一般情况下，弯曲汊道发展的最终形式，是形成鹅头形汊道，这样的汊道水流阻力大，比降小，往往趋于衰退状态。因此，当通航汊道为弯曲汊道时，应对弯顶附近可能崩坍的河岸加以保护。保护的方法，通常采用护岸工程。

(二)整治汊道

1. 维持分汊现状，按单一河槽的整治方法进行整治

当分汊型河道的上深槽不是位于河中，而是延伸到通航汊道内时，枯水期主流集中于通航汊道，非通航汊道的流量很小，浅滩出现在通航汊道的中段或下段。这种汊道，一般

不需增加流量,可维持分汊现状,按单一河槽的整治方法,整治汊道内浅滩。这种浅滩,只要上游河势不发生变化,进口的边界条件保持稳定,就可看成单一河槽中的复式浅滩,它具有公共边滩和两个过渡段,整治中将公共边滩和下边滩加高增宽,以构成较弯曲的整治线,便可获得良好的整治效果。

2. 改变汊道进口分流、分沙比,使通航汊道增加一部分流量,将泥沙较多地引入非通航汊道

在实践中,遇到的情况和采取的措施主要有以下几种:

(1)当上深槽很深,并由河岸一侧伸入非通航汊道时,可在江心洲首做导流顺坝。这种型式的顺坝,能有效地压缩非通航汊道的水流,促使其由非通航汊道流入通航汊道。由于顺坝造成壅水,分汊处的横比降指向非通航汊道。因此,面流流向通航汊道,底流流向非通航汊道。这就不仅能使通航汊道的流量加大,而且能将泥沙导入非通航汊道,从而改变两汊分流、分沙比。顺坝与水流的交角一般为30°~40°,坝根与江心洲连接。顺坝长度与非通航汊道应留的宽度密切相关,而应留的宽度可按设计水位与整治水位时允许流入非通航汊道的流量确定。

(2)另一种改变汊道进口分流、分沙比的方法,是在非通航汊道的一岸筑顺坝或丁坝。其布置形式有两种:一是做顺坝或下挑丁坝,为了避免洲头受到冲刷,顺坝坝头方向应避免指向洲头,并对洲头加以保护;另一种布置是做上挑丁坝,其分流、分沙作用与前一种差异不大,但对非通航汊道的淤积效果较好。

3. 堵塞非通航汊道,将枯水流量全部集中于通航汊道

当通航汊道维护困难,需要增加较多流量而非通航汊道流量不大时,或需要把江心滩、江心洲汊道向边滩转化时,可采取塞支强干的措施,堵塞非通航汊道,将枯水流量全部集中于通航汊道。堵塞的方法,可采用锁坝、丁坝或顺坝。如湘江多用丁坝,汉江多用顺坝,松花江、东江、北江多用锁坝。采用丁坝或顺坝堵塞汊道,不但具有锁坝的作用,而且能导引水流,但对非通航汊道的淤积效果则不如锁坝。因此,用丁坝、顺坝、锁坝堵塞汊道各有优缺点,应根据具体条件选用。

(1)对于江心洲型汊道,当江心洲较高,一般洪水不被淹没,上深槽伸入主汊,支汊进口段为边滩,河床宽浅时,工程措施是在非通航汊道进口段做一长的上挑丁坝,加速其淤积,使主流更加趋向通航汊道。对于通航汊道中部的浅滩,采用两组丁坝,加大上、下边滩,使水流归槽。

(2)对于江心滩型汊道,当江心洲较低,通航汊道中有浅滩两处,江心洲尾有较大的沱口时,除用丁坝堵塞非通航汊道外,还需布置丁坝群,增大和加高江心滩,使江心滩向边滩转化。具体做法是,在非通航汊道的进口做一长的上挑丁坝,使主流更偏向通航汊道。在江心滩上布置三座丁坝,以缩窄河床,改善上浅滩;在下边滩布置三座丁坝,加大下边滩,将水流集中浅槽,以改善下浅滩;用两座较长丁坝堵塞滩尾沱口,将所有的丁坝布置连接起来,构成一定弯曲的整治线。整治后,江心滩向边滩转化,通航汊道水深增加,达到设计要求。

(3)当江心洲分汊河道,两汊呈对称型,流量相差不大,甚至非通航汊道的流量大于通航汊道,且上深槽延伸至非通航汊道,但由于各种原因,不宜开辟非通航汊道时宜采用

锁坝堵塞非通航汊道。通航汊道内有复式浅滩碍航时，在汊道两边布置丁坝组，以加大边滩，集中水流，增大浅滩上的水流输沙能力。此外，在洲尾布置岛尾顺坝，消除洲尾沙滩的横流。

4. 开辟非通航汊道

当通航汊道处于淤积衰退状态，而非通航汊道处于稳定或发展状态，或通航汊道来沙量大，经常淤积出浅，而且变化快，整治和维护困难时，可考虑开辟非通航汊道。

5. 人工汊道

有些江心浅滩，其河岸有码头或取水泵站，当用一般方法整治这些浅滩会影响码头或取水泵站正常使用时，可考虑用人工汊道的方法，即在江心布置一组丁坝，以形成江心滩，使航道和取水泵站分别位于主、支汊道中。这样既可改善通航条件，又能满足工农业取水要求。

四、游荡型河道的整治原则及整治措施的作用与适用范围

多沙游荡型河道的整治必须采取综合措施，包括在泥沙来源区进行水土保持、支流治理和在干支流上修建水库。与此同时，在下游进行河道整治，把宽浅散乱的河道整治成较规顺、稳定的河道。此外，还应在滩区采用生物措施和工程措施相结合的办法，防止水流漫滩后，滩面串沟或洼地夺流，引起河势大变化。整治的目的主要是防洪，其次是保证引水及滩地利用等。

游荡型河道在自然情况下整治的主要任务是控制河势，控制河势的措施主要是护岸、护滩工程，此外还涉及到堤防工程。控制河势最主要的目的是控制主流，固定险工位置，以保护堤岸。为此，必须修建护岸工程。由于游荡型河道主流摆动频繁且缺乏一定的规律性，难以估计其顶冲部位，一般是根据汛后变化了的河势，实地查勘，运用以往经验来预估可能发生的变化，然后确定需要护岸的部位。河势的控制、险工位置的固定，除有赖于护岸工程外，还与滩地能否得到保护有关。护岸、护滩工程，一方面能直接保护岸滩免受冲刷，另一方面通过对险工的保护还能达到控制河势导引主流的目的。因此，修建在险工处的护岸、护滩工程在黄河上又叫控导工程。

游荡型河道上的控导工程，因工程形式的不同，其控制作用也各异，大致可分为平顺型、凸出型和凹入型三类。平顺型险工的特点是外形比较平顺，这类险工易受上游河势的影响，不能很好地控制河势；凸出型险工的特点是外形比较显著地凸出河中，这类险工有显著的挑溜作用，能将主流挑向对岸预定的部位，但主流顶冲险工后，由于险工外形凸出，出水方向就不稳定，不能很好地控制河势；凹入型险工的特点是外形为凹入的弧形，犹如弯道的凹岸，这类险工能经常靠溜，且靠溜范围长、变化小，水流经过险工后，出水方向颇为稳定，能顺着凹岸弧线平顺地流出，既能迎托水流，又能导引水流，在控制河势方面比平顺型和凸出型都好。

控导工程用于固岸保滩，可以看成堤防工程的前卫，因为岸滩位移堤防前沿，因此布置控导工程时必须综观全局，上下游呼应，左右岸兼顾，作为整体来统一考虑，才能受到预期的效果。

护滩工程还须与滩区治理结合起来，这是因为在护滩工程生效，流路相对稳定的条件

下，滩区将出现较大的横比降，并形成众多的串沟与堤河。为此，应该采取的工程措施是，有计划地在滩区放淤，消灭串沟及堤河，使滩槽能基本上做到同步抬升。

五、浅滩的整治原则及整治措施的作用与适用范围

天然河道上往往存在着许多浅滩，水深很浅，影响船舶通行，严重阻碍航运事业的发展。因此，必须对这些碍航的浅滩进行整治。

平原河流的沙质浅滩，是水流与河床相互作用的产物，是河床形成、发展变化的一种主要形式。沙质浅滩的整治，不是企图消灭浅滩，而是为了改善浅滩的通航条件。

从浅滩成因和演变中得悉，在水流与河床这一对矛盾中，水流（指挟沙水流）是矛盾的主要方面。浅滩的形成和演变主要由取得支配地位的水流所决定，亦即主要由来水来沙条件所决定。河床一般是处于被动地位。因此，在浅滩整治中，应从整治水流入手。水流整治好了，河床便有可能向着所要求的方向发展。

由于沙质浅滩的床沙粒径较小，相应地其起动流速亦较小。整治后，浅滩流速虽将有所增加，但仍小于航行允许流速，不至于影响船舶的航行。

不同的河流和浅滩特性，整治原则应有所区别。中小河流沙质浅滩的整治，是以筑坝为主，束窄河床，集中水流冲刷航槽，导引泥沙进入坝田，以加高、加大边滩，促使不良过渡段向优良过渡段的方向发展。只有在河床难以冲刷的部位，才辅以疏浚。大河沙质浅滩的整治，由于情况复杂，筑坝工程量大，涉及面广，现阶段，一般仍采用疏浚的方法来改善通航条件，但在掌握了浅滩的演变规律以后，也可布置整治建筑物进行整治。而且，为了稳定挖槽，巩固和发展疏浚效果，适当地辅以整治建筑物也是必要的。湖区浅滩的整治，通常亦以疏浚为主，但在水文条件比较复杂的河口、湖口浅滩，以及壅水期长、顶托严重的浅滩，则宜采用疏浚与整治相结合的方法进行。

如果浅滩河床由卵石或粘土等难以冲刷的土质组成，则其整治应以疏浚为主、筑坝防淤为辅。因为，对于该类浅滩，单独采用整治工程冲刷航槽势必使浅滩流速大于航行允许流速，造成船舶航行困难，甚至无法航行。

由于浅滩状况错综复杂，即使是同一类型浅滩，在不同的河流上或者在不同的河床组成情况下，其整治原则与方法也可能是不同的。因此，在实际工作中，应根据浅滩的河床质和施工机具设备，分别采取单一的或综合的整治措施。

在采取整治措施，固定上、下边滩或堵塞非通航汊道时，应注意着重研究对岸或通航汊道沿岸的岸线是否会遭到冲刷，是否与防洪有矛盾。必要时，应采取适当的护岸措施，加以保护。

浅滩整治主要是为了改善浅滩河段通航条件而进行的局部河段的河道整治。主要措施：一是修建整治建筑物（如丁坝），束狭水流，固定上边滩和下边滩，堵塞汊口，稳定和调整岸线，保证航道尺寸；二是采取疏浚措施，用挖泥船浚深、拓宽航道，维护航道尺寸。

第四章　水资源配置

第一节　需水量计算

一、水资源开发利用情况调查评价

（一）经济社会资料统计的主要项目和基本要求

1.经济社会资料统计的主要项目

1）人口

分别按城镇人口和乡村人口（也称农村人口）统计，并要统计非农业人口。

统计年鉴上城镇人口和乡村人口的划分有三种口径：第一种口径按行政建制划分，1952～1980年统计年鉴为该种口径数据；第二种口径按常住人口划分，1982～1999年统计年鉴为该种口径数据；第三种口径是按照国家统计局1999年发布的《关于统计上划分城乡的规定（试行）》进行划分。2000年人口普查数据是第三种口径。统计口径应按规划的规定要求选用。

非农业人口是指从事农业以外的职业维持生活的人口以及由他们抚养的人口。

2）产值

产值包括国内生产总值、工业总产值和工业增加值、农业总产值。

（1）国内生产总值（GDP）：指按市场价格计算的一个国家（或地区）所有常驻单位在一定时期内生产活动的最终成果。

（2）三次产业：第一产业是指农业、林业、畜牧业、渔业和农林牧渔服务业；第二产业是指采矿业，制造业，电力、煤气与水的生产及供应业，建筑业；第三产业是指除第一、第二产业外的其他行业。

（3）工业总产值：是以货币形式表现的工业企业在一定时期内生产的工业最终产品或提供工业性劳务活动的总价值量。它反映一定时期内工业生产的总规模和总水平。

（4）工业增加值：是指工业企业在报告期内以货币表现的工业生产活动的最终成果，等于总产出减去中间投入后的余额，加上应缴增值税。

（5）农林牧渔总产值：指以货币形式表现的农、林、牧、渔业全部产品和对农林牧渔业生产活动进行支持性服务活动的价值总量。它反映一定时期内农业生产总规模和总成果。

3）耕地面积

耕地是指可以用来种植农作物、经常进行耕作的田地，包括熟地、当年新开荒地、连续撂荒未满三年的耕地和当年休闲地（轮歇地）。以种植农作物为主并附带种植桑树、茶树、果树和其他林木的土地及沿海、沿湖地区已围垦利用的“海涂”、“湖田”等也包括在内。

4)农作物播种面积

农作物播种面积是指实际播种或移植有农作物的面积。它是反映耕地面积利用情况的一个重要指标。

粮食作物包括谷物(稻谷、小麦、玉米、高粱、谷子及其他杂粮)、豆类(大豆、杂豆等)、薯类(甘薯、马铃薯)等。

经济作物包括油料作物(油菜籽、花生、芝麻、向日葵、胡麻籽等)、棉花(皮棉)、麻类(黄红麻)、糖料(甘蔗、甜菜)、烟叶、药材类、蔬菜、瓜类(西瓜等)、茶、果类等。

5)粮食产量

粮食产量是指上述粮食作物的全社会产量。

6)灌溉面积

灌溉面积分为农田灌溉面积和林牧渔用水面积。

农田灌溉面积划分为水田、水浇地和菜田(含花卉等),同时应按有效灌溉面积和实际灌溉面积分别统计。

林牧渔用水面积划分为林果地灌溉面积、草场灌溉面积和鱼塘补水面积。

农田有效灌溉面积是指具有一定的水源,地块比较平整,灌溉工程或设备已经配套,在一般年景下当年能够进行正常灌溉的耕地面积。

农田实际灌溉面积是指当年实际灌水一次以上(包括一次)的耕地面积,在同一亩耕地上无论灌水几次,都按一亩统计。

水田是指筑有田埂(坎),可以经常蓄水,用来种植水稻或莲藕、席草等水生作物的耕地。因天旱暂时没有蓄水而改种旱地作物的,或实行水田和旱地作物轮作的,仍按水田统计。

水浇地是指具有一定灌溉条件的旱地。

林果地灌溉面积包括经济林、果树和苗圃的灌溉面积;草场灌溉面积包括人工草地和饲料基地的灌溉面积;鱼塘补水面积是指需要人工补水的鱼塘面积。

7)牲畜数量

牲畜分为大牲畜和小牲畜。大牲畜包括牛、马、驴、骡和骆驼,小牲畜包括猪和羊。

2. 经济社会资料统计的基本要求

(1)收集统计的资料主要是与水密切关联的经济社会指标,其指标是分析现状用水水平和预测未来需水的基础。

(2)经济社会资料的收集统计应根据水资源规划的需要,以水资源分区或行政区为统计单元。

(3)经济社会资料的收集统计,应结合水资源的需求预测和供需分析中各用水项目的分类和要求,进一步将有关指标划分与其相对应的细目,各类资料(或指标)应保持协调或统一。

(4)经济社会资料的收集统计,应十分注意统计口径;对不同部门提供的数据相差较大时,应先分析其原因,再决定取舍;一般情况下,除灌溉面积采用水利部门统计数据外,其他数据应以统计部门为准。

(二)供水量调查统计

1.供水量调查统计的分类

供水量是指各种水源工程为用户提供的包括输水损失在内的毛供水量,一般按受水区统计。根据取水水源的不同,划分为地表水源供水量、地下水源供水量和其他水源供水量三种类型。

(1)地表水源供水量:应分别按蓄水工程、引水工程、提水工程、调水工程四种形式统计。为避免重复统计:①从水库、塘坝中引水或提水,均属蓄水工程供水量(不包括专为引水、提水工程修建的调节水库);②从河道、湖泊中自流引水的,无论有闸或无闸,均属引水工程供水量;③利用扬水站从河道或湖泊中直接取水的,属提水工程供水量;④调水工程供水量是指独立流域之间的跨流域调配水量,不包括在蓄、引、提水量中。

(2)地下水源供水量:指利用地下水的水井工程的开采量,按浅层淡水、深层承压水分别统计。浅层淡水是指矿化度≤2g/L的潜水和与潜水有紧密水力联系的弱承压水;深层承压水是指埋藏相对较深,且与当地浅层地下水水力联系微弱,充满在两个隔水层中间的含水层中的地下水。在混合开采井的供水量中,可根据实际情况,按比例划分为浅层淡水和深层承压水。

(3)其他水源供水量:包括污水处理再利用、雨水集蓄利用、微咸水(矿化度在2%~3%)的浅层水、海水淡化的供水量。对未经处理的污水利用和海水直接利用也需调查统计,但不计入总供水量中。

2.供水量调查统计的要求

(1)地表水源供水量应以实测引水量或提水量作为统计依据,无实测水量资料时,可根据灌溉面积、工业产值、实际毛取水定额等资料进行估算。

(2)城市地下水源供水量包括自来水厂的开采量和工矿企业自备井的开采量。缺乏计量资料的农灌井开采量,可根据配套机电井数和调查确定的单井出水量(或单井灌溉面积、单井耗电量等资料)估算开采量。浅层水和深层承压水的供水量,可根据当地地下水分布结构(取水层结构),按开采方式和机井深度进行判别;对不易判别是深层承压水源或浅层水源的,按浅层水统计。

(3)污水处理再利用是指城市污水集中处理厂处理后的污水回用量。雨水集蓄利用量是指用人工收集、储存于屋顶、场院、道路等场所产生径流的微型蓄水工程内的水量。海水淡化量是指海水经过化学或物理方法去除盐份和杂质使其变为淡水的水量。

(4)供水量调查统计应注意了解分析不同时段供水总量、地表水源供水量、地下水源供水量、其他水源供水量及供水组成的变化趋势。

(5)供水量调查统计应避免重复统计。

(三)用水量调查统计

1.用水量调查统计的分类

用水量是指分配给用户的包括输水损失在内的毛用水量。按用户特性分为农业用水、工业用水和生活用水三大类。

(1)农业用水包括农田灌溉和林牧渔业用水。农田灌溉应考虑灌溉定额的差别按水田、水浇地(旱田)和菜田分别统计。林牧渔业用水按林果地灌溉(含果树、苗圃、经济林等)、草场灌溉(含人工草场和饲料基地等)和鱼塘补水分别统计。

(2)工业用水量按引水量(新鲜水量)计,不包括企业内部的重复利用水量。各工业行业的万元产值用水量差别很大,应将工业划分为火(核)电工业和一般工业进行用水量统计。

(3)生活用水按城镇生活用水和农村生活用水分别统计,应与城镇人口和农村人口相对应。城镇生活用水由居民用水、公共用水(含服务业、餐饮业、货运邮电业及建筑业等用水)和环境用水(含绿化用水和河湖补水)组成。农村生活用水除居民生活用水外,还包括牲畜用水在内。

2. 用水量调查统计的要求

(1)农田灌溉、林果地灌溉、草场灌溉用水量可根据取水口的取水过程线分别计算用水量;否则,可根据当地的作物灌溉定额、有效灌溉面积及灌溉水利用系数分别进行估算。

鱼塘补水应结合当地降水量、蒸发量等气象特点,养殖鱼类及其生长期进行估算。

(2)在工业用水量统计中,对于有用水计量设备的工矿企业,以实测水量作为统计依据,没有计量资料的可根据产值和实际毛取水定额估算用水量,或根据同行业中技术水平相近的企业用水量指标,按产值和用水量类比确定其用水量。

(3)为便于对城市供用水量进行调查统计,在工业用水中应将城镇工业用水单列。

(4)城镇生活用水由自来水厂供水的,可采用自来水厂的计量设备的实测供给水量进行统计,其他水源供水的以供水设备计量的供水量统计。农村生活用水的统计可根据当地的人均生活用水量、各种牲畜头均用水量指标,和统计年鉴中人、畜统计数量进行估算。

(5)在用水量统计中应注意分析统计各个时段各项用水量、用水定额,分析人均用水量和单位 GDP 用水量等用水效率指标,分析用水组成的变化趋势。

(四)用水消耗量的基本概念

用水消耗量(简称耗水量)是指水在输送、使用过程中,通过蒸腾蒸发、土壤吸收、产品带走、居民和牲畜饮用等多种途径消耗掉,而不能回归到地表水体或地下含水层的水量。

(1)农田灌溉耗水量包括作物蒸腾、棵间蒸散发、渠系水面蒸发和浸润损失等水量。一般可通过灌区水量平衡分析方法推求灌溉耗水量。

(2)工业耗水量包括输水损失和生产过程中的蒸发损失量、产品带走的水量、厂区生活耗水量等。一般情况可用工业用水量减去废污水排放量求得。也可根据工厂水平衡测试资料推求。

(3)生活耗水量包括输水损失以及居民家庭和公共用水消耗的水量。城镇生活耗水量一般也由用水量减去污水排放量求得。农村住宅用水定额低,耗水率较高,可近似认为生活用水量基本是耗水量。

(4)其他用户耗水量,可根据实际情况和资料条件采用不同方法估算。如城市水域和鱼塘补水可根据水面面积和水面蒸发损失量估算耗水量。

二、城镇需水量预测

城镇需水量预测的步骤是:确定规划水平年,对规划水平年城镇发展的经济社会规模进行预测,考虑适当的节水措施,提出与经济社会发展预测指标对应的用水定额,根据经济社会预测值和用水定额计算城镇需水量。

(一)规划水平年及供水保证率的确定

1. 规划水平年的确定

规划水平年的确定规划目标实现的年份。规划水平年越远,不确定因素越多。城镇供水规划一般需要考虑近期水平年和远景水平年,近期水平年宜距今 5 ~ 10 年,远景水平年宜距今 10 ~ 20 年。规划时以近期水平年为主。

规划水平年的选择存在一个经济比较的问题。供水工程建成后的一段时期内,设备能力总是过剩的,要等经济社会发展到规划水平年时,用水量才能达到供水工程的设计能力。因此,资金的积压是不可避免的。如果将规划水平年取得近,虽可减少资金积压的损失,但会增加供水工程扩建的费用,因为同一规模分两次建设的动态总投资总是比一次建成要多,而且城镇内的输配水管网扩建起来是异常困难的。

2. 供水保证率的确定

供水保证率反映供水的保证程度,其经验频率可由式(4-1-1)计算。

$$P = \frac{m}{n+1} \times 100\% \tag{4-1-1}$$

式中 n——总计算时段数;

m——供水满足需水的时段数。

一般情况下,城镇用水户可分为数个部门,如生活、工业、河湖环境、其他等,各用水部门的供水保证率是不同的。一般供水顺序应与各用水部门设计保证率一致。需要注意的是,城镇供水管网(即自来水系统)很难控制要向哪些部门供水、不给哪些部门供水,实际中常将自来水作为一个保证率最高的部门处理。

供水保证率反映了城市供水的安全性。目前城市的生活用水和工业用水保证率要求较高,对于重要城市要求达到 95% ~ 97% 以上,一般城市也要求不低于 90%。为了提高供水的安全性,大中城市一般都具有多个供水水源,如水库水源、从江河湖泊取水的水源和地下水源。各水源间可相互补充,如河湖水少时由水库主要供水,地表水少时由地下水主要供水。

设计供水保证率一方面反映城市供水对水源和水量的要求,是拟定工程规模的因素之一;另一方面也体现了各用水部门的重要性,从而影响供水调度的结果。它是制约水资源配置方式、制定调度规则的基本依据。设计保证率越高,供水工程规模越大,投资也越大,但工程满负荷运用的机会越少。

(二)经济社会发展指标预测

(1)经济社会发展指标近期以各级政府制定的国民经济和社会发展规划及有关行业发展规划为基本依据;中远期经济社会发展指标可结合有关部门中长期规划成果进行。

国民经济发展指标按行业进行预测。规划水平年发展预测要按照我国经济发展战略目标,结合基本国情和城镇发展情况,符合国家有关产业政策,结合当地经济发展特点和水资源条件,尤其是当地水资源的承受能力,预测各主要经济行业的发展指标,并与发展总量指标相协调。

(2)与城镇需水量预测相关的经济社会发展指标主要是人口、国内(地区)生产总值、工业总产值、各主要工业门类的产值。具体选用经济社会发展指标时,要与用水定额指标体系一致。

(3)在进行经济社会发展预测时,很重要的就是要遵循国家基本策略,比如在水资源短缺的地区要限制发展高耗水的工业和城镇的规模,限制发展污染严重的产业,促进第三产业和高技术产业的发展。同时,在预测时还要特别注重地区的基本情况,提出合理的产业结构模式。比如在我国西部地区,由于高技术产业基础薄弱,人才呈外流趋势,因此近期还不能改变以矿产资源开发、能源开发为基本战略的局面;西部要尽快解决贫困问题,城镇化是一个有效的手段,因此近期城镇人口将有快速增长的趋势。

(4)城市(镇)化预测,应结合国家和各级政府制定的城市(镇)化发展战略与规划,充分考虑水资源条件对城市(镇)发展的承载能力,合理安排城市(镇)发展布局和确定城镇人口的规模。城镇人口可采用城市化率(城镇人口占全部人口的比率)方法进行预测。

此外,预测中还要遵循一般的经济规律,如经济增长率近期总是大于远期;在市场经济不断发展的前景下,政府对产业结构的决定作用在不断弱化;中国完全按 WTO 规则运行后,许多产业将面临严峻挑战。

(三)城镇需水量预测

1.城镇需水量预测方法

城镇设计水平年的需水量,应在调查历史和现状用水量的基础上,根据城镇发展规划,综合考虑经济发展、人口增长、生活水平提高,以及加强用水管理和广泛推行节水技术措施等因素进行预测。城镇需水量预测方法主要有趋势法、定额法、模型法、弹性系数法等。

1)趋势法

基于历年城镇需水量增长资料预测未来需水量的增长,常用的有回归分析法、指数平滑法等。

(1)回归分析法:根据历史资料,建立需水量与某些特征量之间的关系,如需水量增长与工业产值增长的关系、与人口增长的关系等,再根据这些特征量的预测指标估算规划水平年的需水量。如果选取的特征量只有一个,则为单元回归;若特征量不止一个,则为多元回归;若需水量与特征量之间为线性关系,则为线性回归,否则为非线性回归。特征量的预测值需要由经济社会发展预测确定。

(2)指数平滑法:首先指定一个权系数,对具体城镇历年用水量资料中的每一项进行平滑处理,然后利用平滑处理后的数据生成预测模型中的参数,从而估算未来的需水量。指数平滑法实际是一个需水量随时间变化的模型,这一模型与历年用水资料的联系非常紧密。这一方法并不需要对未来城镇经济社会发展指标进行预测,方法简单,但具体的指标和概念不清,与地区的国民经济规划联系不紧密。

2)定额法

定额法是根据经济社会发展水平、水资源市场变化趋势,预测将来各行业用水定额指标,进而估算需水量的方法。定额法概念明确、容易掌握,实际工程中使用较多,但分析各部门用水定额的工作量非常庞大。

为了减少重复工作量，并统一规划标准，国家由专门机构通过对全国众多城市用水量的分析，制定了《城市给水工程规划规范》(GB50282—98)(以下简称“给水规范”)。

“给水规范”将全国分为三区。一区属于水资源条件好的地区，包括贵州、四川、湖北、湖南、江西、浙江、福建、广东、广西、海南、上海、云南、江苏、安徽、重庆；二区属于半干旱地区，包括黑龙江、吉林、辽宁、北京、河北、山西、河南、山东、宁夏、陕西、内蒙古河套以东、甘肃黄河以东地区；三区属于干旱地区，包括新疆、青海、西藏、内蒙古河套以西、甘肃黄河以西地区。

然后，将各区内的城市按其非农业人口规模分为特大、大、中、小四级。100 万人口以上的为特大城市，50 万～100 万的为大城市，20 万～50 万的为中等城市，20 万的以下为小城市。

对于三区四个等级的城市，“给水规范”给出了各类用水的指标，如单位人口综合用水量指标、人均综合生活用水量指标、单位建设用地综合用水量指标、单位工业用地用水量指标等。

在使用“给水规范”时，应注意：①当规划水平年与国家颁布的需水量计算指标体系对应年份不一致时，需要对指标体系进行修正，若规划水平年早于指标体系年，应压减指标值，晚则放大指标值；②“给水规范”在分析确定指标体系时所用的人口数，只包含了城镇户籍人口，未包括流动人口，因此指标体系的值一般偏高；③“给水规范”所给出的城镇需水量指标体系存在较大的取值范围，实际使用时，尚需根据具体情况选值。

对于大型的城镇供水工程，一般需要根据产业结构发展规划，考虑技术进步因素，对主要产业部门的用水定额进行分析，提出部门的加权平均用水定额，如万元产值耗水量等。在确定用水定额时，应充分考虑推行节约用水的效果。节水的方向或核心是提高水的重复利用率和降低用水的单耗。

重复利用率的定义为：

$$\mu = \frac{Q_{需} - Q_{供}}{Q_{需}} = \frac{Q_{重复}}{Q_{需}} \times 100\% \tag{4-1-2}$$

式中 $Q_{需}$——总需水量；

$Q_{供}$——实际供给的水量。

式(4-1-2)的分子表示实际供水量与需水量的差，即重复利用量，这种差是因为一部分水在生产过程中数次被利用的结果。重复利用率是在需水得以满足的前提下进行计算的。在生产实践中，较高级用水(对水质要求较高)的排水，通常可以用于较低级的用水；冷却水收集后再送入冷却装置，这些都可提高水的重复利用率。工业用水是城镇总用水量的主要部分，提高工业用水的重复利用率，可以有效控制城镇需水量的增长。

用水单耗是指制造单位产品所需要的水量。用水单耗下降体现了技术进步对减少生产过程用水量的作用。如我国生产每吨啤酒，由于发酵时间长、生产效率低，需要 20～30m^3 水，而引进的设备生产每吨啤酒需水仅为 8～12m^3，节水效果十分明显。

《中国城市节水 2010 年技术进步发展规划》规定，到 2010 年，我国工业用水重复利用率要达到 75%，间接冷却水重复利用率要达到 97%，城市人均日生活新水量为 200～306L/(人·d)。同时，这一规划还详细规定了 17 大工业门类的主要工艺过程及产品的节水指标。

3)模型法

模型法是根据自然界事物发展一般要经历初期缓慢、中期快速、后期平稳的规律,假定需水量随时间的增加是连续的,进而建立以时间为变量的微分方程,模拟需水量增长的时间变化趋势,预测未来某一时刻的需水量。典型的微分方程为:

$$\frac{\mathrm{d}p(t)}{\mathrm{d}t} = ap(t) - b(p(t))^2 \tag{4-1-3}$$

式中 $p(t)$——需水量;

a、b——大于零的常数,可根据与历年城镇用水量实际差值最小来确定。

式(4-1-3)中 $-b(p(t))^2$ 起到限制需水量无节制增长的作用,因为随着需水量的增加,此项绝对值会快速增大,反过来抑制需水量的增长。此类模型不需要对城镇的经济社会发展规模进行预测。

还有一类模型属资源优化配置模型,用于预测工业需水量。首先建立各主要工业产品成本与耗水量的关系,拟定不同的水价,考虑产品的价格和成本,在寻求总经济效益最大的目标下,确定各种产品的生产规模,进而确定需水量。此类模型物理概念明确,将需水的预测与资源的配置直接联系起来,在求得需水量的同时也弄清了工业各部门的发展情况;缺点是所需资料庞杂,分析工业产品成本与耗水量关系的工作量大且技术复杂。

4)弹性系数法

弹性系数法是根据某个部门需水量增长率与其特征指标增长率之间的比值(此比值称为弹性系数)预测未来的需水量。需水量弹性系数的定义为:

$$c = \frac{\mathrm{d}p/p}{\mathrm{d}x/x} \tag{4-1-4}$$

式中 x——部门的特征指标,如工业部门的产值;

p——需水量。

通常根据统计资料和专家的判断确定弹性系数 c,再根据国民经济发展规划确定 $\mathrm{d}x$,则预测的需水量增加值为 $\mathrm{d}p = c \cdot p \cdot \frac{\mathrm{d}x}{x}$,因此弹性系数法也与经济社会发展水平的预测紧密相关。弹性系数法将诸多复杂因素“模糊”化处理,简明扼要,便于掌握,但弹性系数的选取存在较大的人为因素。这一方法通常用来复核需水量预测的合理性,即用其他方法预测某一水平年需水量,再计算弹性系数,分析其合理性,从而判断所预测的需水量是否合适。

城镇需水量预测具有很大的伸缩性。在进行需水量预测时,一般应采用多种方法进行,以便相互验证,综合比较选定。

2. 城镇主要用水户用水定额、需水量计算

城镇需水量是城镇用水量的总和。由于城镇涉及的行业多,用水量的构成极为复杂。从水利规划的角度出发,城镇主要用水包括生活用水,工业用水,建筑业和第三产业用水,生态环境用水及城镇范围内的菜田、苗圃等农业用水。

(1)生活用水采用人均日用水量方法进行分析和计算。应根据经济社会发展水平、

人均收入水平、水价水平、节水水平,结合生活用水习惯和现状用水水平,参照建设部门已制定的城市(镇)用水标准,参考国内外同类地区或城市用水定额,分别拟定各水平年城镇生活用水净定额。根据供水预测成果、供水系统的水利用系数,结合人口预测成果,预测计算生活需水量。

(2)工业用水分高用水工业、一般工业和火(核)电工业三类。有关部门和省(自治区、直辖市)已制定的工业用水定额标准可作为工业用水定额预测的基本依据。远期可参考目前经济比较发达、用水水平比较先进的国家或地区现有的工业用水定额水平结合城镇发展水平确定。工业用水定额预测方法包括重复利用率法、趋势法、规划定额法和多因子综合法等。

高用水工业和一般工业需水可采用万元增加值用水量法进行计算;火(核)电工业分循环式和直流式两种用水类型,采用发电量单位(亿 kW·h)用水量法进行需水量计算,并以单位装机容量(万 kW)用水量法进行复核。

(3)建筑业和第三产业用水。建筑业和第三产业用水定额预测分析方法与工业用水定额分析基本相同。按有关部门或行政区已制定的用水定额标准作为基本依据,根据这些产业发展规划,结合用水现状分析,预测各规划水平年的用水净定额和水利用系数。

建筑业需水量预测计算以单位建筑面积用水量法为主,以建筑业万元增加值用水量法进行复核。第三产业需水量可采用万元增加值用水量法进行预测。

(4)生态环境用水。城镇生态环境用水主要有城市绿化、河湖补水和环境卫生用水。城市绿化按有关用水标准,采用定额预测方法;河湖补水根据各地实际情况,以规划水面面积的蒸发量与降水量之差为其生态环境用水量;环境卫生用水亦按有关用水标准,采用定额预测方法。

(5)城镇范围内的菜田、苗圃等用水。对确有农业用水的城市,应进行农业需水量预测,其分析计算方法见灌溉需水量计算。对农业用水量占总用水量比重不大的城镇可简化计算。

3. 充分利用价格杠杆控制用水量的增长

长期以来,我国水价严重偏低,这是造成水资源浪费现象的根本原因。传统经济学认为,物品的价值由消耗于其中的劳动所决定,自然资源在开采前没有经过人类劳动,因此是没有价值的。水在采取工程措施将其送达需要的地点之前,没有经过人类劳动的处理,因此也就没有价值。现在,根据水资源地租理论,水为国家所有,这种所有权体现在不论水资源如何丰富,使用者都应该向所有者缴纳一定的地租,这就是我国目前正在逐步实施的水资源费制的理论依据。对于污水排放者,其污水的地租为负,因此要收排污费。

我国工程供水的水价远远低于建设投资还本付息、正常运行所需要的水价,即本该由受益者承担的贷款本息偿还,部分甚至全部转嫁到国家身上。形成这种局面的原因很多,如水利工程建管体制有缺陷、公众还缺乏水是一种宝贵资源的观念、产业结构与地区分布不合理等。

提高水的价格,可以有效扼制用水量的增长。统计资料显示,城镇自来水提价后,用水量都相应下降。世界银行 1991 年测算发展中国家用水量关于价格的弹性系数为 0.25,即水价每增长 1%,用水量减少 0.25%。

用水量与价格的关系曲线虽然总体上是减函数，但在价格较低段，用水量随价格增加而减少的幅度较小，即在水价较低时，少量提高水价对用水户的影响很小，还不能促成用水户投入大量资金用于节水改造。只有当水价提高到使产品成本增长大于节水改造的资金投入时，才能使用水量显著下降。然而，当节水潜力充分挖掘后，继续提高水价对用水量的控制作用就会减弱，甚至消失，这是因为水是维持经济社会正常运行的必需资源，基本的需求量是无法再减少的，这就是一些地区需要长距离调水的原因。

三、农村需水量预测

（一）规划水平年及供水保证率的确定

农村供水规划一般需要考虑近期水平年和远景水平年，规划时以近期水平年为主。

农村生活用水保证率要求达到90% ~95%。

灌溉供水保证率是指灌区用水量在多年期间能够得到充分满足的几率，一般以正常供水的年数或供水不破坏的年数占总年数的百分数表示。灌溉设计保证率常用下式进行计算：

$$P = \frac{m}{n+1} \times 100\% \tag{4-1-5}$$

式中 P——灌溉设计保证率；

m——灌溉设施能保证正常供水的年数；

n——灌溉设施供水的总年数，计算系列年数不宜少于30年。

（二）农村生活用水量预测

农村生活用水量预测可根据当地的人均生活用水量、各种牲畜头均用水量指标，考虑未来生活水平提高，不同水平年用水定额相应提高，按预测的经济社会发展指标（主要是人口、牲畜数量）进行估算。

（三）灌溉需水量

灌溉需水量是指灌溉土地需从水源取用的水量，它是根据灌溉面积、作物种植情况、土壤、水文地质和气象条件等因素而定的。

在各设计典型年内的灌溉面积、灌溉定额确定后，即可由下式求得净灌溉需水量$W_{净}$：

$$W_{净} = mA \quad (\mathrm{m}^3) \tag{4-1-6}$$

式中 m——灌溉定额，m^3/亩；

A——灌溉面积，亩。

灌溉水由水源经各级渠道输送到田间，有部分水量损失掉（主要是渠道渗漏损失），故要求水源供给的灌溉需水量（称毛灌溉水量）为净灌溉水量与损失水量之和，这样才能满足田间得到净灌溉水量的要求。毛灌溉需水量 $W_{毛}$ 为：$W_{毛} = \frac{W_{净}}{\eta_{水}}$，式中 $\eta_{水}$ 为灌溉水利用系数。

有关灌溉需水量的计算详见第五章。

四、河道内生态环境、航运需水量的计算方法

(一)河道内生态环境需水量的计算方法

河道的生态环境用水一般分为维持河道基本功能和河口生态环境所需的最小径流量(流量)。目前,关于河流最小生态环境需水量的计算方法尚不完善。在现有的研究成果中,河流水污染防治用水临界值可用以水质目标为约束的方法求得,寻求满足一定数量和质量生物体生存的河流水量。结合对河道内生态环境用水中的河道基流、冲沙、防凌等水量(流量)的要求,可考虑用多年平均流量的一定比值。维持河流水环境最小流量采用90%保证率最枯月平均流量。枯水期生态用水平均流量(简称生态基流)采用10%~30%的多年平均流量,丰水期采用30%~50%的多年平均流量。

(二)航运需水量的计算方法

航运用水是满足船舶航运所要求的航道尺度的基本用水,同时兼顾考虑河道内的港口用水。天然河流的航运用水流量采用天然河流的设计最小流量,设计最小流量可采用保证率频率法或综合历时曲线法计算;有通航要求的水利枢纽下游的河道航运用水流量采用枢纽设计最小通航流量,该流量不应小于原该天然河流设计最低通航水位时的流量。

第二节　供水预测和供需分析

一、供水预测

(一)基本要求

(1)在对现有供水设施的工程布局、供水能力、运行状况,以及水资源开发程度与存在问题等综合调查分析的基础上,进行水资源开发利用前景和潜力分析。

(2)水资源开发利用潜力是指通过对现有工程的加固配套和更新改造、新建工程的投入运行和非工程措施的实施后,分别以地表水和地下水可供水量以及其他水源可能的供水型式,与现状条件相比所能提高的供水能力。

(3)供水预测中的供水能力是指区域(或供水系统)供水能力。区域供水能力为区域内所有供水工程组成的供水系统,依据系统来水条件、工程状况、需水要求及相应的运用调度方式和规则,提供不同用户不同保证率的供水量。

(4)可供水量估算要充分考虑技术经济因素、水质状况、对生态环境的影响以及开发不同水源的有利和不利条件,预测不同水资源开发利用模式下可能的供水量。要分析各水平年利用当地水资源的可供水量及其耗水量。以水资源可利用量为控制上限,检验当地水资源开发潜力及可供水量预测成果的合理性,一个区域当地水资源的耗水量不应超过区域水资源可利用总量。

(二)地表水可供水量计算方法

地表水可供水量计算,要以各河系各类供水工程以及各供水区所组成的供水系统为调算主体,进行自上游到下游、先支流后干流逐级调算。

(1)大型水库和控制面积大、可供水量大的中型水库应采用长系列进行调节计算,得

出不同水平年、不同保证率的可供水量，并将其分解到相应的计算分区，初步确定其供水范围、供水目标、供水用户及其优先度、控制条件等。

(2)其他中型水库和小型水库及塘坝工程可采用简化计算，中型水库采用典型年法，小型水库及塘坝采用兴利库容乘复蓄系数法估算。复蓄系数可通过对不同地区各类工程进行分类，采用典型调查方法，或参照邻近及类似地区的成果分析确定。

(3)引提水工程根据取水口的径流量、引提水工程的能力以及用户需水要求计算可供水量。引水工程的引水能力与进水口水位及引水渠道的过水能力有关；提水工程的提水能力则与设备能力、开机时间等有关。引提水工程可供水量可用下式计算：

$$W_{可供} = \sum_{i=1}^{t} \min(Q_i, H_i, X_i) \tag{4-2-1}$$

式中　Q_i、H_i、X_i——i 时段取水口的可引流量、工程的引提能力、用户需水量；

t——计算时段数。

(4)规划工程要考虑与现有工程的联系，与现有工程组成新的供水系统，按照新的供水系统进行可供水量计算。

(5)可供水量计算应预测不同规划水平年工程状况的变化，既要考虑现有工程更新改造和续建配套后新增的供水量，又要估计工程老化、水库淤积和因上游用水增加造成的来水量减少等对工程供水能力的影响。

(三)地下水可开采量的计算方法

以矿化度不大于2g/L的浅层地下水资源可开采量作为地下水可供水量估算的依据。要求结合地下水实际开发情况、地下水资源可开采量以及地下水位动态特征，综合分析确定具有地下水开发利用潜力的分布范围和开发利用潜力的数量，提出地下水供水的地域和可供水量。

1. 地下水资源可开采量计算

当地地下水资源可开采量是指布井区范围内的浅层地下水资源可开采量。根据地下水资源评价绘制的浅层地下水资源可开采量模数分区图，以及圈定的规划水平年布井区范围，估算规划水平年供水范围内的地下水资源可开采量。对于平原区浅层地下水可开采量的计算方法有实际开采量调查法、可开采系数法、多年调节计算法、类比法等。

2. 地下水可供水量计算

地下水可供水量与当地地下水资源可开采量、机井提水能力、开采范围和用户的需水量等有关。地下水可供水量计算公式为：

$$W_{可供} = \sum_{i=1}^{t} \min(H_i, W_i, X_i) \tag{4-2-2}$$

式中　H_i、W_i、X_i——i 时段机井提水能力、当地地下水资源可采量、用户需水量；

t——计算时段数。

(四)其他水源开发利用的类型和可供水量的计算方法

其他水源开发利用主要指参与水资源供需分析的雨水集蓄利用、微咸水利用、污水处理再利用和海水利用等。

1. 雨水集蓄利用

雨水集蓄利用主要指收集储存屋顶、场院、道路等场所的降雨或径流的微型蓄水工程,包括水窖、水池、水柜、水塘等。通过调查、分析现有集雨工程的供水量以及对当地河川径流的影响,提出不同水平年集雨工程的可供水量。其可供水量可根据蓄水工程容积乘复蓄系数法估算。一般而言,微型蓄水工程复蓄系数比水库及塘坝工程要大。

2. 微咸水利用

微咸水(矿化度2~3g/L)一般可补充农业灌溉用水,某些地区矿化度超过3g/L的咸水也可与淡水混合利用。微咸水可供水量应通过对微咸水的分布及其可利用地域范围,结合需求的调查分析,综合评价微咸水的开发利用潜力,提出不同水平年微咸水的可利用量。可以参照地下水可供水量计算方法进行估算。

3. 污水处理再利用

城市污水经集中处理后,在满足一定水质要求的情况下,可用于农业灌溉用水。对缺水较严重城市,污水处理再利用对象可扩及水质要求不高的工业冷却用水,以及改善生态环境和市政用水,如城市绿化、冲洗马路、河湖补水等。

污水处理再利用量,要通过调查,分析再利用水量的需求、时间要求和使用范围,落实再利用水的数量和用途,并结合污水处理厂的能力,估算可供水量。

4. 海水利用

海水利用包括海水淡化和海水直接利用两种方式。海水直接利用量要求折算成淡水替代量。

缺乏淡水资源的沿海和海岛城市,可将海水直接或经处理后用于工业冷却水或市政环境用水;海水淡化可作居民饮用水。

在对需海水利用的沿海(海岛)城市进行水资源利用情况调查的基础上,分析海水利用的潜力、具备的条件及其开发利用的技术经济指标,根据需求研究提出不同时期的海水利用量。其可供水量可根据海水淡化企业的规模及直接利用的设备能力进行估算。

二、水资源配置和供需分析

(一)水资源配置基本要求

(1)水资源配置是指在流域或特定的区域范围内,遵循高效、公平和可持续的原则,通过各种工程与非工程措施,考虑市场经济的规律和资源配置准则,通过合理抑制需求、有效增加供水、积极保护生态环境等手段和措施,对多种可利用的水源在区域间和各用水部门间进行的调配。

(2)水资源配置应将流域水资源循环系统与人工用水的供、用、耗、排水过程相适应并互相联系为一个整体,通过对区域之间、用水目标之间、用水部门之间进行水量和水环境容量的合理调配,实现水资源开发利用、流域和区域经济社会发展与生态环境保护的协调,促进水资源的高效利用,提高水资源的承载能力,缓解水资源供需矛盾,遏制生态环境恶化的趋势,支持经济社会的可持续发展。

(3)水资源配置以水资源供需分析为手段,在现状供需分析和对各种合理抑制需求、有效增加供水、积极保护生态环境的可能措施进行组合及分析的基础上,对各种可行的水资源配置方案进行生成、评价和比选,提出推荐方案。

(4)水资源配置是水资源综合规划的重要内容,它以水资源调查评价、水资源开发利用情况调查评价为基础，结合需水预测、节约用水、供水预测、水资源保护等有关部分进行，其所提出的推荐方案应作为制定总体布局与实施方案的基础。水资源配置的主要内容包括基准年供需分析、方案生成、规划水平年供需分析、方案比选和评价、特殊干旱年应急对策制定等。

(5)水资源配置在多次供需反馈并协调平衡的基础上实现。水资源供需分析时，除考虑各水资源分区的水量平衡外，还应考虑流域控制节点的水量平衡。

(6)水资源配置应对各种不同组合方案或某一确定方案的水资源需求、投资、综合管理措施(如水价、结构调整)等因素的变化进行风险和不确定性分析。提出推荐方案应考虑市场经济对资源配置的基础性作用，按照水资源承载能力和水环境容量的要求，最终实现水资源供需的基本平衡。

(7)对干旱和半干旱地区及重点城市，在分析其水文情势和水资源配置推荐方案的基础上，应制定遇连续干旱年或特殊干旱年的水资源调配方案和应急预案。

(二)不同水平年水资源供需分析

(1)基准年供需分析的目的是摸清水资源开发利用在现状条件下存在的主要问题，分析水资源供需结构、利用效率和工程布局的合理性，提出水资源供需分析中的供水满足程度、余缺水量、缺水程度、缺水性质、缺水原因及其影响、水环境状况等指标。在明确缺水性质(资源性缺水、工程性缺水和污染性缺水)和缺水原因的基础上，确定解决缺水措施的顺序，为水资源配置方案生成提供基础信息。

(2)基准年供需分析是在现状的基础上，扣除现状供水中不合理开发的供水量部分(如地下水超采量、未经处理污水直接利用量、不符合水质要求的供水量以及超过分水指标的引水量)，并按不同频率的来水和需水进行供需分析。

(3)规划水平年供需分析按计算分区为单元进行计算，以流域或区域水量平衡为基本原理，对流域或区域内水资源的供、用、耗、排水等进行分析，以得出不同水平年各流域(区域)的相关指标，并按不同频率的来水和需水进行供需分析。

(三)水资源供需分析计算

水资源供需分析是在需水过程已知的前提下，根据供水工程的能力和来水过程，遵循一定的调度规则所进行的径流调节计算过程。供需分析是水利工程方案比选和评价的基础，其成果应能够反映各规划水平年不同方案的水资源供需状况、水资源开发利用程度及结构，与水相关的生态环境状况、供水有效性及风险，各类人均、亩均指标以及相应的投资规模等。其要点如下：

(1)水资源系统网络图。为进行供需分析计算，需要按流域或区域制作水资源系统供需网络图(或称系统节点网络图)。系统供需网络图包括用水节点、水库(湖泊)、河流取水点、地下水源点等。这些节点由渠道等输水设施连接为供水网络。

在系统节点网络图中，对于某一个用水点，可能有若干个水源点供水，一个水源点也可能向若干用水点供水。计算分区之间有来水和退水关系，供水工程之间有上下游关系。

(2)在绘制水资源系统网络图时，对每一个地区应划分出地表水源供水区、地下水源供水区以及混合供水区(即地下水与地表水均能供水的区域)。

地表水源只对指定的用水节点供水，供水后的余水可存储在水库中，水库蓄满后的余水向下游弃水。地表水库的蒸渗损失可按时段初水库水位来计算。

对于地下水,可根据地下淡水层的分布情况,概化为一个地下水库,来水可以简化为年均可开采量。地下水库的潜水蒸发损失可根据时段初地下水埋深计算。

(3)一般将城市用水分为两大部分:一部分为城市给水工程统一供给的水量,也就是城市自来水厂供给的水量,由居民生活用水、部分工业用水、公共设施用水和其他用水组成;另一部分为统一供给水量以外的所有用水户用水,包括大型企业自备水源用水、河湖环境用水户、航道用水、农业与养殖业用水等。

(4)供需分析计算应根据系统网络图,按照流域或区域水资源供需调配原则进行,基本计算原理是水量平衡。对系统网络图中的各节点等都应建立水量平衡方程。

有资料地区应采用长系列调节计算方法,无资料或资料缺乏区域可采用典型年法。在一个计算时段(月或旬)内,认为来水、需水是均匀的。逐时段计算时,认为面临时段的需水、地表来水等已知,而未来时期的情况未知。调节计算结果主要为各用水户各时段供水量、缺水量、各水源点供水与蓄水情况、各段渠道通过的流量等。

(5)在进行水量供需分析计算时,要考虑江河、湖泊的水功能区划和水资源保护要求。

(6)较为详细的论述可参照本书“调水工程水利计算”一节。

第五章　灌溉工程水利计算

第一节　灌溉工程设计基本要求

一、灌溉工程建设目标与规划设计主要内容

灌溉工程的主要目的是调节农田的水分状况，以利于农作物的生长，提高农业生产率。灌溉工程一般由水源工程、输水工程、田间灌水工程组成。农田灌溉必须与农田排水相结合，一方面涝、渍同旱灾一样都对农业生产构成巨大的威胁，另一方面灌溉还会引起地下水位上升，引起人为的渍害，造成土壤盐碱化等重大生态灾难。只有在发展灌溉的同时，做好田间排水设施，才能保证稳产、高产。因此，农田灌溉与地区的排涝工程需要统一进行规划设计。

灌溉工程规划设计的主要内容如下：

(1)根据拟建灌溉工程所在地的自然与社会经济状况、农业发展规划，研究兴建灌溉工程的必要性。

(2)选择合适的水源，合理确定灌区范围。

(3)进行灌区土地利用规划，确定作物构成及种植比例。

(4)拟定设计水平年，选定灌溉设计保证率。

(5)分析计算主要农作物灌溉制度，确定灌溉水利用系数，拟定综合灌溉制度。

(6)进行灌区水文水利计算，确定水资源合理配置方案，据此拟定灌溉工程各主要建筑物的规模与特征参数。

(7)进行水源工程、输水工程的总体布置，按设计阶段的要求开展工程设计。田间工程一般需进行典型规划布置。

(8)环境影响评价和经济评价。

上述(2)～(6)项内容是灌区规划设计的关键，需要进行多次反复协调，才能最终确定灌区范围、水源、各级建筑物的规模。在这一过程中，还常常需要辅以一定深度的工程布置工作，因为工程量和工程总投资一般是选择规模时考虑的重要因素。

二、灌溉工程设计所需要的资料

(1)社会经济资料：主要包括行政区划，人口(农业人口、农业劳动力)，土地面积(山、川、丘陵、平原)、耕地面积(水田、水浇地、旱地)，农业生产情况(作物组成、耕作制度、机械化发展水平、单产、总产、农业成本、农业纯收益、人均收入)，农林牧副渔业、工业、交通、能源、环境保护等方面的现状与规划资料，自然灾害情况统计(历年发生旱、涝、渍、盐碱等自然灾害的范围、面积及其成因与损失分析等)。

(2)气候资料:主要为降水、蒸发、气温、日照、水质、水温、湿度、风力、风向、霜期、冰冻期、冻土深度等。

(3)土壤资料:土壤物理性质(如土壤类型、质地、结构、分布状况、容重、比重、孔隙率等)、土壤化学性质(如含盐量,盐分组成,pH 值,以及氮、磷、钾和有机质含量等)、土壤水分特性(如饱和含水量、渗透系数、渗吸速度、给水度、田间持水量、毛管水上升高度等)。

(4)灌溉试验与实际生产经验:各种作物的田间需水量试验,灌溉方法,耐渍、耐淹、耐盐能力,排涝、防渍、防盐碱要求等。

(5)水资源状况:地表径流量、地下水可利用量。

(6)现有水利工程资料:已有灌溉、排水、防洪等工程设施的特征指标(如水库特征水位与库容、引提水工程的设计能力、输水工程的布置),地表水和地下水资源利用现状,以及渠道防渗、防冻胀状况等。

(7)工程水文资料:相关水库和河流的设计洪水、泥沙、水位~流量关系曲线等。

(8)地形图:灌区范围内 1:10 000~1:100 000 的地形图、渠系建筑物和典型田间工程设计所需的 1:1 000~1:5 000 场地地形图、渠系设计所需的 1:1 000~1:2 000 的带状地形图。

(9)工程地质资料:水库、渠系、各类建筑物的工程地质勘探资料,地下水类型、理化性质、含水层特征,潜水动态、流向、埋深、补给与排泄条件和可开采量,建筑材料分布、储量、运输方式、运距、单价。

(10)水资源评价成果。

三、灌溉设计标准表述方式

在实际工作中,多采用灌溉设计保证率作为灌溉工程的设计标准,有些地区亦有采用抗旱天数的。

灌溉设计保证率是指灌区用水量在多年期间能够得到充分满足的几率,一般以正常供水的年数或供水不破坏的年数占总年数的百分数表示。灌溉设计保证率常用下式进行计算:

$$P = \frac{m}{n+1} \times 100\% \tag{5-1-1}$$

式中 P——灌溉设计保证率;

m——灌溉设施能保证正常供水的年数;

n——灌溉设施供水的总年数,计算系列年数不宜少于 30 年。

灌溉设计保证率综合反映了灌区用水和水源供水两方面的影响,能较好地表达灌溉工程的设计标准。灌溉设计保证率因各地自然条件、经济条件不同而有所不同。就全国来说在 50%~95%。

抗旱天数是指灌溉设施在无降雨情况下能满足作物需水要求的天数,它反映了灌溉设施的抗旱能力,是灌溉设计标准的另一种表达方式。

我国小型灌区和农田基本建设规划设计中,多以抗旱天数作为设计标准,而在大中型灌溉工程及综合利用工程的规划设计中,主要以灌溉设计保证率作为灌溉设计标准。

第二节　灌溉制度

灌溉制度是指作物播前(或水稻栽秧前)及全生育期内的灌水次数、每次灌水的时间与水量。作物田间需水量是制定灌溉制度的基础,可依据当地农村的灌溉经验,或依据灌溉试验资料确定。依据灌溉资料确定作物田间需水量更合理,但需要具备长期的试验资料及相应的气象资料,工作量较大。

一、作物田间需水量

田间耗水量为农田总耗水量,包括植株蒸腾量、棵间土壤或水面蒸发量、田间渗漏量。前两项之和称为田间腾发量,也就是通常所说的作物田间需水量。计算田间需水量有以下方法:

(1)以水面蒸发为参数的“α 值法”。计算公式为:

$$E = \alpha E_0 \tag{5-2-1}$$

式中　E——作物某时段的田间需水量,mm;

α——需水系数,无量纲,由灌溉试验资料求得;

E_0——水面蒸发量,一般采用 80cm 蒸发皿的蒸发值。

(2)以气温为参数的“β 值法”。计算公式为:

$$E = \beta T \tag{5-2-2}$$

式中　E——作物某时段的田间需水量,mm;

β——需水系数,mm/℃;

T——同时段日平均气温累计值,℃。

本方法一般用于水稻需水量的计算。

(3)以产量为参数的“K 值法”。计算公式为:

$$E = KY \tag{5-2-3}$$

式中　E——作物田间总需水量,m^3/亩;

K——需水系数,m^3/kg;

Y——作物产量,kg/亩。

(4)以气温和水面蒸发为参数的多因素法。计算公式为:

$$E = \sum \beta_i(\bar{t}_i + 50)\sqrt{E_0} \tag{5-2-4}$$

式中　E——作物全生育期田间需水量,mm;

β_i——第 i 生育期的需水系数;

$\bar{t}_i$——第 i 生育期的日平均气温,℃;

E_0——第 i 生育期 80cm 蒸发皿累计蒸发量。

本方法一般用于水稻需水量的计算。在计算总需水量的同时,也计算出了各生育期的需水量。

(5)以产量和水面蒸发为参数的多因素法。计算公式为：

$$E = aE_0 + bY + c \tag{5-2-5}$$

式中 E——作物田间总需水量,mm;

a、b、c——经验系数;

Y——作物产量,kg/亩。

上述各方法可以估算作物整个生育期的田间需水量,也可以估算各生育期的田间需水量。对于只计算全生育期总需水量的方法,若用其估算各生育期的田间需水量,还需要按各生育期的模比系数(各生育期田间需水量占全生育期田间总需水量的比例),推算各阶段的田间需水量。

(6)彭曼法。彭曼法是将作物腾发看做能量消耗的过程,通过平衡计算求出腾发所消耗的能量,再将能量折算为水量,即得作物的田间需水量。计算公式为:

$$E = K_\omega K_c ET_0 \tag{5-2-6}$$

式中 E——作物某时段的田间需水量,mm/d;

K_ω——土壤水分修正系数,当土壤含水率大于或等于田间持水率时,$K_\omega = 1$,否则,$K_\omega = \dfrac{\omega - \omega_p}{\omega_j - \omega_p}$,$\omega_j$、$\omega_p$ 分别为土壤田间持水率和凋萎系数,ω 为土壤耕作层平均含水率;

K_c——作物系数,由灌溉试验站或从作物需水量等值线图中查得,30 万亩以上灌区有条件时宜按 $K_c = a' + b'LAI$ 计算,a'、b'为经验数,取自灌溉试验站资料,LAI 为叶面积指数;

ET_0——参照作物需水量,mm/d。

参照作物需水量指土壤水分充足、地面完全覆盖、生长正常、高矮整齐的开阔(有200m 以上的长度及宽度)矮草地(草高 8 ~15cm)的需水量,它是各种气象条件影响作物需水量的综合指标,计算公式为以下的修正彭曼公式:

$$ET_0 = \frac{\dfrac{P_0}{P}\dfrac{\Delta}{\gamma}R_n + E_a}{\dfrac{P_0}{P}\dfrac{\Delta}{\gamma} + 1} \tag{5-2-7}$$

式中 P_0——标准大气压,取值 1 013. 25hPa;

P——计算地点平均气压,hPa,可由计算点的高程及气温从气象图表中查得,也可由公式$\dfrac{P_0}{P} = 10^{\frac{H}{10\,400(1+\frac{t}{273})}}$直接计算出 P_0/P,其中 t 为阶段平均气温(℃),H 为计算点高程(m);

Δ——平均气温时饱和水汽压随温度的变率 de_a/dt,可用气象学中的马格奴斯公式 $\Delta = \dfrac{4\,683.11}{273+t}e_a$ 计算,其中 $e_a = 6.1 \times 10^{\frac{7.45t}{273+t}}$;

e_a——饱和水汽压,hPa;

t——平均气温,℃;

γ——湿度计常数,取值 0. 66hPa/℃;

R_n——$R_n = 0.75R_a(a + b\frac{n}{N}) - \sigma T_k^4(0.56 - 0.079\sqrt{e_d}) \times (0.1 + 0.9\frac{n}{N})$，太阳净辐射，以所能蒸发的水层深度计，mm/d；

R_a——大气顶层的太阳辐射，mm/d，由当地的纬度及计算的月份从天文表中查得；

n——实际日照时数，h/d；

N——最大可能日照时数，h/d，由当地的纬度及计算的月份从天文表中查得；

σT_k^4——黑体辐射，mm/d；

σ——斯蒂芬－博茨曼常数，可取 0.2mm/(℃^{4}·d)；

T_k——绝对温度，可取 $273 + t$(℃)；

e_d——实际水汽压，hPa；

a、b——计算净辐射的经验系数；

E_a——干燥力，mm/d，用 $E_a = 0.26(1 + Bu_2)(e_a - e_d)$ 计算；

u_2——地面以上 2m 处的风速，m/s，其他高度的风速应换算为 2m 高处风速；

B——风速修正系数，在日最低气温平均值大于 5℃且日最高气温与日最低气温之差的平均值 Δt 大于 12℃时，$B = 0.7\Delta t - 0.265$，其他条件下，$B = 0.54$。

二、旱作物灌溉制度

（一）旱地水分状况

在旱作物农田中，土壤中的水由汽态水、吸着水、毛细管水、重力水组成。汽态水数量很少，吸着水不能移动，因此这两种形态的水分在灌溉计算中不考虑。吸着水达到最大时的土壤含水率称为吸湿系数。重力水一般都下渗流失，且长期保留在土壤中将影响通气状况，对作物生长不利。

由此可见，旱作物能吸收的水仅为毛细管水，它分为上升毛管水和悬着毛管水。上升毛管水是指由地下水面以上沿土壤毛细管上升的水分；悬着毛管水为土壤毛细管保持的地表入渗的水分。土壤最大悬着毛管水对应的平均含水率（相对土颗粒重）称为土层田间持水率。

土壤含水率过低，作物会因缺水发生永久性凋萎。作物发生永久性凋萎时土壤的含水率称为凋萎系数，一般为吸湿系数的 1.5～2 倍。凋萎系数与土壤性质、作物品种、土壤水质有关。

旱作物田间根系层允许平均最大含水率应小于田间持水率。旱地灌溉就是通过浇水，使土壤耕作层中的含水率保持在凋萎系数与田间持水率之间。

旱作物灌溉制度由播前灌水定额与生育期灌溉制度两部分组成。

（二）旱作物播前灌水量

播前灌水的目的在于使农田保持作物种子发芽和出苗必需的土壤含水量，其计算公式为：

$$M_1 = \gamma H(\omega_{max} - \omega_0)A \qquad (5\text{-}2\text{-}8)$$

式中 M_1——播前灌水量；

ω_{max}——H 深度内土壤田间持水率（占干土重的比）；

ω_0——H 深度内播前土壤平均含水率(占干土重的比);

H——土壤计划湿润层深度,m,根据作物主要根系活动层深度确定,不同生育期计划湿润层深度不同,一般为0.3~1m;

γ——H 深度内的土壤平均干容重,t/m³;

A——作物种植面积,若取单位面积,则得播前灌水定额。

(三)旱作物生育期灌溉制度

将生育期分为若干时段,每一时段计算作物灌溉水量的公式为:

$$\omega_2 = \omega_1 - \frac{E - P_0 - W_k}{\gamma H} \tag{5-2-9}$$

$$M_2 = \gamma H(\omega_{max} - \omega_{min})A \tag{5-2-10}$$

式中 ω_2——时段末 H 深度内土壤含水率(占干土重的比);

ω_1——时段初 H 深度内土壤内含水率;

E——时段内作物田间需水量,按"作物田间需水量"中的方法计算;

P_0——时段内有效降水深;

W_k——时段内地下水补给量;

γ——H 深度内土壤平均干容重;

H——土壤计划湿润层深度;

M_2——时段内灌溉水量;

ω_{max}——H 深度内土壤田间持水率,即允许土壤含水率上限,以田间持水率为灌水上限,可防止形成田间深层渗漏损失;

ω_{min}——H 深度内允许土壤含水率下限,应大于凋萎系数,根据经验,一般可取 $\omega_{min} = 0.6\omega_{max}$。

具体计算时,先由公式(5-2-9)求出时段末土壤含水率(从播种时为起点,逐时段向后演算),直至 ω_2 下降到允许含水率下限时,即为灌水时间;再按公式(5-2-10)求出灌水定额;灌水后以 $\omega_1 = \omega_{max}$ 为新的起点,继续向后演算,直至收获时止。在上述计算中,若 A 取为单位面积,则可拟定出全生育期的灌水次数、灌水时间及灌水定额。生育期各次灌水定额之和为生育期灌溉定额。

由式(5-2-9)可见,当降雨量较大时,时段末的土壤含水率 ω_2 可能超过 ω_{max},从而形成深层渗漏,渗漏量为:

$$M_2' = \gamma H(\omega_2 - \omega_{max})A \tag{5-2-11}$$

形成渗漏后,仍以 $\omega_1 = \omega_{max}$ 为新的起点继续向后演算。

为了充分利用降雨,每次灌水时可以将土壤含水率控制在 ω_{max} 以下,即式(5-2-10)中的 ω_{max} 取为 ω_0,$\omega_0 < \omega_{max}$(如可取 $\omega_0 = 0.9\omega_{max}$),灌水后继续演算时土壤含水率应为 ω_0。此后若遇降雨,形成渗漏量的机会减少,当然灌水次数可能增加。

三、水稻灌溉制度

水稻灌溉制度由泡田期与生育期两部分组成。

（一）泡田需水量

泡田需水量计算公式为：

$$M_1 = (c + S + et - P)A \tag{5-2-12}$$

式中 M_1——泡田需水量；

c——插秧时田面所需水层深，一般为0.03～0.05m；

S——以水深表示的泡田期总渗漏量；

e——以水深表示的单位时间内水面蒸发量；

t——泡田期时间长度；

P——泡田期总降雨深；

A——水稻种植面积，当A取为单位面积时，可计算出泡田用水定额。

（二）生育期灌溉需水量

水稻生育期田间水量平衡方程为：

$$h_2 = h_1 + P - E - F - C \tag{5-2-13}$$

式中 h_2——时段末田面水层深度，不小于允许水深下限h_{min}；

h_1——时段初田面水层深度，不大于允许水深上限h_{max}；

P——时段内降水深；

E——时段内作物田间需水量，按"作物田间需水量"中的方法计算；

F——以水深表示的时段内稻田适宜渗漏水量，据经验，水稻田面下存在透水性弱的"犁底层"，一般使稻田的日均渗漏量降至2～3mm，对于长期淹灌的稻田，土壤中因氧气不足会产生有毒物质，可通过增加稻田渗漏量消除这些有毒物；

C——时段内稻田排水深。

$$M_2 = (h_{max} - h_{min})A \tag{5-2-14}$$

水稻生育期灌溉需水量确定的关键是维持淹灌水层深度在允许的上下限之间。首先应通过调查或试验拟定水稻生育期内淹灌、湿润灌和晒田时间以及淹灌水深上下限，然后分别按不同条件，分时段进行演算。淹灌期具体演算步骤为：按式（5-2-13）逐时段向后演算，当h_2下降到h_{min}时，即为灌水时间，灌水量按式（5-2-14）计算；当h_2超过h_{max}时，即为排水时间，排水量$C = h_2 - h_{max}$。灌水或排水后，以$h_1 = h_{max}$为新的起点，继续向后演算。湿润灌期的演算可按式（5-2-9）、式（5-2-10）进行，但ω_{max}应改为H深度土层内饱和含水率。

将淹灌期与湿润灌期各时段灌水量相加，即为水稻生育期灌溉总需水量。当公式中的A取为单位面积时，即可求得水稻生育期的总灌溉定额和灌溉制度。

四、灌溉制度的修正

在计算各种作物的灌溉制度时，一般是按天进行的，而灌区水利计算的时间步长一般取为旬（约10.14d）。此外，在考虑灌溉（排水类似）时，实际都假定是在一天中完成的，这导致灌溉需水过程大幅度跳跃性变化，实际中很难做到，也无此必要。基于上述原因，对计算出的各种作物的"原始"灌溉制度尚应进行必要的修正。

首先需要确定水利计算的时间步长。步长越大,所需资料和计算工作量越少,但误差越大,特别是在汛期,洪水往往在时间上很集中,大部分被泄走。若计算步长过大,洪水过程被坦化,使本不可能被利用的水成为人为计算可利用的;再有,时间步长过大,会使需水过程坦化,导致输水工程规模偏小。时间步长也不宜过小,否则,会明显增加搜集资料的难度和计算工作量,而且在非汛期和非灌溉期,减小时间步长对水利计算结果、工程规模并不产生影响。综上,水利计算时间步长选取应适宜,最好在汛期、非汛期分别选用不同的时间步长。一般汛期时间步长可取为旬或半旬,非汛期时间步长可取为月或半月。

其次,需要将各作物的灌溉制度按水利计算时间步长划分的时段进行累计平均。以旬为例,将某种作物连续10d的灌溉需水量累加值作为该种作物本时段的总需水量,以本时段的平均流量作为该作物的平均供水流量。在进行累计平均时,常会遇到灌溉需水的集中高峰,此时应根据作物允许的灌溉延续时间,对峰值进行坦化处理,如将一个时段的需水划分到两个时段中。

对灌溉制度按水利计算时段修正后,可得到设计灌水率指标,其定义为:每万亩灌溉面积在规定保证率下的灌溉需水流量。不同作物、不同地区、不同的灌水技术,设计灌水率存在较大差异,在进行灌溉制度设计时应收集这方面的信息,以判断所拟定的灌溉制度的合理性。

第三节　灌溉需水过程和需水量的确定

一、渠系水利用系数和灌溉水利用系数

(一)渠系水利用系数

渠系水利用系数为进入田间的水量与渠首引入水量之比。由于渠系存在渗漏、蒸发、漏水、跑水等各种损失,因此渠系水利用系数是小于1的。用符号 η_s 表示,其值等于各级渠道水利用系数的乘积,即:

$$\eta_s = \eta_{干} \cdot \eta_{支} \cdot \eta_{斗} \cdot \eta_{农} \tag{5-3-1}$$

式中　$\eta_{干}$、$\eta_{支}$、$\eta_{斗}$、$\eta_{农}$——干渠、支渠、斗渠、农渠的渠道水利用系数。

渠道水利用系数一般可用下式求得:

$$\eta_0 = \frac{Q_{dj}}{Q_d} \tag{5-3-2}$$

式中　η_0——渠道水利用系数;

Q_{dj}——渠道净流量,m^3/s;

Q_d——渠道毛流量,m^3/s。

渠道输水损失流量可按下式计算:

$$Q_L = \sigma L Q_{dj} \tag{5-3-3}$$

式中　Q_L——渠道输水损失流量,m^3/s;

σ——每千米渠道输水损失系数(用小数表示);

L——渠道长度,km;

Q_{dj}——渠道净流量,m^3/s。

σ 可用以下经验公式计算:

$$\sigma = \frac{A}{100Q_{dj}^{m}} \tag{5-3-4}$$

式中 A——渠床土壤透水系数;

m——渠床土壤透水指数。

(二)灌溉水利用系数

实际灌入农田的有效水量(即作物田间需水量)和渠首引入水量的比值称为灌溉水利用系数,用符号 η 表示,它是评价渠系工作状况、灌水技术水平和灌区管理水平的综合指标。可按下式计算:

$$\eta = \frac{Am_n}{W_q} \tag{5-3-5}$$

式中 A——某次灌水的全灌区的灌溉面积,亩;

m_n——综合净灌水定额,m^3/亩;

W_q——某次灌水渠首引入的总水量,m^3。

(三)渠系水利用系数、田间水利用系数与灌溉水利用系数的关系

根据《灌溉与排水工程设计规范》(GB50288—99),三者之间的关系如下式:

$$\eta = \eta_s \cdot \eta_f \tag{5-3-6}$$

式中 η_f——田间水利用系数,指灌入田间的有效水量和末级固定渠道引入水量的比值。

从式(5-3-6)可以看出,灌溉水利用系数综合考虑了渠道水和田间水利用的效率。

二、综合灌溉定额与综合灌溉制度

灌区内一般均种有多种作物。在求得灌区内主要作物的灌溉制度后,可根据作物的种植比例计算综合灌溉制度:

$$m_{综} = \sum_{i=1}^{n} a_i m_i \tag{5-3-7}$$

式中 $m_{综}$——全灌区某次灌水的综合定额;

a_i——第 i 种作物种植面积占全灌区面积的比;

m_i——第 i 种作物某次灌水定额;

n——灌区内主要作物种类数量。

综合灌溉制度的年平均值 $M_{综}$ 即为综合灌溉定额。计算综合灌溉定额的目的有三:一是将其与已建成的类似灌区的综合灌溉定额进行比较,判断灌溉需水计算的合理性;二是可以根据灌区内局部地区作物种植比例,调整综合灌溉制度,从而快速确定该区的灌溉需水量和过程;三是根据水源供水能力确定灌溉面积,即

$$S = \frac{W_{源} \eta}{M_{综}} \tag{5-3-8}$$

式中 S——灌溉面积;

$W_{源}$——水源年均可提供的灌溉水量;

η——灌溉水利用系数。

三、灌溉需水量

灌溉需水量是指灌溉土地需从水源取用的水量，它是根据灌溉面积、作物种植情况、土壤、水文地质和气象条件等因素而定的。

(一)选择设计典型年

根据历年降雨量资料，可以用频率方法进行统计分析，确定几种不同干旱程度的典型年份，一般常采用中等年(降雨量频率为50%)、中等干旱年(降雨量频率为75%)以及干旱年(降雨量频率为90%~95%)。以这些典型年的降雨量资料作为计算设计灌溉制度和灌溉定额的依据。

(二)确定灌溉定额类型

灌溉定额类型有充分灌溉条件下的灌溉定额和非充分灌溉条件下的灌溉定额。充分灌溉条件下的灌溉定额(充分灌溉定额)，是指灌溉供水能够充分满足作物各生育阶段需水量的要求。对于水资源比较丰富的地区，一般采用充分灌溉定额。非充分灌溉条件下的灌溉定额(非充分灌溉定额)，是指可供灌溉的水资源不能充分满足作物各生育阶段的需水量要求。对于水资源比较紧缺的地区，一般可采用非充分灌溉定额。

(三)拟定灌溉定额

灌水定额是指一次灌水单位灌溉面积上的灌水量，各次灌水定额之和，叫灌溉定额，灌溉定额常以 m^3/亩或 mm 表示。

灌溉定额应根据灌区种植的农作物种类、田间灌溉的方式和复种指数综合确定。在预测拟定灌溉定额时，应充分考虑田间节水措施以及有关科技成果的影响。

(四)灌溉净需水量计算

在各设计典型年内的灌溉面积、灌溉定额确定后，即可用下式求得净灌溉需水量 $W_{净}$：

$$W_{净} = mA \quad (m^3) \tag{5-3-9}$$

式中 m——灌溉定额，m^3/亩，已在本节的“一”与“二”中详细叙述；

A——灌溉面积，亩。

(五)灌溉毛需水量计算

灌溉水由水源经各级渠道输送到田间，有部分水量损失掉(主要是渠道渗漏损失)，故要求水源供给的灌溉水量(称毛灌溉水量)为净灌溉水量与损失水量之和，这样才能满足田间得到净灌溉水量的要求。

第四节 灌区水利计算

一、灌区水利计算的基本任务

灌区水利计算的基本任务是在给定的供水目标、设计水平年和水源条件下，确定合适的灌溉面积、水源工程特征参数、输水工程规模和主要的调度原则。

(一)供水目标

灌区是一个复杂的社会系统,其中有多个用水部门和用水户。农业灌溉用水是灌区中的主要用水部门,但一般不是最重要的用水部门。此外,灌溉与防洪、灌溉与生态、灌溉与发电、灌溉与排涝等,均不同程度地存在一定的“利益冲突”。因此,在进行水利计算前,首先应弄清灌区的各主要用水部门和用水户,确定水源开发的全部目标以及各目标之间的顺序。

供水目标还包括各用水部门的设计供水保证率,它是灌区规划中最重要的设计标准,其表达式为:

$$P_i = \frac{m_i}{n+1} \geqslant [P_i] \tag{5-4-1}$$

式中 P_i——第 i 个用水部门的供水保证率;

$[P_i]$——第 i 个用水部门设计供水保证率;

m_i——第 i 个部门供水得到满足的时段数;

n——总计算时段数。

对于农业灌溉,m_i、n 均为年数,m_i 表示全年农业需水均得到满足的年数,简称这样的保证率为年保证率。即在进行灌区水利计算时,计算时段是旬或者月,但统计供水保证率时需按年进行。之所以如此,是因为农业供水某时段不能满足要求的话,将会影响全年的收成。灌区内不同用水部门的重要性顺序主要是通过供水保证率的大小来体现的。灌溉保证率定得越高,意味着灌溉工程要解决的干旱年份越稀有,灌区用水越有保障。但越是稀有的干旱年,水源的水量越少,单位农田面积的需水量越大,从而导致规划的灌区范围越小,或者必须增加水源的调蓄能力以维持枯水年的供水。如此规划的灌区在一般多数年份都难以达到按设计能力运行,造成资源和投资的闲置。因此,严格地讲,灌溉保证率的选取是需要通过广泛的技术、经济比较论证才能确定的。我国目前根据大量灌区调查分析,在《灌溉与排水工程设计规范》(GB50288—99)中将灌区设计保证率确定下来。该规范根据不同灌水方式、不同地区、不同作物类型,分别规定了灌区供水的设计保证率。一般规律是:灌溉技术越先进,设计保证率越高;水资源条件好的,设计保证率高;水稻区的设计保证率高于旱作物区的;经济作物的设计保证率高于一般作物的。

对灌区水利计算结果进行评价时,还常用到供水度的概念,其定义为:

$$\xi_i = \frac{W_{i供}}{W_{i需}} \tag{5-4-2}$$

式中 ξ_i——供水度;

$W_{i供}$——某个用水部门实际得到的供水量;

$W_{i需}$——某个用水部门需要的水量。

供水度 ξ_i 为不大于 1 的正数。$\xi_i = 1$,表示需水得到完全满足;$\xi_i < 1$,表示供水只能部分满足需水。由于各部门对水的需求量只是一个相对准确的概念,供水量不足只要控制在一定范围内并不会影响用水部门的正常运行,因此供水度在 1 附近浮动是允许的。也就是说,在水利计算时,追求严格按需供水,而在其后的统计分析时,判断供是否满足需的条件,可根据供水度适当放宽。

供水度取多大合适，与用水部门的实际情况、环境条件等有关。供水度可归纳为模糊数学的概念，虽然它更能合理地贴近现实世界，但目前还很难成为灌区规划的设计标准。

(二)灌溉面积

灌区的供水目标确定后，通过水利计算便可以由水资源量、灌溉需水过程线确定灌区的灌溉面积。简单地说就是"有多少水，浇多少地"。水利计算得出的灌溉面积一般是灌区范围的上限。

灌溉面积的最终确定还需要进行技术经济上的论证，对于灌区内局部高地，或输水工程建设非常艰巨的小区，不宜包含在灌区设计灌溉面积内。

(三)水源特征

灌溉水源一般为河川径流、地下水、城市污水。为保证取水，水源地一般都需要修建相应的工程，如蓄水工程、进水工程等。通过水利计算，要确定这些工程措施的规模(库容、引水流量)、各种特征水位(正常蓄水位、死水位、设计引水位等)。

(四)输水工程规模

由水源取水口至农田进水口，为输水工程，主要是各级渠道和渠系上的建筑物。一般的渠道系统可划分为五级：干渠、支渠、斗渠、农渠、毛渠。各级渠系之间有时很难给出明确的界定，一般来说，干、支、斗渠均为固定的渠道，而农渠与毛渠属田间工程。

通过水利计算，可以确定斗渠及其以上各级渠道的设计流量。

(五)调度原则

灌区水利工程通常具有多目标开发的特点，水源点和用水户也不是单一的。通过水利计算，可以定量地制定一套水源、取水与输水、分水的运行调度规则，以保证整个工程安全有序地运行。

二、灌区水利计算基本方法

(一)分区

水利计算的第一步是要对灌区进行分区。水利计算分区是在灌区分区的基础上进行的。根据灌区内各地的社会经济条件、地形条件、作物种植类型、行政区划、局部水源条件、排水条件等因素，将整个灌区划分为若干小区。提水灌区应根据地形、水源、电源和行政区划等条件，按照总功率最小和便于运行管理的原则进行分区。

分区时，应遵循水系相对完整的原则，即同一小区应在同一水系中；应遵循高水高用、低水低用的原则，即对于能够由较低水源供水的区域，尽量不要将其与较高的水源连在一起，以免造成能量浪费；应遵循行政区相对完整的原则，即同一村组、乡镇应尽量划在同一小区内。此外，分区时还应与灌区排水、交通道路、居民点布置、供电系统、通信系统等结合考虑。

(二)灌区水利计算方法

灌区水利计算的基本方法是水量平衡法，即逐时段根据灌区的需水量，确定合适的供水水源，并确定各水源的供水量。灌区需水量是将各分区中的净需水量除以田间水利用系数和各级渠道渠系水利用系数后，累加得到的渠首总需水量。对于多水源、多用水部门、多目标开发的灌区，这是一个非常复杂的累加过程、分水过程和决策过程，需要建立准确的网络图以及完备的调度规则集。有关内容可参见“调水工程水利计算”。本节只介绍水源单一、用水部门单一的灌区水利计算方法。

按我国现行的规范规定，水利计算年数不应少于30年。灌溉需水系列年与水源来水的系列年以及相应的年内时段划分，都必须相同。

1. 无坝引水灌区

无坝引水是指灌区由无控制枢纽的河道供水的情况。经过长系列的供需平衡计算，可以得到灌区的供水保证率。如果保证率达到设计保证率的要求，可取长系列计算中最大的引水流量（经多次压减试算后）作为渠首的设计流量；如果长系列计算结果表明供水保证率达不到要求，应减小灌溉面积或增加其他水源。需要说明的是，无坝引水将对河道的生态环境和下游的用水造成影响。在有河流规划的情况下，各时段的引水量要严格按河流规划规定的限度执行；在没有河流规划或河流规划没有明确规定的情况下，我国的《灌溉与排水工程设计规范》（GB50288—99）规定：引水量宜小于引水点河道流量的50%，对于多泥沙河流宜小于30%，如经模型试验或其他专门论证，引水比可适当提高。

无坝引水渠首进水闸闸前设计水位，应取历年灌溉期的旬或月平均水位进行频率分析，选取相应于灌溉设计保证率的水位作为闸前设计水位，也可取灌溉期枯水位的平均值作为闸前设计水位，此两种方法均写入了相关规范。也可以拟定一组闸底板高程和闸孔尺寸，计算相应的过闸水位～流量关系曲线，然后分别进行长系列供需分析，统计灌溉供水保证率，从中选择保证率满足要求、闸孔尺寸较小、底板高程适宜的结果作为水闸设计的特征尺寸。供需平衡分析模型详见“调水工程水利计算”。

闸前设计水位扣除过闸水头损失，即为闸后设计水位。闸后设计水位决定了灌区自流供水与提水供水的面积分布。如果满足不了自流供水的面积要求，则要么将引水口向河流的上游移动，以提高闸前的设计水位；要么减小灌区自流供水范围，或者降低设计灌溉保证率。引水口上移，将增加引水渠的长度，工程投资会增加；减小灌区自流供水范围，辅以提灌解决较高区域的供水，将增加今后的运行费用。规划中，需要拟订多组方案，进行经济技术比较。

2. 有坝引水灌区

当河流自然水位难以满足引水要求时，可考虑在河道上建壅水坝提高引水闸的闸前设计水位。这种壅水坝所形成的库容很小，即仅为了维持稳定的闸前水位而修建，基本不能对天然径流过程进行调节。这是有坝引水灌区与蓄水工程灌区最大的差别所在。

有坝引水的设计流量计算方法与无坝引水的计算方法完全相同。

有坝引水的闸前设计水位可直接取壅水坝的设计水位。在确定壅水坝的设计水位时，一方面要考虑灌区的引水要求，若配有电站还应适当照顾电站的发电效益。另一方面要尽量减少上游的淹没损失和防洪工程投资。这两方面的要求是矛盾的：水位越高，对灌溉与发电越有利，但淹没损失越大，且洪水期上游水位壅高越多，防洪工程投入也越大。因此，壅水坝设计水位需通过综合比较确定。

3. 蓄水工程灌区

蓄水工程灌区是指从有调节能力的水库、湖泊取水灌溉的灌区。

在进行蓄水工程灌区规划时，首先要确定水库或湖泊的死水位。水库或湖泊的死水位应满足灌区自流引水的要求，即在死水位时，渠首能引入设计流量；对于综合利用水库，还应考虑养殖、航运、发电等对水库或湖泊最低水位的要求；多泥沙河流上的灌溉水库，死水位以下的库容一般应大于预期使用年限时泥沙淤积的总量。

灌溉水库或湖泊的水利计算的主要内容之一是确定灌溉水库的正常蓄水位，正常蓄水位对应的调节容积应能满足灌区供水达到设计保证率的要求。具体方法有试算法和累计补偿库容法。

试算法须先初估调节库容，然后进行径流调节计算，即逐时段进行供需平衡：若来水大于渠首需水量，多余水量存入水库，调节库容存满后的余水为弃水；若来水小于需水，则动用库存水补充，若水库蓄水全部用完仍不能满足需水，则该时段供水遭破坏。全部时段计算完后，统计各调节库容下的供水保证率，如果保证率达不到设计要求，可增加调节库容，重新计算。能满足设计保证率要求的最小调节库容即为灌溉水库需要的调节库容。在试算过程中，如果增大调节库容不能达到设计保证率要求，而且计算的供水保证率也不提高，说明需水量已经超过了水资源的承载力，这时要么增加其他水源，要么减小灌溉面积或降低供水设计保证率。

累计补偿库容法先将每一时段天然来水与需水平衡的结果累加：天然来水大于需水时段的余水计为正，否则计为负，称为亏水。由此得到一个长系列的过程。如果这一过程趋于负的无穷大，表明需水量超出了天然水资源量，必须减小灌溉面积或增加其他水源；如果这个过程呈周期震荡或趋于正无穷大，可将连续亏水时段加以“隔离”，形成若干段，选取每一段中连续亏水累加值的最大绝对值组成一个亏水序列，这一序列实际是一个需要的调节库容的序列。将此序列由小到大排序并计算各项的经验频率，取其中略大于灌溉设计保证率的项作为水库的调节库容。以此为条件，再进行一次全过程的径流调节计算，校核年供水保证率是否达到设计值。

累计补偿库容法的优点是不需要试算，概念简单，但在水库调节库容满足灌溉要求的那些年份中，灌区所有区域的需水都得以满足。这在大型灌区中是没有必要的，因为在一个很大的范围内，往往水文丰枯并不完全一致，在很多年份中，总有一些小区的供水得不到满足，但从每一个小区内的长系列统计分析，灌溉供水却达到了规定的保证率。再有，当灌区由多座水库供水时，要将全灌区的亏水分配到各座水库存在很大的人为因素。因此，在确定水库的调节库容时，一般应采用试算法。

此外，调节库容的确定还需要进行其他方面的技术经济比较才能最终确定，比如为了兼顾水资源的综合利用，有时可能会适当增加调节库容；有时为了减少淹没损失，或者为了减小对环境的影响，或者因投资太大等原因，需要减小调节库容，这时将需要对灌溉面积和水源进行调整。

输水工程首端的设计流量与水利计算的方法密切相关。在试算法下，应取为满足设计保证率的渠首长系列引水过程中的最大值（经优化试算）；而在累计补偿库容法下，应取为灌区达到设计保证率而需水必须得到满足的那些年份中引水流量最大者。引水流量过程线和各时段的缺水量，由水利计算求得。

引水建筑物结构设计与校核的水位应分别与水库的设计洪水位和校核洪水位一致。

若从天然湖泊取水，则引水闸闸前设计水位按“无坝引水灌区”的方法确定。

4. 提水灌区

提水灌区的引水渠首建有泵站，泵站从河流、湖泊、水库取水，抽入明渠或压入管道，输送到用户。提水灌区渠首设计流量的确定与前述类型的灌区相同，即：在天然河、湖中取水，与“无坝引水灌区”相同；从壅水坝上取水，与“有坝引水灌区”相同；从水库或有控制的湖泊引水，与“蓄水工程灌区”相同。

泵站水利计算的另一要点是确定特征水位和特征扬程。泵站进水池设计最低水位：当从河流、湖泊取水时，取历年灌溉期水源保证率为95% ~97%的最低日平均水位；当从水库取水时，可采用水库死水位或最低运行水位。最低运行水位要考虑河道冲刷等因素对低水位的影响。泵站进水池设计水位：取河流、湖泊或水库历年灌溉期保证率为85% ~95%的日平均或旬平均水位。泵站进水池设计最高水位：当从河道取水时，应根据泵站处河道年最高日平均水位频率曲线和泵站防洪标准计算，并应考虑河道淤积等因素对抬高水位的影响；当从水库取水时，应取水库遇泵站防洪标准洪水时的调洪最高水位和水库正常蓄水位两者中的高值。

泵站出水池的设计水位、设计最高水位和设计最低水位应根据出水端衔接建筑物或设施的特点，分别采用水厂配水井、输水渠道或调节池的相应设计水位。

泵站的设计扬程为泵站进、出水池的设计水位之差，并计入水力损失。在设计扬程下，泵站应通过设计流量。

泵站的平均扬程是以抽水量为权的平均扬程。加权平均净扬程按式(5-4-3)计算，计入水力损失后为泵站的平均扬程。

$$H = \frac{\sum H_i Q_i t_i}{\sum Q_i t_i} \tag{5-4-3}$$

式中 H——加权平均净扬程，m；

H_i——第 i 时段泵站进、出水池运行水位差，m；

Q_i——第 i 时段泵站提水流量，m^3/s；

t_i——第 i 时段历时。

平均扬程是水泵选型的重要参数。在平均扬程下，水泵应在高效区工作。

第五节　灌溉工程布置概要

一、灌溉规划的主要内容与原则

论证灌溉水源供水可行性，进行灌区土地分类评价和水土资源平衡分析，确定灌区范围和灌排分区，选定灌排设计标准和灌排方式，基本选定灌区总体布置方案，拟定灌区水源工程、灌排渠系和灌排建筑物的规模和主要设计参数，制定田间工程典型设计和灌溉节水措施，提出工程实施意见和管理办法，并对整个灌区工程作出环境影响评价和经济评价。在符合流域水利规划和保护生态环境原则的基础上，根据当地具体条件分别采取地表水、地下水并用，大、中、小型工程并重，蓄、引、提相结合，渠、沟、井、塘、库联合运用以及其他合理方式，充分利用当地水资源（包括回归水），提高水的利用率。

二、引水闸的布置

首先，要根据河（湖）水位，河（湖）岸地形、地质条件和灌溉对引水高程、引水流量的要求，经技术经济比较，确定渠首引水闸是采用无坝引水方式还是有坝（闸）引水方式。一般说来，当河（湖）岸地形较陡、岸坡稳定时，渠首工程宜采用岸边式布置；当河（湖）岸地形较缓或岸坡不稳定时，可采用引渠式布置。

渠首工程的总体布置应符合下列要求：引水设计高程适宜，灌溉供水量充足，且管理运用灵活、方便；引水口通畅、稳定，必要时对与其相连接的上、下游河（渠）段进行整治；各个建筑物布置相互协调；多泥沙河流上的渠首，应采取有效的防沙措施，防止推移质和过量的悬移质进入干渠；严寒地区或有防漂要求的渠首，需防止冰凌和其他漂浮物进入干渠。

对于无坝引水渠首，引水口位置应能满足河、湖枯水期引设计流量的要求，应避免靠近支流汇流处；引水闸所在的河段，河岸应较坚实、河槽较稳定、断面较匀称。或者将闸址选取在主流靠岸、河道冲淤变化幅度较小的弯道段凹岸顶点下游处，其距弯道段凹岸顶点的距离可按式（5-5-1）计算：

$$L = KB\sqrt{4\frac{R}{B} + 1} \tag{5-5-1}$$

式中 L———引水口至弯道段凹岸顶点的距离（弧长），m；

K——系数，$K = 0.6 \sim 1.0$，一般可取0.8；

B———弯道段水面宽度，m；

R———弯道段河槽中心线的弯曲半径，m。

无坝引水总干渠渠首段的轴线与河流主流方向所成角度宜为30°~60°，引水口前沿宽度不宜小于进水口宽度的2倍；当引水口位于水面宽阔或水面坡降较陡的不稳定河段时，可顺水流方向修建能控制入渠流量的导流堤。导流堤与水流之间的夹角宜取10°~20°，必要时应经水工模型试验确定。

对于有坝引水，可采取侧面引水、正面排沙的布置形式，即进水闸位于溢流坝一端或两端的河岸上，冲沙闸紧靠进水闸布置。在多泥沙河流上，还应在进水闸前设置拦沙坎；在冲沙闸前设置有导流墙分隔的沉沙槽，并在闸后设置冲沙槽。进水闸宜采用锐角进水方式，其前缘线宜与溢流坝坝轴延长线呈70°~75°夹角；冲沙闸前缘线宜与河道主流方向垂直，其底板高程宜低于进水闸闸槛高程，且不高于多年平均枯水位时的河床平均高程；冲沙闸通过设计流量时的闸前水位宜低于溢流坝顶，闸的设计过水断面面积宜为溢流坝坝址处河道过水断面面积的1/20~1/5，或闸的净宽宜为渠首所在河段总过水净宽的1/10~1/3；进水闸前的拦沙坎断面宜为“Γ”形，坎顶高程宜比设计水位时的河床平均高程高0.5~1.0m；冲沙闸前的沉沙槽长度宜为进水闸宽度的1.3倍或比进水闸宽度长5~10m，其两侧导流墙的顶部高程宜高出溢流坝坝顶0.5m；冲沙槽槽底坡降宜大于渠首所在河段河道底部平均坡降。当河道狭窄、河岸较陡时，可采取隧洞引水方式，进水闸可设在隧洞进口处；当河流含沙量大时，可在隧洞出口后设置沉沙槽，其末端通过进水闸正面引水入总干渠，定期打开侧面排沙闸，将沉沙池中的泥沙冲入原河道。在山区多泥沙河流，当引水流量较大时，可利用河势和有利地形采取人工弯道方式引水，人工弯道布置在引水渠首段，中心线与河道上泄洪闸的中心线成40°～45°夹角，曲率半径可取水面宽度的5～6倍，长度不宜小于弯道曲率半径的1～1.4倍；弯道底部坡降缓于河道底部平均坡降；弯道末端可按正面引水、侧面排沙的方式布置进水闸和冲沙闸，冲沙闸中心线宜与进水闸中心线呈35°～45°夹角。当山区河流大粒径推移质较多、水面比降较陡时，可采取在溢流堰堰顶设底栏栅引水方式，溢流堰堰顶高程宜高于河床多年平均高程1.0～1.5m，底栏栅坡度宜取1/10～1/5。

综合利用的渠首工程，船闸、筏道不应与电站同侧布置，且不宜与进水闸同侧布置。船闸、筏道、鱼道、电站的设计，应符合国家现行有关标准的规定。

三、渠道的布置

灌溉渠道按干渠、支渠、斗渠、农渠顺序设置固定渠道。30万亩以上灌区可增设总干渠、分干渠、分支渠或分斗渠，而灌溉面积较小的灌区可减少渠道级数。灌溉渠道系统布置应符合如下规定：各级渠道选择在各自控制范围内地势较高地带，干渠、支渠宜沿等高线或分水岭布置，斗渠宜与等高线交叉布置；渠线应避免通过风化破碎的岩层、可能产生滑坡及其他地质条件不良的地段；渠线宜短而直，并应有利于机耕，避免深挖、高填和穿越村庄；4级（设计流量为5～20m^3/s）及4级以上土渠的弯道曲率半径应大于该弯道段水面宽度的5倍，否则要采取防护措施；石渠或刚性衬砌渠道的弯道曲率半径可适当减小，但不应小于水面宽度的2.5倍；通航渠道的弯道曲率半径还应符合航运部门的有关规定；渠系布置应兼顾行政区划设置相应的配水口；自流灌区范围内的局部高地，经论证可实行提水灌溉；井渠结合灌区不宜在同一地块布置自流与提水两套灌溉渠道系统；干渠上主要建筑物及重要渠段的上游应设置泄水渠、闸，干渠、支渠和位置重要的斗渠末端应有退水设施；对渠道沿线山（塬）洪应予以截导，防止进入灌溉渠道，必须引洪入渠时，应校核渠道的泄洪能力，并应设置排洪闸、溢洪堰等安全设施。

“长藤结瓜”式灌溉渠道系统的布置，除要符合上述要求外，尚应满足如下规定：渠道不宜直接穿过库、塘、堰，但应便于发挥库、塘、堰的调节与反调节作用；库、塘、堰的布置宜满足自流灌溉的需要，必要时也可设泵站或流动抽水机组向渠道补水。

万亩以上灌区的干渠、支渠应按续灌方式设计，斗渠、农渠应按轮灌方式设计，轮灌组数宜取2～3组，各轮灌组的供水量宜协调一致。正常工作条件下的各级渠道水力要素应按设计流量计算确定，其平均流速应满足渠道不冲不淤的要求；土渠设计平均流速宜控制在0.6～1.0m/s，但最小不宜小于0.3m/s；结合通航的灌溉渠道，设计平均流速宜控制在0.6～0.8m/s，最大不宜超过1.0m/s。

渠道的纵、横断面设计应符合如下要求：保证设计输水能力、边坡稳定和水流安全通畅；各级渠道之间和渠道各分段之间以及重要建筑物上、下游水面平顺衔接；末级渠道放水口的水位高出平整后田面进水端不少于10cm；渗漏损失量较小；占地较少，工程量较小；施工、运用和管理方便；有通航要求时，还应符合航运部门的有关规定。一般在满足渠道不冲不淤的条件下，宜采用较缓的渠底比降。各级渠道进口的设计水位，应从水源引水高程自上而下和从灌区控制点高程自下而上逐级推求，并计入沿程水头损失和各种建筑物的局部水头损失，反复调整确定。

渠道横断面应根据灌溉面积，沿线地形、地质条件以及边坡稳定的需要和是否衬砌等因素，按接近水力最佳断面进行设计。土渠宜采用梯形断面；混凝土或石渠宜采用矩形或U形断面。渠道横断面亦可采用经济断面。

四、泵站的布置

泵站选用的主泵应能满足设计扬程与设计流量的要求；在加权平均扬程下，水泵应在高效区运行，并具有良好的抗气蚀性能；在最大扬程与最小扬程下，水泵应能安全稳定运行，不得产生气蚀和动力机过载。选用的主泵允许采取改变转速、车削叶轮和调整叶片安装角等调节运行工况的措施。主泵台数按流量大小宜取3～9台，根据泵站的重要性可设1～2台备用泵，多于9台时，宜设2台备用泵。动力机应首先采用电动机，对电源紧缺且非经常运行的泵站，可采用柴油机，但必须设置能储存10～15d燃料油的储油设备。动力机功率备用系数对电动机可采用1.05～1.3，对柴油机可采用1.15～1.5；对电动机的启动特性应进行校验。净扬程高于3m的轴流泵站与混流泵站的装置效率不宜低于70%；净扬程低于3m的轴流泵站的装置效率不宜低于60%，离心泵站的装置效率在抽取清水时不宜低于65%，在抽取多泥沙水流时不宜低于60%。对主泵运行工况进行水力分析时，应对水泵叶片安装角（或叶轮车削量）、必需气蚀余量（或允许吸上真空高度）及其随海拔、水温的变化进行修正，还应根据装置的水力损失等进行相应的能耗及运行费用计算，并提出主泵在不同净扬程下的运行方案。

从河道取水的灌溉泵站站址选择和总体布置，应根据地形、地质、水源、动力源等条件确定，并应满足防洪、防冲、防淤和防污要求。取水口应选在主流稳定靠岸、能保证取水的河段。取水建筑物设计应考虑河床变化的影响，并与河道整治工程相适应。从多泥沙河道取水的灌溉泵站，应采取防沙、沉沙、排沙和抗磨蚀等措施，控制过泵水流挟沙量不超过7%。不具备自流引水沉沙、冲沙条件时，可在岸边设低扬程泵站并布置相应的沉沙、冲沙设施。

五、灌溉管道系统

（一）管道系统布置规划

灌溉管道系统可根据地形、水源和用户用水情况，采用环状管网或树枝状管网，其布置应符合如下要求：管道应短而直、水头损失小、总费用省和管理运用方便；各用水单位应设置独立的配水口，其位置、给水栓的型式和规格尺寸，必须与相应的灌溉方法和移动管道连接方式一致；管道应布置在坚实的地基上，避开填方区和可能产生滑坡或受山洪威胁的地带；铺设在松软地基或有可能发生不均匀沉降地段的刚性管道，对管基应进行处理。固定管道宜埋在地下，易损管材必须埋在地下；埋深应不小于60cm，并应在冻土层以下。

（二）管道纵向布置与平面布置要求

地形复杂处可采用变管坡布置。管道中心线敷设最大纵坡不宜大于1∶1.5，倾角应小于或等于土壤的内摩擦角；管网压力分布差异较大时，可结合地形条件进行压力分区，采用不同压力等级的管材和不同的灌溉方式;如管道纵向拐弯处可能产生真空,应留出2~3m水头的余压。

铺设在地面上直径不大于100mm的固定管道,应在拐弯处设置镇墩。镇墩尺寸应通过计算确定,基底深度应置于冻土层以下不小于30cm。岩基上镇墩应加锚杆。两个镇墩之间的管道应设置伸缩节或柔性接头。管道悬空段必要时应经分析计算设置支墩。

六、田间工程设计

灌区应在每一个灌排分区中进行1~2个典型设计,每一个典型设计应覆盖1~2个独立的配水系统。典型设计总面积不应小于灌区总面积的5%。田间工程典型设计应包括灌排渠沟布置,纵、横断面设计,建筑物选配,灌水沟畦与格田布置,土地平整及工程量计算等。典型设计平面布置图比例尺可采用1/1 000~1/5 000。

(一)灌水沟畦

灌水沟畦要素宜通过分区专门试验或采用试验与理论计算相结合的方法确定,也可根据当地或邻近地区的实践经验确定。平原水稻区格田的长度宜取60~120m,宽度宜取20~40m;山区、丘陵区水稻灌区可根据地形、土地平整及耕作条件等适当调整。

平原旱作灌区宜以末级固定渠道控制范围作为土地平整的基本单元;水稻灌区和稻麦轮作灌区宜以格田作为土地平整的基本单元。土地平整精度应符合灌水沟畦对坡度的要求,格田田面高差应在-3~+3cm范围内。

(二)田间渠道

平原地区斗渠、斗沟以下各级渠沟宜相互垂直。斗渠长度宜为1 000~3 000m,间距宜为400~800m;末级固定渠道(农渠)长度宜为400~800m,间距宜为100~200m,并应与农机具宽度相适应。末级固定渠道与排水沟(农沟)可根据地形条件采用平行相间布置或平行相邻布置。地形复杂地区可因地制宜布设。水稻区的格田长边宜沿等高线布置,每块格田均应在渠沟上设置进、排水口,如受地形条件限制必须布置串灌串排格田时,其串联数量不得超过三块。

斗渠、农渠宜进行防渗衬砌。渠道上配水、灌水、量水和交通等建筑物,以及斗沟、农沟上的交通和控制建筑物,应配备齐全。

(三)田间道路与林带

田间道路与林带的布置应与灌排渠沟相结合,其结合形式可因地制宜选用。田间道路宜为单车道,人力车道或畜力车道路面宽1~2m,机动车道路面宽2~3m。路面宜高出地面0.2~0.4m。斗渠、农渠外坡及田间道路旁宜两侧或一侧植树1~2行。风沙地区农田防护林带应按国家现行有关标准的规定,结合灌排渠沟布置进行布设。林带与铁路路基和高压电线的安全距离,以及树冠与通信线的垂直距离应符合国家现行有关标准的规定。

第六章 城镇供水及调水工程

第一节 城镇供水工程

城镇供水工程由水源工程、输水工程、净水工程、加压泵站与管网等部分组成。城镇供水的水源一般为水库、河流、湖泊、地下水。通常从水源取水都需要修建一定的工程,如进水闸、泵站、蓄水设施等。水源与城镇供水的自来水厂(即净水工程)之间通常由输水工程连接,如输水渠道和管道。自来水厂以下为城镇内部的输配水系统,即城市自来水供水管网。

城镇供水工程水利计算的任务是确定城镇规划水平年的供水过程是否能满足城镇用水要求,进而确定水源工程的规模和输水工程的规模。

城镇供水的特点是各用水户基本没有自己的调节能力,这不像农田灌溉拥有土壤这个天然的“调节池”,可以蓄积一定的水量在短时期内供水。城镇人口集中,经济发达,一旦供水发生问题,将引起社会动荡。因此,城镇供水的水源必须水量充足,具有足够的蓄水调节能力,保证供水不发生间断。

一、城镇供水的水源

地表水、地下水、海水及经过处理后符合要求的淡水均可作为城镇供水的水源。确保水源水量和水质符合城镇用水要求,是水源选择的首要条件。

(一)水源水量及供水保证率

水源可提供的水量应能满足城镇供水工程规划水平年要求的需水量。供水量中还应包括水源至净水工程(如自来水厂)的输水损失。

为了提高供水的安全性,大中城市一般都具有多个供水水源,如水库水源、从江河湖泊取水的水源和地下水源。各水源间可相互补充,如河湖水少时由水库主要供水,地表水少时由地下水主要供水等。一般情况下,城镇用水户可分为数个部门,如生活、工业、河湖环境、其他等,各用水部门都需要一定的供水保证程度。规划时,首先要协调各用水部门的设计供水保证率,其次根据各部门的设计保证率及水源条件(来水情况、蓄水能力、地理位置)确定供水系统的调度规则。一般地,供水顺序应与各用水部门设计保证率的高低顺序一致。需要注意的是,城镇供水管网很难控制要向哪些部门供水、不给哪些部门供水,实际中常将城镇统一供水的部分(即自来水)作为一个保证率最高的部门处理。

由上可见,设计供水保证率一方面反映了水源的丰枯状况和调节性能,是制约工程规模的因素之一;同时也是规划基本指导思想的具体体现,是制约水资源配置方式、制定调度规则的基本依据。

（二）水质要求与综合利用

不同水源的水质一般是不同的。进入城镇供水管网的水须符合国家颁布的《生活饮用水卫生标准》（GB5749），而河湖与环境用水对水质的要求要低些。我国目前将地表水资源按水质分为5级：一级水不进行任何处理可直接饮用；二级水满足生活饮用水卫生标准；三级水可用于一般工业与鱼类生活区，经处理后可用于高一级的供水；四级水受轻度污染，只能用于某些工业，且与产品不发生直接接触；五级水受重度污染，但还能满足灌溉和一般景观要求。劣于五级的水没有什么用途，因此不能算做"水资源"。

我国目前将城镇供水分为两部分，第一部分为给水工程统一供给的水量，第二部分为统一供水以外的全部用水量。这一分类法也反映了不同水质用于不同对象的原则。二级以上的原水和经过处理后达到二级以上标准的水才能进入城镇统一供水的给水系统。

不同的水质用于不同的部门，可以提高水的利用率。比如生活污水经简单处理后可用于灌溉，轻度污染的工业排水可以用做冷却水或景观补水，等等。在规划供水工程时，应根据不同的水源水质条件和不同的供水对象，进行水资源的配置。例如，不能满足生活用水要求的水资源可以供给工业或城市里的河湖景观。要做到不同质的水用于不同部门，需要对不同质的水采用分离的输水系统输送，这需要大量的资金投入。

二、城镇供水工程水利计算

城镇供水工程水利计算是根据预测的需水量和各用水对象的设计供水保证率，逐时段进行水资源供需平衡计算，分析各用水部门供水情况和各个水源水资源量的利用情况，提出水源工程与输水工程的规模。由于城镇需水过程一般接近于常量，较农业灌溉需水过程简单，而水源和用水户的复杂性远低于调水工程。因此，城镇供水工程的水利计算可参照"灌溉工程水利计算"和"调水工程水利计算"进行，本节仅作一般描述。

（一）城镇供水水库

供水水库或以供水为主的水库，应通过水库调节计算，得出供水量、调节库容与保证率的相互关系的成果，为选择水库规模和特征水位提供依据。选定了水库规模和特征水位后，应编制水库供水调度图，并进行径流调节计算，检查是否满足供水要求。水库供水调度图的核心是各类用水户的停止供水线，即当水库水位低于某类用户停止供水线时，此类用户和级别更低的各类用户将停止供水，以保证高级别用户供水。

当城镇由设计水库和其他水源（水库、湖泊、河道和地下水等）联合供水时，应研究这些水源的联合运用方案，明确各水源工程的供水顺序与方式。

（二）引水工程

引水闸的尺寸需经过长系列供水平衡计算确定。闸底板高程由河道的水位～流量关系确定，计算中要考虑大量引水后河道内水位的降落；闸孔尺寸由引水量和相应的河道水位确定。设计时，需拟定一组闸底板高程和闸孔尺寸，计算相应的过闸水位～流量关系曲线，然后分别进行长系列供需分析，统计供水保证率，从中选择供水满足要求、闸孔尺寸较小、底板高程适宜的结果作为水闸设计的特征尺寸。计算中，应充分考虑下游河道内外的用水要求，以及为避免河道淤积而必须下泄的流量。

对于有坝引水，尚需通过供需平衡计算并综合考虑其他兴利任务和上游淹没影响等因素,提出拦河闸闸前设计水位。

(三)泵站工程

泵站进水池的设计水位,可根据供水保证率和取水水源的年最低日平均水位的频率曲线推算;泵站进水池的设计最低水位,当从河道取水时,可采用历史上出现的最低日平均水位,并考虑河道冲刷等因素对低水位的影响,当从水库取水时,可采用水库死水位或最低运行水位;泵站进水池的设计最高水位,当从河道取水时,应根据泵站处河道年最高日平均水位频率曲线和泵站防洪标准计算,并应考虑河道淤积等因素对抬高水位的影响,当从水库取水时,应取水库遇泵站防洪标准洪水时的调洪最高水位和水库正常蓄水位两者中的高值。

泵站出水池的设计水位、设计最高水位和设计最低水位应根据出水端衔接建筑物或设施的特点,分别采用水厂配水井、输水渠道或调节池的相应设计水位。

泵站的水泵设计扬程可根据进、出水池设计水位和水泵管道扬程损失计算确定,但加权平均扬程应在水泵的高效工作区内。

第二节　调水工程水利计算

一、调水工程特点

调水工程是将多水地区的水调往少水地区的大型水利工程。从调水的目的说,最常见的是解决少水地区的水资源短缺问题。少数调水工程是为了取得较大水头,获得水能效益和其他方面的需要。

以下主要介绍以解决少水地区缺水为目的的调水工程的水利计算内容。

(一)调水工程具有输水距离长、调水量大的特点

调水工程的总干渠长度在数十公里甚至数百公里以上,具有明显的跨大流域的特点。水资源调出区与受水区在行政管辖方面、经济社会发展程度方面存在很大的差异。

调水工程年均调水量一般都在数亿立方米甚至上百亿立方米以上,对水源区的用水和环境生态总会造成一定程度的影响,但对于受水区却能显著改善水资源短缺对经济社会发展的制约程度。综合分析,调水工程的经济、社会正效益远远大于其不利影响。

(二)调水工程涉及范围广、部门关系复杂

调水工程牵涉水源区、受水区广大范围内方方面面的利益。从水资源利用角度分析,水资源调出区与受水区是利益冲突的对立面,必须在充分保障水源区现状和未来用水、保障水源区生态环境不受大影响的前提下,实施调水工程。在水利计算中,一般应在首先满足水源区用水的前提下,考虑调水;在工程布置中应充分考虑调水对水源区的影响而安排合适的补偿工程。

沿输水总干渠分布着广泛的用水户。概括起来,用水户大致可分为四类:城市生活用水户、工业用水户、农业用水户、其他类用水户。各用水户对于长距离调水的要求和对水价的承受能力相差很大。一般来说,生活用水户、工业用水户对供水的保证率要求较高,对高水价的承受能力也较强;农业用水户对供水保证率的要求相对较低,也很难直接承担高昂的调水水价；环境用水户常常是一个地区的全社会性用水户，但水费承担者不清晰。

调水工程水利计算需要解决各种水资源的统一配置问题。对于水价承受能力低的用户，应使其多使用当地较便宜的水源；反之，对于水价承受能力强的用水户，应使其多使用调入的水。水资源配置必须在现有的输配水系统上是可行的，同时也是合理的。比如，将历史上曾为农业供水、后改为向城镇供水的当地水源，在实施调水工程后还一部分水于农业，将当地水库拦蓄的水在实施调水工程后分一部分出来改善下游河道的生态环境，等等，这些都是合理、可行的水资源统一配置的措施。

（三）供水保证率的分区、分用户特征

调水工程由于具有线长面广、用户多、部门复杂的特点，故反映供水工程特征指标的供水保证率也呈现复杂的组合。

首先，由于工程涉及的地域辽阔，水文组合情况千差万别。在同一年或同一时段中，各个区域来水的丰枯程度一般存在很大的差异，有的地方逢枯水状态，而有的地方可能正在发大水。其次，各地在各时段的需水也存在较大的差异，比如用水大户——农业灌溉，随着种植作物的不同，需水的时间就有很大的差异。

因此，在确定调水工程的供水保证率时，必须按统一的调度规则、统一的数学模式，分区进行长系列供需平衡计算，分区确定各自的供水保证率。换言之，在同一时段中，受水区中各区域的供水满足情况是不一致的，即有的地方供水得到满足，而有的区域供水得不到满足。但多年统计结果，各区的供水保证率都必须达到规定的要求。

还有，即使同一区域中的各用水户，各自对供水保证率的要求也相去甚远，城镇生活用水户要求保证率最高，工业用户次之，农业灌溉和环境用水更低。

二、调水工程水利计算的目的和内容

对长距离调水工程，应进行调入和调出流域水资源平衡分析。在确定调入流域（即受水区）需调水量时，应考虑当地水资源的充分利用。调出流域应充分考虑流域社会、经济长远发展和维护生态与环境对水资源的需求。

调水工程水利计算的目的是从水资源方面定量说明调水工程的必要性，结合水源的来水情况确定调水量的规模、输配水工程的规模、调水量的分配、各用水部门的供水保证率，并制定工程建成后的运行调度规则。

（一）水源区水利计算要点

充分考虑水量调出区国民经济发展对需水量的增长要求，并考虑天然来水受人类活动影响衰减或增长的可能性，合理计算水源区的水资源量。应定量分析调水工程对水源区社会、环境的影响，定量分析调水后下游对已建、在建工程效益和对河流规划的影响。为了弥补调水的影响，常需要修建一些补偿工程，水利计算要对补偿的作用提出定量分析的结论意见。

（二）受水区水利计算要点

水量调入区（受水区）应根据国民经济发展对需水的增长要求，充分考虑当地水资源和入境水量的开发利用，并采取节约用水和提高水的重复利用率等措施，分析计算需水量和需调入水量。通过水利计算，提出一套可行的运行规则，使得调入水与当地水相互补偿,实现水资源的统一调度。

总之,调水工程是一个大规模的水资源系统工程。水资源系统涉及庞大、复杂的数据资料,比如各个水库长系列径流资料、用水区各类需水量的长系列资料、当地水源的供水能力、各水库的运行调度规程(如防洪限制线、各类供水限制线、极限死水位线等)、输水管线的输水能力及输水损失等。调水工程水利计算实际是水资源系统分析问题,是水资源配置与工程规划结合的问题。水资源系统分析需要将图形网络转变为数据结构,还要对上述资料进行管理,在此基础上进行复杂的径流调节计算,从而推荐水资源量的分配及相关工程建设规模的方案。

三、调水工程水利计算方法

由于调水工程涉及广大的区域,因此其水利计算不能采用典型年法。原因如下:各小区水文丰枯差异很大,没法确定合适的典型年;也不能将受水区总需水量汇总后与水源的调水量进行平衡,因为受水区各用水户的重要程度是不一样的,这种汇总后的平衡将各种需水不加区别地一致对待,得出的结果与实际相去甚远。

调水工程水利计算实际是一个大规模水资源系统调度和水资源配置问题。由于水资源系统的复杂性,优化规划与优化调度往往不能求得满意的方案。这是因为:目标函数的选择与计量有时很难反映近期与远期的根本利益;优化模型常常要“取主舍次”;限于计算技术与计算机硬件的条件,常常不得不被迫降低解题精度等。因此,水资源系统分析常常采用模拟模型。

(一)调水工程水资源系统的组成

水资源系统是指在一个广大的地区中,由各种水源、供水工程、用水户组成的相互关联的集合,如图6-2-1所示。水资源系统可以用网络图来表示,网络图中的节点是用水户、各种水源等,网络中的直线表示输配水渠道或管道。在图6-2-1中有如下节点:

(1)水库节点 V_k。V_k 具有天然径流补给源 I_k,有固定的用水区(简称水库直属用水区),并承担向外供水的任务。水库节点的库容可以调节天然来水过程。由于在丰水期可能弃水,因此它具有弃水通道 O_k。

(2)本地水源 R_i。本地水源是一种与用水区有密切关系的水源,包括在用水区之间可以相互调配的(如地表水)、用水区之间不能相互调配的(如地下水、处理后的废水、淡化海水等)水源。

(3)用水区。用水区由多个用水户组成。用水户可以归并为几大类,每一类具有不同的用水优先级。比如将用水户分为城市生活、工业、综合、农业灌溉等类型,并按上列顺序排定用水优先级。各用水区之间也有优先级之分,它以一组参数的形式输入模型,并可以根据规划人员的意图进行修正。

(4)输水系统节点 J_i。当有3条及3条以上输水路线交于一点时,就形成了一个输水系统节点,其中的每一条输水路线简称为枝。这种节点的基本特征是:任意时刻流入节点的总水量等于流出节点的总水量。

为了处理问题的方便,每一个节点可以变换成仅有3条枝的点。当某个节点含有多于3条以上的枝时,可以在此节点的前(或后)增加相邻节点,以减少该节点的枝数。如

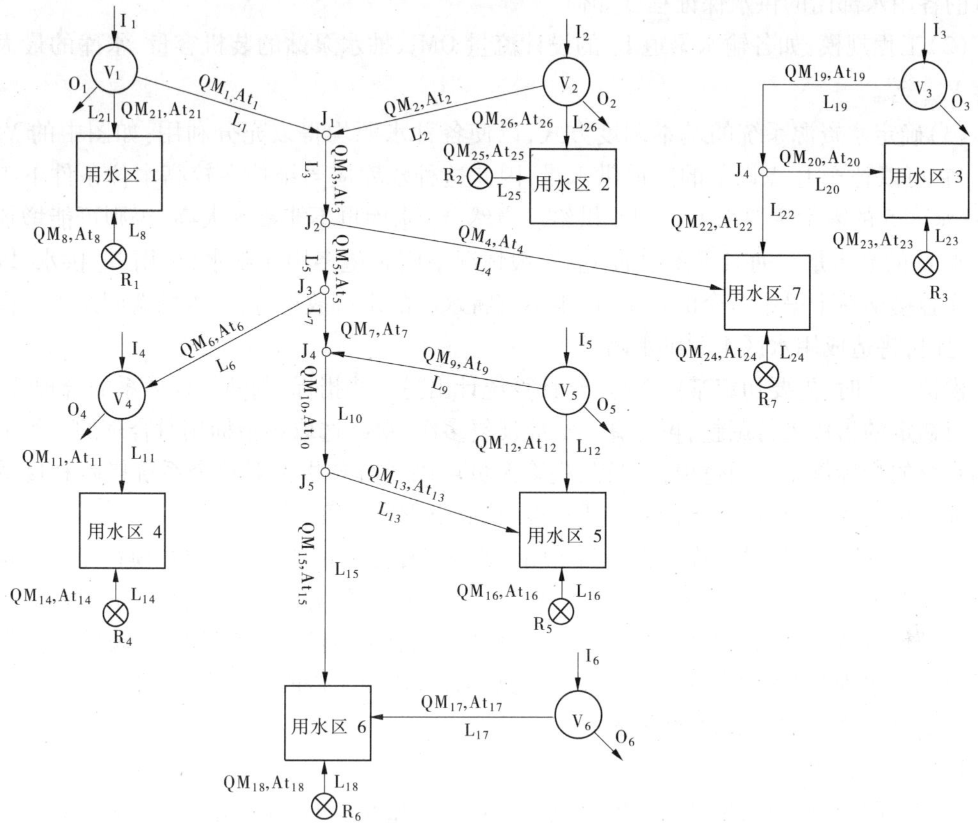

图 6-2-1　水资源系统示意图

图中的 J_2 点和 J_3 点，原为一个节点，即渠道 L_3 中的水通过此节点分入支渠 L_4、L_6、L_7 中。将其一分为二后，分水的功能相同，但原本有 4 条支渠的节点现只有 3 条支渠了。简化节点分枝的目的是便于计算程序的编写。

通过这样的处理后，输水系统节点就可以分为两大类：①分水节点，有 1 条来水枝、2 条出水枝，如图中的 J_5 点；②汇水节点，有 2 条来水枝、1 条出水枝，如图中的 J_1 点。

在图所示的系统中，V_1、V_2 水库在满足了直属用水区的供水要求后，主要的水量将外调，它们是系统的骨干水源；V_5 类似，它在其他水源供水不足时，可以向总干渠补充供水，这种类型的水源在保证系统供水方面的作用非常明显，我们称之为补偿调蓄水库；V_4 水库只接纳外来的水量，但不向外输出水量。这类水库在平衡系统因供需不匹配而产生余水时具有明显作用，我们称之为充蓄调节水库。

(5) 输水渠道 L_k。水资源系统中任意两节点之间的连线 L_k 表示输水的渠道，下标 k 为渠道编号。输水渠道是有向的线段，方向表示输水的方向。输水渠道最大过水能力为 QM_k，即在每一计算时段中，渠道过水流量不得超过 QM_k。渠道水利用系数 At_k，它表示水从第 k 段渠道进入点流至出口的水量有效率。

(二) 调水工程水资源系统分析的指标

(1) 系统的容量：如受水区可以发展多少灌溉面积，具有多大的城市供水能力，各受水区的各用水部门的供水保证程度如何。

(2)工程规模:如各输水渠道 L_k 的设计流量 QM_k、抽水泵站的装机容量、水库的最大库容 $V_{k\max}^t$ 等。

(3)确定水资源系统的基本调度方式,以使各种水源均得以充分利用:如图中的 V_5 水库,它可以补充 J_4 点以下的渠道供水量,因此这种水库应当维持在较高水位条件下工作,用水区5的需水主要由 L_{13} 和 R_5 供给。当然,V_5 水库也不能蓄水太高,否则可能增加其来水 I_5 的弃水量。而对于图中的 V_4,一般情况下则希望多用库蓄水,少用 R_4 供水,以腾空库容接纳总干渠中多余的水量,但也不宜将水库的水位放得过低,否则遇到总干渠供水不足时,将造成用水区4的供水困难。

模拟计算时,先要初定某些指标,经计算统计出另一些指标,判断指标体系的合理性;然后对初定的指标进行调整,再计算。如此反复多次,最终选取各指标相对合理的一组值作为系统的指标体系。通过模拟过程,决策人员可以了解各指标对整个系统影响程度的大小和变化趋势,了解这些指标的重要程度,从而更方便决策。

此外,模拟过程相对寻优过程要简单明了得多,因此水资源系统的模拟模型是实际运用中的基本模型。由于模拟模型往往要进行多方案比较,要对系统进行各方面的调整,比如适当增加或减小供水的范围、适当增加或减少水源点(即扩大或缩小系统规模)等,这就需要描述水资源系统的模型应具有很大的灵活性,以便于修改。

(三)水资源系统的基本数学描述

1. 网络的描述

前已说明,水资源系统是由水库节点 V_k、本地水源 R_i、输水系统节点 J_i、输水渠道 L_k 组成的一个有向网络。描述这个网络的步骤如下:

(1)先对全部节点统一编号,即给每一个节点取一个“名字”。然后对每一个节点赋予类号,以说明该节点的属性,比如代表用水区的点的类号为1,不能由其他水库充水的水库的类号为2,可以由其他水库充水的水库类号为3,本地水源的类号为4,分水点类号为5,汇水节点类号为6(如图6-2-1中的 V_1、V_2、V_3、V_5、V_6)。

(2)将任意两节点之间的输水设施统一编号,即将网络的所有边进行编号。每一条边由其两个端点定义,端点的顺序决定了渠道中水流的方向。比如图6-2-1中的 L_4 渠道,它由 J_2 节点和用水区7节点定义,水流方向由 J_2 指向用水区7。

上述步骤建立起来的描述网络的数据结构,可以很好地将各种资料串联管理起来。比如根据各节点的类型号,可以查询与之有关的任意数据;根据输水管线号,可以查询相应的输水能力和输水损失;从一个点出发,沿着有向的网络边前进,可以知道由此点引出去的水能到达哪些节点,最大能送去多少水,损失比例多大;对于用水节点,逆渠道流向上溯,可以找到所有能向其供水的水源。

2. 水资源系统物理关系的数学描述

1)水库节点在 t 时段的水量平衡方程

$$(V_k^{t+1} - V_k^t)/(\Delta t) + I_k^t + \left(\sum Q_j^t\right)_{\text{入}} = O_k^t + \left(\sum Q_j^t\right)_{\text{出}} + Q_k^t \qquad (6\text{-}2\text{-}1)$$

式中 $(\sum Q_j^t)_{\text{出}}$——水库总的输出水量,Q_j^t 须满足渠道过水能力约束:

$$Q_j^{\,t} \leqslant QM_j$$

QM_j——第 j 条渠道的设计流量；

V_k^t——t 时段初水库蓄水量，须满足上、下限约束：

$$V^{\,t}_{\min_k} \leqslant V_k^t \leqslant V^t_{\max_k}$$

Q_k^t——第 k 号水库向其直属供中区供水量，不应超过直属供水区总需水量，如果一个库有多个直属用水区，则$Q_k^{\,t}$ 不大于该水库所有直属供水区需水量的和，即：

$$Q_k^t \leqslant \sum QX_{ik}^t$$

$QX_{ik}^{\,t}$——第 k 个水库的直属用水区的第 i 个部门 t 时段的平均需水流量；

$(\sum Q_j^{\,t})_{入}$——由其他水源充入水库的总流量；

$I_k^{\,t}$——第 k 个水库 t 时段的天然入库径流量；

$V^t_{\min_k}$、$V^t_{\max k}$——第 k 个水库 t 时段允许最小、最大蓄水量；

O_k^t——第 k 个水库 t 时段的下泄流量。

当$V_k^{\,t} \leqslant V_{ik}^{\,t}$ 时，$QX_{jk}^t = 0(j = 1, 2, \cdots, i)$，即水库蓄水低于第 i 条供水限制线（库容为 V_{ik}^t）时，相应低优先级的用水部门停止供水。

2）受水区供、需水量方程

供水量不超过需水量（多数时候等式成立）：

$$QX_k^{\,t} \geqslant \sum (At_j \cdot Q_{jk}^t) \tag{6-2-2}$$

式中 $QX_k^{\,t}$——k 用水点需水量；

$Q_{jk}^{\,t}$——与 k 用水点相邻的节点供向 k 用水点的水量；

At_j——连接渠道的渠系水利用系数。

3）分水节点水量平衡方程

$$(Q_{j1}^t)_{入} \cdot At_k = (Q_{j2}^t + Q_{j3}^t)_{出} \tag{6-2-3}$$

式中 $Q_{j1}^{\,t}$——进入 j 节点的渠道入端流量，即为上一个节点的输出流量；

$(Q_{j2}^t + Q_{j3}^t)_{出}$——$j$ 节点两条出水枝的总流量；

At_k——j 节点入流渠道的渠道水利用系数。

4）汇水节点水量平衡方程

$$(Q_{j1}^{\,t} + Q_{j2}^{\,t})_{入} \cdot At_k = (Q_{j3}^{\,t})_{出} \tag{6-2-4}$$

式中 $(Q_{j1}^{\,t} + Q_{j2}^{\,t})_{入}$——进入分水节点两支渠道的入端流量；

$(Q_{j3}^{\,t})_{出}$——出水枝的流量。

5）需水量上报模型

每一时段，在确定水源的供水量时必须考虑需水量，在进行分水节点两个输出枝的水量分配时，也要考虑需水。因此，需水量逐级上报过程是一个基本过程。所谓需水量上报，就是溯供水渠道而上，将各用水区的需水量逐级汇总到各个水源点的下级节点上的过程。比如，对于用水区 6，可以顺序将其需水量上报到 J_5、J_4、J_3、J_2、J_1 节点，其中 J_4、J_1 节点为水源点的下级节点。

当碰到汇水节点时，就有一个如何向上分配需水量的问题。可以使用各种分配准则，如固定比例准则、轮流准则等。固定比例准则将节点需水量按一个固定的比例分配到上一层节点上，此比例值作为程序输入参数，经过多次试算后确定下来。轮流准则要求每一时段的计算分多次迭代进行。每一次迭代全部需水量都集中于一枝上报，另一枝为零。下一次迭代时，剩余需水量换到上次上报需水为零的枝上。

6）供水分配模型

水库供水决策的基本依据是其相邻下级点的需水量。仍以图 6-2-1 为例说明：V_3、V_4 水库只须根据节点 J_6 和用水区 4 的需水量放水即可；V_5 按照用水区 5 的需水量和节点 J_4 上报给 J_3 后剩余的需水量供水；V_1、V_2 按需水量向用水区 1 和用水区 2 供水，按 V_1、V_2 当前时段库蓄水量的比例分摊 J_1 点的需水量。

7）充库模型

位置较低的水库可以由位置较高的水库充水。如图 6-2-1 中的 V_4 库，可以由 V_1、V_2 库充水，充水过程与“供水分配模型”相同，即首先由可以充水的水库逐级将需充库量上报至各个高水库的下级节点，然后各高水库根据需水放水充库。

充库的基本判断准则是：高水库必须有弃水才能充库。

8）控制优化参数

在模拟模型中，可以加入一些参数，用以反映决策者的意图，反映各区水文方面的差异及其地位的重要性。

（1）首次充库系数。前已说明，各水库既不能充得太满（太满容易造成下一时段弃水），也不能蓄水太少（太少不能保证直属用水区今后的供水）。为此，对每一个水库都赋予一个小于 1 的充库系数，限制水库的蓄水量。

充库系数的另一个作用是反映水源的使用顺序，显然，充库系数越大，水源在第一次迭代时就充得越满，只有当其他水源都不能满足供水时才动用水库蓄水，这时水库水源是作为后备使用的。反之，充库系数小，表明该水库水源较先使用。无论迭代计算的中间过程如何，每一时段结束时均应对各个水库的来水进行检查，当水库来水未用完且水库蓄水还未达允许蓄水量上限时，应将来水继续充库。

（2）受水小区重要性系数。由于各小区大小不同、重要性不同，其供水的保证程度要求也不同。为此，对每一个受水小区设定一个不大于 1 的重要性系数，重要性越高，此系数越大。重要性系数只在首次迭代中对需水削减，旨在使地位重要的小区的主体需水量在第一次迭代时就得以基本满足。

（四）调水工程水资源系统分析步骤

首先，对于新建的渠道放松规模约束，对于已建成的渠道采用设计值，然后调整充库系数和用水区重要性系数，反复进行长系列的径流调节计算。当各受水区、各用水部门的供水保证率达到设计要求且外调水量最小时，再根据各输水管线中通过的最大流量，对规模进行调整，主要是减小设计流量，直至输水规模进一步减小将影响用水小区的供水保证率时为止。

在模拟过程中，对待建水库可以拟定多组库容，通过水利计算，求得相应的供水保证率及水资源利用状况，结合水库防洪、淹没以及其他兴利任务，优选水库的特征库容。

如果调水工程从河流取水，可以拟定多组进水闸的特征尺寸，如闸底板高程、闸孔宽度等，然后进行长系列水利计算，根据供水情况并考虑其他因素选取引水闸的特征尺寸。

四、逐时段水量供需平衡

前文简要说明了调水工程水利计算的基本原理。实际上，水利计算的核心就是水量平衡，即逐时段供水、需水的余缺分析。从水量平衡的结果可以判断供水工程建设的规模是否合适，运行调度的方案是否可行。

水量平衡计算中的需水过程，是根据区域经济社会发展水平、气候条件等因素确定的，供水过程则需要根据来水情况、用水户的需求及地位的重要性、水源蓄水情况、输水能力等因素确定。由于用水户组成复杂，水源众多，因此水量供需平衡计算是一个十分复杂的过程。以下通过算例说明这一过程的具体操作步骤。

【例 6-1】 某地区供水网络图如图 6-2-2 所示。V_1 为当地水库，承担有城市供水及农业供水任务，其向城市供水管道的设计流量为 $50m^3/s$，管道水利用系数 0.90；向农业供水渠道的设计流量为 $30m^3/s$，渠系水利用系数 0.70。V_2 为调水的水源水库，也可向同一城市供水，供水的设计流量与水利用系数分别为 $50m^3/s$、0.85。若 7 月上旬该城市生活需水2 000 万m^3、工业需水 3 000 万 m^3，V_1 库下的农业需水 3 000 万 m^3，当地水库有效蓄水量 4 500 万 m^3，试分析 7 月上旬供水的满足情况，并求 V_2 的供水量(其蓄水量充足)。

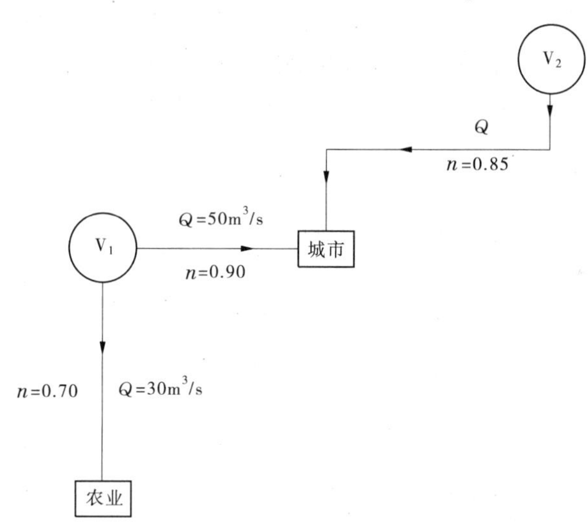

图 6-2-2　某地区供水网络图

解：本例有两个水源，水源使用顺序为“先当地、后调水”。

城市总需水量 = 2 000 + 3 000 = 5 000(万 m^3)。

城市需水优先序高于农业需水，但考虑到调水水源仅向城市供水，不向农业供水，故本地水源 V_1 先尽量向农业供水。农业需水上报到水库 V_1 为 3 000 ÷ 0.7 = 4 286(万 m^3)，小于水库 V_1 的蓄水量。但由于输水能力的限制，V_1 最大可供出水量为 30 × 86 400 × 10 = 2 592(万 m^3)。

农业缺水量 = 3 000 − 2 592 × 0.7 = 1 185.6(万 m^3)；

V_1 可向城市供水 4 500 − 2 592 = 1 908(万 m^3)；

城市尚缺水 5 000 - 1 908 × 0.9 = 3 282.8(万 m^3);

需调水水源水库 V_2 供水 3 282.8 ÷ 0.85 = 3 862.1(万 m^3),相应流量 = 3 862.1 ÷ 86.4 = 44.7(m^3/s),小于调水工程输水设计流量 50m^3/s。

在本例中,农业缺水是输水能力限制造成的。在少数干旱年,农业需水明显增大,在这些年份,适当限制农业用水,减小工程规模是合理的。

第三节　调水工程总体布置与方案选择的原则

在调水工程规模、水量分配方案确定后,需要确定工程的总体布置方案。调水工程线长、面广,工程项目多、分段多、接口多。水源与输水工程的衔接、长距离输水工程自身各控制点的协调、输水工程与配套工程的衔接、全线供电方式的选择、集中控制方式的实现等,都必须在总体布置方案下进行。

水源工程的布置与一般的水库工程、泵站工程、水闸工程类似,配套工程与一般的灌区配套工程和城镇配水工程类似。

输水工程设计标准对投资的影响很大。一般,输水工程都是受水区的补充水源,短时间的停水不会产生大的影响;而且由于输水工程线路很长,有时跨过的多个流域所存在的各种风险彼此为独立事件,即使每段渠道都按很高的标准设计,总体标准仍会较低。因此,输水工程的标准不宜定得过高。实际规划时,应结合停水对受水区的影响分析,以及局部段遭破坏对周边地区可能造成的危害的分析,确定输水工程的分段设计标准。

一、输水方式的选择

输水方式有明渠、管道之分。明渠输水方式为自流输水,建设、运行成本低,便于维修,且由于水面可以一定幅度地波动,从而能调蓄容积,运行控制的灵活性较好。但明渠的控制响应慢,占地多,对环境影响较大,且受环境的影响也大。

管道输水方案投资大,运行时需要抽水,成本高,但占地少,易于管理。由于管道基本不具有调蓄能力,故运行控制的灵活性差,但由于压力波的传播速度高于明渠,水力响应特性较好。

二、明渠输水工程总体布置的内容

明渠输水总体布置首先必须确定总干渠的线路,其次要确定渠系建筑物的种类、数量、位置,最后进行水头的分配。

(一)总干渠线路的确定

总干渠的线路是在总水头确定的前提下进行布置的。渠首水位与渠末水位之间的连线大致可以视做总干渠的水面线。总干渠定线时应考虑如下原则:

(1)为了减少输水工程量,水面线应大体上与地面一致。这一方面可以使挖方与填方近于平衡,另一方面也可以减小与环境的相互影响。如果渠道水面比地面低很多,开挖量增加很大,弃渣量大增,而且地下水可能对渠道边坡的稳定性构成威胁;还可能导致周边地下水位明显下降,对环境产生不利影响。如果水面高出地面很多,填方量将会大增,需要由别处运料填堤，而且渠内水可能外浸，给周围环境带来不利影响。

(2)线路应尽量避开城镇、村庄、重要的设施，应尽量避免占压质量好的土地。

(3)线路应顺直。调水工程总干渠规模一般都比较大，选线时应尽量减少总干渠转弯的次数，这可以减小线路的长度，改善水流条件。必须转弯时，弯道半径不小于5倍水面宽。

(4)线路应尽量避开不良地质条件区域，这包括软粘土、湿陷性黄土、膨胀土、沙土等不宜修建工程的地基，还包括煤矿采空区、山体不稳定区、易产生泥石流等地质灾害的地区。

(5)线路选择时，可适当兼顾渠系建筑物的选型和选址。因为渠系建筑物相对总干渠只是一个点，一般情况下建筑物的选型与选址应服从总干渠的布置。

实际中，很难找到同时满足上述条件的总干渠线路。应根据不同工程的具体情况，以及总干渠通过的不同地区的特点，确定某些控制点，将总干渠分为若干段。所谓控制点一般都是总干渠必须经过的点，主要由地形、受水区分布等因素决定。然后，针对不同渠段的特点，分清主次，抓住主要矛盾，确定各段渠道的具体线路。

(二)渠系建筑物的总体布置

输水渠道上的建筑物主要有跨越河流的河渠交叉建筑物、穿越交通线(铁路、公路)的路渠交叉建筑物、退水闸、分水闸、节制闸等。

(1)河渠交叉建筑物。总干渠穿越河流时分立交和平交两种方式。在立交方式下，河水与渠水各行其路，相互不发生混合，交叉点处总干渠与河道不在同一个平面上；平交则相反，交叉点处总干渠与河道在同一个平面上，河水与渠水发生混合。显然，立交方式有利于运行管理，但不利于航运。

在平交方式下，洪水、泥沙都有可能进入总干渠，对总干渠的安全、水质构成威胁，管理调度十分复杂，但有利于航运设施的布置。如无特殊理由，一般都不采用平交方式。

对于立交建筑物，存在是“河穿渠”还是“渠穿河”的形式选择问题。所谓河穿渠，就是总干渠在过河点处的断面尺寸、渠底高程均不发生变化，而改变河流的形态，使其从总干渠底下或上面穿越总干渠。而渠穿河则相反，需改变总干渠的形态，使其从河底或河上穿越河流。河穿渠的形式保持了总干渠的形态，不增加总干渠水头损失，总干渠工程简单、投资省，但对河流有一定影响，如交叉点上游河水位有所抬高，河流含沙量高时采用倒虹吸处理起来有一定难度，河道方面的投资将会显著增加等。

(2)路渠交叉建筑物。总干渠与公路的交叉是与当地居民关系最直接的建筑物，也是总干渠上数量最多的建筑物。应该使所有正规公路在总干渠建成后保持通畅，还应确保每一座村庄、工矿企业不至于因总干渠的修建而影响其对外交通。总干渠可能会从同一承包者的土地中穿过，这时必须修建合适的生产交通桥，以方便当地的正常生产。

路渠交叉建筑物一般为跨渠桥梁。由于桥墩对水流存在阻碍作用，以及桥梁使用中会对总干渠运行管理和水质造成不利影响，因此跨渠桥梁的设置应受到严格控制。

(3)节制闸、分水闸和退水闸是控制总干渠水流状态的主要手段。

节制闸横截总干渠修建，运行时通过调整闸门开度改变总干渠的流量，从而影响总干渠的水位。由于节制闸处渠道的横断面要发生变化，为节省水头和工程量，通常将节制闸与河渠交叉建筑物结合布置。如果能与渠道倒虹吸结合，则布置在倒虹吸的出口更为理想，可以利用节制闸控制水位，从而保证在各种流量下倒虹吸进口的淹没度满足要求。节制闸数量布置多一些，整个渠道系统的控制就更灵活一些，但工程投资、控制系统的容量就要增加。要根据总干渠的纵坡情况，经过技术经济比较确定。

分水闸位于渠道的边坡上，主要功能是将总干渠的水分向受水区。分水闸开度的变化将改变通过的流量，从而改变总干渠的流量和水位。分水闸的调度要遵循分配水协议，根据水文及蓄水工程的蓄水情况和各用户的需水要求，在满足渠道水位波动限制的条件下，确定闸门的开启度和开启过程。

退水闸的功能是：放空渠道；在调度运行中，将局部、短时间的多余水量排至渠道外。由于总干渠水位下降将形成渠坡外地下水向渠道内的水压力，对渠坡的稳定性构成很大的威胁，因此水位的下降速度有严格限制，在运用退水闸时必须十分地小心。由于人工调入受水区的水是一种宝贵的资源，也花费了很大的代价，加之控制技术的进步，现代修建的渠道已趋向减少退水闸的数量，有的甚至完全取消了退水闸。

（三）总干渠水面线

总干渠水面线反映了渠道纵向布置的优化设计成果。在总水头一定的情况下，渠道分配多少水头，建筑物分配多少水头，渠道不同段分配多少水头，与地形地质条件、建筑物形式、占地拆迁量、料源分布等因素密切相关。由于建筑物单位长度的造价比渠道单位长度的造价要高得多，因此建筑物的纵比降应比渠道的陡；较陡的纵坡，过水断面小，相应建筑物的规模也较小。需要注意的是，在深挖方渠段，加大纵坡会导致挖深进一步增加，工程量、施工难度、工程投资反而有可能增加。因此，渠道纵坡的确定需要进行水头分配的多方案比较，从中选择总体投资最小的方案。

纵坡调整最好采用动态规划数学模型，将渠道、建筑物统在一起寻优。由于建筑物的设计非常繁杂，很难在动态规划中精确描述建筑物的工程设计过程，一般可采用简化处理方式，如事先通过建筑物典型设计，拟定水头与工程量的关系曲线；在寻优过程中，建筑物的工程量由水头从此曲线上查得工程量。

三、管道输水工程总体布置

一般情况下，管道输水都是有压的，并需要间隔一定距离布设加压泵站。管道输水对地形的要求远比明渠低，而且可以埋于地下，占压的耕地少，受外界的影响小，水量损失率低，但管道的投资要比明渠高得多，运行费也要明显昂贵，检修也很困难。只有小规模的调水工程，或者环境条件非常恶劣的调水工程才采用管道方式输水。

（一）线路总布置

管道线路仍应避开人口密集的地区，避开不良地质条件区域。管道埋于地下虽不占用地表面积，但管顶地表一定范围内的土地使用方式要受到严格限制，这主要是出于检修和安全的考虑。

（二）管道压力线布置

管道的压力线是布置的核心内容。压力线坡降陡，管内流速大，所需管径小，但对管材的要求高，水头损失大，运行费用高。因此，需要进行动态的经济比较才能确定管道的直径,从而确定管道的压力线。

此外,压力线的布置也反映了加压泵站间距选择的优化结果。间距大,泵站数量少,泵站总的投资小,但由于管道压力增大,管道部分的投资会增加。泵站间距还与沿途分水情况密切相关,在选择泵站间距时,应尽量使总装机容量最小。

压力线还对管道轴线的纵向位置起控制作用,管道全程一般不宜出现负压状态。

第七章　水电站开发方式及规模

第一节　水电站开发方式及径流调节

一、水电站开发方式及布置形式

（一）抬水式电站

抬水式电站的特点是筑拦河坝，以集中天然河道的落差，在坝的上游形成水库，对天然径流进行再分配。按电站厂房的布置位置，将这种开发方式的水电站分为坝后式和河床式，前者适用于高坝及狭窄的河道，后者适用于低坝及宽阔的河道。建筑大坝的可能性和规模，主要取决于坝区地形地质条件和经济性，以及水库淹没损失等限制条件和社会环境影响等。

图 7-1-1 为抬水式电站常见的布置形式。河床式电站厂房是挡水建筑物（大坝）的一部分，适用于坝高 40m 以下电站；坝后式电站厂房位于大坝下游近区。

（二）引水式电站

引水式电站利用河流上下游水位差发电。采用引水式开发方式的地形条件要求：河道的天然比降在 1% 以上，且引水道不长。如河道天然比降大且具有大弯道，或两相邻的河道间河面高差大而直线距离不长的情况，可考虑采用引水式的开发方式。

图 7-1-2 为引水式电站常见的布置形式。上游引水渠首建低堰，以集中水量，通过无压引水道（隧道或明渠）引水至电站前池，以集中落差，通过压力管道至电站发电。

（三）混合式电站

混合式电站是抬水式电站和引水式电站两类开发方式的结合，即修筑大坝形成有调节径流能力的水库，再通过有压输水道至下游建厂房发电。适用于引水道上游具有筑坝形成水库，而下游河道比降较大的地形条件。

图 7-1-3 为混合式电站常见的布置形式。上游渠首建拦河坝，形成具有调节能力的水库，通过有压引水道（隧洞）引水至压力管，通过电站发电，为平衡水压波动常需在压力管前部设调压井（室）。

（四）抽水蓄能电站

这类电站是用水泵将低水池或河流中水量抽至高水池蓄存起来，需要时再用高水池的存蓄水量通过水轮机发电，水再回至低水池，循环运用。按其用途有两大类：①利用电力系统中低负荷时多余电能抽水蓄能，用以补充系统中峰荷时间的容量不足，适用于火电比重较大或有调节能力的水电比重小的电力系统；②利用系统中水电厂汛期的季节性电能抽水蓄能，以补充枯水季节的电能不足，适用于以水电为主的电力系统。现代已建的大型抽水蓄能电站容量已达百万千瓦以上，电机和水轮机均为可逆式的，即一套机组具有抽

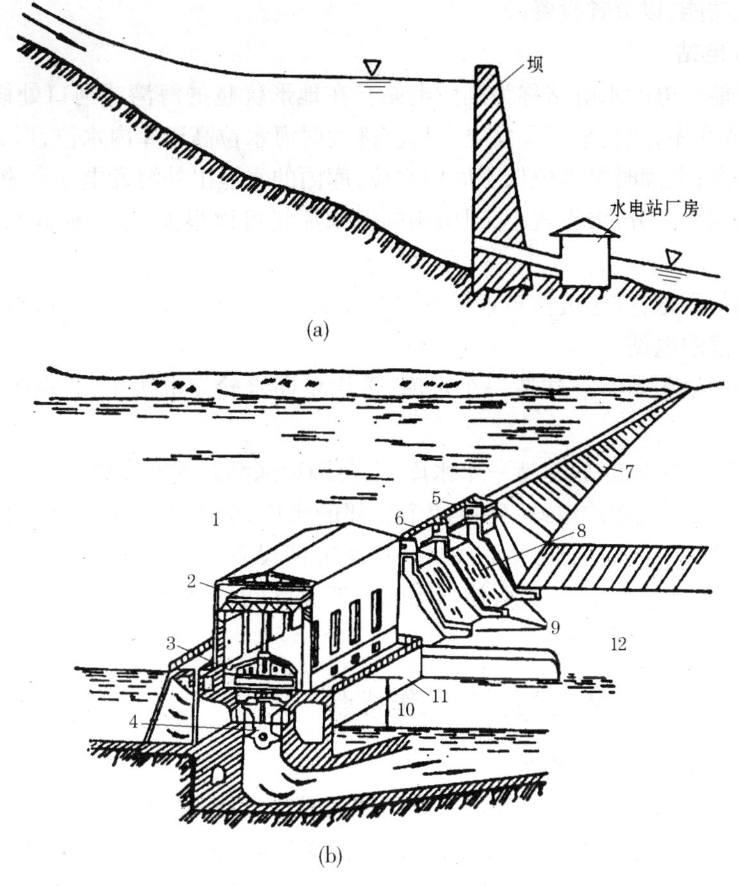

图 7-1-1　抬水式电站示意图

(a)坝后式水电站;(b)河床式水电站

1—上游河段;2—桥式起重机;3—发电机;4—水轮机;5—桥;6—闸门;7—非溢流土坝;8—混凝土溢流坝;9—闸墩;10—水头;11—水电站厂房;12—下游河段

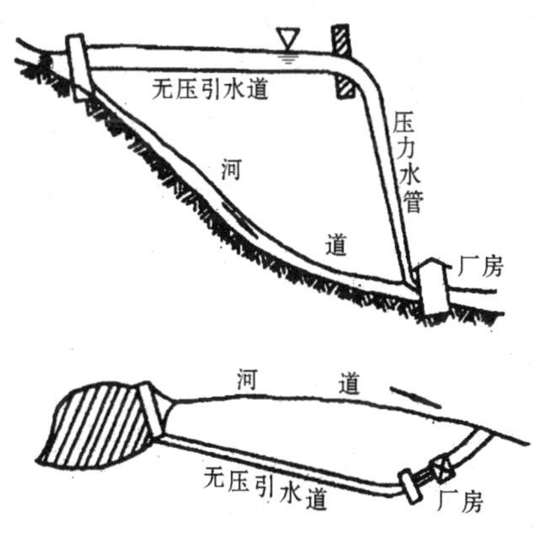

图 7-1-2　引水式电站示意图

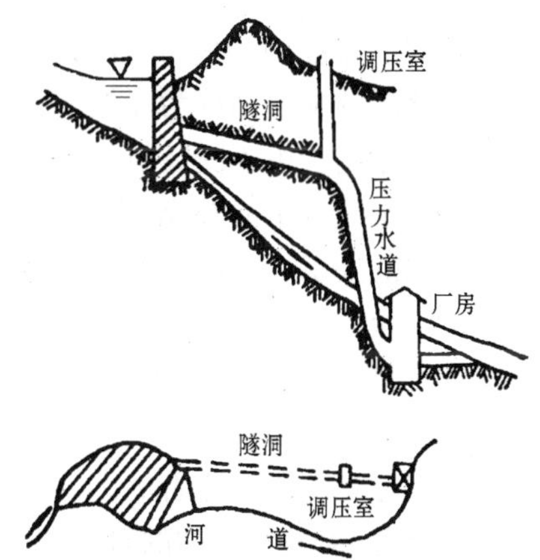

图 7-1-3　混合式电站示意图

水和发电两种功能，以节省投资。

(五)潮汐电站

利用潮汐能发电的水电站称为潮汐电站。在地形优越的海湾或河口处修筑堤坝，与外海隔开，形成水库，建造水闸及发电厂房。涨潮时海水位高于库内水位，形成水头，将海水引入库内发电；退潮时海水位低于库内水位，库内的水泄出外海发电。潮汐电站可利用的水头为潮差的一部分，水头较小，但引用的海水流量可以很大，是一种低水头大流量的水电站。

潮汐电站的类型，按建筑物布置和不同的发电方式，分单库单向、单库双向及双库连续发电等三类潮汐电站。

(1)单库单向潮汐电站：建造一个水库，采用单向水轮发电机组，只在落潮或涨潮时发电。

(2)单库双向潮汐电站：建造一个水库，在落潮和涨潮时都能发电。

(3)双库连续发电潮汐电站：建造两个相邻的水库，分别用水闸与外海相通，一个水库(高水库)进潮，一个水库(低水库)出潮，两水库间设置发电厂房，采用单向发电机组，在涨落潮中，控制进水闸和出水闸，使高水库与低水库间始终保持一定落差，水流由高水库流向低水库，实现连续发电。

二、水电站调节性能的类型和工作特点

(一)水电站调节性能的类型

水电站通过其水库工程调节天然入库径流的时空分布，达到发电出力与电力负荷的一致性。水电站按调节性能分无调节、日(周)调节、年(季)调节和多年调节四大类型。仅具有上述调节能力的水电站，常分别称为无调节水电站、日调节水电站、年调节水电站和多年调节水电站。

(二)各类型电站的工作特性和区别

1.各类型电站的工作特性

1)无调节水电站

不设调节库容，或由于综合利用要求水电站水库不能进行日调节，这类不能对天然径流进行再分配的水电站称为无调节水电站，无调节水电站发电流量完全由天然径流决定，又称径流式电站。由于受装机规模的限制，径流式电站在丰水期产生大量弃水，枯水期又不能得到丰水期水量的补充，水量利用程度不高，并且发电出力不能适应日(周)电力负荷急剧变化的要求，只能承担电力系统基荷，电站的容量效益小。

2)日调节水电站

仅具有日(周)调节能力的水电站，称为日调节水电站。

水电站的日调节：河流中一天内的流量在大多数情况下几乎是均匀的，而一天中电力系统的负荷总是急剧变化着的。这一天的来水量通过水库的调节，按系统日负荷变化要求进行再分配，即为水电站的日调节。水电站因日调节担任系统尖峰负荷的水电站可获得相当日平均出力好几倍的容量效益，称日调节容量效益。另外，因日调节引起水库上、下游水位波动，导致日平均水头损失而产生能量损失，称日调节损失。对于一些低水头、

调节性能差的水电站，日调节损失可达日电量的3% ~5%，甚至更大。对高水头、调节性能好的电站，这项损失较小。进行日调节所需的水库容积不大，总是小于设计枯水年枯水期河流中的日平均水量。对于水电比重较小的系统中的径流式水电站，尽可能使它有一个日调节容积总是有利的。

水电站的周调节：在枯水季节里，河流中的天然流量往往变化不大，但系统中一周内双休日的平均负荷常小于其他日的平均负荷，因此水电站可把双休日多余的水量储存起来，用以增加其他各工作日的平均出力，进行周调节。这种调节所需的库容不大，获得的电站容量效益亦较小，因为储存两天的多余水量，需分配至 5 天内用；我国大型厂矿企业又多采用轮休方法，周负荷的波动有限。在设计中常根据系统负荷结构等情况用一个大于 1 的系数来反映调节效益。

3）年调节水电站

仅具有年(季)调节能力的水电站，称年调节水电站。

水电站的入库流量在年内随季节变化很大，将汛期多余水量的一部分储存于大的水库中，以补给枯水期的发电水量，即为水电站年(内)调节，这又是丰、枯季的水量调节，故又称季调节。

仅具有年(季)调节能力的水库，一般只能容纳汛期的部分多余水量，并将储存水量用于枯水期发电，于期末全部放空，常称不完全年调节。一般可将年调节、季调节、不完全年调节统称年调节。若设计水库的调节库容能使设计枯水年不发生弃水，将不均匀的来水量调节成均匀的流量排放，则称完全年调节。

水库进行丰、枯季水量调节，可增加枯水期的电量效益和容量效益，在枯水期又进行日、周调节，可获得更大的容量效益。但年调节水库在汛期一般不进行日调节，而常按电站预想出力工作，以减少弃水。

4）多年调节水电站

具有多年调节能力水库的水电站，称多年调节水电站。

水电站的多年调节：将丰水年或丰水年组的多余水量储存在水库里，用于增加以后一个或几个枯水年的供水量，称多年调节。

多年调节水库在枯水年份可进行完全调节，在一般来水年份进行年(季)调节，在汛期也常进行日调节，多数年枯水期末水库往往并不放空，只有遇到连续枯水年时才放到死水位，在丰水年份的丰水期水库蓄满后才可能弃水。

综上可见，不同类型水电站水库工作的特点：①日(周)调节是将较均匀的入库径流通过水库调节成急剧变化的径流下泄(发电)，以适应日(周)负荷急剧变化的要求，目的是扩大水电站的容量效益；②年(季)调节和多年调节是将年内和年间分配不均匀的入库径流通过水库调节，以适应年内和年际变化相对稳定的负荷过程，将达到减少弃水，扩大水电站电力电量效益的目的；③多年调节水电站同时承担年调节和日(周)调节功能，年调节水电站也承担(日)周调节功能，因此两者与日调节电站相比，增加了枯水季水量，更扩大了容量效益，并减少丰水(年、季)弃水量，还增加了电量效益。

2. 区别水电站调节性能的条件

水电站调节性能区别是根据它的工作特性来确定的，在规划阶段常按其调节库容占多年平均年水量的比重大小来定性估量。

1)按工作特性区别

无调节水电站无调节水库或者水库不能(不允许)进行调节,长期保持固定的前池水位运用,发电流量由天然流量决定;日调节电站按日入库天然流量进行日内的调节,日入库流量丰水季不储存,枯水季无补充;年调节电站丰水季水量部分存储起来补充枯水季水量的不足,枯水季进行日调节的流量大于天然入库流量,不足部分由水库供水;多年调节电站除进行年调节(丰、枯季水量调节)和日调节外,还进行丰、枯水年份的水量调节,部分枯水年份的发电用水量大于当年的入库水量,设计枯水年的调节流量大于设计枯水年平均流量。

2)规划阶段对调节性能的定性估量

对一座电站调节能力的定性估量,常用调节库容占多年平均入库径流量的比重(称库容系数)来判别。在我国大多数河流中,当库容系数$\beta < 20\%$时多为年调节电站;当$\beta = 20\% \sim 25\%$时有可能具有完全年调节能力;当$\beta > 25\%$时一般可达到多年调节能力。日调节库容一般较小,仅需保证设计枯水年枯水期平均流量×10h左右的库容,周调节所需库容一般为日调节库容的1.15~2倍。

三、水电站水能计算

(一)水能计算基本概念

水电站水能计算是研究各种调节性能的水电站的工作情况,确定其能量指标的专门的水利计算。它的主要任务在于求出相应一定水库规模和设计保证率的保证出力和多年平均电能,以及动力设备的工作状况和运行参数,并与水能规划中的下述工作紧密联系:选择水电站设计保证率、拟定负荷水平、论证供电范围、确定电站规模及机组特征值、制定运行方式和水库调度规划、阐明工程技术经济条件。水能计算所依据的基本资料主要包括水库可能的开发条件和方式、电站布置方式和特性、坝址(电站)的径流资料及统计参数、水库容积曲线、电站尾水道的水位流量关系曲线、电站引水水头损失资料、水库水量损失资料等。

水电站的出力和电能一般按如下两式计算:

$$N = 9.81\eta_1\eta_2 QH = KQH \tag{7-1-1}$$

$$E = \int_0^T N\mathrm{d}t = \sum_{i=1}^{n} N\Delta T_i \tag{7-1-2}$$

式中 N——计算时段(ΔT)的平均出力,kW;

Q——计算时段的平均发电流量,m^3/s;

H——计算时段作用于水轮机工作轮的净水头,m,一般等于水库坝前水位与尾水道水位差,并扣除引水系统的沿程和局部水头损失;

η_1——水轮机平均效率;

η_2——发电机平均效率;

K——出力系数,为$9.81\eta_1\eta_2$的经验值,一般可由水电站工作水头、机组机型及单机容量因素选用,如适用于中高水头的混流式及中低水头的轴流式机组,可取8.2～8.6，适用于高水头的冲击式机组可取7.0～8.0，适用低水头的贯流式机组可取7.0～7.5，对于大型机组宜取偏大值；

E——电站在计算期T（n个计算时段）的发电量，kW·h，当T长达M年时，其多年平均电量等于E与M的比值。

（二）水能计算基本资料

1.电站特性资料

电站特性资料包括水电站开发方式、水库特征水位、设计保证率等。

2.径流资料

径流资料包括年径流资料和径流年内分配资料。年径流资料一般包括历年平均径流总量、平均流量、平均径流模数和平均径流深等项，以及年径流的数理统计参数（C_v、C_s）和保证率曲线。径流年内分配资料一般根据水电站调节性能而有不同要求：对于无调节和日调节水电站应具有长系列的日平均径流资料；对于年调节和多年调节水电站应具有长系列的月平均径流资料，必要时需有汛期旬平均径流资料。系列长度一般要求不少于30年。

3.坝址（或水电站厂址）水位流量关系曲线

可用建库前的电站尾水处的河流断面水位流量关系的历年平均线；若建库后坝址下游河床将有较大的冲淤变化，宜引用冲淤后的电站尾水处的水位流量关系曲线；若尾水位受下游较大支流或下游梯级蓄水位的顶托，需研究支流或下游梯级对尾水位的影响。

4.水库库容曲线和水库面积曲线

根据1/10 000或1/50 000库区地形图算绘。

5.水库的水量损失

水库的水量损失包括额外的蒸发损失、渗漏损失和严寒地区的结冰损失。

1）额外的蒸发损失

额外的蒸发损失是指建库后库区陆地变为水面部分所增加的蒸发损失。陆面蒸发量的计算方法，可采用坝址以上集水面积的降水深减去径流深（近似）计算。

在水库设计中，一般应采用计算时段平均水库面积计算逐时段损失值，当蒸发损失比重不大时，可采用历年各月平均值作为每年相应月份的损失值。

2）渗漏损失

渗漏损失包括经库底、坝体、坝基绕坝等的渗漏损失以及水工建筑物止水不严实处的渗漏损失等。此项损失应根据库区及坝址水文地质条件和坝型确定，无资料时可按水库年平均水位相应的水面面积和损失水深估算，例如地质条件优良的损失水深取0～0.5m/a，中等地质条件的取0.5～1.0m/a，劣等地质条件的取1.0～2.0m/a。一般水文地质条件可按每日损失水层1～2mm估算。水库渗漏损失在水库蓄水后的最初几年较大，以后逐渐递减而趋于稳定，上述估算数值是指相对稳定时的情况。对于来水量不大而供水任务较重的水库，渗漏损失的估算应特别慎重。

3）严寒地区的结冰损失

在冬季当水库水位消落时冰层仍留于岸边，暂时不能利用。留于岸边的冰层是否形成真正的水量损失，须视水库调节性能而定。若水库调节性能差，这将引起枯水季节利用水量的减少。这项损失一般不大,可按冰冻期库水位变动范围内水库面积之差乘以平均结冻厚度的0.9倍计算。

在径流调节计算中,可先按无损失进行计算,再考虑上述三项损失进行修正;也可先将上述三项损失化算为月平均流量损失,从入库流量中扣除得净入库流量,再进行调节计算。本章均按后者进行叙述。

(三)无调节水电站水能计算

无调节水电站包括没有调节水库的引水式电站、因下游航运或引水要求等条件限制不能进行日调节的电站等。它的生产特点是电站上游水位基本上维持固定水位,发电流量完全由天然径流量决定,所以又称径流式电站。

由于天然径流的不均匀性,因此计算时段要求尽可能短,一般应按日进行计算,以保证电能计算的精度。由于按日计算的工作量太大,设计中常按如下方法进行简化计算。要点为:

(1)根据实测径流资料的日平均流量变动范围。划分若干个流量等级,统计各级流量的重现历时,并由各级流量的平均值按公式(7-1-1)计算电站的出力,以它为统计序列求得出力历时保证率曲线,如图7-1-4所示。

(2)由设计保证率 P_0,推求保证出力 N_P,并拟定几个电站装机容量 N_Y 方案,采用有限差分法按 N_Y 以下阴影面积进行积分,求得各 N_Y 方案的多年平均电能 E_0,绘制 $N_Y \sim E_0$ 关系线,如图7-1-5所示,作为确定电站装机规模的依据。

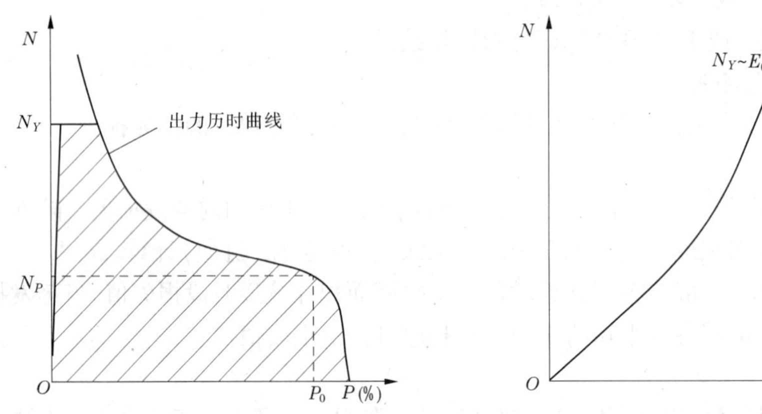

图7-1-4　无调节水电站出力历时曲线示意图　图7-1-5　装机容量与多年平均发电量关系示意图

N_Y—装机容量;N_P—保证出力;P_0—设计保证率

在规划阶段,一般可采用丰、平、枯三典型年的逐日径流资料进行动能计算,这时可直接根据公式(7-1-1)和公式(7-1-2)求得各 N_Y 方案的保证出力和多年平均年电量。

(四)日调节电站水能计算

日调节电站是指仅具有日调节能力水库且进行日调节的水电站,它的生产特点是在枯水季节水电站需进行日调节,水库的调节库容在每昼夜24h内要充满和放空一次,库水位在正常蓄水位和死水位之间波动,因此计算电站出力的上游水位可取调节库容充满一半所相应的水位。在丰水期日平均入库流量超过水电站最大过水能力,电站将停止日调节，这时计算出力的上游水位为正常蓄水位。其他计算方法与无调节电站相同。

（五）年调节水电站水能计算

年调节水电站是指具有调节水库的水电站，它的水能计算是在径流调节的基础上进行的。一般采用时历法计算，在过去设计中曾分长系列（指采用全部径流系列）法和典型年法、等流量法和等出力法，组合成4种计算方法。从20世纪80年代以来，由于电子计算技术的逐步普及，应用上多为精度较高的长系列等出力法。

1. 长系列等流量法

根据长系列逐月（旬）净入库流量（扣除水库额外蒸发损失和渗漏损失后的天然入库流量），逐年、逐月（旬）进行计算。假定一固定的调节流量（指电站发电流量），从水文年蓄水期初和死水位开始，电站按调节流量工作，多余水量充蓄于水库，库水位至正常蓄水位之后，电站按天然入库流量工作，当入库流量小于调节流量时，电站又按调节流量工作，不足水量由水库供给，至供水期末要求水库水位刚刚消落至死水位，否则应加大调节流量（水量偏丰）或减少调节流量（水量偏估），重复上述调节计算，一直至满足要求为止。这一固定流量即是本水文年度通过给定的调节库容调蓄后的调节流量。对每一水文年均作相同的计算，求得每一年相应调节流量及各月下泄过程。

1）保证出力计算

年调节水电站的保证出力，是指相应于设计保证率的一定时段内，水电站由于受水量或水头的限制所能提供的平均出力，其控制时段一般为一年中的枯水期（对于某些低水头电站可能是洪水期）。常规计算方法为：按各水文年度的调节流量自大至小排队，按经验频率公式进行统计计算，求得各调节流量的相应频率。依据设计水电站的设计保证率，求得相应频率的调节流量，按下式推求保证出力：

$$N_P = KQ_P \overline{H_P} \tag{7-1-3}$$

式中 Q_P——相应设计保证率的调节流量；

$\overline{H_P}$——相应枯水期的电站平均净工作水头，一般上游水位采用死库容+1/2调节库容的相应水位，下游水位为调节流量相应的尾水位；

其他符号含义同前。

2）多年平均年电量计算

根据长系列计算成果的下泄量过程和计算时段的上下游水位过程，计算各时段的出力；假定几个装机容量，统计各时段等于和小于给定装机容量的出力，各时段出力的均值乘以8 760h即为设计水电站相应方案的多年平均电量。

2. 其他方法

其他方法与长系列等流量法基本相同，差别的要点为：①长系列等出力法，其差别仅在各水文年的调节计算中，假定固定出力代替调节流量进行试算求解；②典型年法，其差别仅在用三个典型水文年的径流过程代表全系列的径流过程，其他相同。

典型年的选择方法要点为：①要求三典型分别代表全系列的丰、平、枯典型年，根据全系列年径流经验频率计算，选择年水量频率相当电站设计保证率 P 的年份为枯水年，$1-P$ 相应年份为丰水年，$P=50\%$ 年份为平水年；②要求三年的平均年水量应接近多年平均年水量，并用多年平均年水量控制缩放三典型年逐月、旬过程；③要求三典型年径流年内分配较有代表性。

以下以等出力法进行一个水文年调节计算为例，说明具体方法和步骤。

计算以蓄水期初（本例为6月初）、死水位920m为起点，假定固定出力，逐月试算，至9月份水库蓄至正常蓄水位970m。10月、11月来水较大，出力大于假定的固定出力，按净入库流量工作；12月至次年5月，水库供水，按假定的出力工作。计算过程列入表7-1-1。

表 7-1-1

月份	入库流量 (m^3/s)	时段初		时段末		水库蓄水量 (m^3/s·月)	发电流量 (m^3/s)	上游平均水位 (m)	下游平均水位 (m)	水头 (m)	月平均出力 (kW)
		水位 (m)	库容 (m^3/s·月)	水位 (m)	库容 (m^3/s·月)						
(1)	(2)	(3)	(4)	(5)	(6)	(7)	(8)	(9)	(10)	(11)	(12)
6	7.02	920.00	2.90	932.40	4.78	1.88	5.14	926.20	733.17	193.03	8 240
7	8.92	932.40	4.78	950.60	8.93	4.15	4.77	941.50	733.13	208.37	8 240
8	10	950.60	8.93	967.70	14.54	5.61	4.39	959.15	733.09	226.06	8 240
9	8.8	967.60	14.54	970.00	15.39	0.85	7.95	968.80	733.58	235.22	15 537
10	7.79	970.00	15.39	970.00	15.39	0	7.79	970.00	733.55	236.45	15 288
11	4.45	970.00	15.39	970.00	15.39	0	4.45	970.00	733.10	236.90	8 750
12	2.09	970.00	15.39	964.10	13.23	-2.16	4.25	967.05	733.08	233.97	8 240
1	1.47	964.10	13.23	955.50	10.32	-2.91	4.38	959.80	733.09	226.71	8 240
2	1.92	955.50	10.32	945.80	7.68	-2.64	4.56	950.65	733.11	217.54	8 240
3	3.59	945.80	7.68	941.10	6.55	-1.14	4.73	943.45	733.12	210.33	8 240
4	3.52	941.10	6.55	934.80	5.22	-1.33	4.85	937.95	733.14	204.81	8 240
5	2.79	934.80	5.22	920.00	2.90	-2.32	5.11	927.40	733.17	194.23	8 240
合计			120.32		120.32	-0.01					

说明：(1)从蓄水期（本例为6月初）开始进行调节计算，表中(2)、(3)栏为已知值。

(2)假定调节期的固定出力8 240kW，填于表中(12)栏。

(3)试算(5)栏，即先假定时段末库水位，查库容值，填于(6)栏中。计算(7)＝(6)－(4)，(8)＝(2)－(7)，(9)＝((5)＋(3))/2。由(8)栏数据查下游水位流量关系曲线得下游平均水位，填于(10)栏中。计算(11)＝(9)－(10)，再由(8)、(10)栏的数据按式(7-1-3)计算出力。若计算出力与(12)栏中的假定出力一致，则(5)栏中的水位适合，否则应修正(5)栏中的水位，重新进行上述计算。

(4)重复步骤(3)，直至供水期末（本例为5月末）。若供水期末水库水位等于死水位(920m)，则假定的固定出力即为本年度供水期平均出力，否则重新假定固定出力，重复上述计算。

（六）多年调节电站水能计算要点

具有多年调节能力的水库，一般在遭遇连续丰水年组的丰水期水库才充满（库水位蓄至正常蓄水位），在遭遇连续枯水年组的枯水期末水库才放空（库水消落至死水位），从水文连续、丰枯相互交替规律而言，年调节水电站径流调节和水能计算时历法可基本上适应多年调节水电站，仅计算起点应选为连续丰水年组汛末水库蓄满并开始供水的时刻，然后采用试算法逐月进行计算。

我国水库具有水文资料系列均不长，而一个丰水年组或枯水年组往往包括几个水文年，从数理统计理论而言，多年调节水库采用时历法计算的径流系列样本代表性往往不够，而采用数理统计法进行调节计算可以弥补这一缺陷。目前，我国采用数理统计法进行多年调节水电站径流调节计算成果不多，这里拟不作深入介绍。

（七）采用水库调度图进行水能计算

具有年调节和多年调节能力的水库水电站，水库调度图是指导水库实际运用的工具，又是水库实际运行中提高电站电力电量效益的主要途径。在电站设计阶段按调度图进行水库调节和水能计算，能更精确计算设计电站的效益，使之更接近运行阶段发挥效益的实际。前述不考虑调度图的计算方法，往往适合可行性阶段进行方案比较，对选定方案和初步设计阶段，还应编制水库调度图，按调度图进行水库径流调节和水能计算。

1. 水库调度图的意义

水电站水库调度图是指导年及多年调节水库运行的工具，它根据水库的历史径流统计资料和水电站在系统中的工作位置拟定。水库调度图是以时间为横坐标，以水库蓄水量（或库水位）为纵坐标，由一些控制蓄水和供水的指示线（或划分电站不同出力的指示线）划分出不同的供水区，如图 7-1-6 所示，它可表示为 $N=f(V,t)$，式中 N、V、t 分别表示水电站的出力、水库蓄水量和相应时间。即表示某时间水电站的出力应根据相应时间的蓄水量来决定。

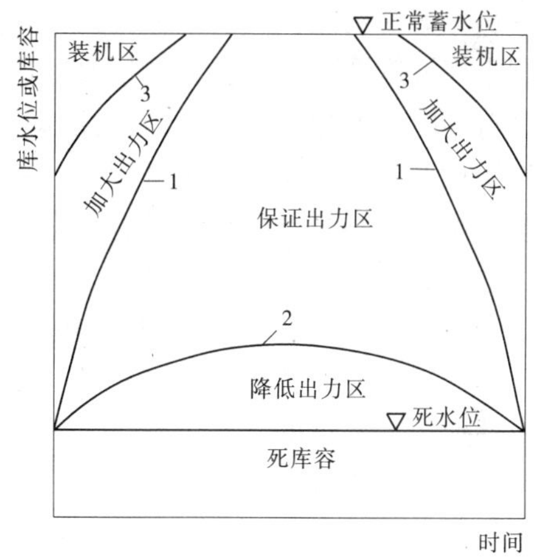

图 7-1-6　水电站水库调度区划示意图

1—防破坏线；2—限制出力线；3—防弃水线

水电站水库调度图，一般要研究下列几方面的问题，并达到相应的要求：

(1) 电站的保证运行方式。研究在遇到设计枯水年份，水电站按保证出力工作，即电站能向系统提供保证的出力和电量，使系统正常工作状态不遭到破坏。

(2) 加大出力运行方式。研究在丰水期或遇到平、丰水年份，水电站加大出力（或按装机容量）工作，争取向系统多提供容量和电量，减少弃水，节省火电站燃料消耗，并替代火电站部分检修容量工作。

(3) 降低出力运行方式。研究在遇到设计枯水年以外的特枯年份，水电站适当地降低出力工作，以减轻系统遭到破坏的程度。

(4) 其他运行方式。研究为了兼顾防洪、灌溉、养鱼、供水、卫生、环保、排沙等综合用水部门的要求，协调发电和它们之间的矛盾，拟定的发电供水方式，使得水库的综合效益最佳。

2. 调度图的组成

水电站水库调度图是由若干调度线组成的，由基本调度线划分不同运行方式的工作区（见图 7-1-6）。组成调度图的基本调度线含义如下：

（1）防破坏线。当水库水位低于此线时，水库下泄量不得大于相应水电站设计保证率的调节流量（或出力不大于保证出力），以确保设计枯水年以内年份的正常供水。见图 7-1-6中的线 1。

（2）防弃水线。当水库水位在防破坏线和此线之间时，水库应逐步提高供水量；当库水位超过此线时，电站按最大过水能力工作，以尽量减少弃水。见图 7-1-6 中的线 3。

（3）限制出力线。当库水位低于此线时，水库应及时减少供水量，降低电站出力，使设计枯水年以外年份能均匀地降低供水量。见图 7-1-6 中的线 2。

上述基本调度线：由防破坏线和限制出力线组成保证出力区，当面临时段库水位位于此区时，水电站按保证运行方式运行；由正常蓄水位和防破坏线组成加大出力和装机区，当面临时段库水位位于此区时，水电站将按加大出力方式（或按装机容量工作）运行；由限制出力线和死水位组成降低出力区，当面临时段库水位位于此区时，水电站将按降低出力方式运行。

3. 调度图的绘制

绘制水库调度图的基本资料包括水库历年实测水文资料和统计资料。一般而言，河川径流具有随时间变化和不重复的特性，即从随机分析的基础理论而言，入库径流是一个各态无遍历性非平稳的连续随机过程，这给绘制确定性的调度图带来很大困难，因此在实际工作中需将入库径流量简化为具有各态遍历性的平稳的离散化随机过程。即：假定上述径流过程为具有遍历性的随机过程，并用历年月、旬平均径流量的离散型过程替代历年实测的连续性过程，即认为已有实测过程（一般要求资料年数不少于 30 年）的统计数字特征值与无限系列的统计数字特征值是一致的（相容的）。下面所述的调度图的绘制方法是在上述假定下进行的。

1）年调节水库调度图的绘制方法

（1）防破坏线的绘制。依据入库径流量的统计资料，选用年水量（或供水期水量）接近设计保证率 P_0 的几个年内不同分配的典型入流过程，并按相应设计保证率的年水量（或供水期水量）控制修正，即按一定比值将各典型年的径流过程进行缩小或放大，使得它们的年水量（或供水期水量）等于设计保证率年份的相应值。然后从供水期末由死水位开始，水电站按保证出力工作，进行逆时序的径流调节计算（以月、旬为计算时段），求出至蓄水期初的逐时段初的蓄水量（或水位），要求蓄水期初水位等于死水位。在反推计算过程中，当蓄水位达到正常蓄水位时，水库按天然入库流量工作（电站出力大于或等于保证出力时）。取各年库水位过程的上包线即为防破坏线。当采用电算时，亦可将全部入库径流系列（不进行控制缩放），按上述方法逐年反推计算，取历年库水位过程的上包线，即为防破坏线。

（2）限制出力线的绘制。限制出力线的绘制可在上述基础上进行，即取上述各典型年库水位过程的下包线，即为限制出力线，或者不进行典型年的选取和控制缩放，将平水年份以下的各实测年的反推成果，取库水位下包线，即为限制出力线。

(3)防弃水线的绘制。依据入库径流量的统计资料，选用年水量或丰水期水量的保证率为 $1-P_0$ 的典型入库径流过程(其中 P_0 为设计保证率)，水电站按最大过水能力放水或按装机容量工作，从蓄水期末由正常蓄水位开始，逆时序反推各月库水位，至供水期中达正常蓄水位为止，连接各时段的库水位即为防弃水线。若在反时序计算中，在汛期内(指未到汛初)库水位即已降至死水位，则在绘制防弃水线的供水支时，应自供水期末(汛初)和死水位开始，反推至正常蓄水位；若在反时序计算中，在汛期内与防破坏线相交，则自交点至汛初的防弃水线由防破坏线代替，即该段两线重合为一。

上述方法所绘制的防弃水线蓄水支，系以减少弃水为主要目的的，蓄水前期平均利用水头较低，较适合调节性能较差的水库。当水库调节性能较高时，可自蓄水期初(供水期末)和死水位开始，顺时序进行调节计算求得，这种调度线使电站利用水头较高。

在有条件的水电站，可依上述方法对一系列的实测水文年进行计算，但这些年应不包括年水量大于保证率为 $1-P_0$ 的年份水量，然后取各年库水位的内包线，即为防弃水线。

2)多年调节水库调度图的绘制方法

具有多年调节水库的水电站水库调度图的绘制方法，原则上与具有年调节水库的水电站水库调度图的绘制方法相似，但由于多年调节水库的调节周期长达数年，并由于水文资料有限，选择具有代表性的典型年组是较困难的，因此在实际工作中并不绘制一个调节周期(数年)的水库调度图，而仍绘制以年度为单位的调度图。其特点是将多年调节水库的调节库容，分为多年库容和年库容，并认为多年库容调节年际间径流量分布的不均匀性，年库容调节年内径流量分布的不均匀性，因此在多年库容未蓄满以前，水电站不能超出保证运行方式工作，即各时段发电量不得大于保证电量，同样，当多年库容未完全放空以前，水电站不应低于保证电量工作。由上可见，防破坏线应位于多年库容满蓄线至正常蓄水位之间，限制出力线应位于多年库容满蓄线以下，起点为死水位。另一方面，当水库遭遇设计枯水段(连续枯水年组)时，其第一年(常称第一计算年)的蓄水期初多年库容已蓄满，因此防破坏线(又称上调配线)应根据第一计算年的水文情况来绘制；枯水段的最后一年(常称第二计算年)的供水期末多年库容已放空，因此限制出力线(又称下调配线)应根据第二计算年的水文情况来绘制。具体绘制方法如下。

A. 防破坏线的绘制

方法一：选择具有这样的入库径流过程的年份为第一计算年，即在该年中，水电站按保证电量工作，自供水期末水库蓄满多年调节库容开始，逆时序进行调节计算，至蓄水期末水库水位达到正常蓄水位，而至蓄水期初库水位又刚刚回到多年调节库容的蓄满点，在这一年内水量不少(即不需动用多年库容中的存水，否则将影响供水的设计保证率)、不多(即发电出力不超过保证电量，否则失去了防破坏线的意义)，连接各时段(月)的库水位即为防破坏线。必要时，可选取几个年内分配不利的典型年，水量按适当比例控制缩放，而后进行逆时序的调节计算，取各年库水位过程的上包线，即为防破坏线。

方法二：采用水电站设计枯水段入库径流过程，自供水期末水库蓄满多年库容开始，电站按保证电量工作，逆时序进行调节计算，取各年库水位过程线的外包线，即为防破坏线。

具有多年调节性能的水电站水库调度图防破坏线如图 7-1-7 中线 1。

B. 限制出力线的绘制

方法一:选择具有这样的入库径流过程的年份为第二计算年,水电站按保证出力工作,从供水期末和死水位开始,进行逆时序调节计算,至蓄水期初水库水位仍消落至死水位,并在这一年内的水量不少不多,连接各月的库水位过程线,即为限制出力线。同前,亦可选择几个年内分配不同的年份进行相同的计算,取其下包线,即为限制出力线。应当指出,在典型年选择的条件中,限制出力线和防破坏线,均要求水电站按保证出力工作,且均为完全年调节年份,但由于两者调节周期的始末库水位不一致,则发电工作水头不同,水电站发电流量不一样,所以各自选用的典型年的年水量及其分配过程也不是同一典型年。

方法二:将前述防破坏线向下平移,使供水期末和蓄水期初库水位与死水位重叠,即为限制供水线。这是一种简化的近似方法,适用于各水文年丰、枯水期较稳定,发电水头变幅不大的情况。

限制出力线如图 7-1-7 中的线 2。

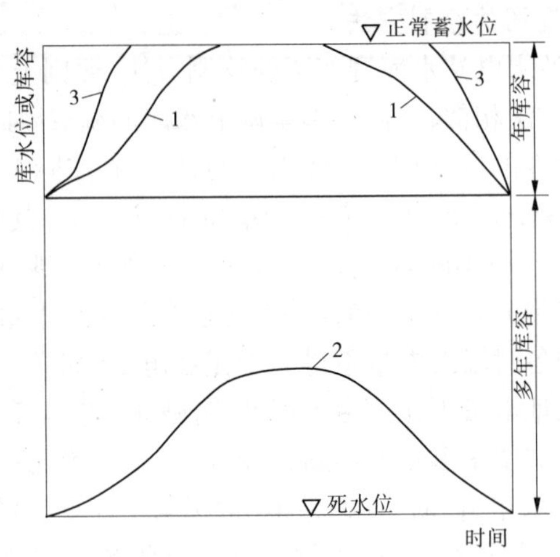

图 7-1-7　水电站水库(多年调节)调度线示意图

1—防破坏线;2—限制击力线;3—防弃水线

C. 防弃水线的绘制

对于调节性能很高的多年调节水库,可不绘制防弃水线,因为这类水库的弃水量一般不大,且弃水情况多发生在连续丰水年组的汛期,而提高水头的利用又可弥补弃水而引起的电量损失,因此常将正常蓄水位以下至防破坏线以上区域均当做加大出力区。对于调节性能略高于年调节水库的多年调节水库,可仿照年调节水库的方法绘制防弃水线。即:选择这样的丰水年份,水电站按最大过水能力工作,自供水期末和水库蓄满多年库容开始,逆时序进行调节计算,至水库达正常蓄水位,于蓄水期初仍消落至多年库容蓄满点,连接各时段(月)的库水位,即为防弃水线。

防弃水线如图 7-1-7 中线 3。

在绘制上述调度线时,当各种调度线相互间有矛盾时,一般应按优先满足防破坏线的原则进行修正。在调度图初步拟定后,应以长系列的入库径流资料操作计算,进行检验,如不符合设计要求(主要指设计保证率及保证出力能否达到设计值),应对调度图适当修正。

实际运行的水电站水库调度往往在加大供水区和降低供水区加若干辅助调度线，更进一步规定加大供水（出力）的大小（比重）和降低供水（出力）的方式和大小，优化电站运行方式（具体方法从略）。

4. 采用调度图进行水电站水能计算

年调节和多年调节水电站采用调度图进行水库径流调节和水能计算，即按面临时段初水库水位为判别条件，查调度图决定水电站的运行方式（出力大小），逐月进行长系列水能计算。要点如下：

（1）年调节水电站调节计算。根据长系列顺历时第一个水文年径流资料，选择蓄水期初和死水位开始计算，按月初水位对应调度图标志的运行区确定电站出力，逐月进行水能计算，当水位位于保证供水区时，应按保证出力工作；当水位位于加大供水区或装机供水区时，电站应加大出力或按装机容量工作；当水位位于降低供水区时，电站应降低出力，如按 0.8 倍保证出力工作，一直至全径流系列计算完成，按前方法统计多年平均电量。

（2）多年调节水电站调节计算。计算方法同年调节水电站调节计算，仅计算起点应选择连续丰水年组的汛末（供水期初）和正常蓄水位，并将原径流系列的末月和首月顺序连接，视为完整的径流系列。

（八）水能计算成果

水电站水能计算成果一般包括电站出力保证率曲线、出力过程线、装机容量和多年平均电量关系线、水头保证率线以及运行的特征水头等项。一般仅要求选定方案列出以上全部成果，并绘制各特性曲线。对于重要水电站还应绘制预想出力过程线和预想出力保证率曲线。

1. 出力过程线

一般根据长系列计算成果，选出年电量统计频率接近 10%（丰）、50%（平）、90%（枯）三典型年，按计算时段的顺序和出力的平均值点绘。

2. 出力保证率曲线

将历年的平均出力 N 按大小排队，由经验频率计算公式计算，求出不同月平均出力的相应保证率 P，即可点绘 $N=f(P)$ 曲线，如图 7-1-8 所示。

3. 装机容量和多年平均年电量关系曲线

根据不同装机容量方案和相应的多年平均电量点绘，如图 7-1-8 中 $N_Y \sim E_0$ 曲线。

4. 水头保证率曲线

将历年的月平均水头 H 按大小排队，由经验频率计算公式计算，求出不同月平均水头的相应保证率 P，即可点绘 $H=f(P)$ 曲线，如图 7-1-9 所示。

5. 各特征水头计算

（1）加权平均水头：将逐月工作水头和相应出力的乘积累积，除以各月出力的总和，即得出力加权平均水头 $H_{加权}$。其计算式为 $H_{加权} = \dfrac{\sum N_i H_i}{\sum N_i}$。

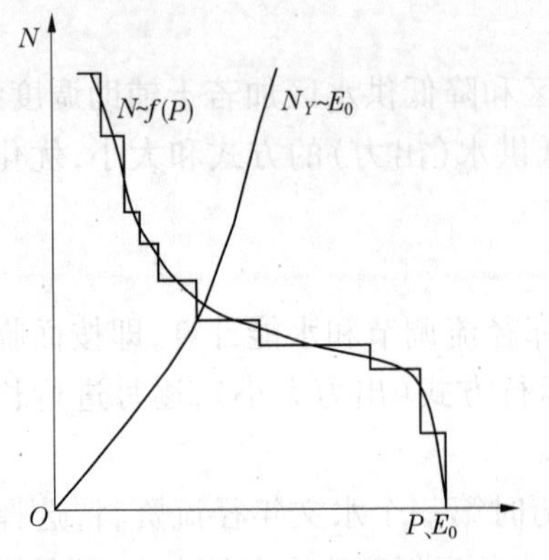

图 7-1-8　年调节水电站水能成果示意图

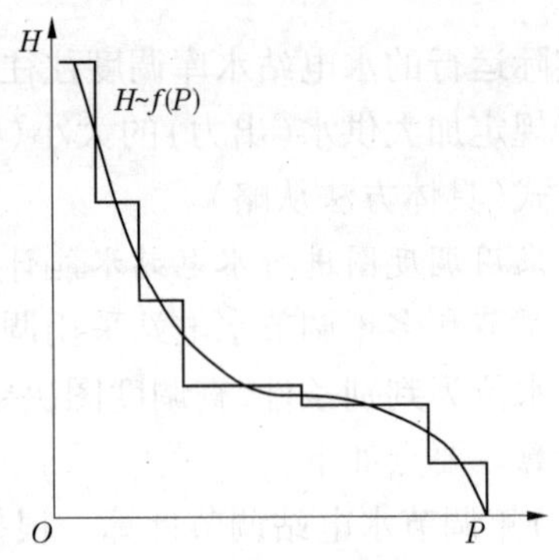

图 7-1-9　水头保证率曲线示意图

(2)算术平均水头：将各月水头相加，除以总月数，得算术平均水头 H。其计算式为 $H = \frac{\sum H_i}{n}$。

(3)最大工作水头：最大工作水头 $H_{最大}$ 一般为设计蓄水位与保证出力的相应下游水位之差。当水电站担负日调节任务时，应选取在日负荷图中最小出力以计算下游水位。当水库担负有下游防洪任务时，应用防洪高水位和允许下泄量的相应水位之差校核，取以上各工况较大值为最大工作水头。计算较大水头时一般不计发电引水水头损失。

(4)最小工作水头：最小工作水头 $H_{最小}$ 一般为死水位与水轮机最大过水能力相应的下游水位之差，再扣除相应电站最大过水能力的引水水头损失。如为低水头水电站，应研究洪水期可能出现的最小落差，在水轮机选择时作为极限可能工作水头。当上述计算的最小水头很低时，可采用所选机型相适应的最小水头为设计最小水头，当遭遇低于此水头的工况时，电站停止运行。

6. 预想出力过程线和预想出力保证率曲线

水电站预想出力是指水轮发电机组在不同水头条件下所能发出的最大出力，对于承担系统调峰、调频任务的重要水电站，预想出力是评价其容量效益的重要指标。由长系列水能计算成果的工作水头过程查水轮发电机组的出力限制线求得预想出力过程，然后进行统计计算，绘制丰、平、枯典型年预想出力过程线和预想出力保证率曲线。

第二节　电站水库特征水位选择

发电水库或以发电为主的水库，水库特征水位一般包括正常蓄水位、死水位、排沙运行水位、设计洪水位、校核洪水位，对于兼有承担下游防洪任务的水库，还包括防洪限制水位和防洪高水位。如图 7-2-1 所示。

一、正常蓄水位选择程序

正常蓄水位(以往称正常高水位或兴利水位)是指水库在正常运用的情况下，满足设计的兴利要求，应蓄到的最高水位。

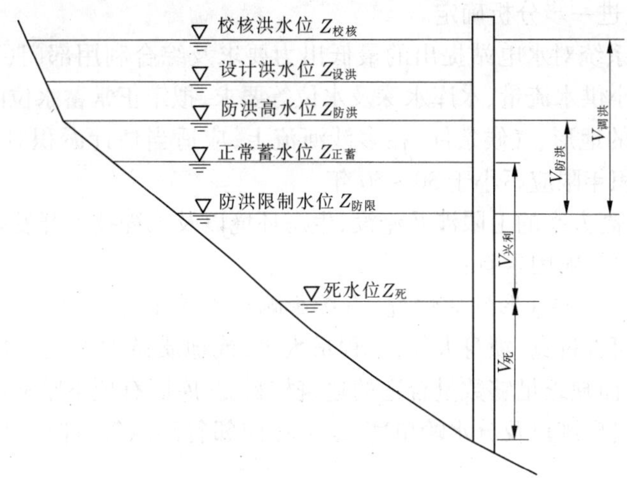

图 7-2-1　水库特征水位示意图

正常蓄水位持续时间的长短是随着水库调节性能而定的。多年调节水库可能连续几年达不到正常蓄水位,而年调节水库一般在供水期前蓄到正常蓄水位;日调节水库除有特殊要求外(如汛期排沙要求降低水位运用等),每天都蓄到正常蓄水位,周调节水库在每周休假日蓄到正常蓄水位;无调节电站一般维持正常蓄水位不变动运行。

正常蓄水位选择的一般程序如下:

(1)根据工程开发任务的要求,在河流规划的基础上,对水库的开发条件(主要包括工程地形地质、水库淹没条件和上下衔接关系等)和用水部门的要求进行全面慎重的分析,确定正常蓄水位的上、下限范围,并在此范围内拟定几个比较方案。

(2)对拟定的各比较方案,根据工程特性,按一致性要求初步选定各方案的水库消落深度、装机容量、机组机型等特征值,进行综合利用水量平衡、能量指标和效益指标的计算,并进行调洪计算,确定防洪特征值。根据这些特征值进行方案布置,初算各方案工程量,进行投资计算和施工安排。

当上述初选特征值与最终选定的特征值有较大出入时,尚应进行正常蓄水位选择的复核工作。

(3)根据各方案的工程效益、工程量、投资、工期等计算成果,进行动能经济比较计算,并对各项经济指标进行全面的分析,从经济角度提出对不同方案的评价,然后结合各种影响因素进行全面的综合分析,提出推荐方案。

二、正常蓄水位比较方案的范围和考虑因素

正常蓄水位是表征水库规模的主要指标之一,它在很大程度上决定水库的调节性能和效益、工程投资、淹没损失等指标,正常蓄水位选择是水利动能设计中极为重要的任务。正常蓄水位比较方案的范围确定和全面地考虑各种因素的影响,对正常蓄水位正确选择具有关键作用。

在确定较低正常蓄水位下限时,需考虑以下因素:

(1)正常蓄水位的下限,在已完成的河流规划的基础上,往往已有一个参考范围,设

计中可在此基础上进一步分析确定。

(2)根据电力系统对水电站提出的最低出力要求及综合利用部门(如防洪、灌溉、航运等)对水库的最小供水流量、水库水深及水位等要求,拟定正常蓄水位的下限。

(3)某些特殊的地形、气候条件,在多沙河流上,应适当估计淤积对水库发挥效益年限的影响,一般淤积年限应不小于30~50年。

正常蓄水位较高方案的上限涉及淹没、生态环境以及工程技术开发条件等因素较多,应慎重研究,其主要影响因素有:

(1)坝址及库区某些地形地质情况,直接影响正常蓄水位的提高。当坝高达到一定高度后,可能由于河谷过宽、坝身太长,工程量太大,或地质条件不良,增加两岸基础处理的困难。坝体过大而缺乏足够数量合适的建筑材料,或库区有地下暗河、断层造成严重的渗漏损失,或坝高出现垭口及分水岭单薄,或存在向邻谷渗漏等,都将限制正常蓄水位的提高。

(2)库区淹没损失常是限制正常蓄水位提高的主要因素。过多的淹没农田耕地、城镇、厂矿及交通运输线路,造成大量迁移人口或改建城镇、厂矿企业等,带来移民安置容量和生态环境恶化,给国家和人民生活带来很大困难。因此,在考虑正常蓄水位时对淹没问题应加以慎重研究。

(3)考虑蒸发渗漏损失因素的影响。当库水位超过一定高程差,由于库面突然扩大而导致过大的蒸发渗漏损失时,在特殊条件下蒸发渗漏可成为限制正常蓄水位提高的因素。

(4)受上游梯级水电站尾水位的限制。为了合理地利用水力资源,充分利用水头,应使梯级水库的水位相衔接。如拟建水库上游有已建或拟定水库,则上级水库的尾水位将成为限制下级水库正常蓄水位的因素。

(5)受施工期、物力、劳力的限制。工期太长、器材不足、劳力缺乏、施工和运输困难等,都可能成为限制正常蓄水位提高的因素。

针对工程的具体情况,对有关因素进行周密的分析后即可定出正常蓄水位的上、下限。然后在此范围内等距拟定中间方案,进行分析比较。但在水库地形、地质或淹没损失显著变化的高程处应增加比较方案数量,方案的高程间距视具体情况而定。为了避免计算工作量过大,拟定的方案数不宜过多,一般以不超过4~5个方案为宜。

三、比较方案特征值拟定和经济比较

(一)按“一致性”原则初步拟定各比较方案的特征值

1.初拟各比较方案死水位(消落深度)

随着正常蓄水位的提高,水库有利的消落深度与最大水头的比例一般略有减小,因对方案比较影响很小,方案比较中常仍按“一致性”原则采用消落深度和最大水头同一比值推算。正常蓄水位选择阶段,一般采用以下方法初选消落深度。

1)经验数值

根据经验,在设计中,各方案的消落深度一般可采用以下数值作为初估值:

堤坝式年调节电站　　(20%~30%)H_{max}

堤坝式多年调节电站　　　$(30\% \sim 35\%)H_{max}$

其中 H_{max} 为水电站的最大水头。对于设计电站下游有调节性能差的梯级或重要电站的，消落深度与最大水头比例还可适当加大。

此方法常用于进行正常蓄水位多方案初步比较中，或适用于中型工程。

2）分析法

以正常蓄水位的一个中间方案进行消落深度比较（方法见死水位选择），选取有利的消落深度，并计算此方案消落深度和最大水头的比例，其他正常蓄水位方案按“一致性”原则即以此比例计算各方案的消落深度及相应的死水位。

对于较低正常蓄水位方案相应的死水位，应检查是否满足综合用水和泥沙淤积的要求。

2. 初步拟定装机容量

根据各正常蓄水位及相应的死水位方案，进行调节计算，初算各方案动能效益。随着正常蓄水位的提高，发电量和保证出力增大，装机容量可按相同年利用小时数或保证出力倍比拟定。对于同一供电系统，随着正常水位的提高，装机容量和保证出力倍比一般应略有减小，但对方案比较结果影响较小。

1）经验法

装机容量和保证出力倍比取值，一般反映了设计电站在供电系统的地位、作用、替代容量大小，以及供电系统的能源储量和结构以及电源组成等，一般可在分析上述因素的基础上，并参照系统内类似工程的取值确定。一般而言，对水力资源缺乏，系统以火电为主，设计电站为供电系统的骨干主力电站的情况，“倍比”可取 7 ~ 8 倍，甚至 9 ~ 10 倍；对水力资源丰富，系统以水电为主，设计电站不承担主力电站作用的情况，“倍比”可取 3 ~ 4 倍；一般情况以 5 ~ 6 倍为限。

各比较方案在经过初步动能计算后，可按同一“倍比”确定装机容量，并计算相应多年平均发电量。

2）分析法

以正常蓄水位中间一个方案进行装机容量比较，选取经济合理的装机容量（方法见装机容量选择），并计算装机容量和保证出力倍比，其他正常蓄水位按“一致性”原则即以此倍比确定各方案装机容量。

3. 初步选择机组机型

根据各比较方案动能计算成果、给出的特性水头及初定的装机容量，按国家统一颁布的水轮机型谱进行机组机型初选，并进行主要参数（水轮机标称直径 D_1、吸取高及安装高程）和轮廓尺寸的计算。为满足“一致性”原则的要求，各比较方案的机组台数和机型尽量保持一致。

4. 给出各方案淹没损失指标和移民安置初步成果

根据各方案初定水库特性水位，按“一致性”原则进行水库回水计算，根据水库淹没处理的洪水标准确定水库范围和实物指标，并拟定初步移民安置计划，计算水库淹没处理费用。对于较高正常蓄水位方案对库区重要防护对象的影响要有足够估计，并阐明“安置容量”和“环境与生态影响”有无本质差别。

5. 初定各方案设计洪水位和校核洪水位

根据各方案的特征水位按"一致性"原则进行调洪计算,各方案的水库规模和坝型有重大变化时,应采用不同的设计标准和校核标准,然后分别进行调洪计算,初定各方案的设计洪水位和校核洪水位。

6. 进行各方案投资估算

根据各方案水库规模和电站规模,分别进行坝型选择、水工布置和主要建筑物设计,并进行投资估算。为满足"一致性"原则,尽量选用适合工程本身的坝型和相应的水工布置形式。

(二)进行方案间动能经济比较

根据《水利水电工程经济评价》有关规定,各方案的经济比较准则为:"在提供电力电量等效的前提下,以各方案年费用或总费用现值最小为经济合理方案。"根据各方案动能指标进行供电系统电力电量平衡计算,初步确定各方案容量和电量效益,然后以高方案为基准,计算各比较方案与高方案的容量和电量效益差值,各比较方案差值由替代工程(常采用凝汽式煤电)替代。然后计算各方案年费用:①高方案年费用(或总费用现值);②比较方案年费用(或总费用现值)等于方案本身与相应的替代工程年费用(或总费用现值)之和。

四、综合分析,推荐方案

发电工程或以发电为主的工程,其正常蓄水位选择主要是从投资和效益进行经济比较,各方案的经济性是方案选择的重要依据,但并非是唯一的指标,在经济比较的基础上,尚应进行综合分析,推荐最优方案。

根据国内实践经验,正常蓄水位选择涉及的范围广泛而复杂,影响正常蓄水位决策的因素很多,以下是常需考虑的重要方面:

(1)统筹兼顾方面。从地区经济社会可持续发展出发,全面考虑各用水部门对设计工程的要求,分析研究近期和远景、发电和综合利用的关系,从中选取协调各种关系的有利方案。

(2)地区能源储量和结构方面。根据地区能源储量和结构,分析设计工程在供电系统的作用和地位,从地区能源可持续发展战略出发,确定水资源充分利用、水电、火电关系,选择合适方案。

(3)水库淹没损失方面。水库淹没损失及移民安置不仅是经济问题,也是社会问题,水库淹没常成为正常蓄水选择的制约因素。应从生态与环境的影响和移民安置容量出发,比较效益和损失,权衡利弊,确定方案。

(4)工程地形地质条件方面。坝址和库区的地形地质条件对正常蓄水位选择影响很大,应根据详细的勘测资料,界定不同方案的工程量以及限制条件。

(5)上下梯级的影响方面。当设计水电站上游有已建或未建梯级时,由于正常蓄水位与上级电站尾水位重叠,将引起上级电站的能量损失;当设计水电站下游有梯级时,则下游电站将增加效益。方案选定时,应考虑这些效益的得失,从梯级整体来衡量。

(6)其他方面。如工期太长、劳动力缺乏,器材供应不足等,可能对正常蓄水位选择有影响。又如水库容积较大，初期蓄水时间过长，也可能限制正常蓄水位的提高。

在下列情况下，正常蓄水位可考虑适当提高：在水电资源较少地区，地区系统负荷增加迅速；设计水电站在梯级水电站上游或将来能发挥补偿调节作用。

总之，在选择正常蓄水位时，由于具体条件的不同，情况是多种多样的，设计时既要全面考虑，又要分清主次，抓住主要矛盾才能选择合理有利的方案。

五、正常蓄水位选择实例

（一）拟定比较方案

某大型水电站为供电系统调峰、调频的主力电站，根据流域规划确定规模，考虑上、下游梯级衔接的要求，结合工程地形地质以及水库淹没损失等技术开发条件，拟定正常蓄水位比较方案为625m、630m、635m三方案。

（二）拟定各方案特征水位和装机容量

对比较方案中正常蓄水位630m方案进行了重点研究，确定死水位为585m，消落深度为45m，与最大水头200m的比值为22.5%；装机容量为3 000MW，与保证出力的751.8MW的倍比约为4倍；在正常蓄水位以下预留防洪库容4亿～2亿m^3。

其他方案的特征水位和装机容量按“一致性”原则拟定为：按正常蓄水位以下6～7月和8月分别预留4亿m^3和2亿m^3防洪库容确定各方案分期防洪限制水位；按消落深度与最大水头的倍比相等原则确定各方案死水位；按装机容量与保证出力的倍比相等原则确定各方案装机容量。各方案综合指标列于表7-2-1。

表7-2-1　正常蓄水位综合指标比较表

项目		单位	方案1	方案2	方案3
正常蓄水位		m	625	630	635
死水位		m	581	585	589
调节库容		亿m^3	29.04	31.54	34.85
防洪限制水位	6～7月	m	619.64	626.24	631.25
	8月	m	622.32	628.12	633.13
校核洪水位		m	633.66	638.33	642.95
最大水头		m	195	200	205
加权平均水头		m	180.29	186.15	190.93
装机容量		MW	2 830	3 000	3 160
保证出力		MW	709	751.8	792.5
年发电量		亿kW·h	93.39	96.67	99.44
淹没人口		人	11 053	11 624	14 263
淹没耕地		亩	37 919	38 723	41 069
淹没房屋		万m^2	41.3	43.4	54.7

续表 7-2-1

项目	单位	方案 1	方案 2	方案 3
土石开挖	万 m^3	847	870	897
混凝土填筑	万 m^3	386	399	422
1920 年洪水铁路桥回水位	m	652.3	652.73	653.44
2% 洪水铁路桥回水位	m	654.26	654.66	655.46

(三)各方案经济比较

根据各方案电力电量等效原则,采用以上各方案设计工程费用与补充替代工程费用之和,计算各方案总费用现值,进行方案间的经济比较。由于设计电站向供电区供电属远距离供电,不同正常蓄水位方案装机容量有一定差异,输变电工程投资差异较大,因此设计工程费用宜计入输变电工程费用。设计工程年运行费包括电站工程年运行费和输变电工程年运行费两部分,电站工程取其投资的 2.5% 估列,输变电工程取其投资的 4%。

考虑到该电站调节性能好,补充替代工程采用高调节性能的进口机组煤电。补充替代火电容量系数取 1.1,电量系数取 1.08。补充替代进口煤电的技术经济参数为:替代火电站单位(kW)投资为 4 372 元,工期 2 年,年运行费率为其投资的 4.5%,单位电能煤耗为 310g/(kW·h),到厂标煤价格为 250 元/t。

从各方案经济比较结果来看,正常蓄水位越高,总费用现值越小。625m、630m 和 635m 三个方案之间总费用现值分别减少 48 812 万元和 57 131 万元,约占费用现值的 4.9% 和 5.7%。方案经济比较结果列于表 7-2-2。

表 7-2-2 各正常蓄水位方案经济比较表

项目		方案 1	方案 2	方案 3
一、设计工程	1. 正常蓄水位(m)	625	630	635
	2. 年发电量(亿 kW·h)	93.39	96.67	99.44
	3. 装机容量(MW)	2 830	3 000	3 160
	4. 工程静态总投资(万元)	1 486 463	1 545 527	1 619 453
	4.1 电站工程(万元)	881 775	911 687	968 806
	4.1.1 土建(万元)	509 150	517 309	530 140
	4.1.2 设备及安装(万元)	257 625	273 101	287 666
	4.1.3 水库淹没处理(万元)	115 000	121 277	151 000
	4.2 输变电(万元)	604 688	633 840	650 647
	5. 运行费(万元)	46 232	48 146	50 246
	6. 总费用现值(万元)	866 334	900 998	943 543

续表 7-2-2

项目		方案1	方案2	方案3
二、补充替代工程	1. 装机容量(MW)	363	176	0
	2. 年发电量(亿 kW·h)	6.53	2.99	0
	3. 工程投资(万元)	217 510	105 459	0
	3.1 电站工程(万元)	158 704	76 947	0
	3.2 输变电工程(万元)	58 806	28 512	0
	4. 运行费(万元)	9 494	4 603	0
	5. 燃料费(万元)	5 064	2 318	0
	6. 总费用现值(万元)	183 152	99 676	0
三、方案总费用现值(万元)		1 049 486	1 000 674	943 543

(四)综合分析

1. 发电效益

三方案库容系数分别达 12.9%、14.0%、15.5%,均达到较高的年调节能力,不成为制约设计电站作为供电系统主力电站的条件。

从设计电站本身发电指标来看,正常蓄水位越高,装机容量越大,发电效益越好。625m、630m 和 635m 方案之间保证出力分别增加 42.8MW 和 40.7MW,多年平均发电量分别增加 3.28 亿 kW·h 和 2.77 亿 kW·h。

从对下游待建的三梯级的补偿发电效益来看,正常蓄水位越高,补偿发电效益越好。三方案补偿下游三个梯级保证出力分别达 205MW、220MW 和 246MW,补偿年发电量分别达 2.1 亿 kW·h、2.3 亿 kW·h 和 2.5 亿 kW·h。

上游梯级坝下枯水位 625~627m,625m 方案与上游梯级基本衔接,库尾航道渠化欠佳,不影响上游梯级电站的发电效益;630m 和 635m 方案与上游梯级电站尾水均存在不同程度的重叠,有利于航道渠化。其中 630m 方案与上游梯级尾水重叠 2~5m,对上游梯级电站发电影响不大,仅减小其年发电量 0.3 亿 kW·h,占其年发电量的 0.7%;635m 方案与上游梯级电站尾水重叠 7~10m,减小其保证出力和年发电量分别达 15MW 和 2.1 亿 kW·h,分别占保证出力和年发电量的 5%,对上游已建电站的发电效益影响较大。

综合考虑水库调节性能、电站本身的发电效益、对下游待建梯级的补偿效益和对上游已建电站的顶托影响,正常蓄水位越高,上下游梯级整体的发电效益越大,对航道渠化越好。

2. 淹没指标

设计工程库区为高山峡谷地区,人烟稀少,库区除跨江铁路桥外,无大型重要设施,矿产资源储量不大。从淹没指标来看,各正常蓄水位方案实物淹没指标无本质区别。625m、630m 和 635m 方案之间淹没人口分别增加 571 人和 2 639 人,淹没耕地分别增加 804 亩和 2 346 亩,淹没房屋分别增加 2.1 万 m^2 和 11.3 万 m^2。正常蓄水位 630m 方案和 625m 方案相比,淹没指标增加较少;而正常蓄水位由 630m 抬高到 635m,增加淹没指标较多。

3. 工程量和投资及施工期限

从工程量和投资来看，正常蓄水位抬高，工程量增加，工程投资亦随之增加。625m、630m 和 635m 方案工程量如下：土石方开挖分别为 847 万 m^3、870 万 m^3 和 897 万 m^3，混凝土分别为 386 万 m^3、399 万 m^3 和 422 万 m^3，钢筋分别为 73 417t、74 912t 和 75 909t。各方案电站静态总投资分别为 881 775 万元、911 687 万元和 968 806 万元。根据施工进度的安排，三方案的施工年限均为 9 年。

本工程为供电系统主力电站，工程投资不构成方案的制约因素，工程量也不制约施工期限。

4. 对库区重要防护对象防洪能力的影响分析

库区重要防护对象为位于库区的铁路桥，它是西南铁路干线的重要设施，位于上游梯级坝下 3.2km，处于设计水库尾端，始建于 20 世纪 50 年代，设计洪峰流量 11 400m^3/s，不足 20 年一遇标准；校核洪峰流量采用 1920 年实际洪峰流量为 12 900m^3/s，相当于 35 ~ 40 年洪水标准，相应洪水位为 655.667m，桥中心墩顶面高程为 656.4m，比校核洪水位仅超高 0.733m，设计标准和安全超高均偏低。一方面铁路桥的设计标准和现有防洪能力偏低，与其重要性不相适应；另一方面，由于地形条件限制和铁路桥的重要性，迁建或改建均不可行。因此，设计水库建成后，达到在遭遇铁路桥原校核标准及以下洪水时，要求上游水库配合运用（配合运用方式从略），使铁路桥处洪水位不超过其校核洪水位。设计水库建库后，达到不降低甚至能稍提高铁路桥现有防洪能力，成为正常蓄水位选择的首要控制因素。专题研究成果表明，发生 1920 年洪水和 50 年一遇标准洪水，正常蓄水位 625m 和 630m 方案铁路桥回水水位均低于其校核洪水位 1m 多，对铁路桥无不利影响；发生 50 年一遇标准洪水，正常蓄水位 635m 方案铁路桥回水水位仅低于校核洪水位 0.207m，从铁路桥防洪安全出发，不宜采用 635m 方案。

5. 结论

正常蓄水位越高，电站调节性能越大，综合发电效益越大，且对航运更有利，就经济性而言，高方案有优势；但从库区铁路桥安全出发，不宜采用 635m 方案。拟推荐设计水库正常蓄水位 630m。

六、死水位选择

（一）死水位选择影响因素

1. 消落深度与电力电量关系

消落深度是指正常蓄水位至死水位的差值。一般而言，对于具有年调节以上的水库，消落深度与电站多年平均年电量的关系如图 7-2-2 中 $Z_{消} \sim \overline{E}_{年}$ 曲线，该曲线存在一个拐点，即随着消落深度的增加（死水位的降低），电站多年平均电量呈增大趋势，当消落深度继续增加时，多年平均电量呈递减趋势，即存在一个多年平均电量最大的消落深度，如图中的 Z_a 点；消落深度与保证出力的关系如图中 $Z_{消} \sim N_{保}$ 曲线，即随着消落深度的增加，电站保证出力成单调递增，不存在保证出力最大的拐点，仅是随着消落深度的增加，保证出力增值率递减，$Z_{消} \sim N_{保}$ 曲线坡度逐步变缓。

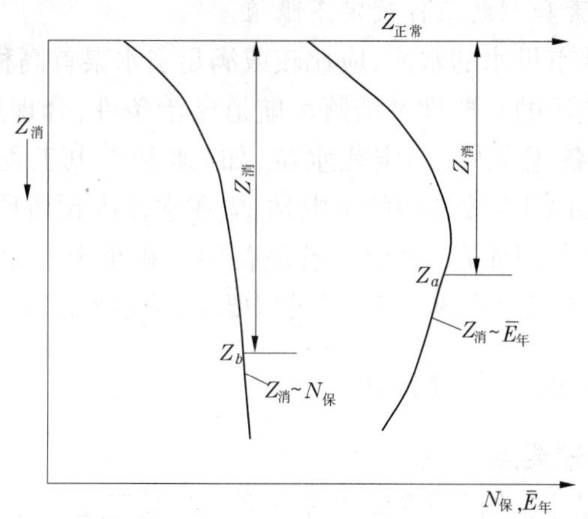

图 7-2-2 保证出力、多年发电量与消落深度的关系曲线

对于仅具有日调节能力的电站，由于水库不具备将丰水期水量储存起来增加枯水期供水量的能力，即不能改善水库弃水功能，并且库容面积小，因此降低死水位（增加消落深度）对电站电力电量的改变甚微，前述关系不明显。

2. 消落深度与综合用水的关系

当水电站的水库兼有综合用水任务时，如航运部门要求库区保持一定航深，灌溉或城镇供水部门要求引水渠首底板高程不低于某一高程等，即对死水位有最低高程的限制。

3. 消落深度与泥沙淤积的关系

水库建成后，库区泥沙淤积日益增加，首先淤积部位多靠近库尾或坝前下部库容，特别是多沙河流淤积速率很快。一般要求以 30 ~ 50 年的坝前淤积高程低于死水位作为限制条件。

4. 消落深度与装机容量的关系

一般而言，对于承担事故备用的水电站，要求死水位以下容积具备电站承担的事故备用容量满足连续工作 3 ~ 10d 的库容，因此在考虑泥沙淤积的同时，在库容上还需考虑留有承担事故备用的余地。

（二）死水位方案比较范围

发电水库或以发电为主的水库，死水位方案的选择主要以电力电量效益最优为基准，并考虑各种因素的影响和制约。

1. 从电力电量效益确定比较范围

对于具有年调节以上的水电站，消落深度一般以多年平均电量最大点（如图 7-2-2 中的 Z_a）为上限，以保证出力降低坡度转缓点（如图 7-2-2 中 Z_b）为下限，确定比较范围。

对于日调节电站，死水位可供选择的范围很小，不同方案电力电量差值有限，一般以日调节所需库容确定死水位方案。日调节库容一般应分析确定电站在日负荷图上的工作位置，求出在设计负荷水平条件下最大负荷日设计电站的日出力过程，根据电站设计保证率相应的日流量（即保证流量），进行日调节计算求得。经验上一般可取保证出力相应流量（常称调节流量）乘以 10 ~ 15h 的容积，电站在日负荷图中工作位置高的取大值，位置低的取小值，并要求在日调节库容上留有余地。

2. 分析各种影响因素和制约条件确定下限值

对承担重要灌溉、城市供水的水库，应比较或满足引水渠首高程，确定死水位下限；对航运要求，应分析库区航运的重要性及消落区航道整治条件，合理地确定死水位下线；结合电站调节库容和事故备用条件，确定死水位，如《水利水电工程动能设计规范》（DL/T—5015—1996）规定："承担事故备用的水电站，应在水库内预留所承担事故备用容量在基荷连续运行 3 ~ 10d 的备用库容（水量），若该备用容积小于水库兴利库容的 5% 时，可不专设事故备用库容"；考虑水库 30 ~ 50 年淤积要求，确定死水位下限等。

七、死水位经济比较和综合分析

（一）死水位经济比较要点

在死水位方案比较范围，如图 7-2-2 中 $Z_a \sim Z_b$ 内，假定几个（一般以 3 ~ 4 个为限）死水位方案，经动能计算分别求得各方案的保证出力和多年平均电量，按系统年费用或总费用现值最小准则确定经济有利方案。具体比较要点为：由各方案动能计算成果给出保证出力，经电力电量平衡或分析电站特性给出保证出力与装机容量（指必需容量）的倍比关系，按同一倍比求得各方案装机容量及其相应的多年平均电量，采用替代法（凝汽式煤电）求得各方案的年费用，以年费用最小准则确定经济有利方案。

例：某电站正常蓄水位 630m，死水位比较方案为 585m、590m、595m、600m。经动能计算，各方案保证出力和年电量列于表 7-2-3 中的 1.1 行和 1.2 行，拟采用"电力电量等效、年费用最小"法则进行比较。具体计算列于表 7-2-3。

表 7-2-3　死水位方案经济比较表

电站	指标	死水位方案			
		585m	590m	595m	600m
1. 设计工程	1.1 保证出力（MW）	747.6	746.4	743.9	740.7
	1.2 年电量（亿 kW·h）	96.67	96.82	96.97	97.1
	1.3 替代容量（MW）	3 015	3 010	3 000	2 987
	1.4 动态投资（万元）	369 173	367 276	365 930	363 948
	1.5 年运行费（万元）	4 160.48	4 139.1	4 123.94	4 121.13
	1.6 年费用（万元）	43 292.8	43 070.4	42 912.5	41 699.6
2. 补充替代工程	2.1 装机容量（MW）	0	5.25	15.75	29.4
	2.2 年电量（亿 kW·h）	0.464 4	0.302 4	0.140 4	0
	2.3 动态投资（万元）	0	2 648	7 922	14 829
	2.4 年运行费（万元）	0	103.29	309.87	578.42
	2.5 年燃料费（万元）	575.9	374.98	174.1	0
	2.6 年费用（万元）	575.9	759	1 323.7	2 150.3
	3. 方案总年费用	43 869	43 829	44 236	44 850

(1)由各方案设计枯水年出力过程进行供电系统设计负荷水平年电力电量平衡，得出各方案可替代容量，列于表中的1.3行。

(2)拟定各方案装机容量等于替代容量，进行发电专项投资计算。各方案分年投资按 $r_0=10\%$ 折算至施工期末的动态投资列于表中的1.4行。

(3)各方案与高方案的电力电量差值由凝汽式火电补充，容量系数取1.05，电量当量系数取1.08，补充替代火电工程装机容量和年电量列于表中的2.1行和2.2行。

(4)按补充替代火电容量规模计算其动态投资(按 $r_0=10\%$ 折算至施工期末)，列于表中的2.3行。

(5)年费用是指工程投资和年运行费用，均折算成工程寿命期内平均分布的年值，计算式为：

$$NF = NZ + u_0 \tag{7-2-1}$$

$$NZ = y\frac{r_0(1+r_0)^n}{(1+r_0)^n - 1} \tag{7-2-2}$$

式中 NZ——施工期末总投资现值 y 摊还至经济寿命期(n 年)内的平均年值；

u_0——运行费，火电含燃料费用。

若经济寿命期 $n=30$ 年，$r_0=10\%$，计算各方案年费用列于表中的1.6行、2.6行。总年费用=设计工程年费用与补充替代工程年费用之和，列于表中的3行。

(6)各年年费用相近，以死水位590m方案年费用最小，是经济比较相对合理的方案。

(二)综合分析

考虑经济比较的结论意见，根据前述影响因素和制约条件，并分析本电站的重要性，特别是调节性的改变对供电系统的供电影响以及对下游梯级的补偿作用的影响，进行综合分析，确定死水位方案。

八、水电站水库设计、校核洪水位

水电站水库设计、校核洪水位是指水库遭遇挡水建筑物设计标准和校核标准，水库坝前的最高洪水位，直接涉及水库挡水建筑物的安全，也是确定水库大坝坝高和库容规模的依据，应留有余地地合理确定。

(一)设计洪水

(1)入库洪水和坝址洪水。入库洪水与坝址洪水比较，前者更能反映建库后洪水的实际情况，并具有洪峰流量增大、洪量提前、库区洪水传播时间缩短等对调洪不利因素，故对于建库前天然河道槽蓄量较大的水库洪水调节计算，一般应采用入库设计洪水。如因资料条件不具备而采用坝址设计洪水时，要估算改为入库设计洪水后可能产生的负面影响，在应用洪水调节计算成果时留有余地。

(2)洪水过程线。设计洪水和校核洪水的洪峰流量和控制时段的洪量，应按挡水建筑物设计标准和校核标准确定，并选择多个实际洪水典型过程作为放大的样本，经调洪计算选定不利洪水过程线为设计的依据。

(3)洪水过程线计算时段。洪水是连续的随机过程，由于过程描述的困难和调节计算的方便，是将洪水过程离散化，即以一定时段(如1h、6h、12h、24h)的平均流量过程表征，计算时段的长短主要由水库调洪库容的大小和一次洪水历时长短决定，一般要求在计算时段内洪水流量成线性变化，计算时段长度小于洪水在库区传播时间。当洪水历时短、库区洪水传播时间短、调洪库容不大时，可选取较短的计算时段，否则可选取较长的计算时段。

（二）调洪库容

（1）动库容和静库容。①对于湖泊型水库，可以只考虑静库容进行计算，对于特别重要的大型水库，还应研究是否需同时采用以下②或③的方法进行计算；②当库尾比较开阔、动库容较大时，应采用入库设计洪水和动库容进行计算；③对于河道型水库，如壅水高度不高，计算精度要求高时，宜按非恒定流方法进行计算。

（2）库容曲线。静库容曲线一般采用1/10 000河道地形图量算，在条件不具备时亦可采用1/50 000地形图量算。动库容曲线制作从略。

（三）泄流能力

在调洪计算时水库泄流能力包括专门用于泄洪的建筑物和水电站部分过流能力，一般不包括船闸、灌溉渠首等建筑物的泄洪能力。①泄洪建筑物的泄流能力曲线准确与否对大坝安全关系重大，方案比较阶段，如尚不具备水工模型试验资料，可采用经验数据按有关公式计算拟定，但对于重要的水库“预可研”和“可研”阶段，一般应有水工模型试验资料；②电站参与泄洪的泄量，一般可以计入其最大泄流能力的2/3～4/5，但如果发生的洪水已使电站不能运行（如水头大于最大水头或小于最小水头、洪水标准超过厂房设计标准等），则在进行这一洪水的调洪计算时就不能计入电站的过流能力；③船闸、灌溉渠首的过流能力不大，并要采取一定工程措施才能参与泄洪，通常不予考虑。

（四）多沙河流调洪计算

在进行多沙河流的调洪计算时，应采用一定淤积年限的库容曲线，必要时应考虑水库在蓄泄过程中泥沙冲淤对调洪成果的影响。

（五）调洪起始水位拟定原则

（1）承担下游防洪任务的综合利用水库，除有专门论证外，一般以防洪限制水位作为起调水位。

（2）不承担下游防洪任务的水库，一般以正常蓄水位为起调水位。为降低大坝高度或减少最大泄量或减少库区淹没损失，而设置有汛期限制水位时，可以此水位作为起调水位。

（3）对洪水地区组成和调度运行方式复杂的兼有防洪任务的水库，经分析确定，为安全起见，必要时可以防洪高水位作为起调水位。

（六）洪水调节方式

（1）对于不承担下游防洪任务的水库，一般采用“敞泄”方式，从起始水位开始进行调洪计算，并控制下泄量不得超过该次洪水的最大洪峰流量。若采用坝顶无闸门控制的溢洪道泄洪，当水位超过溢洪道底板高程时，泄量由溢洪道过流能力决定；若采用有闸门控制的泄洪堰和底孔，当洪水来量增大时，应控制底孔和泄洪堰闸门开度，尽量保持泄量等于来量，一直至闸门全开，在涨水过程中始终保持泄量不大于来量。

（2）对于承担下游防洪任务的水库，洪水调度自防洪限制水位开始，但当库水位未达到防洪高水位时，应按下游防洪调度方式决定下泄量，待库水位达到防洪高水位时，按"敞泄"方式调度，确保大坝安全。

(3)对于承担下游防洪任务、调度方式复杂的水库，从安全出发，也可从防洪高水位开始按"敞泄"方式进行调洪计算。

(七)洪水调度计算方法

洪水调节计算采用水量平衡方法。①当来量≤泄量时，维持库水位等于起调水位；②当来量>泄量时，按泄量下泄，来量减泄量的多余水量存于水库中，一直至洪水消退为止；③按水库最大库容查库容曲线，得设计洪水或校核洪水位，以最高洪水位查泄流曲线(加电站泄量)得最大泄量。

(八)调洪计算成果

提供相应设计洪水最高洪水位为设计洪水位，并提供相应最大泄量；提供相应校核洪水的最高洪水位为校核洪水位，并提供相应的最大泄量。

第三节　水电站输水系统断面尺寸选择

一、输水系统断面尺寸选择的影响因素

水电站的输水系统是指水电站进水口至水轮机室的引水建筑物。对于河床式和坝后式电站是指进水口至水轮机室的压力管道；对于引水式电站是由进水口接明渠或无压隧洞，通过前池接压力管道组成；对混合式电站是由进水口接有压隧洞至调压井接压力钢管组成。水能设计者主要任务是在引水线路、形式已定的条件下，经济合理地选择引水道(包括明渠、无压隧洞、有压隧洞)的断面尺寸。主要影响因素如下。

(一)输水系统电力电量损失和工程投资

这是影响输水系统断面尺寸选择经济合理性的主要因素。在引用流量已定的情况下，加大引水道断面尺寸，开挖方量和衬砌工程量亦加大，投资相应增加；另一方面，加大引水道断面尺寸，使断面平均流速减小，引水道的水头损失相应减小，水电站的动能效益随之增加。反之，引水道断面尺寸缩小，引水道投资减少，水电站的动能效益亦减少。因此，引水道断面尺寸的选择是运用经济比较方法解决工程量、投资和水电站动能效益之间的矛盾统一问题。一般而言，有压输水系统满负荷工况的平均流速控制在3m/s左右，无压输水道的纵床控制在0.5‰以下是经济合理范围。但在拟定比较方案和最终选定方案时，应慎重考虑其他条件，特别是方案的最终选定，必须通过技术、经济各方面的全面分析论证。

(二)施工条件

施工最小断面尺寸，应根据施工方法和所选用的施工机械设备的尺寸确定。当经济断面尺寸小于施工最小尺寸时，应采用施工最小断面尺寸。

(三)水工布置

水电站的引水隧洞兼作导流洞时，应采用导流洞的断面尺寸，这样虽加大了洞径，使引水隧洞投资增加，但从工程总体考虑，做到了一洞多用，从水工布置和经济上仍是合理

的。

引水式梯级电站,选择引水道断面尺寸时,应注意上下级电站引用流量的协调。

(四)水电预想出力

对于电力系统重要调峰、调频水电站,输水系统水头损失过大会导致电站预想出力降低,在选择经济断面时应留有余地。

(五)明渠的过水能力和安全超高

引水道的过水能力能否达到设计要求是影响引水式电站效益的一个重要因素,特别是高水头小流量的明渠引水式电站更为明显。在明渠引水道设计中,为了保证渠道过水能力达到设计标准,应使渠道的过水断面和底坡留有一定的余地。另外,为了保证渠道运行安全,在明渠引水道断面尺寸选择时,应适当留有安全超高。超高的大小可视设计流量的大小而定,一般取0.5m左右。

二、有压引水道水头和动能效益损失计算

(一)电力电量损失计算基本公式

有压引水道的水头损失,造成电站动能效益(电力和电量效益)损失,水头损失包括沿程摩擦损失和进水口、弯道等局部损失。

1. 沿程损失

有压水道的沿程损失可根据能量方程计算,在引水道断面尺寸不变时,可忽略流速水头影响,则简化为下式计算:

$$h_f = \frac{Q^2}{k^2}L \tag{7-3-1}$$

$$k = \frac{1}{n}AR^{\frac{2}{3}} \tag{7-3-2}$$

式中 h_f——沿程水头损失,m;

Q——通过断面流量,m^3/s;

L——有压水道长度,m;

k——流量模数,m^3/s;

A——断面面积,m^2;

R——断面水力半径,m;

n——隧洞糙率。

当断面尺寸一定时,沿程水头损失与通过断面的流量的平方或平均流速的平方成正比。

2. 局部损失

局部损失相对较小,可由沿程损失的系数表示,即式(7-3-1)改成总水头损失的计算式为:

$$h_f = \psi\frac{Q^2}{k^2}L \tag{7-3-3}$$

ψ 为大于1.0的系数,可根据隧洞布置情况,参考有关水工书籍选择。

3. 出力损失和电量损失

出力损失和电量损失按下式计算：

$$\Delta N = 9.81\eta\psi\frac{Q^3}{k^2}L \tag{7-3-4}$$

$$\Delta E = \sum_{i=1}^{8\,760}\Delta N_i\Delta t_i \tag{7-3-5}$$

式中 η——机组效率；

ΔN——出力损失；

ΔE——年电量损失；

Δt_i——计算时段,h。

当断面尺寸一定时,沿程动能效益损失与通过断面的流量的立方或平均流速的立方成正比。

(二)不同类型电站电力电量损失计算方法

从水头及动能效益损失的基本公式可见,水电站压力水道的水头损失与通过断面的流量的平方成正比,而动能(电力和电量)效益损失与通过断面的流量的立方成正比。河道天然流量时间分布不均匀,而被电站所利用的流量变化与电站类型关系密切,因此不同类型电站的电力电量效益损失计算应采用相适应的方法(以往的计算中曾引入“平均立方流量”的概念,并以此流量作为计算平均能量损失的依据。由于电子计算技术的发展,在规范中明确不再采用该概念,这里也从略)。

首先从水电站开发方式分析。对于河床式和坝后式电站,由于输水道不长,沿程损失较小,计算方法可以简化。但对于混合式电站或有压输水道路很长时,应根据不同调节性能电站的工作特性确定计算方式。

1. 径流式(无调节)水电站

无调节径流式水电站在电站最大过水能力控制的前提下,按天然流量工作,而天然径流在一天内的变化较小,因此可按日平均流量计算水头损失和电力电量损失。根据水电站动能计算方法,可采用日流量历时曲线逐级(日平均流量)计算损失,也可采用丰、平、枯三典型年逐日平均流量计算损失。

2. 日调节电站

仅具有日调节能力的水电站,不改变日流量过程,但在非汛期均进行日调节,作调峰运用,在一天内通过输水道逐时的流量变化很大。因此,应根据电力系统电力电量平衡成果,确定设计电站在日负荷的位置,并求出逐时流量过程进行损失计算。由于电力负荷的随机性,往往采用如下方法进行计算:①根据日流量历时曲线不同分级的日平均流量,分别确定电站在日负荷图上的位置以及相应的发电流量过程,求得逐时的电力电量损失;②根据丰、平、枯三典型年的日平均流量过程,划分不同流量级,并考虑不同季、月的负荷特性确定电站工作位置,分别求得逐时电力电量损失,统计计算年电能损失。

3. 年调节及多年调节电站

计算方法与日调节电站类似,即按丰、平、枯等代表年及几个典型日的电站运行方式,逐时计算电力电量损失,按时间加权方法计算电力电量损失。

三、无压引水道水头和动能效益损失计算

当开发河段河床比降较大,如坡降大于 1% 时,可采用引水式开发,即自进水口修建较长的无压引水渠或隧洞至电站前池,再通过高压管道至水轮机室发电。主要水头损失为无压引水道的沿程损失、局部损失,压力管道的水头损失相对较小,可采用简化方法计算。

(一)无压引水道水头损失

无压引水道常见的形式有引水明渠、无压引水隧洞两种。引水道又分为有闸控制的非自动调节渠道和无闸控制的自动调节渠道两种类型。

非自动调节渠道是指渠首引入流量设有闸门调节,渠顶与渠底大致平行,渠道没有调节能力。自动调节渠道是指渠首引入的流量不需闸门调节,渠道顶高接近水平,渠道本身的容积具有调节流量的能力,它能适应水电站引用流量的变化,并能担负电力系统的部分腰荷。

1. 有闸控制引水道水力损失基本计算式

在引水渠道设有闸门控制,渠道顶坡与底坡平行,如图 7-3-1 所示,使进入引水道和水轮机室的流量相等,引水道水面保持与底坡大致平行,沿程水力损失由引水道首、尾的

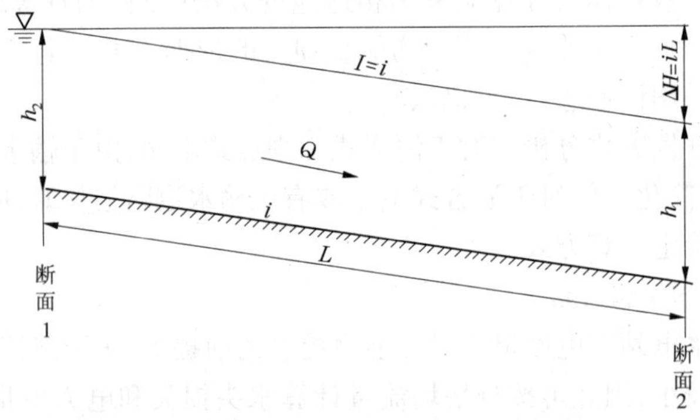

图 7-3-1 有闸控制非自动调节渠道水流情况示意图

底面高程决定,即:

$$h_f = \Delta H = iL \tag{7-3-6}$$

$$i = \frac{Q_y^2}{k^2} \tag{7-3-7}$$

式中 h_f——沿程损失,m;

ΔH——进水口水面高程与电站前池水位差,m;

L——进水口水面高程与电站前池距离,m;

i——引水道底面比降,$i = \Delta H/L$;

Q_y——电站最大过水能力,m^3/s;

k——流量模数,同式(7-3-2)。

考虑局部损失,引水渠总水力损失可采用简化计算,如:

$$h_{总} = \psi h_f = \psi iL \tag{7-3-8}$$

2. 无闸门控制引水道水力损失基本计算式

自动调节渠道引水渠无闸门控制，渠顶成水平布置，如图 7-3-2 所示，渠首水深为 h_1 保持不变，渠末水深 h_2 随渠流量 Q_i 减小而上升，当 $Q_i = Q_y$ 时，$h_2 = h_1$；当 $Q_i < Q_y$ 时，$h_2 > h_1$。引水渠沿程水力损失为：

$$h_f = iL - (h_2 - h_1) \tag{7-3-9}$$

$$i = \frac{Q_y^2}{k^2} \tag{7-3-10}$$

式中 Q_y——电站最大过水能力；

Q_i——运行中的发电流量；

iL——引水道底坡首、尾高程差。

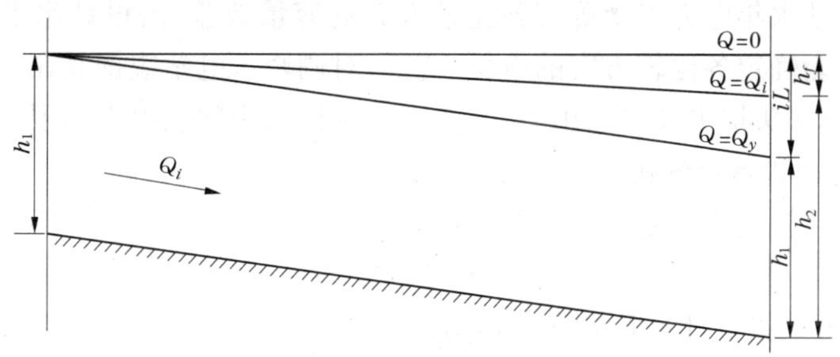

图 7-3-2　无闸控制自动调节渠道中水流情况示意图

（二）无压引水道动能（电力电量）效益损失计算

由于引水式电站均是径流式，电力损失和年电量损失可采用日平均流量历时曲线逐级计算，也可用丰、平、枯三典型年逐日平均流量计算，方法同式（7-3-4）和式（7-3-5）。

无闸控制引水道土方开挖量大，投资亦大，但电力和电量损失较小，并可利用引水道调节，承担系统部分腰荷；有闸控制土方开挖量较小，投资亦较小，但电力和电量损失较大，引水道无调节能力。必要时在断面尺寸选择时结合引水道类型一起比较。

四、有压引水道断面经济尺寸选择

水电站的有压引水道一般由有压引水隧洞和高压管道组成。有压引水隧洞的直径，在整个长度内应尽可能保持一致。选择隧洞的直径时，高压管道的直径可先初步拟定。待引水隧洞直径确定后，再进行高压管道直径的复核。引水隧洞沿线由于地质、地形条件限制而需要分段采用不同直径时，应进行各种直径组合方案的经济论证。现以单一直径的圆形有压引水隧洞为例，说明有压引水道断面经济尺寸的选择方法。

（一）拟定比较方案

有压隧洞比较方案，以隧洞直径为依据。有压引水隧洞直径方案的拟定必须考虑到地质地形条件和水工、施工方面的要求。一般以施工的最小洞径为其直径方案的下限，以地质地形条件和水工技术允许的最大洞径为其直径方案的上限。为了使拟定直径方案的范围既做到合理又不至于相差太大，一般首先用经验方法初步确定，如按断面平均流速

3m/s 或按公式 $D=1.2\sqrt[7]{\frac{Q_m^3}{H_{额}}}+1$ 拟定初步方案。然后在此基础上拟定若干个洞径方案。各直径方案间的直径级差应能够反映出方案之间投资和动能效益的差别。根据输水隧洞规模，直径级差一般可取 0.2～0.5m。

（二）各方案工程投资

各方案工程投资应计列与断面尺寸（直径）有关的投资，当装机容量及引水道布置方式已定时，包括隧洞的土石方开挖、衬砌及回填等投资，在比较方案中若还涉及装机容量比较，还应计及机电和厂房投资。

（三）动能效益

各方案动能效益包括容量效益和电量效益。根据电力和电量损失计算成果，由设计水平年通过设计枯水年电力平衡确定各比较方案的容量效益；由设计水平年通过丰、平、枯年电力电量平衡确定各比较方案的电量效益。对调峰水电站应据其在日负荷图上的工作位置，逐时计算水头损失及电站出力，并考虑水轮机水头预想出力的限制。

（四）经济比较和综合分析

各方案经济比较采用“电力电量等效的前提下，方案年费用最小准则”，确定经济合理方案。要点如下：

（1）根据各方案投资计算各方案年费用。

（2）以投资最大、动能效益最大方案为基准，计算各比较方案与基准方案的容量效益差值和电量效益差值。

（3）各方案容量效益差值和电量效益差值由替代工程补充，并计算补充的替代工程年费用，在各方案电力电量等效的前提下，比较各方案（计入相应的替代工程）年费用，以年费用最小为经济合理方案。

（4）根据工程地形地质条件，充分考虑电站在供电系统的作用和地位，特别是对调峰容量、预想出力的要求，综合评价，优选方案。

例：某混合式水电站圆形输水隧洞采用钢筋混凝土衬砌，内径 5m，长 5 000m，糙率取 0.017，求下列工况的沿程水头损失、出力损失、日电量损失。

（1）电站担任基荷，输水流量 $20m^3/s$：

①流量模数 $k=\frac{1}{n}AR^{\frac{2}{3}}=\frac{1}{0.017}\times\pi\times2.5^2\times\left(\frac{2.5}{2}\right)^{\frac{2}{3}}=1\ 339(m^3/s)$；

②沿程水头损失 $h_f=\frac{Q^2}{k^2}\cdot L=\left(\frac{20}{1\ 339}\right)^2\times5\ 000=1.115(m)$；

③出力损失 $\Delta N=8.5Qh_f=8.5\times20\times1.115=189.6(kW)$；

④日电量损失 $\Delta E=\Delta N\times24=189.6\times24=4\ 550(kW\cdot h)$。

（2）电站承担 6h 峰荷运行，输水流量 $80m^3/s(20\times24\div6)$：

①沿程水头损失 $h_f=\frac{Q^2}{k^2}\cdot L=\left(\frac{80}{1\ 339}\right)^2\times5\ 000=17.85(m)$；

②出力损失 $\Delta N=8.5Qh_f=8.5\times80\times17.85=12\ 138(kW)$；

③日电量损失 $\Delta E=\Delta N\times6=12\ 138\times6=72\ 828(kW\cdot h)$。

(3)两工况损失值对比：

①沿程水头损失比 $=\left(\frac{80}{20}\right)^2=16$；

②出力损失比 $=\left(\frac{80}{20}\right)^3=64$；

③调峰运行比基荷运行多损失电量 72 828 − 4 550 = 68 278(kW·h)，即在发电用水相同的情况下，调峰运行6h损失的电量是基荷运行24h损失电量的16倍。

五、无压引水道断面尺寸选择

(一)方案拟定

无压引水道在方案比较阶段，可根据地形地质条件先选定引水道类型：如明渠或隧洞，或两者结合；引水道渠首有闸控制或无闸控制，也可结合断面尺寸一起选择。

无压引水道方案拟定一般以底坡作为拟定比较方案的主要依据，即根据引水渠通过地段的地形地质条件，结合经验值(如 $i<0.5‰$)假定几个底坡作为比较方案。

(二)各比较方案断面尺寸选择

当引水渠底坡确定后，一般可根据地形地质条件确定断面形式和衬护方法，按流量模数最优确定相应的断面尺寸。如渠道方案一般采用梯形断面，拟定的内容包括渠道的边坡系数 m、渠道底宽 b、水深 h 和底坡 i 四项。其中 m 值的确定，主要根据地质条件选用，与渠道护面的材料性质有关。根据一般规定，对混凝土及沥青混凝土的护面，m 值应大于或等于1.25；对塑性土壤的护面(如粘土、粘壤土、泥炭质及成层的泥灰质土壤等)，m 值应大于或等于2.5；对堆石护面和砾石铺衬的护面，可采用小于1.0的边坡。当组成边坡的土壤沿渠长不同时，应按不同的工程地质条件划分成若干段进行设计。当断面形式确定后，可根据电站最大过水能力 $Q_f=k\sqrt{i}$ 求得流量模数 k，按断面工程量最小确定底宽 b 和水深 h。如隧洞方案一般采用城门洞形，按同样原理确定底宽和直接高度等。

根据各底坡方案，设计优化的相应断面尺寸。

(三)计算各方案投资和动能效益并选定方案

根据各方案的引水道类型、底坡、断面尺寸、开挖工程量和护衬方式及工程量等，计算各方案工程投资；根据各方案动能效益确定容量效益和电量效益；按"各方案电力电量等效的前提下，年费用最小准则"，确定各方案的经济性，并结合影响因素经综合分析推荐设计方案。

第四节　反调节水库

反调节水库是指兴建对上一级水库(或水电站)泄流进行再调节的水库工程，其有关调节计算称反调节计算。常见的反调节水库有两种类型：①上游水电站因担任日调节，其泄放的非恒定水流不能满足下游航运和引水要求，需要兴建反调节水库进行再调节；②上游灌溉水源水库因承担有其他综合利用任务，不能全按灌溉需水过程泄水，需要兴建反调水库进行再调节。有些灌区距灌溉水源水库过远，为减少输水干渠工程量，并便于灌区及时用水,也常需兴建反调节水库对下泄的较均匀水量,按灌溉需水要求进行再调节。本节属水电站动能设计部分,仅介绍类型①。

一、兴建反调节水库的可行性分析

兴建反调节水库的可行性分析包括必要性分析和合理性分析,必要时应根据减免限制上游电站日调节的电力电量损失,结合反调节梯级技术经济指标,进行兴建反调节水库经济性论证。

(一)兴建反调节水库的必要性

(1)上游建有电力系统具有日调节性能以上的骨干大型水电站,为充分发挥容量效益,承担电力系统调峰、调频任务,必须进行日调节,而下游是十分重要的航道,日调节释放的非恒定流不能满足航运要求,必须配套兴建反调节水库进行反调节,以满足发电和航运双重要求。如在建的三峡水电站,具有年调节能力,近期保证出力 4 990MW,装机容量 18 200MW,承担华中、华东、华南电网的调峰、调频任务,必须进行日调节,对下游泄放非恒定流,影响范围达数百千米。三峡工程位于长江中游,长江是贯穿我国东西的黄金水道、特级航道,为保证航道的安全通航以及沿江供水设施,规定干流水库不能进行日调节,两者形成对抗性矛盾。为此,在三峡坝下游兴建了葛洲坝水库,对三峡水库日调节泄放的非恒定流进行反调节,而后者按满足航运要求不进行日调节,按均匀流泄放。

(2)上游建有电力系统骨干大型具有日调节能力以上的水电站,因下游航运要求,不能进行充分的日调节,限制了电站容量效益的充分发挥,兴建下游反调节梯级,释放航运基荷,扩大电站装机容量。如位于乌江下游河段上端的彭水枢纽,考虑上游已建和拟建水库的调节作用后具有多年调节能力,保证出力达 380MW,是重庆电网调峰、调频的主力电站,需进行日调节,但为满足下游航运的要求,需预留航运基荷 190MW,必需容量限制在 1 400MW 左右。若下游兴建反调节梯级后,释放了 190MW 基荷,必需容量可扩大至 1 750 ~ 2 000MW,对重庆电网近远期调峰容量不足具有较大的作用,因此要求兴建反调节梯级。

总之,兴建反调节水库必要性分析,应从上游电站日调节的必要性和日调节释放非恒定流对下游航运的影响进行对比分析,权衡利弊,阐明兴建反调节水库的必要性。

(二)兴建反调节水库合理性分析

1. 拟定电站比较方案

根据上游电站动能指标(保证出力、设计枯水年出力过程、特征水头、额定水头、水头 ~ 预想出力关系曲线等),拟定不带航运基荷、带不同航运基荷的比较方案,在设计负荷水平下进行电力电量平衡和调峰容量平衡,确定各方案的装机规模、电力电量效益和调峰容量效益。在此前提下,结合供电区能源储量、结构特性进行替代方案的技术经济分析,阐明不同方案对供电区电力发展的影响。

2. 收集和拟定航道基本要求

根据下游航道规划(航道等级、船泊吨位、客货运量、运输方式等),结合航道主管部门的意见,拟定下游通航对流态的基本要求,主要包括各断面最小航深、表面最大流速、水位日和小时最大变幅等。

3. 进行电站日调节计算

根据电站动能计算成果和各方案电力电量平衡成果进行水库日调节计算，日调节主要边界条件如下：

(1)典型日负荷图。①为了分析对下游航运的影响，可选择设计枯水年日负荷变化最大的负荷日和设计电站平均出力最小的负荷日为典型，即选择水电站担任最大工作容量月份的典型日负荷和月平均出力最小月份的典型日负荷作为设计依据，以求得下游航道受非恒定流的影响范围和变幅的最大值以及下游航深的最小值；②为了研究对下游引水的影响，应选取水电站月平均出力最小月份的典型日负荷作为设计依据，以求得保证供水的最小流量和最低水位。

(2)水库水位。计算中的起始库水位一般由调度图决定，即相应最大工作容量和最小平均出力月份的月初水位，作为计算用的起始库水位。有时为了分析预测极限情况，可以正常蓄水位和死水位作为计算水位。当水库调节能力超过季节调节时，可认为一天中库水位不变化；对于日调节水电站，由于水库水面面积小，库水位在 天中变动较大，应考虑库水位的变化对下泄量的影响。

根据给定的各方案日负荷过程和水库水位，进行日调节计算，推求相应方案逐时下泄流量过程。

4. 进行下游非恒定流计算

根据上游梯级日调节逐时下泄过程和下游河道断面资料及流态参数进行非恒定流计算。起始条件可采用相应日平均流量的沿程稳定水面线，进行逐时循环计算，要求相差24h的起始和末了流态趋近相等时的流态为最终成果。根据最终流态求出各断面的最小水深、最大表面流速、平均流速、日水位变幅、时水位变幅等要素。

5. 合理性分析

根据航运要求和下游非恒定流计算成果，分析各方案和对下游航运要求的满足程度，从航运近、远期规划阐明对航运发展的影响；根据电力电量平衡和调峰容量平衡成果，分析各方案对供电系统电力电量和调峰容量的满足程度，结合地区能源开发阐明对电力发展的影响；根据水法和有关规程规范，研究两者矛盾协调的工程措施，阐明兴建下游反调节梯级的合理性，必要时应分析兴建下游航运梯级进行反调节的经济性。

如位于乌江下游的彭水电站，保证出力380MW，比较了带航运基荷150MW、190MW和兴建下游航运梯级方案，经电力电量平衡，彭水电站相应的必需容量分别达1 500MW、1 400MW和1 750～2 000MW；经日调节和下游非恒定流计算，带航运基荷190MW、装机容量1 400MW方案，经日运行方式优化，下游航道各断面可基本上满足航运部门的要求，阐明不兴建下游反调节航运梯级装机容量以1 400MW为宜；供电系统重庆电网能源缺乏，近期以火电为主，调峰容量严重不足，远景需电主要依赖外输电源，开发本地区水力电源是其电力工业可持续发展的重要措施，彭水电站是重庆地区最大的主力水电站，规模大、调节性能好、输电距离近，彭水电站装机规模对重庆电网影响重大，鉴于下游又是重要航道，研究认为兴建下游反调节梯级具有必要性和合理性，建议结合对下游梯级开发方案进一步研究。

二、反调节计算

反调节计算的目的是，根据上游站日调节泄放的不均匀流和反调节梯级满足下游航运要求的下泄量过程，推求反调节水库完成反调节所需的最小调节库容。

（一）进行上游水电站日调节计算，偏安全地确定典型日的逐时下泄过程

根据反调节梯级设计水平年相应的设计负荷水平，进行供电系统电力电量平衡计算；根据电力电量平衡计算成果选取上游水电站在日负荷图的位置较高、水库运行水位较低的可能（1～3种）组合，分别进行日调节计算，求得各工况时水库下泄过程。

（二）推求反调节梯级典型日入库逐时过程

反调节梯级一般与上游梯级距离近，区间径流小，径流日内均匀，对反调节库容没有影响，因此在一般条件下可不考虑区间径流的加入；当区间面积较大，特别是区间支流上又有日调节性能以上的水库水电站时，亦应进行日调节计算，上游电站和支流电站日调节逐时下泄过程组合成反调节梯级的入库逐时下泄过程。

（三）反调节梯级下泄过程

反调节梯级的典型日逐时下泄过程，应满足下游航运要求。①对于特别重要的航道（如长江中下游航道），反调节梯级不进行日调节（如葛洲坝工程），按日平均流量下泄，即下泄过程为恒定不变的流量，这种工况对航道通航最有利，但所需反调节库容最大，反调节梯级只能按基荷运行，容量效益亦小；②反调节梯级带一定基荷和一定峰荷，进行反调节水库日调节和下游非恒定流计算，求得满足下游航运要求的典型日逐时下泄过程，作为计算依据。

（四）反调节计算

根据拟定的反调节梯级典型日入库逐时径流过程（1～3组）与满足下游航运要求的下泄过程，分别进行逐时水量平衡计算，偏安全地确定反调节库容。

【例7-1】 某反调节水库水电站，上游梯级日下泄过程如表7-4-1所示，求以平均流量为基荷运行所需的调节库容和控制最小下泄400m^3/s所需的调节库容。

表7-4-1 某反调节水库水电站上游梯级日下泄过程

时间（h）	1	2	3	4	5	6	7	8	9	10	11	12
下泄流量（m^3/s）	0	0	0	0	0	0	0	0	0	0	1 080	1 054
时间（h）	13	14	15	16	17	18	19	20	21	22	23	24
下泄流量（m^3/s）	648	865	1 054	1 135	1 215	1 567	1 406	2 115	2 116	2 109	199	0

解：（1）反调节梯级以平均下泄流量按基荷运行：

$$\overline{Q} = \sum_{t=1}^{24} Q_t/24 = 16\,560/24 = 690(\mathrm{m^3/s})$$

所需调节库容 $$V = \sum_{t=23}^{10} (\overline{Q} - Q_t) \times 3\,600 = 2\,909(\text{万 m}^3)$$

（2）最小下泄流量400m^3/s运行所需调节库容：

$$V = \sum_{t=23}^{10}(400 - Q_t) \times 3\ 600 = 1\ 656(万\ m^3)$$

三、反调节梯级经济论证

反调节梯级一般本身也是一座电站,承担对上游梯级电站日调节进行反调节,以满足下游航运要求,扩大上游电站电力电量效益,并且本身对电力系统也提供一定电力电量,即航运结合发电的枢纽工程,常称航电工程。

反调节梯级的经济论证准则和方法与常规电站相同,仅是需将本工程和上游电站补充(扩大)工程一起进行费用和效益平衡评价,要点如下:

(1)特征水位拟定。根据反调节工程地形、地质、水库淹没和用水部门要求,拟定反调节工程特征水位(正常蓄水位、死水位)比较方案,方法与常规发电工程相同,仅要求各方案的调节库容必须等于或大于反调节所需库容。

(2)装机容量。反调节梯级由于不进行日调节或限制日调节(带较大比重的强迫基荷),电站只担任电力系统基荷或部分腰荷,容量效益较小,主要为电量效益,装机容量一般由重复容量的经济效益确定,方法与常规径流式(无调节)电站装机容量论证相同。

(3)工程费用。工程费用包括本梯级的工程投资和运行费用过程,及上游电站因反调节梯级兴建可扩大的电站投资和运行费用过程(只计厂房和机电扩建费用)。后者常称补充投资和补充运行费用。

(4)效益。工程效益包括本梯级的电力电量效益和上游电站扩大装机规模所获得的电力电量效益,一般均应经电力电量平衡确定,对于特别重要的大型工程还应通过调峰容量平衡,确定电网吸收电量(即扣除弃水调峰电量损失)。

按常规电站经济比较方法,即按电力电量等效的原则确定替代工程(如凝汽火电站)规模和煤耗,计算替代工程的投资和运行费用过程,作为设计工程的效益过程。

(5)经济比较。根据反调节梯级费用过程和上游电站补充(扩大装机部分)费用过程,计算年费用或总费用现值;根据电力电量等效的替代工程费用过程,计算年费用或总费用现值;按年费用或总费用现值最小的原则,判别反调节梯级的经济合理性。

同样,反调节梯级的兴建和参数选择还应通过综合评价确定。

第五节　初期蓄水和装机程序设计

一、设计任务

(一)初期蓄水

水电站初期蓄水的设计任务:拟定从水库封闭导流设施、水库开始蓄水至第一台机组发电时间的水库蓄水计划。

需进行初期充蓄计算的水库,一般多为具有较大死库容或多年调节性能的大型水库工程,它具有以下特点:①水库从开始蓄水到正常运用时间长,一般达几个年组;②工程规模大,为和主体工程建设相适应,电站分期装机、灌区或供水区分期发展,时间往往较长;

③设计工程上下游已建工程和重要用户有一定的用水要求，需要协调设计工程初期阶段蓄水和下游用水要求的关系。因此，需全面考虑有关综合因素，拟定可能充蓄计划方案，进行比较，选取最佳方案。

(二)装机程序

水电站装机程序的设计任务：拟定第一台机组发电至全部机组投入时间，即电站运行初期水库蓄水和机组分期投入的计划。需进行装机程序专题研究的水电站，一般是指工程需分期开发或规模大、机组台数多的水电站，它具有以下特点：①工程采用分期开发，初期和后期建设时间距离较长，一般达几年；②机组台数多，全部机组投入的初期运行时间相差几年，需考虑电力系统对电力电量的需求和工程进度、水库蓄水、移民安置、机组供应和安装等关系的协调。因此，需全面考虑有关综合因素，拟定可能的机组投入程序，进行比较，选取最佳方案。

二、初期蓄水计划

(一)初期蓄水时间

水电站水库初期起始时间，可根据工程施工进度安排，水库挡水建筑物具备初期蓄水条件、封闭导流设施，为水库开始充蓄的时间；终止时间为水库开始正常运用时间，一般可以水库蓄水位达到正常运用调度图中保证供水(出力)区的下调配线(即限制出力线)水位为终止时间，当尚未绘制水库正常运用调度图或入库径流年内分配多变时，可以水库水位蓄至死水位为终止时间。

(二)初期蓄水计算方法

水库初期充蓄计算，有时历法和概率法两大类，后者能全面考虑初期充蓄时间来水可能的组合和概率，但对多方面的用水要求难以全面考虑，一般推荐按时历法采用典型年法计算。本节以介绍时历法为主，对概率法也作概念性介绍，仅供参考。

(三)初期蓄水计算的时历法

1. 设计工程上下游用水量拟定

水库初期充蓄方案的选择，应在协调初期下游用水要求和水库尽快蓄水两者之间关系的基础上拟定。

(1)对上游已建水库要充分考虑它对设计工程的调节作用，必要时应适当改变其运用方式，按有利于设计工程尽快蓄水进行补偿调节。

(2)对下游已建水库、水电站和下游河道航运、供水等各用水部门的用水要求，可按各用水部门低于正常运用的用水量拟定几组用水方案，并分析降低用水量对用户和蓄水方案的影响，经分析比较确定用水量。

(3)在水库初期充蓄期，水库区及坝址的渗漏较大，设计阶段又无法引用实测资料确定，宜根据坝型及地质条件并参照已建类似水库的观测资料拟定设计工程初期渗漏量。

2. 入库径流拟定

1)典型法

设计电站的初期蓄水径流可采用 $P=75\%$ 的枯水年份(年组)和 $P=50\%$ 的平水年份(年组)分别作为代表性的入库径流过程，前者调节计算成果反映初期充蓄时间遭遇的不利水文条件，作为估算可能的较长初期蓄水时间的依据，后者为遭遇平均的水文条件，作为估算可能争取的平均初期蓄水时间的依据。所选典型年份(年组)应首先根据长系列年水量经验频率计算，分别求得相应频率($P=75\%$ 和 $P=50\%$)的年水量(年组水量)，再选择年内(年组)不利分配为典型年份(年组)，用相应频率的年水量(年组水量)进行缩放后，作为典型入库径流过程模型。

2)长系列法

采用工程入库长系列逐年、月径流过程，作为计算样本。

3. 计算方法

1)典型年法

根据施工进度和移民进度，确定水库开始蓄水时间(月份)，按拟定的典型入库径流过程和各部门需水计划进行逐月水量平衡，一直至水库充蓄下调配线水位(或死水位)为止，分别求得相应 $P=75\%$ 和 $P=50\%$ 年份(年组)的初蓄时间和充蓄过程，作为初蓄计划安排的依据。

【例 7-2】 某水库正常蓄水位 450m，相应库容 2.03 亿 m^3，调节库容 0.53 亿 m^3，$P=75\%$ 和 $P=50\%$ 年入库径流逐月过程如表 7-5-1 所示。按施工进度安排 10 月初下闸蓄水。初期蓄水期下游用水不小于 $120m^3/s$，求遭遇不利水文年份初期蓄水时间和遭遇平均水文年份可争取的初期蓄水时间。

表 7-5-1　某水库 $P=75\%$ 和 $P=50\%$ 年入库径流逐月过程

时间(月)	1	2	3	4	5	6	7	8	9	10	11	12
$P=75\%$ (m^3/s)	125	128	130	132	160	190	201	230	250	129	126	127
时间(月)	1	2	3	4	5	6	7	8	9	10	11	12
$P=50\%$ (m^3/s)	128	132	142	145	180	203	240	250	280	135	132	130

解：死库容 $V=2.03-0.53=1.5(亿\ m^3)=\dfrac{1.5\times10^8}{30.4\times24\times3\,600}=57(m^3/s\cdot月)$。

(1)$P=75\%$ 年，由 10 月向后试算，至次年 4 月可将死库容蓄满，即：

$$\sum_{t=10}^{4}(Q_t-120)=57(m^3/s)$$

(2)平水年，由 10 月向后试算，至次年 2 月可将死库容蓄满，即：

$$\sum_{t=10}^{2}(Q_t-120)=57(m^3/s)$$

2)长系列法

根据长系列逐月径流过程，按施工进度安排从长系列第 1 年相应蓄水开始时间(月份)起进行水量平衡计算，求出水库初蓄时间和充蓄过程；依次从长系列第 2 年相应蓄水开始时间(月份)进行相同计算，求得自不同年份开始蓄水的初蓄时间和蓄水过程，按经验频率绘制“初蓄时间”的保证率曲线，由设计保证率($P=75\%$ 和 $P=50\%$)确定初蓄时间及其相应蓄水过程。

(四)初期蓄水概率简介(仅供参考)

水电站初期蓄水计算概率法,可依据水库来水保证率曲线及供水、蓄水等要求,采用蓄水保证率曲线计算法进行调节计算:①根据水库年来水保证率曲线,在首先满足下游必需供水量的条件下,充蓄至初期运用起始水位,然后按初期运行期要求的供水量工作,有余水再充蓄水库,如此可求得第 1 年末水库终蓄保证率曲线,见图 7-5-1;②以第 1 年末水库终蓄保证率曲线作为第 2 年初水库初蓄保证率曲线,再与水库来水保证率曲线进行组合频率计算,求得第 2 年的总来水保证率曲线,然后根据初期运行年供水量和调节库容,顺次进行水量平衡计算,求得第 2 年末的水库终蓄保证率曲线;③按上述方法进行第 3 年、第 4 年……的调节计算。当要求的初期运行年供水量已接近正常供水量,调节库容的放空保证率已接近设计供水保证率时,即可认为已转入正常运用期。根据上述计算,可求出水库从蓄水运用初期至正常运用阶段的逐年需水量及水库蓄水保证率,并作为各部门拟定发展规划的依据。这一方法与时历法相比,能较全面地考虑各种来水情况,但只能给出水库蓄泄水量的概率,而不能给出具体充蓄过程。

梯级水库的初期蓄水调节计算的计算条件和方法,与单一水库相同。但当上游有调节性能高的大型水库时,设计水库的来水过程需考虑上游水库的调蓄影响;当下游有已建或同时兴建的水库时,设计水库的初期运用需考虑下游已建水库的用水要求。

三、装机程序设计

当水电站规模大、机组多,电站自第一台机组发电至全部机组投入时间较长时,如三峡电站规模达 26 台单机容量为 700MW 机组,自 2003 年首台机组发电,2009 年全部 26 台机组投入,初期运用期长达 7 年,应根据工程进度和外部条件的影响,合理选择装机程序。要研究的主要因素如下:

(1)工程施工和蓄水进度。工程施工特别是主体工程施工进度,直接关系到水库蓄水计划,水库蓄水位(量)直接关系到装机规模。而电站电力电量的发挥又与供电系统电力负荷的需要关系密切。因此,应根据蓄水计划和通过电力系统逐年电力电量平衡,拟定逐年装机规模初步方案。

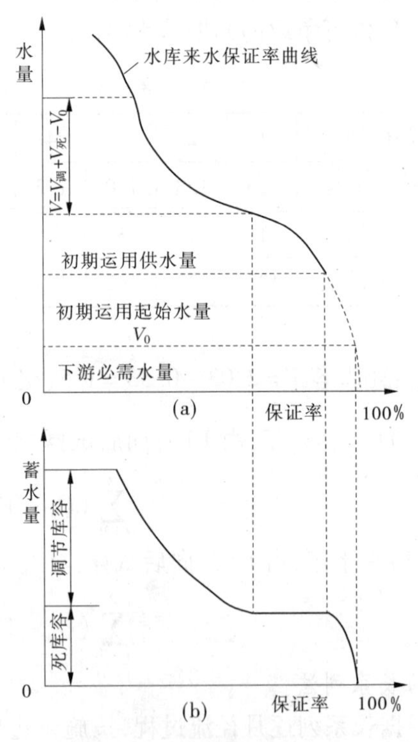

图 7-5-1　用概率法进行初期蓄水调节计算示意图

(a)调节示意图;(b)初期蓄水保证率曲线示意图

(2)机电设备供应和安装进度。应了解电站主要机电设备生产、供应情况,以及电站机组安装进度,与装机程序方案联系起来,作为控制因素之一。

(3)移民进度。当库区移民规模较大,移民安置计划的实施进度可能成为水库蓄水的控制因素时，应分析对装机程序的影响，以及可能采取的对策措施。

(4)同时开工工程的影响。电力系统有几座水电站可能同时投入新机组时，这些电站装机程序可根据各电站的补充单位容量投资和补充单位电量投资经分析比较后，统一安排。

(5)装机程序方案选择。装机程序的选择应根据初步方案，并考虑外部影响因素，综合决定。必要时应拟定不同装机程序，经逐年电力电量平衡，考虑不同投资过程和效益过程，经经济比较确定。

四、分期装机论证

当电站采用分期建设，机组采用分期投入时，应考虑以下因素确定方案：

(1)不同水平年的负荷和综合利用要求。

(2)库区分期淹没损失、控制高程和移民安置规划。

(3)分期施工的技术可能条件。

(4)分期效益、费用。

(5)水轮机允许的水头和出力范围，应尽可能适应水电站运用不同时期。必要时，可研究后期更换机组或改建措施。

第八章 水电站动能设计

第一节 电力负荷预测

一、电力系统及其运行方式

(一)电力系统的结构及电力生产特点

1. 电力系统的组成

电力系统是动力系统的一部分。动力系统是指由原动机、发电机、变电所及用户的用电用热设备,其互相间以电力网及热力网连接起来的总体;电力系统是指动力系统中由发电机、电力网(包括配电、变电装置和输送电力线路)及所有的用电设备组成的总体。

现代的电力系统具有庞大的规模、复杂的结构,一般包括多个不同类型的发电站、不同电压等级和容量的变电所及电力线路。

2. 电力系统电力生产的特点

1)电能是不能直接储存的

电能具有不能大量储存的特性,因此电力系统中电厂发电量的多少决定于用户的需要,发电和输电、用电是随时平衡的,即电能的生产、输配和消耗是在同一时间进行的。正因为如此,从发电到用电的各个环节中,任一个环节发生故障或其运行方式发生变化,均将影响整个电力系统电能的生产、供应和产品质量。例如,线路、电器的故障将引起系统中部分发电机停机或减载运行;发电机故障将使部分用户停电,或引起系统运行方式的改变(如启动备用电源);发电和用电量的不平衡将引起系统电力周波的不稳定等。因此,要求电力系统中的各个环节和各个元件形成一个有机的整体。

2)电力系统的电磁过渡过程非常迅速

电力系统中的电磁过渡是非常迅速的,例如,电磁波动的过程是在千分之几秒甚至百万分之几秒内完成的,又如短路及发电机运行的不稳定都是在十分之几秒或几秒之内完成的。因此,为防止某些过渡过程对系统元件和运行的危害,或为了维持发电机运行的稳定运行状态,均需及时作某些相应的调整。显然,要达到这一目的,靠人工进行操作不可能获得满意的效果,甚至是无法完成的。因此,电力系统过渡过程很迅速的特点,就要求电力系统广泛采用自动调整和保护装置。

3)电力工业和国民经济各部门有着极其密切的关系

在生产技术高度发展的新阶段,工业、农业、交通运输、科学研究发展,以及人民生活的提高与电力工业的发展息息相关。因此,要求电力系统的运行应高度可靠,及时提供充足的电力,并要求电力系统装设必要的备用容量,电力系统中发电设备容量应当比系统实际负荷大一些。

(二)电力负荷的特性

电力负荷的特性是由用户用电的特性决定的。不同行业、不同工程的用户有不同的负荷特性,例如,在年内分配上农业负荷主要集中在农业排灌和收获季节,生活照明又主要在每天的19~21时,冶金、轧钢工业又以不连续冲击负荷为特征等。这里我们仅讨论电力系统常见的统一的负荷特性,并以负荷图的形式表示这一特性。

1. 日负荷图和典型日负荷图

由于电力用户用电在时间上的不一致性,电力系统(总的)日负荷是随时变化的,如图8-1-1所示,为一般常见的日负荷图,粗线表示正常负荷逐时变化的平均过程线,细线为瞬时冲击负荷的变化情况。

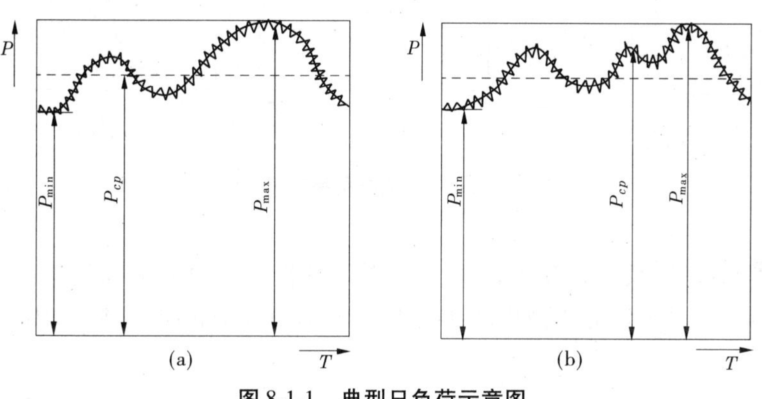

图8-1-1 典型日负荷示意图

图8-1-1(a)是系统中工业负荷二班制工种比重较大的日负荷图,图8-1-1(b)为工业负荷中三班制比重较大的日负荷图。图中每天最高峰一般出现在20~22时,主要原因是城市生活照明负荷在这段时间较大。

日负荷变化的急剧程度是由日负荷率来表示的,一般定义:最小负荷率$\beta = P_{min}/P_{max}$,我国电力系统中一般变化于0.45~0.70;平均负荷率$\gamma = P_{cp}/P_{max}$,一般可在0.68~0.86取值。P_{min}为系统日内时平均最小负荷;P_{max}为系统日内时平均最大负荷;P_{cp}为系统日内时平均负荷。

一般称日负荷图最小负荷以下部分为基荷,平均负荷以上部分为尖峰负荷,最小负荷至平均负荷之间部分称腰荷,又将尖峰负荷和腰荷统称为峰荷。以上是指正常(时平均)负荷,对于瞬时冲击负荷和计划外的负荷常用正常最大负荷的百分比来表示,一般为±(2%~5%)。幅度决定系统负荷特性和总用电水平的大小。

系统负荷在年内和月内的分配都是不均匀的,一般冬季负荷较夏季大,在同一月内星期日和节日休假日负荷较低。由于在年内日负荷逐日研究是困难的,往往在一年内选择4个(每季1个)或2个(冬、夏季各1个)最大日负荷图,作为系统日负荷变化过程的代表,称之为典型日负荷图。

2. 年负荷图和年需电量图

1)年负荷图

年负荷图表示电力系统负荷年内的变化过程。年负荷图由每月最大日负荷组成,常见形状如图 8-1-2 所示，它表示电力系统在一年内各时段(月)的最大负荷顺次的变化过程。图中(a)为静态年负荷图，它未考虑系统在年内的增长，即年末最大日负荷与年初最大日负荷相等；(b)为动态年负荷图，它考虑了系统负荷在年内的增长，即年末最大日负荷大于年初最大日负荷水平；(c)为系统中农业排灌负荷较大，使得年最高负荷出现在排灌负荷最集中的月份情况，如长江中下游多在 7 ~9 月。

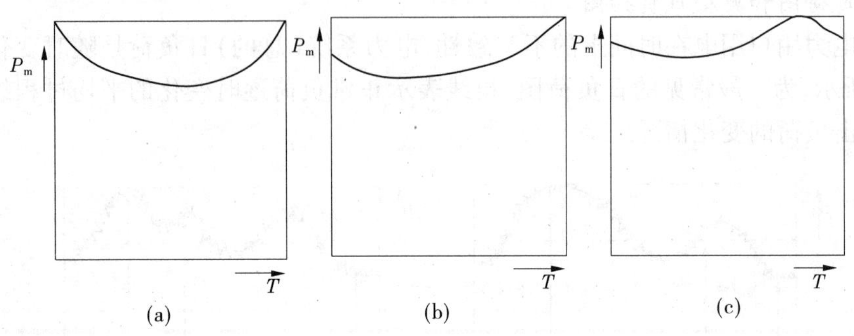

图 8-1-2　典型年负荷示意图

2)年需电量图

年需电量图表示系统在年内需电量的变化过程。它的横坐标是年内的时间序数(月)，纵坐标是每月平均负荷，如图 8-1-3 所示，与年负荷图相应，为常见的形式。

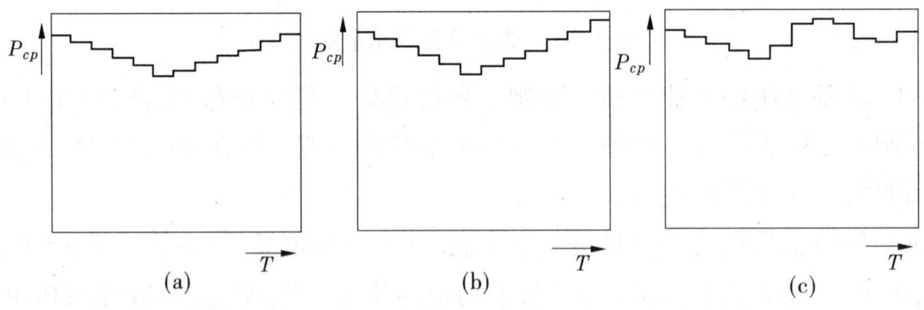

图 8-1-3　典型年需电量示意图

月最大负荷和月平均负荷的比值称月调节系数，一般用 K_c 表示，可在 1. 10 ~1. 15 取值，其倒数 $\sigma = 1/K_c$ 称月不均衡系数。

一年中 12 个月的最大负荷的平均值与最大负荷月的最大负荷(年最大负荷)的比值，称季不均衡系数，一般用 ρ 表示，变化于 0. 90 ~0. 92。

3. 电力系统需电量和负荷的关系

(1)日需电量和最大负荷关系：

$$E_{日} = P_{cp} \cdot 24\text{h} = P_m \cdot \gamma \cdot 24\text{h} \tag{8-1-1}$$

(2)月需电量和最大负荷日最大负荷关系：

$$\sigma = \frac{1}{K_c} = \frac{P_{cp}}{P_m^{月}}$$

$$E_{月} = \sigma \cdot P_m \cdot \gamma \cdot T_{月} \tag{8-1-2}$$

(3)年需电量和最大负荷关系：

$$E_{年} = \sum_{i=1}^{12} E_{月}^{i} = \sum_{i=1}^{12} \sigma_i \gamma_i P_m^i T_{月}^{i} \tag{8-1-3}$$

式中 σ_i——第 i 月的月负荷不均衡系数；

γ_i——第 i 月典型负荷日日平均负荷率；

P_{m}^{i}——第 i 月典型负荷日的最大负荷；

$T_{月}^{i}$——第 i 月的时间(小时数)。

当各月的 γ、σ 均相等时，式(8-1-3)可简化为：

$$E_{年} = 8\,760\rho\sigma\gamma P_{\mathrm{m}} \tag{8-1-4}$$

式中 P_{m}——全年最大负荷日的最大负荷；

$\rho = \dfrac{\sum_{i=1}^{12} p_{\mathrm{m}}^{i}}{12P_{\mathrm{m}}}$——季不均衡系数。

某电力系统日负荷累积曲线如图 8-1-4 所示。

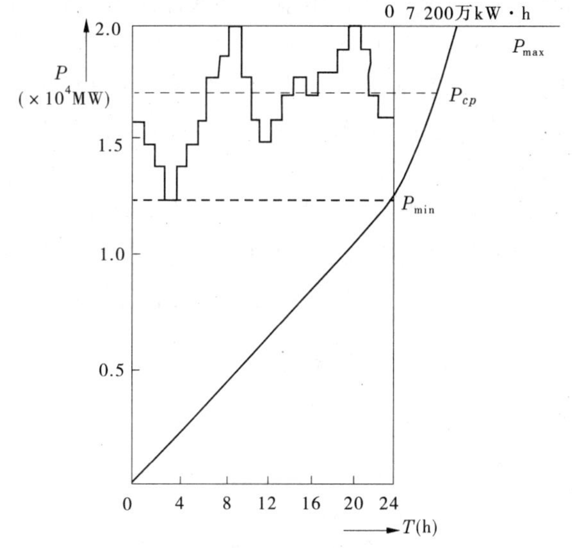

图 8-1-4 某电力系统日负荷累积曲线图

4. 电力系统中的电源

现代的电力系统中的电源主要有火电站、水电站和抽水蓄能电站、潮汐电站及核电站等。目前，组成我国电力系统的电源主要为水电站和火电站。

1）火电站的类型

火电站分为凝汽式电站和热电站两大类。

凝汽式电站的主要任务是生产电能，它的工作是由系统电力负荷的要求决定的。一般而言，在其“技术最小出力”限制范围以外，它可以担任系统的调峰和调频任务，但出力变化不及水电站灵活(主要是由于锅炉设备在调节中存在惰性)，并且单位电能的燃料消耗也较担任基荷时大一些。

热电站的主要任务是供给动力系统的热量，它的发电出力完全由热力负荷的要求决定，因此它仅适合担任系统的基荷出力（当热电站采用中途分离式汽轮发电机组时，它的发电出力包括两部分，一部分为供热荷决定的出力，另一部分为可调节的凝汽式出力）。

2）水电站的类型

水电站按水能利用方式可分为引水式水电站、堤坝抬水式水电站、混合式水电站、抽水蓄能水电站和潮汐式水电站等类型。

引水式水电站对天然径流量一般无再分配能力，即它的发电出力用水完全由天然径流量所决定，一般多为高水头小流量，不担任系统的尖峰负荷。

堤坝抬水式水电站可分为蓄水式和径流式两类，前者具有较大的库容，可将一定时段（如日、季、年）的入库径流进行再分配，因此它常担任电力系统的调峰和调频任务；而后者的库容不大，对入库径流量无再分配能力或仅有日调节能力，如不能进行日调节则只能担任系统的基荷出力，否则将造成较大的弃水。

混合式水电站兼有上述两种类型的布置形式，对于具有一定调节能力的混合式水电站亦可担任系统尖峰负荷，但如压力引水道较长，则调峰时将造成较大的水头损失。

抽水蓄能水电站有两大类，其一是利用系统中每日低负荷时间（如每日的0～8时）的多余电能，抽水蓄能，在负荷高峰时（如9～11、18～21时）发电，用以补充高峰负荷时间的容量不足，适用于火电比重较大或有调节能力的水电比重较小的系统；其二是利用系统中水电站汛期多余的季节性电能，抽水蓄能，以补充枯水季节电能的不足，适用于用低调节能力水电站比重较大的电力系统。

潮汐式水电站是利用潮汐水能的一种形式，它的发电出力由潮汐涨落的规律决定，由于潮汐涨落和系统日负荷的变化规律是不一致的，因此它的发电出力是强迫性的，不能随电力负荷的需求而作相应的调节，一般要有其他电源对它进行补偿调节。

二、水电站设计水平年和设计负荷水平

（一）设计水平年

水电站设计水平年是指水电站规划设计所依据的、与电力系统预测的电力负荷水平相应的年份，一般而言是指设计水电站装机容量能充分发挥容量效益的年份。影响水电站设计水平的因素主要有：①电力系统负荷增长速度，能源资源条件，电力系统远景水、火电比重；②设计水电站的技术经济指标（如规模、调节性能、施工年限等）及其在电力系统中的作用；③系统内水电站及所规划的河流梯级水电站的开发顺序；④远景综合利用要求的情况等。

设计水平年选择是一个权衡近期费用和远景效益的技术经济问题。设计水平年选得过远，可能使水电站规模过大，导致部分资金积压过大而不经济；选得过近，可能使水电站规模偏小，水能资源得不到充分利用。根据《水利水电工程动能设计规范》（DL/T5015—1996）（以下简称规范）有关规定，一般可采用第一台机组投入后的5～10年。一般所选设计水平年需与国民经济五年计划年份相一致，对于规模特别大或远景综合利用要求变化较大的水电站，其设计水平年需作专门论证。由于水电站使用年限长，在实际规划、设计中，要看得远些。由于准确预测设计负荷水平的难度很大，常考虑一定的变化幅度。设计几座联合运行的梯级水电站时，若各电站投入运行的时间相距不远，可以电站中规模最

大者为主,采用同一设计水平。

对大型水电站装机容量及其相应设计水平年作专门论证时,一般根据拟定装机容量方案进行逐年电力电量平衡,根据各设计水平年的比较方案、逐年的电力电量效益,计算年费用现值,以年费用最小方案作为经济有利方案,并结合各影响因素分析,推荐设计水平年及相应的装机容量方案。

(二)设计负荷水平

设计负荷水平是指供电系统相应设计水平年达到的年电量和相应的年最大负荷,一般应由电力规划部门提供。当缺乏供电系统规划资料时,可采用电力负荷年平均增长率推求,常用计算公式为:

$$E_{设} = E_0(1+\gamma)^{T+t} \tag{8-1-5}$$

式中 $E_{设}$——设计负荷水平(设计水平年电量);

E_0——供电电网现状基准年份的年电量;

T——现状基准年至设计电站第一台机组发电时间;

t——第一台机组发电至设计水平年时间;

γ——年电量增长率。

上述推求设计负荷水平的关键因子为年电量增长率 γ,应考虑下列因素综合分析研究确定:

(1)调查供电电网现状,统计历史特别是近年来负荷水平年平均增长率,分析研究设计电站设计水平年期内电力负荷的增长趋势。

(2)根据供电电网地区国民经济发展规划,推求规划期国民经济各部门增长率,分析主要用电(如工业)部门对电力工业发展弹性系数,综合确定负荷水平年平均增长率。

(3)根据供电地区能源储备和分布情况、工农业和电力发展水平,预计在电站设计水平年期内电力负荷的增长条件。

(4)参照国内特别是类似地区电力规划进行对比和预测。

推求设计负荷水平的理论和方法较多,这里未作全面介绍。

三、电力系统负荷曲线编制

(一)按给定的典型负荷图编制

根据供电区电力规划提供的设计水电站在设计水平年的典型年负荷曲线和日负荷曲线,以及负荷特性参数和设计负荷水平,编制电力系统负荷曲线。

【例 8-1】 某电力系统给定的典型日负荷曲线和典型年负荷曲线列于表 8-1-1、表 8-1-2,月调节系数 $K_c = 1.15$,设计水电站设计水平年设计负荷水平为 600 亿 kW·h,编制设计负荷水平的负荷曲线。

解:(1)根据典型日负荷曲线计算负荷特性。

表 8-1-1 中的 $P_{日}(t)$ 为每小时(平均)负荷与日最大小时(平均)负荷(表中第 20 小时)的比值,按公式 $\gamma = \sum_{t=1}^{24} P_{日}(t)/24$ 计算日平均负荷率为 0.812;按 $\beta = \frac{P_{min}}{P_{max}}$ 定出日最小负荷率为 0.65,出现在表中第 2 小时。

表 8-1-1　某系统典型日负荷曲线（$\gamma=0.812,\beta=0.65$）

小时	1	2	3	4	5	6	7	8	9	10	11	12
$P_{日}(t)$ %	71	65	66	67	71	74	84	83	83	83	78	76
小时	13	14	15	16	17	18	19	20	21	22	23	24
$P_{日}(t)$ %	70	80	82	81	85	95	99	100	98	95	87	77

表 8-1-2　某系统典型年负荷曲线

小时	1	2	3	4	5	6	7	8	9	10	11	12
$P_{月}(t)$ %	82.8	83.2	84.2	86.4	91.3	85.4	96.2	96.4	97.0	96.5	100.0	92.6

（2）根据年负荷曲线计算季不均衡系数ρ。

表 8-1-2 中的$P_{月}(t)$为一年中每月最大（时平均）负荷与最大月（时平均）负荷（出现在 11 月）的比值，按公式$\rho=\sum_{t=1}^{12}P_{月}(t)/12$计算季不均衡系数为 0.91。

（3）根据$\sigma=\frac{1}{K_c}=\frac{1}{1.15}$计算月不均衡系数为 0.87。

（4）根据年电量（设计负荷水平）600 亿 kW·h，计算年最大负荷P_m（各月典型日负荷曲线相同时）。

$$P_m=\frac{600}{8\ 760\gamma\rho\sigma}=10\ 645(\mathrm{MW})$$

（5）根据年最大负荷P_m编制年负荷和日负荷曲线。

①采用年最大负荷P_m乘表 8-1-2 中的$P_{月}(t)$即可得各月的最大负荷，即组成该系统 600 亿 kW·h 水平的年负荷曲线。

②采用各月的最大负荷乘以表 8-1-1 中的$P_{日}(t)$即可得该月逐时负荷，即组成典型日负荷曲线。

由于计算中存在取值误差，还应检验年电量是否平衡，并作必要修正。

【例 8-2】　某电力系统典型日负荷率列于表 8-1-3。若假定最大日负荷P_m和月、季负荷率ρ、K_c，求解日负荷特征值及年电量E。

表 8-1-3　某电力系统典型日负荷率

小时	1	2	3	4	5	6	7	8	9	10	11	12
负荷指数	0.74	0.7	0.67	0.64	0.63	0.61	0.59	0.63	0.78	0.84	0.87	0.86
小时	13	14	15	16	17	18	19	20	21	22	23	24
负荷指数	0.89	0.91	0.92	0.91	0.91	0.9	0.86	0.91	1.00	0.99	0.93	0.79

解:(1)最小日负荷率 $\beta = \frac{0.59}{1} = 0.59$;

日平均负荷率 $\gamma = \frac{\sum_{t=1}^{24} P_t}{24} = 0.812$。

(2)假定最大日负荷 $P_m = 1\ 200\text{MW}$,则

基荷 $= P_m \cdot \beta = 1\ 200 \times 0.59 = 708(\text{MW})$;

峰荷 $= P_m \cdot (1-\beta) = 1\ 200 \times (1-0.59) = 492(\text{MW})$;

腰荷 $= P_m \cdot (\gamma-\beta) = 1\ 200 \times (0.812-0.59) = 266.4(\text{MW})$;

尖峰负荷 $= P_m \cdot (1-\gamma) = 1\ 200 \times (1-0.812) = 225.6(\text{MW})$。

(3)若季不均衡系数 $\rho = 0.91$,月调节系数 $K_c = 1.15$,则年需电量 $E_0 = 8\ 760\rho\sigma\gamma P_m = 8\ 760\rho\frac{1}{K_c}\gamma P_m = 8\ 760 \times 0.91 \times \frac{1}{1.15} \times 0.812 \times 1\ 200 \times 10^3 = 67.54$(亿 kW·h)。

(二)其他编制方法要点

(1)由于气候条件等因素的差别,往往每月的典型日负荷曲线和日负荷率是不一样的,常见的分夏季和冬季典型日负荷曲线,这时可采用夏、冬两季 γ 的平均值作为推求年最大负荷的日平均负荷率,其他同前。

(2)当不具备电力系统规划给定的典型负荷曲线(指设计水平年)时,需按不同行列典型负荷曲线及其用电比重,采用叠加法推求综合典型负荷曲线。

(3)当具备现状的典型负荷时,可估算设计负荷水平年负荷特性的可能变化,然后采用对现状典型负荷曲线进行修正的方法编制。

电力系统负荷曲线是一个随机过程,任何方法只能给出一个近似解。为了尽量追求接近实际,要重视对历史和现状的分析,并根据地区国民经济发展规划进行预测,编制满足设计要求的负荷曲线。具体编制细则可参见有关参考文献。

第二节　电力电量平衡

一、电力电量基本概念和内容

电力系统电力电量平衡,是指为保证电力系统经济安全运行,研究电源配备和生产方式如何满足电力负荷年、月、日变化的电力电量的供需平衡。主要内容包括:①各电源逐月平均出力等于相应月份的平均负荷,年电量达到逐月供需平衡;②各月的典型负荷日的逐时正常负荷与各电源的工作容量达到平衡;③各月典型负荷日瞬时变化要求的和各电源设置的事故备用、负荷备用容量达到平衡;④电力系统安排的电源检修计划和电源检修容量安排达到逐月平衡。综上,在水电站动能设计中电力系统电力电量平衡,是指逐月电量平衡或逐月平均负荷和各电站平均出力的供需平衡,加上各月典型负荷日的电力平衡。

在进行供电系统电力规划时,编制电力系统的电力电量平衡的目的是根据系统负荷要求对已建成的和正在规划、设计中的水、火电站的容量和发电量进行合理安排,使它们

在规定的设计负荷水平年中满足系统对容量和电量的需求。

在水电站设计阶段编制电力电量平衡的目标函数为“总装机容量最小”,但不同设计阶段的目的又有所不同。在规划阶段,电力电量平衡是为系统规划和电源组成提供依据;在初步设计阶段,其目的在于为水电站特征值选择提供依据;在技施设计阶段,其目的在于校核水电站特征值及研究设计水电站和电力系统中已有水电站的容量和电量利用程度;在运行阶段,编制电力电量平衡的目的在于“满足电力电量平衡的前提下,研究各电源经济合理的利用”,其目标函数为“系统总煤耗最小”。

编制电力电量平衡一般是对整个电力系统电力电量平衡,但在下述情况下尚须考虑编制分区的电力电量平衡:①供电范围涉及两个以上电力系统;②系统中有若干水电站分区供电的情况;③若干原有地区系统联合成新的统一的地区电力系统;④地区之间输电能力较弱。

电力电量平衡还是输电线路电力电量潮流分析、水电站群电力补偿调节、电力系统间电力与电量交换、电力系统调峰容量平衡等工作的基础。

二、电力系统的容量组成

(一)系统总容量

1. 系统最大负荷

系统最大负荷是指电力系统正常(计划内)的最大负荷,一般为最大的小时平均负荷。

2. 负荷备用容量

负荷备用容量是指担负电力系统一天(时)内负荷瞬时波动(冲击负荷)和计划外的负荷增长而设置的备用发电容量。主要起调节电力周波(频率)的作用。根据规定可采用系统最大负荷的2% ~5%,大系统用较小值,小系统用较大值。

3. 事故备用容量

事故备用容量是指电力系统中发电和输电设备发生事故时,保证正常供电所需设置的发电容量。备用容量大小理论上应根据系统中机组台数和机组平均事故率,用数理统计法推求,规划设计中常根据规范规定采用系统最大负荷的8% ~10%,但不得小于系统中最大一台机组的容量。

4. 检修容量及检修备用容量

检修容量是指计划安排系统中发电机组进行年大修的容量。规范规定各类机组的年计划检修时间平均可采用:火电机组为45d;常规水电站和抽水蓄能电站机组为30d,但多沙河流上的水电机组,年大修可适当增加;核电站机组为60d。

检修备用容量是指利用电力系统一年内低负荷季节,不能满足全部机组按年计划检修而必需增设的装机容量。在我国的年负荷特性中,水电站机组均可安排在枯水季节检修,只有火电站才需安排部分检修备用容量,因此水电站的备用容量一般只包括事故备用容量和负荷备用容量。

5. 系统总容量

系统总容量是指运行过程中(按月计算),工作容量、负荷备用、事故备用、检修备用容量之和。其中一年中所需总容量的最大值称电力系统必需容量。

由于各类电站的特性,在水电站设计或电力系统运行中存在空闲容量和受阻容量,系统总装机容量为必需容量、空闲容量和受阻容量之和。

6. 系统负荷水平

系统负荷水平是指电力系统一年内总需电量。一般可根据一年内逐月需电量计算,即负荷水平(年需电量) = $\sum_1^{12} E_{月} = \sum_1^{12} P_m \gamma \sigma \cdot 732$,其中 P_m 为当月最大负荷日的最大负荷,γ 为日平均负荷系数,σ 为月(周)负荷系数,732 为平均 1 个月的小时数。

(二)水电站容量组成

水电站的装机容量($N_{装}$)由必需容量($N_{必}$)和重复容量($N_{重}$)两大部分组成。如下所示:

- 装机容量
  - 必需容量
    - 工作容量
    - 备用容量
      - 事故备用容量
      - 负荷备用容量
      - 检修备用容量
  - 重复容量

或用下式表示:

$$N_{装} = N_{必} + N_{重} = N_{工} + N_{事备} + N_{负备} + N_{检备} + N_{重} \tag{8-2-1}$$

1. 必需容量

必需容量是指维持电力系统正常供电所必需的容量。电力系统用电负荷在某一水平时,装设了水电站的必需容量,其他电站就可以少装同等数量的容量,因此必需容量又可称为替代容量。水电站的必需容量由工作容量($N_{工}$)与备用容量($N_{备}$)组成。

2. 重复容量

重复容量是指不能用来担负系统的正常工作,仅在洪水期多发季节性电量,减少火电站的燃料而装在水电站上的容量。它不起替代容量的作用,不是替代容量。水电站的重复容量常在一定的设计负荷水平、供电范围、设计保证率条件下确定。当上述条件改变时,重复容量有可能转化为必需容量。

3. 工作容量

工作容量是指担任电力系统正常负荷的容量。水电站按水库调节后的水流出力运行时,对电力系统所能提供的发电容量,其值与水电站日平均出力、所在电力系统日负荷特性和它在电力系统日负荷图的工作位置有关,故在电力平衡表上各月均不相同。因水电站一般能担负系统的尖峰负荷,故其工作容量往往为日平均出力的若干倍。

4. 备用容量

为确保供电可靠性和电能质量,电力系统应具有一部分容量以备急需,这部分容量称为备用容量。备用容量由事故备用容量($N_{事备}$)、负荷备用容量($N_{负备}$)和检修备用容量($N_{检备}$)组成。

事故备用容量是指系统内某些机组发生事故时或电站预想出力突然下降时为避免系统停电而装置的容量;负荷备用容量是用来维持电力系统标准频率和负担计划以外的短

时负荷或超时正常最大负荷以外的脉动负荷(例如电炉两电极的短路和铁路电气机车在启动时突然增加的负荷等)所装设的容量;检修备用容量是电力系统一年内低负荷季节不能满足系统内机组计划检修而必需增设的装机容量。

(三)火电站容量组成

一般而言,火电站装机容量均为必需容量,由工作容量和备用容量(包括负荷备用、事故备用、检修备用)组成。各容量含义同前,即火电站亦分担满足电力系统正常负荷要求工作容量和维持安全运行的备用容量,但不设置重复容量。

(四)其他容量

由于水电站生产的特殊性,在电力电量平衡中常设置以下一些"专用名称"予以补充。

1. 空闲容量

在电力系统运行的过程中,由于负荷的变化,有时会出现一部分容量暂时未被利用的情况,处于空闲状态,这部分容量称为空闲容量($N_{空闲}$)。若在电力系统负荷最大的控制月份水电站出现空闲容量,可视该空闲容量为重复容量。

2. 受阻容量和预想出力

由于各种原因使电力系统中有一部分容量不能利用(即不能工作),这部分容量称为受阻容量($N_{受阻}$)。这些受阻容量,对于水电站来说,可能为水量不足或水头低于额定水头所致。对于火电站来说,可能是燃料的含热能力低落、汽机的真空度低落或热能输出情况的变化等。

水电站预想出力是指水轮发电机组在不同水头条件下所能发出的最大出力,又称水头预想出力。当水头低于额定水头时,水头预想出力小于额定出力,这时额定出力与预想出力之差称为水头受阻容量。这是水电站所遭遇运行工况决定的。

当电力系统中出现空闲容量和受阻容量时,系统装机容量组成由下式表示:

$$N_{装\cdot系} = N_{工} + N_{备} + N_{空闲} + N_{受阻} \tag{8-2-2}$$

上述各种容量的大小及组合也是不断变化的。但不管如何变化,均应尽量充分利用水电站的特点,合理分配水、火电容量,经济输送电量,使电力系统经济效益最好。

三、电力系统中各类电站的技术特性及其运行方式

电力系统按其组成可分为三类:纯水电系统、纯火电系统和水火电混合系统。在水火电混合系统中,水、火电可能有各种比重,按其比重大小分为以水电为主的系统和以火电为主的系统,如东北、华东、京津唐电力系统就是以火电为主的电力系统;西南、广西等地区则是以水电为主的。纯水电系统及纯火电系统是很少见的,本节主要叙述最常见的混合电力系统中各类电站的情况。

(一)火电站的技术特性

火电站机组根据其结构特点一般可分为凝汽式机组和供热式机组两大类。

1. 凝汽式机组

凝汽式机组的工作特点是蒸汽全部通过汽轮机的各级汽叶,作功以后排入凝汽器内,重新凝结成水,打回锅炉。这种机组的工作特点是尽可能地按负荷要求利用蒸汽的热能

发电。

2. 供热式机组

供热式机组主要用于供热负荷用户，同时结合发电。可分为背压式机组和抽汽式机组两种。

1）背压式机组

背压式机组的特点是汽轮机的出汽压力高于大气压力，发电后出汽不进入凝汽器，利用这部分热能向用户供热或直接向工业供给低压蒸汽，如果无用热负荷，便不发电。机组一般还设置减压装置，作为供热备用，当发电机事故或停止运行检查时照常供热。

2）抽汽式机组

抽汽式机组的工作特点是：一部分蒸汽流经汽轮机的全部汽叶，作功后排入凝汽器，利用蒸汽热能发电；另一部分蒸汽在汽轮机内部作功后以一定压力抽出供热。

火电站运行（出力）范围，常受机组特性和燃料种类及质量限制。我国目前生产的大型煤电凝汽式机组的技术最小出力（指燃烧相当稳定，并不产生有害后果，机组所能发出的最小出力）为额定出力的70%，国外进口大型煤电机组达50%。以油、汽为燃料的火电机组出力调整幅度一般可达100%。

（二）火电站运行方式

火电站由于煤耗特性和出力调整不灵活，一般应尽量安排在经济运行区稳定运行，即尽量担任系统基荷，但由于电力系统负荷急剧变化的需要，凝汽式电站在最小技术出力至额定出力范围可担任调峰任务，大型凝汽式电站还可担任调频任务，供电式机组受强制热负荷的制约，一般只能承担系统基荷。

火电站不适合空载运行和停、开机方式运行。如承担电力系统事故备用机组，锅炉需保持高温、高压备用状态，备用过程燃料消耗大，不经济。

（三）水电站的技术特性及运行方式

水电站的主要设备为水轮机、发电机及其附属设备等。由于水电站设备少，结构简单，易于管理，运行灵活，启动迅速，适于变动负荷，可以灵活调峰、调频、调相及作事故备用。

水电站出力受天然流量和水库可供水量限制，预想出力受运行水头制约，技术最小出力受水轮机设备的振动、气蚀条件的限制，但停、开机方便灵活和迅速，调节出力幅度可视为预想出力的100%。

（四）水电站运行方式

在常规水电站中，无调节水电站适合承担电力系统基荷；有调节性能的电站可承担系统调峰任务，大型水电站可承担调频任务，在具备库容条件下可承担事故备用。

潮汐电站只能担任系统基荷。

抽水蓄能电站是承担系统调峰、调频、事故备用最理想的电源，此外在负荷低谷时抽水蓄能，还具有填谷作用。

四、电力电量平衡

(一)电力电量平衡形式

供电系统电力电量平衡是以表格形式给出的。某电站设计负荷水平(枯水年)电力电量平衡成果列于表8-2-1,以此说明系统和电源的电力和电量平衡的基本要点。

(1)电力电量平衡采用1~12月逐月平衡。电力平衡列于表8-2-1中的1~8项,是以每月最大负荷日(典型负荷日)为代表进行电力(容量)平衡;电量平衡列于表8-2-1中的第9项,是采用系统月平均负荷和系统各电源的月平均出力平衡。

(2)最大负荷是指供电系统逐月正常负荷(以小时平均值计算),与各电站承担工作容量进行平衡,即要求各电站工作容量之和等于系统最大负荷,列于表8-2-1中的第1项。

(3)所需负荷备用和事故备用,按规范规定取值,分别取年最大负荷的2%~5%和10%,本例工程分别取5%和10%,并列于表8-2-1中第2、3项;对调节能力较差的水电站,丰水期失去日调节能力,所承担的负荷备用和事故备用应在丰水期转移至火电站,本例中其他水电站在6~9月不承担负荷备用和事故备用,已转至火电站。

(4)每月电力系统要安排的检修容量与各电站安排的检修容量相等(平衡),见表8-2-1中的第4项。水电站一般利用枯水季节检修,不安排检修备用;火电站利用丰水期水电出力大、负荷出现低谷时检修,不足部分应设置检修备用。所需检修设备容量为火电站各月中安排的最小检修容量,如本例中安排的检修备用为885MW,出现在11月份。

(5)调节性能较差的电站,一般多为无调节电站和日调节电站,在其他水电站中专门在必需容量以外安排了部分重复容量,以充分利用水力资源,分别列于表8-2-1中的第5、6项。对于调节性能较好的电站,如设计电站具有多年调节性能,未装设重复容量。

(6)受阻容量是指水电站运行水头低于其额定水头时,预想出力与装机容量之差的容量。各电站因水头受阻的容量之和与系统受阻容量平衡,列于表8-2-1中的第7项。

(7)系统装机容量等于各水电站装机容量(包括必需容量和重复容量)和火电站装机容量之和,列于表8-2-1中的第8项。

(8)平均负荷近似值为$P_m \cdot \sigma \cdot \gamma$,$P_m$、$\sigma$、$\gamma$分别指相应月份的最大负荷、月不均衡系数、日平均负荷率,年电量近似等于各月平均负荷之和乘以732(1个月按30.5d计的小时数),要求各月电量之和(即$\sum_1^{12} E_{月} = \sum_1^{12} 732\sigma \cdot \gamma \cdot P_m$)与设计负荷水平平衡,各月各电站平均出力又与系统月平均负荷平衡,列于表8-2-1中的第9项。

(9)本例给出在设计负荷水平条件下,设计水电站遭遇枯水年的平衡成果,主要用于推求设计水电站的容量效益。根据规范规定,应进行有设计工程和无设计工程的电力电量平衡,以两平衡表中需设置的火电站的容量差值,作为设计电站的容量效益,即以设计水电站投入后,在设计负荷水平条件下,可减少(替代)系统的火电站的容量作为设计电站的容量效益。

(10)本例仅是设计枯水年的平衡,一般还应进行丰水年和平水年的电量平衡。平衡形式均相同,仅设计水电站和其他水电站的(月)出力过程分别采用设计枯水年、丰水年

表 8-2-1　某电力系统设计负荷水平年(枯水年)电力电量平衡表

(单位:MW)

月份			1	2	3	4	5	6	7	8	9	10	11	12
系统	1	最大负荷	12 648	12 098	12 478	12 182	12 916	13 183	13 494	14 100	13 748	13 113	13 183	13 254
	2	负荷备用	632	605	624	609	646	659	675	705	687	656	659	663
	3	事故备用	1 265	1 210	1 248	1 218	1 292	1 318	1 349	1 410	1 375	1 311	1 318	1 325
	4	检修容量	1 992	1 909	1 635	1 620	1 324	2 131	2 028	1 485	1 795	2 106	1 549	1 741
	5	必需容量	16 537	15 822	15 985	15 629	16 178	17 291	17 546	17 700	17 605	17 186	16 709	16 983
	6	重复(空闲)容量	671	827	609	701	643	612	265	177	378	812	309	804
	7	受阻容量	834	1 393	1 449	1 712	1 222	138	232	165	60	45	1 024	256
	8	装机容量	18 042	18 042	18 042	18 042	18 042	18 042	18 042	18 042	18 042	18 042	18 042	18 042
	9	平均负荷	7 340	7 020	7 241	7 069	7 439	7 594	7 772	8 122	7 919	7 553	7 650	7 691
其他水电	1	最大负荷	2 587	2 005	2 125	1 832	2 683	4 040	4 356	4 451	4 305	3 679	2 474	2 980
	2	负荷备用	104	75	83	62	73	0	0	0	0	144	90	126
	3	事故备用	207	149	167	123	145	0	0	0	0	287	181	253
	4	检修容量	338	292	310	312	0	0	0	0	0	0	664	324
	5	必需容量	3 236	2 521	2 685	2 329	2 901	4 040	4 356	4 451	4 305	4 110	3 409	3 683
	6	重复(空闲)容量	671	827	609	701	643	612	265	177	378	587	309	804
	7	受阻容量	834	1 393	1 449	1 712	1 199	90	121	114	59	45	1 024	256
	8	装机容量	4 742	4 742	4 742	4 742	4 742	4 742	4 742	4 742	4 742	4 742	4 742	4 742
	9	平均负荷	1 270	1 143	1 180	1 299	1 984	3 220	3 551	3 611	3 541	1 906	1 444	1 375

续表 8-2-1

		月份	1	2	3	4	5	6	7	8	9	10	11	12
设计电站	1	最大负荷	1 217	1 217	1 217	1 217	1 501	1 480	1 425	1 477	1 521	1 326	1 522	1 217
	2	负荷备用	61	61	61	61	75	74	71	74	76	66	76	61
	3	事故备用	122	122	122	122	150	148	143	148	152	133	152	122
	4	检修容量	350	350	350	350	0	0	0	0	0	0	0	350
	5	必需容量	1 750	1 750	1 750	1 750	1 726	1 702	1 639	1 699	1 749	1 525	1 750	1 750
	6	重复(空闲)容量	0	0	0	0	0	0	0	0	0	225	0	0
	7	受阻容量	0	0	0	0	23	48	111	51	1	0	0	0
	8	装机容量	1 750	1 750	1 750	1 750	1 750	1 750	1 750	1 750	1 750	1 750	1 750	1 750
	9	平均负荷	376	376	478	441	733	822	562	828	1493	456	377	376
火电站	1	最大负荷	8 844	8 876	9 137	9 133	8 731	7 663	7 713	8 172	7 921	8 108	9 187	9 057
	2	负荷备用	467	469	479	487	498	585	603	631	611	446	493	475
	3	事故备用	936	938	959	973	996	1 170	1 207	1 262	1 223	891	985	951
	4	检修容量	1 313	1 277	985	968	1 334	2 141	2 038	1 495	1 805	2 116	**895**	1 077
	5	必需容量	11 550	11 550	11 550	11 551	11 549	11 549	11 551	11 550	11 550	11 551	11 550	11 550
	6	重复(空闲)容量	0	0	0	0	0	0	0	0	0	0	0	0
	7	受阻容量	0	0	0	0	0	0	0	0	0	0	0	0
	8	装机容量	11 560	11 560	11 560	11 560	11 560	11 560	11 560	11 560	11 560	11 560	11 560	11 560
	9	平均负荷	5 739	5 605	5 677	5 497	4 881	3 822	3 950	4 072	3 933	5 196	5 891	5 958

注:带“_”的黑体数字表示火电站需安排的检修备用容量。

和平水年的出力过程，目的是考察对设计电站生产的电能吸收程度。设计水电站的电量应采用通过电力电量平衡后，所求得的能被电力系统利用的电量，作为其容量效益，它仅是动能计算等所得的多年平均年电量的一部分。

总之，水电站的容量效益和电量效益，分别指装机容量和多年平均电量中能被电力系统利用的容量和电量，均需通过电力电量平衡求得，作为方案比较和评价的依据。

（二）电力电量平衡步骤和方法要点

（1）根据设计电站的施工进度和电站特性确定设计水平年；根据供电系统电力规划确定相应设计电站设计水平年的负荷水平，即为设计电站的设计负荷水平。

（2）编制供电系统相应设计负荷水平的负荷曲线，给出逐月平均负荷和典型负荷日最大负荷、负荷备用、事故备用。

（3）根据设计水电站动能计算成果，按设计保证率 P 列出相应年份的月出力过程，即枯水年出力过程，以及保证率50%和 $1-P$ 相应年份的出力过程，即平水年和丰水年的出力过程。

（4）根据供电系统内其他水电站的动能计算成果，按设计水平年丰、平、枯水年份确定全系统丰、平、枯水年份各电站的月出力过程。对于梯级电站的出力过程应采用联合运行的出力过程。

（5）根据各水电站特性进行任务分工：无调节径流式电站承担基荷，不承担调峰、调频、事故备用任务；规模大、调节性能好、距负荷中心近的水电站为系统调频主力电站，应分担负荷备用任务；库容条件好、规模大的水电站多承担事故备用任务。按上述原则分配系统负荷备用和事故备用任务。

（6）各水电站参与电力电量平衡的一般顺序为：①按已建、在建、计划兴建的先后次序，在日负荷图中自上而下安排电站工作位置，设计电站最后参加平衡，即体现在已建和在建工程充分发挥容量效益的前提下，再发挥设计水电站的容量效益；②抽水蓄能电站和日调节水电站尽量安排在尖峰负荷工作，确保它们容量效益的发挥。

（7）火电站规模是衡量设计水电站容量效益的依据，一般推算方法为：系统最大负荷、负荷备用、事故备用减去相应的各水电站工作容量、负荷备用、事故备用的差值，即为火电站的工作容量、负荷备用、事故备用值。将火电站各月的工作容量、负荷备用、事故备用累积，除以10.5即为火电站的装机容量。每月中装机容量减去工作容量、负荷备用、事故备用即为当月的检修容量。全年检修面积（检修容量×月）应等于火电装机容量×1.5月；其中检修容量最小月份的检修容量为需安排的火电检修备用，如表8-2-1中的11月的火电检修容量885MW。

（8）电力电量平衡的目标函数：在给定的电源组成和满足电力系统负荷要求的条件下，使系统火电装机容量最小。为达此目标，要求具有年调节能力以上的大型水电站，在蓄水期和供水期总出力不变的条件下，可根据系统负荷要求适当调整月出力过程，达到系统有调节性能水电站在蓄、供水期各月总工作容量尽量均匀。因此，必要时应根据电力电量平衡成果中，各电站满足负荷要求的变动的出力过程进行调节计算，校核由此产生的调节损失。

设计水电站容量效益是通过有设计水电站和无设计水电站两工况的电力电量平衡，

需补充的火电站装机容量确定的。以表8-2-1为例,火电站各项指标计算如下:

(1)计算各月火电站工作容量、负荷备用、事故备用,以1月份为例:

工作容量 = 系统最大负荷 - 其他水电站工作容量 - 设计水电站工作容量

$= 12\ 648 - 2\ 587 - 1\ 217 = 8\ 844(\text{MW})$

负荷备用 = 系统负荷备用 - 其他水电站负荷备用 - 设计水电站负荷备用

$= 632 - 104 - 61 = 467(\text{MW})$

事故备用 = 系统事故备用 - 其他水电站事故备用 - 设计水电站事故备用

$= 1\ 265 - 207 - 122 = 936(\text{MW})$

(2)计算火电站装机容量及各月检修容量(假定火电站年检修时间为1.5个月):

$$\text{火电站装机容量} = \sum_{1}^{12}(\text{火电站工作容量} + \text{事故备用} + \text{负荷备用})/10.5 = 11\ 560(\text{MW})$$

火电站检修容量 = 火电站装机容量 - 火电站工作容量 - 火电站负荷备用 - 火电站事故备用,如1月的火电站检修容量 = 11 560 - 8 844 - 467 - 936 = 1 313(MW)。

(3)火电站检修备用容量:表8-2-1中火电站11月检修容量最小,为895MW,即为火电站必需装设的检修备用容量。

第三节 装机容量选择

一、装机容量选择的基本资料和依据

(一)供电范围

经济合理的供电范围必须以河流规划及电力系统规划为基础,根据地区动力资源的分布、国民经济的发展、电站的规模及其特性以及电站在电力系统中的作用等因素分析确定,必要时应通过技术经济论证予以确定。

确定水电站的供电范围时,需要考虑行政区域的划分,但不应受它的限制,有时可打破行政区划的界限,使水电站能充分发挥作用,达到合理利用动力资源的目的。

供电范围一般应与设计水电站的规模相适应,电站容量大,供电范围也应大;电站规模小,供电范围亦小。在大系统中的小水电站,一般只承担本地区的峰荷和事故备用。但当系统调峰容量不足时,有些较小规模的水电站,也可以在大系统中起较大的作用。

供电范围的扩大和缩小直接影响装机容量的规模。如位于贵州省乌江中游的构皮滩水电站,供电范围限于贵州省电网内,论证装机容量以2 200~2 400MW较合适,若将供电范围扩大至广东省,装机规模扩大至2 750~3 000MW具有经济合理性。也可以找到相反的例子,如江西省某水电站在设计时,考虑较大的供电范围,确定装机容量为60MW,可是投产以后,5年内该供电区受地区位置及经济发展的局限,系统负荷仍仅36MW,长期不能发挥全部装机的作用,积压了国家建设资金。可见供电范围与选择装机容量的关系是非常密切的。

远距离送电,将增加输电线路投资和输电损失,故设计水电站的供电范围一般应先考虑本地区供电。但在下述情况下，适当扩大供电范围往往是有利的：

（1）相邻地区的动力资源特别是水力资源分布不均衡时，扩大供电范围，更有利于发挥设计水电站的作用。

（2）两地区的水文特性不同或者水库调节性能差别很大时，进行系统联结扩大供电范围，可以提高水电站群的保证出力与工作容量。

（3）当设计水电站调节性能较差和规模较大时，扩大供电范围将有利于水力资源的充分利用。

在研究扩大供电范围时，应分析由于扩大供电范围后，最大负荷错开，备用容量减少的效益（常称联网效益）；设计水电站容量和电量的增加，相应替代电站的投资和年费用的变化；增加输变电、土建及机电设备的投资和年费用改变等。综合上述因素进行经济比较和论证，并进行综合分析后确定。

（二）供电区发展规划

在供电范围选择的同时，要收集、整理和分析研究制定供电区可持续发展的近远期规划，主要包括：①地区国民经济和社会发展规划；②地区电力负荷发展规划；③地区能源储量、分布、结构资料；④地区能源建设规划；⑤设计电站上下游梯级开发程序和规模等。这些资料和发展规划，直接或间接影响设计电站装机规模和电站运行状况，以及远景适应能力。

（三）设计水平年及设计负荷水平

随着国民经济的发展，供电系统的电力负荷逐年增加，电源组成亦发生改变，均影响水电站装机容量的选择，因此必须确定一个合适的设计水平年，作为装机容量选择重要的依据。

设计水平年是指装机容量充分发挥容量效益的年份，特别是对具有长期调节能力水电站装机容量影响很大，如果年份定得太远，便会使装机容量偏大，所选定的容量长时间不能充分发挥作用，必然造成建设资金的积压；若年份定得太近，又会导致装机容量过小，不仅不能使水力资源得到充分利用，而且从长远来说，会使电站的效益受到限制。所以，合理确定设计水平年是十分重要的。

影响设计水平年选择的因素很多，大体可归纳为如下几个方面：

（1）地区动力资源条件及水火电比重。对于水力资源少，水电比重小的地区，应充分发挥设计水电站的作用。在这类地区，对有条件作为骨干调峰的设计水电站，应充分考虑远景系统调峰的需要，设计水平年应适当选得远一些。对于水力资源丰富，水电比重大的地区，设计水电站，特别是设计较次要的中型水电站时，设计水平年可定得稍近一些，以减少水电站建设资金的积压。

（2）水电站规模。大型水电站常为电力系统的骨干电源，它们在电力系统中的作用和对系统的影响大，其设计水平年应考虑远一些。

（3）水库调节性能。对于水库调节性能好的水电站，大多数担任系统调峰，为适应电力系统发展的需要，设计水平年应考虑远一些。

（4）在河流上计划兴建其他梯级电站或综合利用的要求有较大变化时，设计水电站的设计水平年的选定亦应考虑这种变化情况。如在本电站的上游有调节性能较好的水库投入，使本电站的动能效益有较大提高，或在其下游有反调节水库相继投入运行，将代替设计电站的基荷容量，原来该电站专为航运或供水要求设置的基荷容量可转入承担系统尖峰位置工作；又如设计电站有自库引水灌溉要求，远景灌溉面积有较大发展，也可能影响设计电站的动能效益。因此，设计水电站设计水平年的选择均应远近结合、综合考虑，以达到合理利用水力资源的目的。

由上述可见，设计水平年的选择应根据地区动力资源、电力系统的水火电比重以及设计水电站的具体条件综合分析确定。根据规范规定，一般可采用第一台机组投入后的5~10年作为设计水平年。为了便于与有关部门发展相适应，设计水平年最好能与国民经济发展计划年份相一致。例如某一水电站第一台机组投入时间为1978年，则设计水平年可在1983~1988年选定，可定为1985年。但对于规模特别大的水电站或远景综合利用要求较高的水电站，其设计水平年应专门论证。

在同一电力系统中，如拟建的几个水电站投入运行时间相差不远（如1~2年）时，则各电站可采用相同的设计水平年，并以其中容量最大的水电站的水平年作为准绳。

（四）设计负荷水平及负荷特性

设计负荷水平是指供电系统相应设计水平年的需（用）电水平，一般由供电区国民经济发展规划推求，或由电力规划给定（详见“第一节 电力负荷预测”）。

负荷特性包括设计负荷水平年负荷曲线（最高负荷和平均负荷的逐月过程）、典型日负荷曲线（一般包括冬季和夏季典型负荷曲线）及负荷特性（包括最小日负荷率β、平均日负荷率γ、月不均衡系数σ、年不均衡系数ρ）等。一般由供电区电力发展规划给定，或由供电区现有负荷特性，并考虑电力负荷发展的趋势确定。对于特别重要的电站，负荷特性应分行业推估需电量的发展，结合各行业典型负荷特性，采用重叠法推求（详见“第一节 电力负荷预测”）。

（五）水电站容量组成

水电站装机容量是指设计水电站全部机组额定出力之和，包括必需容量和重复容量。

重复容量是指调节能力较差的水电站，为了节省火电燃料，多发季节性电能而增设的发电容量。

必需容量包括工作容量、负荷备用容量、事故备用容量、检修备用容量。各种工作容量的含义及取值范围详见本章第二节。

二、无调节水电站装机容量选择方法

（一）无调节水电站容量特性

无调节水电站类型包括引水式电站、无调节库容的堤坝式水电站、由于下游航运要求不能进行日调节的水电站等。

无调节水电站不能进行丰、枯水和日调节，长期按天然流量工作，保证出力很小，又不适合装设备用容量（包括负荷备用和事故备用），即无调节电站的必需容量等于工作容量。

无调节水电站工作容量主要为保证出力，此外因丰水期出力大，可替代部分火电检修，因此所增加的工作容量也很小，仅略大于保证出力。若按必需容量（工作容量）来确定无调节水电站的装机容量往往偏小,水能资源得不到充分利用,因此除必需容量外还需研究装设一部分重复容量,即根据无调节水电站的特性,装机容量一般由必需容量和重复容量组成,并由重复容量大小的经济性决定它的装机容量。

重复容量是满足电力系统负荷要求、维持安全运行的必需容量以外的容量,设置重复容量与否,不能减少(替代)电力系统必需容量,因此重复容量不是替代容量,即无容量效益。重复容量的主要效益是电量,减少火电站煤耗,而电量效益的增量是随着重复容量的增大而递减的,因此重复容量的确定是由电站扩大装机容量补充投资和补充电量对比的经济性确定的,这即是确定无调节水电站装机容量经济性的准则。

(二)重复容量(无调节水电站装机容量)经济比较

无调节水电站装机容量由重复容量大小确定,重复容量规模由扩大装机规模的经济性确定,常规经济比较方法如下。

1. 补充投资

补充投资是指新增加一台机组的额外投资,对于堤坝式电站是指新增机组的机电投资、厂房投资、输水系统投资等;对于引水式电站还应包括新增机组的引水系统(包括引水渠道和压力钢管等的增值)的投资。

2. 补充电量效益

补充电量效益是指新增机组所增加的年发电量。

3. 经济比较要点

经济比较通常采用国民经济评价方法,由于国家体制的变化,目前还需从企业投资效益角度进行财务分析。

(1)国民经济比较。常采用年费用最小作为经济性的准则,即在提供等效电力电量的前提下,各比较方案的年费用(或费用现值)最小为推荐方案。具体方法要点为:将电站新增机组的年费用与新增机组所增发电量减少系统火电煤耗的年费用比较,前者小于后者即新增机组具有经济合理性。

由于重复容量可减少系统单位电能煤耗率最大的火电机组的发电量,因此单位电能的替代煤耗率可取系统中的煤耗率最大值,并考虑水、火电厂用电的差别,替代电量宜乘以 1.08 的系数。

(2)财务分析。通常采用净现值法进行评价。计算新增机组在计算期逐年的投入(包括工程投资和年运行费以及税金等),扣除运行期(可用 20~25 年)的售电收入,按社会(电力行业)基准率 8% 贴现,当净现值大于 0 时,即新增机组为财务上现实可行方案。由于重复容量主要提供丰水期电量,售电电价一般宜取系统中的丰水期电价。

(3)国民经济比较或财务分析的程序常是逐台进行的,如论证第三台机有利,应分析第四台机的经济性,若仍有利应继续分析第五台机的经济性,否则应以第三台机或第四台机为最终装机规模。

以下举例说明财务分析方法。

【例 8-3】 某引水式电站保证出力为 104MW,经设计枯水年电力电量平衡计算,容量效益为 134MW,为充分发挥电站的电量效益,需装设部分重复容量,各比较方案动能指标和静态投资列入表 8-3-1,按财务指标优选方案。

表 8-3-1　某引水式电站各比较方案动能指标和静态投资

编号	指标	装机容量方案(MW)				
		150	200	250	300	350
1	多年平均发电量(亿 kW·h)	9.3	11	12.2	12.9	13.4
2	装机年利用小时数(h)	6 200	5 500	4 880	4 300	3 828
3	静态投资(亿元)	15	16	17.1	18.2	19.34
4	单位千瓦投资(亿元/kW)	10 000	8 000	6 840	6 067	5 526
5	单位电能投资(元/(kW·h))	1.61	1.45	1.4	1.41	1.44
6	补充年电量(亿 kW·h)	0	1.7	1.2	0.7	0.5
7	装机补充年利用小时数(h)	0	3 400	2 400	1 400	1 000
8	补充投资(亿元)	0	1	1.1	1.1	1.14
9	补充单位千瓦投资(亿元/kW)		2 000	2 200	2 200	2 280
10	补充单位电能投资(元/(kW·h))		0.588	0.917	1.57	2.28
11	25 年还本付息电价(元/(kW·h))		0.079	0.124	0.212	0.308

解:(1)根据表 8-3-1,拟定本工程装机容量比较方案为 250MW、300MW、350MW。重复容量经济比较常采用一台机进行,即单机容量选为 50MW,进行 5、6 台比较;若 6 台有利,再进行 6、7 台的比较。

(2)第 1 项各方案多年平均发电量由动能计算提供,第 2 项装机年利用小时数 = 多年平均发电量/装机容量。

(3)第 3 项工程静态投资根据工程量及施工组织设计由工程造价专业提供,第 4 项、第 5 项分别等于工程投资与装机容量、与年发电量之比。

(4)第 6 项补充年电量为第 1 项中相邻方案的差值,第 7 项装机补充年利用小时数为补充装机电量与补充装机容量的比值。

(5)第 8 项工程补充投资为第 3 项中相邻两方案的投资差值,第 9 项补充单位千瓦投资和第 10 项补充单位电能投资,分别为补充投资与补充容量之比、与补充电量之比。

(6)第 11 项为按国家现行财务体制和利税政策测算的 25 年内还清贷款本息的上网电价。

若考虑本工程装设重复容量所获得的电能为汛期电能,上网电价不能超过 0.25 元/(kW·h),据此本电站装机以 300MW 较合适。

(三)综合分析

除对重复容量进行经济上的合理性和财务上的现实性进行分析比较外,还应进行各方面影响因素的综合分析,主要方面有:①季节性电量的销路,季节性电量与系统季节性负荷的相结合情况,并以此适当调整售电价格;②供电系统能源情况,节省用煤对系统资源持续发展有无现实意义;③对新增机组的场地布置、引水渠首及渠道扩建等方面的建设条件作必要的分析论证;④上游梯级开发和电力负荷的增长有无将重复容量转变为必需容量的可能条件等。

三、日调节水电站装机容量选择方法

日调节水电站具有一个可进行日调节(和周调节)的水库,因而可承担系统峰荷,容量效益比保证出力可大几倍。另一方面由于库容仍较小,不能进行丰水和枯水的调节,以日平均发电流量而言仍是按天然流量工作,属径流电站的另一种形式,保证出力较小,工作容量仍较小,一般而言不适合装设备用容量,必需容量仍等于或略大于(考虑丰水期出力大时替代火电检修效益)工作容量,仅工作容量因担任峰荷而大于保证出力。从水能资源充分利用而言,日调节水电站往往仍需装机部分重复容量,以扩大电量效益,并由重复容量的经济性确定其装机规模。

综上,日调节电站装机容量论述的理论和方法,与无调节电站基本相同,仅应在以下两方面着重分析:①工作容量的确定应通过其供电系统设计水平年的设计负荷水平情况下的电力电量平衡确定,对水力资源缺乏、水电比重较大的电力系统,应尽量安排较高的工作位置,以充分发挥其容量效益;②在综合分析中要注重分析日调节电站的个性,随着电力负荷的增长或上游梯级的开发,工作位置可能上升,保证出力也增长很快,重复容量转变为必需容量的机遇和幅度远大于无调节水电站,常需因此研究装设预留机组、扩大远景装机容量的可能性和必要性。

四、年调节(含多年调节)水电站装机容量选择

(一)装机容量选择程序

(1)确定供电范围。供电范围直接影响设计水电装机容量规模,供电范围论证涉及因素很多,一个大型水电供电范围的论证可能延伸至各设计阶段,如构皮滩水电站一直至“可研”最后阶段才确定“以供电广东为主”的方案,三峡水电站在“初设阶段”拟定“主供华中、华东电网,近期兼供川东”,后改为“主供华中、华东电网,不送川东,送广东3 000MW”,现定为“主供华中、华东电网,送广东3 000MW,供四川1 500MW”。因此,在设计中要慎重分析供电范围改变的可能性及对装机容量的影响。

供电范围论证包括技术经济比较和综合分析,这里不作详细介绍。

(2)拟定设计水平年和设计负荷水平。设计水平年的专门论证,亦包括技术经济比较和综合分析,专业性较强,拟不作详细介绍。

(3)编制设计水平年负荷图。对于大型水电站,为了求得设计水电站在第一台机组投入时间至设计水平年逐年发挥容量效益过程,以综合确定电站机组投入程序,需编制逐年负荷图,一般可采用相同的负荷特性和逐年相应的负荷水平编制。

(4)列出参加电力电量平衡的水电站(包括已建电站、在建电站、设计电站、计划同期兴建水电站)各典型年的出力及预想出力过程。

(5)进行设计负荷水平年电力电量平衡,求得设计水电站的必需容量,必要性自第一台机组投产起至设计水平年止,进行逐年电力电量平衡,求出设计水电站发挥容量效益的过程。

(6)研究装设重复容量的必要性和经济合理性,必要时还应研究确定装设调相容量的必要性和经济合理性。

(7)对不同装机容量方案进行技术经济比较和综合分析,确定推荐方案。

(二)经济比较实例

某大型水电站供电范围为除向本省外,主供邻省,以500kV一级电压分别向两省供

电,装机容量比较了 2 400MW(4 ×600MW)、2 750MW(5 ×550MW)、3 000MW(5 ×600MW)、3 300MW(5 ×660MW),共 4 个方案,经济比较成果列于表 8-3-2。

表 8-3-2　某大型水电站装机容量经济比较表(替代电站为高调节性能煤电)

电站	项目	方案			
		2 400MW	2 750MW	3 000MW	3 300MW
一、设计工程	1. 替代容量(MW)	2 476	2 802	3 015	3 138
	2. 年电量(亿 kW·h)	93.88	95.72	96.67	97.56
	3. 工程投资(万元)	806 801	897 255	924 281	983 494
	3.1　电站工程投资(万元)	403 829	451 885	463 341	484 670
	3.1.1　厂房(万元)	126 928	150 924	156 438	166 584
	3.1.2　机电设备(万元)	162 696	184 418	190 016	200 608
	3.1.3　其他费用(万元)	114 205	116 543	116 887	117 478
	3.2　输变电工程(万元)	402 972	445 370	460 940	498 824
	4. 运行费(万元)	26 215	29 112	30 021	32 070
	5. 总费用现值(万元)	494 284	526 509	542 461	577 429
二、补充替代高调节煤电	1. 装机容量(MW)	695	353	129	0
	2. 年发电量(亿 kW·h)	3.97	1.99	0.96	0
	3. 工程投资(万元)	402 463	204 271	74 778	0
	3.1　电站(万元)	319 746	162 288	59 409	0
	3.2　环保费(万元)	47 962	24 343	8 911	0
	3.3　输变电(万元)	34 755	17 640	6 458	0
	4. 运行费(万元)	17 937	9 104	3 333	0
	5. 燃料费(万元)	4 173	2 087	1 009	0
	6. 总费用现值(万元)	351 246	165 919	74 279	0
三、方案总费用现值(万元)		845 530	692 429	616 740	577 429

1. 以高调节性能煤电为替代电量

(1)设计工程各比较方案效益和费用列于表 8-3-2 中的(一)。

①替代容量:由各比较方案电力电量平衡给定;

②年电量:由动能计算结果给出;

③电站工程投资:由于是同一水库规模的装机容量比较,只需计列与装机容量有关厂房、机电和输变电投资以及相关的其他费用;

④运行费:指电站工程相关的年运行费;

⑤总费用现值:将电站工程逐年投资和运行期 25 年(运行费各方案首台机组发电时间相同,但机组台数有 4 台、5 台两方案,考虑安装期每台为 6 个月,工程投资按实际分年投资计算),按社会平均贴现率进行贴现,求得总费用现值。

(2)补充替代工程的费用列于表8-3-2中的(二)。

考虑到设计电站调节性能好,是电网调峰、调频的主力电站,按电力电量等效原则,拟定替代工程为高调节性能的凝汽式火电站。以高方案(装机容量3 300MW)为基准,各比较方案与高方案的电力电量差值以替代(火电)电站补充,达到各方案电力电量等效的原则。

①装机容量:各比较方案替代容量与高方案(3 300MW方案)替代容量差值乘以容量系数(容量系数考虑水、火电站厂用电事故率的差别,取1.05,检修时间的差别已在电力电量平衡中考虑);

②年电量:各比较方案年电量与高方案年电量差乘以电量系数(电量系数考虑水、火电站厂用电差别,取1.08);

③工程投资:指替代电站(高调节能力火电站)的投资,包括电站环保费、输变电投资等;

④运行费:指替代电站年运行管理费用;

⑤燃料费:指替代电站用于生产替代电量所消耗的年燃料费用;

⑥费用现值:指替代电站逐年投资和在运行期(25年)的年运行费,按社会平均贴现率进行贴现求得的总费用现值;

⑦方案总费用现值:将各方案设计工程费用现值+替代工程现值,即得各方案总费用现值。

(3)结论。从表8-3-2中可见,各方案总费用现值随着设计电站装机容量的递增呈递降趋势,表明本电站装机容量高方案具有经济合理性。

2.从电源配备优化确定替代电站

经济准则要求:替代工程要求与设计电站电力电量等效,从系统电源组合优化选取替代电站。电网中各类电站出力调节幅度(简称调节系数,下同)是不同的,水电站为1.0,一般煤电为0.3,高调节煤电为0.5,抽水蓄能为2.0等,即高调节煤电的调峰能力仅为水电站的1/2,为达到调峰能力等效,需进行电源优化组合。本工程选用一般煤电和抽水蓄能电站组合方案为替代电站,按调节性能等效(调节系数达1.0),替代电站中常规煤电(0.3)和抽水蓄能电站的比重为0.41:0.59,其他相同。比较结果列于表8-3-3。

(三)扩大装机规模财务分析要点

前述经济比较,是以国民经济(电力系统)整体利益为基准,评价不同装机容量方法对国民经济的贡献,推荐贡献大的方案为设计方案,即采用相应的经济比较准则:“在电力电量(对电网)等效的条件下(电网)总费用现值最小。”自20世纪80年代以来我国逐步推行计划经济和市场经济双轨制(即社会主义市场经济体制),要求对大型重点水电站的装机容量选择进行财务分析,即以电站为财务核算单位,进行扩大装机规模投入和产出的财务平衡,核定扩大规模在财务上的现实性。

1.扩大装机容量的财务特性

某大型电站装机容量从2 400MW扩大至3 300MW的财务指标列于表8-3-3。①产出指标:扩大容量为600MW,扩大容量所获得的电量为27 900万kW·h;②投入指标:电站投资增加59 511万元,输变电投资增加79 718万元;③投入和产出的单位指标:仅按电站投入计算单位(kW)投资991.85元,考虑输变电单位(kW)投资2 320元,由于扩大装机不需增加主体工程投资,单位(kW)投资较少,单位电量分别达2.133～4.99元/kW,大大超过未扩机的相应指标。在目前的电力体制下,电站的财务收入是按电量出售核定的,扩大规模单位容量投资虽较少,但单位电量投资大增,可能形成财务分析和国民经济比较的相反结论。

表8-3-3　某大型水电站装机容量经济比较(替代电站为0.3煤电+抽水蓄能电站)

电站	项目		方案			
			2 400MW	2 750MW	3 000MW	3 300MW
一、设计工程	1. 替代容量(MW)		2 476	2 802	3 015	3 138
	2. 年电量(亿kW·h)		93.88	95.72	96.67	97.56
	3. 工程投资(万元)		806 801	897 255	924 281	983 494
	3.1　电站工程投资(万元)		403 829	451 885	463 341	484 670
	3.1.1　厂房(万元)		126 928	150 924	156 438	166 584
	3.1.2　机电设备(万元)		162 696	184 418	190 016	200 608
	3.1.3　其他费用(万元)		114 205	116 543	116 887	117 478
	3.2　输变电工程(万元)		402 972	445 370	460 940	498 824
	4. 年运行费(万元)		26 215	29 112	30 021	32 070
	5. 总费用现值(万元)		494 284	526 509	542 461	577 429
二、补充替代工程	补充规划替代容量(MW)		662	336	123	0
	补充电量(亿kW·h)		3.68	1.84	0.89	0
	1. 抽水蓄能	1. 装机容量(MW)	273	138	51	0
		2. 年发电量(亿kW·h)	1.52	0.76	0.37	0
		3. 抽水耗电量(亿kW·h)	2.12	1.06	0.51	0
		4. 工程投资(万元)	109 035	55 341	20 259	0
		4.1　电站(万元)	95 406	48 424	17 726	0
		4.2　输变电(万元)	13 629	6 918	2 532	0
		5. 年运行费(万元)	3 541	1 800	639	0
	2. 常规煤电	1. 装机容量(MW)	409	208	76	0
		2. 年发电量(亿kW·h)	2.34	1.17	0.57	0
		3. 工程投资(万元)	208 530	105 840	38 745	0
		3.1　电站(万元)	163 553	83 012	30 388	0
		3.2　环保费(万元)	24 533	12 452	4 558	0
		3.3　输变电(万元)	20 444	10 376	3 799	0
		4. 年运行费(万元)	9 282	4 711	1 725	0
		5. 燃料费(万元)	2 782	1 391	673	0
		6. 总费用现值(万元)	255 313	123 177	52 147	0
三、方案总费用现值(万元)			749 597	649 687	594 608	577 429

2. 扩大装机财务分析途径

扩大装机容量财务分析目前尚未出台有关规程规范,仅从工程设计实践中作初步总结,摘要如下:

(1)按分季分时电价核定电站收入。对调峰容量缺乏的电力系统,设计电站扩大装机规模将导致在日负荷图的工作位置上移和增加调峰电量,实施分季分时电价,将使电站的财务收入增加。

(2)按两部制电价核定电站收入。电站生产的产品包括容量和电量,扩大装机规模将使单位容量投资减少,而单位电能投资增加,若实行两部制电价,即容量和电量分别定价收费,可增加电站总收入。

(3)计算吸收弃水电能的收入。对调峰容量缺乏的电力系统,由于火电受最小技术出力的限制,在汛期要求水电站采用弃水调峰成为现实,扩大的装机规模可作为重复容量运用,吸收本电站弃水电能增发电量,提高电站财务收入。

根据上述方面,进行扩大装机容量在财务上的现实性论证,是目前设计阶段进行财务分析的途径。

五、水电站预留机

我国水力资源丰富,但分布很不均匀,能源结构亦很不平衡,加之地区经济和电力工业发展差异较大,在水电站、特别是大型骨干电站装机容量选择时,应考虑近远期结合,考虑远景发展需求,在选择装机容量时应有余地。

(一)研究预留机组的原则

首先研究预留机组的必要性,在此前提下投入研究预留时间(投入时机),并结合工程布置研究预留方式,阐明预留规模及其经济合理性。

(二)预留机组的必要性

在下列条件下,应研究预留机组的必要性:

(1)在水资源缺乏的地区,从远景能源结构分析,可满足或缓解电力系统调峰的需求。

(2)在远景规划中上游有调节性能较好的水库电站投入,可增加设计电站的动能效益,特别是能较大地改善设计电站的调节能力和提高保证出力。

(3)供电系统经济发达,电力负荷增长迅速,应结合负荷特性的预测,分析远景供电系统对调峰容量的需求。

(4)远景供电范围扩大,或供电范围变动,需研究电站装机规模的适应性。

(5)供电区能源贫乏,而设计电站径流利用程度很低,远景扩机可缓解能源平衡的需求。

(三)预留机组的经济合理性

1. 预留时间

根据预留机组必要性条件的分析,确定预留机组的预留时间(投入时机)。通常经逐年电力电量平衡确定,即以设计电站预留机组充分发挥效益的年份为其设计水平年,与工程初期规模完建时间间隔为预留时间。对于预留机组的规模较大电站,预留机组可能不止 1 台而是若干台,如三峡水电站预留了 6 台单机容量为 700MW 的机组。应根据电力电量逐年平衡成果,研究分期分批(台)投入时间。

2. 预留方式

从水工布置上应确定预留机组的位置和预留工程措施。如河床式布置应完建进水口、厂房及水下埋件等;坝后式厂房应完建进水口,有时还需完建部分水下埋件;地下式厂房一般需完建厂房,若另辟专供预留机组的地下厂房也可先只建进水口;引水式或混合式布置,可采用预留引水渠系规模,或预留新引水渠系空位等。

预留工程一般会有一定工程量及相应的投资,这部分投资在预留时间带来投资积压损失。

3. 经济性分析

根据预留时间(投入时机)、预留方式、预留投资及其积压损失,加上预留机组投入的补充投资,编制预留机组的年费用或总费用现值;在电力电量等效的原则下,确定替代工程的投资(投入时机相同)及其年费用或总费用现值,以年费用或总费用现值最小准则判别预留机组的经济合理性。

4. 综合分析

预留机组的必要性和经济性是确定水电站预留机组及其规模的基本原则,由于涉及面的复杂性和不确定性,还应结合供电系统电力负荷发展的需要和能源储量及其结构等方面,从电力工业可持续发展策略出发,进行综合分析,确定预留机组方案及投入时机。

5. 投入时机和装机程序

预留机组的投入时机和装机程序一般是一起研究的。通常可假定不同投入时机和装机程序的组合方案进行经济比较。要点为:根据各比较方案逐年的电力电量平衡成果,求得设计电站逐年的容量和电量效益,按电力电量等效原则,确定替代电站逐年的投资及运行费用,计算不同投入程序方案替代工程总费用现值,以总费用现值最小方案作为推荐方案。

由于在设计阶段对供电系统的电力负荷、负荷特性、电源组成等基础条件的预测存在一定的不确定性,在设计电站初期规模完建后,应根据电力系统实际发展情况进行电力电量平衡,对投入时机和装机程序的推荐方案进行校核,必要时应进行专题研究,重新确定设计方案。

第四节　机组机型选择

一、水轮机的类型及适用范围

(一)水轮机的类型

水轮机是将水能转换为机械能的一种水力机械。它由引水部件、导水部件、工作部件和泄水部件四大部件组成。水轮机按水流能量转换的特点和结构特征可分为两大类:反击式水轮机和冲击式水轮机。

两大类水轮机根据转轮内水流和水轮机结构的特点,可分为以下多种型式:

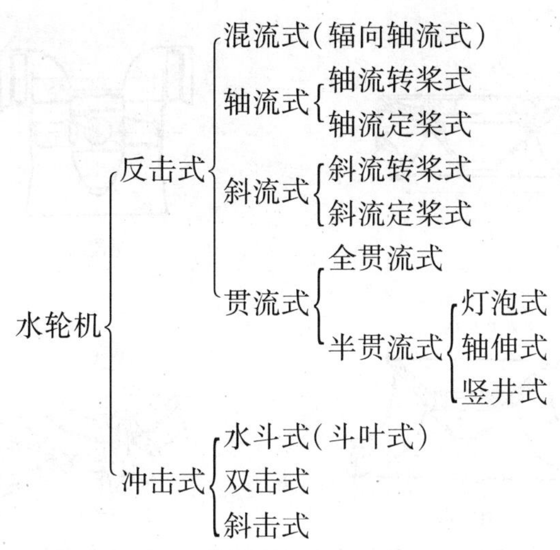

1. 水轮机转轮结构

水轮机转轮是其最主要的部件,决定水轮机的结构和特性。各种型式水轮机结构示意图如图 8-4-1 所示。

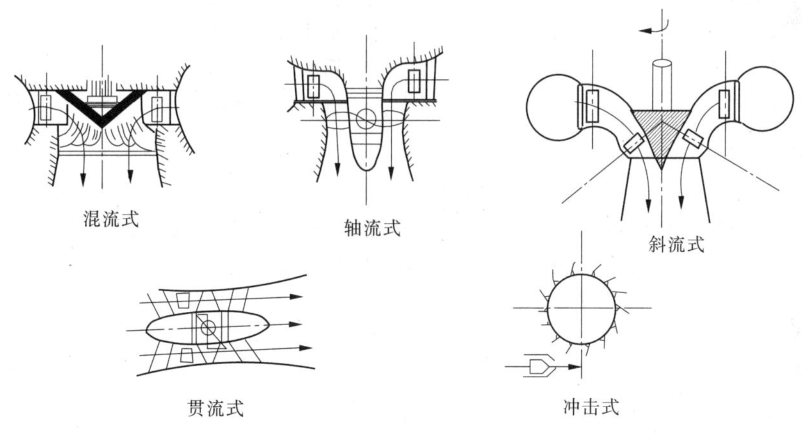

图 8-4-1　各种型式水轮机结构示意图

此外,还有可逆式水轮机、环流式水轮机等。本书着重介绍混流式、轴流式、水斗式三种常见型式的水轮机转轮的特性及适用条件。

2. 水轮机转轮直径

水轮机转轮直径是水轮机最主要的控制性尺寸,各型水轮机的转轮标称直径 D_1 规定如下(单位以 cm 计,见图 8-4-2):

(1)混流式水轮机是指转轮叶片进水边的最大直径;

(2)轴流式和斜流式水轮机是指与转轮叶片轴线相交处的转轮室内径;

(3)水斗式水轮机是指转轮与射流中心线相切处的节圆直径。

3. 水轮机型式代表符号

(1)各类型水轮机“机型”代表符号列于表 8-4-1。

可逆式水轮机,在水轮机型式代号后增加汉语拼音字母 N(逆)。

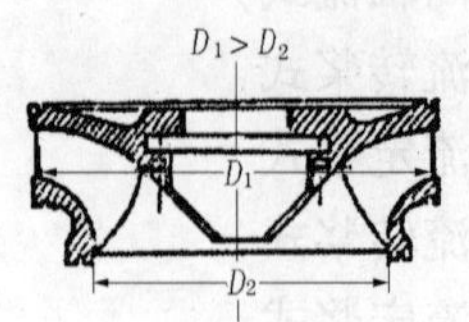

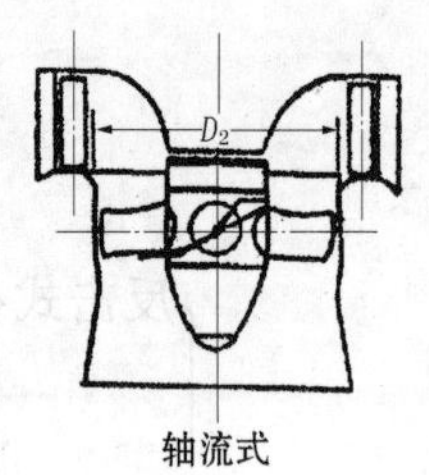

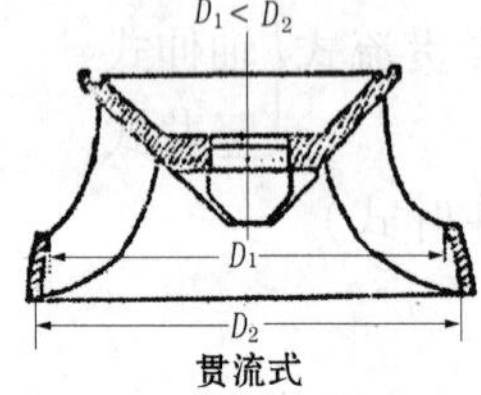

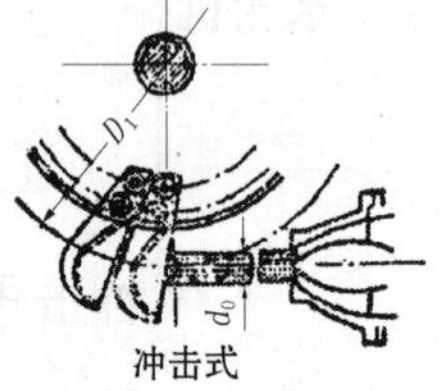

图 8-4-2 各种型式水轮机转轮标称直径示意图

表 8-4-1 水轮机型式的代表符号

水轮机型式	代表符号	水轮机型式	代表符号
混流式水轮机	HL	贯流定桨式水轮机	GD
轴流转桨式水轮机	ZZ	水斗式水轮机	CJ
轴流定桨式水轮机	ZD	斜击式水轮机	XJ
斜流式水轮机	XL	双击式水轮机	SJ
贯流转桨式水轮机	GZ		

(2)水轮机的主轴布置形式及引水室特征的代表符号见表 8-4-2。

表 8-4-2 水轮机主轴布置形式与引水室特征的代表符号

名称	代表符号	名称	代表符号
立轴	L	明槽式	M
卧轴	W	罐式	G
金属蜗壳	J	竖井式	S
混凝土蜗壳	H	虹吸式	X
灯泡式	P	轴伸式	Z

(3)水轮机型号表示法。水轮机型号表示分三节,中间用“-”连接,第一节表示机型及转轮号,第二节为主轴布置形式及蜗室形式,第三节为转轮标径 D_1(以 cm 表示)。如:

HL180-LJ-300 表示混流式水轮机,比转速 180,立轴,金属蜗壳,转轮标称直径 300cm;

ZZ560-LH-1130 表示轴流转桨式水轮机,比转速 560,立轴,混凝土蜗壳,转轮标称直径 1 130cm;

XLN200-LJ-300 表示斜流可逆式水轮机,比转速 200,立轴,金属蜗壳,转轮标称直径 300cm;

GZ440-WP-750 表示贯流转桨式水轮机,比转速 440,卧轴,灯泡式机组,转轮标称直径 750cm；

CJ20-L-170/2 × 15 表示冲击式水轮机，有 20 个水斗，立轴，转轮节圆直径 170cm，每个转轮有 2 个喷嘴，射流直径 15cm。

（二）水轮机适用范围

水轮机适用范围主要决定于工作水头，各类型水轮机适用的水头范围列于表 8-4-3。

表 8-4-3　各种类型水轮机适用范围

类型名称		水头适用范围 H(m)	比转速 n_s
反击式	混流式	<700	50 ~ 300
	轴流定桨式	3 ~ 50	250 ~ 700
	轴流转桨式	3 ~ 80	200 ~ 850
	贯流式	2 ~ 30	<1 000
	斜流式	40 ~ 120	100 ~ 350
冲击式	水斗式	300 ~ 1 700	20 ~ 70
	双击式	50 ~ 80	35 ~ 150
	斜击式	25 ~ 300	30 ~ 70

各型水轮机适用的水头范围很宽，并且同一电站适用的水轮机类型常有两种机型，而同一类型的水轮机又有构造外形和尺寸不相同的各种型号，对一具体的水轮机转轮来说，其适用水头和出力范围则较窄。

（三）水轮机型谱

通过各类机型不同转轮及结构形式的模型试验，测定它们各自的最优适用水头范围及特性曲线，以及收集整理运行电站的真机（转轮）特性资料，汇集刊印成转轮系列“型谱”。它列出一定水头范围应采用什么型号的转轮以及该转轮所具有的主要参数，如最优单位转速、最优单位流量、限制工况单位流量、气蚀系数、转轮叶片数、导叶相对高度等。转轮系列型谱是水轮机设备系列化、通用化和标准化的基础，是设计水电站时选择水轮机类型和转轮型号的主要依据资料。

二、选型设计的基本资料及一般原则

（一）选型所需基本资料

（1）水轮机型谱资料。

（2）水电站的有关技术资料：

①河流梯级开发方案及建设程序，水库的调节性能及设计电站在梯级开发中的作用；

②水电站枢纽布置方案、地形地质条件以及对水轮机选择的要求；

③水电站的装机容量及其在电力系统中的运行方式；

④水电站工作水头（包括最大水头、最小水头、加权平均水头及水头保证率曲线），电站引用流量（包括最大流量、最小流量、平均流量及流量保证率曲线），电站上、下游水位情况，水温资料等；

⑤水电站下游水位与流量关系曲线；

⑥水电站所在河流的水质和泥沙情况。

(3)电力系统资料。包括电力系统负荷组成及特点;设计电厂在电力系统中的作用和地位;电厂的经济输电距离、输电容量、输电电压以及联网运行的要求,与火电厂的补偿调节等。

(4)水轮机制造厂的生产制造情况及产品目录;模型水轮机的主要综合特性曲线及有关资料;国内外正在设计、施工和运行的水轮机资料;同类水电站的有关资料。

(5)运输及安装条件的有关资料。

(二)选型一般性原则

(1)力求水轮机的平均效率最高,使水电站获得较大的动能效益,同时尽量降低机组投资,做到经济合理。

(2)运行稳定,设备经久耐用,技术上可靠,保证安全供电。

(3)有较好的抗气蚀性能。

(4)多沙河流的水轮机应有良好的抗磨性能和抗磨结构;腐蚀性河流与潮汐电站的水轮机过水部件应有防腐能力。

(5)尽可能缩短水电站施工期,使机组早日投产。

(6)机组供货现实,运输困难少,现场安装方便。

(7)设备规模与参数首先符合河流总体规划,并且有利于水电站枢纽布置,适应厂房的地质地形条件,同时满足电站运行方式的要求。

(8)选择大型水电站水轮机要根据电站条件、技术经济进行比较;选择中小型水电站水轮机要符合通用化、系列化、标准化的要求。

运用上述一般原则在具体问题的综合处理上可能发生矛盾,此时应根据情况抓住主要矛盾进行比选。

三、选型设计的内容及程序

水轮机的选型设计在流域规划阶段主要是初选机型,在可行性研究和初步设计阶段,一般应先拟定几个可能方案,对各初拟方案分别求出其动能经济特性并进行经济比较,最后选用最佳方案。

(1)水轮机选择包括如下内容:

①确定水轮机台数;

②确定水轮机型号及装置形式;

③推算水轮机转轮标称直径和转速;

④确定水轮机最大吸出高度和安装高程;

⑤绘制水轮机运转综合特性曲线;

⑥推算蜗壳、尾水管型号及主要尺寸;

⑦选择同步发电机的主要尺寸;

⑧计算设备投资的总概算;

⑨编写选型设计说明书和编制水轮机设计制造任务书。

(2)选择水轮机一般应按以下设计程序进行:

①原始基本资料的收集、分析与核定;

②根据资料拟定可能的水轮机比较方案,并计算各方案的基本参数;

③对各比较方案进行动能经济计算:计算各方案的出力、年发电量、投资、年运行费、工程量及其单位经济指标(如单位(kW)投资、单位电量投资及电能成本)等;

④当算出各比较方案的各项指标后,即可列出各方案的优缺点,对方案进行全面分析论证,从而选出合理的推荐方案;

⑤最优方案详细计算与审核;

⑥在水轮机选择过程中,应随时与厂家联系,征求意见,在选定机型后应听取厂家对推荐方案的意见;

⑦联系生产厂家,争取选定的水轮机早日列入国家生产计划。

四、水轮机台数及型号选择

(一)机组台数选择

当电站装机容量确定后,就可以拟定不同机组台数方案。机组台数不同,其转轮直径和转速也不同,有时也导致水轮机型号的不同,从而引起机电设备投资、运行效率、运行条件及产品供应情况的变化。

目前尚不能提供一个公式来合理地确定机组数量,因它涉及一系列技术经济因素。一般机组台数与下述因素有关:

(1)机组台数与水电站效率的关系。机组台数多,在运行中可通过开机方式避开低效率区,从而提高电站的平均效率;机组台数少,虽单机效率较高,但电站的平均效率较低。而机组台数多到一定程度,平均效率影响的差别就不太显著了。

(2)机组台数与水电站运行方式的关系。水电站担任系统基荷,即使台数少,水轮机也能经常保持高效率;若水电站担任系统峰荷,机组负荷变化幅度较大,为获得较高效率,则需增加机组台数。

(3)机组台数与电力系统容量的关系。占系统容量比重较大的水电站,可按电力系统的事故备用容量不应小于该系统中最大的一台单机容量这一原则确定最大可能单机容量。

(4)机组台数与电站投资的关系。台数增加除引起机组本身的单位(kW)投资增加外,同时增加机电配套设备的套数,电气结线较复杂,厂房总的平面尺寸也需增加,机组安装工作烦琐,单位(kW)投资增加;另一方面,台数多,采用小机组,则起重设备能力、安装场地、厂房基础挖方以及备用容量都可缩减,可减少一些投资。

在大多数情况下,台数太多将增加投资。

(5)机组台数与水电站运行维护的关系。机组台数较多,优点是运行方式机动灵活,事故影响较小,但操作次数也随之增加,开停机频繁,这样事故率也可能增加,同时管理人员增多,运行费用也提高。

(6)机组台数与机组设备制造、运输的关系。机组台数多,机组尺寸小,制造和运输方便。但机电设备单位(kW)耗材量增加。机组台数少,机组尺寸大,制造技术复杂,若尺寸过大,会受到生产能力的限制,同时运输也困难。

(7)机组台数与水电站枢纽布置的关系。机组台数多,给枢纽布置带来较多的困难,特别是在狭窄河谷建水电站时,由于枢纽布置而限制机组台数。

此外,为便于采用扩大单元结线方式,一般选用偶数台数。

(二)水轮机型号选择

水轮机型号选择是在已知单机容量及各种特征水头的情况下进行的。

根据各类水轮机适用水头范围,在水轮机暂行系列型谱表中进行选择,初步选定适宜的水轮机型号。

选择机组型号时,应参考国内设计、施工及已运行的水轮机资料,中小型水电站可选择参数相近的机型套用,以节省设计工作量。

查用型谱参数时,在同一水头、容量下,可能有几种型号的水轮机适用,此时均应列为比较方案。

为了制造、安装、运行维护和备件供应的方便,如无特殊要求,在一个水电站内应尽可能选用同型号机组。

(三)用比转速 n_s 选择水轮机基本常识

比转速 n_s 表示水轮机在水头 1m、出力 1kW 时所具有的转速,即 $n_s = n\sqrt{N}/H^{\frac{5}{4}}$,包括了水轮机的转速、出力和水头三个基本工作参数,是一个有量纲的参量,却展示了一个无量纲的特性,综合反映了水轮机的特征和水轮机的制造水平。

不同类型水轮机 n_s 差别较大(参见表 8-4-4)。如轴流式水轮机出力大,水头低,n_s 大,属高比转速水轮机;冲击式水轮机出力小,水头高,n_s 小,属低比转速水轮机;混流式 n_s 介于两者之间,属中比转速水轮机。

表 8-4-4 水轮机比转速参数范围表

机型	低	中	高
冲击式	4 ~ 15	16 ~ 30	31 ~ 70
混流式	60 ~ 150	151 ~ 250	251 ~ 400
轴流式	300 ~ 450	451 ~ 700	701 ~ 1 100

同类型水轮机比转速变化亦大。比转速大者,同一水头和直径条件下出力大;同一出力和水头,比转速大者水轮机直径小。因此,提高水轮机比转速是国内外水轮机制造的发展方向,但比转速增加常常受到水轮机的结构强度、气蚀条件及稳定性等条件的限制,因此 n_s 的选用又反映了制造水平。

在进行初步设计时,用比转速 n_s 选择水轮机参数是欧美国家常用方法,也是国内选型的方向。要点如下:

(1)确定比转速 n_s 水平。根据水轮机制造水平,确定给定设计水电站条件下的水轮机比转速 n_s 水平。

(2)转速 n 计算。根据确定的比转速 n_s,计算出水轮机转速 n。

(3)直径 D_1 计算。根据确定的比转速 n_s,计算出转轮转速系数 Φ;根据转轮转速 n 和转速系数 Φ,计算出水轮机转轮直径 D_1。

(4)轴向推力 F_t 计算。根据水头 H_{max}、转轮直径 D_1 以及比转速 n_s 计算出转轮轴向水推力 F_t。

(5)吸出高度 H_s 计算。根据原型水轮机气蚀系数 σ 与比转速 n_s 的统计关系，计算出合理的吸出高度 H_s（减小模型气蚀系数的误差）。

五、水轮机额定水头选择

水轮机额定水头是水轮机在全开度流量时，保证发电机发足额定出力的最小净水头，在水轮机运转特性曲线上额定水头是水轮机出力限制线与发电机出力限制线交点所对应的水头。一般根据额定水头及相应的输出的出力，此额定出力即为水轮机的铭牌出力。

水轮机工作水头是选择水轮机型号和参数的重要依据，选定的水轮机需满足最大水头对结构强度的要求，并要满足在各种水头范围内对水轮机效率、抗振动和抗气蚀等性能的要求，以保证水轮机能安全和经济运行。在水轮机选型设计中额定水头是确定水轮机直径（外型尺寸）的重要参数。

在水轮机组运行中，当遭遇的工作水头小于额定水头时，机组所能发出的最大出力小于额定出力（称预想出力受阻）。影响额定水头选择的影响因素较多，主要方面为：对于电网中的骨干调峰、调频电站一般要求选用较低的额定水头，以减小预想出力受阻的幅度和时间；对于低水头电站，汛期下游水位壅高导致工作水头下降幅度大，并要求选用较低的额定水头，以提高汛期的预想出力和发电量；额定水头降低导致水轮机直径（外型尺寸）增加，机组和厂房投资增加，机组运行稳定性下降等。

(1)在机组方案比较阶段，额定水头可按以下经验公式估算：

$$H_{额} = (1.1 \sim 1.2)H_{min} \quad (m) \tag{8-4-1}$$

$$H_{额} = 0.9\bar{H}_{权}（河床式电站） \quad (m) \tag{8-4-2}$$

$$H_{额} = 0.95\bar{H}_{权}（坝后式电站） \quad (m) \tag{8-4-3}$$

$$H_{额} = \frac{4H_{max}}{\left(\sqrt{\frac{H_{max}}{H_{min}}}+1\right)^2} \quad (m) \tag{8-4-4}$$

应用公式(8-4-1)时，对于调节性能较差的电站取小值；对于调节性能好的电站取大值。

应用公式(8-4-2)及公式(8-4-3)时，对于调节性能较差的电站，平均水头值应取洪水期的加权平均水头；对调节性能较好的电站则取全年的加权平均水头。

公式(8-4-4)仅适用于调节性能良好的水电站。

(2)对重要水电站的选定方案，额定水头应通过技术经济比较选定。

额定水头经济比较的原则为：①计算各比较方案的年费用，以年费用最小方案为经济有利方案；②比较各方案的机组运行性能，选定方案应满足机组运行抗振动和抗气蚀等性能要求。

额定水头经济比较方法要点为：①绘制各比较方案相应机组的运转特性曲线；②根据各方案的运转特性曲线分别进行长系列（或丰、平、枯代表年）的水能计算，求出丰、平、枯水年预想出力过程，以及多年平均年电量；③进行设计负荷水平的丰、平、枯水年电力电量平衡，求出各方案的容量效益和弃水电能；④计算各方案专项投资（机电设备及安装投资、电站厂房及输水工程投资、金属结构及安装投资等）；⑤计算各方案总年费用：以额定水头最低方案为基准方案，其专项投资的年费用即为基准方案的总年费用，各比较方案与基准方案的电力电量差别，由替代工程（如凝汽式火电）补充，各方案总年费用等于各自专项投资的年费用加上相应的补充工程年费用；⑥以总年费用最小方案为经济有利方案。

【例8-4】 某水电站水位330m，死水位315m，具有不完全年调节能力，推荐装机容量1 000MW 方案，最大水头102m，最小水头80m，加权平均水头 H_p 为94m，拟定水头85m、87m、89m 三方案进行经济比较。

解：(1)根据水头范围推荐4台混流式机组，单机容量250MW，化引流量为 $Q'=1\,200$L，三个水头方案机组标称直径 D_1 按式 $D_1=\sqrt{\dfrac{N}{9.81\eta_1\eta_2 Q'_1 H_p^{3/2}}}$（$\eta_1$、$\eta_2$ 为水轮机、发电机的平均效率），分别为5.6m、5.5m、5.4m。

(2)根据机型转轮的模型特性曲线换算，绘制三方案的运转特性曲线 $\eta=f(H,N)$。

(3)根据三个额定水头相应的运转特性曲线分别进行长系列（或丰、平、枯代表年）的水能计算，求得丰、平、枯水年的预想出力，以及多年平均发电量42.3亿kW·h、42.2亿kW·h、42.1亿kW·h。

(4)进行设计负荷水平的丰、平、枯水年的电力电量平衡，三方案弃水电能基本相等，容量分别为1 005MW、995MW、980MW。

(5)根据三方案机组标称直径 D_1 和模型特性计算水轮机轮廓尺寸，进行厂房及输水系统相关设计，计算三方案发电专项投资分别为26.89亿元、25.93亿元、25亿元。

(6)各方案年费用计算结果列于表8-4-5。

表8-4-5　各方案年费用计算结果

项　目		方案			说明
		89m	87m	85m	
设计电站	容量效益（MW）	980	995	1 005	工程年费用 $=p\dfrac{r_0(1+r_0)^n}{(1+r_0)^n-1}+u$，$p$ 为工程总投资，$r_0=0.1$，u 为年运行费
	电量效益（亿kW·h）	42.1	42.2	42.3	
	发电专项投资（亿元）	25	25.93	26.89	
	运行费（万元）	5 000	5 186	5 378	
	年费用（亿元）	3.25	3.37	3.5	
补充替代电站	补充火电规模（MW）	26.25	10.5	0	容量系数1.05
	补充年电量（万kW·h）	2 160	1 080	0	电量系数1.08
	工程投资（万元）	13 125	5 250	0	凝汽式煤电按5 000元/kW计
	运行费（万元）	459.4	183.8	0	取投资的3.5%
	煤耗费用（万元）	345.6	172.6	0	单位煤耗取0.32kg/(kW·h)，标煤电价500元/t
	年费用（亿元）	0.225	0.097	0	计算公式同上，运行费含煤耗费用
总年费用（亿元）		3.475	3.463	3.5	

方案间电力电量差值由等效凝汽式火电补充。表8-4-5中投资均为施工期末的动态总投资,年费用为工程投资和运行费均折算成整个工程寿命期内平均分布的年值之和,而总年费用等于设计方案和补充工程年费用之和。

根据“电力电量等效条件下,年费用最小方案为经济合理方案”法则,额定水头87m方案年总费用最小,为推荐方案。该方案额定水头与平均水头的比值为0.95,符合类似工程优选范围。

第五节　抽水蓄能水电站动能计算

一、抽水蓄能电站工作原理

抽水蓄能电站的工作原理(动能特性)与常规水电站和抽水泵站相同。抽水蓄能电站具有上下水库,在上库坝址装设具有发电和抽水双重功能的可逆式机组,利用电力系统中多余的电能,把下水库的水抽到上水库内,以位能的形式蓄能,需要时再从上水库放水至下水库进行发电应用。

在抽水和发电的能量转换过程中(即由电能转为水能,再由水能转为电能),输水系统和机电设备都有一定能量损耗。发电所得电能与抽水所用电能之比,为抽水蓄能电站的综合效率,早期在65%左右,近来提高到75%左右。抽水蓄能是利用电力系统低谷负荷时多余的低价电能,换取电力系统中十分需要的高价峰荷电能,并具有事故备用、负荷备用、调频、调相、增加电力系统供电可靠性等动态效益,是现代大型电力系统经济安全运行的必要设施,特别是在水电比重低的电力系统中更具有经济性和必要性。

二、抽水蓄能电站的类型

(一)按水流来源分类

抽水蓄能电站类型,按水流来源可分为纯抽水蓄能电站、混合式抽水蓄能电站和调水式抽水蓄能电站。

1.纯抽水蓄能电站

上水库基本上没有天然径流来源,抽水与发电的水量循环使用,两者水量基本相等,仅需补充蒸发和渗漏损失,见图8-5-1(a)。电站规模根据上下水库的有效库容、水头,电力系统的调峰需要和能够提供的抽水电量确定。纯抽水蓄能电站受上下库容积限制,多为日调节和周调节电站。如我国已建成的十三陵抽水蓄能电站、天荒坪抽水蓄能电站、广蓄(从化)抽水蓄能电站等。

2.混合式抽水蓄能电站

上水库有天然径流来源,既可利用天然径流发电,又可利用由下水库抽蓄的水量发电,见图8-5-1(b)。上水库一般建在江河上,另建的下水库用于抽水蓄能发电。混合式抽水蓄能电站由于它与常规水电站共用的水库库容较大,常为年、季调节混合式电站,如我国已建的密云水电站。

混合式抽水蓄能电站的特点是常规电站和抽水蓄能机组互为补偿,运行灵活,以改变

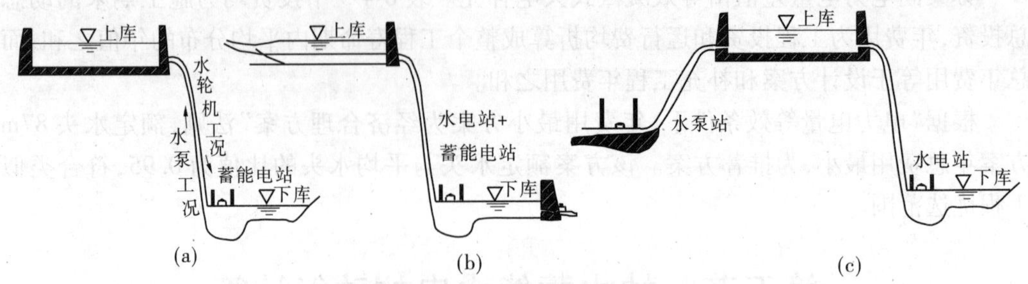

图 8-5-1 抽水蓄能电站的类型

由于综合利用各部门用水季节性强而导致不能常年发电的现象,提高电站的保证率,承担电力系统的事故备用。

3. 调水式抽水蓄能电站

从位于一条河流的下水库抽水至上水库,再由上水库向另一条河流的下水库放水发电。这种蓄能电站可将水量从前一条河流调至后一条河流,它的特点是水泵站与发电站分别布置在两处,见图 8-5-1(c)。如规划中的“引江补汉”方案之一,在三峡库区支流大宁河兴建剪刀峡水库和水泵站,将长江水抽入堵河梯级发电,再入丹江口水库补充南水北调水源,就是一项跨流域调水与抽水蓄能结合的工程。

(二)按上下库形式分类

抽水蓄能电站上库和下库的情况不同,分成以下几种形式:

(1)上下水库都利用已建水库。两个水库可在同一条河流的上下游,或在相邻的两条河流上,取得更大的水头。

(2)上下水库都利用位于不同高程的天然湖泊。

(3)利用已有水库或天然湖泊为上水库,新建下库。下水库可在上水库的同一河流下游或相邻河流上,也可以利用废矿井或在地下深处开掘地下水库。

(4)利用已有水库、天然湖泊或海洋为下水库,新建上水库。

(5)新建上水库和下水库。

如能利用已建的水库、湖泊为上水库或下水库,一般可降低工程量及投资。如中国已建的十三陵抽水蓄能电站的下库是利用以前建成的十三陵水库;英国的迪诺威克抽水蓄能电站的上下水库都是利用天然湖泊修建的。正在研究阶段的葛洲坝抽水蓄能电站,是以葛洲坝水库为下库,在右岸山谷中建上库,可获得600余m落差,建设1 200MW以上抽水蓄能电站。又如规划以清江已建的隔河岩和高坝洲两梯级水库为上下库,建抽水蓄能电站,补给华中电网调峰容量的不足。

(三)按调节性能分类

根据上下水库的有效库容和电力系统的要求,抽水蓄能电站的调节性能可分为日调节水库、周调节水库和季调节水库。

(1)日调节水库。运行周期以日为单位。水位在一昼夜内由高水位降至低水位,再回升到高水位。纯抽水蓄能电站大都为日调节电站。

(2)周调节水库。调节库容比同容量的日调节水库大些,运行周期以周为单位。库水位由周初开始变化至周末再回升到原水位。库容要满足电站一周之内在电力系统中承担调峰、填谷运行需要的总水量。

(3)季调节水库。调节周期以季为单位。上下水库所需的库容较大,常为混合式抽水蓄能电站。

三、调峰容量平衡要点

抽水蓄能电站是将低谷电量转变为高峰电能,即主要作用是调峰和填谷,获得容量效益。因此,需在电力系统电力电量平衡的基础上,进行调峰容量平衡计算,阐明抽水蓄能电站的容量效益,以及对系统经济性和安全性的改善。

电力系统的调峰容量平衡,是在电力电量平衡的基础上,进行逐月平衡,每月以一个典型最大负荷日为代表,进行系统和电源调峰容量日的供需容量平衡,阐明系统调峰容量盈亏特性。以下以一个典型日负荷的调峰容量平衡说明计算要点。

某电力系统典型日负荷图如图 8-5-2 所示。

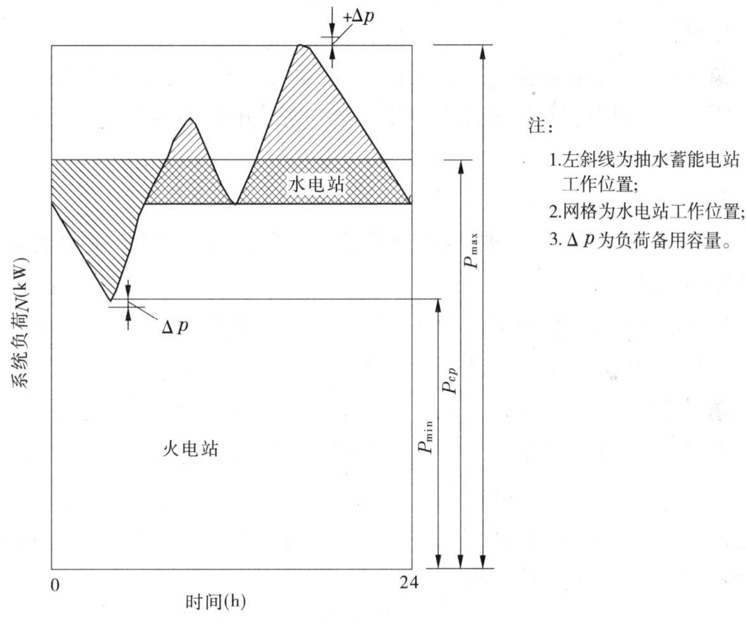

图 8-5-2　某电力系统典型日负荷图

(一)电力系统负荷

1. 最大负荷差

最大负荷差是指系统正常负荷最大峰、谷差。系统最大负荷为 P_{max}、最小负荷为 P_{min},正常负荷日变幅即最大负荷差为 $P_{max}-P_{min}$。

2. 旋转备用

旋转备用是在系统频率(周波)下降时能自动投入工作的备用容量。系统旋转备用为全部负荷备用加 1/2 的事故备用。

3. 电力负荷的要求

为保证电力系统的安全运行,电力负荷要求系统内电源的出力满足:①最大负荷至最小负荷变化(即正常负荷变幅)的要求;②瞬时负荷变化(即调频负荷变幅)的要求;③事故备用的要求。

(二)电源配备

1. 可调容量

装机容量中可以被调度利用的容量。可调容量为除正在检修机组的容量外,其他机组额定容量减去相应受阻容量后可被利用运行的容量。

2. 受阻容量

受阻容量是指电站(机组)受技术因素制约(如设备缺陷、输电容量等限制),所能发出的最大出力与额定容量之差。对于水电机组还包括由于水头低于额定水头时,水头预想出力与额定容量之差。

3. 空闲容量

空闲容量是指在可调容量中未能被电力系统利用的容量。

4. 开机容量

开机容量是指当日参加运行的各机组额定容量之和。对于火电站,开机容量等于当日所担任的工作容量和旋转备用之和;对于水电站,开机容量等于可调容量减去空闲容量。

5. 电源配备

为满足系统安全经济运用,要求电源配备达到电力电量平衡,并在此前提下达到调峰容量平衡或略有富余。

(1)电力电量平衡。要求参与系统日电力电量平衡的各类电源的可调容量满足电力系统负荷运行的要求。在水电站动能设计中电力系统电力电量平衡,是指逐月电量平衡或逐月平均负荷和各电站平均出力的供需平衡,加上各月典型负荷日的电力平衡。包括:①各电源逐月平均出力等于相应月份的平均负荷,供电量达到逐月供需平衡;②各月的典型负荷日的逐时正常负荷与各电源的工作容量达到平衡;③各月典型负荷日瞬时变化要求的和各电源设置的事故备用、负荷备用容量达到平衡;④电力系统安排的电源检修计划和电源检修容量安排达到逐月平衡。

(2)调峰容量平衡:要求参与系统的各种电源的调峰能力满足电力负荷最大变幅的要求。

(三)调峰容量平衡

调峰容量平衡是指典型日的平衡,应在电力电量平衡的基础上研究各月典型日的调峰容量供需平衡。

1. 调峰能力

调峰能力是指当日开机容量中的可调容量与开机容量的技术最小出力之差。

2. 电站最小技术出力

对于火电站,一般可采用开机容量的额定出力与相应容量的最小技术出力之差,如目前我国生产的煤电最小技术出力约为额定出力的 0.7 倍,调峰能力即为额定出力的 0.3

倍;对于水电站,一般可采用可调容量减去强迫基荷。

强迫基荷包括因水电站下游航运、供水要求的强迫基荷,无调节水电站按天然来水量的工作出力,有调节水电站因蓄水限制(如处于汛期防洪限制水位或正常蓄水位工作)按天然来水量工作的出力。若采用弃水调峰方式,强迫基荷可视为0,即发基荷的水流自溢洪设备泄放至下游。

3. 负荷最大日峰谷差(日变幅)

负荷最大日峰谷差是指典型日内负荷的最大变幅,可采用当日日负荷曲线最大负荷(P_{max})加上旋转备用与低负荷(P_{min})之差。

4. 调峰容量平衡

调峰容量平衡是指电源的总调峰能力大于或等于负荷最大日变幅,否则就是调峰能力不足。此外,可调容量中的开机容量的允许最小出力应小于或等于最小负荷(P_{min}),否则,亦视为调峰容量不足。

5. 调峰弃水

当调峰容量不足时,可对在基荷状态的水电站采用弃水调峰方式运用,即将部分(或全部)用于发电的径流量改由其他泄水建筑物弃放,以减小可提供的发电出力,达到各类电站最小技术出力等于或小于系统最小(正常)负荷,即满足调峰要求。在调峰容量平衡成果中,当调峰容量不足时,应阐明水电站采用调峰弃水方式后调峰容量平衡的情况,以及计算因此调峰弃水的电能损失。

(四)调峰容量平衡计算实例

调峰容量平衡是指典型负荷日的平衡,是在电力电量平衡的基础上进行的。以表8-2-1所列某电力系统电力电量平衡结果为基础,进行调峰容量平衡计算,结果列于表8-5-1。逐项说明如下。

1. 系统

表8-5-1第一栏系统中,第1~5项均为电力电量平衡结果;第6项最大峰谷差=最大负荷-最低负荷+旋转备用=最大负荷-最低负荷+负荷备用+1/2事故备用;第7项最低负荷=最小负荷-负荷备用。

2. 水电

表8-5-1第二栏水电中,第1项开机容量即指可调容量中的可被利用的容量,即

可调容量=装机容量-检修容量-受阻容量

表中2、3、5、6项为电力电量平衡成果,第4项调峰能力=可调容量-强迫基荷。当强迫弃水时,强迫基荷为0,调峰容量等于可调容量,对水电即开机容量。

3. 火电

表8-5-1第三栏火电中,2、3、4、7项为电力电量平衡成果;第1项开机容量=工作容量+旋转备用(负荷备用+1/2事故备用);第5项调峰能力=开机容量-最小技术出力;第6项最小技术出力由电力系统火电站特性核定,本例中为开机容量的0.7倍。

4. 调峰容量平衡

1)判别方式(一)

电力系统各电源总的调峰能力≥负荷最大峰谷差,否则为调峰能力不足。如以

表 8-5-1　某电力系统设计负荷水平年(枯水年)调峰容量平衡表　(单位:MW)

项目		月份											
		1	2	3	4	5	6	7	8	9	10	11	12
一、系统	1. 最大负荷	12 648	12 098	12 478	12 182	12 916	13 183	13 494	14 100	13 748	13 113	13 183	13 254
	2. 最小负荷	6 754	6 460	6 664	6 505	6 897	7 040	7 206	7 529	7 341	7 002	7 040	7 078
	3. 负荷备用	632	605	624	609	646	659	675	705	687	656	659	663
	4. 事故备用	1 265	1 210	1 248	1 218	1 292	1 318	1 349	1 410	1 375	1 311	1 318	1 325
	5. 装机容量	18 042	18 042	18 042	18 042	18 042	18 042	18 042	18 042	18 042	18 042	18 042	18 042
	6. 最大峰谷差	7 159	6 847	7 063	6 895	7 310	7 462	7 637	7 981	7 781	7 422	7 462	7 502
	7. 最低负荷	6 122	5 855	6 040	5 896	6 251	6 381	6 531	6 824	6 654	6 347	6 381	6 415
二、水电	1. 可调容量	4 299	3 630	3 774	3 417	4 627	5 742	5 995	6 150	6 054	5 635	4 495	4 758
	1.1　调峰工作容量(不弃水)	3 788	3 451	3 377	3 156	3 717	3 699	3 621	3 679	2 460	4 976	3 724	4 176
	1.2　基荷	511	179	397	261	910	2 043	2 374	2 471	3 594	659	771	582
	2. 检修容量	688	642	660	662	0	0	0	0	0	0	664	674
	3. 受阻(空闲)容量	1 505	2 220	2 058	2 413	1 865	750	497	342	438	857	1 333	1 060
	4. 调峰能力	3 988	3 319	3 449	3 030	4 189	5 253	5 440	5 497	5 401	5 013	3 998	4 447
	5. 强迫基荷	311	311	325	387	438	489	555	653	653	622	497	311
	6. 装机容量	6 492	6 492	6 492	6 492	6 492	6 492	6 492	6 492	6 492	6 492	6 492	6 492
三、火电	1. 开机容量	9 779	9 814	10 096	10 107	9 727	8 907	8 994	9 508	9 218	9 000	10 173	10 008
	2. 工作容量	8 843	8 876	9 137	9 133	8 731	7 885	7 935	8 394	8 144	8 108	9 187	9 057
	3. 负荷备用	468	469	479	487	498	511	529	557	537	446	493	475
	4. 事故备用	935	938	959	973	996	1 022	1 059	1 114	1 074	891	985	951
	5. 调峰能力	2 934	2 944	3 029	3 032	2 918	2 672	2 698	2 852	2 765	2 700	3 052	3 002
	6. 最小技术出力	6 845	6 870	7 067	7 075	6 809	6 235	6 295	6 656	6 453	6 300	7 121	7 005
	7. 装机容量	11 550	11 550	11 550	11 550	11 550	11 550	11 550	11 550	11 550	11 550	11 550	11 550
调峰容量盈余(1)	1. 水电不弃水	−237	−584	−585	−833	−203	463	501	369	385	291	−412	−53
	2. 水电弃水	74	−273	−260	−446	235	952	1 056	1 022	1 038	913	85	258
调峰容量盈余(2)	1. 水电不弃水	−402	−721	−728	−956	−350	316	355	221	236	81	−578	−239
	2. 水电弃水	−91	−410	−403	−569	88	805	910	874	889	703	−81	72

表 8-5-1中 1 月份为例：

$$总调峰能力 = 水电调峰能力 + 火电调峰能力$$
$$= 3\,998 + 2\,934 = 6\,922(MW)$$
$$总调峰能力 - 最大峰谷差 = 6\,922 - 7\,159 = -237(MW)$$

本月最大典型负荷日调峰平衡结论：调峰容量不足，缺额达 237MW；若将水电站的强迫基荷 311MW 从泄洪道泄放，调峰能力大于最大峰谷差 74MW，即按弃水调峰计算，调峰能力略有剩余。

2）判别方式（二）

各类电站最小技术出力 = 系统最小（正常）负荷，表示调峰容量达到平衡；

各类电站最小技术出力 > 系统最小（正常）负荷 - 负荷备用容量，表示调峰容量不足；

各类电站最小技术出力 < 系统最小（正常）负荷 - 负荷备用容量，表示调峰容量盈余。

本例中 1 月份各类电站最小技术出力 = 各火电站最小技术出力 + 水电站强迫基荷 = 6 845MW + 311MW = 7 156MW；各类电站最小技术出力 - 电力系统最小负荷 = 7 156MW - 6 754MW = 402MW。

本月最大典型负荷日调峰容量平衡结论：调峰容量不足，缺额达 402MW；若采用弃水调峰方式运用，将水电站强迫负荷 311MW 从溢洪道泄放，缺额仍达 91MW。

3）结论

应用时满足两判别式：以缺额最大的调峰容量作为系统调峰不足的依据；以盈余最小的调峰容量作为系统调峰容量盈余的依据。本例为：1 月份系统缺调峰容量 402MW，当采用弃水调峰后，缺额仍达 91MW。

若以全年调峰容量平衡而言，本系统调峰容量最大缺额 956MW，发生在 4 月份；采取弃水调峰后，调峰容量最大缺额为 569MW，发生在 4 月份。

四、装机容量和上、下水库特征水位选择

抽水蓄能电站装机容量选择是一个复杂的经济课题，涉及面广泛，影响因素包括确定因素和随机因素；由于上、下水库容积直接关系装机容量，因此对抽水蓄能装机容量方案和上、下水库特征水位方案一般应同时（配套）进行选择。

（一）装机容量选择主要内容

1. 拟定设计水平年，编制负荷曲线

根据电站规模和电力系统发展规划，拟定设计水平年，预测设计负荷水平，收集、整理负荷特性和各类电源的运行特性，编制负荷曲线。

2. 进行电力系统电力电量平衡和调峰容量平衡

抽水蓄能电站的主要功能是承担电力系统的调峰任务，满足或缓解电力系统调峰能力的不足。因此，在供电系统设计负荷水平电力电量平衡成果的基础上，根据负荷特性和电源组成进行调峰容量平衡，界定供电系统在设计负荷水平调峰容量不足的大小，阐明为达到调峰容量平衡，需要装设（可容纳）抽水蓄能电站的规模，是装机容量选择从电网需

要方面考虑的主要依据。

3. 进行上、下水库水量平衡计算

根据上、下水库地形、地质条件，初定几组上、下水库特性水位和特征库容（正常蓄水位、死水位、调节库容、死库容），首先进行上库调节计算和动能计算，编定日平均出力和库容的关系，它是装机容量从工程建筑条件方面考虑的主要依据。抽水蓄能电站既发电（调峰）又抽水（填谷），上、下水库水量必须平衡，因此同时应进行上、下两水库水量平衡计算，对于同一上、下水库组合方案，下水库供水能力应等于或大于上水库发电用水能力。

4. 落实供水水源

拟定抽水蓄能电站装机容量方案时，必须落实水源。上下水库的径流除应能满足综合利用各部门的需水量外，还应保证水库初期充蓄和运行期补给水库蒸发、渗漏和结冰损失的水量。当径流不能满足需用量时，应有落实的补水措施，补水工程应具有相应深度的设计文件。

水源条件常成为影响电站规模经济性的条件。

5. 分析抽水电源的可靠性

抽水电源是保证抽水蓄能电站抽水运行的基本条件。抽水电源可靠性的研究内容：该电源在负荷低谷时的供电能力和网络输电能力能否满足抽水的用电需要。如利用调节系数为 0.3 的煤电作抽水电源，1 000MW 煤电最多只能提供 300MW 抽水能力；供电网络是在保证正常供电的条件下，额外增加对抽水功能供电能力，还包括供电潮流的经济性分析。

6. 抽水蓄能机组运行特性对电力电量平衡的影响

在日负荷图给定后，抽水蓄能电站调峰工况和抽水工况的出力过程已定，应研究机组运行特性（抽水和调峰运用）是否满足要求，在电力电量平衡中要考虑这一条件，必要时调整工作位置或出力过程。

7. 计算综合效率和系统节煤效益

抽水蓄能电站综合效率和系统节煤效益是重要经济指标。综合效率是指抽水蓄能电站的发电量和抽水用电量的比值，包括发电机效率、电动机效率、水轮机效率、水泵效率、引水（抽水）道水力损失（效率）、输水（发电）道水力损失（效率）等 6 项的乘积，现代大型可逆式机组效率较高，综合效率能达 0.75 左右，若考虑抽水输电损失，即发电量和供（抽水）电量的比值，效率进一步降低至 0.70 左右。

抽水蓄能电站相对系统总电量而言是“用户”，1 kW · h（低谷）电量仅换约 0.7kW · h（高峰）电量，但由于填谷和调峰双重作用，使替代的火电机组由峰荷（高煤耗）改变为基荷（低煤耗）运行，从电力系统有、无抽水蓄能电站的总煤耗对比，有抽水蓄能电站全系统煤耗还有较大节省。

抽水蓄能电站综合效率和系统节煤效益是装机容量选择的重要经济指标，应分别分析研究确定。

8. 不确定因素处理

对于预测的设计水平年的电力系统负荷水平、负荷特性、电源组成等带有随机特性，即存在一定不确定性。而它对抽水蓄能电站的作用和效益影响很大，一般应对负荷进行敏感性分析,以合理选择抽水蓄能电站装机容量。

(二)装机容量方案拟定

抽水蓄能电站的上下库调节库容和装机容量密切相关,装机容量方案和库容方案同时拟定。

(1)经供电系统调峰容量平衡和上下库水量平衡及动能计算,若供电系统在设计负荷水平的调峰容量不足额度相对工程库容所能提供的动能指标明显偏大,即系统对调峰容量的需求不成为控制条件,应以库容所能提供的动能指标拟定装机容量比较方案范围。一般而言,作为日调节的抽水蓄能电站,可按库容方案可提供的日平均出力(相当保证出力)的4~6倍(考虑高低方案)确定抽水蓄能电站工作容量范围。

(2)经供电系统调峰平衡和上下库水量平衡及动能计算,若供电系统在设计负荷水平的调峰容量不足额度相对工程库容所能提供的动能指标较小或相近,则以系统对调峰容量的需求为控制条件,拟定抽水蓄能电站装机容量比较范围。

(3)装机容量的组成。抽水蓄能电站装机容量一般应包括工作容量、负荷备用容量、事故备用容量。机组性能好,调节灵活,能适应负荷瞬时变化要求,单机容量一般也较大,是承担系统调频的理想电源,可分配一定的负荷备用容量;抽水蓄能电站上下库库容有限,而且获得库容的代价较大,但其水量可循环使用。当电力系统出现事故时,首先将担负系统调峰运行的电源或机组的工作位置下移,并同时启动系统设置的事故备用容量,尖峰的不足部分由抽水蓄能电站担负,且时间较短。为此,抽水蓄能电站在一般情况下,可担任日内峰荷时期短时间的事故备用。若承担紧急备用容量,应在库容上作出相应安排。

(4)拟定装机容量比较方案。根据拟定的抽水蓄能电站工作容量范围,考虑设置一定负荷备用和紧急事故备用容量,拟定装机容量比较方案。

(三)水库特征库容和特征水位选择

1.特征库容

抽水蓄能电站特征库容主要有上下库调节库容、紧急备用库容和死库容(纯抽水蓄能电站上下库控制集水面积小,调洪库容需要有限,拟不讨论)。

1)调节库容

调节库容应和装机容量方案配套同时选择,要求满足电站一日作调峰运行的需要容积,并上下库配套,下库调节库容应稍大于上库调节库容。上库所需调节库容可按 $V_P=3\,600\alpha h\theta_y$ 进行初步估算。式中 $\theta_y=\dfrac{N_{装}}{kH_P}$ 即水轮机组最大过水能力,h 为发电小时数,一般可取5~6h,$N_{装}$ 为电站装机容量,H_P 为电站额定水头,k 为发电工况出力系数,α 为大于1的系数,考虑事故备用库容和库面蒸发、水库渗漏以及负荷水平及特性不确定因素等确定。

在预研究和可行性研究阶段,调节库容应根据电力电量平衡结果给定的出力过程,经详细的径流调节和动能计算确定(具体方法从略)。

2)死库容

死库容应考虑泥沙淤积、结冰要求,必要时还应考虑抬高水头以及备用库容的要求,综合确定。

3) 备用库容

抽水蓄能电站紧急事故备用不大,在调节库容或死库容拟定时采用留有余地的方法考虑。

2. 特征水位

特征水位主要包括正常蓄水位、死水位,应根据方案确定的特征库容的要求,结合工程地形地质条件、进出水口布置和电站水头条件分析确定。

1) 死水位

根据库容曲线和死库容确定死水位,并结合输水道的进、出口布置分析研究其适应性。

2) 正常蓄水位

根据库容曲线、死水位、调节库容确定正常蓄水位,同时结合工程地形、地质条件研究其适应性,并分析电站工作水头的变化幅度,考虑机组运行要求,一般应减少消落深度,上、下库消落深度以最大水头的10%左右为宜。

3. 方案拟定

根据上述要求,确定与装机容量比较方案相配套的特征库容和特征水位方案,作为方案比较的依据。

(四) 方案比较

抽水蓄能电站装机容量和水库特征水位配套拟定比较方案,而后进行方案比较,比较方法采用经济比较和综合分析相结合。

1. 经济比较

经济比较的准则与常规电站参数比较准则相同,即"在电力电量等效的原则下,以年费用或总费用现值最小为经济合理方案"。

经济比较方法与常规电站参数比较类似。即:根据各方案的投资和效益(包括电力电量效益和节煤效益),计算各方案的年费用或费用现值;以高方案为基准,求得各方案与高方案电力电量差值,由替代工程补充,并求出各方案替代工程的年费用或总费用现值;各方案总年费用或总费用现值等于设计工程和相应补充的替代工程年费用或总费用现值之和;以总年费用或总费用现值最小为经济合理方案。

2. 综合分析

从供电系统发展规划、本工程技术经济指标、其他规划调峰电源特性、电网规划及送电(距负荷中心)距离、水源条件和供电(抽水)电源的可靠性等进行综合分析,推荐设计方案。

五、抽水蓄能电站水库蓄水和水源分析

(一) 水库充蓄水量

抽水蓄能电站水库充蓄水量包括初蓄水量、运行初期补水量和正常运用期补水量等。

1. 初蓄水量

初蓄水期是指施工后期水库开始蓄水至第一台机组发电的时间,其蓄水量要求上下库蓄至死水位的水量加上初蓄水期上下库的渗漏和水面蒸发水量,扣除蓄水期上、下库的

天然入库径流量。

2. 运行初期补水量

运行初期是指第一台机组发电至工程完建，最后一台机组投入时间，要求的补水量为调节库容蓄满所需的水量加上在运行初期上下水库的渗漏和水面蒸发量，扣除蓄水期上、下库入库径流量。

3. 正常运用期补水量

正常运用期是指工程完建后电站正常运行期，要求的补水量为上下库渗漏和水面蒸发水量，扣除上、下库同期天然入库径流量。

4. 总需水过程

总需水过程包括初期蓄水量、运行初期补水量、正常运用期补水量三部分。上下库入库径流按75%来水过程确定；各期需水量计划要留有余地，如上下库集水面积较小，入库径流可不考虑，或将各期需水量乘以大于1的系数，为电站按期投入和安全运行留有余地。

(二)水源选择

水源是建设抽水蓄能电站可行性的重要条件，水源选择主要条件如下。

1. 水源可靠性分析

(1)根据工程施工进度安排，拟定初蓄时间、初期运行时间和正常运行时间，以及各时间段的蓄水量要求。根据各时段的需水强度(蓄水量/月)确定控制时段和相应的蓄水量，作为对水源可供水量的强度要求。一般而言正常运行时需要补水量较小，控制时间为初蓄时间或初期运行时间。

(2)若水源为已建、待建或新建水库，应根据拟定的水库特征值(正常蓄水位、死水位、调节库容等)，按水源保证率75%的入库径流过程，在满足综合用水(灌溉、城镇供水等)要求以及水库渗漏、蒸发损失的前提下，进行水库调节计算，自抽水蓄能电站水库具备蓄水条件开始，求出逐月为抽水蓄能电站水库提供的水量过程，要求供水量满足抽水蓄能电站水库各控制时段的需水量，并留有一定余地。若供水量不足，可适当延长供水时间，或调整综合供水量，或另找其他水源，并确定决策方案。

(3)若水源为天然河流，应根据天然河流引水处保证率$P=75\%$来水量，并考虑综合用水要求后进行水量平衡，其他同水库水源要求。

2. 水源经济性分析

(1)水源采用已建水库，仅在初蓄时间和初期运行时间供水强度较大，正常运用期补水量强度相对很小，可节省水库工程建设费用，对综合用水影响仅是短期的，较经济。

(2)尽量选用距抽水蓄能电站下库近的水源，最好选择能按自流方式向下库供水的水源，节省渠道投资和抽水费用。

3. 水源水质要求

抽水蓄能电站一般工作水头较高，要求上下库循环水含沙量小，特别是要求尽量不含粗沙，以减少在发电、抽水过程中对水机和输水道的磨损，若水源为天然河道流，一般应设专用的沉沙池。

六、抽水蓄能电站水库初期蓄水安排

(一)初期蓄水期

抽水蓄能电站可逆式机组的启动,应受水量和工作水头的制约,要求水库水位达死水位,工作水头不超过额定的最大水头。根据施工进度的安排,自上、下库具备蓄水条件时水库开始蓄水,至水库蓄水位达到死水位和第一台机组发电时止,为抽水蓄能电站初期蓄水期。

自第一台机组发电时起,至水库完建和最后一台机组投入发电时间,为抽水蓄能电站初期运行期,水库在此时间补充蓄水量,要求最高蓄水位达正常蓄水位。以后进入正常运用阶段。

(二)初期蓄水和初期运行期蓄水方式

1. 初期蓄水方式

抽水蓄能电站一般工作水头高,特别是上库高程高,除下库可能采用自水源自流供水外,上库均需提水入库。初蓄阶段可逆式机组不能工作,一般需采用另外设置连续式水泵站通过压力钢管逐级提水入上库。

水泵的分级由提水高度(水源或下库至上库正常蓄水位)和专用供水泵的扬程决定,对工作水头 500 ~600m 的蓄能电站,一般要分 5 ~6 级提水。

水泵容量可由初期蓄水时间和上库死库容决定,大型蓄能电站初蓄时间可能长达几个月或一年以上,死库容达几百万立方米至几千万立方米,如死库容 1 400 万 m^3,考虑渗漏和蒸发损失达 1 600 万 m^3,若计划初蓄时间为 12 个月,可选用水泵提水能力为 $0.5m^3/s$ 左右。

2. 初期运行期补水方式

初期运行期由施工进度和装机程序及进度决定,一般大型机组一台机组安装时间达 6 个月,若电站装设 4 台可逆机组,初期运行期长达 18 个月。在初期运行期要求水库逐步充蓄至正常蓄水位,充水总量为调节库容。充水方式一般可采用初蓄期的水泵继续补水,并同时利用已工作的可逆机组延长抽水时间补充水量,即自水源输水至下库,再由可逆式机组在空闲时间抽水至上库充蓄水库。

蓄能电站调节库容往往为死库容的几倍,但蓄能电站机组不断投入,抽水能力逐步扩大,除满足发电抽水量外有较多空闲时间抽水,一般除继续利用初期设置的水泵补水外,不需额外增加专门抽水泵的规模。

3. 正常运行时补水

正常运行时补水量较少,只需满足水库渗漏和蒸发损失的水量。补水方式一般由水源向下库补水,调整可逆式机组抽水时间进行补水。

七、抽水蓄能电站额定水头

抽水蓄能电站额定水头包括发电工况的额定水头和抽水工况的额定水头。

蓄能电站的主要功能是调峰,获得尽量大的容量效益是主要方面,因此要求在运行中因水头受阻的容量小、时间短,额定水头在满足机组稳定运行的条件下,选低一些有利;另一方面，抽水蓄能机组集中在负荷高峰时间调峰和负荷低谷短时间（5～7h）抽水，满载运行是其主要工况。综上所述，在一般情况下，抽水蓄能电站发电工况额定水头可按满发额定容量时的最小上、下库水位差减去相应的水头损失确定；抽水工况的额定水头可按满载抽水时最大上、下库水位差加上相应的水头损失确定。

第九章　水库工程水利计算

第一节　综合利用水库

综合利用水库工程承担了多项水利任务，其水利计算应根据其开发任务和主次关系、河流水文特性、工程自然条件等，协调各水利任务间的关系。水库的调节库容应尽可能综合利用，调节后的泄放流量应尽可能做到一水多用、相互结合。

承担防洪任务的综合利用水库，宜以主要兴利任务在设计枯水年汛后保证正常用水条件下可以充满的库容，作为防洪和兴利结合的重叠库容。当重叠库容不能满足下游防护对象的防洪要求时，可研究设置专门防洪库容并拟定防洪高水位。

对兼有防洪和兴利任务的综合利用水库，应按拟定的防洪、兴利特征水位和库容方案进行径流调节计算，并就各方案的防洪限制水位进行全面分析比较。对预留在正常蓄水位以上的专门防洪库容，宜研究在汛后用于增加兴利效益的可能性。

进行综合利用水库各用水部门关系的协调时，应在分析研究各项用水对供水地点、供水高程、供水过程和供水保证率等要求的基础上，编制几组综合用水量方案，并分别进行各典型年份的水量供需平衡计算，研究对各部门的可供水量与工程规模及库容分配方案的关系。

一、径流调节计算方法

（一）概述

建造水库来调节河川径流，是解决来水与需水间矛盾的一种普遍的、积极的方法。根据不同的自然条件和要求，它又有各种形式，可以从不同的角度对径流调节的各种形式进行科学分类。这有助于明确水库设计和运用中的各自特点，了解调节中问题的共性和个性。

（1）按调节的对象和重点分，有洪水调节和枯水调节。前者重点在于削减洪峰和下泄洪水流量，后者则是为了增加枯水期的供水量，以满足各用水部门的要求。

（2）按服务目标分，可分灌溉、发电、给水、航运及防洪除涝等的调节。它们在调节要求和特点上各有不同。但目前一般水库已很少为单目标开发，而是以一两个目标为主的综合利用的径流调节。

（3）按调节周期，即一次蓄泄循环的时间来分，有日调节、周调节、年（季）调节和多年调节。

日调节及周调节等短期调节，一般用于发电水库。河川径流在一天或一周内的变化一般是不大的，而用电负荷则白天和夜晚或工作日和休息日间常差异甚大。有了水库，就可把夜间或休息日负荷少时的多余水量蓄存起来增加白天和工作日负荷增长时的发电水量。这种调节称为日调节和周调节(见图9-1-1)。

在我国,一般河川径流的季节变化是很大的。洪水期和枯水期水量相差悬殊,而多数用水部门如发电、航运、给水等,则一年内需水量变化不大。因此,往往感到枯水期水量不足,洪水期过剩。灌溉需水也有此种矛盾。这就要求在一年范围内进行天然径流的重新分配,称为年调节或季调节。其调节周期为一年以内(见图9-1-2)。

如果水库很大,可以将多水年多余的水量蓄入库内,以补枯水年水量的不足,就称为多年调节。这种水库的调节库容一般并非年年蓄满或放空,也即它的调节周期要经过好几年。

水库的相对库容愈大,它调节径流的周期(即蓄满—放空的循环时间)就愈长,调节和利用径流的程度也愈高。多年调节水库一般可同时进行年、周和日的调节。年调节的水库也类似。

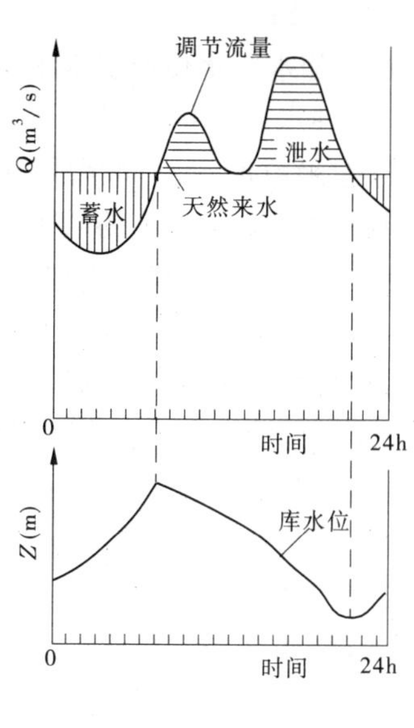

图9-1-1　日调节

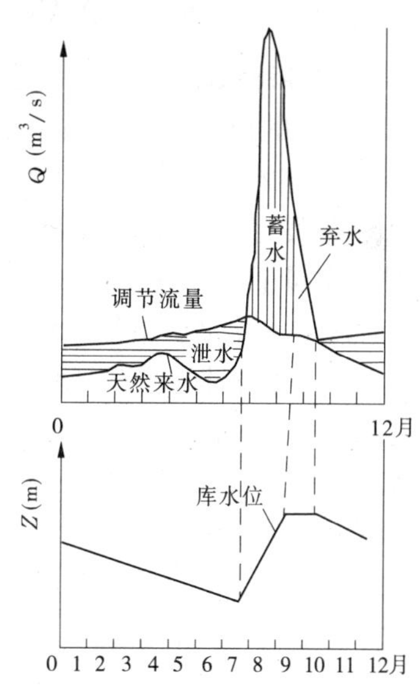

图9-1-2　年调节

(4)其他形式的调节。尚有补偿调节、反调节、库群调节等。补偿调节见于当水库与下游用水部门的取水口间有区间入流时,因区间来水不能控制,故水库调度要视区间来水多少,进行补偿放水。反调节是当进行日调节的水电站下游有灌溉取水或航运要求时,往往需要对已调节过的水电站的放水过程进行一次重新调节,使适应灌溉或航运所需。库群调节则是指河流上有多个水库时,如何研究它们的联合运行,以最有效地满足各用水部门的要求。

(二)径流调节计算原理及基本方法

为了调节径流,必须修建蓄水工程,例如水库、塘堰、储水池等。水库等蓄水工程之所以有调节径流的能力,是由于筑坝和设置泄水门孔后,就能够有计划地改变泄水孔的开度来控制和调节水库的出流,而出流与天然来水相差的水量,就暂时地蓄于水库或从水库中补足,因而就有水库的充蓄和泄降。而水库的充蓄和泄降的情况,是确定水利设备的规模及水利效益等的主要依据之一。

水库蓄水量的变化过程的计算也称为径流调节计算,是把整个调节周期划分为若干较小的计算时段,按时段进行水量平衡计算,其公式如下:

$$\Delta V = (Q_{入} - Q_{出})\Delta T \tag{9-1-1}$$

式中 ΔT——计算时段;

ΔV——ΔT 时段内水库蓄水量的变化,蓄为正,泄为负;

$Q_{入}$——ΔT 时段内平均入库流量;

$Q_{出}$——ΔT 时段内自水库取用或消耗的平均流量,包括各兴利部门的用水流量 $\sum Q_{用}$、蒸发损失流量 $Q_{蒸}$ 及渗漏损失流量 $Q_{渗}$,以及水库蓄满后产生的无益弃水流量 $Q_{弃}$ 等。

式(9-1-1)可进一步写成下面较详细的形式:

$$Q_{入} - \sum Q_{用} - Q_{蒸} - Q_{渗} - Q_{弃} = \frac{\Delta V}{\Delta T} \tag{9-1-2}$$

式(9-1-2)中各种水库需水量(包括损失水量),往往是随水库水位或引水水头而变化的,例如蒸发、渗漏的损失流量,水电站的发电流量等。这种水库水位与需水量之间的相互依赖关系,使上述水量平衡方程式呈(对库水位来说)隐函数形式,一般需用迭代试算才能求解。即先假定一个时段末水库水位,计算时段平均水位相应的需水量,再用式(9-1-2)进行水量平衡计算,求出水库时段末的水位后,与假定值比较是否相符,若不符则重新假定时段末水库水位重复试算。

时段 ΔT 的长短,根据调节周期的长短及径流和需水变化剧烈程度而定。对于日调节水库,ΔT 以小时为单位,对年调节水库因短时起伏的天然流量的小峰完全可以容纳,故计算时段 ΔT 可稍长,一般枯水期按月,洪水期按旬或更短的时段。选择时段过长会使计算所得的调节流量或调节库容产生较大误差,且总是偏于不安全的一面。

根据水量平衡作调节计算的方法,可以分为两大类:数理统计法和时历法。

数理统计法是先把原始流量系列进行数理统计的处理,用适当的数学模型及一些统计特征值来描述原始流量系列的变化规律,再通过资料生成、数学分析或图解法等进行调节计算,来获得多年中水利要素变化的频率曲线,也就是先频率统计后调节计算的方法。

时历法是根据原始流量时历过程的资料进行调节计算,再将调节后的水利要素值,例如流量、水位或库容的多年变化情况绘制相应的历时或频率曲线,也就是先调节计算后频率统计的方法,包括长系列法和代表年法。

1. 长系列法

采用长系列法计算应根据各年分时段的水库来水量及初步确定的同步用水量(或电站出力),按设定的调节库容顺时序进行径流调节计算,第 i 时段的计算公式为:

$$V_{i+1} = V_i + W_{来} - \sum W_{用} - W_{损} \tag{9-1-3}$$

式中 V_i、V_{i+1}——水库第 i 时段初、末的蓄水量;

$W_{来}$——第 i 时段来水量;

$\sum W_{用}$——第 i 时段综合利用各部门用水量之和;

$W_{损}$——第 i 时段水库蒸发、渗漏、结冰等损失水量之和。

采用式(9-1-3)计算时,必须以上一时段末蓄水量作为本时段初的蓄水量逐时段连续进行。进行水库调节计算时应先分析确定计算的起始时刻。一般可取连续丰水年最后一年丰水季节结束后水库蓄满(对于有防洪限制水位的水库,也可采用防洪限制水位)的时刻。

正常供水保证率应根据计算系列中正常供水得到满足的年数(按水利年度计)与计算系列年数,按期望值经验公式计算:

$$P = \frac{m}{n+1} \tag{9-1-4}$$

式中 P——供水保证率;

m——正常供水年数;

n——计算系列年数。

当推求的 P 与规划设计所要求的正常供水设计保证率 $P_{设}$ 一致时,则可以设定的水库调节库容及各部门用水量作为采用值;否则应重新调整水库调节库容或(和)各部门用水量,重复进行上述计算,直到 P 与 $P_{设}$ 一致时为止。

2. 代表年法

采用代表年法计算应选择枯水年、平水年、丰水年三种典型年作为设计代表年。枯水年的来水保证率应与供水设计保证率 $P_{设}$ 接近;平水年的平均流量应大致接近多年平均流量;丰水年的保证率应接近 $1-P_{设}$。径流调节计算方法同上。

代表年选择应满足以下要求:

(1)三个代表年应具有较好的代表性,其平均流量接近多年平均流量;代表年(特别是设计枯水年)的年内分配尽可能接近长系列的平均年内分配。

(2)尽可能选择具有实测资料及年代较近的年份。

(3)对灌溉变动供水的调节,应结合来水、用水情况进行选择,使来水与用水的代表年一致。

(4)代表年选择具有一定的难度及偶然性,应尽可能多选几个典型年(特别是枯水年)进行比较,以提高计算精度。

(三)年调节水库调节流量与有效库容的关系

一般说来,径流调节计算的任务在于,在已知天然来水量的条件下,根据用水部门要求的调节流量决定所需水库有效库容,或者根据已定的水库有效库容来决定可提供的调节流量。

在已知来水条件下,一般可用列表法来确定调节流量和调节库容之间的关系。

(1)已知用水过程求调节库容。根据水量平衡方程,假定库容不受限制,先求出全部系列中各时段为保证供水要求的蓄水量过程;再以丰水期初至枯水期末作为一个完整的水利(调节)年度,取每年的最大值计算蓄水量频率曲线。其中与供水设计保证率相应的蓄水量,即为设计调节库容。

(2)已知调节库容求调节流量。仿照上述方法计算,将各时段蓄水量限制在零与设计调节库容之间,求出各水利年度供水期内平均调节流量,并据以计算调节流量频率曲线。其中与供水设计保证率相应的调节流量,即为设计调节流量。

(3)已知用水过程及调节库容确定供水保证率。计算方法与上述两种类型基本相同。根据各时段用水要求,在调节库容范围内逐时段进行水量平衡计算。按其中可以保证正常供水年数与全部系列年数求出的经验频率,即为供水保证率。

1. 长系列操作法

假定有 N 年来水资料,可以对每一年来水资料,根据给定的需水来计算调节库容,或反之根据调节库容来计算调节流量,因此可得到 N 个调节库容或调节流量。把此 N 个调节库容或调节流量看成是随机变量,用经验频率公式 $P = m/(n+1)$ 绘成调节库容或调节流量频率曲线(见图 9-1-3)。

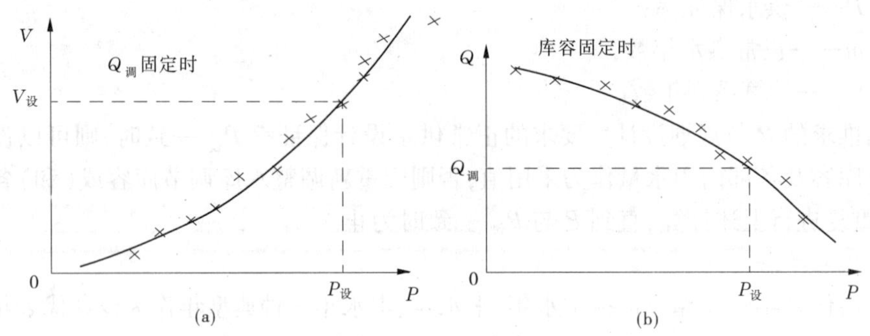

图 9-1-3　调节库容和调节流量频率曲线

图 9-1-3(a)表示在需水固定情况下,调节库容与设计保证率之间的关系;图 9-1-3(b)表示在库容一定情况下,调节流量与设计保证率之间的关系。根据需水的设计保证率 $P_{设}$ 可以由图 9-1-3 查得相应的设计库容 $V_{设}$ 或保证的调节流量 $Q_{调}$。因为根据此 $V_{设}$ 来修建水库,在今后长期运行中,有 $P_{设}$ 这些年份,为保证正常供水所需的库容小于或等于 $V_{设}$。也就是说,对这些年份而言,亏水期实际亏水量小于水库所能提供的水量,因此这些年份肯定能保证正常供水而不遭受破坏。相反,还有$(1-P_{设})$这些年份,来水很枯或年内分配很不利,为保证正常供水所需的库容大于 $V_{设}$。也就是说,对这些特殊年份,亏水期实际亏水量超过水库所能提供的水量,因此这些年份肯定不能保证正常供水。如果实测资料(样本)能很好地代表总体的话,那么从长期运行角度来看,这样求得的 $V_{设}$ 使正常供水得到保证的年数刚好与设计保证率相符。

用相同的方法可以分析图 9-1-3(b)所求得的调节流量一定也与设计保证率相符。

由此可见,长系列操作法所求得的参数(即设计库容或保证供水量)其设计保证率概念比较明确,所以凡条件许可均应按长系列操作法来确定参数。

2. 典型年法

在下面两种情况下可采用较简单的设计典型年法:

第一种情况是无资料地区,或资料不足时,无法采用长系列操作法。一般中小水库常会遇到这种情况。

第二种情况是精度上要求不高,例如初步规划阶段,需要从大量方案中选几个可能的方案再进行详算,此时主要任务是选方案而不是确定参数,为了简化计算同时又不影响方案之间相对优劣的比较。

典型年法的要点是选择一个来水过程线,作为设计典型年,根据此设计典型年去计算库容或调节流量作为设计值。典型年法的关键是设计典型年的推求。

常用的有两种同倍比缩放法，一种是以年水量为控制，另一种是以水库供水期水量为控制。

年水量控制同倍比法的方法和步骤如下：

(1)先对坝址断面的年径流资料进行统计分析，确定其线型及三个统计参数 Q_0、C_v、C_s。若无较长系列的年径流资料，则可根据该地区的年径流统计参数等值线图查得。

(2)由年径流统计参数计算相应于需水保证率的年径流量 Q_P。

(3)从实测资料中选择年径流量与 Q_P 接近且年内分配有代表性的一年或几年作为典型年，其年平均流量为 $Q_{典}$。

(4)计算缩放倍比 $k = Q_P/Q_{典}$，再用此 k 值遍乘该典型年实测各月平均流量，得设计典型年。

(5)对所推求的设计典型年进行调节计算，求得调节库容或调节流量。当所取设计典型年不止一个时，为安全起见，可选不利者作为设计值。

从上面计算步骤可以看出，以年水量为控制的典型年法，其基本假定是调节库容或调节流量完全取决于年来水量。这个假定在一般情况下显然是不符合事实的，因为调节库容或调节流量不仅与年水量有关，而且还与年内分配有关。因此，只有在特殊情况下，即对年内分配各年一致或变化不大的河流，水库的库容才与年水量成比例关系，年水量的保证率与库容或调节流量的保证率才一致。

为了改进以年水量控制同倍比典型年法的缺点，比较合理的是以供水期水量控制同倍比典型年法，根据水量平衡原理，水库库容决定于供水期的亏水量，即

$$V = Q_H T_{供} - W_{供} \tag{9-1-5}$$

由式(9-1-5)可见，当供水期历时 $T_{供}$ 历年不变时，调节库容完全取决于供水期天然径流量。在这种情况下，我们只要分析亏水期水量的频率曲线，再根据需水设计保证率计算其相应的设计供水期天然来水量 W_P，然后从实测资料中选择供水期水量 $W_{典}$ 接近 W_P 者作为典型年，用 $k = W_P/W_{典}$ 遍乘所选典型年各月流量即得设计典型年。

不过实际上 $T_{供}$ 并非常数，因此在使用此法时不仅带来了决定 $T_{供}$ 的困难，而且使此法本身在理论上缺乏严密性。因为库容或调节流量决定于两个因素，供水期历时 $T_{供}$ 和供水期来水量 $W_{供}$，无法严格地概化成一个变量。在实用上只好根据实测资料来分析大多数年份的 $T_{供}$ 历时作为设计值。

由此可见，同倍比典型年法的共同缺点是保证率概念不够明确，不过供水期水量控制同倍比法由于它考虑的是直接与库容有关的供水期水量，因此比年水量控制同倍比法精度要高些。

3. 库容、调节流量与设计保证率三者之间的关系

上面主要是针对设计保证率 P 已选定情况下，如何根据需水量来计算设计库容，或根据库容来计算可以保证的供水量。但是，在规划设计中要经常遇到的问题是：水库的最高蓄水位即库容没有预先给定，水库所负担的任务也不是固定不变的。若水库修建得大一些，则水库的调节流量大，水头高，可以多发电，多灌溉，但水库的工程投资大，淹没损失大，这就需要通过效益和投资费用比较选择最优方案。

所以,径流调节计算的最一般的任务是:在来水确定的情况下,计算库容、保证供水量和设计保证率三者之间的关系,为选择水利规划方案提供数据。

前面已解决了在已知调节流量的情况下,用长系列操作法或典型年法求得不同设计保证率 P 与设计库容的关系(见图 9-1-3(a))。若取不同的调节流量,用同样方法求得其相应的 $V \sim P$ 关系曲线,并把它综合在一起,则如图 9-1-4 所示。

图 9-1-4 表示在已知来水情况下,需水 Q、库容 V 与保证率 P 三者之间的关系。

由图 9-1-4 可见,$V \sim P$ 并非直线,随着保证率 P 的增加,库容 V 增加很快。图中 Q_1、Q_2、Q_3、Q_4 是逐渐增加的等差数列。可以发现,Q 越大,两条曲线之间的距离越大,也就是说,随着需水量的增大,库容增加更迅速。这是因为库容的增加值 $\Delta V = \Delta QT$(见图 9-1-5),而 T 值随着 Q 值的增大而增大。例如,当需水量由 Q_1 增加到 Q_2 时,所增加的库容为 $\Delta V_{12} = (Q_2 - Q_1)T_{12}$。而由 Q_2 增加到 Q_3 时,所增加的库容为 $\Delta V_{23} = (Q_3 - Q_2)T_{23}$,显然 $T_{23} > T_{12}$。因此,库容增值所引起的效益增值是逐渐减小的,而所引起的投资增加却是递增的。所以,其中必然存在着一个较为经济合理的库容和需水量的配合方案。

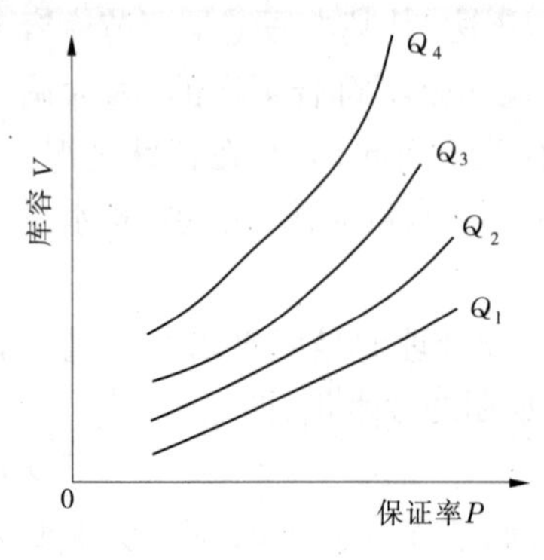

图 9-1-4　$V \sim Q \sim P$ 关系

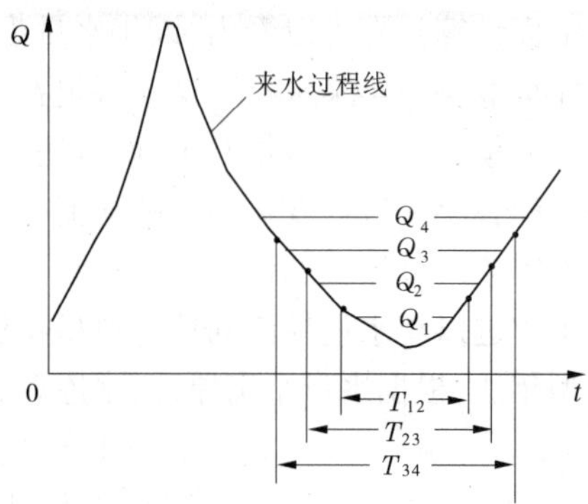

图 9-1-5　不同调节流量与亏水历时 T 的关系

(四)综合利用水库径流调节计算

同时为几个用水及防洪部门服务的水库,称为综合利用水库。一般说来,水库都是综合利用的,实际上很少、几乎没有单纯为一种任务修建的水库。特别是一些为充分合理地开发水资源所建造的大中型水库,基本上都是这样。这是因为只有综合利用水库,才能经济有效地开发利用水资源,达到一水多用、一库多利,尽量发挥工程综合效益的目的。综合利用既是进行水库设计、开发水资源的一个根本原则,也是水库运用操作的一项基本策略原则。既然多数水库或多或少都具有综合利用的性质(特点),因此由上述两个方面(设计和运行)所构成的水库的综合利用径流调节计算,便成为水利计算的一个带根本性的研究课题。

水库可能担负的综合利用任务,大致包括防洪、发电、灌溉、航运、供水、养殖、旅游、改善环境等许多方面。它们都共同需要一定的库容,以达到各自调节流量的特定目的。但有些用水部门间所需的库容可以一定程度地结合共用(例如防洪和兴利,发电和下游灌溉、航运);有些则不能结合(例如库上引水与发电用水)。

各用水部门在水头要求上也有种种互相适应或互相矛盾的情况。如筑坝抬高水位,使水电站落差增大，引水灌溉的控制面积增大，上游航深增加，航线也缩短；同时由于水库调节性能增加，使枯水期通航流量、发电流量也增加，这些都是互相适应的一面。但另一方面，由于灌溉、航运的需要，将限制水库消落深度，使调节性能降低，对发电不利；电站下游日调节时剧烈变化的水流，又可能增加航运困难；至于防洪与兴利要求间，则往往矛盾更多。因此，从经济意义来看，为了最大限度地发挥水库的综合经济效益，无论在规划设计中或运行调度中都应着重研究如何协调各用水部门的要求，研究有关参数（如库容、供水量等），以更好地发挥和实现水库的综合利用。

径流调节的任务是确定调节流量、库容和保证率三者间的关系。经常遇到的实际调节计算问题是，在确定（或给定）了对水利设备未来天然来水的概率预估（如年水量概率分布函数及设计流量过程线等）条件下，根据用水部门要求的调节流量决定所需的水库调节库容；根据防洪部门要求的允许（安全）泄量决定所需的防洪库容；或者相反。其中，对调节计算而言，最重要的一个根本前提是：首先要提出（或给定）用水或防洪的标准，即供水保证率或防洪破坏率（均以概率的形式定义）。如果不以这种设计保证率为前提，径流调节便成了一般的水量平衡演算，失去了它在水利计算中应有的特定意义。

但是，前面所涉及的调节计算只属单级（单一的）用水调节，事实上，在综合利用水库中，调节计算的性质已发展为多级用水、多级综合利用调节计算了。这时，出现了几个用水部门对水库调节的需要。因此，设计保证率就不只是一个，调节流量或安全下泄流量也不只是一个了。可用以下数组表示多级调节问题的基本前提：

$$(P_i, q_i) \qquad i = 1, 2, \cdots, n \tag{9-1-6}$$

其中　P_i、q_i——各用水部门的设计保证率及正常用水或泄洪流量；

n——所有用水部门的个数。

于是，综合利用水库调节计算可以归结为在式(9-1-6)所表示的前提下，确定相应的库容；或一般来说，确定以下函数关系，即

$$V = f(P_i, q_i) \qquad i = 1, 2, \cdots, n \tag{9-1-7}$$

原则上来说，严格的多级径流调节计算还应该以给定的用水或泄洪规则为前提。换言之，作为多级调节计算解的式(9-1-7)，是同综合利用水库调度相联系的，不同的调度方案可以产生不同的解，因而这就形成了逐步逼近的计算问题。通常为了确定初步的（或近似的）有效库容，常常作出某些简化的泄、用水规划。如分别按固定用水考虑；拟定一个泄、用水量与来水量的关系；对次要的用水部门不作硬性规定，初拟一个简单的水库调节规则或对多级保证率化算为单级保证率等。以下就二级调节计算的问题作扼要的介绍；超过二级调节的情况也可类同处理。

1. 简便的化算保证率法

为了初步确定二级调节情况下所需的有效库容，按单级调节的思路，必须设法拟定出一个经过化算的保证率，以便同一个相当的调节流量一起作为已知条件，从而求出相应的有效库容。设水库的二级调节条件分别为(P_1, q_1)及(P_2, q_2)，且$P_1 < P_2, q_1 \geqslant q_2$，则化算保证率为：

$$P^* = P_1 + \frac{q_2}{q_1}(P_2 - P_1) \tag{9-1-8}$$

按此化算保证率 P^* 及较大的调节流量 q_1 进行单级调节计算,求出其需要的调节库容。

显然,这是一种按调节流量比例对设计保证率作线性内插的处理,没有严格的理论根据,无法判明其结果属于保守或冒进,直观上是一种折中的方案。

2. 保守的库容挑大法

为了保证对两级用水单独供水时都能得到充分满足,水库的调节库容似乎应采用两者之中较大者。这样一来,满足其中之一,也就必然可以满足其二,且有富余。根据这一考虑,可对上述两级供水分别作调节计算,求出调节库容,挑其大者作为设计库容。

3. 只考虑主要用水部门来选定库容

这种方法实质上是不考虑次要用水部门的设计保证率问题,其用水要求在调节计算中按全部满足来处理。这一处理办法适用于当次要用水部门的用水量所占比重不大时,这时可将次要用水部门用水直接在来水中扣除,然后进行调节计算,求出所需库容。

现以灌溉为主兼顾发电的水库为例,进一步说明综合利用水库年调节计算的具体内容。设灌溉及发电设计保证率分别为 $P_1 = 80\%$,$P_2 = 95\%$;已知在这二级用水保证率情况下的综合需水图(见图 9-1-6)。灌溉用水在设计保证率($P = 80\%$)以外的情况下,允许缩减供水两成,即提供正常灌溉用水量的 80%。

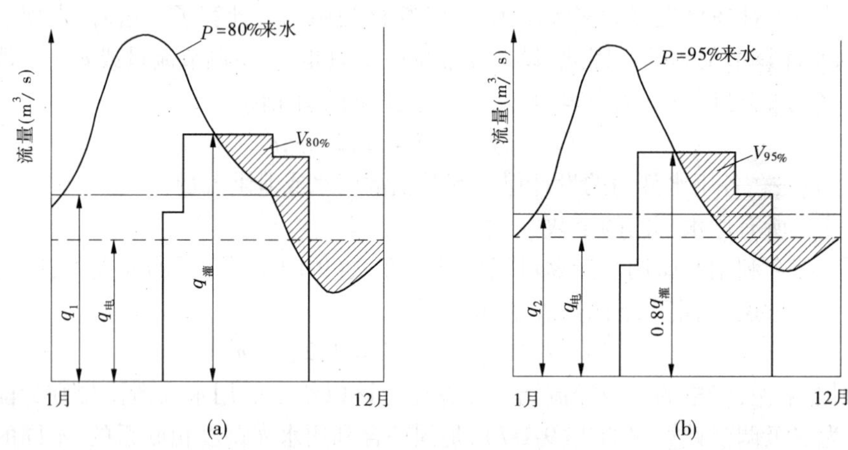

图 9-1-6 综合利用水库库容计算示意图

(a)正常供水;(b)缩减两成供水

在采用时历法进行年调节计算时,首先应拟定相当于 $P_1 = 80\%$ 及 $P_2 = 95\%$ 的设计年来水过程线,然后进行列表或图解计算,分别求出相应于 $P_1 = 80\%$ 及 $P_2 = 95\%$ 的调节库容 $V_{80\%}$ 及 $V_{95\%}$,如图 9-1-6 阴影部分面积所示。挑其中较大者作为设计调节库容。此时若 $V_{80\%}$ 较大,以此作为设计库容则发电保证率有可能进一步提高,或者在维持发电保证率不变的情况下,有可能进一步提高发电用水量或保证出力。相反,若 $V_{95\%}$ 较大,按此作为设计库容,则灌溉保证率有可能超过 80%,或者在维持灌溉保证率不变的情况下,有可能进一步提高灌溉用水量。

二、综合利用水库特征水位选择

综合利用水库为完成不同任务,须规定在不同时期和各种水文条件下,需控制达到或允许消落到的各种特征水位，在《水利水电工程水利动能设计规范》(SDJ11—77)中，规定有正常蓄水位、死水位、防洪限制水位、防洪高水位、设计洪水位、校核洪水位等。

(1)正常蓄水位：水库在正常运用情况下，为满足兴利要求应在开始供水时蓄到的高水位，曾称正常高水位、兴利水位、设计蓄水位。它决定水库的规模、效益和调节方式，也在很大程度上决定水工建筑物的尺寸、型式和水库的淹没损失，是水库最重要的一项特征水位。当采用无闸门控制的泄洪建筑物时，它与泄洪堰顶高程相同；当采用有闸门控制的泄洪建筑物时，它是闸门关闭时允许长期维持的最高蓄水位，也是挡水建筑物稳定计算的主要依据。

(2)死水位：水库在正常运用情况下，允许消落到的最低水位，曾称设计低水位。日调节水库在枯水季节水位变化较大，一般每24h内将有一次消落到死水位。年调节水库一般在设计枯水年供水期末才消落到死水位。多年调节水库只在连续枯水年组成的枯水段末才消落到死水位。水库正常蓄水位与死水位之间的变幅称水库消落深度。

(3)防洪限制水位：亦称汛期限制水位，是水库在汛期允许兴利蓄水的上限水位，也是水库在汛期防洪运用时的起调水位。防洪限制水位是协调防洪和兴利关系的关键水位，对工程防洪效益、兴利效益、库内灌溉引水位高程、通航水深、泥沙淤积，以及水库淹没指标等均有直接影响，具体研究时要结合工程开发条件全面进行分析比较后选定。如汛期内不同时段的洪水特性有明显差别，可考虑分期采用不同的防洪限制水位。

(4)防洪高水位：水库遇到下游防洪保护对象的设计防洪标准洪水时，在坝前达到的最高水位。只有当水库承担下游防洪任务时，才需确定这一水位。此水位可采用相应下游防洪标准的各种典型洪水，按拟定的防洪调度方式，自防洪限制水位开始进行水库调洪计算求得。

(5)设计洪水位：水库遇到大坝的设计标准洪水时，在坝前达到的最高水位。它是水库在正常运用情况下允许达到的最高水位，也是挡水建筑物稳定计算的主要依据之一。可采用相应大坝设计标准的各种典型洪水，按拟定的调洪方式，进行调洪计算求得。

(6)校核洪水位：水库遇到大坝的校核标准洪水时，在坝前达到的最高水位。它是水库在非常运用情况下，允许临时达到的最高水位，是确定大坝顶高及进行大坝安全校核的主要依据。此水位可采用相应大坝校核标准的各种典型洪水，按拟定的调洪方式，进行调洪计算求得。

此外，对于来沙量较大、泥沙淤积问题比较突出的水库，为了减缓淤积及最终形成较低的平衡淤积面，水库常在来沙量多的时期设置"排沙运用水位"，简称排沙水位。这一水库特征水位一般等于或低于防洪限制水位，应通过减淤效果与兴利效益的对比关系分析确定。

以上各项水库特征水位的相互关系一般如图9-1-7所示。该图是相应于防洪和兴利库容部分结合的情况。

水库特征库容是相应于某水库特征水位以下或两特征水位之间的水库容积。《水利水电工程水利动能设计规范》(SDJ11—77)中，规定水库的主要特征库容有死库容、兴利库容(调节库容)、防洪库容、调洪库容、重叠库容、总库容等。水库库容的量算，通常先在适当比例尺的河道地形图上，量计坝址以上若干条等高线的水库面积，据以绘制水库面积

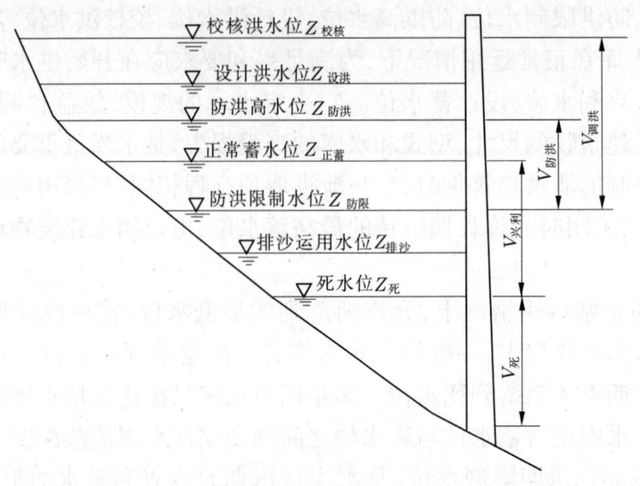

图 9-1-7 水库特征水位示意图

曲线;然后按照体积公式计算两相邻高程间的体积,即为该段库容,据以绘制水库库容曲线。

(1)死库容:死水位以下的水库容积,又称垫底库容。一般用于容纳水库淤沙、抬高水头和保持库区水深。在正常运用中不调节径流,也不放空。只有因特殊原因,如排沙、检修和战备等,才考虑泄放这部分容积;在特殊枯水年水库已消落到死水位仍需紧急供水或动用水电站事故备用容量时,也可视情况动用部分死库容供水、发电。

(2)兴利库容:即调节库容,指正常蓄水位至死水位之间的水库容积,用以调节径流,提高水库的供水量或水电站的出力。

(3)防洪库容:防洪高水位至防洪限制水位之间的水库容积,用以控制洪水,满足水库下游防洪保护对象的防洪要求。当汛期各时段分别拟定不同的防洪限制水位时,这一库容指其中最低的防洪限制水位至防洪高水位之间的水库容积。

(4)调洪库容:校核洪水位至防洪限制水位之间的水库容积,用于保证下游防洪安全(指其中的防洪库容部分)及对校核洪水调洪削峰,保证大坝安全。当汛期各时段分别拟定不同的防洪限制水位时,这一库容指其中最低的防洪限制水位至校核洪水位之间的水库容积。

(5)重叠库容:正常蓄水位至防洪限制水位之间的水库容积。此库容在汛期腾空作为防洪库容的一部分,汛后充蓄,作为兴利库容的一部分,以增加供水期的保证供水量或水电站的保证出力。在水库设计中,根据水库特性及水文特性,有防洪库容和兴利库容完全结合、部分结合、不结合三种形式。在中国南方河流上修建的水库,多采用前两种形式,以达到防洪和兴利的最佳结合、一库多利的目的。

(6)总库容:校核洪水位以下的水库容积。它是一项表示水库工程规模的代表性指标,作为划分水库等级、确定工程安全标准的重要依据。

以上所述各项库容,均为坝前水位水平面以下或两特征水位水平面之间的水库容积,常称为静库容。在水库运用中,特别是洪水期的调洪过程中,库区水面线呈抛物线形状,这时实际水面线以下、水库末端到坝址之间的水库容积，称为动库容，其中实际水面线与坝前水位水平面之间的容积，称为楔形库容。动库容的大小不仅取决于坝前水位，还与入库流量、出库流量直接有关。同一坝前水位的动库容因入库流量或出库流量的不同而变动，不是一个固定的数值。

（一）正常蓄水位选择

1. 正常蓄水位选择的重要性

正常蓄水位是水库设计中非常重要的参数，它直接关系到水利枢纽的规模、水工建筑物及有关设备的投资、综合利用各部门的效益、水库的淹没损失以及地区经济发展等重大问题。现从正常蓄水位与各水利效益指标、水利枢纽经济指标的关系，来说明选择正常蓄水位的重要性。

1）正常蓄水位与各水利效益指标的关系

（1）防洪。提高正常蓄水位可增加水库的容积，在防洪库容与兴利库容完全结合或部分结合的情况下，有利于水库削减洪峰，减小下泄流量，提高下游地区的防洪标准或者减少堤防和其他设施的防洪任务。

（2）发电。随着正常蓄水位的增高，水电站的保证出力、装机容量和多年平均年发电量等指标也随着增加，其特点为：当由较低的正常蓄水位增加到较高的数值时，这些指标起初增加相对较快，但当正常蓄水位继续增高时，这些指标的增加就逐渐减慢。其原因是当正常蓄水位很低时，水电站没有调节库容，所以水电站的保证出力很小，水量利用程度也不高。如果增高正常蓄水位，则可形成日调节水库，这时水电站的最大工作容量及装机容量大大增加，发电量也相应增加。随着正常蓄水位的逐步增高，水库调节性能越来越好，弃水量越来越少，水量利用程度越来越高，直到水库能够进行多年调节后，如再增高正常蓄水位，往往只增加水头而调节水量增加很少，因此这些指标的增加值逐渐减小。

（3）灌溉。正常蓄水位的增高，一方面可以加大水库的兴利库容，增加调节水量，扩大灌溉面积；另一方面，有利于从水库引水自流灌溉，有利于对水库周围的高地进行抽水灌溉，使能够控制的灌溉面积更多。

（4）航运。正常蓄水位的增高，一方面有利于调节天然径流，加大航运期间的下泄流量，增加航深，改善下游航运条件；另一方面，由于水库面积扩大、水深增加，可改善上游的航运条件。

2）正常蓄水位与水利枢纽经济指标的关系

（1）随着蓄水位的增高，水利枢纽的投资和运行费用是递增的，因为水利枢纽基本建设总投资中有很大一部分是坝的投资 $K_{坝}$，它与坝高 $H_{坝}$ 的关系一般为 $K_{坝}=aH_{坝}^{b}$，其中 a 为系数，b 为指数，b 一般大于 2。因此，增高正常蓄水位，水利枢纽拦河坝部分的投资和年运行费用的加大是递增的。

（2）随着正常蓄水位的增高，耕地的淹没和居民的迁移必然增加，有时还造成铁路、工矿企业的迁建。对平原地区，还可能由于地下水位的抬高引起浸没和土地盐碱化。实践证明，水库移民问题，在规划设计时必须给予极高的重视。在确定正常蓄水位时应同时做好移民规划，使他们的生活有保障、生产有安排，并且使收入不低于他们原有水平。无论水库移民，厂矿、铁路迁建，以及重要城镇和名胜古迹等保护，都要付出相当多的费用。

(3)随着正常蓄水位的增高,施工时劳动力、建筑材料的需要量也增多,因而对施工期也有影响。

综上所述,在选择正常蓄水位时;既要看到正常蓄水位抬高对水利效益指标的有利影响,也要看到它对水利枢纽经济指标的不利影响;既要看到抬高正常蓄水位对下游防洪的好处,也要看到水库形成后对上游淹设的不利影响;既要看到它对灌溉的效益,也要看到库区良田的淹没;既要看到它给上下游航运所带来的好处,也要看到拦河筑坝后船筏过坝的不方便处。由此可见,正常蓄水位的选择是一项关系到地区经济发展,关系到国民经济各部门的效益,并直接影响广大群众利益的重大技术经济和政治问题。在一般情况下,当正常蓄水位达到某一高程后,由于调节流量的增值随着正常蓄水位的抬高而递减,因而各水利效益的增值也是递减的,但是水工建筑物的工程量和投资的增值都是递增的。因此,必须在方案比较中选出一个经济合理的正常蓄水位方案。这里应强调的是,在选择正常蓄水位时,必须贯彻国家的方针政策,深入研究国民经济各部门的发展需要,反复进行技术、经济比较,同时还要与有关部门协商,然后确定下来。

2. 正常蓄水位比较方案的拟定

为了选择合理的正常蓄水位,应根据所规划水利枢纽的具体条件,经过初步分析论证,首先定出正常蓄水位的上限值和下限值,然后在此范围内拟定若干方案,以便进行深入的分析和比较。

正常蓄水位的下限方案,主要根据各水利部门的最低要求来拟定。例如,以防洪为主要任务的水库,应满足设置防洪库容的要求;以发电为主要任务的水库,必须满足电力系统对规划水电站提出的最低出力要求;以灌溉或给水为主要任务的水库,必须满足最必需的供水量。此外,某些水库还要考虑泥沙淤积的影响,保证水库一定的有效使用年限。

关于正常蓄水位的上限方案,主要考虑如下因素:

(1)库区的淹没、浸没情况。如果库区的大片耕地、重要城镇、工矿企业、重要交通线路、名胜古迹等的淹没,使水库淹没损失过大或安置移民困难较大时,则必须限制正常蓄水位的提高。当然,另一方面也不能过分强调淹没问题而忽视水利资源的充分开发与合理利用。

(2)坝址及库区的地形地质条件。当坝高达到某一高程后,可能由于地形突然开阔或坝肩出现垭口及单薄分水岭等,大坝工程量变得过大而不经济,或者可能引起水库大量渗漏而限制正常蓄水位的抬高。坝址地质情况不良,可能使坝基抗压能力不够。也可能由于库区某一高程有很多断层会造成大量渗漏损失,从而限制坝高。

(3)河流的梯级开发方案。在河流梯级开发布置中,应使水库的正常蓄水位不影响上一个梯级水库的坝址或其电站位置。

(4)水文水利条件的限制。当正常蓄水位到达某一高程后,调节库容很大,因而弃水量很少,水量利用率很高,如再增高水位,可能水库蒸发损失及渗漏损失增加较多。

(5)其他条件。劳动力、建筑材料和设备的供应,施工期限及施工条件等因素,都可能限制正常蓄水位的过分增高。

正常蓄水位的上、下限值选定以后,就可以在此范围内选择若干个中间比较方案。通常在此范围内,应在地形、地质、淹没情况发生显著变化的高程处选择中间方案。如在该范围内并无特殊变化，则各方案高程的间距可取相等。一般可设定 4 ~ 6 个比较方案。

3. 选择正常蓄水位的步骤与方法

在拟定正常蓄水位比较方案后，应该对每个方案进行下列各项计算工作：

(1)拟定水库消落深度。在正常蓄水位方案比较阶段，一般采用较简化的方法拟定各方案的水库消落深度。

对于以防洪为主要任务的水库，水库消落深度应满足设置所要求的防洪库容。

对于以发电为主要任务的水库，根据经验，以水电站最大水头 H'' 的某一百分数初步拟定消落深度。例如：坝式年调节水电站，水库消落深度 $h_{消} = (20 \sim 30)\% H''$；多年调节水电站的水库消落深度 $h_{消} = (25 \sim 35)\% H''$；混合式水电站的水库消落深度 $h_{消}$ 约为 40% $H''_{坝}$，$H''_{坝}$ 为坝所集中的最大水头。

对于以灌溉、给水为主要任务的水库，其消落深度应适当拟得大些，尽可能增加兴利调节库容，减少弃水，增加调节流量。以发电为主要任务的水库，要考虑到随着消落深度的增加，水电站的平均水头将减小，水电站发电所需的最小水头可能受到限制等条件，因而消落深度不宜拟得太大。

(2)对各方案可以采用较简化的方法进行径流调节和水能计算，求出各方案水电站的保证出力、多年平均年发电量、装机容量以及保证供水量和灌溉面积等参数，其中对防洪与兴利结合的可能性应进行初步研究。

(3)求出各方案之间有关水利动能参数的差值，例如水电站装机容量和多年平均年发电量的差值，灌溉面积的差值，工业、城市年保证供水量的差值，等等。此外，尚须选择恰当的替代方案，例如水电站可选择凝汽式火电站作为替代电站，水库自流灌溉可以根据当地条件选择抽水灌溉或井灌作为替代方案，等等。

(4)计算各方案的水利枢纽各部门的工程量、各种建筑材料的消耗量和所需的机电设备。对于综合利用水利枢纽而言，应该将共同性工程(例如坝和泄水建筑物等)和各部门的专用工程(例如水电站厂房、船闸等)分别计算其投资和年运行费用，以便在各水利部门间进行投资分摊。

(5)调查计算各方案的淹没和浸没的实物指标及其补偿费用。首先根据回水计算资料，调查推算出淹没的耕地亩数、房屋间数和必须迁移的人口数、铁路公路里程等指标。然后根据编制的移民安置方案，求出实际所需的移民补偿费用、工矿企业的迁移费和防护费等。

(6)进行水利动能经济分析计算。根据各水利部门的效益指标及其应负担的投资数，计算各水利部门的年运行费和各种单位经济指标，以及按照经济评价的规程规范，对各方案进行经济评价计算与分析。

(二)水库死水位的选择

1. 选择死水位的意义

在正常蓄水位一定的情况下，水库消落深度不同，它所提供的水利动能效益也不同。对灌溉和供水部门而言，一般要求水库消落深度大些，以便获得较大的兴利调节库容和较多的调节流量；对水电站而言，在设计枯水年要求水库消落深度适当大一些，以便获得较大的保证出力，在平水年则要求水库消落深度适当小一些，以便获得较大的平均水头和较多的年发电量。因此,在不同的水文年份,由于入库来水量和各部门用水量不同,因而各年的有利消落深度也不同。对于一定的正常蓄水位,相应于设计枯水年(年调节水库)或设计枯水系列(多年调节水库)的有利消落深度的水位,即为应选定的死水位。

在非常运用情况下,例如在特殊干旱年份或者战争时期,为了向某些部门提供一部分最必需的水量,不得不动用死水位以下一部分库容(可称为备用库容)。备用库容确定后,即可定出水电站或其他部门的进水口高程。

2. 各部门对死水位的要求

1)发电的要求

在一定的正常蓄水位下,随着水库消落深度的加大,兴利(调节)库容必然加大,对于具有季调节性能以上的水库,相应的供水期调节流量也必然增加。另一方面,死水位降低,相应的水电站平均水头$\overline{H}$则随着减小。因此,存在一个有利的消落深度,使水电站供水期的电能最大。为说明起见,可以把水电站供水期的电能 $E_{供}$ 划分为两部分,一部分为水库的蓄水电能(即水库电能)$E_{库}$,另一部分为天然来水所产生的不蓄电能 $E_{不蓄}$,即

$$E_{供} = E_{库} + E_{不蓄} \tag{9-1-9}$$

其中

$$E_{库} = 0.002\,72\eta_{水} V_{兴}\overline{H}_{供}$$

$$E_{不蓄} = 0.002\,72\eta_{水} W_{供}\overline{H}_{供}$$

式中 $V_{兴}$——兴利库容,m^3;

$W_{供}$——供水期天然来水量,m^3;

$\overline{H}_{供}$——供水期水电站平均水头,m;

$\eta_{水}$——水电站的综合效率。

对水库的蓄水电能 $E_{库}$ 而言,死水位 $Z_{死}$ 愈低,$V_{兴}$ 愈大,虽然供水期平均水头$\overline{H}$稍小些,但其减小的影响总是小于 $V_{兴}$ 增加的影响,所以水库消落深度愈大,$E_{库}$ 愈大,只是增量愈来愈小(见图 9-1-8 中的①线)。

对天然来水的不蓄电能 $E_{不蓄}$而言,情况恰好相反。由于设计枯水年供水期的天然来水量 $W_{供}$ 是一定的,因而消落深度愈小,$\overline{H}$愈大,$E_{不蓄}$也愈大(见图 9-1-8 中的②线)。供水期电能 $E_{供}$ 是这两部分之和,所以当消落深度为某一值时,供水期可能出现最大值 $E_{供}''$(见图 9-1-8 中的③线)。

至于蓄水过程中的电能 $E_{蓄}$,主要部分为不蓄电能,如果没有弃水,以水库不消落时所获得的电能最大。但是年调节水库往往是会有弃水的,为了减少弃水,增加发电量,要求水库调节库容大一些,即消落深度大一些。因此,蓄水期电能 $E_{蓄}$ 也有一个最大值 $E''_{蓄}$(见图 9-1-8 中的④线)。

由于枯水年电能 $E_{枯年} = E_{供} + E_{蓄}$,因而也有一个最大值 $E''_{枯年}$(见图 9-1-8 中的⑤线)。同理,中水年电能也有一个最大值 $E''_{中年}$(见图 9-1-8 中的⑥线)。

比较这几根曲线,可以看出,相应的 $E_{蓄}$ 消落深度比相应 $E''_{中年}$要大一些,但比枯水年供水期 $E_{供}$ 的消落深度要小。

2)其他综合利用要求

当下游地区要求水库提供规定的工业用水或灌溉用水量时,水库死水位就根据径流

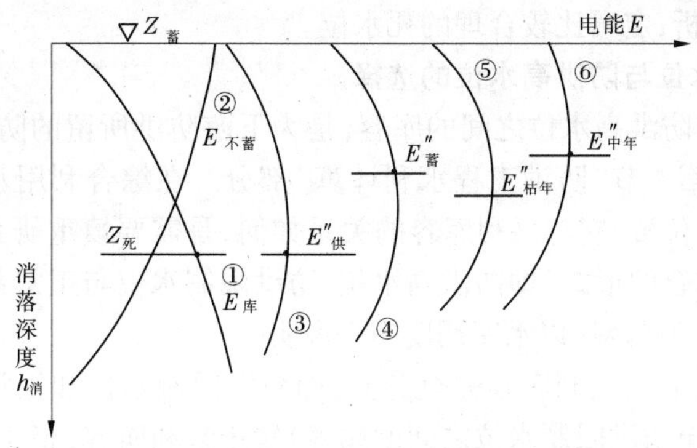

图 9-1-8　水库消落深度与电能关系曲线

调节所需的兴利(调节)库容确定。当要求从水库引水自流灌溉时,选择水库死水位时应考虑总干渠进水口引水的要求,尽可能扩大自流灌溉的控制面积。

当水库上游有航运要求时,死水位应高于上游河道最小航深所相应的高程。此外,在决定水库死水位时,应考虑船闸和码头结构与水库消落深度相互关系的技术经济条件。

确定水库死水位的下限方案,还要考虑在这样低水位时,水库应具有鱼类生存所需要的水域面积。在气候严寒地区,还要考虑死库容结冰所引起的问题。

此外,在确定死水位时,要重视水库泥沙淤积问题。一般说来,水库内泥沙一部分淤积在死库容内,另一部分淤积在调节库容内。在多沙河流上,为了确定泥沙淤积对水库有效使用年限等方面的影响,应进行泥沙淤积计算,并确定淤积相对平衡的年限,充分考虑水库坝前泥沙淤积高程对死水位及有关水工结构物(例如进水口、闸门等)的影响。

3. 选择死水位的步骤与方法

以发电为主要任务的水库,确定死水位时应考虑水电站在设计枯水年供水期(年调节水库)或设计枯水系列(多年调节水库)获得最大的电能值(或保证出力),并考虑各水利部门的综合利用要求,以及对下游各梯级水库的影响。然后对各方案进行水利、动能、经济、技术等方面的综合分析和比较,选择较优的死水位。

(1)根据水电站的设计保证率,选择设计枯水年或枯水系列。

(2)在选定的正常蓄水位情况下,根据各水利部门的要求,假设若干个死水位方案,求出相应的兴利(调节)库容和水库消落深度。

(3)对设计枯水年或系列进行径流调节计算,得出各消落深度方案相应的供水期调节流量 $Q_{调}$ 及平均水头$\overline{H}$。

(4)计算各方案的保证出力 $N_{保}$ 或保证电能 $E_{保}$。

(5)计算各方案的多年平均年发电量。

(6)计算各方案的必需容量。根据各方案的保证电能 $E_{保}$,采用电力电能平衡法,求出水电站的最大工作容量 $N''_{水工}$及必需容量 $N_{必}$。

如果下游尚有梯级水库,则需计算当本水库的消落深度加大时,由于调节流量增加而使下游梯级水电站的保证出力、多年平均年发电量及必需容量的增加值。

(7)计算各方案的水工和机电投资:死水位越低,水电站进水口等位置必然随着降低。由于承受的最大水压力增加,因而引水系统(包括闸门等)的投资将随着增加。

(8)进行综合分析,定出比较合理的死水位。

(三)防洪限制水位与防洪高水位的选择

防洪限制水位与防洪高水位之间的库容,是为下游防洪所留的防洪库容。这部分库容的确定,见第二章第一节“防洪工程水利计算”部分。在综合利用水库的规划设计中,防洪库容究竟在什么位置,它与兴利库容的关系如何,是需要慎重研究的。一般来说,防洪库容和兴利库容结合的形式(即防洪高水位、防洪限制水位与正常蓄水位、死水位的相对位置),可归纳为3类典型(以水库调度图来说明):

形式(1):防洪库容与兴利库容完全分开,即防洪限制水位和正常蓄水位重合,防洪库容(指防洪高水位至防洪限制水位之间的库容)置于兴利库容(指正常蓄水位至死水位之间的库容)之上(如图9-1-9所示)。

形式(2):防洪库容与兴利库容部分结合,即防洪限制水位在正常蓄水位和死水位之间,防洪高水位在正常蓄水位之上(如图9-1-10所示)。防洪高水位至正常蓄水位之间的库容专门用于防洪,防洪限制水位至死水位之间的库容专门用于兴利,正常蓄水位和防洪限制水位之间的库容为防洪和兴利的共用库容,亦称重叠库容。

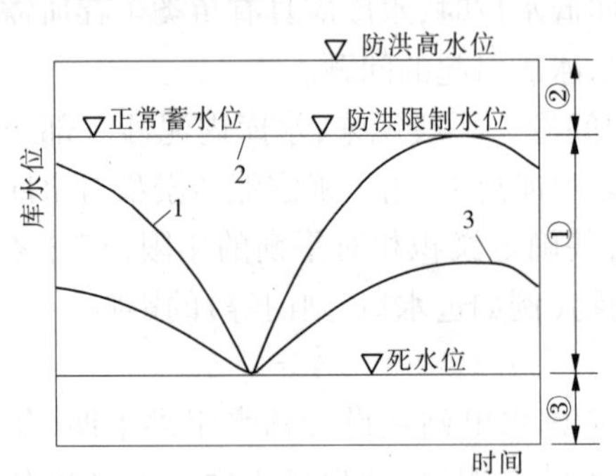

图9-1-9　防洪库容和兴利库容不结合

1—防破坏线;2—防洪调度线;3—限制供水线

①—兴利库容;②—防洪库容;

③—死库容

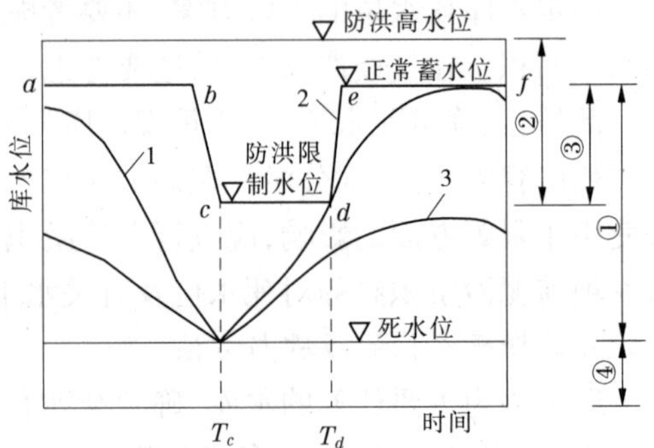

图9-1-10　防洪库容和兴利库容部分重叠

1—防破坏线;2—防洪调度线;3—限制供水线

①—兴利库容;②—防洪库容

③——重叠库容;④—死库容

形式(3):防洪库容与兴利库容完全结合,结合形式如图9-1-11所示。图9-1-11(a)为防洪高水位与正常蓄水位重合,防洪限制水位在死水位之上,防洪库容仅是兴利库容的一部分;图9-1-11(b)为防洪高水位和正常蓄水位重合,防洪限制水位和死水位重合,防洪库容和兴利库容全部重叠相等;图9-1-11(c)为防洪高水位在正常蓄水位之上,防洪限制水位与死水位重合,或图9-1-11(d)为防洪高水位与正常蓄水位重合,防洪限制水位低于死水位;图9-1-11(c)、(d)的共同特点是兴利库容仅是防洪库容的一部分。

1.各类结合形式的特点

(1)各类结合形式的共同特点为:防洪库容和兴利库容均安排在同一座水库中,分别担任防洪和兴利任务。

(2)防洪库容和兴利库容完全分开的形式(1),其特点是在水库运行的全部时间内,库内均预留有满足防洪需要的库容。水库因兴利而在正常蓄水位以下蓄水的时间和蓄水

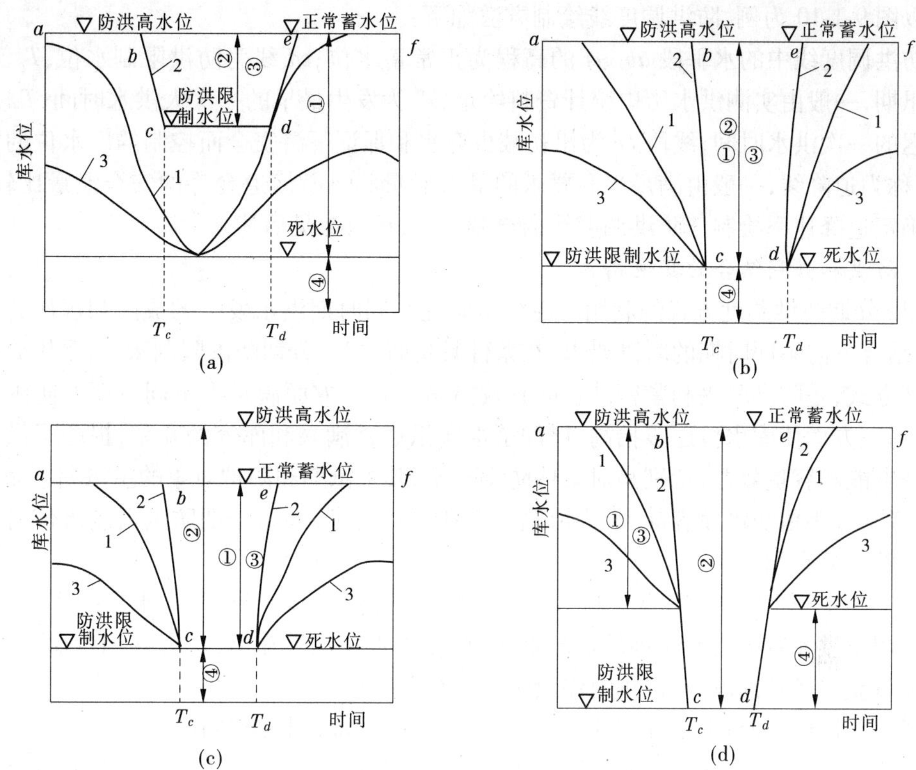

图 9-1-11　防洪库容和兴利库容完全重叠

1—防破坏线;2—防洪调度线;3—限制供水线

①—兴利库容;②—防洪库容;③—重叠库容;④—死库容

位以及蓄水方式等,均不影响水库的防洪能力,防洪和兴利各有其专用库容,水库调度方式简便、安全。其主要缺点是,水库的库容没有得到较充分的利用,在汛后及供水期水库需要的防洪库容已大为减少,甚至并不必要。

(3)与形式(1)比较,上述防洪发电具有共用库容的(2)、(3)两种结合形式,主要特点是仅在汛期留足了下游防洪库容,汛后及供水期一般少留或不留防洪库容,并且均具有防洪和发电的共用库容。此库容在汛期腾空作为调节洪水的防洪库容,在汛后蓄水,作为兴利的调节库容,达到一库两用的目标,弥补了形式(1)的不足,在水库实际运行中,常拟定同时满足防洪、兴利要求的调度规程和措施。另一方面,在防洪库容预留期运行水位降低,造成电站预想出力下降,在汛后充水期可能影响水库的正常蓄水。

2. 防洪和兴利调度图的绘制

防洪和兴利相结合的水库运行方式,是通过水库调度图来控制实现的,在设计阶段,水库调度图既是合理解决防洪和兴利矛盾的工具,也是正确核定防洪和兴利效益的依据。

防洪结合兴利的水库调度图绘制的关键是绘制防洪调度线,如图 9-1-10、图 9-1-11 中的 *abcdef* 线,它是防洪和兴利调度的分界线(兴利蓄水不能超过此线),它与防洪高水位组成下游防洪区,此线以下按兴利要求调度,库水位位于防洪区按下游防洪要求调度,库水位超过防洪高水位,水库按保证大坝安全进行洪水调节。

以图 9-1-10 为例，防洪调度线绘制方法如下：

防洪调度线中的水平段 ab、ef 的高程为正常蓄水位；cd 线为防洪限制水位，T_c 至 T_d 为主汛期，一般由实测洪水历史统计资料给定，T_c 为发生最早的一次大洪水时间，T_d 为发生最迟的一次洪水时间；线段 bc 为汛初减少弃水和保证下游安全而控制的库水位的下包线，可称为迫降线，一般由满足兴利要求的最大泄量和下游河道允许的安全泄量比较，偏安全确定迫降速率绘制。防洪调度线的绘制方法，还可参见后述。

3. 防洪和兴利结合的其他措施

（1）分期防洪调度方式的利用。在分析研究不同时期洪水发生的成因和规律的基础上，可结合下游不同时期的防洪要求，在条件具备时，拟定分期防洪限制水位，采用分期防洪调度方式，是防洪和兴利紧密结合的有效措施。它一方面满足了不同时期的防洪实际要求，另一方面使库水位逐步抬高，增加了水库汛后蓄满兴利库容的几率，提高了供水期的保证电能和容量效益，特别是对某些防洪水库，其主汛期和防护对象的主汛期不完全同步，或者水库预留防洪库容甚大，为协调防洪和兴利要求，采用分期防洪限制水位对兼顾两者效益十分有利。

（2）利用专门的防洪库容兴利。对于一些防洪高水位高于正常蓄水位的水库，可考虑在专用防洪库容区设置兴利的最高蓄水位，在丰水年汛后充蓄，扩大兴利效益，对于发电水库可获得额外的电能，但须对淹没情况进行分析论证。

（3）采用预报预泄扩大重叠库容。在大量分析洪水资料的基础上，采用可靠的水文预报方式，在洪水到来之前将防洪限制水位以下的部分库容结合兴利预泄，增加面临时段的防洪库容，扩大防洪效益。

根据防洪水利计算确定了防洪标准、下游允许泄量、防洪库容后，按照以上对防洪兴利结合方式的研究，即可在正常蓄水位确定的条件下确定防洪限制水位与防洪高水位。

（四）排沙运用水位的选择

对于多泥沙河流上的水库或库容与来沙量相比不大的水库，实践证明，在来沙量较多的时期按较低的排沙运用水位运行，来沙量较少时再蓄水运行，即采取“蓄清排浑”的运行方式，是减缓泥沙淤积的有效办法。

对于承担有下游防洪任务的水库，排沙运用水位一般即采用防洪限制水位，这样既满足了防洪要求，又能取得排沙效果。但如要进一步减淤或未承担下游防洪任务，则设置排沙运用水位就与综合效益直接相关。为了论证选择合理的排沙运用水位，应当进行不同的排沙运用水位与水库淤积的关系以及不同的排沙运用水位与兴利效益的关系的研究，在经济合理的范围内选定采用的数值。

（五）设计、校核洪水位确定

水库的设计洪水位及校核洪水位，应根据工程等级，按有关规范规定的设计标准以相应的设计洪水过程线和调度运用方式，进行洪水调节计算确定。

对于洪水地区组成复杂，按补偿凑泄调度运用的水库，进行设计、校核洪水的洪水调节计算时是否计入防洪高水位以下库容的调洪作用应具体分析。

进行洪水调节计算确定设计、校核洪水位，其起调水位应根据水库情况按以下原则确定：

（1）承担防洪任务的综合利用水库，除有专门论证外，一般以防洪限制水位作为起调水位。

（2）不承担防洪任务的水库，一般以正常蓄水位作为起调水位。为降低大坝高度或减小最大泄量而设置汛期限制水位时，可以其作为起调水位。

（3）对洪水地区组成和调度运用方式复杂的防洪水库，经分析研究，为安全起见，必要时可以防洪高水位作为起调水位。这是考虑到对于洪水组成复杂的水库又按补偿调度，则防洪库容的蓄水情况较难掌握，往往是只要库水位低于防洪高水位就要对下游进行补偿调节。在这种情况下，可以考虑不计防洪库容的作用，即直接以防洪高水位作为设计、校核洪水调洪计算的起调水位。实践证明，对于大部分水库来说，从防洪高水位起调与从防洪限制水位起调比较，设计、校核洪水位增高并不多，但却大大减小了实时防洪调度的难度和风险。

三、水库调度图绘制原理与方法

（一）水库调度图绘制基本方法

选择水库主要参变数，是把过去水文资料作为设计依据，这就相当于预估了水库未来水文情势。但当水库处于实际运行阶段，在没有长期水文预报条件下，未来水文情势是不知道的。因此，为了能合理进行水库调节，在安全可靠基础上充分利用水资源，在运行期间需要一个运筹水库蓄放水的客观准则，这就是应用水库调度图的出发点。

利用调度图进行水库调度，始于20世纪20年代，由苏联学者A·A·莫罗佐夫提出，至今仍被广泛应用。它是采用历史实测径流资料为样本，根据水库各设计参数及特征水位，进行逆时序径流调节计算，偏安全地确定各种调度方案的适应范围，即对于同一决策（如保证供水或加大、降低供水），以各自相应的设计保证率的水文情况下各种可能出现的水库水位的包线为所求的调度线，并由它们组成调度图。根据调度图进行水库调度，能够达到：①遭遇设计枯水年，水库按保证运行方式工作，能保证各用水户正常需水量和水位的要求；②遭遇平、丰水年，水库可按加大供水方式运行，能较合理地加大对各用水户的供水量；③遭遇特枯水年，水库按降低供水方式工作，能较合理地减少对各用水户的供水量，以减轻各用户正常效益和效能的损失；④在汛期遭遇设计或校核标准洪水，能保证大坝安全度汛，或遭遇下游防洪标准洪水，能满足防护地区的防洪要求。水库调度图由几条水位（或蓄水量）过程线组成，有防破坏调度线、防弃水调度线、防洪调度线等，这些调度线把调度图划分成几个调度区。当水库水位（或蓄水量）落在某区时，就按该区所规定数量来放水。例如图9-1-12所示的年调节水库调度图，第①区为正常供水区，可按正常用水量供水，对于发电水库，则以保证出力工作；第③区为最大供水区，可按最大供水量放水或按装机容量工作；第②区为加大供水区，供水量介于第①区和第③区之间，对于发电则以加大出力发电；第④区为防洪限制区，当水库水位落在该区时，必须按水库设计所规定的防洪要求进行放水；第⑤区为降低供水区，或叫限制出力区，水库供水量应缩减，它一般见于设计保证率以外的特枯年份，正常供水允许破坏，但一般应尽量均匀地减低供水量。

在无长期预报情况下，按照以上调度原则操作的好处是：当出现设计枯水年时，保证能大于或等于设计流量（或保证出力）供水，不致因人为操作不当而使正常供水遭受破

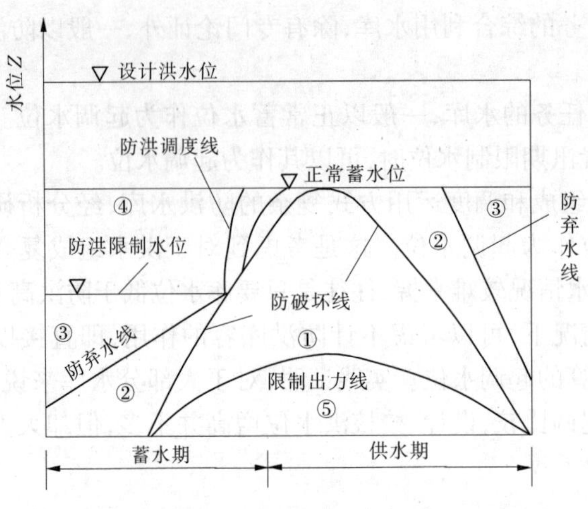

图 9-1-12　年调节水库调度图

坏。当出现平、丰水年时，也可做到比较有效地利用水量，尽量减少弃水，以增加季节性电能。它既能保证在出现设计洪水时，使水库有足够的防洪库容，即洪水安全下泄，又能保证汛后水库及时回蓄，以满足兴利要求。

调度图之所以有这些作用，是由于它是分析历史水文系列的各种来水情况，并根据这些资料绘制而成的。下面以年调节水库为例，介绍各种调度线的绘制方法。

1. 防破坏线绘制方法

防破坏线的作用是在设计保证率范围内，保证正常供水不遭受破坏。也就是当来水大于、等于设计枯水年的年份，正常供水应当保证，而那些特枯年份是允许破坏的。因此，只须研究大于、等于设计枯水年的那些年，并给以保证就可以了。例如任取这样的一年来讨论，对它从供水期末由死水位开始进行逆时序水量平衡计算（见表 9-1-1）。表中正常供水量设为 20m³/s，供水期末在 3 月底，以该时刻作起始点，以库容即死水位作零点起算，3 月份天然径流比正常供水少 10m³/s，其不足水量必须依靠水库补给。也就是说，为了保证 3 月份正常供水，水库在 3 月初要积存水量至少不低于 10m³/s · 月。同理为了保

表 9-1-1　防破坏线计算表（调节库容为 77 m³/s · 月）

项目	月份											
	5	6	7	8	9	10	11	12	1	2	3	4
来水量（m³/s）	46	153	307	31	170	72	24	12	7	8	10	47
正常供水量（m³/s）	20	20	20	20	20	20	20	20	20	20	20	20
水库应蓄水量（m³/s · 月）	−26	−133	−287	−11	−150	−52	−4	8	13	12	10	−27
水库有效蓄水量（m³/s · 月）	0	0	0	0	0	39	43	35	22	10	0	

证 2、3 月份正常供水，2 月初水库库存水量必须大于 22m³/s · 月。依次类推，一直到 12 月初供水期开始时刻，水库应蓄存水量为 43m³/s · 月。此后再逆推到 11 月，该月来水比

用水大 $4m^3/s·月$，因此月初库存水量可以降到 $39m^3/s·月$，就是说，经过 11 月份来水、用水调节，能使月底存水回升到 $43m^3/s·月$，从而也能保证到供水期末的一段时间内的正常供水量。此后，10 月份来水较丰，因此在 10 月初，水库即使处在死水位也能保证月底蓄到 $39m^3/s·月$。由于 10 月份以前的 9、8、7、6、5 月来水均大于用水，所以不蓄也无妨。对这一年而言，水库可以从 10 月份开始蓄水，且最大蓄水量只需要 $43m^3/s·月$，低于调节库容（$77m^3/s·月$），各月蓄水量只要不低于计算出的水库蓄水量，则该年是能够保证的。如实际水位恰好在此水位过程线上，也能保证供水，直到供水期末，水量正好用完。

以上是任取一年的情况。如果对所有该保证的那些年，都用同样方法求各月水位（或蓄水量）过程线，这就有好多年保证各自供水的过程线，如图 9-1-13 的几组曲线。如果以其外包线（图中粗线）作为正常供水的起始判别，进行调度，上述这些年的正常供水必能保证。这根外包线即为防破坏线。当某时刻库水位在此调度线以上时，可以加大供水，在此线上或此线以内时按正常供水，就能保证这些年不会破坏。计算表明，决定防破坏线的是来水接近设计枯水年的那些年份和年内分配十分不利的年份。因丰水年水量较大，要求水库供水不多，绘出的水位过程线一般也比较低，在决定外包线时并不起作用。因此，在绘防破坏线时，常常不需要选很多年，只需选择年水量接近设计枯水年的那些年，及年内分配很不利的情况就可以了。

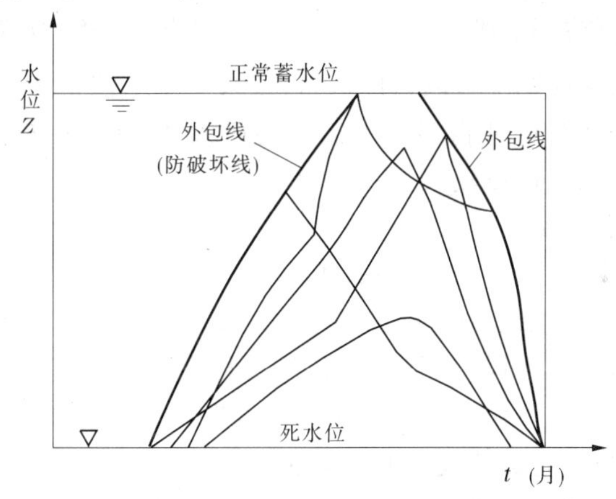

图 9-1-13　防破坏线绘制

2. 防洪调度线绘制方法（兴利结合防洪时）

防洪调度线的作用是确保防洪标准范围内的洪水能安全下泄，不因调度不当而造成遭遇意外的损失。绘制方法：可通过实测和调查历史洪水资料，分析洪水发生最迟时刻 t_k，由 t_k 在防破坏线上查得相应的 a 点（见图 9-1-14），则 a 点至正常蓄水位的库容就是防洪兴利结合库容，a 点以左的水平线即为水库汛期防洪限制水位线。在 t_k 以前的主汛期，水库兴利蓄水不允许超过此水位。然后以 a 点作为起调水位，对各种典型防洪设计洪水进行调洪演算，绘出水位过程线到正常蓄水位为止，这些过程线的下包线即为防洪调度线。当水位落在该曲线或以上时，即应按防洪调度所规定的放水规则下泄。

3. 防弃水线绘制方法

这是发电水库所特有的。为减少弃水增发电能而设置防弃水线。绘制方法：可以选用年水量或汛期水量的保证率为 $1-P$ 的典型年过程线（其中 P 为发电设计保证率），按水电站预想出力所相应的流量，从 t_k 时刻 a 点水位（见图 9-1-15）开始，逆时序作水量平衡计算，经过 b 点再反推到正常蓄水位点 c。同样，从 a 点作顺时序水量平衡计算，直到正常蓄水位点 d，作为防弃水调度线。防弃水线的绘制，多少带有经验性，理论根据还不充分。如为什么选 $1-P$ 的典型年，又如绘出的防弃水线有时可能与防破坏线相交等不合理的现象。

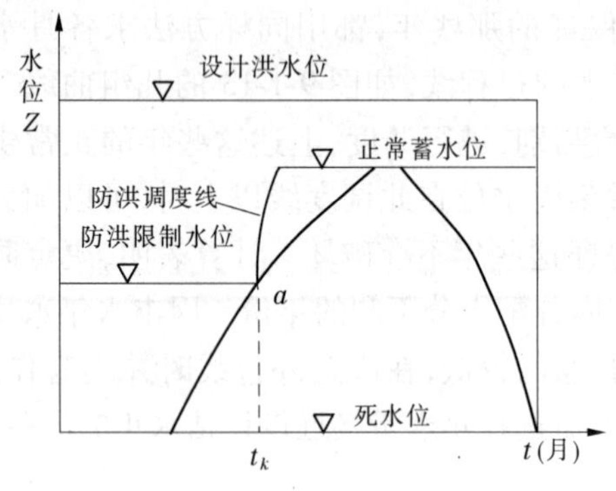

图 9-1-14　防洪调度线绘制

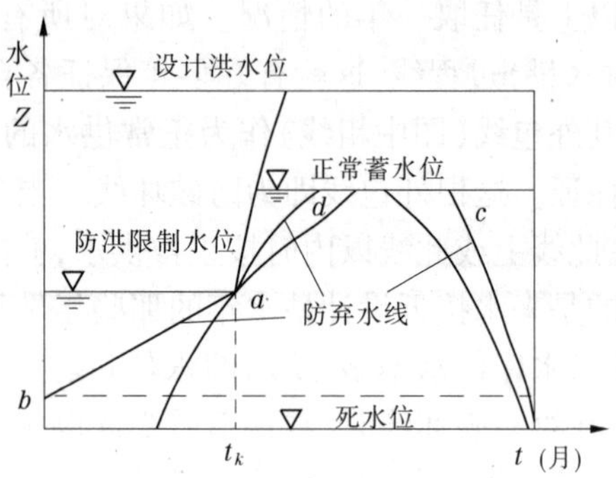

图 9-1-15　防弃水线绘制

防弃水线的绘制，从原则上可以这样认为，按某一条水位指示线操作，在满足防破坏要求的条件下，在长期运行中使得多年平均电能最大，则此水位指示线为合理的防弃水线。但绘制过程要试凑，工作量较大。

4. 限制供水线绘制方法

限制供水线的作用是使允许破坏的那些特枯水年供水不会完全中断，不致使电力系统突然大量缺电。限制供水线目的是提前限制供水，逐步降低其供水量。因此，绘制限制供水线，可用绘制防破坏线一样的那些来水年份（即在保证率范围内的天然来水），以逆时序按保证出力操作，并取下包线即可。在此线以下，正常供水肯定要破坏，所以要及早降低供水工作，此线以上、防破坏线以下为保证供水区。

以上是年调节水库各调度线的作用和绘制方法。对于多年调节水库调度图，原则上可仿照年调节调度图绘制，所不同的是先只对多年库容中的年库容部分来绘制上述防破坏线等。而限制供水线可以由已绘出的防破坏线向下平移一个多年库容的距离，到死水位即可，见图 9-1-16。

调度图是否安全可靠，取决于水文资料的代表性。当实测水文系列不长时，以此作出的调度图并不十分可靠。此外，作出调度图后，应当用长系列水文资料进行验证，以检查调度线的合理性，必要时修正调度线。

（二）综合利用水库调度图绘制应注意的问题

综合利用水库承担了多项水利任务，利用水库调度图可较好地处理各部门之间的关系，使水库的综合效益能得到较充分的发挥。《水利工程水利计算规范》（SL104—95）规定：

（1）对综合利用水库的选定方案应结合综合用水图，绘制水库调度图，作为进行长系

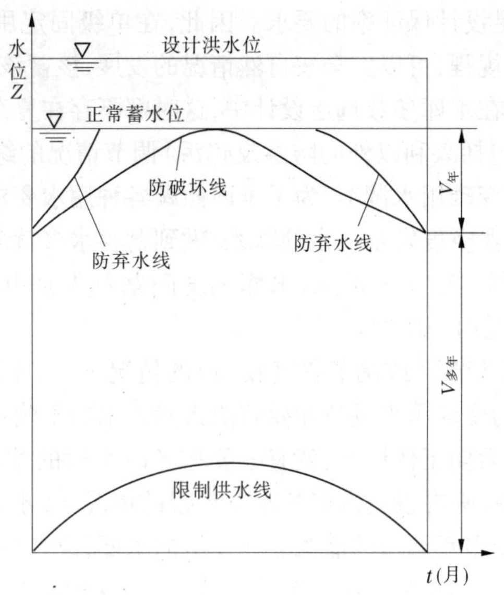

图 9-1-16　多年调节水库调度图

列径流调节计算,阐明工程多年运行特性,并检验工程特征值和运行方式是否符合设计要求的依据。

(2)防洪、兴利相结合的调度图绘制,应着重研究防洪与兴利调度的分界线。分界线以上水库按防洪要求控制运用,分界线以下水库按兴利要求控制运用。

(3)当水库具有两个或两个以上并重的兴利任务,或当次要任务的用水量所占比重较大时,应绘制两级或多级调节的水库调度图,由有关调度线组成不同的调度区。

(4)在绘制综合利用水库调度图时,还应根据需要对以下几方面进行研究:

①当库内灌溉引水位高于死水位时,可视情况绘制满足灌溉季节用水要求的水位限制线。

②当航运与其他用水要求有矛盾时,可视情况另辟航运调度区。如航运要求的下泄量不大于某一流量,可在加大供水区绘制航运调度线。

③当下游河道有防凌要求时,应根据冰凌期对泄量的要求,绘制保证防凌要求的调度线。

④其他如旅游、改善水质、养殖等方面对水深、水面面积、泄水过程等要求,可视情况绘制控制水位调度线或规定必要的规则。

(三)两级调节调度图的绘制

除防洪及水质控制调度(或称防污)外,水库所服务的国民经济用水部门称为兴利服务对象。要使水库能同时满足几个兴利服务对象的用水要求,这就需要合理安排水库的调度运用,否则必然会导致顾此失彼的结果。

从严格满足多级用水保证率的角度来看,合理的水库调度规则的拟定是达到这一目的的必要条件。对于单纯的固定用水调节情况(不包括发电用水),水库供水或泄水与水库水位无关,即不论水库水位如何变动,固定用水的兴利调度只需要满足一种正常需水要求和一种保证率就可以了。换言之,只要有足够的调节库容,水库按正常需水图进行供水，就可以在理论上满足设计保证率的要求。因此，在单级固定用水调节情况下，水库实际上并不需要拟定调度规程，可以完全按自然情况的发展，该蓄该放任其自由。于是不论在水库运行管理中还是在水库参数选定设计中，这时都不存在复杂的水库调度问题。

对于二级或多级（包括兴利以外的防洪及防污）调节情况的综合利用水库，情况就大不一样。这时水库进行变动用水调节，为了全面照顾各种用水要求，水库供水量或泄水量要同水库蓄水量或水库泄空度发生一定的联系，做到蓄存水多就多供水，蓄存不够就少放水，这就是水库调度的基本思想。可见，水库调度问题首先是由于水库作"变动用水调节"及"联合调节"的情况而提出的。

其次，只有在"长期调节"（或调节程度较高）的情况下，水库调度的问题才愈见重要和复杂，因为只有长期的变动用水调节才要解决天然来水的不确定性问题，为了统筹兼顾水库在调节周期内的前后期工作情况，就有必要按各时水库的蓄水量对供泄水流量作出决策。显然，这也意味着，只在没有准确的水文预报的情况下，才有水库的合理调度问题。

例如，对于年调节或多年调节的灌溉兼顾发电的水库，或者在电力系统中工作的年调节及多年调节水电站都可以视为二级调节的模式，因为这种情况下具有两种不同保证率的供水要求：既要满足灌溉保证率及其正常供水量，又要满足发电保证率及其保证发电流量；既要满足水电站在一定的保证率前提下发足一定的保证出力，又要满足一定弃水概率的限制，减少弃水，多发电能。其他一些具体情况也都可以归结为二级或多级的水库调度问题。

水库调度的中心问题是拟定"水库泄用水规则"，以满足各级用水需要或保证各级需水图都能在相应的设计保证率条件下得到满足。此调度问题的数学表达是确定以下函数关系，即

$$q = f(V,t) \tag{9-1-10}$$

式中 q——水库的泄用水流量；

V——水库蓄水量；

t——时间坐标。

在实用上，为了应用方便，常将式(9-1-10)的关系转换为 $V \sim t$ 坐标面上的以 q 为参数的水库调度图。换言之，对多级调节言，此水库调度图是由下列各级调度曲线（以函数表示）所组成的：

$$V_i(t) = f_i[q_i(t),t] \qquad i = 1,2,\cdots,m$$

其中 $q_i(t)$ 表示各级需水图，并与一定的保证率相适应；i 为多级调度的分级序号（$i = 1 \sim m$）。

上述用函数表达的调度图，一般难以用解析式表达，故实用上总是采用不大严密的方法，即通过调节计算来求出反映 $V_i \sim q_i \sim t$ 间关系的曲线——调度线，例如用时历法的设计典型年等来绘制各级调度曲线。为了考虑在水库调节周期内（如一年内），天然来水随时间变化的随机因素（即径流年内分配情况的多种多样），可以在同一个保证率条件下拟定几条不同典型年内分配的设计流量过程线，分别与同级需水图配合进行逆时向调节计算，得到许多水库蓄水量（或水位）与时间的关系线，取这些关系线的外包线，即为各该级的水库调度线（见图 9-1-17）。

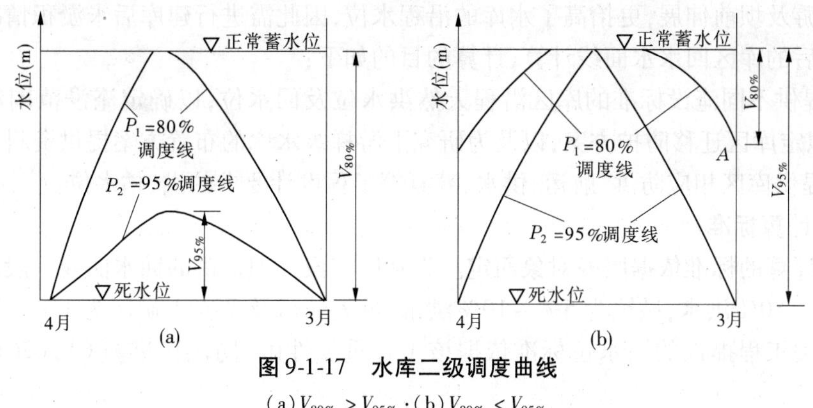

图 9-1-17　水库二级调度曲线

(a) $V_{80\%}>V_{95\%}$；(b) $V_{80\%}<V_{95\%}$

需要特别强调的是，采用设计典型年的意义在于用天然来水量的超过概率代替正常或缩减供水的超过概率，而天然来水过程的随机性则是用典型过程线作确定性处理的，并没有在概率上严格定量的意义。因此，在水库调度中，为了进一步考虑这一点的作用，必须采用相当于“同一种设计保证率”的不同典型设计流量过程线进行调节计算。然后，对不同的水位过程线(或蓄水量过程线)取其外包线。这样便可得到比较保守的相应一定设计保证率的调度线。

对于二级调度的合理性分析，可以提出以下几点：

(1)保证率小的正常供水调度线(如图 9-1-17 中的 $P_1=80\%$ 调度线)，应始终位于保证率大的缩减供水调度线之上，不应相交，否则应加以调整。

(2)当 $V_{80\%}<V_{95\%}$ 时，$P_1=80\%$ 调度线的绘制应从正常蓄水位以下相当于 $V_{80\%}$ 的某一水位(如图 9-1-17(b)所示)逆时向开始作供水期调节计算，而蓄水期则由此点开始作顺时向调节计算。

(3)调度线在供水保证率意义上的合理性，应通过长系列操作进行检验，视其全周期内水库水位大于及等于某调度线的概率是否恰好等于指定的设计保证率，否则应加以调整。

(4)拟定水库调度线的过程，应视为校核有效库容选定是否恰当的一个步骤。为了考虑天然来水过程的随机性，水库调节库容在拟定水库调度线后有时需要有所修正。

多年调节水库两级调节调度图，可在图 9-1-16 中增加一条分界调度线，位于防破坏线与限制供水线之间，于线Ⅰ、Ⅱ之间划分高低供水区。当库水位介于防破坏线和分界调度线之间时，水库按两兴利任务正常供水要求供水；当库水位位于分界调度线与限制供水线之间时，适当降低低设计保证率兴利任务的正常供水，其他同年调节调度图。

第二节　水库水力学计算

一、水库回水计算

(一)计算目的

水库兴建后，库区沿程水位壅高，并因流速变缓，水流挟沙能力下降，泥沙淤积逐年加重并向上游及坝前伸展，更抬高了水库的沿程水位，因此需进行建库后未淤积情况和淤积一定年限后的库区回水水面线计算，计算的目的如下：

(1)提供不同淹没标准的库区沿程天然洪水位及回水位，以确定淹没范围和淹没损失，据以拟定库区迁移防护方案，以及为研究上游梯级水库的布置方案提供资料。

(2)提供库区相应防洪、航运、供水、灌溉等工程设计要求的洪、枯水位。

(二)计算标准

回水计算的标准依据服务对象而定。为水库淹没处理提供的回水曲线一般对农田淹没为20%～50%洪水，城镇为5%～10%洪水，重大城市及重要工矿区为1%～2%洪水。为库区有关工程提供的回水位标准依据该工程重要性由《防洪标准》(GB50201—94)等规范确定。

(三)计算方法

根据《水利工程水利计算规范》(SL104—95)规定，回水计算一般按分段恒定流方法进行。

1.基本理论

某一特定坝前水位及入库流量的回水计算，是对恒定非均匀渐变流的微分方程进行积分。由于库区沿程各断面水力因素(如断面、水力半径、流速)变化复杂，难以用简单函数关系表示，对其积分通常采用分段求和法，即应用伯努利方程逐段计算其回水线。在水流恒定的情况下，选取一河段，如图9-2-1所示，令河段下断面为起始断面1，上断面为终末断面2。当两断面间压力水头相抵消，局部水头损失可忽略，并令断面流速不均匀系数

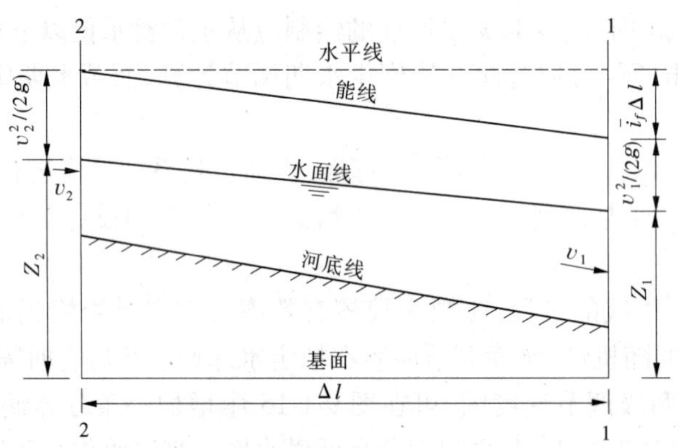

图9-2-1　河段能量平衡示意图

等于1时，则伯努利方程式可写为：

$$Z_2 - Z_1 = \frac{v_1^2}{2g} - \frac{v_2^2}{2g} + \bar{i}_f\Delta l \tag{9-2-1}$$

式中　v_1、v_2——断面1、2的流速，m/s；

Z_1、Z_2——断面1、2的水位，m；

g——重力加速度，m/s^2；

Δl——河段长度，m；

$\bar{i}_f$——摩阻坡降平均值。

$$i_f = \frac{v^2}{C^2R} = \frac{Q^2}{k^2} \tag{9-2-2}$$

式中 Q——河段流量，m^3/s；

k——断面流量模数；

C——谢才系数；

R——水力半径，m。

2.推算方法

根据以上基本理论，采用库区地形资料反映库区水力特性，按照水库的具体情况确定推算的起始条件，据以进行库区天然水面线及回水曲线的推算。

由于水库区沿程断面变化不剧烈，故回水推算一般不考虑流速水头变化，则式(9-2-1)改写为：

$$Z_2 - Z_1 = \frac{Q^2}{k^2}\Delta l \tag{9-2-3}$$

按照曼宁公式，式(9-2-3)改写为：

$$Z_2 - Z_1 = \frac{(nQ)^2\Delta l}{(AR^{2/3})^2} \tag{9-2-4}$$

式中 n——糙率；

A——断面面积；

其他符号含义同前。

求解式(9-2-4)，以往在没有电子计算机的条件下，多采用绘制一定的工作曲线来进行图解计算。计算机普及后，即可直接进行试算，做法是：已知 Z_1、Q、n、Δl，先假定 Z_2，由横断面图算出 A、R，代入式(9-2-4)，如两端相等，Z_2 即为所求，否则进行迭代计算直至符合要求。

回水计算所用库区横断面应尽可能为实测大断面。断面的选取应考虑以下要求：

(1)沿河城镇、工矿企业、大支流入口及水文站等处，应选为计算断面。

(2)每一计算河段内水面线应尽可能具有同一坡降，计算河段内断面面积、形状、河床糙率及水力因素等无急剧变化。

(3)每一计算河段上下游水位差不宜过大，对库区尾部和有重要淹没对象的河段应适当加密计算断面。

3.推算条件的确定

水库回水计算需要的推算条件为起始水位、设计流量和沿程流量分配。

当水库调洪库容较小时，一般采用敞泄方式调节洪水，一次洪水过程的最高库水位和入库洪水洪峰流量几乎同时出现，因而可采用设计标准的洪峰流量和相应最高坝前水位这种极限情况推求库区沿程洪水位。

当调洪库容较大，调洪时间较长时，应分别推算设计标准下可能形成沿程最高水位的几种库水位与来量配合的回水水面线，一般可分别推算下面几种情况的回水水面线，然后取其上包线，如图 9-2-2 所示。

(1)来水为某一标准洪水的时段平均洪峰流量，坝前水位为相应于这时的水库调洪蓄水位(如图 9-2-3，T_1 情况)

(2)坝前水位为某一标准洪水的水库调洪最高蓄水位，来水为相应于这时的入库流量(如图 9-2-3，T_2 情况)

(3)当库区淹没问题十分敏感时，还应根据调洪计算成果，在上述两种情况之间推算 1～2 组同时水面线(如图 9-2-3，T_3 情况)

(4)当水库正常蓄水位高于库区防迁标准相应的最高洪水位时，还应计算正常蓄水位与相应入库流量的回水线。

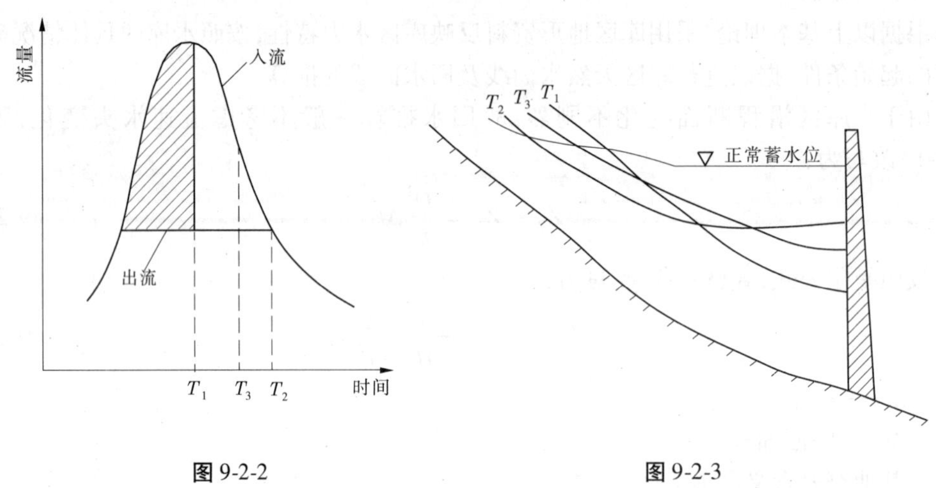

图 9-2-2　　图 9-2-3

回水推算所采用的流量，应由水文计算方面根据所要求的标准提供。如果库区较长，有较大支流加入，还应进行库区流量的分配，以考虑流量的沿程变化。具体分配时，水库末端用天然来量，坝前用水库下泄量，两者之间可近似插补。若库区水面宽度沿程变化不大，可按计算断面至坝址的距离按直线分配沿程流量；若河宽沿程变化较大，可按水库水面面积比分配沿程流量；若沿程水库蓄量变化较大，可按河段楔形库容比分配流量。

推算干、支流回水曲线所采用的洪水流量，应考虑不同组合，选取偏于安全的数值。

(1)推算干流回水的洪水流量，采用干流各处和坝址发生同频率洪水的洪峰流量进行计算。

(2)推算支流回水的洪水流量应考虑干支流洪水的各种组合，一般考虑两种较极端情况：其一是支流洪水流量采用支流发生与坝址同频率的洪峰流量，干支流汇合口水位采用干流发生相应洪水流量推算；其二是干支流汇合口水位采用干流发生与坝址同频率洪水的流量推算，支流洪水流量采用支流发生相应洪水的洪峰流量。

4. 糙率的确定

《水利工程水利计算规范》(SL104—95)规定，回水计算采用的糙率，应根据实测水文资料或可靠的调查洪水水面线加以率定。这是因为糙率直接影响回水计算成果的精度。由于它在一定程度上已是各种水力因素综合反映值，多年实践经验证明，较可靠的办法是根据实际水文资料率定。当实测水文资料不足时，应进行库区沿程历史洪水(特别是近代的)调查，并对各调查洪水成果(水位和洪峰流量)作合理性分析，确定采用的调查洪水水面线，以此作为率定各计算河段的糙率的依据。

当根据水文资料率定时，以库区各水文断面的水位流量资料为依据，按照库区地形资料(横断面、纵断面)采用推算水面线的同样方法，试算求出符合各水文断面水位流量的各河段相应糙率，经分析后加以采用。

当根据调查洪水水面线率定时，方法基本相同，但由于调查洪水水面线存在一定的误差，反推出的糙率各河段可能差别较大，应进行合理性分析，也可以在较长河段采用一个平均综合糙率，库尾段采用的糙率应尽量与反推求出的数值一致。

5. 回水推算成果合理性分析

在设计阶段，回水推算成果缺乏实测资料验证。《水利工程水利计算规范》(SL104—95)规定，应对回水推算成果进行合理性分析。除对基本资料及设计条件进行综合检查外，还应根据回水推算成果，点绘水面线(即距坝址里程与水面高程关系线)，分析各种坝前水位及库区流量组合条件下的回水曲线变化趋势的合理性。其一般规律如下：

(1)建库后，库区回水位应高于天然情况下同一流量的水位，而水面比降则较为平缓。

(2)同一坝前水位，较小的库区流量的水面线应低于较大的库区流量的水面线；流量愈大，坡降愈陡，回水末端愈近；流量愈小，坡降愈缓，回水末端愈远。

(3)同一库区流量，坝前水位较低的水面线应低于坝前水位较高的水面线；坝前水位愈高，坡降愈缓，回水末端愈远。

(4)库区同一断面，不同坝前水位的两个设计流量的水位差比较时，较高坝前水位的水位差应小于较低坝前水位的水位差。库区两个断面在同一流量的两个不同坝前水位时，上断面的水位差应小于(或等于)下断面的水位差。

(5)同一坝前水位和流量，一般回水水面线离坝址愈近愈平缓，愈远愈急陡，并以坝前水位水平线和同一流量天然水面线相交线为其渐近线。

在设计实践中一般取同一设计标准的回水曲线和天然水面线高差为0.1～0.3m处为回水末端，但具体如何取值应由淹没处理方面确定，故《水利工程水利计算规范》(SL104—95)规定回水曲线计算至回水水位高于同一断面同频率天然洪水位0.1～0.3m处止，提供淹没处理方面使用。按照水文学的观点，对于一定坝前水位，流量等于零时回水末端最远，位于河底高程等于该坝前水位处。对于库区淤积后的情况，由于回水末端附近断面形状及河床比降的变化，回水末端将向上移，位置可由淤积回水曲线和天然水面线近似决定。

二、水库水体突然泄放计算

水库水体突然泄放计算的任务是分析研究大坝万一失事时坝址上下游的水流状态，以及下游水流沿程传播的情况，为估计对上下游的影响和可能遭受的损失以及拟定下游防护计划提供依据，其主要内容包括：

(1)估算水体突然泄放的初瞬流态；

(2)推求溃坝洪水的最大流量及泄流过程；

(3)计算水体向下游沿程的传播过程。

目前研究解决水库溃坝洪水计算的途径有数学模型、水工模型试验和两者相结合等三大类。

由于溃坝洪水计算较复杂，一般以水工模型试验得到的成果较可靠，而正态模型试验又较变态模型试验成果更接近实际情况，但前者需要的场地和材料较多。目前国外倾向于采用正态水工模型试验与数学模型相结合的途径，即由前者研究溃坝洪水，再由后者解决下游洪水演进计算。数学模型具有简捷、经济的优点，并能近似地解决水库溃坝洪水的有关问题。《水利工程水利计算规范》(SL104—95)规定，水库水体突然泄放一般可采用数学模型法估算，对于下游有特殊重要的防护对象的情况，必要时应采用模型试验进行验证。

水体突然泄放工况一般按以下条件组合：①不考虑溃坝后上游来水；②在供水期溃决，水库水体采用正常蓄水位以下水体计算，下游初始水位采用与调节流量相应的水位；③在汛期溃决，水库水体采用设计洪水位以下水体计算，下游初始水位由相应设计洪水最大下泄量确定。

水库水体突然泄放的初瞬流态、坝址最大下泄量、溃坝洪水过程线，可根据拟定的溃决形式和工况采用简化公式及概化过程线估算；溃坝洪水过程向下游演进，应采用非恒定流方法计算；对于重要的水库，必要时还应进行溃坝负波在库区的上溯演算。

(一)水库水体突然泄放瞬时流态的估计

推求溃坝后初瞬水流的流态过程，以便作为估算溃坝洪水对水库上下游影响的初始条件。在溃坝初瞬，坝址处同时发生向下游传播的顺流正波和向上游传播的逆流负波，由于坝上游侧的水深大于坝下游侧的水深，后波向前推移逐渐赶上前波，故正波变为不连续的涌波，经过一段河槽调蓄和阻力作用后，涌波不断坦化而终于消失。

大坝突然溃决的初瞬，坝址上下游流态一般可根据动量守恒定理推出。当不计阻力时，初瞬水面近似呈二次抛物线形状，如图9-2-4所示，可分为如下4个区：①、⓪两个区为静水区，相应水深为溃坝前上、下游水深 h_1、h_0；②区为涌波区，平均水深为 h_2；③区为过渡区，水面呈二次抛物线形状。

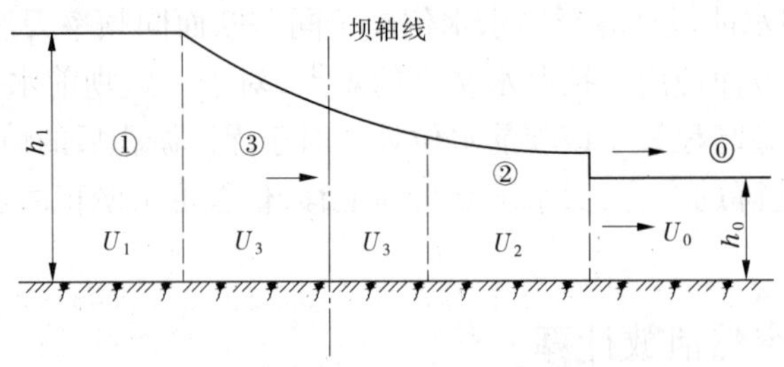

图9-2-4　溃坝后初瞬溃水流态示意图

当 $h_1 = h_0$ 时，过渡区较短，涌波区较长；当 $h_0 = 0$ 时，则过渡区较长，涌波区较短。

(二)溃坝最大流量近似推算

水库坝体溃决的形式，一般可分为全溃、半溃和部分溃决；溃决过程，一般可分为瞬时溃决和逐渐溃决。溃决形式和过程的选择，应根据壅水建筑物的材料性质和结构性能及荷载情况等，会同地质、水工、规划等专业拟定。

1. 大坝全溃时的最大流量计算

(1)里特尔－圣维南法。假定河道底坡 $i_0=0$ 和阻力项$\frac{u^2}{C^2R}=0$,并近似地认为溃坝前上、下游流速为零,天然河道断面形状如图 9-2-5 所示。设 $B_x=B\times\left(\frac{H_x}{H_1}\right)^n$($n$ 为河槽形状指数),利用特征线法,联解动力方程和连续方程,可得突然泄放的临界流特征值如下:

$$H_x=\left(\frac{2n+2}{2n+3}\right)^2H_1 \tag{9-2-5}$$

$$u=C\sqrt{\frac{gH}{n+1}} \tag{9-2-6}$$

$$Q_{最大}=Au=\sqrt{g}B\left(\frac{H_1}{n+1}\right)^{3/2}\times\left(\frac{2n+2}{2n+3}\right)^{2n+3} \tag{9-2-7}$$

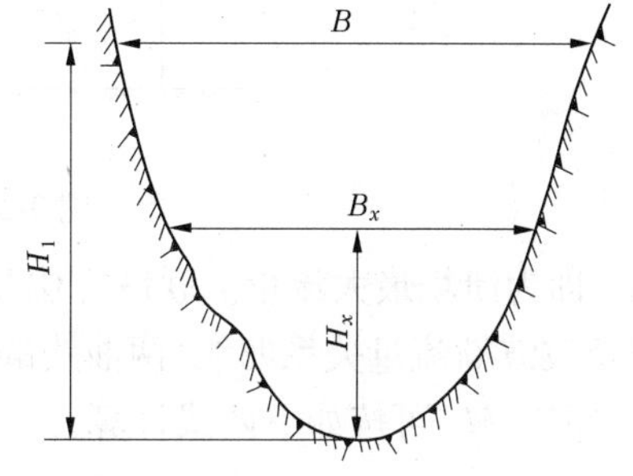

图 9-2-5　溃坝处横断面示意图

本法适用于坝址下游为干涸河槽,或坝下游水深 H_0 与坝前水深 H_1 之比值小于一定的临界值的情况。此临界值可由下式计算:

$$\frac{H_0}{H_1}\leqslant\left(\frac{2n+2}{2n+3}\times\frac{1}{1.8}\right)^2 \tag{9-2-8}$$

对于几种典型河槽,可参照表 9-2-1 进行计算。

表 9-2-1　大坝全溃最大溃水流量计算表

断面形状	河槽形状指数 n	坝址最大流速 u	坝址最大水深 h_1	$Q_{最大}/(B\sqrt{g}H_1^{3/2})$	适用范围 H_0/H_1(%)
矩形	0	$\sqrt{gH_1}$	$\frac{4}{9}H_1$	0.296	≤13.8
抛物线	$\frac{1}{2}$	$\sqrt{\frac{2}{3}gH_1}$	$\frac{9}{16}H_1$	0.173	≤17.3
三角形	1	$\sqrt{\frac{1}{2}gH_1}$	$\frac{16}{25}H_1$	0.115	≤19.8
抛物线	2	$\sqrt{\frac{1}{3}gH_1}$	$\frac{36}{49}H_1$	0.065	≤22.7

(2)波额流量法。假定坝址上下游为平底无阻力河槽,建立上、下游断面的相对流速的连续方程式和动力方程式,求得向下游正波和向上游负波波额流量公式如下:

$$Q_B^+=\frac{A_B}{A_0}Q_0+\sqrt{gM_+\frac{A_B}{A_0}(A_B-A_0)} \tag{9-2-9}$$

$$Q_B^-=\frac{A_B}{A_1}Q_1+\sqrt{gM_-\frac{A_B}{A_1}(A_1-A_B)} \tag{9-2-10}$$

式中符号含义如图 9-2-6 所示,其中 M_- 与 M_+ 分别为坝址断面和上下游断面的静水压力差。

联解式(9-2-9)和式(9-2-10),求得某一坝址水深(相应断面 A)的流量,满足 $Q_B^+=$

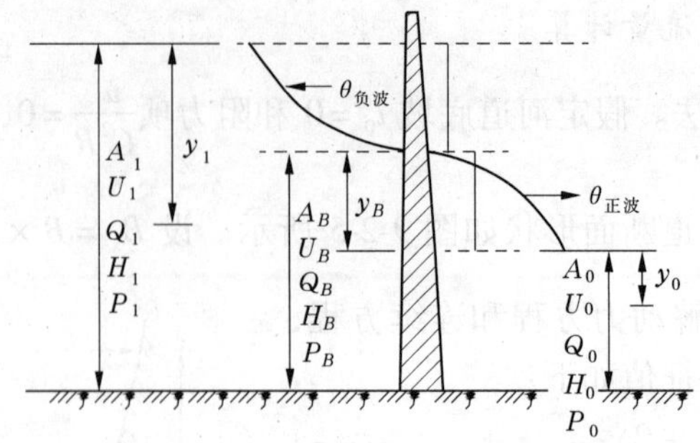

图 9-2-6　水库溃水计算示意图

Q_B^-，即为溃坝最大流量。联解方法是按式(9-2-9)和式(9-2-10)分别绘制不同坝址水位的正负波波额流量关系曲线，两曲线的交点即为所求值。

M_+、M_-可按如下两式计算：

$$M_+ = P_B - P_0 = \bar{y}_B A_B - \bar{y}_0 A_0 \tag{9-2-11}$$

$$M_- = P_1 - P_B = \bar{y}_1 A_1 - \bar{y}_B A_B \tag{9-2-12}$$

式中　$\bar{y}_1$、$\bar{y}_B$、$\bar{y}_0$——上游断面、坝址断面、下游断面由水面至断面重心的距离。

当断面形状接近矩形或可概化为矩形时，则：

$$M_+ = \int_{Z_0}^{Z_B} A\mathrm{d}Z = \frac{A_B + A_0}{2}(Z_B - Z_0) = \frac{B(H_B^2 - H_0^2)}{2} \tag{9-2-13}$$

$$M_- = \int_{Z_B}^{Z_1} A\mathrm{d}Z = \frac{A_1 + A_B}{2}(Z_1 - Z_B) = \frac{B(H_1^2 - H_B^2)}{2} \tag{9-2-14}$$

本法适当地考虑了下游水深的影响，略去了阻力项。当 H_0/H 大于 5% ~10% 时可采用此法计算。

2. 大坝局部溃决时的最大流量估算法

大坝局部溃决的形式如图 9-2-7 所示(图中阴影部分为未溃决部分)。

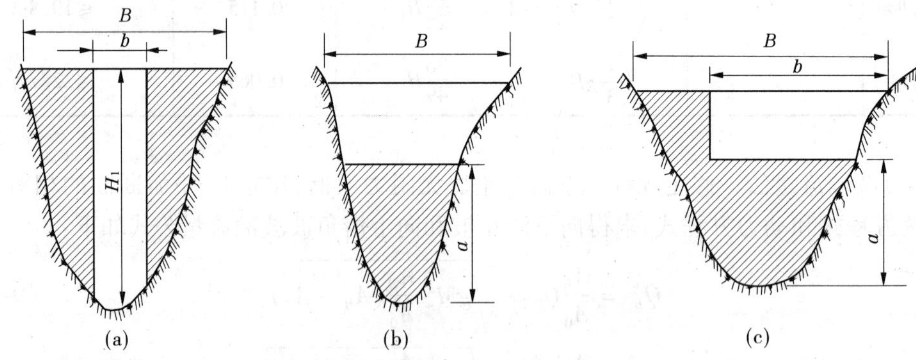

图 9-2-7　大坝局部溃决形式示意图

(1)德国对大坝局部溃决计算的条件和假定进行了简化分析，除假定平底、无阻力河渠外，还参照水槽试验研究成果作了如下假定：①坝轴线垂直于流向，部分溃决时，缺口顶部水平；②水库平面形状为矩形，库区河道断面也是矩形，溃坝前水库是静止的；③尾水不影响溃坝流量；④坝体部分溃决时，库区任一断面的水面高程在负波通过后即维持不变。

由此导出，局部溃决时的最大流量按以下两式给定，式中所用 H_1、Z_1 和 Z_0 的含义如图 9-2-8 所示。

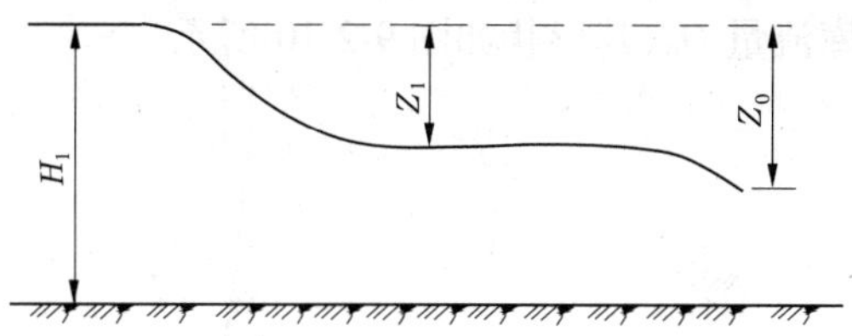

图 9-2-8　大坝局部溃决水流示意图

$$Q_{最大} = 2BH_1^{3/2}\sqrt{g}\left(1 - \frac{Z_1}{H_1}\right)\left(1 - \sqrt{1 - \frac{Z_1}{H_1}}\right) \tag{9-2-15}$$

$$\frac{B}{b} = \frac{\sqrt{2}}{3\sqrt{3}}\left(5 - 3\frac{Z_1}{H_1} - 4\sqrt{1 - \frac{Z_1}{H_1} - \frac{a}{H_1}}\right)^{\frac{3}{2}} \Big/ \left[\left(1 - \frac{Z_1}{H_1}\right) \times \left(1 - \sqrt{1 - \frac{Z_1}{H_1}}\right)\right] \tag{9-2-16}$$

由已知$\frac{B}{b}$、$\frac{a}{H_1}$可求得$\frac{Z_1}{H_1}$，然后再求得最大溃水流量 $Q_{最大}$。

对于湖泊型水库或河道堤防，$\frac{B}{b} \to \infty$，$\frac{Z_1}{H_1} \to 0$，则：

$$Q_{最大} = \frac{2\sqrt{2}}{3\sqrt{3}} b\sqrt{g}H_1^{\frac{3}{2}}\left(1 - \frac{a}{H_1}\right)^{\frac{3}{2}} = 1.705bH_1^{\frac{3}{2}}\left(1 - \frac{a}{H_1}\right)^{\frac{3}{2}} \tag{9-2-17}$$

（2）当溃决形式为图 9-2-7（a）所示时，估算 $Q_{最大}$ 曾采用过以下经验公式：

$$Q_{最大} = \frac{8}{27}\left(\frac{B}{b}\right)^{\frac{1}{4}} b\sqrt{g}H_1^{\frac{3}{2}} \tag{9-2-18}$$

$$H_{坝} = H_1 / 10^{0.3\frac{b}{B}} \tag{9-2-19}$$

当溃决形式如图 9-2-7（b）所示时，估算 $Q_{最大}$ 曾采用过以下经验公式：

$$Q_{最大} = \frac{8}{27}\sqrt{g}\left(\frac{H_1 - a}{H_1 - 0.827}\right)B\sqrt{H_1}(H_1 - a) \tag{9-2-20}$$

$$H_{坝} = a + \frac{1}{2}(H_1 - a) \tag{9-2-21}$$

式中　$Q_{最大}$、$H_{坝}$——坝体局部溃决时坝址处最大流量和相应的水深。

（3）堰流和波流相交法。假定溃决断面处水流流态类似于宽顶堰流态，则流量按宽顶堰堰流公式计算：

$$Q = mb\sqrt{2g}(H_1 - a)^{\frac{3}{2}} \tag{9-2-22}$$

由此求得坝址处的过水能力曲线，如图 9-2-9 中的 $H \sim Q$ 曲线，再由负波波额流量公式（9-2-10），求得负波流量曲线，如图 9-2-9 中的 $Z \sim Q$ 曲线，两线相交之点，即为坝址过水能力和补给水量相等之点，相应流量即为所求的最大流量。

（三）溃坝洪水过程线的近似推算

溃坝洪水过程线与溃坝形式、最大流量、入库流量、可泄库容、下游水位等因素有关，目前尚无统一的推求方法。下面利用已有模型试验的资料，采用水量平衡原理分析出来的概化过程线，作为近似的溃坝洪水过程线。

(1)认为溃坝洪水过程线近似四次抛物线，于溃决初瞬流量即达 $Q_{最大}$，紧接着流量迅速下降，最后趋近于入库流量 Q_0，其形状如图 9-2-10 所示。

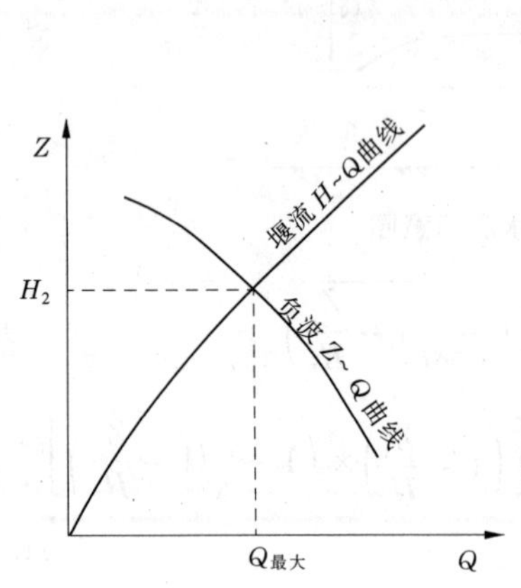

图 9-2-9　堰流和波流相交法示意图

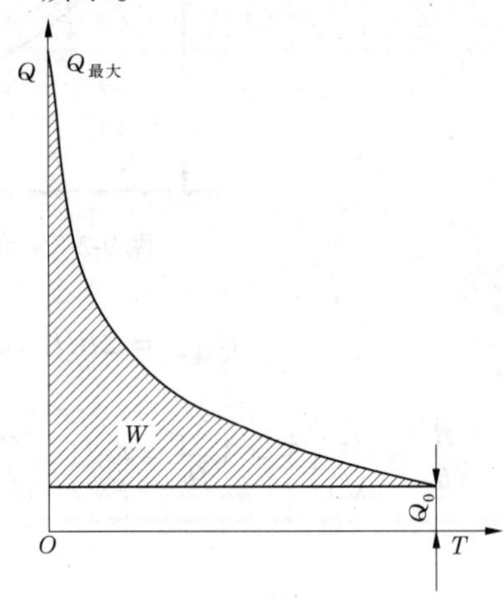

图 9-2-10　溃坝洪水过程线示意图(之一)

溃坝洪水概化过程线，如表 9-2-2 所示。表中 T_n 为洪水过程线总历时，计算时可先假定一 T_n，由已知的 $Q_{最大}$、Q_0 按表 9-2-2 放大，要求总泄量等于可泄库容 ΔV，否则，重新假定 T_n 再进行同样计算。

表 9-2-2　溃坝洪水概化过程线表

T_1/T_n	0	0.05	0.10	0.20	0.30	1.0
$(Q_1-Q_0)/(Q_{最大}-Q_0)$	1	0.65	0.48	0.34	0.26	0

(2)奥地利在 20 世纪 70 年代初期发表了 43 组水槽试验综合成果，并推得一条无因次溃坝洪水过程线，形状如图9-2-11所示，即溃坝初瞬流量由一初始流量迅速增至最大

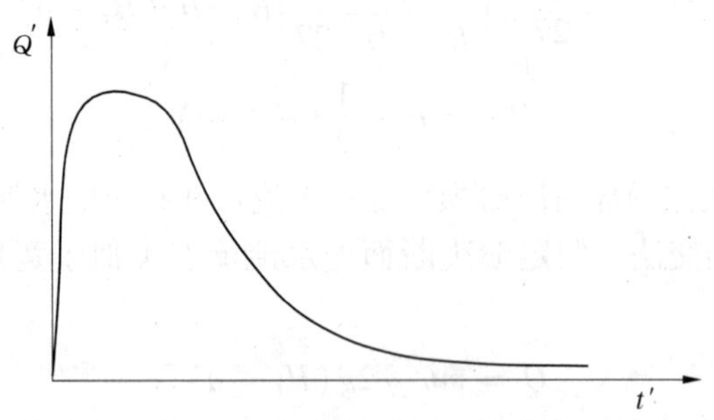

图 9-2-11　溃坝洪水过程线示意图(之二)

流量，再逐渐递降趋近于入库流量值。图中 Q'、t'的对应值由表 9-2-3 给定，设计水库的溃坝洪水流量及其相应时间由下式给定：

$$
\left.\begin{aligned}
Q &= Q'B\sqrt{g}H_1^{3/2} \\
t &= t'L/\sqrt{gH_1}
\end{aligned}\right\} \tag{9-2-23}
$$

式中 L——水库长度；

其他符号含义同前。

表 9-2-3 溃坝洪水无因次过程线表

t'	Q'	t'	Q'	t'	Q'	t'	Q'	t'	Q'	t'	Q'
0	0	1.0	0.337	2.0	0.219	3.0	0.092	4.0	0.045	5.0	0.026
0.2	0.305	1.2	0.334	2.2	0.179	3.2	0.080	4.2	0.040	5.4	0.023
0.4	0.324	1.4	0.327	2.4	0.148	3.4	0.069	4.4	0.035	5.8	0.020
0.6	0.333	1.6	0.309	2.6	0.124	3.6	0.060	4.6	0.031	6.2	0.018
0.8	0.336	1.8	0.270	2.8	0.107	3.8	0.052	4.8	0.028	6.6	0.016

(四)溃坝洪流演进计算

溃坝洪流演进计算的主要目的，在于估算溃坝洪水向下游传播时的沿程水位和流量，以估计可能造成的损失及拟定必要的防护措施。

坝体突然溃决后，溃坝洪水向下游传递的流态形式如前所述，一般应采用非恒定流计算方法进行洪流演进计算。在溃坝洪流演进计算中，应注意如下各点：

(1)起始条件。建议采用溃坝后初瞬(如5s)流态。估算方法同前。

(2)边界条件。上边界条件为溃坝洪水过程线；涌波区的下边界条件，应为由不连续波额公式(9-2-9)和式(9-2-10)给定的水位流量关系曲线；缓流区的下边界条件，采用距坝址较远处不受涌波影响断面的正常水位流量关系曲线，若此区为下游梯级水库区，可采用该水库的泄流曲线。

根据上述计算，绘制下游沿程最高洪水水位线、洪水淹没特性图(如淹没面积、实物指标)，并计算各控制断面的溃水到达时间及最大流速，作为下游防护规划的依据。

第十章　经济评价

第一节　经济评价概论

一、经济评价概述

建设项目经济评价主要是采用现代经济分析方法，对拟建项目计算期（包括建设期、运行初期和正常运行期）内投入产出诸多经济因素进行调查、预测、研究、计算和论证，比选推荐最佳方案的一系列过程，以对项目的经济合理性作出全面的分析和评价。其评价的结论是决策项目的重要依据。经济评价的目的是力求在允许的条件下使投资项目获得最佳的经济效益，即如何以较短的时间、较少的投入获得最大的产出效益。从国民经济宏观管理来分析，经济评价可以使社会有效资源得到最优利用，发挥资源的最大效益，促进经济的持续发展。从具体的建设项目来看，经济评价可以起到预测投资风险、提高投资盈利率的作用，使建设项目建成后的生产能力能在竞争中取得优势，获得更大的经济效益。

建设项目经济评价一般包括国民经济评价和财务评价两项基本内容。国民经济评价是从国家整体角度分析、计算项目对国民经济的净贡献，据此判别项目的经济合理性。财务评价是在国家现行财税制度和价格体系的条件下，从项目财务核算单位的角度分析、计算项目的财务盈利能力和清偿能力，据以判别项目的财务可行性；考虑到国民经济评价时采用的影子价格是在财务价格的基础上进行调整的，因此一般可先进行财务评价，后进行国民经济评价；对于水利建设项目，以国民经济评价为主，也要进行财务评价，即使有的项目如防洪，社会经济效益很大，而财务收入很少甚至无财务收入时，也应进行财务分析计算，以提出维持项目正常运行需由国家补贴的资金数额和需采取的经济优惠措施及有关政策。

建设项目经济评价应遵循的基本原则是："有无对比"的原则；效益与费用计算口径对应一致的原则；定量分析与定性分析相结合，以定量分析为主的原则；动态分析与静态分析相结合，以动态分析为主的原则。

二、动态经济分析常用名词

在进行项目的经济评价，分析计算项目在经济寿命期（或计算期）内各年发生的费用和效益时，按是否考虑资金的时间价值可以分为静态分析法和动态分析法两类，即把不考虑资金时间价值的方法称为静态经济分析方法；把考虑资金时间价值的方法称为动态经济分析方法。目前，项目的经济评价采用动态分析与静态分析相结合的方法，以动态分析法为主。

动态经济分析中常用的名词及其基本计算公式如下。

（一）资金时间价值

货币如果作为贮藏手段保存起来，不论经过多长时间，仍为同名量货币，金额不变。但货币如果作为社会生产资金参与再生产过程，就会带来利润，即得到增值。货币的这种增值现象一般称为货币的时间价值，或称为资金的时间价值。所以，资金具有时间价值并不意味着资金本身能够增值，而是因为资金代表着一定量的物化劳动，并在生产和流通中与劳动力相结合，才产生增值。

资金时间价值的理论具有广泛的实用性。在项目经济评价中，根据这一原理，可以将不同时间的费用或效益折算为同一时间点的等值费用或效益并进行方案优选，有利于有效地利用资金，发挥投资的经济效益。

（二）资金流量

由于资金具有时间价值，一定量的资金必须赋予相应的时间，才能表达其确切的量的概念。在建设项目的经济评价中，要求将其计算期内可发生的费用和效益，按各自发生的时间顺序排列，即表达为具有明确时间概念的资金过程，就称为资金流量。流出项目以货币表示的价值量称为资金流出量，记为负值；流入项目以货币表示的价值量称为资金流入量，记为正值；同一时间上的资金流入量与流出量的代数和称为净资金流量。资金流出量、资金流入量及净资金流量统称为资金流量。

水利水电建设项目的资金流入量包括销售收入（国民经济评价则为工程效益，包括直接效益和间接效益）、回收固定资产余值和回收流动资金等；资金流出量包括固定资产投资、流动资金、经营成本和销售税金（国民经济评价中还包括间接费用，但不包括税金）等。

（三）计算期

项目计算期是可行性研究中为进行动态经济分析所设定的期限，包括建设期和生产经营期。一般以年为单位。建设期是指项目资金正式投入工程开始，至项目基本建成开始投产所需时间，具体年限根据项目实施计划确定。生产经营期可分为投产期（或称运行初期）及达产期（或称正常运行期）两个阶段。投产期（或称运行初期）是指项目投入生产，但生产能力尚未达到设计能力的过渡阶段；达产期（或称正常运行期）是指生产经营达到设计预期水平后的期间。水利水电建设项目的计算期包括建设期、运行初期和正常运行期。正常运行期可根据项目的经济寿命和具体情况，按以下规定研究确定：

防洪、治涝、灌溉、城/镇供水等工程　　30～50 年

大、中型水电站　　40～50 年

机电排灌站、小型水电站　　15～25 年

项目计算期不宜定得太长，特别是新财务制度规定折旧年限缩短后，一般以不影响经济评价结论为原则。通常对于建设工期长、发挥效益持久或在正常运行期内效益不断增长的水利水电建设项目，以采用较长的生产期较为合理；如果以替代方案费用作为评价水利水电建设项目的效益，则可以采用较短的计算期。

（四）基准年与基准点

基准年是动态经济计算中进行资金时间价值折算的基本年度。一般可选计算期内的任何一年作为基准年，均不影响评价结论，通常以建设开始的第一年作为基准年。水利水电建设项目经济评价中还规定资金时间价值计算的基准年应在建设期的第一年，该年的

年初即为基准点,投入物和产出物的资金流量除当年借款利息外,均按年末结算。

(五)折算率与折算值

折算率是指项目计算期内预期的资金增值与原有资金之比,是对资金时间价值的估量。建设项目经济评价中采用的折算率有社会折现率和基准收益率。社会折现率代表社会资金被占用应获得的最低收益率,它在国民经济评价中,用做不同年份资金价值换算的折算率,要根据国民经济发展多种因素综合测定。基准收益率是项目财务内部收益率的基准和判据,是项目财务上是否可行的最低要求,也用做计算财务净现值的折算率,一般参考本行业一定时期的平均收益水平并考虑风险因素确定。

折算值是指把资金流量按一定折算率折算到某一时间点上的数值,按时间点不同可分为现值、终值和等额年值三种。现值是指发生或折算为某一特定时间序列起点的效益或费用的价值量;在项目经济评价中指折算到基准年初(即基准点)的货币价值量。通常用 P 表示现值。终值是指发生或折算到某一特定时间序列终点的效益或费用的价值量,也可称为未来值或将来值;在项目经济评价中指折算到计算期终(即年末)的货币价值量。通常用 F 表示终值。等额年值是指发生或折算至某一特定时间序列各种年年末的等额序列;在项目经济评价中,有时把现值或终值折算为计算期内各年年末的等额年值,以便于说明项目多年年均情况。等额年值常用 A 表示。

(六)资金时间价值计算的基本公式

利息是占用资金所付代价或放弃使用资金所获的报酬,所以银行的付息反映了资金时间价值的增值情况。银行计息有单利法和复利法两种形式,单利法只对本金计息,而复利法是把前期所得本利和作为本金,再全部投入流通过程继续增值,它表达了资金运动的客观规律,可以完全体现资金的时间价值。所以,在项目经济评价中不用单利法而采用复利法进行计算。

由于投入项目的建设资金全都是间断的,间断复利的资金投入方式有一次性投入、等额序列投入和不等额序列投入三种,其计算公式如下。

(1)一次性投入的现值 P 和终值 F 计算公式:

$$P = F(1+i)^{-n} \tag{10-1-1}$$

或用符号表达为

$$P = F(P/F,i,n)$$

$$F = P(1+i)^{n} \tag{10-1-2}$$

或用符号表达为

$$F = P(F/P,i,n)$$

式中 P——现值;

F——终值;

n——计息总年数,相当于经济评价中的计算期;

i——年利率,相当于经济评价中的折算率。

(2)等额序列的现值 P 和终值 F 计算公式:

$$P = A \cdot \frac{(1+i)^{n}-1}{i(1+i)^{n}} \tag{10-1-3}$$

或用符号表达为

$$P = A(P/A,i,n)$$

$$F = A \cdot \frac{(1+i)^n - 1}{i} \tag{10-1- 4}$$

或用符号表达为

$$F = A(F/A,i,n)$$

式中 A——等额年值序列；

其他符号含义同前。

(3)不等额序列的现值 P 和终值 F 计算公式：

$$P = \sum_{t=1}^{n} \frac{A_t}{(1+i)^t} \tag{10-1-5}$$

$$F = \sum_{t=1}^{n} A_t(1+i)^{n-t} \tag{10-1-6}$$

式中 A_t——第 t 年年末投入项目或存入银行的资金；

n——总年数(即计算期)；

t——年份序号；

其他符号含义同前。

第二节　国民经济评价

一、国民经济评价概述

国民经济评价是采用费用和效益分析的方法，运用影子价格、影子汇率、影子工资和社会折现率等国民经济评价参数，从国民经济角度考察投资项目所耗费的社会资源和对社会的贡献，以评价投资项目的经济合理性。在项目的经济评价中，那些对国民经济有较大影响的项目或者投入、产出财务价格明显不合理的项目就必须进行国民经济评价。特别是能源、交通基础设施，农、林、水利等项目是国民经济的基础，不完全以盈利为目标，但对国民经济其他部门影响较大，更要强调国民经济评价。对于在市场经济条件下财务评价可以满足投资决策要求的多数工业加工项目，就可以不进行国民经济评价。水利水电建设项目一般来说都应进行国民经济评价。

(一)国民经济评价的目的和作用

国民经济评价的目的和作用，主要体现在下列三个方面：

(1)在宏观上对国家有限资源可进行合理的配置。国家的资源(包括资金、土地、劳动力以及其他自然资源)总是有限的，必须从国家的整体角度来考虑，在资源的各种相互竞争的用途中作出选择。国民经济评价是一种宏观评价，只有多数项目的建设符合整个国民经济发展的需要，才能在充分合理利用有限资源的前提下，使国家获得最大的净效益。

(2)真实地反映了项目对国民经济的净贡献。国民经济评价中采用了能较真实地反映资源价值的影子价格，并借以计算项目的费用和效益，基本可以得出该项目建设是否对国民经济总目标有利的结论。

(3)使投资决策走向科学化。国民经济评价运用经济净现值、经济内部收益率等指标及影子价格、影子汇率等参数,可以起到鼓励或抑制某些行业或项目发展的作用,有利于引导投资方向,促进国家资源的合理分配。另外,国家可以通过调整社会折现率这个重要参数来控制投资规模。同时,有了足够数量的、经过充分论证和科学评价的备选项目,便于决策部门对项目进行排队和取舍,有利于达到投资决策科学化的目的。

(二)国民经济评价中费用和效益的识别

国民经济评价中费用和效益识别的基本原则是:凡项目对国民经济所作的贡献,均计为项目的效益;凡国民经济为项目付出的代价,均计为费用。在考察项目的效益与费用时,应按有项目和无项目两种情况的费用和效益,再计算其增量,并遵循效益和费用计算范围对应的原则进行操作。

国民经济的费用和效益可分为直接费用和直接效益、间接费用和间接效益两类。

项目的直接费用主要指国家为满足项目投入(包括固定资产投资、流动资金及经常性投入)的需要而付出的代价。这些投入物用影子价格计算的经济价值即为项目的直接费用。水利水电建设项目中的枢纽工程或河渠工程的投资、配套工程投资、水库淹没处理或河渠占地补偿投资、年运行费用、流动资金等均为项目的直接费用。

项目的直接效益主要指项目的产出物包括物质产品或服务的经济价值。没有产出物的项目,其效益表现为投入的节约,即释放到社会上的资源的经济价值。如水利水电建设项目建成后水电站的发电收益,减免的洪灾淹没损失,增加的农作物、树木、牧草等主、副产品的价值等,均为水利水电建设项目的直接效益。

间接费用又称外部费用,是指国民经济为项目付出了代价,而项目本身并不实际支付的费用。例如项目建设造成的环境污染和生态的破坏。

间接效益又称外部效益,是指项目对社会作了贡献,而项目本身并未得益的那部分效益。例如在河流上游建设水利水电工程后,河流下游水电站增加的出力和电量。

另外,国民经济内部各部门之间的转移支付,如项目财务评价中的税金、国内贷款利息和补贴等均不能计为国民经济评价中的费用或效益,因为它们并不造成资源的实际消耗或增加,但国外借款利息的支付产生了国内资源向国外的转移,则必须计为项目的费用。

(三)国民经济评价中的影子价格

影子价格是指当社会经济处于某种最优状态时,能够反映社会劳动的消耗、资源稀缺程度和对最终产品需求情况的价格;是在一定经济条件下,利用线性规划等计算方法,反映某一种产品增加或资源利用最优化的价格。同一产品或资源在不同经济条件下有着不同的影子价格。影子价格是一种虚拟的、人为确定的、比交换价格更为合理的价格。其合理的标志是:从定价原则来看,它能更好地反映产品的价值,反映市场供需情况,反映资源稀缺程度;从价格产生的效果来看,它能够使资源配置向优化的方向发展。影子价格在国外又称预测价格或计算价格,也称最优计划价格,它不是用于交换,而是用于预测、计划、项目评价等的价格;是向决策人提供信息,供决策人选择最优方案、制定经费使用计划和改善经营管理的工具。

对项目进行国民经济评价,主要目的是考察它对国民经济作出多大贡献(效益)和使国民经济付出多少代价(费用)。这里所说的贡献和代价只有用价格来计量。所以,在国民经济评价中,必须应用影子价格,以便能够真正反映项目对国民经济造成的得失。

在完善的市场条件下,任何货物的市场价格就等于影子价格。边际社会效益、边际社会成本、边际企业收益和边际企业成本都等于市场价格。因此,项目的投入物和产出物的市场价格就等于影子价格。也就是说,国民经济评价价格和财务评价价格相一致。

目前,世界各国进行项目经济分析可用的影子价格有两种不同的体系,即以国际市场价格为基础的价格体系和以国内市场价格为基础的价格体系。我国建设项目经济评价采用以国内市场为基础的价格体系,即以人民币元为单位计算项目的费用、效益。

对于项目投入物和产出物的影子价格,应按外贸货物、非外贸货物、特殊投入物等类型进行计算。

在完善的市场条件下,口岸价格就反映了外贸货物的机会成本或消费者的支付意愿。因此,口岸价格(假定市场就在口岸,进口货物为到岸价格,出口货物为离岸价格)应等于国内市场价格即影子价格。在实际市场条件下,国内市场价格可能会高于或低于口岸价格。所以,在国民经济评价中要以口岸价格为基础来确定外贸货物的影子价格。一般应按外贸货物(投入物或产出物)为直接进(出)口、间接进(出)口、减少出口或替代进口(投入物或产出物)等不同类型,考虑一定的国内运输费用和贸易费用来计算外贸货物的影子价格。

投入物影子价格(到项目地价格)=到岸价(*CIF*)×影子汇率+国内运杂费+贸易费用。

产出物影子价格(项目产出物当地价格)=离岸价(*FOB*)×影子汇率-国内运杂费-贸易费用

非外贸货物的影子价格,在项目国民经济评价中,对于投入物通常采用成本分解法得到货物出厂的影子价格,加上运输费用和贸易费用即可得到货物到项目地的影子价格,对于产出物可采用同类企业产品的分解成本得到。随着我国市场经济发展和贸易范围扩大,大部分货物的价格由市场形成,其价格可以近似反映其真实价值。进行国民经济评价可将这些货物的市场价格加上或减去国内运杂费等,作为投入物或产出物的影子价格。

特殊投入物的影子价格主要包括劳动力的影子价格(即影子工资)和土地影子价格(即土地影子费用)。劳动力的影子工资应能反映该劳动力用于拟建项目而使社会为此放弃的原有效益,以及社会为此而增加的资源消耗,一般采用工资标准乘以影子工资换算系数求得。通常建设项目的影子工资换算系数为1;对于某些特殊项目,如果劳动力(熟练的或非熟练的)确实非常紧缺,或者非常充裕,允许根据具体情况适当提高或降低影子工资换算系数,但要有充分的依据,并加以说明。土地的影子价格应能反映该土地用于拟建项目而使社会为此放弃的原有效益,以及社会为此而增加的资源消耗如居民搬迁费等。国民经济评价中对土地有两种具体处理方式:一是计算项目占用土地在整个占用期间逐年净效益现值之和,作为土地影子价格计入项目的建设投资中;二是将项目占用土地的逐年净效益的现值换算为年等值效益,作为项目每年的投入。通常采用第一种方式。

此外,资金的影子价格可以用社会折现率来表示。不断增长的社会扩大再生产是社会折现率存在的基础,它反映了资金占用的费用。因此,可以认为社会折现率是资金的影子价格。外汇的影子价格即影子汇率,在项目评价中,用国家外汇牌价乘影子汇率换算系数得到外汇的影子价格即影子汇率。

(四)转移支付

转移支付是指系统内部所发生的费用和效益的相互转移,它并不发生实际的资源消耗(或增加)。在项目国民经济评价中,国家作为一个大系统,其内部发生的某些费用和效益仅是相互转移,而并没有发生实际资源的增加和耗用,这部分费用和效益称为国民经济内部的"转移支付"。如项目向国家、地方缴纳的税金,国家对某些项目的补贴,国内银行的贷款利息等。

识别某项费用或效益是否是转移支付,需要注意两点:首先要看这一费用或效益是不是仅限在系统内部发生,如果同系统外部有联系就肯定不是转移支付,如国外借款的还本付息与系统外部有联系,不应看做转移支付;第二,判断是否发生实际的资源变化(耗用或增加),没有发生资源变化的属转移支付。转移支付在国民经济评价中既不作为费用也不作为效益。如关税、销售税金及附加、固定资产投资方向调节税、国内借款利息等在国民经济评价中都不应计为费用,不应体现在国民经济效益费用流量表的费用流出中;在以财务评价为基础进行调整来进行国民经济评价时,要注意从现金流出中剔除这部分费用。

二、水利水电建设项目的费用

水利水电建设项目的费用包括项目的固定资产投资、流动资金、年运行费(经营成本)和更新改造费。

(一)固定资产投资

固定资产投资包括水利水电建设项目达到设计规模所需由国家、企业和个人以各种方式投入主体工程和相应配套工程的全部建设费用,其中除直接投入资金外,还应包括投物和投劳的折价;其计算精度应达到相应设计阶段要求达到的深度;对于固定资产投资计算的范围应严格遵循费用与效益口径对应一致的原则进行,即效益计算到哪个层次,固定资产投资也必须计算到哪个层次。

1. 主体工程固定资产投资

主体工程固定资产投资一般包括建筑工程、机电设备及安装工程、金属结构及安装工程、临时工程、建设占地及水库淹没处理补偿费,其他费用及基本预备费等。见图 10-2-1。

由于水利水电工程的建设期较长,主体工程固定资产投资还应根据合理工期和施工计划做出年度安排。在规划阶段其主体工程固定资产投资通常可参照类似工程固定资产投资年度分配比例,再根据当时具体情况分析确定。

2. 配套工程固定资产投资

水利水电配套工程固定资产投资主要是指为全面实现水利水电工程效益所需要的工程、设备等投资,如水电站的输变电工程投资、灌区的下级渠道及田间工程等。此外,为消除水利水电工程建设带来某些不利影响所需要的投资,也可列入配套工程投资。配套工程投资的大小不仅与主体工程规模有关,而且与主体工程服务对象有关。如水电站就近供电,输变电投资就少;远距离送电,输变电投资就多。配套工程投资的投入时间与主体工程资金投入时间也不完全同步,一般是在主体工程建设后期,根据项目发挥效益的要求

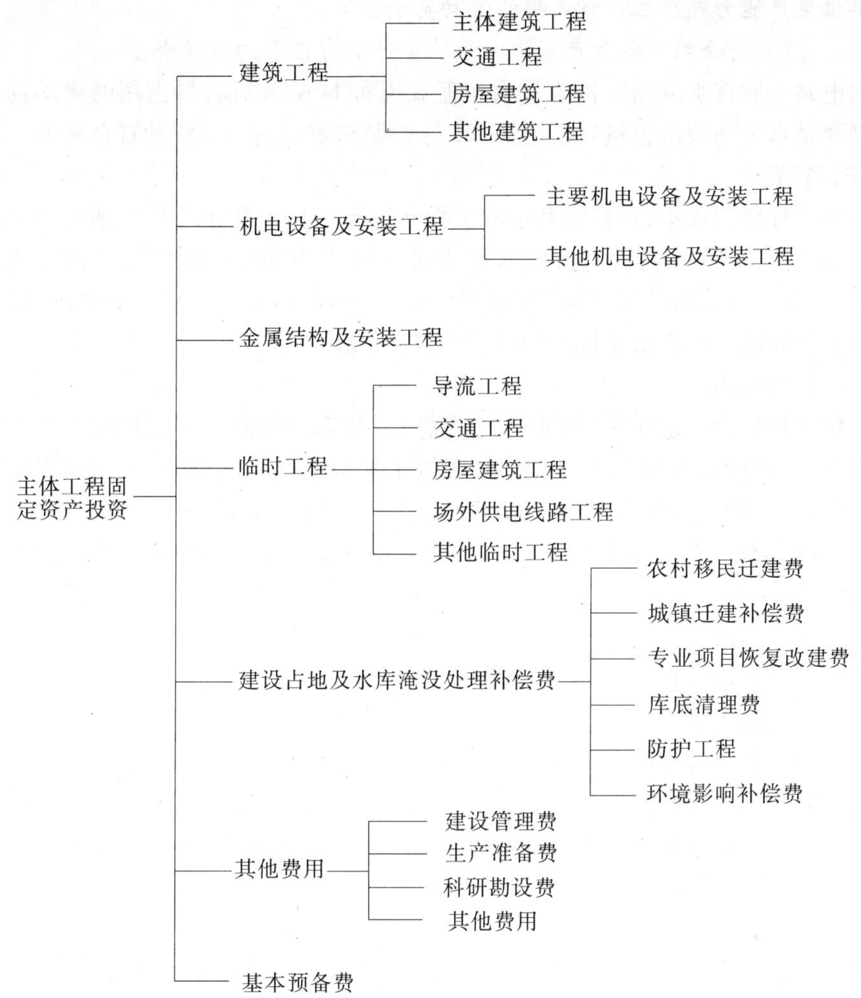

图 10-2-1　水利水电工程主体工程固定资产投资构成

进行分析,做出资金的分年度安排。

配套工程投资可采用典型设计的扩大指标或参照类似工程,用影子价格予以估算。

(二)流动资金

水利水电工程的流动资金包括维持项目正常运行所需购置燃料、材料、备品、备件和支付职工工资所需的周转金。可按有关规定或参照类似项目分析确定,通常可以按扩大指标进行估算。

1. 按产值(或销售收入)、年运行费(经营成本)、固定资产投资的比例估算

流动资金额 = 年产值(或销售收入) × 类似项目流动资金额与年产值(或销售收入)的比率

或　　流动资金额 = 年运行费 × 类似项目流动资金额与年运行费的比率

或　　流动资金额 = 固定资产投资 × 类似项目流动资金额与固定资产投资的比率

对于灌溉和供水项目多采用年运行费的比率估算。例如某灌溉工程按年运行费的10%估算流动资金;某自来水厂按年运行费的25%(一个季度)估算流动资金。

2. 按单位生产能力或单位产量占用的流动资金估算

流动资金额 = 年生产能力 × 单位生产能力占用的流动资金

例如水电站一般按水电站装机容量乘相近规模每 1kW 装机容量占用的流动资金求得。一般规律是水电站装机容量规模增大，每 1kW 装机容量占用的流动资金减少。

（三）年运行费

年运行费又称经营成本，是指水利水电工程在运行的初期和正常运行期每年所需的经营性支出，包括工资及福利费，材料、燃料及动力费，维护费，其他费用，库区（或水源区）维护基金等项。年运行费可根据设计阶段要求、项目特点和掌握资料的情况，按有关规程规定分项计算或参照类似工程近期的实际资料计算。

1. 扩大指标估算法

按固定资产投资的一定比率（即年运行费费率）估算。如输变电工程的年运行费一般按其固定资产投资的3%估算；对于水库，则按土坝型或混凝土坝型，分别以固定资产投资的4% ~5%或3% ~4%估算；对于灌区或堤防均按5% ~6%固定资产投资的比率估算；对于水闸按4% ~5%，对于泵站和小水电站则分别按9% ~10%及7% ~9%固定资产投资的比率估算。

2. 分项详细计算法

按年运行费用分项计算，最后汇总求得。

1）职工工资及福利费

按国家或有关部门编制的定员标准规定，以职工人数乘以该项目的每个职工的年平均工资求得，职工工资包括标准工资、附加工资、工资性津贴及非工作时间工资等，其数值可参照类似工程近3年来的实际资料分析确定；职工福利可按职工工资的14%计算。

职工工资及福利费 = 定员总人数 × 年平均工资额 ×（1 +0.14）

2）材料、燃料及动力费

材料费是指水利水电工程运行、事故处理等所耗用的材料、备品、低值易耗品等费用，可根据项目所在地区类似工程近期的实际资料计算。

燃料、动力费是指水利水电工程在运行中所耗用的煤、油、电等费用，参照类似工程分析确定。

3）维护费

维护费是指维护、养护工程设施所需的费用，包括日常维修、养护、岁修和大修理等费用。大修理费并非每年均衡支出，为简化起见，可将使用期内的大修理费总额平均分到各年。

维护费可按每类建筑项目投资的百分数估计，例如土渠为3.0%，土坝为0.5%，混凝土结构为0.1%等。

4）其他费用

其他费用指不属于以上各项的其他费用，一般包括办公费、差旅费、科研教育经费以及为消除或减轻水利水电工程建成后产生的不良影响如清淤、冲淤、排水、治碱等每年所需的补救措施的费用。一般可参照类似工程的实际资料分析确定。

上述年运行费是指水利水电工程达到设计规模后正常运行期各年运行费的平均值。项目运行初期，工程效益尚未达到设计规模，各年的年运行费可根据其投产规模和实际需要分析确定。

（四）更新改造费

水利水电工程的更新改造主要是指水利水电工程中的金属结构及机电设备等，因其折旧寿命期一般短于工程项目的经济计算期，故需要考虑进行更新改造。更新改造费一般按水利水电工程中金属结构及机电设备等的固定资产投资额确定。更新改造费开始投入的时间一般在金属结构及机电设备等的经济寿命期末的次年，根据工程实际运行情况及资金来源情况分若干年完成更新改造。

三、水利水电项目各功能效益

水利水电项目各功能效益，根据掌握资料和各功能特点不同，一般可以用下述三种途径进行计算。

（1）增加收益法。即分析计算水利水电工程兴建后可增加的实物产品产量或经济效益，作为该工程或功能的效益。如灌溉、城镇供水、水力发电和航运等一般采用这种途径来估算效益。

（2）减免损失法。即以水利水电工程兴建后可以减免的国民经济损失作为该工程或功能的效益，它虽然不是工程本身的收益，但对国家或社会来讲，减免损失同样是一种收益。目前防洪、治涝工程一般用这种途径来估算效益。

（3）替代工程费用法。即以最优等效替代措施的费用（包括投资和运行费）作为工程的效益，当国民经济发展目标已定时，均可用这种途径来估算效益。

由于水利水电项目效益比较复杂，为使计算的效益值能满足项目经济评价的要求，效益计算时应遵循以下原则：

（1）按有、无项目对比可获得的直接效益和间接效益计算。“有项目”是指实现了拟议的水利水电建设项目后，在该项目影响范围内将要发生的变化：“无项目”是指不实现拟议的水利水电建设项目时，在拟议项目影响范围内可能发生的情况。有、无项目对比中，要注意分析、预测“无项目”时，该拟议项目影响范围内社会、经济等发展变化的趋势，使计算出的项目效益能真正体现该项目对国民经济所作的贡献。

（2）为反映水文现象的随机性，应采用系列法或频率法计算各功能的多年平均效益，作为项目经济评价指标计算的基础。同时，对防洪、治涝、灌溉、城镇供水等项目，还要计算设计年及特大洪（涝）年或特大旱年的效益，作为综合经济分析的依据，供项目决策研究。

（3）要考虑水利水电工程效益随时间发生变化的特点，一般要求预测一个平均的经济增长率，据以估算项目在计算期的效益；对项目计算期内可能减少的效益，经分析确定后，要从计算期效益中扣除（扣除时要注意这部分效益发生变化的时间，在相应的时间段扣除）。

（4）要分析计算项目的负效益。水利水电建设项目对社会、经济、环境造成的不利影响，首先应采取补救措施，将其补救费用计入项目投资；难以采取措施补救或采取措施后仍不能消除全部不利影响时，应计算其全部或部分负效益。

（5）效益计算的范围要与费用计算的范围相同，即应遵循费用与效益计算口径对应一致的原则。

（6）对运行初期和运行期各年的效益，要根据项目建设进度、投产计划和配套程度合理计算。

(7)对综合利用水利水电建设项目,除分别计算各功能的效益外,还要计算项目的整体效益。

(一)防洪效益

水利水电项目的防洪效益,按该项目可减免的洪灾损失和可增加的土地开发利用价值计算,以多年平均效益和特大洪水年效益表示。

1. 洪灾损失分类

洪灾损失主要可分为5类:①人员伤亡损失;②城乡房屋、设施和物资损坏造成的损失;③工矿停产,商业停业,交通、电力、通信中断等所造成的损失;④农、林、牧、副、渔各业减产造成的损失;⑤防洪、抢险、救灾等费用支出。

2. 减免直接洪灾损失计算方法

根据造成项目防护地区发生致灾洪水的年份,即上游来水超过下游河道安全泄量标准,造成被保护区洪灾的年份,在有防洪项目条件下比无防洪项目条件下可免除或减少的洪灾损失计算。计算减免的洪灾损失首先要调查、分析洪灾损失的基础资料,调查、收集所论洪水的淹没范围、淹没程度、淹没区社会经济情况、各类财产的洪灾损失率及各类财产历年增长情况,有条件时可进行普查。洪水淹没范围大,普查有困难时,可选择有代表性的城镇和地区进行典型调查。对于受淹的公、私财产损失,应按修复或补救或清理费用计算;对于受淹农田洪灾后可采取补种措施的,其损失应按损失产值与补种后产值的差值,加补种增加的费用计算,农田受淹增肥显著的,可适当估算其增产效益,并从洪灾损失中扣除。在此基础上,求出典型调查区在该次洪水条件下的单位综合损失指标,农村一般以每亩综合损失值表示,城镇一般以每人综合损失值表示。

用有、无防洪项目下洪水淹没面积(农村)和受淹人口(城镇)的差值乘单位综合损失指标(农村:元/亩;城镇:元/人),即得某一次洪水时有防洪项目减免的直接洪灾损失。计算时,如果防洪受益区中各小区的单位综合指标不同,应先以小区为单位分别求出各小区减免的直接洪灾损失值,然后再将各小区减免的直接洪灾损失相加,即得该次洪水的直接防洪效益。

对于防洪建设项目,无论是项目运行初期或正常运行期,各年的防洪效益还应按照防护地区社会经济发展规划和防洪安全设施计划进行预测估算。

3. 多年平均直接防洪效益计算方法

多年平均直接防洪效益计算方法主要有实际年系列法和频率曲线法两种。

1)实际年系列法

它是选择一段比较完整、代表性较好并具有一定长度洪水灾害的实际年系列,分别求出有、无防洪项目情况下各年的洪灾损失值,然后用算术平均法求其多年平均损失值,其差值即为多年平均直接防洪效益。这种方法的优点是简单、直观、计算方便;缺点是若系列中大洪水年份较多,则会使多年平均直接防洪效益有可能偏大,反之则有可能偏小。因此,采用本方法时,必须使所用的实际洪水系列具有代表性,若系列中缺少或出现过多的大洪水年份,应进行补充或作适当修正。

2)频率曲线法

针对洪水统计资料中的每场洪水或先采用经验频率(理论频率也可)拟定几种洪水

频率(一般不少于5种),然后分别算出各种频率洪水在有、无防洪防洪项目情况下的洪灾损失值,再用列表法分别算出以频率为权重有、无工程项目的多年平均损失值,其差值即为该防洪项目的多年平均直接效益,计算公式为:

$$\bar{S}=\sum_{p=0}^{1}(p_i-p_{i-1})\left(\frac{S_i+S_{i-1}}{2}\right)=\sum_{p=0}^{1}\Delta P\bar{S}_{i,i-1} \tag{10-2-1}$$

式中 $\bar{S}$——多年平均直接防洪效益;

p_i、p_{i-1}——相邻的两频率值;

S_i、S_{i-1}——频率 p_i、p_{i-1} 的洪灾损失;

ΔP——相邻两频率的差值,即 $\Delta P=p_i-p_{i-1}$;

$\bar{S}_{i,i-1}$——相邻频率洪灾损失的平均值,即 $\bar{S}_{i,i-1}=\frac{S_i+S_{i-1}}{2}$。

若用频率曲线图解法推求有、无防洪项目多年平均损失值,同样可以求出该项目的 $\bar{S}$。

【例 10-1】 某防洪工程,在有、无工程项目条件下,经调查及预测,各种频率洪灾损失的数值如表 10-2-1 所示,根据表中数据及实际年系列,列表计算其多年平均防洪效益。

解:按公式(10-2-1)列表计算其多年平均防洪效益见表 10-2-1。

多年平均防洪效益为:53 250 - 2 375 = 50 875(万元)。

表 10-2-1 某防洪工程多年平均防洪经济效益计算表

洪水流量(m^3/s)	频率 P	ΔP	无工程情况下多年平均损失计算(万元)			有工程情况下多年平均损失计算(万元)		
			损失 I	$I=\frac{1}{2}(I_1+I_2)$	ΔPI	损失 M	$M=\frac{1}{2}(M_1+M_2)$	ΔPM
40 000	1.00		—					
		0.30		7 500	2 250			
48 000	0.70		15 000					
		0.20		22 500	4 500			
56 000	0.50		30 000					
		0.30		45 000	13 500			
66 000	0.20		60 000					
		0.10		80 000	8 000			
79 000	0.10		100 000					
		0.04		150 000	6 000			
99 000	0.06		200 000			15 000		
		0.03		250 000	7 500		22 500	675
121 000	0.03		300 000			30 000		
		0.02		350 000	7 000		45 000	900
143 000	0.01		400 000			60 000		
		0.01		450 000	4 500		80 000	800
可能最大	—		500 000			100 000		
总的年平均损失					53 250			2 375

【例 10-2】 某水利工程位于 A 江的上、中游交界处,具有防洪、发电等综合效益。其中游防洪库容 70 亿 m^3,与中下游堤防和分蓄洪工程组成防洪体系,保护中下游平原地区的安全。经调查和计算,该工程建成后可减小下游民垸分洪几率,减少分蓄洪区的运用机会,减少洲滩的洪灾损失,减少干堤两岸保护区特大洪水时的经济损失和人员伤亡,其多年平均减淹面积和亩均综合损失如表 10-2-2 所示。试计算该工程建成后的多年平均直接防洪效益。

表 10-2-2 某工程多年平均减淹面积和亩均综合损失

项目		地区			
		民垸	分蓄洪区	洲滩地	两岸平原
受淹面积(万亩)	无本工程	11.02	26.23	52.18	5.7
	有无工程	1.35	2.26	12.78	1.1
亩均综合损失(元)		4 643	1 951	690	4 660

解:首先求出有、无本项目情况下各区的洪水淹没面积差值,再将差值乘相应地区的亩均综合损失值,即得直接防洪效益,具体计算如下:

$(11.02-1.35)\times 4\,643+(26.23-2.26)\times 1\,951+(52.18-12.78)\times 690+(5.7-1.1)\times 4\,660=14.03$(亿元)。

4. 间接防洪效益计算方法

防洪项目的间接效益主要是指在洪水淹没区内、外,没有与洪水直接接触,但受到洪水危害,与直接受灾的对象或其他方面有联系的事物所减少或免除的经济损失,包括地域性波及损失的减免和时间后效性波及损失的减免两种,至于如何计算,目前国内外还没有成熟的方法。一般根据大量的调查资料,推算出它们与直接防洪效益的关系,并用百分数 k 表示。如澳大利亚建议 k 值为:住宅区 15%、商业 37%、工业 45%;美国建议 k 值为:住宅区 15%、商业 37%、工业 45%、公用事业 10%、公共产业 34%、农业 10%、公路 25%、铁路 23%。我国对洪水间接效益研究起步较晚,据对"75·8"淮河大洪水和 1954 年长江洪水灾情调查,农业的间接损失为直接损失的 26%~28%。由于防洪间接效益计量很困难,方法也不成熟,在目前防洪效益计算中,常以防洪直接效益来表示,间接效益通常用文字加以说明。

5. 最优等效替代法

以满足同等防洪标准的最优等效替代措施所需费用作为水利水电项目的防洪效益。有可能作为替代措施的有水库、其他综合利用水库、加固加高堤防、开辟分洪道、建立分蓄洪区、整治河道等,或上述数种措施的联合运用等。

(二)治涝效益

治涝效益是指水利水电项目的治涝工程在排除当地降雨造成的涝灾中所减免的损失。治涝效益可分直接效益和间接效益两部分。直接效益主要指因修建治涝工程而减免的农业、林业、牧业、副业和渔业的损失;房屋设施和物资损坏所造成损失的减免;工矿停产,商业停业,交通、电力、通讯中断等造成损失的减免;抢排涝水及救灾费用支出的减免等。间接效益主要指减免因农业原料不足而造成的农副业、工业产值损失以及减免灾区疾病传染、精神痛苦和环境卫生条件恶化费用的支出等。对难以定量的减免损失，可用文字说明。

由于在排除涝水的同时，也降低了当地的地下水位。因此，在调查涝灾损失时，也应对当地地下水位埋深、土壤含盐量变化等情况进行调查。对于农田的涝、渍、碱灾害减免的损失量，还应参照农田排水及地下水埋深对农作物产量影响的试验资料来定值。对于治涝效益和治渍、治碱效益无密切关系的项目，则治涝、治渍和治碱效益应分开计算。

治涝效益和防洪效益相似，应以有、无项目对比可减免的涝灾损失计算，并以多年平均效益和特大涝水年效益来表示，具体计算方法有以下几种：

(1)实际年系列法。选择一定长度代表性较好的实际年汛期降雨系列，分别求出有、无治涝项目情况下的涝灾损失值，然后再求出其多年平均值，其差值即为治涝项目的多年平均治涝效益。

(2)涝灾频率法。根据调查的有关涝灾资料，由建立的有、无该项目的涝灾损失频率曲线，用图解法推算。也可用列表法进行计算。

(3)内涝积水量法。根据实测和调查的涝灾资料，建立内涝积水量与涝灾损失的关系曲线，再通过各种频率的内涝积水量推算。这一方法主要用于平原圩区。

(4)雨量涝灾相关法。即根据雨量和涝灾资料，建立暴雨量与涝灾损失关系，再通过暴雨量频率曲线推算。

(三)灌溉效益

因灌溉项目实施产生的农作物增产和质量提高的效益称为灌溉效益。由于农业增产和质量提高是水利、土壤、肥料、植保和管理等农业综合措施综合作用的结果，所以灌溉效益应在水利和农业两部门间进行分摊。灌溉效益量值常常随着降雨量的减少而增大，由于降雨年际间变化较大，灌溉效益常以多年平均效益、设计年效益和特大干旱年效益来表示，常用的计算方法有以下几种：

(1)分摊系数法。按有、无项目对比灌溉和农业技术措施可获得的总增产值乘灌溉效益分摊系数计算。其计算公式为：

$$B = \sum_{i=1}^{n} \varepsilon_i A_i (y_{Hi} - y_{oi}) P_i + \sum_{i=1}^{n} \varepsilon_i A_i (y'_{Hi} - y'_{oi}) P'_i \tag{10-2-2}$$

式中 B——多年平均(或设计年或特大干旱年)的灌溉效益，元；

A_i——第 i 种农作物的灌溉面积，亩；

y_{Hi}、y'_{Hi}——有灌溉项目条件下，灌区 i 种农作物主、副产品预测多年平均(或设计年，或特大干旱年)的亩产量，kg/亩；

y_{oi}、y'_{oi}——无灌溉项目条件下，灌区 i 种农作物主、副产品预测多年平均(或设计年，或特大干旱年)的亩产量，kg/亩；

ε_i——i 种农作物的灌溉效益分摊系数，按作物类型不同，分别取用相应于多年平均(或设计年，或特大干旱年)的数值，具体数值可参考类似地区的试验成果或调查资料；

P_i、P'_i——i 种农作物主、副产品的影子价格(或价格)，元/kg；

i——农作物种类序号；

n——灌区农作物种类总数。

由于有灌溉时农作物的副产品增产幅度并不显著，为了简化计算，按农作物主、副产品增产量及价格比例，把副产品增产量折算入主产品的增产量中，故上述计算式可简化为下式：

$$B = \sum_{i=1}^{n} \varepsilon_i A_i (y_{2i} - y_{oi}) P_i \tag{10-2-3}$$

式中 y_{2i}——有灌溉项目条件下，按价格比例把农作物副产品增量计入主产品增量中的总值；

其他符号含义同前。

我国幅员辽阔，各地区雨量分布差别很大，种植作物类型也有很大差异，即使是同一种作物，在不同地区灌溉效益分摊系数 ε_i 也差别很大。总之，灌溉效益分摊系数因地区、降雨年型、农作物类型不同而不同，由于它是影响灌溉效益值的一个重要因素，取用时一定要有依据，要慎重研究和调查。

(2)缺水损失法。按有、无灌溉项目条件下，能减免由缺水造成的农业损失值计算。其计算公式如下：

$$B = (d_1 - d_2) A y P_s$$

式中 d_1、d_2——无灌溉项目和有灌溉项目时多年平均(或设计年，或特殊干旱年)缺水时的减产系数；

A——项目控制的灌溉面积，亩；

y——单位面积上农作物产量，kg/亩；

P_s——单位产量的影子价格(或价格)，元/kg；

其他符号含义同前。

如果灌区种植多种作物，则每种作物均按上式计算其灌溉效益，最后求出总和才是该灌区全部的灌溉效益。在灌区节水改造中，对于灌溉节水设施的效益应按该节水设施可节省的水量，用于扩大灌溉面积或用于提供城镇供水等可获得的效益计算。

(四)城乡供水效益

城乡供水效益是指供水项目向城乡工矿企业和居民提供生产、生活用水可获得的效益，以多年平均效益、设计年效益和特大干旱年效益表示。通常采用的有下述4种计算方法：

(1)最优等效替代法。有兴建等效替代工程条件或可实施节水措施，替代该项目向城乡供水的，可以最优等效替代工程或节水措施所需的年费用作为城乡供水项目的效益。

用最优等效替代法来计算供水效益，要达到“等效”、“最优”并且现实可行。在工程实践中要尽量地去进行实地踏勘和筛选。在有些地区，采用某一项或某一类措施不能替代拟建供水工程的供水效益时，可采用综合替代方案。作为综合替代方案的替代措施包括：①开发本地地面水资源；②开发本地地下水资源；③跨流域调水；④海水淡化；⑤采取节水措施；⑥挤占农业用水或其他一些耗水量大的工矿企业(包括将某些耗水量大的工矿企业迁移到水资源丰富的地区)等。

(2)缺水损失法。适用于现有供水工程不能满足城镇工矿企业用水或居民生活用水需要,导致工矿企业停产、减产或严重影响居民正常生活的缺水地区;用于拟建供水工程时,要根据预测资料分析确定。采用本法时,应进行水资源优化分配,按缺水造成的最小损失计算。一般按限制一些耗水量大、效益低的工矿企业用水造成的多年平均损失计算,或按挤占农业用水所造成的农业损失计算。

(3)分摊系数法。按有该项目时工矿企业的增产值乘以供水效益的分摊系数近似估算。分摊系数法是目前在计算城镇供水经济效益中使用最多的一种方法,通常按照供水区范围内工业供水工程(含水源、输水、水厂、管网等设施)的投资费用折现总值占工业生产(含工业供水工程)投资费用折现总值的比例分摊供水后工矿企业生产增加的毛产值估算工业供水效益。工业供水工程和工业生产的投资费用均包括固定资产投资、流动资金和年运行费用等。

工业供水效益计算的表达式如下:

$$B_{水} = \frac{W}{q} \cdot \frac{C_{水}}{C_{工} + C_{水}} \tag{10-2-4}$$

式中 $B_{水}$——多年平均工业供水经济效益;

W——年均工业供水总量;

q——工业万元产值耗水量;

$C_{水}$——供水范围内供水项目的固定资产投资、流动资金和年运行费的折现总值;

$C_{工}$——供水范围内工业生产项目固定资产投资、流动资金和年运行费的折现总值。

另外,目前确定分摊系数值时,也有按"投资比法"、"固定资产比法"、"成本比法"等,由于采用分摊系数不同,效益计算结果有时相差较大,此时,应进行多方面分析定值。

水利水电项目的城乡供水如向城乡水厂提供水源,供水效益还需要以供水项目所需水源、输水的建设和运行总费用占水源、输水、水厂、管网等建设和运行总费用的比例来分摊全部城乡供水效益。

现举例说明城乡供水效益计算。

【例 10-3】 某供水工程向 A、B、C、D 等四城市提供城镇净供水量 75.58 亿 m^3(分区供水量见表 10-2-3),请采用分摊系数法计算各城市供水效益。

解:

1. 万元产值取水量

供水区各城市万元产值取水量指标为:A 市 35m^3/万元,B 市 40m^3/万元,C 市 80 m^3/万元,D 市 90 ~100m^3/万元。

2. 供水效益分摊系数

供水区各省、市工业供水效益分摊系数为:A 市 2.37%,B 市 2.71%,C 市 2.54%,D 市 2.28% ~2.46%。

3. 水源工程按 6 年,输水工程和自来水厂按 3 年,工矿企业按 3 年。计算期均采用 26 年,折现计算时的折现率采用 12%。

4. 按公式(10-2-4)计算得 A、B、C、D 四城市的供水效益见表 10-2-3。

表 10-2-3　某供水工程城乡供水效益计算成果表

项目	D 市			C 市	B 市	A 市	合计
	全区	D_1 区	D_2 区				
万元产值取水量(m^3/万元)		100	90	80	40	35	
供水效益分摊系数(%)		2.28	2.46	2.54	2.71	2.37	
分水口供水量(亿 m^3)	28.37	14.37	14.00	21.68	11.70	12.23	73.98
供水效益(亿元)	64.53	30.01	34.52	61.86	71.50	74.52	272.41
单方水效益(元/m^3)	2.53	2.32	2.74	3.17	6.78	6.77	

注:考虑分水口输水损失后,各区的供水效益按分水口供水量的90%计算。

(五)水力发电效益

水利水电建设项目的水力发电效益主要是指向电网或用户提供的电力和电量。通常可用下述方法进行计算:

(1)最优等效替代法。按最优等效替代设施所需的年费用作为水电建设项目的发电效益。在满足同等电力、电量条件下选择技术可行的若干替代方案,年折算费用最小的方案为替代方案中最优方案。实际工作中一般是依据拟建工程供电范围的能源条件选择其他水电站、核电站、地热电站、燃煤燃油火电站,或上述几种不同形式电站的组合方案作为拟建水电站的替代方案,在保证替代方案和拟建水电站电力、电量基本相同的前提下,计算出替代方案的费用,其值即为水利水电工程的发电效益。

(2)影子电价法。按水利水电建设项目向电网或用户提供的有效电量乘影子电价计算。其计算公式为:

$$B = \sum_{i=1}^{n} Q_t(1-r)\cdot P\cdot(1+i_s)^{-t} + \sum_{i=1}^{n} Q'_t(1-r)(P-P')(1+i_s)^{-t} \qquad (10\text{-}2\text{-}5)$$

式中　B——水电项目发电经济效益在计算期的现值;

Q_t——电站第 t 年的有效发电量(或各年均以多年平均发电量代替);

r——厂用电率;

P——影子电价;

Q'_t——由于设计电站兴建而使其他梯级水电站在第 t 年由季节性电能变为保证电能的电量,也可用多年平均值表示;

P'——季节性电能的影子电价;

i_s——社会折现率;

n——计算期。

由于水力发电和火力发电比较,具有以下特性:①水力发电是一次能源开发与一次能源向二次能源转换同时完成的;②水电是清洁的再生能源,较少污染环境,处理得好的水库还有美化和改善环境的作用;③水电机组启动、停机、增减负荷快,能灵活适用和改善电力系统运行,在电力系统中调峰、调频、调相和担负事故备用的作用显著;④水电机组运行简单,因此水电站的厂用电率比火电站少,事故率比火电站低,检修时间比火电站短,自动化程度比火电站高。所以,如果选用火电为替代方案计算水力发电效益,替代电站的容量和电量常取1.05～1.10的容量系数和1.05的电量系数，以使水、火电方案等效。

【例10-4】 某水电站装机容量1 768万kW，多年平均发电量840亿kW·h时，该工程建成后，还可提高下游一水电站的电能质量，使该水电站约20亿kW·h的季节性电能变为保证电能。请按影子电价法计算该工程的发电经济效益。

解：

1.有效电量计算

通过系统电力电量平衡，求得该电站多年平均上网电量为809.92亿kW·h。

2.影子电价确定

作为产出物的电量影子价格，采用以长期边际成本为基础的方法测算，求得该电站综合平均的上网影子电价为24.66分/(kW·h)。

提高某电站电能质量增加的发电效益采用电量影子价格与按影子价格计算的燃料费的差值计算。按影子价格计算的燃料费为8.16分/(kW·h)，故提高电能质量的计算电价为：

$$24.66 - 8.16 = 16.5(\text{分}/(\text{kW}\cdot\text{h}))$$

3.发电经济效益计算

根据上述有效电量和影子电价，按公式(10-2-5)计算求得该工程正常运行期的年平均发电效益为：

$$809.92 \times 0.246\,6 + 20 \times 0.165 = 199.73 + 3.30 = 203.03(\text{亿元})$$

计算期的发电效益总现值按等额序列公式计算，把该电站各年发电量(按有效电量计算)、计算期62年、社会折现率12%等数据代入，计算结果为326.45亿元。

(六)抽水蓄能电站效益

抽水蓄能电站效益是指抽水蓄能电站在电力系统中的调峰填谷及运行灵活所产生的效益，主要包括提供可靠的峰荷容量、电量转换、调频、旋转备用、调相、快速跟踪负荷及提高系统可靠性等效益，可概括为容量效益和电量效益。抽水蓄能电站的效益应进行定量分析，但要防止重复计算。计算方法应以替代方案法为主，有条件时也可采用投入产出法。

当采用替代方案法计算抽水蓄能电站的效益时，需根据所在电力系统电力发展规划确定的负荷水平、负荷特性及电源结构，在同等程度满足电力系统电力、电量和调峰需求的基础上，通过有、无设计的抽水蓄能电站系统电源的优化规划，优选两方案的系统电源构成，以替代方案的费用，包括投资、固定运行费和可变运行费等作为设计方案的效益。

选择替代方案必须重视下述几点：①进行系统电源优化规划；②符合电源的静态投资，其价格基准年应与设计电站相同；③替代方案的固定运行费包括固定维修费、工资福利及劳保统筹费和住房基金等，可变运行费包括材料费、水费和燃料费及其他费用等。运行费可以按投资比例估算(不含燃料费的运行费费率一般为投资的2.5%～4.5%，其中燃气轮机运行费费率较低，燃煤电站运行费费率较高，运行初期可按发电量进行比算，运行费中固定运行费常占55%左右)，如果借用财务评价中成果对运行费进行详算，则应剔除属于内部转移费用的国内银行贷款利息等。替代方案的燃料费用应结合系统电源构成，根据不同类型的燃料消耗特性曲线(含开、停燃料消耗)，采用等微增法或模拟生产法进行系统燃料消耗平衡计算。另外，由于设计方案和替代方案所含电源在检修、厂用电及强迫停运等运行特性上的差异，如果在电源优化规划中未考虑这些差异，一般情况下，抽水蓄能电站设计方案的容量效益和电量效益可以分别考虑 1.10 和 1.05 的扩大系数，由于以替代方案的费用计算效益时，主要考虑了设计项目的调峰和填谷效益。至于抽水蓄能电站承担的调频、调相和旋转备用、快速跟踪负荷等效益，应结合电力系统的需求进行具体分析，有条件时，可参照国内、外有关单位的研究成果，结合系统要求和电站特点进行分析估算。

（七）航运效益

水利水电的航运效益应按该项目提供或改善通航条件所获得的效益计算。通常水利水电工程建成后，可以改善枢纽上、下游的航道条件。此外，水利水电工程的建设使航道的整治和疏滩等维护管理费用减少，船舶运转周期缩短，船舶载重率增加。同时，水利水电工程建设增加了船舶过坝环节和时间，工程施工期有可能影响航行，有时在水电站下游流量时多时少情况下，产生不稳定流对航行安全也十分不利等。总之，水利水电项目的航运效益具有下述 3 个特点：①既有正效益又有相对于其他功能如防洪、灌溉、发电来说的负效益；②航运效益发挥过程较长，一般要经过几十年时间才能达到设计水平；③社会效益和间接效益较大，且航运效益是由航道、船舶、港口三部分共同完成，所以水利水电项目航运效益一般应与港口码头和船舶结合在一起计算，其计算式为：

$$B_N = B_1 + B_2 - B_3 \tag{10-2-6}$$

式中　B_N——多年平均航运经济效益；

B_1——扩大航道通过能力，增加年均客、货运量效益；

B_2——年均节省原航道通过能力内的成本和费用的效益；

B_3——年均负效益或处理对航道不利影响所带来的年均费用。

航运效益具体计算方法主要有以下两种：

（1）最优等效替代费用法。其替代方案有：疏浚和整治天然航道、修建铁路、公路分流，或采用整治天然航道和修建铁路或公路分流相结合的方案。

（2）对比法。采用该法时，其航运效益主要包括：①替代公路或铁路运输所能节省的运费；②提高和改善港口靠泊条件和航运条件所能节省的运输、中转及装卸等费用；③缩短旅客和货物在途时间、缩短船舶停港时间，缩短潮汐河道候潮待泊时间所带来的效益；④提高航运质量，减少海损事故所带来的效益。

（八）渔业效益

水利水电工程建成后，增加了水域面积或改善了水域条件，为发展水产创造了条件。其水产效益按利用该项目提供的水域，结合其他措施进行水产养殖所获得的效益计算。主要计算方法有增加收益法和最优等效替代法。

（1）增加收益法。按有水利水电工程所增加的水产品的产量乘影子价格计算。

（2）最优等效替代法。以兴办最优等效替代方案的年费用计算。

（九）牧区水利效益

牧区水利效益是指草场牧区通过水利建设提供人畜饮水、草场灌溉所获得的效能和利益。牧区水利建设具有小型、分散、数量多的特点，其效益按建设项目可发展草原灌溉和提供人畜饮水所获得的价值量计算。

(1)牧民饮水效益。与解决干旱、半干旱山丘区农村人口饮水困难一样,节省了大量人力、物力和运水工具,并使之重新投入生产中去,与此同时也使这些地区人们减少了疾病,增强了体质。其效益通常按节省运水劳力重新创造的社会年产值计算。

(2)草原灌溉效益。草原灌溉可分为两类:①天然放牧场和割草场灌溉;②人工草场和半人工草场及饲料地灌溉。前者有、无牧区水利设施时,农业技术措施无变化,因此由灌溉带来的效益应全部计为草原灌溉的效益;后者发展草原灌溉所带来的饲草料产值增量,应与农业技术措施分摊。

(十)水利水电项目的综合效益

由于综合利用水利水电项目各功能的国民经济效益发挥的过程以及计算口径和基础常不一致,因此其综合效益常不能简单相加,即要使各部门的效益具有可加性。

(1)如果综合利用水利水电项目各功能部门的效益均是按传统常用方法(如防洪按减少洪灾损失和增加土地的利用价值计算;灌溉按增产效益计算等)或按最优等效替代法计算的,则可将各功能效益在计算期内的折现总值相加,其计算式为:

$$B = \sum_{j=1}^{L} \sum_{t=1}^{n} B_{jt}(1 + i_s)^{-t} \tag{10-2-7}$$

式中 B——综合效益;

B_{jt}——第 j 功能部门在第 t 年的效益;

i_s——社会折现率;

n——计算期;

L——水利水电项目综合利用部门数目。

(2)由于按最优等效替代方案支出费用法计算的效益中包括了直接效益和间接效益以及不可用货币定量计算的其他效益,因此当有的功能部门是按最优等效替代方案费用计算效益,而有的功能部门是按增加收益或减少损失方法计算效益时,就应对后一种方法求得的效益进行适当处理,如考虑间接效益等对其进行适当调整,并采用计算期内现值相加方法求得水利水电项目的综合效益。

四、评价指标及评价准则

国民经济评价包括国民经济盈利能力分析和外汇效果分析,国民经济盈利能力分析以经济内部收益率为主要评价指标。根据项目特点和实际需要,也可计算经济净现值和经济效益费用比等指标。产品出口创汇及替代进口节汇的项目,要计算经济外汇净现值、经济换汇成本和经济节汇成本等指标。此外,还要对难以量化的外部效果进行定性分析。

(1)经济内部收益率($EIRR$):在项目经济评价中,能使某方案的经济净现值等于零时的折现率。它是项目内在取得报酬的能力,是国民经济评价的主要指标。其计算式为:

$$\sum_{t=1}^{n} (B - C)_t (1 + EIRR)^{-t} = 0 \tag{10-2-8}$$

式中 B——项目效益;

C——项目费用;

$(B-C)_t$——第 t 年项目获得的净效益；

n——计算期，以年计；

t——年份序号；

$EIRR$——经济内部收益率。

当经济内部收益率等于或大于社会折现率时，说明项目占用的费用对国民经济的净贡献能力达到或超过了国家要求的水平，项目是经济合理和可以接受的。对于经济内部收益率小于社会折现率的项目，一般来说，应当予以放弃。采用经济内部收益率指标便于与其他建设项目的盈利能力进行比较。

（2）经济净现值（$ENPV$）：用社会折现率将项目计算期内各年效益与费用的差值（即各年的净效益值）折算到基准年初的现值和。它反映了项目的投资对国民经济的净贡献。其计算式为：

$$ENPV = \sum_{t=1}^{n}(B-C)_t(1+i_s)^{-t} \tag{10-2-9}$$

式中 $ENPV$——经济净现值；

i_s——社会折现率；

其他符号含义同前。

如果遇到效益和费用是等额序列时，就可以按本章第一节中的等额序列现值公式计算，若计算所得的现值不在设定基准点上，则还需通过一次投入公式进行转换计算。

当经济净现值 $ENPV=0$ 时，说明项目占用投资对国民经济所作的净贡献正好达到社会折现率的要求；当经济净现值 $ENPV>0$ 时，说明国家为项目付出代价后，既得到满足社会折现率要求的净贡献，还同时得到了超额的社会效益；当经济净现值 $ENPV<0$ 时，说明国家为项目付出的代价对国民经济的净贡献达不到社会折现率的要求。所以，经济净现值是反映建设项目对国民经济净贡献的绝对指标，通常经济净现值大于或等于零的项目是经济合理的，是可以接受的。在进行方案比较时，一般选择经济净现值大于零且最大者为最佳方案。

（3）经济效益费用比（$EBCR$）：建设项目以社会折现率计算的、在计算期内的全部效益现值与全部费用现值的比值。其计算式为：

$$EBCR = \frac{\sum_{t=1}^{n} B_t(1+i_s)^{-t}}{\sum_{t=1}^{n} C_t(1+i_s)^{-t}} \tag{10-2-10}$$

式中 $EBCR$——经济效益费用比（或用 B/C 表示）；

B_t——第 t 年的效益；

C_t——第 t 年的费用；

其他符号含义同前。

如果经济效益费用比等于或大于 1.0，即 $EBCR \geqslant 1.0$，则表示该建设项目的产出等于或大于投入，说明项目付出的代价可以得到符合社会折现率的社会盈余或超额的社会盈余，在经济上是合理的，是可以接受的；如果经济效益费用比小于 1.0，即 $EBCR<1.0$，则

表示该项目的产出小于其投入,该项目对国民经济的净贡献不能满足社会折现率的要求,在经济上是不合理的,应该放弃该项目。如果该项目属于或兼有社会公益性质,对国家或地区发展具有特别重要意义,考虑到有些效益如政治效益、社会效益、环境效益、地区经济发展的效益等很难用货币表示,使得这些项目中用货币表示的效益比它实际发挥的效益要小,故除按社会折现率计算经济效益费用比外,可再采用一个较低的折现率进行计算,同时得出两个经济效益费用比值,供项目决策参考。

由于经济效益费用比是一个相对指标,所以在项目不同建设规模的方案比较中,如果无资金限制,还要计算扩大规模的增量经济效益费用比值。其计算公式为:

$$\Delta EBCR = \frac{\sum_{t=1}^{n} \Delta B_t (1+i_s)^{-t}}{\sum_{t=1}^{n} \Delta C_t (1+i_s)^{-t}} \tag{10-2-11}$$

式中 $\Delta EBCR$——增量经济效益费用比(或以 $\Delta B/\Delta C$ 表示);

ΔB_t——第 t 年的增量效益;

ΔC_t——第 t 年的增量费用;

其他符号含义同前。

选择方案时,可按费用值由小到大依次排列,选择经济效益费用比大于或等于1.0,增量经济效益费用比也大于或等于1.0,且投资最大者为最佳方案。如果该项目同时采用经济净现值作为方案比选的指标,则其所选最佳方案与采用经济效益费用比和增量经济效益费用比指标比选结果是一致的。

在上述国民经济盈利能力分析或产品出口创汇及替代进口节汇项目的评价指标计算中,如遇到效益或费用、外汇流入量或外汇流出量等价值的资金流量,呈等额序列形式排列时,均可按其具体过程采用相应的等额序列公式计算。值得注意的是,当以等额序列计算得到的现值并非是评价项目基准年的现值时,还应以一次性投入的计算公式对计算值进行修正。

五、某灌溉项目国民经济评价示例

(一)概述

为了减轻某省H地区的干旱威胁,防治x河的山洪灾害,拟在x河上游某地建库,开发任务以灌溉为主,兼顾防洪。

该水库的承雨面积为763km^2,防洪库容0.85亿m^3,兴利库容1.95亿m^3,死库容0.54亿m^3,总库容合计3.34亿m^3。规划灌溉面积35万亩,灌区开发前主要种植中稻和冬小麦,一年两熟。农作物生长需要的水量,除靠降雨补给外,还依赖于塘堰和小(一)型水库供水,由于塘库蓄水容积较小,一般连旱25天农作物产量就要大幅度下降,为了减轻该地区的干旱威胁,进行了该灌溉工程的规划工作。

根据塘堰、小(一)型水库等的当地径流量及x河坝址来水量,农作物历年的灌溉用水量等资料,进行长系列的调节计算,成果表明,水库具有多年调节性能,灌溉用水保证率为80%。

经对项目整体进行国民经济评价，各项评价指标都是合理的，为了进一步论证项目中灌溉工程建设方案的合理性，要求对其进行国民经济评价。

（二）基础数据

1. 灌区规模和投产过程

灌区开发规模为35万亩。项目建设至第4年，水库开始拦洪，并有部分灌溉面积受益；至第6年枢纽工程全部完工，第7年灌区全面受益。灌区分年投产面积见表10-2-4。

表10-2-4　灌区分年投产面积表　（单位：万亩）

年　份	第1～第3年	第4年	第5年	第6年	第7～第46年
投产面积累计	0	5	12	25	35

2. 灌区农作物组成

根据灌区水资源、气候、土壤、劳力及种植习惯等条件，按照农业发展的要求，灌区农作物以稻麦倒茬为主，复种指数为1.8，具体种植作物及种植百分比见表10-2-5。

表10-2-5　农作物种植百分比表

农作物名称	水稻	小麦	棉花	绿肥、油菜、蚕豆等	其他	合计
种植百分比	80%	40%	18%	40%	2%	180%

3. 计算期及社会折现率

灌溉工程计算期为46年，根据工程建设资金及进度安排，其中建设期3年、运行初期3年、正常运行期40年。基准年置于建设期第1年初。社会折现率采用12%。

4. 投资估算及资金来源

水利建设项目固定资产投资应包括主体工程和相应配套工程达到设计规模所需的全部建设费用。由于项目的水库服务于灌溉和防洪两个目标，所以对水库枢纽的共用工程还应进行投资分摊。现按库容比例分摊共用工程的投资。考虑到该项目开发目标以灌溉为主，故死库容全由灌溉部门承担。经计算，灌溉部门分摊的比例为$(1.95+0.54)/3.34\approx 75\%$；防洪部门分摊的比例为$0.85/3.34\approx 25\%$。

分摊和调整后的灌溉工程固定资产估算投资见表10-2-6。

项目建设资金80%为国家和地方的财政拨款，其余20%由中国建设银行贷款，流动资金由中国工商银行贷款。

全部建筑资金分6年投入，年使用资金额按工程进度计划安排，在总投资的13%～20%之间。

（三）国民经济评价

1. 费用计算

1）固定资产投资

国民经济评价应从国家整体角度出发，采用影子价格，来考察工程对国民经济的贡献，评价工程的经济合理性。工程投资需按影子价格进行调整，具体调整计算见表10-2-6，表中调整前投资栏内，已剔除了价差预备费及工程概（估）算中属于国民经济内部转移支付的贷款利息、税金等。具体调整方法此处从略。

表 10-2-6　灌溉工程投资调整计算表　（单位:万元）

工程名称	调整前投资	调整后投资	换算系数	说　明
一、建筑工程	16 901.5	16 007	0.947	1. 表中调整后投资已剔除属于国民经济内部转移支付的投入资金及价差预备费等 2. 表中换算系数为调整后投资/调整前投资 3. 配套工程投资包括灌溉渠系(干、支、斗、农)及其上建筑物的全部建筑资金,田间工程如毛渠开挖、土地平整等均不在其内 4. 基本预备费按全部建设资金的10%计算
1. 枢纽工程	7 719.9	7 110	0.921	
2. 配套工程	9 181.6	8 897	0.969	
二、机电设备及安装工程	1 570.9	1 351	0.860	
三、金属结构及安装工程	2 508.5	2 205	0.879	
四、临时工程	809.5	680	0.840	
五、水库淹没补偿及渠道挖压占地补偿	1 574.5	1 606	1.020	
六、其他费用	474.2	460	0.970	
合　计	23 839.1	22 309	0.936	
七、基本预备费	2 383.9	2 231	0.936	
总　计	26 223.0	24 540	0.936	

2)年运行费

年运行费包括分摊给灌溉部门承担的枢纽工程年运行费和灌区年运行费,按经济性质分类,可归纳为如下几类:

(1)工资及福利费。包括职工工资、工资性津贴和福利费等费用。根据类似灌区调查,一般每万亩(含枢纽工程管理处负责灌溉管理人员)需管理人员4~6人,现以5人/万亩计,全灌区(含枢纽)定员为175人。人均年工资为2 296元,福利费按职工工资总额的11%计,其他工资性津贴以总额的50%计,合计人均工资及福利费为3 696.6元,全灌区工资及福利费用总额为:$0.229\ 6 \times 175 \times (1 + 11\% + 50\%) = 40.18 \times 1.61 = 64.69$(万元/年)。

参照《水利建设项目经济评价规范》(SL72—94)附录C第2.5.1条规定,影子工资换算系数采用1.0,因此该灌溉工程调整后的工资及福利费为64.69万元/年。

(2)材料和燃料动力费。包括灌溉工程进水闸、分水闸、节制闸等闸门启闭及少数局部高地提水灌溉等在运行和管理过程中所消耗的材料、油、电等费用。根据该灌区各种作物灌溉制度及可供水量测算,全灌区多年平均的材料和燃料动力费按影子价格计算为58万元。

(3)维护费。包括分摊给灌溉部门的枢纽共用工程,以及进水闸、分水闸、节制闸、灌溉渠道和渠系建筑物等的维修、养护和大修理费用。根据类似灌区调查和预测,年维护费约为固定资产投资的2.5%,即:$24\ 540 \times 2.5\% = 613.50$(万元/年)。

(4)其他费用。包括清除或减轻项目带来不利影响所需补救措施的费用、日常行政开支、科学试验和观测以及其他经常性支出等费用。该项费用按工资及福利费、材料和燃料动力费、维护费等费用总和的40%估算，即：(64.69 + 58.00 + 613.50) × 40% = 294.48(万元/年)。

因此，该灌溉工程正常运行的年运行费为1 030.67万元，平均每亩灌溉面积上的年运行费为29.45元。

3)流动资金

灌溉工程流动资金包括维持工程正常运行所需购置燃料、材料、备品、备件和支付职工工资等周转资金。参照类似工程分析，流动资金按年运行费的10%考虑，即：1 030.67 × 10% = 103.07(万元/年)。流动资金从项目运行的第一年开始，根据其投产规模安排，具体过程见表10-2-7国民经济效益费用流量表。

2.效益计算

分析中，仅对灌区内需由该灌溉工程补水灌溉的作物，包括水稻、小麦、棉花等农作物计算灌溉效益；对于不需要该灌溉工程补水的绿肥、油菜、蚕豆及其他农作物，不考虑其灌溉效益。灌溉工程兴建后，对H地区带来的间接效益，如环境卫生条件的改善、水产养殖及乡镇企业的发展等，本次效益计算中均不予考虑。

1)灌溉效益

采用分摊系数法计算灌溉效益。

A. 计算公式

农作物的灌溉效益为规划区有、无该灌溉工程的增产值，乘以灌溉效益分摊系数计算。

由于灌溉后农作物副产品增产幅度一般并不显著，为了简化计算，按农作物主、副产品增产量及价格比例，把副产品增产量折算入主产品的增产量中，因此可按简化式(10-2-3)计算。

B. 农产品的影子价格

影子价格是反映农产品真实价格的一种量度，随着产出物经济环境的不同(包括地点、时间等)影子价格也会不同，它仅供工程国民经济评价和决策使用，并不在任何意义上影响现行价格。根据《水利建设项目经济评价规范》(SL72—94)附录C规定，水稻、棉花的影子价格，按外贸出口货物计算。其计算公式为：

水稻等农产品的影子价格 = (水稻等农产品的离岸价 × 影子汇率 − 国内影子运费) ÷ (1 + 贸易费用率)

小麦的影子价格，按减少进口计算。其计算公式为：

小麦的影子价格 = 小麦到岸价 × 影子汇率 × (1 + 贸易费用率) + 国内影子运费

货物的贸易费用率按规定采用6%，稻谷的影子价格按大米价格折算，出米率以70%计。经计算灌区稻谷影子价格为915元/t(合0.915元/kg)；小麦影子价格为1 408元/t(合1.408元/kg)；棉花影子价格为11 047元/t(合11.047元/kg)。

C. 多年平均灌溉效益及效益流量

根据拟建灌区历年产量、附近灌区产量和小区灌溉试验产量等资料，分析和预测灌区今后40~50年内，各种农作物在有项目和无项目条件下的多年平均亩产量，灌溉效益分摊系数按附近地区试验成果选取，由于棉花产量资料较少，不作详细分析，经调查并征得当地农业部门同意，棉花灌溉增产量按每亩15kg计算。

表 10-2-7 国民经济效益费用流量表

（单位:万元）

项 目	建设期			运行初期			正常运行期				合计
	第 1 年	第 2 年	第 3 年	第 4 年	第 5 年	第 6 年	第 7 年	第 8 年	…	第 46 年	
1. 效益流量 B				666.36	1 599.26	3 331.80	4 664.51	4 664.51	…	6 730.78	194 244.10
1.1 工程的灌溉效益											
1.1.1 水稻				344.04	825.70	1 720.20	2 408.28	2 408.28	…	2 408.28	99 221.14
1.1.2 小麦				173.18	415.63	865.90	1 212.26	1 212.26	…	1 212.26	49 945.11
1.1.3 棉花				149.14	357.93	745.70	1 043.97	1 043.97	…	1 043.97	43 011.57
1.2 回收固定资产余值										1 963.20	1 963.20
1.3 回收流动资金										103.07	103.07
2. 费用流量 C	3 231.00	4 191.00	4 680.00	4 407.96	4 586.98	4 753.47	1 060.13	1 030.67	…	1 030.67	67 106.67
2.1 固定资产投资	3 231.00	4 191.00	4 680.00	4 246.00	4 213.00	3 979.00					24 540.00
2.2 流动资金				14.72	20.61	38.28	29.46				103.07
2.3 年运行费				147.24	353.37	736.19	1 030.67	1 030.67	…	1 030.67	42 463.60
3. 净效益流量(B－C)	－3 231.00	－4 191.00	－4 680.00	－3 741.60	－2 987.72	－1 421.67	3 604.38	3 633.84	…	5 700.11	127 137.50
4. 累计净效益流量	－3 231.00	－7 422.00	－12 102.00	－15 843.60	－18 831.32	－20 252.99	－16 648.61	－13 014.77	…	127 137.50	127 137.50

注:评价指标:经济内部收益率 $EIRR = 12.58\%$;经济净现值 $ENPV = 824.44$ 万元;经济效益费用比 $EBCR = 1.04$。

根据农作物种植百分比、各种农作物的灌溉增产量和各种农作物的影子价格，用公式(10-2-3)可求得该灌溉工程正常运行期的多年平均灌溉效益。

D. 设计年灌溉效益

该灌溉工程的灌溉设计保证率为80%，从H地区降雨资料分析，1962、1989年等年型可作为设计代表年。如果无灌溉项目，设计代表年水稻、棉花分别缺水260m^3/亩和120m^3/亩，小麦缺水50m^3/亩，农作物将会大幅度减产。无灌溉工程时各种农作物亩产量见表10-2-8。有灌溉工程时根据设计年供水状况预测，上述亏缺水量可以得到满足，农作物由于光照条件充足，水分供应正常，产量常能达到设计水平或略有超过。设计年灌溉亩增产量见表10-2-8。

表10-2-8　设计年灌溉亩增产量计算表

项目	水稻		小麦		棉花
	有项目	无项目	有项目	无项目	
亩产量(kg)	560	210	410	160	
亩增产量(kg)	350		250		
灌溉效益分摊系数	0.45		0.35		
灌溉亩增产量(kg)	157.5		87.5		20

根据灌区农作物种植面积及各种产品的影子价格，按公式(10-2-3)计算设计年灌溉效益，成果见表10-2-9。

表10-2-9　设计年灌溉效益表

农作物	水稻	小麦	棉花	合计
灌溉效益(万元)	4 035.2	1 724.8	1 391.9	7 151.9

正常运行期设计年灌溉效益为多年平均灌溉效益的1.53倍。

E. 特别干旱年灌溉效益

根据H地区降雨资料分析，1972、1978年年型相当于90%～95%的特别干旱年型。这些年型如果无大型灌溉工程补水，通过小型塘库的供水和调节计算后，可得出水稻、棉花、小麦等农作物单位灌溉面积上的亏缺水量分别为320m^3/亩、150m^3/亩、80m^3/亩。有灌溉工程后，由于当年径流较少，且受水库调节容积限制，农作物需水量仍只能满足80%，农作物产量会受到一定影响。按农作物可得到的供水量预测，有灌溉工程和无灌溉工程下农作物亩产量及灌溉效益分摊系数见表10-2-10。

表10-2-10　特别干旱年农作物灌溉亩增产量计算表

项目	水稻		小麦		棉花
	有项目	无项目	有项目	无项目	
亩产量(kg)	500	140	380	120	
亩增产量(kg)	360		260		
灌溉效益分摊系数	0.55		0.45		
灌溉亩增产量(kg)	198		117		22

根据灌区农作物种植面积及产品的影子价格，计算特大干旱年的灌溉效益，成果见表10-2-11。

表10-2-11　特大干旱年灌溉效益表

农作物	水稻	小麦	棉花	合计
灌溉效益(万元)	5 072.8	2 306.3	1 531.1	8 910.2

特别干旱年型灌溉效益为多年平均灌溉效益的1.91倍，为设计年灌溉效益的1.25倍。

2)固定资产余值及流动资金的回收

固定资产余值根据该工程施工管理状况预测，按固定资产投资的8%考虑。固定资产余值为24 540×8% =1 963.2(万元)。固定资产余值1 963.2万元和流动资金103.07万元均应在计算期末一次回收，并计入工程的效益中。

3.国民经济盈利能力分析

(1)评价指标及计算公式。根据《水利建设项目经济评价规范》(SL72—94)，国民经济盈利能力分析按式(10-2-7)、式(10-2-8)、式(10-2-9)计算。

(2)计算成果及分析结论。计算成果参见表10-2-11。其评价指标为经济内部收益率 $EIRR = 12.58\%$；经济效益费用比 $EBCR = 1.04$；经济净现值 $ENPV = 824.44$(万元)。

该工程的经济内部收益率大于社会折现率12%，经济净现值大于零，经济效益费用比大于1.0，国家为这个工程付出代价后，除得到符合社会折现率12%的社会盈余外，还可以得到824.44万元现值的超额社会盈余，所以该工程在经济上是合理的，是可以考虑接受的。

第三节　资金筹措

一、水利工程分类和资金筹集原则

《水利产业政策》对水利建设项目根据其功能划分为两类：甲类为防洪除涝、农田排灌骨干工程、城市防洪、水土保持、水资源保护等以社会效益为主，公益性较强的项目；乙类为供水、水力发电、水库养殖、水上旅游及水利综合经营等以经济效益为主，兼有一定社会效益的项目。

甲类项目的建设资金主要从中央和地方预算内资金、水利建设资金及其他可用于水利建设的财政性资金中安排。

乙类项目的建设资金主要通过非财政性的资金渠道筹集。乙类项目必须实行项目法人责任制和资本金制度。资本金率按国家有关规定执行。

根据作用和受益范围，水利建设项目划分为中央项目和地方项目两类。中央项目是指跨省(自治区、直辖市)的大江大河的骨干治理工程和跨省(自治区、直辖市)、跨流域的引水及水资源综合利用对国民经济全局有重大影响的项目，其投资由中央和受益省(自治区、直辖市)按受益程度、受益范围、经济实力共同负担;地方项目是指局部受益的防洪除涝、城市防洪、河道整治、供水、水土保持、水资源保护、中小型水电建设等项目,其中甲类项目的投资由所在地人民政府从地方预算内资金、农业综合开发资金、以工补农资金、水利专项资金等地方资金和贴息贷款中安排,同时要注重利用农业生产经营组织及劳动者的资金和劳务投入。

二、综合利用水利建设项目费用分摊

许多水利工程,特别是大中型水利工程,一般都是多目标、多用途的综合利用工程,兼有两项以上的任务和多方面的效益;有些水利工程(如跨流域调水工程)不仅有几个受益部门(如灌溉、工业供水、城镇生活供水等),还涉及多个受益地区。因此,对综合利用水利工程的投资和年运行费,通常都要按照合理的原则,采用适当的方法,在各受益部门或地区间进行分摊的分析计算。

(一)分摊的目的

(1)为计算各部门的经济评价指标,确定工程合理开发目标和方案提供费用依据。

(2)协调各受益部门或地区的要求,选择确定经济合理的工程规模、技术参数和运用方式。

(3)为编制国家建设规划,安排投资计划,筹措建设资金和年运行费提供参考依据。

(4)为核算和合理确定供水、供电等水利产品的成本和价格提供费用依据。

(二)费用分摊的原则

对于综合利用的大中型水利工程,将其组成部分根据性质分为4类,按类采用不同原则,分析计算各受益部门或地区应承担的份额。

(1)专用工程设施。指某受益部门或地区专用的工程和设施,如农田灌溉专用的引水渠首和各级灌排渠系;城镇供水专用的取水建筑物、输配水系统和净水设施;坝后式水电站的厂房和机电设备等。为一个部门或地区服务的专用工程设施,其费用应由该受益部门或地区承担。

(2)兼用工程设施。指虽然只为某受益部门或地区服务,但兼有各受益部门或地区共用效能的工程和设施。如河床式水电站厂房,从作用上看,它是水力发电部门专用的建筑物,但由于它具有挡水的效能,还可节省该段挡水建筑物的费用。对这类工程设施,一般情况下可将费用分为两部分:一部分是代替共用工程的费用,按共用工程对待,由各受益部门共同分担;另一部分是为专用部门服务而增加的补充费用,按专用工程设施对待,由专用受益部门承担。

(3)共用工程设施。指为两个或两个以上受益部门或地区共同使用的工程和设施,如综合利用水利枢纽的拦河闸坝、溢洪道和水库及跨流域调水工程中为两个以上受水区输水的渠道等。这类工程设施的费用相应地由各受益部门或地区共同分摊。通常所说的费用分摊,主要是指这类工程设施的费用分摊。

(4)补偿工程设施。指由于兴建水利工程,某些部门或地区原有资产受到损失,为维护或补偿这些部门或地区的利益而修建的某些工程设施。如拦河修建闸坝,为维持江河原有通航、竹木流放、鱼类洄游等效能以及补偿航运、林业和水产等部门受到的损失而修建的通航建筑物(如船闸)、筏道、鱼道等工程设施,就其用途来说,是为某部门或地区专用的,但属补偿性质,其费用不应由该专用部门或地区承担,而应由其他受益部门或地区共同分担。但是,有时受补偿的部门或地区,为了扩大原有资产或提高标准,要求增大补偿工程的规模,由此增加的费用,原则上应按专用工程的费用对待,由受补偿的部门或地区自行承担。

(三)费用分摊的方法

我国水利水电工程规划设计和管理中常用的方法主要有以下几种。

1. 按各功能利用建设项目某些指标的比例分摊

常见的有按使用的库容、引用的水量等指标的比例分摊,可用单一指标,也可几个指标综合计算。

如水库工程,可由各使用部门按利用的库容或引用的水量的比例分摊;灌溉工程,可根据各地区分配的灌溉面积按比例分摊;护岸工程,可按各受益部门利用岸线长度的比例分摊。这类分摊方法的计算式为:

$$K_i = a_i K_n \tag{10-3-1}$$

$$a_i = V_i / \sum_{i=1}^{n} V_i \tag{10-3-2}$$

式中 K_i——i 受益部门或受益地区分摊的共用工程费用;

K_n——n 受益部门或受益地区共用工程的费用;

a_i——i 受益部门或受益地区应分摊费用的比例系数;

V_i——i 受益部门或受益地区使用综合利用工程的指标,如库容、水量等;

n——受益部门或受益地区数。

【例 10-5】 某综合利用水利工程具有防洪、发电、灌溉等综合利用效益,水库正常蓄水位 160m,水库总库容 198.2 亿 m^3;死水位 139m,死库容 72.3 亿 m^3;灌溉引用水量 40 亿 m^3/a,相应发电引用水量 273 亿 m^3/a;工程总投资 13.85 亿元(不包括配套工程投资)。试按各部门利用库容和水量相结合的方法进行费用分摊。

解:

1. 专用工程费用和共用工程费用计算

划分专用工程费用和共用工程费用,得出本工程防洪、发电部门的专用工程费用分别为 2.5 亿元和 2.91 亿元,共用工程费用 = 13.85 - (2.50 + 2.91) = 8.44(亿元)。

2. 分析确定各部门利用库容和水量的指标

根据本工程的水库调度方案,水位 157 ~ 160m 之间为纯防洪库容,计有 23.7 亿 m^3;水位 149 ~ 157m 之间库容 53.4 亿 m^3,为防洪与兴利(发电、灌溉)共用库容,并以防洪为主,按主次地位分摊,防洪分摊 2/3,兴利分摊 1/3,分别为 35.6 亿 m^3 和 17.8 亿 m^3;139 ~ 149m 之间库容 48.7 亿 m^3,为纯兴利库容;死水位 139m 以下死库容 72.3 亿 m^3,主要为兴利所用(灌溉需要利用这部分库容抬高水位,发电需要利用这部分库容加大发电水头)。据此计算,防洪与兴利利用的库容指标分别为 59.4 亿 m^3 和 138.8 亿 m^3。灌溉引水量 40 亿 m^3/a 不能与发电结合,经长系列水文水利计算,相应的发电引用多年平均水量为 273 亿 m^3。

3. 计算各部门分摊综合利用工程费用的份额和比例。

首先按防洪与兴利利用库容的比例在防洪与兴利之间分摊共用工程费用，再按引用的多年平均水量的比例在发电与灌溉之间分摊兴利所分摊的共用工程费用。计算结果如表 10-3-1 所示。

表 10-3-1　某综合利用水利工程费用分摊计算表（按利用库容和水量结合方法分摊）

序号	项　目	受益部门				说明
		防洪	发电	灌溉	合计	
(1)	专用工程费用(万元)	25 000	29 100	0	54 100	
(2)	共用工程费用(万元)	—	—	—	84 400	
(3)	利用水库库容(亿 m^3)	59.4	138.8		198.2	
(4)	利用库容比例(%)	29.97	70.03		100.0	(3) ÷198.2
(5)	按利用库容比例分摊之共用费用(万元)	25 295	59 105		84 400	(4) ×84 400
(6)	各部门利用水量(亿 m^3)	0	273.1	40.0	313.1	
(7)	各部门利用水量比例(%)	0	87.2	12.8	100.0	(6) ÷313.1
(8)	按利用水量比例分摊之共用费用(万元)	25 295	51 540	7 565	84 400	(7) ×(5)
(9)	各部门分摊之总费用(万元)	50 295	80 640	7 565	138 500	(1) +(5)或(8)
(10)	各部门分摊费用比例(%)	36.31	58.22	5.47	100.0	(9) ÷138 500

2. 按各功能最优等效替代方案费用现值的比例分摊

替代方案替代了包括综合利用工程中共用、专用、配套工程的全部作用，如果按替代方案总投资费用比例来分摊综合利用工程分出专用和配套工程投资费用后的共用工程投资费用显然是不合逻辑的，因为这个比例中又含有与分摊的共用工程投资费用无关的专用和配套工程投资费用。因此，采用此法时，一般应按替代方案在经济分析期内的总费用折现总值的比例分摊综合利用水利工程的总费用，然后再进一步分解到各部门分摊主体工程投资和年运行费用的比例和数额。

分摊总费用的计算表达式如下：

$$x_i = \alpha_i \cdot C(N) \tag{10-3-3}$$

$$\alpha_i = \frac{C_{i替}}{\sum_{i=1}^{n} C_{i替}} \tag{10-3-4}$$

式中　x_i——第 i 部门分摊的总费用；

α_i——第 i 部门的费用分摊系数；

$C_{i替}$——第 i 部门等效最优替代措施折现费用；

$C(N)$——综合利用工程总费用。

【例 10-6】　某综合利用水利工程具有发电、防洪、航运等综合利用效益，枢纽工程投资298 280万元，其中工程投资187 610万元，水库淹没处理投资110 610万元；配套工程投资105 540万元，其中输变电工程投资62 820万元，航运配套工程投资42 720万元。试按等效最优替代方案投资费用比例法进行枢纽工程费用分摊。

解：

1. 研究确定各部门的替代方案并进行费用计算

经反复研究比较，确定本综合利用工程各部门的替代方案如下，考虑各部门替代方案投资与年运行费用的比例不同，资金投入时间也不相同，将各部门的投资和年运行费均折算成现值，折算时取生产期50年，社会折现率10%，并以综合利用工程开工年份为基准年，年初为基准点。

1）防洪替代方案及其费用

采用在综合利用工程防洪受益区进一步加固堤防、扩大并完善分蓄洪区及与上游建水库联合运用的方案。经计算，经济分析期内的折现费用总值为63 752万元。

2）发电替代方案及其费用

采用在由综合利用工程电站供电的A区和B区建火电站的方案。经计算，经济分期内的折现费用总值为205 000万元。

3）航运替代方案及其费用

采用航道整治与陆运分流相结合的方案。经计算，经济分析期内的折现费用总值为33 840万元。

2. 对综合利用工程投资和年运行费进行折现计算

为了与替代方案费用有相同的基础，需对综合利用工程的投资和年运行费用进行折现计算。计算结果，枢纽工程折现总费用为128 080万元；配套工程折现总费用为44 040万元，其中发电22 990万元，航运21 050万元。

3. 计算各部门分摊枢纽工程投资的比例和数额

按各部门替代方案折现费用总值的比例分摊综合利用工程的总费用；从各部门分摊综合利用工程总费用中减去各部门配套工程费用即为各部门分摊的枢纽工程费用；计算各部门分摊枢纽工程费用的比例，并以此比例分摊枢纽工程投资（采用各部门分摊枢纽工程费用的比例分摊枢纽工程投资虽有一定误差，但经验算，误差很小，影响精度在1%以内，可以近似采用）。计算结果如表10-3-2所示。

3. 按各功能可获得经济效益现值的比例分摊

综合利用工程各部门的效益是由共用、专用、配套工程共同作用的结果，如果按各部门获得的总效益的比例分摊共用工程费用，则加大了专用和配套工程大的部门分摊的费用；如果要把对应于共用工程费用的效益从总效益中划分出来又出了新的难题，特别是共用与专用工程之间如何分摊效益不好分。因此，采用此法时必须遵循被分摊费用与计算分摊比例所采用的经济效益计算口径对应一致的原则，合理计算和划分各部门的经济效益和被分摊的费用。

根据上述分析，采用此法时以各部门的配套工程和专用工程费用由各部门单独承担，按各部门效益现值减各自专用和配套工程费用现值的比例分摊共用工程费用。其计算式如下：

表 10-3-2　某综合利用水利工程费用分摊计算表(按替代方案现值比例法分摊)

序号	项　目	受益部门				说明
		防洪	发电	航运	合计	
(1)	枢纽工程投资(万元)	—	—	—	298 280	
(2)	综合利用工程折现总费用(万元)	—	—	—	172 120	
(3)	枢纽工程折现费用(万元)	—	—	—	128 080	
(4)	配套工程折现费用(万元)	0	22 990	21 050	44 040	
(5)	替代方案折现费用(万元)	63 752	205 000	42 309	311 061	
(6)	替代方案折现费用比例(%)	20. 5	65. 9	13. 6	100. 0	(5) ÷311 061
(7)	分摊折现总费用数额(万元)	35 285	113 427	23 408	172 120	(6) ×(2)
(8)	分摊枢纽工程折现费用数额(万元)	35 285	90 437	2 358	128 080	(7) -(4)
(9)	分摊枢纽工程折现费用比例(%)	27. 55	70. 61	1. 84	100. 0	(8) ÷128 080
(10)	分摊枢纽工程投资(万元)	82 176	210 616	5 488	298 280	(9) ×(1)

$$x_i = y_i + \left[C(N) - \sum_{i=1}^{n} y_i\right] \times \frac{B_i - y_i}{\sum_{i=1}^{n} B_i - \sum_{i=1}^{n} y_i} \tag{10-3-5}$$

式中　x_i——第 i 部门分摊的总费用现值;

$C(N)$——综合利用工程的总费用现值;

B_i——第 i 部门经济效益现值;

y_i——第 i 部门配套工程和专用工程费用现值;

n——参与综合利用费用分摊的部门个数。

【例 10-7】　某河道工程地处东部近海地区,邻近某开放港口,因淡水资源缺乏,疏港航道不畅,1990 年经国家计委批准,兴建南北向河道,全长 245km。项目完成后,可获得农田灌溉、开发沿海滩涂、改善航运条件等综合利用效益,需进行费用分摊,经研究拟采用按各部门获得效益现值的比例分摊。

解:

1. 确定费用分摊的部门

经研究确定,参与本工程费用分摊的部门为农田改造、航运和滩涂开发。

2. 计算各部门的效益并折算成现值

农田改造增产效益按河道增供水量可获得碱荒地改水田、旱地改水田、发展水浇地及扩种冬小麦增产值计算。

滩涂开发效益按该项目提供水利设施后开发的粮、棉、淡水鱼面积增加的净效益值计算。

航运效益按该项目建成后缩短航程、改善航道条件所节省的运输费用和航道维护费用计算。计算结果如表 10-3-3 所示。

表 10-3-3　项目经济效益汇总表　（单位:万元）

项　目	达到预期年份的效益	计算期总值	效益现值
农田改造	64 622	2 426 790	233 634
滩涂开发	11 609.7	422 964	37 261
航运	24 377.7	884 250	84 946
合　计	100 609.4	3 734 004	355 841

3.划分专用与共用工程投资费用,计算配套工程投资费用

据计算,本项目主体工程总投资 123 566.5 万元,折算为现值为 91 159 万元,其中专用工程投资现值 44 379 万元,共用工程投资现值 46 780 万元;配套工程投资 61 212 万元,折算成现值为 28 531 万元;年运行费用现值为 85 817 万元。详见表 10-3-4。

表 10-3-4　各部门费用现值分摊计算表(按经济效益现值比例分摊)（单位:万元）

项目	专用工程投资现值			效益现值	效益现值——专用工程费用现值	分摊比例（%）	共用费用分摊	分摊后费用现值
	主体	配套	小计					
总值	44 379	28 531	72 910	355 841	282 931	100	132 597	205 507
农田改造	22 897	12 646	35 543	233 634	198 091	70.01	92 831	128 374
航运	21 482	0	21 482	84 946	63 464	22.44	29 755	51 237
滩涂开发	0	15 885	15 885	37 261	21 376	7.55	10 011	25 896

4.计算各部门分摊的费用

其原则和方法如下:

(1)专为航运服务的四座船闸的费用由航运部门单独承担。

(2)北部的提水泵站及排涝河道的费用由农田改造单独承担。

(3)三座立交地涵及北部河道的费用由农田改造和航运两项功能分摊。

(4)除以上为一个部门和两个部门服务的工程费用外,其余均为共用工程费用,由农田改造、滩涂开发和航运三个部门共同分摊。

(5)各部门的配套工程费用均计入该部门的专用工程费用。

(6) 按各部门效益现值减各自专用工程费用现值的比例分摊共用工程费用。

计算结果如表 10-3-4 所示。

4.按“可分摊费用——剩余效益法”分摊

可分离费用——剩余效益法(Seperable Cost——Remaining Benefit Method,简称 SCRB 法)的基本原理是:把综合利用工程多目标综合开发与单目标各自开发进行比较,所节省的费用被看做是剩余效益的体现,所有参加部门都有权分享。计算时,先分析计算可分离费用,再根据各受益部门或地区的剩余效益的比例,分摊剩余费用,两者之和即为各受益部门或地区应承担的份额。可分离费用是指综合利用水利工程因满足某受益部门或地区的要求需增加的费用。例如一项水利工程,由 A、B、C 三个部门联合举办,共同受益,总费用为 $K_{A \cdot B \cdot C}$,若不考虑 C 部门的要求,由 A、B 两部门联合举办,其费用为 $K_{A \cdot B}$,

则 $K_{A\cdot B\cdot C}-K_{A\cdot B}=K_C$ 为C部门的可分离费用,此项费用是因满足C部门要求而增加的费用,应由C部门承担。同理,可分别分析确定A、B两部门的可分离费用。由于有一部分费用没有分离,所以,$K_A+K_B+K_C<K_{A\cdot B\cdot C}$,其差值为剩余费用,需按剩余效益比例进行第二次分摊。剩余效益就是某受益部门为满足本部门要求单独举办等效替代工程的费用与可分离费用的差值。

【例10-8】 某综合利用水利工程具有防洪、发电、航运等主要效益,枢纽工程投资(包括工程投资和水库淹没处理费用)298 280万元,相应的配套工程投资105 540万元,其中发电部门62 820万元,航运部门为42 720万元。试按"可分离费用——剩余效益法"进行费用分摊。

解:

1. 投资、年运行费、折现费用计算

首先将枢纽工程投资划分为可分离投资和剩余共用投资两部分,计算年运行费用;然后将枢纽工程投资和年运行费用、配套工程投资和年运行费用均折算成现值。现值折算时,取生产期50年,开工第1年为基准年,年初为基准点,社会折现率10%。计算结果如表10-3-5所示。

表10-3-5 某综合利用工程投资、年运行费、折现费用表 (单位:万元)

项目		投资	年运行费	折现费用
综合	一、枢纽工程	298 280	2 980	128 080
	二、配套工程	105 540	5 160	44 040
	1. 输变电工程	62 820	940	22 990
	2. 港口码头、船舶	42 720	4 220	21 050
可分离投资费用	一、发电部门	181 583	2 130	73 990
	1. 可分部分	118 763	1 190	51 000
	2. 配套工程	62 820	940	22 990
	二、防洪部门	18 760	190	8 060
	三、航运部门	51 232	4 300	24 700
	1. 可分部分	8 512	80	3 650
	2. 配套工程	42 720	4 220	21 050
	四、剩余部分	152 245	1 520	65 370

注:表中年运行费为达到设计水平年后的年运行费。

2. 计算各部门效益并折算成现值

各部门效益计算范围与综合利用工程费用计算的口径对应一致,即计算到综合利用工程配套工程费用相同的层次。

各部门效益计算的方法:防洪效益采用有综合利用工程时减少的洪灾损失值表示;发电效益按综合利用工程增加的有效电量与电量(作为产出物时)影子价格计算;航运效益

按综合利用工程建成后增加的客货运量的影子运价和节省河道原通过客货运量的成本计算。

折现计算采用与综合利用工程费用折算相同的条件。

计算结果如下:

防洪效益在经济分析期内折现总值54 600万元;

发电效益在经济分析期内折现总值239 784万元;

航运效益在经济分析期内折现总值18 890万元。

3. 分析计算各部门替代方案投资和年运行费用,并折算成现值

经比较研究确定,本综合工程防洪替代方案拟采用在防洪受益区加固堤防、扩大并完善分蓄洪区及上游修建水库联合运用的方案;发电替代方案拟采用在供电区建火电方案;航运替代方案拟采用整治航道与陆运分流相结合的方案。各部门替代方案费用计算口径与综合利用工程费用计算口径、综合利用各部门效益计算的口径一致。计算结果如下:

防洪替代方案在经济分析期内折现费用总值为63 752万元;

发电替代方案费用折现总值205 000万元;

航运替代方案费用折现总值42 309万元。

4. 计算各部门分摊综合利用工程费用的数额和比例

计算方法与结果如表10-3-6所示。

表10-3-6 某综合利用水利工程费用分摊计算表(SCRB法)

序号	项 目	部门			合计	说明
		防洪	发电	航运		
(1)	可分离费用(万元)	8 060	73 990	24 700	106 750	包括配套工程费用
(2)	剩余共用费用(万元)	—	—	—	65 370	
(3)	工程效益(万元)	54 600	239 784	18 890	313 274	
(4)	替代方案费用(万元)	63 752	205 000	42 309	311 061	
(5)	合适费用(合适效益)(万元)	54 600	205 000	18 890	278 490	取(3)、(4)中较小者
(6)	剩余效益(万元)	46 540	131 010	0	177 550	(5) - (1)
(7)	剩余效益比例(%)	26.2	73.8	0	100.0	(6) ÷ 177 550
(8)	分摊剩余共用费用(万元)	17 127	48 243	0	65 370	(7) × (2)
(9)	分摊总费用(万元)	25 187	122 233	24 700	172 120	(8) + (1)
(10)	配套工程费用(万元)	0	22 990	21 050	44 040	
(11)	分摊枢纽工程费用(万元)	25 187	99 243	3 650	128 080	(9) - (10)
(12)	分摊枢纽工程费用比例(%)	19.7	77.5	2.8	100	(11) ÷ 128 080
(13)	枢纽工程投资(万元)	—	—	—	298 280	
(14)	分摊枢纽工程投资额(万元)	58 761	231 167	8 352	298 280	(12) × (13)

5.按受益部门或地区获得效益的主次地位分摊

当项目各功能的主次地位明显时可采用此法。主要受益部门或受益地区承担较大的份额,次要受益部门或受益地区承担较小的份额。一般情况下,主要受益部门或受益地区承担单独举办等效工程设施的费用,次要受益部门或受益地区承担联合举办该工程设施增加的补充费用。如主要受益部门或受益地区单独举办等效工程的费用为 K_1,主要和次要受益部门或受益地区联合举办该工程的费用为 $K_{1.2}$,按上述分摊原则,次要受益部门或受益地区只承担补充费用($K_{1.2}-K_1$)。更次要受益部门或受益地区应承担的份额依次类推。有时各受益部门或受益地区获得的效益相近,主次地位很难区分,则可均等分摊。

三、水利水电建设项目水价、电价拟定的原则与方法及用户承受能力的分析

如何确定水利水电建设项目生产经营期的水价、电价,目前还没有统一的方法,现根据《水利工程供水价格管理办法》、《水利建设项目贷款能力测算暂行规定》、《关于水电设计电站财务评价的若干意见》及其他有关参考资料,提出水价、电价拟定的原则和方法,设计者可根据建设项目的实际情况,在进行财务评价时参考。

(一)供水水价拟定的原则和方法

1.制定水利工程供水价格的原则和方法

《水利工程供水价格管理办法》对水利工程水价核定原则和方法的要点如下:

(1)水利工程供水价格由供水成本、费用、利润和税金构成。

(2)水利工程供水价格采用统一政策、分级管理方式,区分不同情况,实行政府指导价或政府定价,其中民办民营水利工程供水价格实行政府指导价,其他水利工程供水价格实行政府定价。

(3)水利工程供水价格按照补偿成本、合理收益、优质优价、公平负担的原则制定,并根据供水成本、费用及市场供求的变化情况适时调整。

(4)水利工程供水价格一般按单个工程核定,同一供水区域工程状况、地理环境和水资源条件相近的水利工程,供水价格按区域统一核定。

(5)水利工程的资产和成本、费用,应在供水、发电、防洪等各项用途中合理分摊,分类补偿。水利工程供水所分摊的成本、费用由供水价格补偿。利用贷款、债券建设的水利供水工程,供水价格应使供水经营者在经营期内具有补偿成本、费用和偿还贷款、债券本息的能力并获得合理的利润。

(6)根据国家经济政策以及用水户的承受能力,水利工程供水实行分类定价:农业用水价格按补偿生产成本、费用的原则核定,不计利润和税金;非农业用水价格在补偿供水生产成本、费用和依法计税的基础上,按供水净资产计提利润,利润率按国内商业银行长期贷款利率加2~3个百分点确定。

(7)水利工程供水应逐步推行基本水价和计量水价相结合的两部制水价。基本水价按补偿供水直接工资、管理费用和50%折旧费、修理费的原则核定。计量水价按补偿基本水价以外的水资源费、材料费等其他成本、费用以及计入规定利润和税金的原则核定。

2. 目前阶段财务评价中拟定设计水利供水工程供水价格的参考方法

(1)按照《水利工程供水价格管理办法》(国家发改委、水利部,2003 年 7 月)规定的原则和方法测算的水价;

(2)参考现行市场供水价格并考虑水资源开发利用状况预测的水价;

(3)参考在同一供水区域内建设的类似水利供水项目的供水价格;

(4)用户可承受的水价;

(5)价格主管部门和国家有关部门核定批准的水价;

(6)供水、受水双方商定的水价。

(二)水电电价拟定的原则和方法

1. 制定电价的一般原则和政策

电力既是商品,又是公益事业,且具有垄断的特点。因此,电价既不能过高,增加用户负担;又不能太低,影响电力工业本身的发展。为了兼顾用户利益和电力工业发展的需要,世界上许多国家和地区都把确定一个合理的资金利润率作为制定电价的基本原则,例如,加拿大规定电力工业的资金利润率为 15% ~16%,日本政府规定电力部门的报酬率为 8%,香港政府规定中华电力公司资金利润率为固定资产净值的 13.5% ~15%,有些国家(如法国)还采用边际成本作为制定电价的依据,并允许法电公司的电价以低于通货膨胀率 1% 的速度增长。为了反映电力生产成本不同和在电力系统中作用不同的特点,除制定电网平均电价外,还制定峰谷分时电价、枯丰季节电价,有些国家规定峰荷电价为基荷电价的 3 ~4 倍,事故备用电价为基荷电价的 9 倍。

1985 ~1989 年国家对调整和制定电价提出了以下的原则和政策。

1)分时和季节电价

A. 峰、谷分时电价

国发[1985]72 号文规定:低谷电价可比现行电价低 30% ~50%,高峰电价可比现行电价高 30% ~50%。[87]水电财字第 101 号文规定:峰、谷分时电价以电网平均电价为基础,按实际情况上浮、下调,峰、谷电价可适当拉大,高峰电价可为低谷电价的 2 ~4 倍。

B. 丰、枯季节电价

在水电比重较大的电网,实行丰、枯季节电价。丰水的"弃水"期电价可比平均电价低 30% ~50%;枯水期的电价可比平均电价高 30% ~50%。

2)新电新价(还本付息电价)

对新建电站的上网电价,在还贷期间,根据资金来源和还贷条件测算;还清贷款后的年份,按投资利润率测算。

20 世纪 80 年代以来,水电建设中一直应用还本付息电价,作为财务评价的主要依据,但还本付息电价在经营期往往出现两个台阶的电价:还贷期间,电价较高;还本付息后,电价较低。20 世纪末,根据国家计委意见,今后新投产机组,均改为按整个经营期核定平均上网电价。

3)发供电利润分配

中外合资、利用外资和集资电厂的利润分配按三、七分成,即发电得利润的 70%,供电得利润的 30%;其余电厂按四、六分成,即发电得利润的 60%,供电得利润的 40%,其中担负电网调峰任务的电厂可按三、七分成。

2. 目前阶段财务评价中拟定设计水电站上网电价的参考方法

(1)按照水电站全部投资财务内部收益率为8% ~10%,资本金财务内部收益率满足项目业主要求,测算电价;考虑到现行银行贷款利率较低的实际情况,在电力行业财务基准收益率未作出新的规定前,可暂按8%测算电价。

(2)收集或由有关部门提供的与水电站同期(或时间相差不远的)投产的在电力系统作用相近的其他电站(如煤电、燃气轮机、油电等)的上网电价。

(3)根据电网电力规划对新建电站的预测电价或按可避免成本测算的电价。水电站按此电价,或略低于此价进行财务评价。

(4)按经营期内可满足还本付息要求的平均上网电价。

(5)项目业主提出电价目标要求。

(6)价格主管部门核准的电价或政策性电价。

(7)用户可承受的电价。

(8)其他方法。

(三)用户承受能力分析方法

水、电都是关系国计民生的基本商品,因此水价、电价都不能超过社会最大承受能力对应的水价、电价,财务评价中所选用的水价、电价必须建立在用户承受能力分析的基础上。关于分析用户承受能力的方法归纳如下。

1. 比例法

目前国内外分析用水户承受能力多采用比例法,即分析水费占用水户家庭收入或工农业产品价值或效益的比例。

1)城市居民生活用水承受能力分析方法

根据世界银行和一些国际贷款机构的研究成果,家庭或个人水费支出(家庭或个人用水量×水价)占家庭收入的比重为3% ~5%是现实可行的。

我国的一些调查研究表明,居民生活用水的水费支出能力指数为2% ~8%。一般特大城市居民生活用水水费支出占家庭收入的比例为3%;大城市为3%;中等城市为2.5%。

1995年我国建设部完成的《城市缺水问题研究报告》认为,我国城市居民生活用水水费支出占家庭平均收入的2.5% ~3%是比较合适的。由于近几年我国城市缺水状况不断加剧,用水的边际效益不断上升,适宜的水价标准也在提高。

从国内外的经验看,水费支出占人均可支配收入的比重为2%时,绝大部分居民均能承受。因此,一般以2% ~2.5%作为分析标准。

2)城市工业用水承受能力分析方法

根据世界银行和一些国际贷款机构的研究成果,工业水费支出(工业用水量×水价)占工业产值的比重为3%是现实可行的。考虑到我国工业企业的实际,研究成果认为工业水费支出占产值的比重为3%的标准偏高。根据国家经贸委、建设部的研究报告和《中国统计年鉴2000》的数据分析我国工业用水成本控制在工业产值的1.4%之内是比较现实的,可以在其他条件不变时保证工业的实收资本利润率高于银行的1年期贷款利率。

由于不同工业行业的用水量和成本结构不一样，1.4%只是平均水平，对于高耗水行业，用水成本占工业产值的比重可以达到3%以上。

3）农业用水承受能力分析方法

世界各国农业水费标准受用水户承受能力影响而普遍较低。印度规定灌溉水费不应超过农民增加净收入的50%，一般控制在总收入的5%～12%。泰国、新加坡和印度尼西亚规定家庭水费应在平均家庭收入的3%以内，灌溉水费占农户收入的比重更低。世界一些国家也以农业灌溉水费占灌溉增产效益的比例，作为灌溉水费现实可行的标准。亚洲一些国家及世界银行资助的灌溉工程的农业水费占灌溉增产效益的比重为9%～17%。考虑我国具体情况，有的研究成果认为，农业灌溉可以水费支出占灌溉增产效益12%～15%为标准，测算农业承受能力。

2. 比较法

以拟建供水工程和水力发电工程的供水价格和上网电价与同一供水、供电地区同期投产的其他供水工程（或措施）、水火电站的供水价格、上网电价相比较，若前者等于或低于后者，则可认为拟建供水工程供水价格、拟建水电站上网电价具有竞争力，用户可以接受。

四、贷款能力测算

（一）贷款能力测算目的和适用范围

水利建设项目贷款能力测算的目的，是根据市场需求合理预测项目的财务收益，测算项目所能承担的贷款额度和所需要的资本金，拟定项目建设资金筹措方案，对项目进行科学合理的财务可行性评价，为国家、地方政府和有关投资者决策提供依据。

贷款能力测算主要适用于发电、供水（调水）等具有财务收益的大型水利建设项目。

（二）贷款能力测算原则

（1）贷款能力测算是水利建设项目财务评价的组成部分，其计算方法和主要参数均按现行规范中财务评价的有关规定和国家现行的财税、价格政策执行。

（2）根据项目财务计算成果分析确定贷款能力测算的必要性和内容：

①年销售收入大于年总成本费用的水利建设项目必须进行贷款能力测算。

②年销售收入小于年运行费用的项目可不测算贷款能力。

③年销售收入大于年运行费用但小于总成本费用的项目，应在考虑更新改造费用和还贷财务状况等因素的基础上，根据实际情况分析测算项目贷款能力。

（三）贷款能力测算的主要内容

（1）项目建议书阶段应注重市场调研，预测市场发展趋势，分析用户对水价、电价的承受能力，拟定不同的水价、电价方案，分析方案的合理性和可行性，计算项目全部的财务收益和成本费用，测算项目的贷款能力与所需的资本金，在进行综合分析、多方案比选及风险分析的基础上，提出资金筹措方案，进行财务评价。必要时，也可根据费用分摊情况对其中的供水、发电等功能单独进行贷款能力测算，作为项目评价的辅助指标。

（2）可行性研究阶段应以国家有关部门对项目建议书的批复为基础，进一步分析水、电及其他产品的销售价格，落实有关协议，确定投资主体及资本金结构，复核水价、电价、贷款年限等指标和资金筹措方案，按项目整体进行财务计算，对项目的财务合理性与可行性进行评价。

(四)贷款能力测算的主要方法

1.进行项目费用估算和综合利用水利工程费用分摊研究

参见本章"财务费用构成及其估算方法"和"综合利用水利建设项目费用分摊"。

2.估算项目总成本费用和年运行费(经营成本)

参见本章"财务总成本费用构成和估算方法"。

3.拟定水价、电价

参见本章"水利水电建设项目水价、电价拟定的原则和方法及用户承受能力的分析"。

4.资本金应付利润率拟定

根据项目资本金来源、筹措条件及投资者的要求,可在不同阶段对不同投资者投入的资本金拟定不同的应付利润率方案。

项目建议书阶段,对不同来源的资本金一般采用相同的应付利润率。为合理确定国家资本金和其他投资者资本金的比例与额度,应以还贷期内全部资本金均不分配利润的方案作为基本方案。在此基础上,可拟定不同的还贷期内资本金分配利润方案,分析还贷期资本金分配利润情况对项目贷款能力的影响。

可行性研究阶段,应以项目建议书的资金筹措批复意见为基础,根据投资者的要求拟定资本金应付利润率方案,复核项目的贷款能力和所需的资本金,确定资金筹措方案。

水利建投项目资本金利润率以不高于中国人民银行近期公布的同期贷款利率1~2个百分点为宜。

5.贷款条件和方案的拟定

项目建议书阶段,应根据项目具体情况分析拟定合理的贷款年限,采用国家公布的同期贷款利率。贷款按建设期不还本不付息考虑,按年计息,建设期利息以复利计算至建设期末,计入项目总投资。

可行性研究阶段,应基本确定贷款来源,与银行初步商定贷款利率、贷款年限和还款方式等条件,在此基础上计算贷款额度和建设期利息。如建设期需偿还贷款,应对建设期还贷资金来源和额度进行分析说明。

6.资金筹措方案的拟定

水利建设项目的资金筹措方案应在贷款能力测算成果的基础上,根据工程财务状况和各投资者的出资能力等条件综合拟定。

以发电为主的水利建设项目的贷款比例不高于80%;以城市供水(调水)为主的水利建设项目的贷款比例原则上不高于65%;其他水利建设项目的贷款比例根据贷款能力测算成果和项目具体情况确定,但不得高于80%。

(五)综合分析与贷款方案的比较、推荐

在上述各项工作的基础上测算各方案全部投资和资本金的财务内部收益率等盈利指标,将测算成果列入"贷款能力测算方案成果汇总表"(见表10-3-7)。对测算成果进行综合分析,提出推荐方案和基本方案:推荐方案为根据业主要求提出的贷款能力测算方案,基本方案为还贷期内全部资本金不分配利润的贷款能力测算方案。推荐方案和基本方案可以是同一方案,也可为不同方案。

表 10-3-7　贷款能力测算方案成果汇总表

方案序号	贷款年限（年）	电价（元/（kW·h））	水价（元/m³）	资本金应付利润率（%）	静态总投资（万元）					建设期利息（万元）	总投资（万元）	全部投资财务内部收益率（%）	资本金财务内部收益率（%）	投资利润率（%）	备注
					资本金	贷款			合计						
						内资	外资	小计							

注：1. 对还贷期和还贷后资本金的应付利润率应分别加以说明。

2. 根据项目具体意见，对表中栏目内容可作必要的调整。

第四节　财务评价

一、财务评价概念及水利水电工程财务评价的特点

(一)财务评价一般概念

财务评价是在国家现行财税制度和市场价格体系下,分析预测项目的财务效益与费用,计算财务评价指标,考察项目的盈利能力、偿债能力,据以判断项目的财务可行性。主要作用是:①衡量盈利性项目的盈利能力和偿债能力;②分析社会公益性项目的财政补贴额度及其来源或者需要采取的优惠政策;③用于筹措资金。

非盈利性项目的财务评价方法与盈利性项目有所不同,一般不计算项目的财务内部收益率、财务净现值、投资回收期;对使用贷款又有收入的项目,可计算借款偿还期指标;主要是研究提出维持项目正常运行需由国家补贴的资金数额和需要采取的经济优惠措施及有关政策。

财务评价是在确定的项目建设方案、投资估价和融资方案的基础上进行财务可行性研究。

(二)水利水电项目财务评价特点

水利工程具有防洪、治涝、水力发电、航运、城镇供水、灌溉、水库养殖、水利旅游等多种功能,各功能的作用和财务收入不同,国家采取的投资政策也不同。《水利产业政策》根据水利工程的功能和作用将其划分为两类:甲类为防洪除涝、农田灌排骨干工程、城市防洪、水土保持、水资源保护等以社会效益为主,公益性较强的项目,其建设资金主要从中央和地方预算内资金、水利建设资金及其他可用于水利建设的财政性资金中安排,维护运行管理费由各级财政预算支付;乙类为供水、水力发电、水库养殖、水上旅游及水利综合经营等以经济效益为主,兼有一定社会效益的项目,其建设资金主要通过非财政性的资金渠道筹集,运行维护管理费由企业经营收入支付。进行水利水电项目财务评价时,首先要分析确定项目的功能和作用,采取不同的财务评价内容和指标,主要有以下四种情况:

(1)对水力发电、工业及城市供水等经营性项目按盈利性项目财务评价的内容和指标进行财务评价。

(2)对防洪、治涝等公益性项目按非盈利性项目财务评价的要求进行财务分析与评价,主要是提出维持项目正常运行需要由国家补贴的资金数额和需要采取的经济优惠政策。

(3)对具有多种功能的综合利用水利工程应以项目整体财务评价为主,同时对其中水力发电、供水等具有财务收益的部分,按费用分摊的情况进行财务计算,作为评价的辅助指标。

(4)对跨流域、跨地区调水工程应以项目整体财务评价为主,同时分地区进行供水成本、水价等指标计算。

二、财务评价基础数据与参数选取

财务评价的基础数据与参数选取是否合理,直接影响财务评价的结论,在进行财务分

析计算之前，应做好这项基础工作。

（一）财务价格

财务评价是对拟建项目未来的效益与费用进行分析，应采取预测价格。预测价格应考虑价格变动因素，即各种产品相对价格变动和价格总水平变动（通货膨胀或者通货紧缩）。由于建设期和生产经营期的投入产出情况不同，应区别对待。基于在投资估算中已经预留了建设期涨价预备费，因此建筑材料和设备等投入品，可采用一个固定的价格计算投资费用，其价格不必年年变动。生产运营期的投入品和产出品，应根据具体情况选用固定价格或变动价格进行财务评价。

1. 固定价格

固定价格是指在项目生产运营期内不考虑价格相对变动和通货膨胀影响的不变价格，即在整个生产运营期内都用预测的固定价格，计算产品销售收入和原材料、燃料动力费用。

2. 变动价格

变动价格是指在项目生产运营期内考虑价格变动的预测价格。变动价格又分为两种情况，一是只考虑价格相对变动引起的变动价格；二是既考虑价格相对变动，又考虑通货膨胀因素引起的变动价格。采用变动价格是预测在生产运营期内每年的价格都是变动的。为简化起见，有些年份也可采用同一价格。

进行盈利能力分析，一般采用只考虑相对价格变动因素的预测价格，计算不含通货膨胀因素的财务内部收益率等盈利性指标，不反映通货膨胀因素对盈利能力的影响。

进行偿债能力分析，预测计算期内可能存在较为严重的通货膨胀时，应采用包括通货膨胀影响的变动价格计算偿债能力指标，反映通货膨胀因素对偿债能力的影响。

在财务评价中计算销售（营业）收入及生产成本所采用的价格，可以是含增值税的价格，也可以是不含增值税的价格，应在评价时说明采用何种计价方法。本书财务评价报表均是按含增值税的价格设计的。

（二）税费

财务评价中合理计算各种税费，是正确计算项目效益与费用的重要基础。财务评价涉及的税费主要有增值税、营业税、消费税、资源税、所得税、城市维护建设税和教育费附加等。进行评价时应说明税种、税基、税率、计税额等。如有减免税费优惠，应说明政策依据以及减免方式和减免金额。

（1）增值税是对生产、销售商品或者提供劳务的纳税人实行抵扣原则，就其生产、经营过程中实际发生的增值额征税的税种。财务评价的销售收入和成本估算均含增值税，项目应缴纳的增值税等于销项税减进项税。

（2）营业税是对交通运输、商业、服务等行业的纳税人，就其经营活动营业额（销售额）为课税对象的税种。在财务评价中，营业税按营业收入额乘以营业税税率计算。

（3）城市维护建设税和教育费附加是以增值税、营业税和消费税为税基乘以相应的税率计算。

（4）资源税是对开采自然资源的纳税人征税的税种。通常按应课税资源的产量乘以单位税额计算。

(5)所得税是按应纳税所得额乘以所得税税率计算。

(6)消费税是以消费品(或者消费行为)的流转额为课税对象的税种。在财务评价中,一般按销售额乘以消费税税率计算。

(三)利率

借款利率是项目财务评价的重要基础数据,用以计算借款利息。采用固定利率的借款项目,财务评价直接采用约定的利率计算利息。采用浮动利率的借款项目,财务评价时应对借款期内的平均利率进行预测,采用预测的平均利率计算利息。

(四)汇率

财务评价汇率的取值,一般采用国家外汇管理部门公布的当期外汇牌价的卖出、买入的中间价。

(五)项目计算期选取

财务评价计算期包括建设期和生产运营期。建设期为设计的施工总工期(含初期运行期),生产运营期,应根据产品寿命期(矿产资源项目为设计开采年限)、主要设施和设备的使用寿命期、主要技术的寿命期等因素确定。财务评价的计算期一般不超过20年。水利水电项目,由于运营寿命很长(如水利枢纽,其主体工程是永久性工程),生产经营期一般采用30~50年;水电项目一般采用20~30年,特大型电站可取50年。

(六)生产负荷

生产负荷是指项目生产运营期内生产能力发挥的程度,也称生产能力利用率,以百分比表示。生产负荷是计算销售收入和经营成本的依据之一,一般应按项目投产期和投产后正常生产年份分别设定生产负荷。

(七)财务基准收益率(i_c)设定

财务基准收益率是项目财务内部收益率指标的基准和判据,是项目在财务上是否可行的最低要求,也用做计算财务净现值的折现率。如果有行业发布的本行业基准收益率,即以其作为项目的基准收益率;如果没有行业规定,则由项目评价人员设定。设定方法:一是参考本行业一定时期的平均收益水平并考虑项目的风险因素确定;二是按项目占用的资金成本加一定的风险系数确定。设定财务基准收益率时,应与财务评价采用的价格相一致,如果财务评价采用变动价格,设定基准收益率则应考虑通货膨胀因素。

(八)资本金收益率

资本金收益率可采用投资者的最低期望收益率作为判据。

三、财务费用构成及其估算方法

由于财务评价是从项目核算单位角度,以项目的实际财务支出和收益来判别项目的财务可行性,因此对财务效果的衡量只限于项目的直接费用与直接效益,不计算间接费用与间接效益。

水利水电建设项目的直接费用包括固定资产投资、流动资金、建设期利息、年运行费和各项应缴纳的税金。

(一)固定资产投资

水利水电建设项目财务评价中的固定资产投资一般直接采用投资概(估)算表中的

静态投资与价差预备费之和。

水利枢纽工程静态投资包括建筑工程费、机电设备购置费和安装费、金属结构设备购置费和安装费、临时工程费、水库淹没补偿费、其他费用及基本预备费。

价差预备费包括编制期价差预备费和建设期价差预备费。

根据资本保全原则，当项目建成投入运行时，固定资产投资和建设期利息形成固定资产、无形资产和递延资产三部分。即：

$$固定资产投资 + 建设期利息 = 固定资产价值 + 无形资产价值 + 递延资产价值$$

当难以计算无形资产和递延资产时，则：

$$固定资产价值 = 固定资产投资 + 建设期利息$$

$$固定资产投资 + 建设期利息 + 流动资金 = 总投资$$

水利水电枢纽工程总投资的构成可用图 10-4-1 表示。

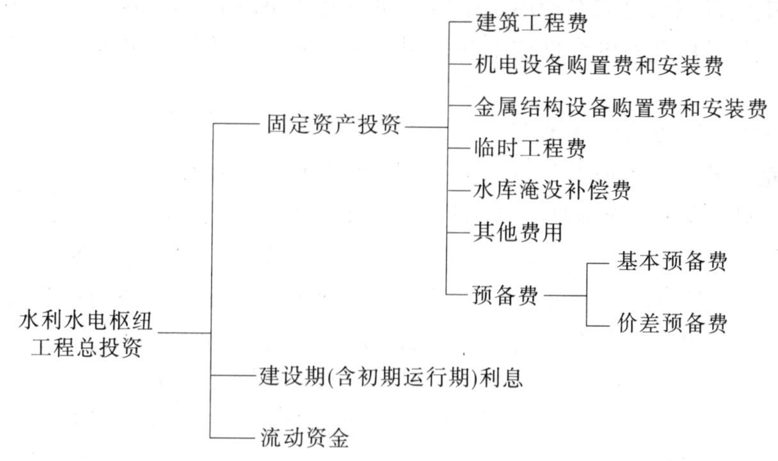

图 10-4-1 水利水电枢纽工程总投资构成图

（二）流动资金

水利水电工程流动资金包括维持项目正常运行所需购置燃料、材料、备品、备件和支付职工工资等的周转资金，一般按两种方法分析确定：一是扩大指标估算法；二是分项详细估算法。水利水电工程规划设计中一般采用扩大指标估算法。

（三）建设期利息

大型和特大型项目的建设期利息应根据各项水工建筑物和各类设备的投产时间分别计算。对初期运行期较短的水利水电建设项目，其各项投资利息可计算到建设期末。

利率根据资金来源加权平均计算，按年计息，计复利。国外贷款按协议规定计算，引用外资的汇率按国家规定执行。

当建设期发生其他财务费用（如承诺费等）时，也应计入建设期利息。

（四）年运行费

水利水电项目年运行费（又称经营成本）是指项目总成本费用扣除固定资产折旧费、无形资产及递延资产摊销费和利息支出以后的全部费用（详见总成本费用计算）。简化计算时可按固定资产价值一定比率计算。

(五)税金

水电建设项目的税金包括增值税、销售税金附加和所得税,其中增值税为价外税。

1.销售税金附加

销售税金附加包括城市维护建设税和教育费附加,以增值税税额为计算基数,城市维护建设税根据纳税人所在地区计算,市区为7%,县城和镇为5%,农村为1%;教育费附加为3%。

2.所得税

$$所得税=应纳税所得额\times 33\%$$

$$应纳税所得额=发电销售收入-总成本费用-销售税金附加$$

四、财务总成本费用构成和估算方法

水利水电建设项目总成本费用是指项目在一定时期(如一年)内为生产、运行以及销售产品和提供服务所花费的全部成本和费用。按财务评价的特定要求,分为总成本费用和经营成本。

(一)总成本费用的构成和估算

项目总成本费用的构成及估算通常采用以下两种方法:

(1)产品制造成本加企业期间费用估算法(按经济用途分类),计算公式为:

$$总成本费用=制造成本+销售费用+管理费用+财务费用 \tag{10-4-1}$$

(2)生产要素估算法(按经济性质分类),是从估算各种生产要素的费用入手,汇总得到总成本费用。将生产和销售过程中消耗的外购原材料、辅助材料、燃料、动力,人员工资福利,外部提供的劳务或者服务,当期应计提的折旧和摊销,以及应付的财务费用相加,得出总成本费用。采用这种估算方法,不必计算内部各生产环节成本的转移,也较容易计算可变成本和固定成本。

水利水电建设项目规划设计中一般采用生产要素估算法(按经济性质分类)估算其总成本费用。其构成如图10-4-2所示。各项费用的估算方法如下。

1.修理费

根据水利水电工程近三年的统计资料平均值计算,缺乏资料时可按固定资产(扣除征地移民费后)价值的1%~2%计算。

$$修理费=(固定资产价值-水库淹没处理和建设占地补偿投资)\times 修理费率$$

2.职工工资及福利费

工资按定编人数乘以人均年工资额计算。职工福利费为工资总额的14%,劳保统筹费为工资总额的17%,住房基金为工资总额的10%。

3.材料费

按类似水利水电工程近期实际材料计算,在缺乏资料时水电项目可按2~10元/kW估算,其中电站规模在25万kW以下取大值,电站规模越大取值越小;水利项目一般可按固定资产投资一定的比率估算(有的工程采用0.1%),亦可按供水量0.001元/m^3估算。

4.燃料及动力费

按水利水电建设项目所消耗的燃料、电量乘以相应燃料、电量的单价计算。

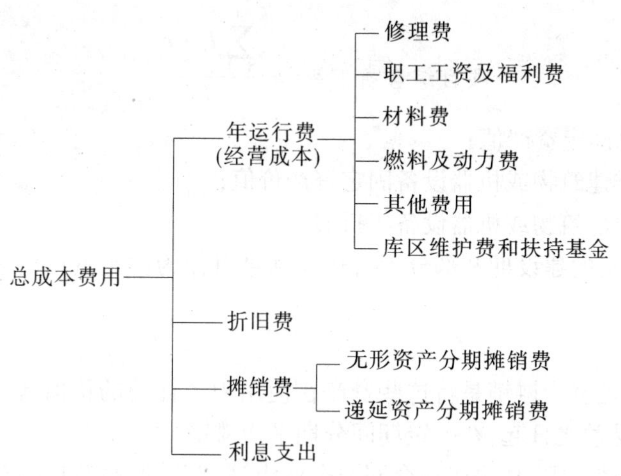

图10-4-2　水利水电建设项目总成本费用构成图

5. 其他费用

指不属于以上各项而应计入成本的其他费用，一般包括办公费、差旅费、科研教育经费等，一般可按上述成本费用中扣除折旧费后的一定比率（如10%）估算。亦可按每1kW装机容量多少元（如葛洲坝电厂为8元/kW）估算。

根据《水利工程供水价格管理办法》规定，水资源费应计入供水成本。

此外，还应根据水利水电项目的具体情况，研究下列项目是否计入总成本费用问题：

（1）拟建水利水电项目对其他用水户造成影响的补偿。

（2）水质保护费。目前国内有的工程供水成本中计入了水质保护费（如东深供水工程计入了水质保护费，引黄济青工程计入了泥沙处理费）。

（3）财产保险费。水电项目和部分供水工程（如东深供水工程、深圳东部供水工程、引碧入连北段供水工程）总成本费用中列有此项（占固定资产投资的0.25%～0.3%）。

6. 库区维护费和水库库区后期扶持基金

库区维护费按0.001元/（kW·h）或按供水收入的10%征收。水库库区维护基金可按厂供电量0.003～0.005元/（kW·h）或每个移民每年250～400元标准估算，最高提取标准按0.005元/（kW·h）或每个移民每年400元控制。提取年限为项目开始投产后10年。10年后仍仅按0.001元/（kW·h）征收。

7. 折旧费

按水利水电工程固定资产价值乘以综合折旧率计算。

$$折旧费 = 固定资产价值 \times 折旧率 \tag{10-4-2}$$

$$固定资产价值 = 固定资产投资 + 建设期利息 - 无形资产价值 - 递延资产价值$$

折旧率可根据《水利建设项目经济评价规范》（SL72—94）附录A《水利工程固定资产分类折旧年限的规定》和《工业企业财务制度》中的固定资产分类折旧年限表分项加权平均计算。

$$年折旧率 = \frac{1 - 预计净残值率}{折旧年限} \times 100\% \tag{10-4-3}$$

$$项目综合折旧率 = \frac{\sum_{i=1}^{n} I_i \cdot r_i}{I} \tag{10-4-4}$$

式中 I——项目总固定资产值；

I_i——第 i 类建筑物或机器设备固定资产价值；

r_i——第 i 类建筑物或机器设备年折旧率。

对固定资产投资的建设期和部分运行初期利息可作为固定资产的一个小类按 10 年折旧计算。

8. 摊销费

无形资产和递延资产摊销是将这些资产在使用中消耗掉的价值转入成本费用中去。一般不计残值，从受益之日起，在一定期间分期平均摊销。

无形资产的摊销期限，凡法律和合同或企业申请书分别规定有法定有效期限和受益年限的，按照法定有效期限和受益年限执短的原则确定。法律无有效期限，但企业合同或申请书中规定有受益年限的，按受益年限确定。无法确定有效年限或受益年限的，按不少于 10 年的期限确定。

递延资产中的开办费，从生产经营起，按不短于 5 年的期限平均摊销。

9. 利息支出

利息支出为固定资产和流动资金在生产期内应支付的借款利息。运行初期固定资产投资利息，若已计入总投资，则此处不再计入。

（二）经营成本估算

经营成本又称年运行费，是项目经济评价特有的概念，用于项目财务评价的现金流量分析。经营成本是指总成本费用扣除固定资产折旧费、矿山维护费、无形资产及递延资产摊销费和财务费用后的成本费用。计算公式为：

$$经营成本 = 总成本费用 - 折旧费 - 无形资产及递延资产摊销费 - 借款利息 \tag{10-4-5}$$

（三）计算案例

【例 10-9】 某水利水电工程电站装机容量 1 820 万 kW，多年平均发电量 847 亿 kW · h，工程静态投资 900.9 亿元，计入价差和建设期利息后总投资 1 697.22 亿元，试计算发电成本费用。

解：

1. 折旧费

折旧费 = 固定资产价值 × 折旧率。

折旧率根据《工业企业财务制度》中的固定资产分类折旧年限计算该电站各类工程折旧率，并加权测算出其综合折旧率为 3.8%，按业主建议，综合折旧率取 4.5%。

2. 修理费

取固定资产价值的 1.0%。

3. 工资及附加

根据各电厂统计资料，该电厂人员工资按 3 元/kW 计，以 1993 年价格水平为工资基数，在预测的运营期间工资价格指数的基础上，测算各年工资。

4. 材料费

材料费 = 材料费定额 × 装机容量。

以 1993 年价格水平 2 元/kW 为材料费定额基数，考虑物价变动因素，测算运营期间的年度材料费。

5. 库区维护费

根据国家现行政策，库区维护费按 0.001 元/(kW·h)征收，并根据计建设[1996]526 号“关于设立水电站和水库库区后期扶持基金的通知”规定，自发电之日起，前 10 年库区维护费和水库库区后期扶持基金按 0.004 元/(kW·h)征收，10 年后仍然恢复按 0.001 元/(kW·h)征收。

6. 摊销费

递延资产是指不能计入当年损益，应当在以后年度分期摊销的资金，就本工程而言，能计入递延资产的为建设单位开办费及生产单位准备费，根据业主执行概算成果，经分析计算，流动资产为 0.38 亿元，递延资产为 2.07 亿元，在工程竣工后 10 年内摊销。

7. 工程保险费

工程保险费是指固定资产保险和其他保险，取其固定资产价值的 0.25%。

8. 利息支出

利息支出包括计入发电成本的固定资产借款利息支出和流动资金借款利息支出两部分。按还贷程序及流动资金借款额进行测算。

9. 枢纽管理费

在成本支出中应包括作为业主用于本工程管理所需资金，以及航运管理费、梯调管理费、保卫消防、绿化环保等公益服务、供水供电、码头和仓储物资服务、物业管理服务等，其中业主管理费按发电量 0.001 元/(kW·h)计算，其他管理费按发电量 0.002 元/(kW·h)计算。

10. 其他费用

根据葛洲坝电站实际发生的费用水平，以 1993 年价格水平 8 元/(kW·h)为其他费用基数，考虑物价上涨因素，测算运营期间的年度其他费用，其他费用价值指数同材料费的。

11. 经营成本

经营成本 = 发电成本 − 折旧费 − 摊销费 − 利息支出。

计算结果如表 10-4-1 所示。

【例 10-10】 某供水工程年供水量 95 亿 m^3，工程静态投资 158.3 亿元，其中枢纽工程 24.2 亿元，水库淹没补偿投资 132.0 亿元，供水渠首工程投资 2.1 亿元。建设资金来源为中央和地方政府资本金占 80%，银行贷款 20%，贷款年利率 5.76%，偿还期 25 年。试计算供水总成本费用。

表 10-4-1　某水利水电工程发电总成本费用估算表

（单位：亿元）

序号	项目	年序																			
		运行初期							正常生产期												
		11	12	13	14	15	16	17	18	19	20	21	22	23	24	25	26	27	28	…	37
1	电站发电成本	4.91	33.09	50.51	64.52	89.34	104.37	112.42	132.92	129.68	126.34	120.50	117.45	114.30	111.05	109.44	107.79	106.32	106.12		34.53
1.1	折旧费	2.21	16.15	25.64	34.05	44.72	55.79	62.50	76.26	76.26	76.26	76.26	76.26	76.26	76.26	76.26	76.26	76.26	76.26		4.68
1.2	修理费	0.49	3.59	5.70	7.57	9.94	12.40	13.89	16.95	16.95	16.95	16.95	16.95	16.95	16.95	16.95	16.95	16.95	16.95		16.95
1.3	工资及附加	0.22	0.47	0.68	0.91	1.24	1.60	1.99	2.10	2.10	2.10	2.10	2.10	2.10	2.10	2.10	2.10	2.10	2.10		2.10
1.4	保险费	0.12	0.90	1.42	1.89	2.48	3.10	3.47	4.24	4.24	4.24	4.24	4.24	4.24	4.24	4.24	4.24	4.24	4.24		4.24
1.5	材料费	0.02	0.16	0.23	0.29	0.37	0.45	0.50	0.63	0.63	0.63	0.63	0.63	0.63	0.63	0.63	0.63	0.63	0.63		0.63
1.6	水费																				
1.7	摊销费								0.21	0.21	0.21	0.21	0.21	0.21	0.21	0.21	0.21	0.21			
1.8	利息支出（财务费用）	1.47	9.40	13.32	15.51	25.26	24.68	23.13	24.07	20.84	17.50	14.17	11.12	7.98	4.72	3.12	1.46				
1.9	其他费用	0.09	0.62	0.92	1.16	1.47	1.80	2.00	2.51	2.51	2.51	2.51	2.51	2.51	2.51	2.51	2.51	2.51	2.51		2.51
1.10	库区维护费	0.04	0.26	0.37	0.45	0.55	0.64	0.69	0.84	0.84	0.84	0.84	0.84	0.84	0.84	0.84	0.84	0.84	0.84		0.84
1.11	库区移民后期扶持基金	0.12	0.77	1.10	1.34	1.64	1.93	2.08	2.52	2.52	2.52										
1.12	财务费用（流动资金借款利息）	0.00	0.01	0.01	0.02	0.03	0.05	0.06	0.07	0.07	0.07	0.07	0.07	0.07	0.07	0.07	0.07	0.07	0.07		0.07
1.13	枢纽管理费	0.12	0.77	1.10	1.34	1.64	1.93	2.08	2.52	2.52	2.52	2.52	2.52	2.52	2.52	2.52	2.52	2.52	2.52		2.52
2	经营成本	1.23	7.54	11.54	14.96	19.36	23.91	26.78	32.37	32.37	32.37	29.85	29.85	29.85	29.85	29.85	29.85	29.85	29.85		29.85

解：

1. 燃料、材料及动力费

按供水量乘以 0.002 元/m^3 计算。

2. 折旧费

按供水工程（含库区淹没处理、供水渠首工程）投资所形成的固定资产价值乘以综合折旧率 2.70% 计算。

3. 修理费

按枢纽工程和供水渠首工程固定资产价值的 2% 计算。

4. 工资福利及劳保统筹费和住房基金

按水源公司职工人数 150 人，年工资 1.5 万元/人，福利费率 14%，劳保统筹费率 17%，住房基金 10% 计算。

5. 库区维护及建设基金

按供水量乘以 0.01 元/m^3 计算。

6. 管理费

结合工程自身特点，并参考有关类似工程资料，按燃料、材料及动力费，工程维护费，工资福利及劳保统筹费和住房基金，库区维护及建设基金等费用的 0.25% 计算。

7. 保险费

主要指固定资产保险和其他保险，国家有明确规定时按国家规定计算，目前暂按该枢纽工程和渠首工程固定资产价值的 2.5% 计算。

8. 利息支出

包括生产经营期计入成本的固定资产贷款利息和流动资金贷款利息。

9. 其他费用

不属于上述费用的其他费用。

《水利工程供水价格管理办法》（国家发改委、水利部，2003 年 7 月）规定，水资源费应计入供水成本，但目前国家尚未出台统一的水资源费征收标准。上述供水成本中暂未计入水资源费。

经营成本（年运行费）为不包括折旧费、利息净支出等费用在内的日常运行管理费。

五、水利水电项目各功能财务效益计算的原则和方法

进行水利水电项目财务评价要认真做好销售收入即财务效益的分析计算。

水利水电工程的财务效益是指出售水利水电产品和提供服务所获得的收入，主要有电费收入、水费收入和其他收入。

（一）发电效益

发电效益包括电量效益和容量效益，目前主要计算电量效益，有条件时还应计算容量效益。

电量效益（发电电量收入）= 上网电量 × 上网电价（不含增值税） (10-4-6)

上网电量 = 有效电量 ×（1 − 厂用电率）×（1 − 专用配套输变电线损率） (10-4-7)

$$容量效益(发电容量收入) = 必需容量 \times 容量价格 \tag{10-4-8}$$

(二)供水效益

供水效益包括农业灌溉供水效益和工业及城镇生活供水效益,由于其供水量和水价均不相同,应分别计算其效益。

$$供水效益 = 净供水量 \times 水价 \tag{10-4-9}$$

上述计算公式表明,为合理计算水利水电工程的财务效益(财务收入),首先必须合理计算和确定水利水电产品的有效供给量(如上网电量、分水口净供水量等)和与此相对应的电价、水价,即计算采用的有效电量是上网电量,所采用的计算电价应是与之相对应的上网电价,而不是电网的平均电价或到用户的电价;计算采用的有效供水量为到某分水口的净供水量,所采用的计算水价应是与之相对应的同一分水口的水价,而不能采用到用户的水价。

计算电费、水费收入所采用的电价、水价应在本章第三节拟定的几种可能电价、水价的基础上进行综合比较分析,合理确定,其电价、水价应满足:①可获得合理利润(灌溉水价应满足补偿成本、费用的要求),②具有竞争能力,③用户可以承受。

六、财务评价指标的计算方法和评价准则

经营性水利水电项目财务评价的主要内容,是在编制财务报表的基础上进行盈利能力分析、偿债能力分析和财务生存能力分析等。

(一)盈利能力分析

盈利能力分析是项目财务评价的主要内容之一,主要是考察投资的盈利水平,主要计算指标为财务内部收益率、投资回收期,根据项目的实际需要,也可计算财务净现值、投资利润率、投资利税率、资本金利润率等指标。

1.财务内部收益率(*FIRR*)

财务内部收益率是指项目在整个计算期内各年净现金流量现值累计等于零时的折现率,它是评价盈利能力的动态指标。其表达式为:

$$\sum_{i=1}^{n}(CI - CO)_t(1 + FIRR)^{-t} = 0 \tag{10-4-10}$$

式中 CI——现金流入量;

CO——现金流出量;

$(CI-CO)_t$——第 t 年的净现金流量;

n——计算期年数。

财务内部收益率可根据财务现金流量表中净现金流量,用试差法计算,也可采用专用软件的财务函数计算。

按分析范围和对象不同,财务内部收益率分为项目财务内部收益率、资本金收益率(即资本金财务内部收益率)和投资各方收益率(即投资各方财务内部收益率)。

(1)项目财务内部收益率,是考察确定项目融资方案前(未计算借款利息)且在所得税前整个项目的盈利能力,供决策者进行项目方案比选和银行金融机构进行信贷决策时参考。

由于项目各融资方案的利率不尽相同,所得税税率与享受的优惠政策也可能不同,在计算项目财务内部收益率时,不考虑利息支出和所得税,是为了保持项目方案的可比性。

(2)资本金收益率,是以项目资本金为计算基础,考察所得税税后资本金可能获得的收益水平。

(3)投资各方收益率,是以投资各方出资额为计算基础,考察投资各方可能获得的收益水平。

项目财务内部收益率(*FIRR*)的判别依据,应采用行业发布或者评价人员设定的财务基准收益率(i_c),当 $FIRR \geqslant i_c$ 时,即认为项目的盈利能力能够满足要求。资本金收益率和投资各方收益率应与出资方最低期望收益率对比,判断投资方收益水平。

2. 财务净现值(*FNPV*)

财务净现值是指按设定的折现率 i_c 计算的项目计算期内各年净现金流量的现值之和。计算公式为:

$$FNPV = \sum_{i=1}^{n}(CI - CO)_t(1 + i_c)^{-t} \qquad (10\text{-}4\text{-}11)$$

式中符号含义同前。

财务净现值是评价项目盈利能力的绝对指标,它反映项目在满足按设定折现率要求的盈利之外,获得的超额盈利的现值。财务净现值等于或者大于零,表明项目的盈利能力达到或者超过按设定的折现率计算的盈利水平。一般只计算所得税前财务净现值。

3. 投资回收期(P_t)

投资回收期是指以项目的净收益偿还项目全部投资所需要的时间,一般以年为单位,并从项目建设起始年算起。若从项目投产年算起,应予以特别注明。其表达式为:

$$\sum_{t=1}^{P_t}(CI - CO)_t = 0 \qquad (10\text{-}4\text{-}12)$$

投资回收期可根据现金流量表计算,现金流量表中累计现金流量(所得税前)由负值变为0时的时点,即为项目的投资回收期。计算公式为:

$$P_t = \text{累计净现金流量开始出现正值的年份数} - 1 + \text{上年累计净现金流量的绝对值} / \text{当年净现金流量值}$$

投资回收期越短,表明项目的盈利能力和抗风险能力越强。投资回收期的判别标准是基准投资回收期,其取值可根据行业水平或者投资者的要求设定。

4. 投资利润率

投资利润率是指项目在计算期内正常生产年份的年利润总额(或年平均利润总额)与项目总投资的比例,它是考察单位投资盈利能力的静态指标。将项目投资利润率与同行业平均投资利润率对比,判断项目的获利能力和水平。其计算公式为:

$$\text{投资利润率} = \frac{\text{年利润总额(或年平均利润总额)}}{\text{项目总投资}} \times 100\% \qquad (10\text{-}4\text{-}13)$$

$$\text{年利润总额} = \text{年产品销售收入} - \text{年销售税金及附加} - \text{年总成本费用}$$

5. 投资利税率

投资利税率是指项目达到设计生产能力后的一个正常生产年份的年利税总额(或年

平均利税总额)与项目总投资的比率。其计算公式为:

$$投资利税率 = \frac{年利税总额(或年平均利税总额)}{项目总投资} \times 100\% \tag{10-4-14}$$

$$年利税总额 = 年收入 - 年成本 + 增值税$$

6. 资本金利润率

资本金利润率是指项目达到设计生产能力后的一个正常生产年份的年利润总额与资本金的比率,它是反映投入项目的资本金的盈利能力。其计算公式为:

$$资本金利润率 = \frac{年利润总额(或年平均利润总额)}{资本金} \times 100\% \tag{10-4-15}$$

资本金为国家、企业、个人或外商对该项目实际投入的资本,包括现金、实物、无形资产等,属权益的一部分。

(二)偿债能力分析

根据有关财务报表,主要计算借款偿还期和资产负债率等指标,评价项目借款偿还能力。

1. 借款偿还期

固定资产借款偿还期是指在国家财政规定及项目具体财务条件下,以项目投产后可用于还款的资金偿还固定资产投资借款本金和建设期利息所需的时间。其表达式为:

$$I_d = \sum_{i=1}^{P_d} R_t \tag{10-4-16}$$

式中 I_d——固定资产投资借款本金和建设期利息之和;

P_d——固定资产投资借款偿还期(从借款开始年计算);

R_t——第 t 年可用于还款的资金。

借款偿还期可编制借款还本利息计算表直接推算。以年表示,详细计算公式为:

$$借款偿还期 = 借款偿还开始出现盈余年份数 - 开始借款年份 + \frac{当年偿还借款额}{当年可用于还款的资金额} \tag{10-4-17}$$

固定资产借款偿还期,一般从借款开始计算年计算(当从投产年计算起时,应予注明)。当所计算出的借款偿还期能满足贷方要求的期限时,该项目在财务上是可行的。

水利水电项目可用于还贷的资金来源有水利水电产品销售利润、折旧费、摊销费等。

(1)还贷利润=税后发电(供水)利润-盈余公积金-公益金-应付利润。

盈余公积金和公益金可按税后发电(供水)利润的10%和5%提取;应付利润为企业法人每年需支付的利润,如股息、红利等。

$$税后发电(供水)利润 = 发电(供水)收入 - 发电(供水)总成本费用 - 发电(供水)税金 \tag{10-4-18}$$

$$发电(供水)税金 = 发电(供水)所得税 + 销售税金附加 \tag{10-4-19}$$

(2)还贷折旧=折旧费×折旧还贷比例。

折旧还贷比例可由企业自行确定;当未确定时,可暂按90%用于偿还借款。

(3)摊销费用于还贷的比例同折旧。

2. 资产负债率

资产负债率是反映项目各年所面临的财务风险程度和偿还能力的指标，其计算公式为：

$$资产负债率 = \frac{负债合计}{资产合计} \times 100\% \tag{10-4-20}$$

$$资产合计 = 负债合计 + 权益合计$$

权益为业主对项目投入的资金以及形成的资本公积金、盈余公积金和未分配的利润。一般要求债务占资产的比例不超过60%～70%。

资产负债率通过资产负债表计算。

（三）财务生存能力分析

在项目（企业）运营期间，确保从各项经济活动中得到足够的净现金流量是项目能够持续生存的条件。财务分析中应根据财务计划现金流量表，综合考察项目计算期内各年的投资活动、融资活动和经营活动所产生的各项现金流入和流出，计算净现金流量和累计盈余资金，分析项目是否有足够的净现金流量维持正常运营。为此，财务生存能力分析亦可称为资金平衡分析。

财务生存能力分析应结合偿债能力分析进行。如果拟安排的还款期过短，致使还本付息负担过重，导致为维持资金平衡必须筹措的短期借款过多，可以调整还款期，减轻各年还款负担。水利水电建设项目运营前期的还本付息负担较重，故应特别注重运营前期的财务生存能力分析。

通过以下相辅相成的两个方面可具体判断项目的财务生存能力：

（1）拥有足够的经营净现金流量是财务可持续的基本条件，特别是运营初期。一个项目具有较大的经营净现金流量，说明项目方案比较合理，实现自身资金平衡的可能性大，不会过分依赖短期融资来维持运营；反之，一个项目不能产生足够的经营净现金流量，或经营净现金流量为负值，说明维持项目正常运行会遇到财务上的困难，项目方案缺乏合理性，实现自身资金平衡的可能性小，有可能要靠短期融资来维持运营；或者是非经营项目本身无能力实现自身资金平衡，提示要靠政府补贴。

（2）各年累计盈余资金不出现负值是财务生存能力的必要条件。在整个运营期间，允许个别年份的净现金流量出现负值，但不允许任一年份的累计盈余资金出现负值。一旦出现负值时应适时进行短期融资，该短期融资应体现在财务计划现金流量表中，同时短期融资的利息也应纳入成本费用和其后的计算。较大的或频繁的短期融资，有可能导致以后的累计盈余资金无法实现正值，致使项目难以维持运营。

财务计划现金流量表是项目财务生存能力分析的基本报表，其编制基础是财务分析辅助报表和利润分配表。

（四）公益性水利项目财务分析的内容和评价准则

水利部1991年4月水计字第13号文《关于新建水利工程有关编制经费、用房等问题的通知》规定："新建水利工程申请立项时，必须明确管理体制，管理机构的性质，按国家审定的编制定员标准确定管理人员编制及运行管理费、大修理费、折旧费的经费来源。""必须按国家政策事先明确工程发挥效益后各项收益的标准，并经主管部门认可，以确保工程投产后能维持正常运转。""工程管理单位凡明确为事业单位性质的，应按国家规定上报各级编委和财政部门核定人员编制和事业经费，列入本级政府财政预算，确保管理人员的经费来源。"否则，计划部门不予立项目。因此，防洪、治涝等公益性水利项目财务评价可行的标准之一是工程建成后维持工程正常运行的经费有合理、可靠的来源，同时单位功能（或单位使用效益）投资、单位功能运营成本相对较低。

（五）计算案例

【例10-11】 某供水工程年供水量144.8亿m^3，静态总投资353.75亿元，总工期6年，其中第4年开始发挥部分供水效益。试计算该工程的财务内部收益率。

解：

1. 供水收入及税金利润测算

1）供水收入

供水收入=净供水量×供水价格。

净供水量为扣除输水损失后至各供水口的水量，经分析计算为120.3亿m^3。

供水价格为与供水口相对应的价格，经分析计算采用综合水价26.62分/m^3（综合水价为工业、城镇居民生活及农业灌溉的加权平均水价）。

计算结果：正常生产年份的供水收入为32.02亿元。

2）税金及利润

税收政策改革后新建水利工程如何缴税（老水利工程由于亏本，目前不存在缴税问题）目前尚无明确规定，本案例暂参考《建设项目经济评价方法与参数》（第一版）中煤矿和铁路项目的计算案例及自来水公司缴税的情况计算（注：国家对供水工程的税收政策明确后应按有关的税收政策计算）。

（1）营业税：按工矿企业和城市生活供水收入的3%计算。

（2）城市维护建设税：按营业税的3%计算。

（3）教育费附加：按营业税的2%计算。

（4）利润总额：

利润总额=供水收入-总成本费用-营业税-城市维护建设税-教育费附加。

（5）所得税：按利润总额（税前利润）的33%计算。

（6）税后利润：

税后利润=利润总额（税前利润）-所得税。

（7）税后利润分配：本项目不缴纳特种基金，提取税后利润10%的法定盈余公积金。

未分配利润=税后利润-盈余公积金。

计算结果如表10-4-2所示。

2. 财务内部收益率计算

根据本工程的财务费用与财务收入编制现金流量表如表10-4-3所示。根据表10-4-3求得本项目的财务内部收益率为4.18%（所得税前）~2.99%（所得税后）。

【例10-12】 某水电站装机6台，总装机容量135万kW，年发电量59.31亿kW·h，项目总工期9年，第一台机组发电工期6年，工程静态总投资为41.39亿元，计入价差预备费后为56.60亿元，电站专用配套输变电工程投资为10.59亿元。资金筹措方案为资本金按固定资产投资的30%计，70%资金从银行借款，借款年利率11.16%。试计算该水

表 10-4-2　某供水工程损益和利润表

（单位:亿元）

项　目	年　序								
	4	5	6	7	8	9	10	…	56
生产负荷(%)	3.2	4.9	6.5	70.0	100.0	100.0	100.0	…	100.0
1. 产品销售收入	1.038	1.557	2.076	22.417	32.024	32.024	32.024	…	32.024
2. 销售税金及附加	0.033	0.050	0.067	0.720	1.028	1.028	1.028	…	1.028
3. 总成本费用	0.561	0.842	1.123	13.095	18.707	18.707	18.707	…	18.707
4. 利润总额	0.444	0.665	0.886	8.602	12.289	12.289	12.289	…	12.289
5. 所得税	0.147	0.219	0.292	2.839	4.055	4.055	4.055	…	4.055
6. 税后利润	0.297	0.446	0.594	5.763	8.234	8.234	8.234	…	8.234
7. 可供分配利润	0.297	0.446	0.594	5.763	8.234	8.234	8.234	…	8.234
7.1　盈余公积金	0.030	0.045	0.059	0.576	0.823	0.823	0.823	…	0.823
7.2　未分配利润	0.267	0.401	0.535	5.187	7.411	7.411	7.411	…	7.411
累计未分配利润	0.267	0.668	1.203	6.390	13.801	21.212	28.623	…	369.529

表 10-4-3　某供水工程财务现金流量表

（单位:亿元）

年序	1	2	3	4	5	6	7	8	9	10	11	12	13	14	15	16	17	18	19	20	…	56
1. 现金流入	0. 0000	0. 0000	0. 0000	1. 0150	1. 5225	2. 0300	21. 5409	30. 7727	30. 7727	30. 7727	30. 7727	30. 7727	30. 7727	30. 7727	30. 7727	30. 7727	30. 7727	30. 7727	30. 7727	30. 7727	…	59. 2876
1. 1　销售收入				1. 0150	1. 5225	2. 0300	21. 5409	30. 7727	30. 7727	30. 7727	30. 7727	30. 7727	30. 7727	30. 7727	30. 7727	30. 7727	30. 7727	30. 7727	30. 7727	30. 7727	…	30. 7727
1. 2　回收固定资产余值																						28. 3699
1. 3 回收流动资金																						0. 1450
2. 现金流出	27. 780 0	48. 750 0	63. 010 0	79. 543 5	86. 001 8	51. 314 1	11. 499 0	16. 351 5	16. 308 5	16. 308 5	16. 308 5	16. 308 5	16. 308 5	16. 308 5	16. 308 5	16. 308 5	16. 308 5	16. 308 5	16. 308 5	16. 308 5	…	16. 3085
2. 1　固定资产投资	27. 780 0	48. 750 0	63. 010 0	78. 950 0	85. 120 0	50. 140 0	0. 000 0	0. 000 0	0. 000 0	0. 000 0	0. 000 0	0. 000 0	0. 000 0	0. 000 0	0. 000 0	0. 000 0	0. 000 0	0. 000 0	0. 000 0	0. 000 0	…	0. 000 0
2. 2　流动资金投入				0. 009 0	0. 005 0	0. 083 0	0. 043 0														…	
2. 3　经营成本				0. 405 6	0. 608 3	0. 811 1	7. 878 3	11. 254 7	11. 254 7	11. 254 7	11. 254 7	11. 254 7	11. 254 7	11. 254 7	11. 254 7	11. 254 7	11. 254 7	11. 254 7	11. 254 7	11. 254 7	…	11. 254 7
2. 4　销售税金				0. 032 6	0. 048 9	0. 065 2	0. 691 5	0. 987 8	0. 987 8	0. 987 8	0. 987 8	0. 987 8	0. 987 8	0. 987 8	0. 987 8	0. 987 8	0. 987 8	0. 987 8	0. 987 8	0. 987 8	…	0. 987 8
2. 5　所得税				0. 146 4	0. 219 6	0. 292 8	2. 846 2	4. 066 0	4. 066 0	4. 066 0	4. 066 0	4. 066 0	4. 066 0	4. 066 0	4. 066 0	4. 066 0	4. 066 0	4. 066 0	4. 066 0	4. 066 0	…	4. 066 0
2. 6　特种基金																					…	
3. 净现金流量(1－2)	－27. 780 0	－48. 750 0	－63. 010 0	－78. 528 6	－84. 479 3	－49. 284 1	10. 042 0	14. 421 2	14. 464 2	14. 464 2	14. 464 2	14. 464 2	14. 464 2	14. 464 2	14. 464 2	14. 464 2	14. 464 2	14. 464 2	14. 464 2	14. 464 2	…	14. 464 2
4. 累计净现金流量	－27. 780 0	－76. 530 0	－139. 540 0	－219. 068 0	－302. 547 9	－351. 832 0	－341. 790 0	－327. 368 8	－312. 904 6	－298. 440 3	－283. 976 1	－269. 511 9	－255. 047 7	－240. 583	－226. 119 2	－221. 655 0	－197. 190 7	－182. 726 5	－168. 262 3	－153. 798 1	…	395. 429 0
5. 所得税前净现金流量	－27. 780 0	－48. 750 0	－63. 010 0	－78. 382 1	－84. 259 7	－48. 991 3	12. 888 2	18. 487 2	18. 487 2	18. 530 2	18. 530 2	18. 530 2	18. 530 2	18. 530 2	18. 530 2	18. 530 2	18. 530 2	18. 530 2	18. 530 2	18. 530 2	…	18. 530 2
6. 所得税前累计净现金流量	－27. 780 0	－48. 750 0	－139. 540 0	－217. 922 1	－302. 181 9	－351. 173 2	－338. 285 0	－319. 797 8	－301. 267 5	－282. 737 3	－264. 707 0	－245. 676 8	－227. 146 6	－208. 616 3	－190. 086 1	－171. 555 9	－153. 025 6	－134. 495	－115. 965 2	－97. 434 9	…	598. 168 4

注:评价指标:财务内部收益率:所得税前 4. 18%;所得税后 2. 99%。

电站的借款偿还期。

解：

1. 固定资产、无形资产及递延资产分析计算

该项目固定资产投资 671 988 万元，建设期利息 265 995 万元；机组全部投产后，形成固定资产价值 932 483 万元、无形资产价值 3 000 万元、递延资产价值 2 500 万元。

2. 收入及税金、利润计算

1）发电收入

该电站作为电网内实行独立核算的发电项目进行财务评价：

发电收入 = 上网电量 × 上网电价。

本电站上网电量为 500kV 送电线路终端电量，在考虑电网对水电站发电量的吸收情况后，按有效电量计算，多余电量不计入发电收入。

上网电量为厂供电量扣除专用配套输变电损失电量；

厂供电量为有效电量扣除厂用电量；

电站厂用电率取 0.2%，专用配套输变电损失率取 2.0%；

上网电价经测算和综合分析采用 0.478 元/(kW · h)。

2）税金

电力销售税金包括增值税和销售税金附加。

（1）增值税：电力产品增值税税率为 17%。

应纳税额 = 销项税额 - 进项税额。

销项税额 = 销售额 × 税率。

由于水电站可以扣减的进项税额非常有限，本项目直接按销售收入的 17% 计算增值税。

增值税为价外税，此处仅作为计算销售税金附加的基础。

（2）销售税金附加：包括城市维护建设税和教育费附加，以增值税税额为基础征收，按规定税率分别采用 5% 和 3%。

3）利润

发电利润 = 发电收入 - 总成本费用 - 销售税金附加。

企业利润按国家规定作相应调整后，依法征收所得税，税率为 33%。

税后利润 = 发电利润 - 应缴所得税。

税后利润提取 10% 的法定盈余公积金和 5% 的公益金后，剩余部分为可分配利润；再扣除分配给投资者的应付利润，即为未分配利润。

电站发电收入、税金、利润计算见表 10-4-4 损益表。

3. 借款偿还期计算

电站还贷资金主要包括利润、折旧费和摊销费等。企业未分配利润全部用来还贷，折旧费和摊销费的 90% 用于还贷。

计算结果：该电站在机组全部投产后的第 6 年（开工后第 15 年底可还清固定资产投资借款本息）。

借款偿还期计算见表 10-4-5。

表 10-4-4　损益和利润分配表

（单位：万元）

项　目	年　序													合计
	运行初期			正常运行期										
	7	8	9	10	11	12	13	14	15	16	17	18～19	20～29	
上网电量(亿 kW·h)	11.30	32.12	46.84	52.55	52.58	52.36	52.06	51.82	51.61	51.47	51.38	63.64	63.64	1 266.17
上网电价(元/(kW·h))	0.478	0.478	0.478	0.478	0.478	0.478	0.478	0.478	0.478	0.329	0.330	0.268	0.267	
1. 发电销售收入	54 014	153 534	223 895	251 189	251 332	250 281	248 847	247 700	246 696	169 336	169 554	170 551	169 918	4 297 060
1.1　电量销售收入	54 014	153 534	223 895	251 189	251 332	250 281	248 847	247 700	246 696	169 336	169 554	170 551	169 918	4 297 060
1.2　容量销售收入	0	0	0	0	0	0	0	0	0	0	0	0	0	0
2. 销售税金附加	734	2 088	3 045	3 416	3 418	3 403	3 384	3 368	3 355	2 303	2 306	2 309	2 301	58 448
2.1　城市维护建设税	459	1 305	1 903	2 135	2 136	2 127	2 115	2 105	2 097	1 439	1 441	1 443	1 438	36 528
2.2　教育费附加	275	783	1 142	1 281	1 282	1 276	1 269	1 263	1 258	864	865	866	863	21 920
3. 总成本费用	11 685	33 060	48 224	117 457	108 378	98 708	88 490	77 714	66 325	54 557	54 556	54 678	54 128	1 409 790
4. 利润总额	41 595	118 386	172 626	130 316	139 536	148 170	156 973	166 618	177 016	112 476	112 692	112 764	112 689	2 828 822
5. 所得税	13 726	39 067	56 967	43 004	46 047	48 896	51 081	54 984	58 415	37 117	37 188	37 212	37 187	9 335 206
6. 税后利润	27 869	79 319	115 659	87 312	93 489	99 274	105 172	111 634	118 601	75 359	75 504	75 552	75 502	1 895 316
7. 盈余公积金	2 787	7 932	11 566	8 731	9 349	9 927	10 517	11 163	11 860	7 536	7 550	7 555	7 550	189 528
8. 公益金	1 393	3 966	5 783	4 366	4 674	4 964	5 259	5 582	5 930	3 768	3 775	3 778	3 775	94 766
9. 可供分配利润	23 689	67 421	98 310	74 215	79 466	84 383	89 369	94 889	100 811	64 055	64 179	64 219	64 177	1 611 022
10. 应付利润	22 711	27 035	30 300	30 300	30 300	30 300	30 300	30 300	30 300	30 300	30 300	30 300	30 300	686 046
11. 未分配利润	978	40 386	68 010	43 915	49 166	54 083	59 096	64 589	70 511	33 755	33 879	33 919	33 877	924 976

表 10-4-5　借款偿还计划表

（单位:万元）

项　目	年　序															合　计
	建设期(含运行初期)									正常运行期						
	1	2	3	4	5	6	7	8	9	10	11	12	13	14	15	
1. 借款及还本付息																
1.1 年初借款本息累计	0	38 683	76 665	131 528	201 515	285 360	376 983	487 701	549 837	563 528	482 162	395 545	304 011	207 464	105 424	
1.1.1 本金	0	36 639	68 525	112 394	164 769	222 882	279 500	344 047	348 020	297 533	482 162	39 555	304 011	207 464	105 424	
1.1.2 建设期利息	0	2 044	8 140	19 144	36 746	62 478	97 483	143 654	201 817	265 995	0	0	0	0	0	
1.2 本年借款	36 639	31 886	43 869	52 375	58 113	56 618	73 469	66 954	50 469	0	0	0	0	0	0	470 392
1.3 本年应付利息	2 044	6 096	11 004	17 602	25 732	35 005	46 171	58 163	64 178	62 889	53 809	44 142	33 927	23 153	11 766	495 681
1.4 本年还本付息	0	0	0	0	0	0	8 922	62 981	100 956	144 255	140 426	135 676	130 474	125 193	119 728	968 611
2. 偿还借款的资金来源																
2.1 还贷利润	0	0	0	0	0	0	978	40 386	68 010	43 915	49 166	54 083	59 096	64 589	70 511	450 734
2.2 还贷折旧	0	0	0	0	0	0	7 944	24 595	32 946	36 956	36 956	36 956	36 956	36 956	36 956	285 221
2.3 还贷摊销	0	0	0	0	0	0	0	0	0	495	495	495	495	495	495	2 970
2.4 计入成本的利息支出	0	0	0	0	0	0	0	0	0	62 899	53 809	44 142	33 927	23 153	11 766	229 686
2.5 其他	0	0	0	0	0	0	0	0	0	0	0	0	0	0	0	
合计	0	0	0	0	0	0	8 922	62 981	100 956	144 255	140 426	135 676	130 474	125 193	119 728	968 611

第五节　不确定性分析与风险分析

一、概述

项目经济评价所采用的数据大部分来自估算和预测，有一定程度的不确定性，加之水利水电工程建设受自然因素影响大，涉及面广，许多因素难以定量，所采用的预测方法和手段又有一定的局限性，因而项目实施后的实际情况难免与预测情况有所差异。因此，立足于预测估算的项目经济评价结果存在不确定性。为了分析不确定性因素对经济评价指标的影响，考察经济评价结果的可靠程度，须在经济评价之后对其进行相应的不确定性分析。

对项目经济评价进行不确定性分析的主要目的有两个：一是预测经济评价指标发生变化的范围，分析工程获得预期效果的风险程度，为工程项目决策提供依据；二是找出对工程经济效果指标具有较大影响的因素，以便在工程的规划、设计、施工中采取适当的措施，把它们的影响限制到最小程度。

项目经济评价中的不确定性分析包括敏感性分析、盈亏平衡分析和概率分析（风险分析）。盈亏平衡分析只用于财务评价，敏感性分析和概率分析可同时用于财务评价和国民经济评价。目前在对水利水电项目进行经济评价时，一般选用敏感性分析，大型水利水电建设项目还进行概率分析（风险分析）。

二、敏感性分析

敏感性分析是通过分析、预测项目主要因素发生变化时对经济评价指标的影响，从中找出敏感因素，分析评价指标对该因素的敏感程度，并分析该因素达到临界值时项目的承受能力。一般将产品价格、产品产量（生产负荷）、主要原材料价格、建设投资、建设工期、汇率等作为考察的不确定因素。

（一）敏感性分析方法

敏感性分析有单因素敏感性分析和多因素敏感性分析两种。单因素敏感性分析是对单一不确定因素变化的影响进行分析；多因素敏感性分析是对两个或两个以上互相独立的不确定因素同时变化的影响进行分析。通常只要求进行单因素敏感性分析。敏感性分析结果用敏感性分析表和敏感性分析图表示。

1. 编制敏感性分析表和绘制敏感性分析图

敏感性分析图如图10-5-1所示。图中每一条斜线的斜率反映内部收益率对该不确定因素的敏感程度，斜率越大敏感度越高。一张图可同时反映多个因素的敏感性分析结果。每条斜线与基准收益率线的相交点所对应的不确定因素变化率，图中 C_1、C_2、C_3、C_4 等即为该因素的临界点。

敏感性分析表如表10-5-1所示。表中所列的不确定因素是可能对评价指标产生影响的因素，分析时可选用一个或多个因素。不确定因素的变化范围可自行设定。可根据需要选定项目评价指标，其中最主要的评价指标是财务内部收益率。

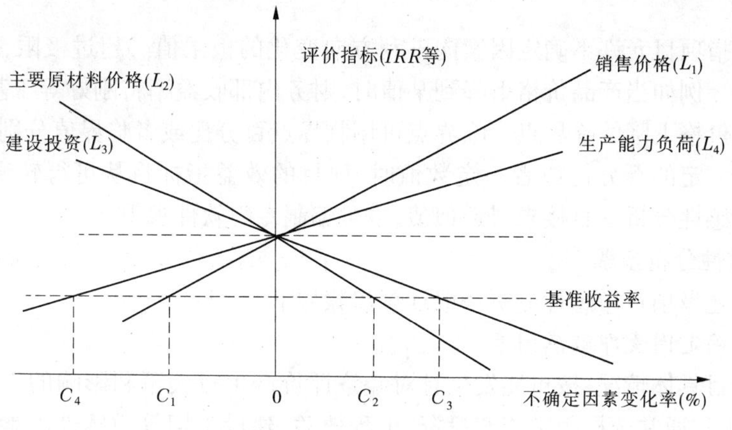

图 10-5-1　敏感性分析图

表 10-5-1　敏感性分析表

序号	不确定因素	变化率(%)	内部收益率(%)	敏感系数	临界点(%)	临界值
	基本方案					
1	产品产量(生产负荷)					
2	产品价格					
3	主要原材料价格					
4	建设投资					
5	建设工期					
6	汇率					

2. 计算敏感度系数和临界点

1)敏感度系数

单因素敏感性分析可用敏感度系数表示项目评价指标对不确定因素的敏感程度。计算公式为:

$$E = \Delta A / \Delta F \qquad (10\text{-}5\text{-}1)$$

式中　ΔF——不确定因素 F 的变化率(%);

ΔA——不确定因素 F 发生 ΔF 变化概率时,评价指标 A 的相应变化率(%);

E——评价指标 A 对于不确定因素 F 的敏感度系数。

2)临界点

临界点是指项目允许不确定因素向不利方向变化的极限值。超过极限,项目的效益指标将不可行。例如当产品价格下降到某值时,财务内部收益率将刚好等于基准收益率,此点称为产品价格下降的临界点。临界点可用临界点百分比或者临界值分别表示某一变量的变化达到一定的百分比或者一定数值时,项目的效益指标将从可行转变为不可行。临界点可由敏感性分析图直接求得近似值,也可编制专门软件求得。

(二)敏感性分析步骤

水利水电建设项目敏感性分析一般计算步骤如下。

1.选择不确定因素即敏感因素

一般视项目具体情况,按可能发生且对经济评价产生较大不利影响的方式来进行选择,水利水电工程通常选择固定资产投资、工程效益、建设工期等敏感性因素。由于水利水电工程效益的随机性大,因而工程效益的变化除考虑一般变化幅度外,还要考虑大洪水年或连续枯水年出现时间对防洪效益和发电、供水效益等的影响程度。

2.确定各因素的变化幅度及其增量

各因素的变化范围原则上应根据项目的具体情况分析确定,在资料缺乏时,也可参照下列变化范围选用:

(1)固定资产投资:±10% ~ ±20%;

(2)效益:±15% ~ ±25%;

(3)建设期年限:增加或减少1~2年。

3.选定进行敏感性分析的经济评价指标

由于《水利建设项目经济评价规范》(SL72—94)规定可供选用的经济评价指标较多,因此没有必要全部进行敏感性分析,一般可只对主要经济评价指标,如国民经济评价中的经济内部收益率(*EIRR*)和经济净现值(*ENPV*),财务评价中的财务内部收益率(*FIRR*)、财务净现值(*FNPV*)和固定资产投资借款偿还期(*Pd*)等进行分析,也可根据项目需要分析选定。

4.计算某种因素浮动对项目经济评价指标的影响和其敏感程度

在算出基本情况经济评价指标的基础上,按选定的因素和浮动幅度计算其相应的评价指标,同时将所得到的结果绘成图表,以利分析研究和决策。

(三)敏感性分析中效益费用流量计算应注意的问题

敏感性分析大多都是假定效益减少或费用增加某一百分比来进行测算的,由于在动态经济分析计算中,经济效果指标完全取决于效益流和费用流,所以敏感性分析时也就认为效益流和费用流均发生某一比例变化,不对效益流和费用流发生的时间进行调整。例如,若假设效益减少10%,则认为效益流中每年的效益减少10%,又如若假定费用增加10%,则认为费用流中各年的费用都增加10%。这样做,虽然可能与实际情况有些出入,但误差不大,加之计算又较为简便,因而目前一般都采用此方式来进行计算。虽然如此,但在工期的敏感性分析中,不能采用上述的方式,而应当对其效益流和费用流发生的时间进行修正,否则,就可能出现较大的误差,甚至导致计算出的结果失真。这主要是因为,工期延长后,不仅投资的年限增长,运管费用增加,总投资费用增大,而且效益发生的时间也相应推后，效益滞后对工程经济效果影响又甚为敏感。如某水电站在基本条件下的经济净现值为131亿元，工期延长两年后的经济净现值则只有95亿元，两者相差36亿元，效益降低27.5%。基于此，在敏感性分析中一定要注意对费用流和效益流的发生时间进行修正。

（四）计算案例

【例10-13】 某综合利用水利工程位于某省，工程具有防洪、发电和航运等方面的效益，经分析计算，工程计划总投资295.7亿元，其中工程建设投资185亿元，水库淹没移民投资110.61亿元，工程正常运行年效益61.90亿元，在社会折现率12%条件下，工程的经济内部收益率为14.5%，试对其进行敏感性分析。

解：依据题中条件，选取投资、效益和工期三因素对评价指标经济内部收益率进行敏感性分析，计算结果见表10-5-2，据此绘出的敏感性分析图见图10-5-2。

表10-5-2 某综合利用水利工程敏感性分析表

因　素	变化率(%)	经济内部收益率(%)
基本方案	±0	14.50
1. 固定资产投资	+20	13.0
2. 固定资产投资	+10	13.7
3. 固定资产投资	-5	15.1
4. 经济效益	-20	12.6
5. 经济效益	-10	13.5
6. 经济效益	+5	14.9
7. 工期	延长两年	13.3

从表10-5-2及图10-5-2可以看出，该工程的各敏感因素在敏感性分析范围内变动，均不改变工程经济评价结论，工程在经济上均属可行，由此说明，该工程在经济上的抗风险能力是较强的。

从图10-5-2还可以看出，敏感性分析图还可以导出项目由可行到不可行的不确定因素变化的临界值。其具体做法是，将不确定因素导致工程经济评价指标发生变化的变化线下延直至与基准收益率线（或社会折现率线）相交，两线的交点就是某不确定因素变化的临界点，该点对应的横坐标为不确定因素变化的临界值，即该不确定因素允许变动的最大幅度，或称极限变化。不确定因素的变化超过了这个极限，项目就由可行变为不可行。如图10-5-2中的经济效益降低25.5%，其经济内部收益率将降至基准值，若再降低项目就变为不可行。将各个因素允许变动幅度进行相互对比，则可知道各个因素对项目经济评价影响的敏感程度，允许变动幅度范围大，表明项目经济效果对该因素不敏感，项目承担的风险不大，反之表明项目经济效果对该因素敏感，项目承担的风险可能较大。

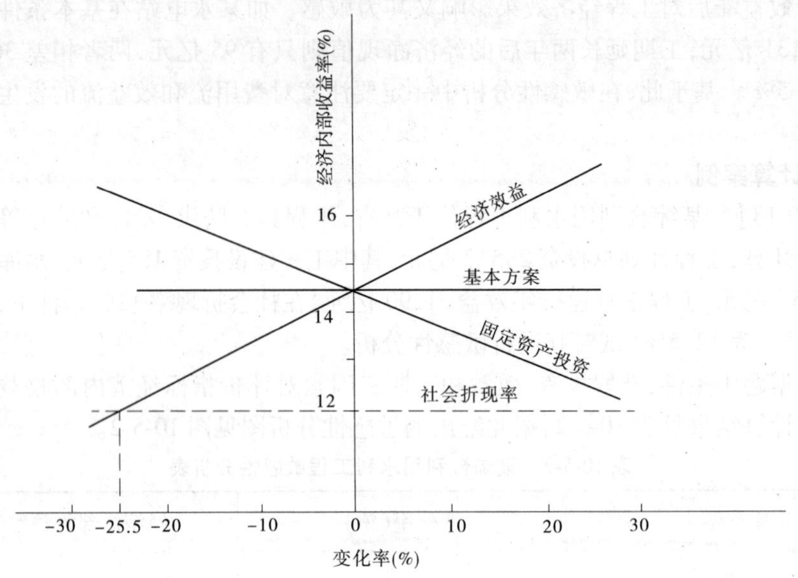

图 10-5-2　某综合利用水利工程敏感性分析图

第六节　方案经济比较

一、概述

通常所指的方案就其性质来说可分为两类:①独立方案,是指各方案之间无任何联系,如在河流上修建一个小水电站与对某灌区现有喷灌设施进行更新改造,两者之间没有任何联系,只要资金充裕,两项投资可以同时进行,如资金不足,也只是选择实施的先后顺序而已,所以独立方案不存在选择的性质,它只能与什么也不做即零方案之间进行选择;②互斥方案,是为达到同一目标而设置的彼此可以相互替代的方案,因此方案具有排他性,采纳方案组中某一方案,就会自动排斥这组方案中的其他方案,如在某一河流上游修建一座水库,有土坝、混凝土坝、堆石坝等三种方案可供选择,如果选择了土坝,混凝土坝、堆石坝方案就被排斥。因此,方案比较是在互斥方案中寻求经济合理工程项目和措施的必要手段,是项目经济评价的重要组成部分。水利水电项目的工程规模、型式和设计标准等都可能有多个方案可供决策者选择。为此,要对各种工程方案进行经济计算,并结合其他因素详细论证,合理选定。方案比较的计算原则如下:

(1)参与比较各方案的研究深度要具有可比性,效益与费用的计算口径需对应一致。

(2)可按各个方案所含的全部因素,计算各方案的全部费用和效益进行全面对比和经济评价,也可以仅就不同因素计算相对费用和效益,进行局部对比和经济评价。

(3)由于各方案中有些因素难以用货币计量,如技术因素、可靠性因素、生态环境因素、社会因素等,所以方案最终决策除考虑经济因素外,还应对其他因素进行全面和综合的考虑。

二、方案经济比较方法

关于方案的经济比较和择优方法，大体上可分为静态分析比较方法和动态分析比较方法两种类型，随着市场经济和商品生产的发展，货币资金的时间价值普遍得到重视。因此，下面仅介绍经常应用的几种动态经济方案比较方法。

(一)经济净现值法

通过计算各方案的经济净现值，从中选择最大者为最优方案。其计算式为：

$$ENPV = \sum_{t=1}^{n}(B - I - C') + S_v + W)_t(P/F, i_s, t) \tag{10-6-1}$$

式中 $ENPV$——经济净现值；

B——效益；

I——固定资产投资和流动资金之和；

C'——年运行费；

S_v——计算期末回收的固定资产余值；

W——计算期末回收的流动资金；

n——计算期；

i_s——社会折现率；

$(P/F, i_s, t)$——现值系数。

(二)经济净年值法

通过计算各方案的经济净年值，从中选择最大者为最优方案。其计算式为：

$$ENAW = \left[\sum_{t=1}^{n}(B - I - C' + S_v + W)_t(P/F, i_s, t)\right](A/P, i_s, n) \tag{10-6-2}$$

式中 $ENAW$——经济净年值；

$(A/P, i_s, n)$——复利系数或称资金回收系数；

其他符号含义同前。

(三)差额投资经济内部收益率法

通过计算各方案的差额投资经济内部收益率，当差额投资经济内部收益率大于或等于社会折现率时，投资现值大的方案为优；反之，投资小的方案为优。当有多个方案进行比较时，可按投资现值由小到大排序，并依次进行两两比较，从中选出最优方案。其计算式为：

$$\sum_{t=1}^{n}[(B - C)_2 - (B - C)_1]_t(1 + \Delta EIRR)^{-t} = 0 \tag{10-6-3}$$

式中 $(B-C)_2$、$(B-C)_1$——投资大的和小的两方案的年净效益流量；

$\Delta EIRR$——差额投资经济内部收益率。

(四)经济净现值率法

通过计算各方案的经济净现值率并进行比较，以经济净现值率较大的方案为优。其计算式为：

$$ENPVR = \frac{ENPV}{I_p} \tag{10-6-4}$$

式中　$ENPVR$——经济净现值率；

I_p——计算方案的投资现值；

其他符号含义同前。

（五）最小费用法

包括费用现值最小法和年费用最小法。此法不需计算效益，比较简便。

（1）费用现值最小法。计算各方案的费用现值，以费用现值小的方案为优。其计算式为：

$$PC = \sum_{t=1}^{n} (I + C' - S_v - W)_t (P/F, i_s, t) \tag{10-6-5}$$

式中　PC——费用现值；

其他符号含义同前。

（2）年费用最小法。计算各方案的年费用，以年费用最小的方案为优。其计算式为：

$$AC = \left[\sum_{t=1}^{n} (I + C' - S_v - W)_t (P/F, i_s, t) \right] (A/P, i_s, n) \tag{10-6-6}$$

式中　AC——年费用；

其他符号含义同前。

（六）经济效益费用比法

计算各方案的经济效益费用比，以经济效益费用比最大的方案为优。其计算式为：

$$EBCR = \frac{\sum_{t=1}^{n} B_t (1 + i_s)^{-t}}{\sum_{t=1}^{n} C_t (1 + i_s)^{-t}} \tag{10-6-7}$$

式中　$EBCR$——经济效益费用比；

B_t——第 t 年的效益；

C_t——第 t 年的费用；

其他符号含义同前。

（七）增量效益费用比法

如果水利水电项目的建设资金无限制，且项目建设规模未定，则还必须以增量效益费用比来优选方案的规模。此时各方案就应以投资现值大小排序，并两两进行比较，当增量效益费用比大于1.0时，应选择投资现值大的方案为规模最优的方案。其计算式为：

$$\Delta EBCR = \frac{\sum_{t=1}^{n} \Delta B_t (1 + i_s)^{-t}}{\sum_{t=1}^{n} \Delta C_t (1 + i_s)^{-t}} \tag{10-6-8}$$

式中　$\Delta EBCR$——增量效益费用比；

ΔB_t——第 t 年的增量效益；

ΔC_t——第 t 年的增量费用。

三、方案比较方法的选择

在单个项目的经济评价中，采用经济内部收益率、经济净现值、经济效益费用比等指标来判断项目的可行性，所得到的结论是一致的。因此，可以任选其中的指标，作为项目经济评价的依据。

方案比较方法很多，常用的有经济净现值法、经济净现值率法、经济年值法、差额投资内部收益率法、最小费用法等，所对应的判断指标有净现值、净现值率、净年值、差额投资内部收益率和费用现值及年费用等。在方案比较或对项目进行排队中，一般不直接采用经济内部收益率作为优选指标。即使通常用来进行项目方案比较或排队的方法和指标，有时在相同情况下，不同方法和指标所得结论会出现差异和矛盾。如净现值与净现值率两个指标在方案比较和项目排队中有时会导致相反的结论。例如，有 A、B 两个方案，投资现值分别为 $I_A=200$、$I_B=340$，经济净现值分别为 $NPV_A=100$、$NPV_B=160$，按经济净现值法来进行比较，应选方案 B，而按经济净现值率法进行比较，由于方案 A 单位投资的净现值大于方案 B，故方案 A 较优。因此，在方案比较中，应根据不同的情况选择合适的方案比较方法和指标。

选择方案比较方法一般应注意以下几点：

(1)比较的各方案是否有相同的产出效益。若多个方案都可以满足同样的需求，即产出效益相同，我们可以采用最小费用法，只比较各方案的不同因素，使得计算简化、明了。特别是在各方案的产出效益相同且很难估算的情况下，采用最小费用法最为简便。它只需计算各方案的费用，比较其大小，费用最小的方案为最优方案。

(2)有无资金限制条件。一般在无资金限制的条件下，应选用经济净现值法或经济净年值法。另外，在无资金约束下，当两个不同建设规模方案的自身的经济指标都满足要求时，应采用差额投资内部收益率法，或增量效益费用比法，以判断差额投资部分是否满足基准的要求。当差额投资内部收益率大于基准收益率或增量效益费用比大于 1.0 时，投资大的方案为优，反之，投资小的方案为优。在有明确的资金限制条件下，应选用净现值率法或效益费用比法。

(3)计算期是否相同。对计算期不同的方案，可以采用经济净年值法和年费用最小法进行比较，计算较为简便。

总之，方案比较方法可根据项目的具体条件和资金情况选用。当资金不受约束及项目建设规模未定的情况下，可采用差额投资经济内部收益率法、增量效益费用比法、经济净现值法和经济净年值法。当有明显资金限制时，一般宜采用经济净现值率法和经济效益费用比法。对均已满足资金约束的项目方案进行比较时，则采用经济净现值法和经济净年值法计算也可。对效益相同或效益基本相同，又难以具体估算的方案进行比较时，可采用最小费用法。当各比较方案计算期不同时，则以采用经济净年值法或年费用最小法为宜。在采用经济净现值法、差额投资经济内部收益率法、经济效益费用比法、增量效益费用比法和费用现值最小法时，必须对各方案的计算期进行统一处理后，才能进行计算和比较。当遇到比较方案的计算期不等时，一般有两种处理方法：

(1)以诸方案计算期的最小公倍数作为全部比较方案的计算期，也称方案重复法。即将诸方案计算期各年净现金流量或效益、费用流量进行重复，直到与最小公倍数计算期相等，然后，计算出各指标以便进行方案比较。

(2)以诸方案中最短的计算期作为所有参与比较方案的计算期。对长于最短计算期的建筑物和设备均按回收固定资产余值考虑其固定资产的剩余价值。

经过经济评价计算的各个可能方案，还需结合政治、军事、国防、技术、社会、环境生态以及自然资源的保护和利用等各个方面对建设项目进行全面分析和评价，以便从中选择最满意的方案。如果各方案除经济效果外，其他各个方面基本无差别，则以国民经济评价结果来选择方案为宜。在与国民经济评价结果不发生矛盾的情况下，采用财务评价结果选定方案也是可以的。

工程移民篇

第一章　概　论

第一节　征地移民的特性

一、移民的概念

《辞海》中对“移民”一词的释义是：①迁往国外某一地区永久定居的人；②较大数量的、有组织的人口迁移。与这两种释义相对应的英文词语分别为 immigration 和 resettlement。本书所言“移民”取第二释义，即移民是指为了工程建设需要而必须搬迁或进行生产安置的农村和城镇人口。移民与自然资源和经济社会发展存在着不可分割的内在联系，是人类社会和经济发展的必然结果 。

移民按其主观意愿可分为自愿移民和非自愿移民。自愿移民是指人们因自身原因被生存、发展的条件所致，自发地、自觉自愿采取迁移的行为。如美国历史上的淘金者、石油开发者和我国20世纪80年代沿海特区开发引发的南下潮等。非自愿移民是指由于各种不可抗拒的外力因素（如战争、自然灾害）或由于兴建工程项目或为了生态保护而导致的人口被迫迁移。非自愿移民又分为难民和工程移民两类。难民是因战争、自然灾害或政治、文化、社会等原因产生的人口迁移。近几年，出现了许多为了生态保护而迁移的生态移民。本书所指“移民”系指因工程建设而引起的非自愿移民。

二、征地移民的分类

工程建设引起的非自愿移民按工程建设的类别不同，可分为水利水电工程移民、交通工程移民、城建移民及其他工程移民。按照《水利水电工程建设征地移民安置规划设计规范》，水利水电工程移民分为枢纽工程水库移民、枢纽工程移民和其他水利工程建设移民。本书中的“征地移民”系指水利水电工程建设征地所涉及的必须进行搬迁、补偿和安置的农村、城（集）镇居民。水利水电工程移民属非自愿移民，在《中华人民共和国水法》中，称为水工程建设移民。

工程移民的具体分类见图1-1-1。

枢纽工程水库移民指因蓄水发电、灌溉、防洪等开发利用水资源，满足国民经济发展需要而兴建水库或水电站等水利水电工程，由于水库淹没所引起的社会、经济、环境、生产体制解体，导致生存条件和收入来源丧失，而经过国家或地方政府动员、组织并负责安置的人口，通常称为水库移民。其中枢纽工程建设区移民为枢纽工程移民。

其他水利工程移民泛指江河防洪工程移民、引（供）水系统工程移民、堤防工程移民等。江河防洪工程移民、堤防工程移民是指江河湖泊防洪工程建设征地而引起的移民，包括行洪河道内居民搬迁。

引(供)水系统工程移民是指因城镇或工业企业供水、农业灌溉而修建渠道、引(供)水管道征地而引起的移民。

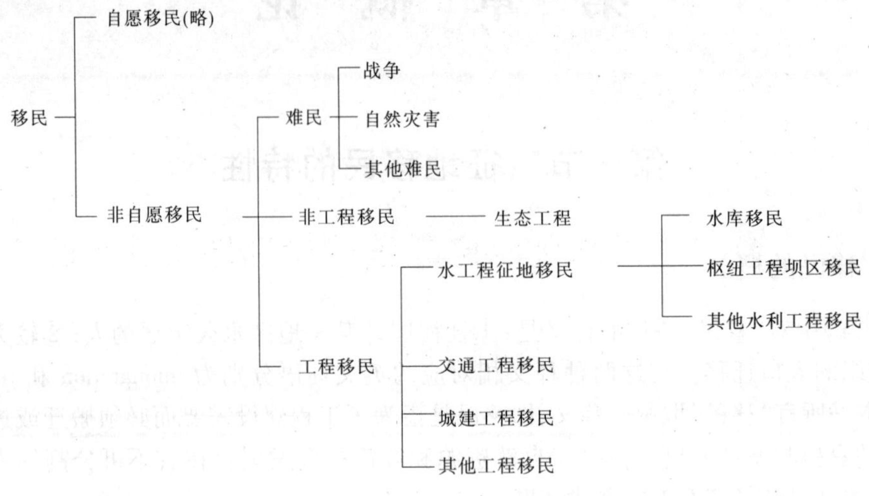

图 1-1-1　移民分类图

在征地移民中,水库移民往往涉及到整村、甚至整乡人口的大规模迁移与经济社会系统的重建,所以也比其他工程移民更具复杂性和独特性。水库移民因水库淹没损失大、涉及范围广,移民搬迁安置持续时间长,面临的恢复、重建任务和难度最大,水库移民迁建不仅需要搬迁安置和生产安置,还需要进行交通、供水、供电、通信等基础设施恢复建设和文教卫生系统恢复建设,影响到社会的方方面面,是一项复杂的系统工程。

三、征地移民的特性

征地移民具有以下几方面特性。

(1)非自愿性。由于工程建设占压和水库淹没土地,毁坏了生产资料,损失大批财物,破坏了一定区域内居民长期建立起来的社会网络,使原来的生产、生活系统解体,丧失收入来源,产生较大规模居民的迁移。因此,征地移民具有非自愿性。

(2)依赖性。移民为国家或地方利益做出了一定的牺牲,国家或地方政府对他们的搬迁安置负责,因此移民就容易产生对国家或地方政府的依赖感,认为国家或政府应该供应他们所需的一切,存在"等、靠、要"现象,导致所谓的"依赖综合症"。

(3)复杂性。移民的目标决不能简单的定为把移民作为对象被动迁走,而应当把迁移与补偿、安置与开发、生活水平恢复与社会安定、生态与环境等逐多目标联系起来。因此,移民问题既是经济问题、社会问题,也是一个复杂的生态问题。

(4)长期性。水利水电工程建设征地移民同其他工程移民相比有独特之处:一是淹房淹地同时出现,且规模大而集中;二是淹没面积(范围)大,土地被淹涉及良田沃土,大量房屋、城(集)镇、工业企业、交通道路、水利设施、电力、通信等重要经济对象,同时也带来库区经济、文化和人际关系的解体;三是移民常承受着很大的心理矛盾和社会压力,面临生产生活环境的改变和对前途的疑虑;四是受安置区环境容量限制和前期补偿资金的约束，大量移民得到妥善安置的难度较大，即使他们的生产生活水平恢复到原有水平，也需要一段较长时间。因而，水利水电工程建设征地移民工作决非一蹴而就，要有一个恢复完善的过程，至少需要长达五至十年时间才能够使移民基本上得到妥善安置。

征地移民是水利水电工程建设不可分割的重要组成部分，属于工程安全、人民生命安全、公共利益的范畴。征地移民是随着我国国民经济建设逐渐发展起来的一个边缘学科，涉及社会、政治、经济、技术、环境等各个学科和国民经济各个部门，是一门涉及面广、问题复杂、社会政治经济影响深远的系统工程，是一门综合性很强的学科。

第二节　我国水利水电工程建设征地移民简况

一、我国水利水电工程建设征地移民史

新中国成立后，我国进行了大规模的水利水电工程建设，修建水库 8.6 万多座，这些工程的建设，在防洪、发电、灌溉、供水等方面发挥了巨大的效益，为我国经济社会发展起到了重要的作用，但同时也造成了水利水电工程建设征地移民 2 300 多万人。

从我国征地移民工作的发展和成就来看，以 1958 年和 1977 年为转折点，将征地移民史划分为三个阶段，第一阶段为 1950 ~ 1957 年，征地移民规模不大。据对大中型工程统计，该阶段移民占全国征地移民总人数的 10% 以下，这一阶段正值全国土地改革、农业合作化时期，各地均掌握部分公有耕地和荒地，农民人均占有耕地面积较多，通过划拨及调剂现成耕地安置移民，按粮食平衡的原则分配移民耕地，移民到达安置点后可在很短时间内恢复生产，维持生活。政策上体现了等价交换的原则，移民容易接受。从当时情况看，移民安置情况较好。第二阶段为 1958 ~ 1976 年，即大跃进和文化大革命时期，在这近 20 年时间内，全国兴建了大量大中型水电站和水利工程，移民人口达到空前规模，目前迁移水库移民总人口统计，该时期移民占全国征地的 70% 左右，其中三门峡、新安江、丹江口水库移民人数均超过 30 万人。由于当时受“左”的干扰，移民补偿标准过低，前期移民工作简化，缺乏系统的移民安置规划设计和审批管理系统，移民实施管理不到位，结果造成大量遗留问题。第三阶段为 1977 年迄今，国家建设了一大批水利水电工程，移民人数占 20% 左右。这一时期移民受惠于相关政策法规的建设与完善，移民工作取得了很大成绩，但受安置区环境容量限制，移民安置难度比以前更为艰巨和复杂。

二、征地移民遗留问题

目前常说的征地移民遗留问题指的是我国征地移民史中 1977 年以前移民，由于受当时的社会、政治、经济、环境等因素影响，征地移民存在不少问题。

1950 ~ 1957 年征地移民，主要是指水库淹没处理移民。当时实物调查对象比较单一，库区淹没项目主要为房屋、耕地。当时耕地粮食产量产值不高，移民安置的基本要求只是不降低原有生产生活水平。耕地补偿标准以《关于国家建设征用土地办法》为依据，一般采用最近三年产量总值，移民房屋按在安置区建造新房的重置价或购买旧房的实际价格计补，人均面积在 16 ~ 18m^2，专业项目较少且由各专业部门负责改建。农村移民人

均补偿投资200~500元。各地政府对移民工作十分重视，成立专门机构负责实施，并有一支素质较好的设计和移民实施管理专业队伍，实物调查和移民安置规划较细致，补偿费用较合理。因此，这期间征地移民搬迁顺利，搬迁后移民生产有出路、生活有保障，移民遗留问题相对较少。

1958~1977年征地移民，同样主要是水库淹没处理移民。这一阶段移民遗留问题较多，移民困难最大。目前，我国仍在对这期间的移民制定各项扶持的优惠政策，落实后期扶持资金，解决历史遗留问题。分析其原因，主要表现在以下几个方面：①由于受当时国家政治、经济、社会等各种因素影响，征地移民前期工作未受重视，缺少专业机构或专业人员很少，水利水电工程虽然做了淹没影响和工程占地实物调查，但普遍缺乏可供实施的移民安置规划，即使有移民安置规划也未能付诸实施。②移民安置普遍强调"以粮为纲"，或就地后靠或异地远迁，不做环境容量分析或环境适应性分析，只注重划拨一定数量的土地，忽略了安置区必要的水、电、路、文教卫等基础设施恢复建设，移民安置有很大的盲目性。③移民补偿标准低。农村移民的补偿项目主要是耕地和房屋，其他如林地、草地和生活辅助设施不予补偿。耕地补偿按当时国家有关规定本身就偏低，而在执行时有的按规定补偿（一般按三年定产量总产值），有的则不直接给土地补偿费，只给一定的生产补偿费；对移民房屋，大多不按受淹面积而采用一定的人均住房面积分配住房。④由于前期移民工作过于简化，移民实施管理不科学，结果造成移民住房难、吃粮难、就医难、交通难、吃水难、子女就学难等大量遗留问题，产生移民重迁库周、不断上访等现象，不仅使原来相对较为富裕的移民陷入贫困，而且还引发一些社会不安定因素。

三、新时期征地移民

第三阶段征地移民，也就是1978年迄今移民，亦称新时期征地移民，包括了各类水利水电工程建设征地移民。该阶段随着国家政策上拨乱反正、经济上改革开放、思想上实事求是，征地移民工作也比以前大有进步，走上了规范、有序的道路。移民工作取得了很大成绩，主要表现在以下几个方面。

（一）国家制订和完善了移民有关政策法规

1981年，国务院发布了《国家建设征用土地暂行办法》；1982年国务院公布了《国家建设征用土地条例》，1986年全国人大通过了《中华人民共和国土地管理法》；1986年提出了开发性移民方针，并明确征地移民问题必须坚持"谁主管、谁负责，谁受益、谁承担"的原则，要求新建移民经费与工程概算一并审定，并由基建投资安排解决；1991年国务院以74号令颁发了《大中型水利水电工程建设征地和移民安置条例》，对征地移民安置的指导思想、前期工作、补偿标准、实施管理等做了明确规定，成为中国第一部关于征地移民的专项法律法规，使移民工作正式纳入了法制轨道。

2006年国务院以471号令颁发了修订后的《大中型水利水电工程建设征地和移民安置条例》，从2006年9月1日开始执行。新条例分总则、移民安置规划、征地补偿、移民安置、后期扶持、监督管理、法律责任、附则等8章63条，从保护移民合法权益、维护社会稳定的原则出发，明确了移民工作管理体制，强化了移民安置规划的法律地位。特别是对征收耕地的土地补偿费和安置补助费标准、移民安置的程序和方式、水库移民后期扶持制度以及移民工作的监督管理等问题作了比较全面的规定。

为解决老移民遗留问题,1981 年原电力工业部和财政部以(81)电财字第 56 号文颁发了《关于从水电站发电成本中提取库区维护基金的通知》,规定自 1981 年 1 月 1 日起,每发一度电提取 1 厘钱,主要用于移民生产、生活困难补助,防护工程维护,引水提灌工程和交通设施维护等。1985 年中央财经领导小组决定建立库区建设基金,用于解决中央直属水库移民遗留问题; 1996 年国家计委、财政部、原电力部、水利部联合以计建设[1996]526 号文发出了《关于设立水电站和水库库区后期扶持基金的通知》,决定从 1996 年 1 月 1 日起,对 1986 年至 1995 年投产和 1996 年以前国家批准开工建设的大中型水电站、水库库区,设立后期扶持基金,用于扶持库区移民发展生产和解决遗留问题,并进一步明确后期扶持基金提取原则。2006 年,国务院颁布了《关于完善大中型水库移民后期扶持政策的意见》。同时,有的省、市(自治区)也相应为本省、市(自治区)重点水利水电建设征地移民制定了优惠政策。

(二)加强了移民前期工作

水利水电工程前期工作是指编制项目建议书、可行性研究报告阶段,水电工程前期工作是指预可行性研究报告阶段。征地移民前期工作是指相应阶段的移民规划设计工作,包括建设征地范围的确定、建设征地实物调查、移民安置规划、移民补偿投资概(估)算等。建设征地范围包括水库淹没区、影响区、枢纽工程坝区(或枢纽工程建设区)等;建设征地实物包括各类土地、人口、房屋、城镇以及交通、电力、电信、工业企业、水利设施和文物古迹等项目;移民安置规划包括农村移民安置规划、城(集)镇迁建规划,道路、电力等专业项目复建规划。移民安置规划涉及多个学科,因此征地移民前期工作所涉及范围是一个庞大的动态的系统工程。征地移民前期工作做的好坏,不仅影响项目的正确决策,也直接影响工程经济效益的有效发挥。为加强征地移民前期工作,原水利水电部于 1984 年颁发了《水利水电工程水库淹没处理设计规范》,1986 年制定了《水利水电工程水库淹没实物调查细则》、《水库库底清理办法》。

目前,水利水电行业根据当前政策、形势要求和本行业的特点,对《水利水电工程水库淹没处理设计规范》(SL 290—2003)进行了修订,规范名称改为《水利水电工程建设征地移民安置规划设计规范》,并增加了《水利水电工程建设征地移民实物调查规范》、《水利水电工程建设农村移民安置规划设计规范》、《水利水电工程建设征地移民补偿投资概(估)算编制规定》、《水利水电工程建设征地移民安置规划大纲编制导则》等 4 个附属规范。

水电行业对《水电工程水库淹没处理设计规范》(DL/T5064—1996)进行了修订,规范名称改为《水电工程建设征地移民安置规划设计规范》(DL/T5064—2007),并根据规范使用的需要,编制了《水电工程建设征地处理范围界定规范》(DL/T5376—2007)、《水电工程建设征地实物指标调查规范》(DL/T5377—2007)、《水电工程农村移民安置规划设计规范》(DL/T5378—2007)、《水电工程移民专业项目规划设计规范》(DL/T5379—2007)、《水电工程移民安置城镇迁建规划设计规范》(DL/T5380—2007)、《水电工程水库库底清理设计规范》(DL/T5381—2007)、《水电工程建设征地移民安置补偿费用概(估)算编制规范》(DL/T5382—2007)等七项规范。

水利水电工程建设征地移民规范的修订、修编,形成了《规程》与《规范》相配套的完善的规范规程体系。各个勘测设计单位也相应建立了征地移民规划设计专业院(处、室),加强专业技术人员的培养、配备。所有这些措施,都保证了前期工作满足水利水电工程建设的需要。

(三)提高了征地移民补偿标准

根据国家经济体制的转轨变型和征地移民政策的逐步建立和完善,这个阶段的移民补偿标准逐步有所提高。同过去征地移民补偿相比,一是补偿项目和范围逐步规范,从以前征地移民的房屋、耕地及搬迁费三项补偿,规范到对所有房屋、附属物、有收益土地、水、电、路、文、教、卫等项目进行补偿或规划设计,同时考虑了时间因素的动态变化指标如移民搬迁安置期的人口、房屋实物增长、耕地亩产量变化等因素;二是补偿标准的计算逐步规范,单价标准逐步提高。

(四)完善了移民设施管理体制

主要表现在:①健全了移民管理机构,凡是有征地移民任务的地方,在各级政府相应设立了移民管理机构,负责移民实施与管理工作;②明确了经济责任制;③建立了移民监理制。

新时期移民工作虽然取得了很大成绩,但也面临许多困难和问题:一是征地移民前期工作深度不够,实物调查精度达不到要求,出现重复复查或核实现象;二是移民环境容量分析不规范或不全面,移民安置方案不落实,出现增加投资或二次搬迁现象;三是"重工程,轻移民"和"重搬迁、轻安置"的思想仍然存在,致使移民政策法规难以落实、移民组织机构不健全、移民安置实施监管不到位;四是移民政策法规建设明显滞后。

四、目前征地移民面临的形势

经过30多年的改革开放,我国社会生产力有了明显提高,经济总量大幅度上升,经济结构正在进行战略性调整,社会主义市场经济逐步建立,社会主义法制建设逐步完善,科教兴国和可持续发展战略深入人心,人民生活已逐步从温饱向小康社会迈进。水资源作为人类生存和社会发展不可替代的资源,其可持续利用对经济社会可持续发展的保障作用越来越重要。从我国目前水资源开发利用情况看,移民问题日益成为制约水利水电建设和区域社会稳定的重要因素。随着市场经济的建立、完善,我国经济社会迅猛发展,社会主义法律制度建设也不断得到健全和发展,征地移民工作的外部环境已发生了深刻变化,受到国内国外政治经济、法律制度以及自然资源、环境容量等多种因素的制约与影响,移民安置难度将越来越大。在这种情况下,移民工作必须适时地转变观念、调整思路,以适应宏观形势的变化。注册工程师制度的建立与发展,对我国水利水电工程征地移民工作是一个促进。因此,征地移民工作要根据国家宏观经济和社会环境的变化,不断进行实践探索和理论研究,通过对水利水电工程建设征地移民而引起的经济社会重建的经验和教训总结,推动征地移民工作规划设计、实施管理科学发展。

第三节　征地移民规划设计的任务

水利水电工程建设征地移民设计是水利水电工程项目设计的一个重要组成部分，是确定工程设计方案的一项重要比选内容，关系到工程规模的合理选定，关系到移民的生产、生活和有关地区国民经济的恢复与发展，必须以实事求是的科学态度，深入细致地调查研究，精心设计。其目的是有计划、合理地利用建设征地区域的人力、物力优势，包括国家扶持和工程补偿的财力和物力，对建设征地区域及其移民安置区实行开发建设，调整原有的经济结构和生产布局，以适应工程建设后出现的新环境，妥善解决好移民生存问题，恢复移民经济系统并使移民具有可持续发展的条件。

水利水电工程建设征地移民安置规划设计，应遵循国家的有关法律、法规和政策规定；贯彻《大中型水利水电工程建设征地补偿和移民安置条例》，采取前期补偿、补助与后期扶持相结合的办法，实行开发性移民方针，正确处理国家、集体、个人之间的关系，妥善安置移民的生产、生活，使移民的生活达到或者超过原有水平，并为其搬迁安置后的发展创造条件，促进工程顺利建设。

征地移民规划设计的任务是合理确定征地移民范围；查明征地及影响范围内的人口和各种国民经济对象及其实物；分析评价所产生的社会、经济、环境、文化等方面的影响；参与工程建设方案和规模的论证；确定移民安置规划方案；进行农村移民安置、城(集)镇迁建、工业企业处理、专业项目恢复改建、防护工程的规划设计和水库库底清理设计；提出水库水域开发利用和水库移民后期扶持措施；编制实施总进度及年度计划；编制建设征地移民补偿投资概(估)算。

建设征地移民涉及农业、工业、交通、商业、文教卫生、城乡建设、环境保护等国民经济各个方面，因此必须在统一规划下，按照客观规律和经济规律，有计划、有步骤地安排安置区域的经济建设。尤其是大型水利工程，多数都是国家的重点项目，关系到国计民生的全局利益，而建设征地又涉及部门多、影响范围广，因此移民工程建设更应与地区经济发展布局紧密结合、协调一致，将其纳入地区国民经济发展的轨道，制定并实行优惠政策，实现移民安居乐业，促进地区的经济社会发展和生态环境建设的良性循环。

第四节　征地移民设计阶段

1996 年以前，水电工程和水利水电工程建设征地移民规划设计均依据《水利水电工程水库淹没处理设计规范》(SD130—84)。目前，水利项目和水电项目的设计阶段划分不同，设计规范也有差异。目前，《水利水电工程建设征地移民安置规划设计规范》即将颁布执行；水电项目建设征地移民规划设计依据的是 2007 年修订的《水电工程建设征地移民安置规划设计规范》，2007 年 12 月 1 日执行。

1994 年 12 月 22 日，原电力工业部以电计[1993]567 号文发出了《关于调整水电工作设计阶段的通知》，将原可行性研究、初步设计、技施设计三个阶段调整为预可行性研究、可行性研究、招标设计、施工详图四个阶段。因此，《水电工程建设征地移民安置规划设计规范》明确其主要适用于大中型水电工程的预可行性研究报告阶段、可行性研究报告阶段及移民安置实施阶段。

1998年1月7日，水利部发布《水利工程建设程序管理暂行规定》，水利工程建设程序按《水利工程建设项目管理规定》（水利部水建[1995]128号）明确的建设程序执行，水利工程建设程序一般分为项目建议书、可行性研究报告、初步设计、施工准备（包括招标设计）、建设实施、生产准备、竣工验收、后评价等阶段。

《水利水电工程建设征地移民安置规划设计规范》适用于大中型水利水电工程的项目建议书阶段、可行性研究报告阶段、初步设计阶段和技施设计阶段。

《水利水电工程建设征地移民安置规划设计规范》和《水电工程建设征地移民安置规划设计规范》相比较，除水利项目对项目建议书阶段做了新的强调、要求之外，其他两者明确规定的阶段相同，但文字表述不同（见表1-4-1），设计深度要求也不同。为方便起见，本书编写以《水利水电工程建设征地移民安置规划设计规范》（以下简称《规范》）为主，对于《水电工程建设征地移民安置规划设计规范》不同之处，适时加以说明。

表1-4-1　水利与水电工程设计阶段对比

原《水利水电工程水库淹没处理设计规范》（SD130—84）	《水利水电工程建设征地移民安置规划设计规范》	《水电工程建设征地移民安置规划设计规范》（DL/T5064—2007）
可行性研究报告阶段	可行性研究报告阶段	预可行性研究报告阶段
初步设计阶段	初步设计阶段	可行性研究报告阶段
技施设计阶段	技施设计阶段	移民安置实施阶段

第五节　征地移民规划设计的主要内容

征地移民规划设计的主要工作内容包括经济社会调查，建设征地移民实物调查，移民安置总体规划，农村移民安置规划，城（集）镇迁建，工业企业处理以及专业项目恢复改建，水库库底清理规划，建设征地处理及移民安置规划投资概（估）算等。不同设计阶段有不同的要求。

一、项目建议书阶段

水利水电工程项目建议书是国家基本建设程序中的一个重要阶段，为加强水利水电项目的前期工作，《规范》对项目建议书阶段的征地移民规划设计做出了具体规定如下：

（1）初步确定水库淹没处理设计洪水标准；初步确定泥沙淤积年限；初步进行水库洪水回水计算。

（2）初步确定水库淹没影响处理范围，包括水库淹没范围，浸没、坍岸、滑坡及其他影响范围。

（3）初步查明水库淹没主要实物，对工程规模有制约作用的淹没影响实物应重点调查其数量、分布范围及高程。

(4)初步进行建设项目所涉及的水库淹没区和移民安置区的经济社会调查;评价水库淹没对涉及地区经济社会的影响。

(5)参与工程建设规模和方案论证。

(6)初步确定移民安置规划设计水平年、人口自然增长率等有关设计参数。

(7)农村以行政村为单位计算生产安置人口和搬迁安置人口,以乡(镇)为单位调查移民安置区环境容量,拟定移民安置方式,编制农村移民安置初步规划。

(8)初步确定城(集)镇人口和用地规模,拟定迁建方式,初选迁建新址,提出迁建方案。

(9)提出工业企业和专业项目处理原则,拟定处理方案。

(10)对重要淹没影响对象,初步分析防护可行性,提出处理意见。

(11)确定建设征地移民补偿投资估算编制依据和原则,估算水库淹没影响处理补偿投资,编制年度投资计划。

(12)编制水库征地移民安置规划设计篇章或专题报告。

二、可行性研究报告阶段

可行性研究报告阶段的建设征地移民安置规划设计工作包括移民安置规划大纲编制及移民安置规划设计。水电工程建设征地移民安置大纲,在可行性研究报告阶段编制。移民安置规划大纲应在确定工程建设征地范围,完成实物调查以及移民区、移民安置区经济社会情况和资源环境承载能力调查的基础上编制。依据批准的移民安置规划大纲开展移民安置规划设计。主要内容如下:

(1)确定水库淹没处理设计洪水标准;确定泥沙淤积年限,进行水库回水计算;分析计算风浪爬高值及船行波影响。

(2)根据水库回水计算成果及水库坍岸、浸没、滑坡及其他影响的预测成果,确定水库淹没影响处理范围。

(3)查明各项淹没影响实物,编制实物调查报告。

(4)进行建设项目所涉及的水库淹没区和移民安置区的经济社会调查;评价水库淹没对涉及地区经济社会的影响。

(5)对工程设计方案比选提出推荐意见。

(6)基本确定移民安置规划设计水平年、人口自然增长率等有关设计参数。

(7)农村以村民小组为单位计算生产安置人口和搬迁安置人口,以行政村为单位分析移民安置区环境容量,确定生产安置标准,明确移民安置去向;选定集中居民点新址,基本查明新址工程地质和水文地质条件,确定居民点人口规模、建设用地规模和基础设施建设标准,进行居民点典型勘测设计,编制农村移民安置规划。

(8)选定城(集)镇迁建新址,确定城(集)镇人口、用地规模和基础设施建设标准,进行城(集)镇新址地形图测绘和水文地质、工程地质勘察。编制城镇迁建规划和集镇建设规划。

(9)提出工业企业处理方案。

(10)进行专业项目恢复改建规划设计。

(11)对具备防护条件的重要淹没影响对象,确定防护方案,提出可行性研究报告。

(12)提出库底清理技术要求,编制库底清理规划。

(13)提出移民后期扶持措施。

(14)根据国家和省级人民政府的有关规定,分析确定补偿补助标准和单价。编制征地移民补偿投资估算和年度投资计划。

(15)编制征地移民安置规划设计专题报告或篇章。

三、初步设计阶段

初步设计阶段的要求如下:

(1)复核水库设计洪水回水计算成果。结合本设计阶段的坍岸、浸没、滑坡等地质勘察成果,复核库区居民迁移、土地征收及其他受影响的范围。

(2)对因范围变化引起的实物变化进行补充调查。必要时,可全面复核水库淹没影响实物。

(3)进行农村集中居民点新址地形图测绘和水文地质、工程地质勘察;对城(集)镇新址进行水文地质、工程地质详勘。

(4)农村移民以村民小组为单位复核移民安置区环境容量,落实移民安置去向。进行生产开发设计,完成农村居民点基础设施设计,编制农村移民安置规划设计文件。

(5)复核集镇建设规划,进行集镇基础设施设计;编制城镇详细规划报告,进行城镇道路及竖向工程等重点项目设计。

(6)复核工业企业处理方案。

(7)进行专业项目恢复改建设计。

(8)进行防护工程初步设计。

(9)提出水库水域开发利用规划。

(10)进行水库库底清理设计。

(11)编制移民后期扶持规划。

(12)编制征地移民补偿投资概算。

(13)编制征地移民迁建进度和年度投资计划。

(14)编制工程建设征地移民安置规划设计专题报告。

四、技施设计阶段

技施设计阶段要求如下:

(1)核定水库淹没影响范围,测设水库居民迁移和土地征收界线,埋设永久界桩。

(2)配合地方人民政府编制移民安置实施计划,按权属分解各项实物(项目)及补偿投资。

(3)开展农村移民生产开发和居民点基础设施施工图设计,提出设计文件。不需开展施工图设计的项目,提出实施技术要求。

(4)开展城(集)镇的基础设施施工图设计,提出设计文件。

(5)开展专业项目施工图设计,提出设计文件。

(6)开展防护工程施工图设计。

(7)编制库底清理实施方案。

(8)派出建设征地移民安置综合设计代表,进行移民安置规划设计交底,处理移民安置设计变更等工作。

(9)根据验收需要,编制工程建设征地移民安置规划设计工作报告。

水利水电工程与水电工程征地移民设计深度及主要规划设计内容对比见表1-5-1。

表1-5-1 水利水电工程与水电工程征地移民设计深度及主要规划设计内容对比

规划设计主要项目	水利水电工程	水电工程
一、	项目建议书阶段	预可行性研究报告阶段
(一)征地移民范围及实物调查	1.初步确定水库淹没处理设计洪水标准;初步确定泥沙淤积年限;初步进行水库洪水回水计算 2.初步确定水库淹没影响处理范围,包括水库淹没范围,浸没、坍岸、滑坡及其他影响范围 3.初步查明水库淹没主要实物,对工程规模有制约作用的淹没影响实物应重点调查其数量、分布范围及高程 4.初步进行建设项目所涉及的水库淹没区和移民安置区的经济社会调查;评价水库淹没对涉及地区经济社会的影响 5.参与工程建设规模和方案论证	1.初步拟定建设征地处理范围 2.初步调查分析主要实物指标 3.初步研究建设征地移民对地区社会经济的影响 4.研究提出对枢纽工程初选方案具有制约性的对象及其控制高程、范围和数量
(二)农村移民安置规划	初步确定移民安置规划设计水平年、人口自然增长率等有关设计参数。农村以行政村为单位计算生产安置人口和搬迁安置人口,以乡(镇)为单位调查移民安置区环境容量,拟定移民安置去向,编制农村移民安置初步规划	初步分析移民数量和移民安置环境容量,分析移民安置的条件,研究提出移民安置的去向,初拟移民安置方案
(三)城(集)镇迁建方案	初步确定城(集)镇人口和用地规模,拟定迁建方式,初选迁建新址,提出迁建方案	提出城市集镇初步方案
(四)工业企业、专业项目、防护工程	1.提出工业企业和专业项目处理原则,拟定处理方案 2.对重要淹没影响对象,初步分析防护可行性,提出处理意见	1.提出专业项目(包括工业企业、道路等专项、防护工程)处理初步方案 2.初步分析预测移民安置环境保护和水土保持问题,初拟移民安置环境保护、水土保持对策和措施
(五)投资估算	确定建设征地移民补偿投资估算编制依据和原则,估算水库淹没影响处理补偿投资,编制年度投资计划	估算建设征地移民安置补偿费用
(六)报告编制	编制水库征地移民安置规划设计篇章或专题报告	编制建设征地移民安置初步规划报告

续表 1-5-1

规划设计主要项目	水利水电工程		水电工程
二、	可行性研究报告阶段	初步设计阶段	可行性研究报告阶段
(一)征地移民范围及实物调查	1. 确定水库淹没处理设计洪水标准;确定泥沙淤积年限,进行水库洪水回水计算;分析计算风浪爬高值及船行波影响 2. 根据水库回水计算成果及水库坍岸、浸没、滑坡及其他影响的预测成果,确定水库淹没影响处理范围 3. 查明各项淹没影响实物,编制实物调查报告	1. 复核水库设计洪水回水计算成果。结合本设计阶段的坍岸、浸没、滑坡等地质勘察成果,复核库区居民迁移、土地征收及其他受影响的范围 2. 对因范围变化引起的实物变化进行补充调查。必要时,可全面复核水库淹没影响实物	1. 确定建设征地处理范围 2. 查明建设征地处理范围内的实物指标,提出实物指标调查报告
(二)影响分析、总体规划、移民规划大纲、工程设计方案比选	1. 进行建设项目所涉及的水库淹没区和移民安置区的经济社会调查;评价水库淹没对涉及地区经济社会的影响。编制移民安置规划大纲 2. 对工程设计方案比选提出推荐意见		1. 拟定移民安置目标、标准,确定移民安置任务,分析移民安置环境容量,选定移民安置区,确定移民安置去向,提出主要影响对象的处理方式,进行移民生活水平评价预测,编制移民安置总体规划。编制移民安置规划大纲 2. 分析预测建设征地移民安置任务以及对地区社会经济的影响,从建设征地移民安置角度对工程设计方案比选提出推荐意见
(三)农村移民安置规划设计	基本确定移民安置规划设计水平年、人口自然增长率等有关设计参数;农村以村民小组为单位计算生产安置人口和搬迁安置人口,以行政村为单位分析移民安置区环境容量,确定生产安置标准,明确移民安置去向;选定集中居民点新址,基本查明新址工程地质和水文地质条件,确定居民点人口规模、建设用地规模和基础设施建设标准,进行居民点典型勘测设计,编制农村移民安置规划	进行农村集中居民点新址地形图测绘和水文地质、工程地质勘察;农村移民以村民小组为单位复核移民安置区环境容量,落实移民安置去向。进行生产开发设计,完成农村居民点基础设施设计,编制农村移民安置规划设计文件	确定农村移民安置方案,选择农村移民安置居民点新址,开展农村移民搬迁和生产安置规划设计,明确移民后期扶持措施,提出相应项目的设计文件

续表 1-5-1

规划设计主要项目	水利水电工程		水电工程
（四）城（集）镇迁建规划设计	选定城（集）镇迁建新址，确定城（集）镇人口、用地规模和基础设施建设标准，进行城（集）镇新址地形图测绘和水文地质、工程地质勘察。编制城镇迁建规划和集镇建设规划	对城（集）镇新址进行水文地质、工程地质详勘。复核集镇建设规划，进行集镇基础设施设计；编制城镇详细规划报告，进行城镇道路及竖向工程等重点项目设计	选定城市集镇迁建新址，确定建设规模，编制城市集镇迁建规划或处理规划，提出城市集镇迁建基础设施工程初步设计文件。
（五）工业企业、专业项目、防护工程	1. 提出工业企业处理方案。进行专业项目恢复改建规划设计	1. 复核工业企业处理方案。进行专业项目恢复改建设计	1. 确定各专业项目（包括工业企业、道路等专项、防护工程）处理方案，进行专业项目处理设计，提出设计文件
	2. 对具备防护条件的重要淹没影响对象，确定防护方案，提出可行性研究报告	2. 进行防护工程初步设计	2. 明确移民安置区环境保护和水土保持的要求，进行移民安置区环境保护和水土保持设计，提出设计文件
（六）水库水域开发利用规划、库底清理	提出库底清理技术要求，编制库底清理规划	1. 提出水库水域开发利用规划 2. 进行水库库底清理设计	确定库底清理的范围、对象和清理标准，拟定清理措施，提出设计文件
（七）移民安置计划			研究移民安置项目分布和实施外部条件，拟定移民安置项目实施顺序、管理方案、进度安排，提出实施组织设计文件
（八）移民后期扶持	提出移民后期扶持措施	编制移民后期扶持规划	提出移民后期扶持措施
（九）投资概（估）算	根据国家和省级人民政府的有关规定，分析确定补偿补助标准和单价。编制征地移民补偿投资估算和年度投资计划	编制征地移民补偿投资概算；编制征地移民迁建进度和年度投资计划	分析确定补偿实物指标，编制建设征地移民安置补偿费用概算
（十）设计文件编制	编制征地移民安置规划设计专题报告或可行性研究报告篇章	编制工程建设征地移民安置规划设计专题报告	编制移民安置规划报告

续表 1-5-1

规划设计主要项目	水利水电工程	水电工程
三、	技施设计阶段	移民安置实施阶段
（一）征地移民范围及实物、移民计划	1. 核定水库淹没影响范围，测设水库居民迁移和土地征收界线，埋设永久界桩 2. 配合地方人民政府编制移民安置实施计划、按权属分解各项实物（项目）及补偿投资	1. 提出移民安置实施阶段设计任务要求和进度计划 2. 进行界桩布置设计。必要时对建设征地处理范围、实物指标、移民安置人口和规划设计方案进行复核 3. 配合有关地方人民政府编制移民安置实施计划
（二）农村移民安置设计	开展农村移民生产开发和居民点基础设施施工图设计，提出设计文件。不需开展施工图设计的项目，提出实施技术要求	进行农村移民生产开发和居民点工程项目的施工图设计，提出设计文件或实施技术要求
（三）城（集）镇基础设施设计	开展城（集）镇的基础设施施工图设计，提出设计文件	进行城市、集镇的基础施工图设计，提出设计文件
（四）工业企业、专业项目、防护工程	1. 开展专业项目施工图设计，提出设计文件 2. 开展防护工程施工图设计	1. 进行专业项目（包括工业企业、道路等专项、防护工程）施工图设计，提出设计文件 2. 进行移民安置区环保、水保工程项目施工图设计，提出设计文件
（五）库底清理	编制库底清理实施方案	
（六）设计交底、设计变更、工程验收	1. 派出建设征地移民安置综合设计代表，进行移民安置规划设计交底，处理移民安置设计变更等工作 2. 根据验收需要，编制工程建设征地移民安置规划设计工作报告	1. 开展建设征地移民综合设计工作，进行移民安置规划设计交底，处理移民安置规划实施过程中出现的设计问题，处理设计变更事宜 2. 编制移民安置验收综合设计报告

第二章　建设征地范围的确定

水利水电工程建设征地范围是指水利水电工程建设涉及的枢纽工程水库淹没影响区和枢纽工程建设区。水库淹没影响范围通常是在一定的水库正常蓄水位条件下，按照选定的设计洪水标准、泥沙淤积年限、风浪爬高、库周地质条件和水库运用方式等因素经过分析计算确定。

第一节　水库淹没影响区的划分

一、淹没区

水库淹没区由经常淹没区和临时淹没区组成。一般根据水库不同设计水位的淹没特征，正常蓄水位以下的淹没区和坝前回水不显著地段安全超高区域称为经常淹没区；正常蓄水位以上受洪水回水、风浪和船行波、冰塞壅水等临时受淹没的区域称为临时淹没区。

水库正常蓄水位以下的淹没区域，按照正常蓄水位高程，以坝轴线为起始断面，水平延伸至与天然河道多年平均流量水面线相交处。

水库洪水回水区域，应考虑不同淹没对象设计洪水标准，计算设计洪水回水水面线，分析回水终止末端，综合确定。

风浪和船行波影响区域，应在坝前回水不显著地段，考虑正常蓄水位以上库岸受风浪和船行波爬高影响分析确定。不计算风浪爬高、船行波爬高或坝前正常蓄水位回水不显著地段，居民迁移和耕（园）地征收界线可分别按高于正常蓄水位1.0m和0.5m确定。

冰塞壅水区系指冰花入库后改变水流运动规律造成的冰塞壅水淹没区，应按河段封河期、开河期的壅水水面线分析确定。冰塞壅水淹没范围，按冰花大量出现时的水库平均水位和平均入库流量及通过的冰花量计算的回水位确定。

水库淹没区按水库正常蓄水位以下的淹没区域、坝前回水不显著地段安全超高区域、水库洪水回水区域、冰塞壅水区域以及风浪和船行波影响区域的外包范围确定。

二、影响区

（一）坍岸、滑坡区

坍岸、滑坡区是指因水库蓄水后，库岸受风浪、行船的波浪冲击、水流侵蚀，使土壤风化速度加快，抗剪强度减弱及库水位涨落引起库岸地下水动力压力变化而造成库岸变形的地段。由于库岸的大量坍塌，危及库岸耕地、建筑物、居民点的稳定和安全，增加了水库的征地和移民范围。

（二）浸没区

浸没区系指水库蓄水后，由于库岸地下水位升高而形成土壤盐碱化、沼泽化，导致建筑物地基沉陷或反浆等现象的地区，影响建筑物的稳定，造成农田产量下降甚至荒芜，还可能使居住卫生条件恶化。

（三）其他影响区

水库蓄水引起的其他影响区，包括岩溶洼地出现库水倒灌、滞洪内涝而造成的影响区域；水库蓄水后，失去基本生产、生活条件而必须采取处理措施的库周地段、孤岛和引水式电站水库坝址下游河道影响地段。

第二节　水库淹没处理设计标准

一、设计洪水标准

水库淹没涉及各类土地、村庄、城（集）镇和交通、电力、电信、工矿企业等对象，不同淹没对象的水库淹没处理设计洪水标准不同，一般以设计洪水的重现期表示。如5%频率的设计洪水，以20年一遇设计洪水表示。在选定设计洪水标准重现期以内，水库淹没所造成的损失按水库淹没处理。出现超设计洪水标准重现期以上洪水造成的损失，一般按自然灾害处理。

征用耕地普遍采用5年一遇洪水，居民迁移普遍采用20年一遇洪水。少数水库，根据其工程开发运行情况和淹没对象，经分析论证也可采用：征用耕地2年一遇洪水，居民迁移10年一遇洪水。

根据《水利水电工程建设征地移民安置规划设计规范》规定，确定水库淹没范围的设计洪水标准应根据淹没对象的重要性、水库的调节性能及运用方式等进行分析论证。在安全、经济和考虑淹没影响对象原有防洪标准的原则下，在表2-2-1所列设计洪水标准范围内选择。耕地、园地、农村居民点、一般城镇、一般工矿区淹没对象应按表2-2-1所列设计洪水重现期的上限标准选取；选取其他标准时，应进行分析论证。

表2-2-1　不同淹没对象设计洪水标准

淹没对象	洪水标准（频率，%）	重现期（年）
耕地、园地	50～20	2～5
林地、草地	正常蓄水位	—
农村居民点、集镇、一般城镇和一般工矿区	10～5	10～20
中等城市、中等工矿区	5～2	20～50
重要城市、重要工矿区	2～1	50～100

表中草地中的人工牧草地，采用耕（园）地设计洪水标准；商服用地、公共管理及公共服务用地、住宅用地、工矿仓储用地等淹没设计洪水标准，分别根据其土地二级类所处的农村居民点、集镇、城市、工矿区采用相应的设计洪水标准；特殊用地、交通运输用地，分别根据其土地二级类上的附着物特征，采用相应的设计洪水标准；水域、其他土地采用正常蓄水位；其他土地中的设施农业用地，采用耕（园）地设计洪水标准；水利设施用地，根据

水利设施的防洪标准，本着安全、经济的原则分析确定。

铁路、公路、电力、电信、水利设施、文物古迹等淹没对象，其设计洪水标准按照GB50201及相关行业技术标准的规定确定。若GB50201和行业技术标准无规定的，应根据其服务对象的重要性，研究确定其设计洪水标准。

为减少水库淹没而采取的防护工程措施，其设计洪水标准应根据防护对象的重要性，参照水工建筑物设计规范和防护对象相应的设计规范合理选用。

上述淹没处理范围的设计洪水标准，是根据受淹对象的重要性而区分的，同一类受淹对象的设计洪水标准有一定的幅度。水库淹没处理设计洪水标准的选择，需考虑如下因素：

（1）受淹对象的原有防洪标准：原有防洪标准低的，淹没处理设计洪水标准不宜过高。

（2）水库调节性能：调节性能高的水库（如多年调节水库），淹没处理设计洪水标准宜低；反之，调节性能低的水库（如日调节水库、季调节水库），标准宜高。

（3）水库运用方式：如汛期是否降低水位运行？如果降低，则需分别计算汛期和非汛期相同频率的回水位，然后以两者的外包线作为征地、移民线。

【案例】 某水利工程的主要淹没对象是耕地、林地、农村居民点、乡（镇）政府所在地和中小型工矿区。根据上述规定和有关专业技术规范，结合本工程的实际情况，拟定水库淹没设计洪水标准如下：

（1）农村居民点、乡（镇）政府所在地：采用20年一遇洪水标准。

（2）耕地、园地：采用5年一遇洪水标准。

（3）林地：采用正常蓄水位。

（4）中、小型工矿企业：采用20年一遇洪水标准。

二、其他标准

（一）泥沙淤积

水库内的泥沙淤积会引起洪水回水位的抬高，特别是在库尾部分更加明显。但由于其淤积量的增加和分布位置的改变是一个漫长的动态过程，它对洪水回水位的的影响也是逐渐增加的。对于多泥沙河流，在进行设计洪水回水计算、确定水库淹没处理范围时，一般按工程投入运行后10～30年的淤积情况考虑。

（二）浸没影响

对因兴建水库引起的浸没影响及对不同对象的影响程度，应根据水文地质预测成果和不同经济对象所允许的地下水位埋深，会同有关部门综合调查研究后确定。预测浸没影响范围所依据的水库水位，可采用正常蓄水位或一年之内持续时间在两个月以上的运行水位。

浸没问题的产生与否，将由地下水的临界埋藏深度的大小而定，地下水埋深大于临界深度时，可判定为不易浸没；反之，则应判定为易产生浸没。地下水临界埋藏深度可按下式计算：

$$H_{cr} = H_k + \Delta H \tag{2-2-1}$$

式中　H_{cr}——地下水临界埋藏深度,m;

H_k——地下水位以上土壤毛细水上升最大高度,通过室内试验综合确定;

ΔH——安全超高值,m,评价对象不同则取值不同。

在计算地下水位时,应为水库正常高水位加上地下水位壅高值。但由于浸没区是沿库周边分布的狭长地带,地下水与库水补排关系密切,因此地下水位壅高值一般采用水库边缘处的原地下水位与正常高水位时流动回水位的差值。

(三)坍岸、滑坡

对可能发生坍岸、滑坡的地段,应查明其工程地质及水文地质条件,在考虑水库蓄水过程和运行水位变化的基础上,预测初期(一般5~10年)和最终可能达到的塌滑范围,确定坍岸、滑坡影响界线。

(四)其他影响

1.孤岛影响

孤岛影响主要考虑由于水库蓄水后将原有陆地中的一些山地山峰变成四面环水的孤岛,不具备人们居住的条件或者不利于社团交往联系的程度确定。需根据孤岛面积大小、使用情况、生产生活条件和对外交通、电力等连接的难易程度加以综合分析确定。

2.内涝影响

内涝影响主要发生在岩溶发育地区,以水库蓄水致使库周岩溶洼地出现库水倒灌、滞洪而造成内涝,使当地居民失去生产、生活条件。视其影响程度,综合分析确定。

3.风浪爬高影响

风浪爬高影响是指湖泊型、宽阔带状河道型的水库或风速较大的水库,因库面开阔,吹程较长,风浪大;风浪爬高影响库周有居民点、农田或其他重要的经济对象。

风成波浪的计算,通常应根据水库所在地区气象观测统计资料以及编绘的风玫瑰图,选取正常蓄水位时段出现的5~10年一遇风速,结合水库水面和开阔度(吹程)、库岸坡度的陡度(斜率)、糙率等条件,计算波浪高度或波浪爬高。

波浪高度的计算式,常采用安德烈扬诺夫公式求得。即

$$h = 0.0208V^{5/4}D^{1/3} \tag{2-2-2}$$

式中　h——岸坡前波浪高度,m;

V——库面垂向岸坡的风速,m/s;

D——吹程或水面宽度,即岸坡迎风面波浪吹程,一般按岸坡此岸垂直到彼岸的最大直线距离,km。

在水库正常蓄水位基础上,再加上一个计算所得的波浪高,则正常蓄水位以上至波浪高所在地面高程,即为水库波浪影响带。

波浪高指正常蓄水位(静水面)以下的波谷至正常蓄水位以上的波峰之间的垂直距离,以m计。

按波浪在岸波上的爬高计算波浪影响带。采用钟可夫斯基计算式:

$$h_p = 3.2kh\text{th}\alpha \tag{2-2-3}$$

式中　h_p——风浪爬高,即风浪爬高在垂直方向上的高度,m;

k——与岸坡粗糙情况有关的系数(对于光滑均匀的人工坡面(如块石或混凝土板

坡面）$k=0.77\sim1.0$，对于农田坎高小于0.5m者，$k=0.5\sim0.7$）；

h——岸坡前波浪高度，m；

α——岸坡坡度，即坡面与水平面所成角度。

对于通航库区，还应考虑船行波爬高影响。船行波，按有关专业规范计算确定。

4. 冰塞壅水影响

冰塞壅水是冬季流凌封冻时或封冻后冰花团的堆积堵塞而形成的壅水现象。春季融冻开河时流冰堆积卡塞，形成冰坝阻水现象。冰塞与冰坝都是冰凌堵塞的结果，其堵水导致上游河水急剧上涨，易于成灾，是一种危害性的冰情现象。

我国黄河中游西部地区河段，因河流弯曲特性和受水文气候条件的影响，上游流凌封冻是由内蒙古溯源而上，解冻开河时又是自上而下，以致在三盛公至包头一带河湾及河床较窄地段，常形成冰塞壅水或冰坝阻水泛滥。

兴建水库后，改变了河道的水量、热量、沙量的分配规律，冰塞现象总的是向着有利方向发展。但由于上游水库泄量大，冬季封河以后出现水鼓冰裂的强行流冰，重叠冻结，积成冰坝，产生凌害；解冻开河时，下泄流量大，也会造成凌汛。在水库回水末端，也常因水面比降的改变，且受上游水库泄放流量的影响，往往也产生冰塞堵水现象，造成淹没。因而水库工程在流凌封冻和融冻开河期，既要考虑相机调节下泄流量，尽量避免发生冰塞堵水现象，也要在易发生冰塞阻水淹没范围，采取一定方式的处理措施。

冰塞影响主要依据冰坝产生的壅水程度评定。

第三节　水库淹没影响范围

一、水库淹没范围

水库淹没范围的确定有水库沿程回水线计算、水库回水末端设计终点位置选择和水库回水外包线的拟定等环节。

（一）水库回水线计算

水库回水位受水沙运动规律和河流特性的制约，水库设计洪水回水沿程的壅水情况是不同的，且处于变动状态。水库兴建后入库洪水造成库区水位壅高，在正常蓄水位以上，其壅高水位高于同频率天然洪水水位的则认为需要进行淹没处理。因此，水淹没处理需要分析计算各种设计条件下的水库沿程回水位，根据水库区沿程壅水情况确定水库淹没处理范围。

由于水库的调节性能和调度运用方式的不同，同一标准设计洪水出现的年份内，不同时段的回水高程不同，通常分析汛期和非汛期两种水情，分析计算出各种沿程水面线，即水库回水曲线。水库设计洪水回水水面线，应考虑水库运行方式，按照坝前起调水位和入库流量，计算回水水位。回水水面线以坝址以上天然洪水与建库后设计采用的同一频率的分期（汛期和非汛期）洪水回水位组成外包线的沿程回水高程确定。如水库承担的防洪库容设置在正常蓄水位以上，宜按照包括防洪库容在内计算的洪水回水位确定土地征用和移民搬迁高程。水库回水曲线如图 2-3-1 所示。

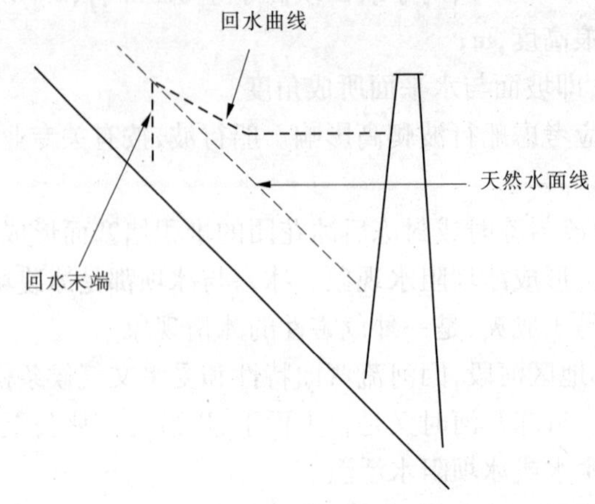

图 2-3-1　水库回水曲线示意

水库沿程回水曲线是沿库区测量若干个横断面,应用水力学原理计算绘制成一条光滑曲线。水库回水曲线的计算方法较多。库区水流形态由于受入库洪水和坝址下泄量变化的影响,一般属不恒定流范畴。可用明渠渐变流的连续方程和动力方程进行回水计算,其基本方法与天然河道洪水演进相同,即可采用特征线法、差分法、有限元法、瞬态法求其近似值。按不恒定流方法推求库区水面线,理论上比较严格,在条件允许时所得结果比较准确,但计算工作量大,且所需基本资料较多,一般难以具备,因此在工程设计时常用简化方法。其主要做法是用恒定流的方法推求各种极限条件的同时水面线,然后取它们的包线为所求的近似解。

水库回水计算方法采用能量守恒方程由坝前水位向上游逐段推算,可求得各断面的水位。能量守恒方程式为:

$$Z_1 + \frac{\alpha_1 u_1^2}{2g} = Z_2 + \frac{\alpha_2 u_2^2}{2g} + \frac{Q^2 \cdot \Delta L}{\overline{K}^2} + \xi(\frac{u_2^2 - u_1^2}{2g}) \tag{2-3-1}$$

式中　Z_1、Z_2——上、下游断面的位能,m;

$\frac{\alpha_1 u_1^2}{2g}$、$\frac{\alpha_2 u_2^2}{2g}$——上、下游断面流速水头,m;

u_1、u_2——上、下游断面平均流速,m/s;

α_1、α_2——系数(取 $\alpha = 1$);

g——重力加速度,m/s^2;

$\frac{Q^2 \cdot \Delta L}{\overline{K}^2}$——沿程水头损失,m;

Q——河段平均流量,m^3/s;

ΔL——上、下游断面间距,m;

$\overline{K}$——河段的上、下游断面面积的平均值,m^2;

$\xi(\frac{u_2^2-u_1^2}{2g})$——局部水头损失；

ξ——局部损失水头系数。

对于较大的或有重要淹没对象的水库支流，按上述方法进行洪水回水计算。其他支流，以干支流交汇口的回水位水平推延。

（二）回水末端处理

水库回水末端的设计终点位置，理论上应是回水曲线与同频率洪水天然水面线的重合处。水库回水尖灭点，以回水水面线不高于同频率天然洪水水面线0.3m范围内的断面确定；水库淹没处理终点位置，一般可采取尖灭点水位水平延伸至天然河道多年平均流量的相应水面线相交处确定。如库尾处于高山峡谷，人烟稀少，可采取垂直封闭。

（三）水库淹没处理范围的确定

水库淹没处理范围应以选定的设计洪水标准，以水库正常蓄水位，计及安全超高与各频率分期设计洪水回水组成的水位外包线，结合考虑安全、经济和社会因素综合确定。

由于受库区横断面布设影响和水力计算边界条件影响，上下两个断面之间存在水位差。上下断面回水位差处理方法为：水库回水计算上下断面之间的淹没范围确定，采用两断面水位平均值。若上下两断面距离较长、回水位差值超过允许误差，应进行断面插补。经插补后，居民迁移线上下两断面水位差值一般要小于0.2m，土地征用线上下两断面水位差值要小于0.3m。

二、小浪底水库回水计算实例

小浪底水库淹没处理范围的确定，是以坝址以上天然洪水与建库后的同一频率的分期（汛期和非汛期）洪水回水位组成外包线的沿程回水高程为依据。因汛期降低水库水位运行，库前段回水位低于正常蓄水位，则采用正常蓄水位高程。水库末端的设计终点位置，在库尾回水曲线不高于同频率天然洪水水面线0.3m的范围内，结合当地地形、壅水历时分析确定，有淹没对象的采取水平延伸。同时，洪水回水位的确定，根据小浪底水库的运用方式，在水库初期运用阶段，按10年的泥沙淤积影响计算回水位；水库终期运用，按水库淤积平衡后的河床纵剖面计算洪水回水位，泥沙淤积考虑了30年的淤积影响。

小浪底水库的开发任务是以防洪、防凌、减淤为主，兼顾供水、灌溉和发电，除害兴利，综合利用。水库最高蓄水位275m，原始库容126.5亿m^3。小浪底水库与三门峡水库联合运用方式要求小浪底水库保持有效库容51亿m^3长期综合运用，其中41亿m^3库容为防洪和兴利调节运用，10亿m^3槽库容为调水调沙减淤运用。水库初期拦沙运用形成高滩深槽的平衡形态后转入水库后期正常运用。根据初步设计阶段拟定的水库运用方式，小浪底水库运用分为初期“拦沙、调水调沙”运用和后期“蓄清排浑、调水调沙”运用两个时期。初期“拦沙、调水调沙”运用，采取逐步抬高主汛期（7～9月，下同）水位拦粗（沙）排细（沙）和调水调沙；调节期（10月～翌年6月，下同）高水位蓄水拦沙和调节径流运用。水库初期运用起调水位205m，主汛期限制蓄水位254m，调节期正常蓄水位275m。

前10年分期移民限制蓄水位265m；后期运用，调节期正常蓄水位275m，主汛期限制水位254m，预留41亿m^3防洪库容，在10亿m^3槽库容内调水调沙运用，库水位在死水位230m至限制水位254m间变化。千年一遇设计洪水位274m，万年一遇校核洪水位275m。水库长期运用，冲淤平衡。

天然河道水面线计算的起始水位以设计流量在小浪底坝址处的水位流量关系线上查得。

淤积后干流回水计算的起始水位，调节期前10年为265m，10年后为275m。主汛期由5%和20%不同频率的调洪起始水位确定，应计算坝前最高水位相应入库流量及最大入库流量相应坝前水位两条回水曲线，然后取外包线作为汛期回水线。由于小浪底水库回水曲线的坝前部分由调节期控制，后部分由主汛期控制，经计算，主汛期调洪最大入库流量相应的水面线在距坝较短距离就高于坝前最高调洪水位相应的水面线，因此主汛期回水曲线仅计算最大入库流量相应的水面线。

小浪底水库库区支流回水计算，采用的汛期和非汛期洪水标准与坝址洪水同频率，计算采用的起始水位与各支流河口处相应的干流回水水位相同。

由于小浪底库区较大支流位于库区下半段，库区上半段加入的支流流域面积小，河道比降大、回水短。根据水库淤积分析计算，支流河口处的淤积高程与干流淤积高程相同，支流来沙量甚小，支流内淤积为干流倒灌淤积所形成，支流内的淤积面低于支流河口处的淤积高程。由小浪底水库运用方式可知，水库汛期降低水位运用，而非汛期蓄水位高。鉴于非汛期支流洪水小，并综合以上情况，小浪底库区支流回水计算可分别按支流河口处相应于水库前10年坝前水位265m和正常期坝前水位275m的干流回水水位为准，作水平回水处理。小浪底库区支流河口回水水位情况见表2-3-1。

在初步选择淹没处理设计洪水标准的基础上，经综合分析，根据水库开发运用方式、调节性能、水库正常蓄水位的不同方案水位的变化情况、淹没损失及库容情况，找出淹没范围变化大的控制点或控制区，按照安全、经济的原则，进行详细比较后，确定合理的水库正常蓄水位方案和移民征地范围。

从回水计算成果看，由于小浪底水库汛期降低水位运用，无论是5年一遇洪水（$P=20\%$），还是20年一遇洪水（$P=5\%$），其坝前水位和回水末端水位，均低于正常蓄水位275m和初期运用水位265m时的水面线，因此采用275m和265m的水面线分别作为水库初期运用和终期运用的水库淹没线。

由于小浪底水库采用的回水曲线是两条曲线的外包线，且在库尾采用的是入库流量时的回水曲线，故确定将最大入库流量时的回水终点位置作为该频率洪水回水水面线外包线的回水终点位置。小浪底水库干流回水末端计算成果及位置见表2-3-2。

从表2-3-2可知，前10年运用20年一遇洪水的回水曲线末端距小浪底大坝为124.57km，距三门峡大坝尾水断面6.53km。正常运用期20年一遇回水曲线末端距小浪底大坝为126.97km，距三门峡大坝尾水断面4.13km。

表 2-3-1　小浪底水库主要支流河口回水位情况

序号	支流	距坝里程(km)	河口回水位(m)			
			水库运用前 10 年		水库正常运用后	
			$P=5\%$	$P=20\%$	$P=5\%$	$P=20\%$
1	大峪河	3.9	266.0	265.0	276.0	275.0
2	煤窑沟	6.1	266.0	265.0	276.0	275.0
3	白马沟	10.4	266.0	265.0	276.0	275.0
4	畛水河	18.0	266.0	265.0	276.0	275.0
5	南清河	22.7	266.0	265.0	276.0	275.0
6	东洋河	31.3	266.0	265.0	276.0	275.0
7	高沟	33.1	266.0	265.0	276.0	275.0
8	西洋河	41.3	266.0	265.0	276.0	275.0
9	峪里河	43.6	266.0	265.0	276.0	275.0
10	沇西河	57.6	266.0	265.0	276.0	275.0
11	亳清河	57.7	266.0	265.0	276.0	275.0
12	板涧河	65.9	266.0	265.0	276.0	275.0
13	五福涧河	83.5	266.0	265.0	276.0	275.0
14	老鸦河	97.8	269.4	268.3	276.0	275.0
15	清水河	99.3	270.1	269.0	276.0	275.0
16	乾灵河	116.0	275.4	273.8	276.0	275.0
17	细流河	123.0	280.3	278.5	280.9	279.1
18	岳家河	126.0			283.6	282.0

表 2-3-2　小浪底水库干流回水末端计算成果及位置

项　目	前 10 年运用		正常运用	
	$P=5\%$	$P=20\%$	$P=5\%$	$P=20\%$
天然水面线水位(m)	280.1	278.3	283.3	281.8
回水末端水位(m)	280.3	278.5	283.6	282.0
高出天然水面线(m)	0.2	0.2	0.3	0.2
回水线末端距小浪底大坝距离(km)	124.57	124.57	126.97	126.97
回水线末端距上游三门峡大坝距离(km)	6.53	6.53	4.13	4.13

三、水库影响范围

(一)坍岸、滑坡范围

地球的地表大多都是由坡面构成的。坡地地貌是不同地力作用的结果。坡面地貌按其运动方式、运动速度等,主要分崩落、滑动、流动和蠕动四种类型。坍岸是崩落的一种表现形式,滑坡是滑动的一种形式。

1. 坍岸影响范围

坍岸影响主要是指水库库周的土质岸坡在水库蓄水与运行过程中,受风浪、航行波浪冲击和水流的浸蚀,使土壤风化速度加快、抗剪强度减弱及水位涨落引起地下水动力压力变化而造成库岸变形坍塌,从而危及耕地、建筑物、居民点的稳定安全,增加征地和移民范围。

对于可能发生坍岸地段,应查明库岸工程地质和水文地质条件,在考虑水库水位涨落基础上,预测水库运行初期(5~10年)、远期水库坍岸范围。

如某水利工程水库蓄水至正常蓄水位275m时,库岸总长905km(沿275m等高线计算),其中基岩岸坡(在水库最高水位与最低水位变化范围内的岸坡均为基岩,下同)长742km占总长的82%;土质岸坡长149km,占16.5%;基岩土质岸坡长14km,占1.5%。

为确定坍岸影响范围,地质人员对土质岸坡坍岸的预测进行了专题研究。通过对大量有关水库坍岸资料的分析研究,并根据本水库的特点,选择了符合本水库实际情况的土质岸坡坍岸的有效预测方法,即利用E.Γ.卡丘金公式法进行计算,利用佐洛塔廖夫做图法进行校核。

本工程水库库区土质岸坡主要分布在该库区的中部到大坝间,最严重的坍岸区在库区中部。由坍岸预测结果可知,本工程库区土质岸坡坍岸宽度(S_t)多在100~400m,其频率为8%,大于600m的仅占2%。初步预测,全库区坍岸影响地段11处,影响面积5.61km^2,需迁移村庄17个。

2. 滑坡影响范围

滑坡影响主要指水库库周的岩质岸坡所产生的变形破坏,这些变形破坏多表现为滑坡或崩塌体、危岩体,在水库蓄水与运行过程中,这些滑坡或崩塌体、危岩体很有可能复活,危及耕地、建筑物、居民点的稳定安全,增加征地和移民范围。

对于可能发生滑坡地段,应查明库岸工程地质和水文地质条件,在考虑水库水位涨落基础上,预测水库运行初期(5~10年)、远期水库滑坡范围。

例如小浪底水库库区干流段西河头至小浪底坝址两侧岸坡,在正常蓄水位附近的范围内,有规模不同的滑坡体40余处,较大的危岩体、崩塌体有8处。其主要分布在东库段约占2/3,西库段约占1/3。表2-3-3为小浪底水库干流段岸坡变形破坏集中分布地段。

(二)浸没影响范围

水库的蓄水抬高了两岸地下水潜水面,改变了库周地下水的排泄基准面,造成库岸地下水位壅高。当库岸比较低平、地面高程与水库正常高水位相差不大时,在土壤毛细管作用下,水分子产生上升运动,使地表土壤含水饱和,严重的甚至逸出地表,从而引起周边土地沼泽化,导致农田的减产、房屋地基变形或倒塌、地面道路呈现反浆等现象,称之为浸

表 2-3-3　小浪底水库干流段岸坡变形破坏集中分布地段统计

序号	名　称	岸别	长度(m)/(距坝里程(km))	岸坡岩体时代	说　明
1	庙上—北阳门坡	左、右	4 000/(99～95)	E_2、E_3　P_1x	大型滑坡 2 处,两岸崩塌体、危岩体规模较大
2	阳上—东柳嵩对岸	左	2 500/(79～76.5)	$Z_{2b}d$　E_1	河岸强烈冲刷,滑坡 4 处
3	板涧河口—西滩	左	3 500/(65.5～62)	$E_{2-3}pd$	顺向坡,岩性软弱。发育 6 处滑坡,岸坡变形破坏的密度和模数皆居首位
4	东寨下游	左	1 500/(53～51.5)	P_2s	河岸受强烈冲刷,崩塌严重
5	东满上下游	右	2 000/(45.5～43.5)	P_2s　T_1	滑坡堆积物和坡积物发育
6	下村—西门	左	4 000/(37.5～33.5)	P_2s	发育 6 处滑坡,滑坡堆积物和坡积物发育
7	八里胡同	左	2 000/(33～28)	E_3	峡谷河段,两岸陡立,崩塌和危岩体规模较大
8	赤河滩—大西沟	右	2 000/(4～2)	T_1	近坝地段,3 处滑坡连续分布

没。有些水库地区,随着水分子的上升运动,将土壤中的盐分带到地表层土壤,产生土壤次生盐渍化。有些枢纽工程,受地形地质条件和水库蓄水影响,在大坝下游一定范围内也会出现浸没现象。

水库浸没问题分析评价可分初判和复判两个阶段,分别对应于水利工程的可行性研究报告阶段和初步设计阶段。初判阶段应初步确定水库正常蓄水位条件下的浸没范围;复判阶段应根据各剖面潜水回水计算成果,绘制水库蓄水位潜水等水位线预测图或潜水埋深分区预测,结合气候条件和临界地下水位埋深,预测不同库水位下次生盐渍化、沼泽化和危害建筑物基础等不同类型浸没区的范围,给出影响区和影响待观区范围,评价其危害性。

浸没临界地下水埋深是判定浸没的基本依据和确定浸没范围的边界条件。当预测的潜水回水埋深小于临界地下水埋深时,该地区即判定为浸没区。

(三)其他影响范围

1. 孤岛影响

孤岛影响主要是指水库形成后将原有陆地中的一些山地山峰变成四面环水的孤岛。这些形成的孤岛能否列入征地移民处理范围,需根据孤岛面积大小、使用情况、生产生活条件和对外交通、电力等连接的难易程度加以综合分析确定。如果孤岛面积小、不具备人们居住的条件或者不利于社团交往联系,则应列入水库淹没影响范围。

2. 其他影响

水库蓄水引起的岩溶洼地内涝,水库渗漏引起的排泄区内涝,按水库淹没调查同频率库水位分析预测内涝水位，分析淹没水位线，确定内涝影响范围。

水库蓄水后，失去生产、生活条件而必须采取措施的库边及孤岛上的居民点、引水式电站形成的脱水影响地段，应会同有关部门调查后综合确定。

引水式电站水库坝址下游河道脱水影响地段影响范围应依据地形图和有关资料，现场考察综合研究确定。

冰塞壅水影响应按冰花大量出现时的水库平均水位、平均入库流量及通过的冰花量，结合河段封河期、开河期计算的壅水曲线确定。

（四）安全超高

水库回水影响不显著的坝前段，考虑风浪爬高、船行波浪高的因素，在确定移民迁移和耕地水库淹没范围时，其水位应分别高于正常蓄水位1.0m和0.5m，以确保安全。

第四节　枢纽工程及其他水利工程建设征地范围

枢纽工程建设区征地范围由永久征地范围和临时用地范围构成。永久征地一般包括永久建（构）筑物的建筑区、对外交通用地和管理区；临时用地一般包括料场、渣场、作业场（含辅助企业）、临时道路、施工营地、其他临时设施用地及施工爆破影响区。对于临时用地中不能恢复或难以恢复原用途的土地，可划列为工程建设永久征地。

枢纽工程及其他水利工程建设征地范围，依不同工程确定：

（1）枢纽工程建设区，依据枢纽工程总体布置和施工组织设计成果，按上述的占地用途确定工程永久征地和临时用地的范围。水库淹没影响区与枢纽工程建设区的重叠部分，应计入后者。

（2）其他水利工程用地范围，包括工程用地、管理用地和施工临时用地。按照工程总体布置和施工组织设计成果，确定堤防、人工河道、渠道（含渡槽）、泵站、输水管道、蓄（滞）洪区安全建设、闸坝及上游壅水淹没区等工程项目的用地范围，以及施工分期分区的用地范围。同样，根据用地性质分工程永久征地和施工临时用地。

（3）水闸壅水及大型渠系上的水塘、小型水库的淹没范围，可参照水库淹没设计洪水标准确定，必要时需考虑回水淹没及泥沙淤积。对堤围内的调蓄区，可按有关排涝标准确定其范围。修建其他水利工程可能引起的浸没、坍岸、滑坡等，根据地勘成果确定其范围。坝区用地范围，应按照工程施工组织设计的施工总布置图和施工用地规划范围图确定，还应考虑施工开挖受爆破影响区的范围。在此范围内应按占地用途确定工程永久用地和施工临时用地的范围，以及施工分期、分区的用地范围。

第三章　实物调查

第一节　概　述

实物是指建设征地范围内的人口、土地、建筑物、构筑物、其他附着物、矿产资源、文物古迹、具有社会人文性和民族习俗性的建筑、场所等的数量、质量、权属和其他属性等指标。实物调查是指对建设征地范围内各项实物进行调查统计,收集征地和移民安置区域的经济社会资料,汇总分析调查成果,编写调查报告。

一、实物调查的目的

征地移民实物调查是水利水电工程建设征地移民设计的重要组成部分。实物调查的目的主要是查明征地范围内(包括水库淹没影响区、枢纽工程建设区)各种涉及对象的数量和质量,为论证工程规模、进行工程方案比选、研究工程建设对地区经济影响,编制移民安置、工业企业和专业项目迁建处理、防护工程规划设计,编制征地移民补偿投资概(估)算、实施移民安置等工作提供详细可靠的基础资料。

二、实物调查的内容

征地移民实物调查的主要工作内容是:合理确定征地移民调查范围,收集工程建设建设征地区域的社会经济资料,调查各项实物数量和质量,提出调查成果,对调查成果进行分析,编写调查报告。实物调查涉及征地范围内的农村、城(集)镇、工业企业、专业项目以及经济社会情况。

(1)农村是指从事大农业(种植业、林业、牧业、渔业)为主的乡、村、村民小组和农户以及城(集)镇所辖的郊区村组

(2)集镇包括建制镇和非建制镇。建制镇是指经省级人民政府批准设置的建制镇。非建制镇是指乡人民政府所在地和经县级人民政府确认由集市发展而成的作为农村一定区域经济、文化和生活服务中心的集镇。

(3)城镇是指县及县级以上政府机关所在地。镇外单位指独立于城(集)镇建成区之外乡级以上管辖的单位。

(4)工业企业包括从事工业生产的各类大、中、小型企业。

(5)专业项目包括交通(铁路、公路、航运工程)、水利水电、电力、电信、广播电视、军事、管线、测量永久标志等设施以及国有农(林、牧、渔)场、文物古迹、名胜风景区、自然保护区、水文站、矿产资源等。

(6)调查收集征地移民区的社会、经济、自然状况和经济社会发展前景资料。

实物调查除查明水库淹没影响范围内的各项实物数量、质量和权属外,对涉淹农村村

民小组、城(集)镇、工业企业及专业项目对象,还应根据淹没影响程度和移民安置规划方案调查淹没线以上部分受影响的人口、房屋及设施等。

根据移民安置规划方案,对远迁移民在水库周边淹没线以上移民个人所有的房屋、附属建(构)筑物、零星树木应进行调查。

三、实物调查范围的确定

(一)水库淹没影响区

枢纽工程水库区的调查范围按照第二章第三节的规定确定,不同设计阶段的调查范围的确定方法如下:

(1)项目建议书阶段,初步确定淹没影响范围,持地形图现场确定调查范围。必要时应辅助测量定线。

(2)可行性研究报告阶段,现场测量定线,设置临时标志,确定调查范围。

(3)初步设计阶段,必要时测设临时标志,明确复核范围。

(4)技施设计阶段,测设永久界桩,确定淹没影响范围。

(二)枢纽工程建设区

枢纽工程建设区的调查范围按照第二章第四节的规定确定。不同设计阶段的调查范围的确定方法如下:

(1)项目建议书阶段,根据工程总体布置图、施工总体布置图和有关资料,现场确定。必要时应辅助测量定线。

(2)可行性研究报告阶段,以工程总体布置图、施工组织设计成果、施工总体布置图划定的红线范围为依据,现场测量放线并设置临时标志,确定调查范围。

(3)初步设计阶段,以工程总体布置图、施工组织设计成果、施工总体布置图划定的红线范围为依据,测设永久界桩,确定用地范围。

(4)技施设计阶段,以初步设计阶段确定的范围为基础,根据施工总布置图用地红线范围调整情况,补充测设永久界桩,核定用地范围。

四、实物调查要求

(一)调查时间

调查起始时间作为调查基准年。

(二)设计阶段调查要求

征地移民实物调查,一般划分为项目建议书、可行性研究报告、初步设计和技施设计等四个阶段进行,河流规划阶段可参照项目建议书阶段要求,适当简化。

(1)项目建议书阶段,基本查明工程建设建设征地范围内人口、土地、房屋、城(集)镇基础设施、工业企业及主要专业项目等实物数量。人口、土地全面调查,房屋、城(集)镇市政及公用设施、工业企业及重要专业项目等抽样调查。

(2)可行性研究报告阶段,全面调查建设征地范围内的各项实物。查明受淹对象的数量、质量和权属。

(3)初步设计阶段,必要时按可行性研究报告阶段的要求,对实物进行局部或全部复核。

(4)技施设计阶段，必要时对初步设计阶段的实物进行补充调查或复核，对确认的实物成果进行分解。但如果初步设计至技施设计时间相距较长，或设计条件改变，经原审查单位批准后，应按照可行性研究报告阶段的要求，对实物进行局部或全部调查复核。

(三)调查深度要求

(1)全面调查：调查人员在现场对整个征地范围内的各种实物逐一进行调查。对于大型水库的土地面积、作物状况、森林资源状况等项指标，可采用遥感技术进行全面调查。项目建议书阶段，人口、土地全面调查；可行性研究报告阶段的人口、房屋、土地、城(集)镇及工业企业、专项设施等要进行全面调查。

(2)典型抽样调查：调查人员到现场，选择具有代表性的典型区域进行全面调查，以典型调查的成果推算其余部分。典型抽样所选的样本数宜达到25%～30%。项目建议书阶段房屋、城(集)镇市政及公用设施、工业企业及重要专业项目等，采用典型抽样调查。

(四)调查高程分级

水库淹没影响调查高程分级，应根据正常蓄水位比较研究的幅度而定。一般可分三至四级，如正常蓄水位方案多于四级，可按四级调查统计绘制淹没指标与高程关系曲线，用内插法查出五级或五级以上的分级淹没指标。

对分期实施的工程建设项目，根据分期水位、分期施工计划，调查各项实物。

第二节　调查工作组织和基础资料

实物调查，一般分为准备工作、实地调查、成果汇编三个阶段。认真做好调查工作的准备，是保证整个调查工作顺利完成的重要环节，应认真做好调查前的准备工作。

调查前准备工作内容，包括编制调查工作大纲、准备资料，在地形图上标注工程建设征地位置，勾绘调查范围，制定调查、统计表格及电子文档，编制测量、地勘和文物古迹、矿产资源调查委托任务书。

调查工作大纲，应包括调查工作依据、要求、内容及方法、组织分工、计划、经费和完成的成果等。调查工作大纲应征求地方政府和有关部门的意见，必要时报请国家有关部门审批。

一、人员组织

设计单位负责组织开展具体的调查工作和负责技术归口管理工作，地方政府负责组织有关职能部门参与调查工作，并协调处理有关问题，为调查工作提供工作条件。必要时，部分专项(如铁路、林业、文物等)可委托有关专项管理单位调查，设计单位参与。实地调查前要落实人员配备和组织领导，明确要求和任务分工，做好技术培训和试点工作，取得经验后再全面开展调查。

二、调查所需的基本资料

(一)项目建议书阶段

(1)勘测设计任务书或委托文件、合同。

(2)有关设计成果。

(3)工程建设征地范围不小于1:10 000比例尺的地形图或遥感成果。

(4)相关测量成果。

(5)水库各比较方案正常蓄水位的不同频率洪水回水成果。

(6)对水库正常蓄水位方案比较有制约作用的浸没、坍岸、滑坡区的地质勘察成果。

(7)工程建设征地所涉及区的自然、经济社会资料。

(8)其他有关资料。

(二)可行性研究报告阶段

(1)勘测设计任务书或委托文件、合同。

(2)项目建议书和审查意见。

(3)工程建设征地范围不小于1:5 000比例尺的地类地形图或遥感成果。对水库正常蓄水位选择有制约作用的大片农田、城(集)镇、重要企业等区域,应有不小于1:2 000比例尺的地类地形图或遥感成果。

(4)相关测量成果。

(5)水库各比较方案正常蓄水位的不同频率洪水回水计算成果。

(6)对水库正常蓄水位方案比较有制约作用的浸没、坍岸、滑坡区的地质勘察成果。

(7)工程建设征地所涉及区域的自然、经济社会资料及土地利用现状调查资料。

(8)其他有关资料。

(三)初步设计阶段

(1)与业主单位签订的勘测设计合同、任务书或委托文件。

(2)可行性研究报告阶段设计文件和审查意见。

(3)工程建设征地范围不小于1:5 000比例尺的地类地形图。属山岭重丘区的,应有不小于1:2 000比例尺的地类地形图。

(4)水库正常蓄水位方案的不同频率洪水回水成果。

(5)水库浸没、坍岸、滑坡区等地质勘察成果。

(6)工程施工进度计划和水库分年蓄水计划。

(7)工程建设征地所涉及区域的自然、经济社会资料及土地利用现状调查资料。

(8)可行性研究报告阶段实物调查成果。

(9)其他有关资料。

三、技术准备

实物调查的技术准备工作包括上述基本资料收集,制定调查大纲、调查细则和调查表格,办理委托任务书等。

调查大纲应概括内外业的全部技术要求。内容包括调查范围、高程分级、调查项目、调查要求、计算标准、测量工作量、工作方法、工作步骤、工作进度、分工协作、人员和设备配备、经费以及提交成果时间等。调查大纲需征求有关地方政府和专项管理单位的意见,做到认识统一,要求统一,经审查确定后,不要任意更改。如需修改,应及时通知调查人员。必要时,调查大纲应经国家有关部门审定。

调查细则是在调查大纲的基础上，针对项目建设地区的实际情况，对调查项目的划分、采用的技术标准和调查方法等提出更加具体明确的要求，以利调查人员操作和保证调查成果的深度和精度。

制定统一的调查表格是保证调查项目齐全、统计指标一致的重要手段，并且具有简明、方便等优点。调查表格可分为：原始调查表，统计、汇总过渡表，汇总表以及地区基本情况表等。

实物调查，需办理委托任务书的有水利水电工程设计单位内部有关专业部门和外部有关专业单位。内部如测量、地质等部门；外部如铁路、林业、文物等专业单位。委托任务书的内容包括：调查（勘测）项目、范围、高程分级、技术要求，需提交的成果和时间，以及双方应承担的责任和义务等。

第三节 农村调查

农村调查内容包括人口调查、房屋调查、土地调查、水利设施调查、农副业设施调查及其他项目调查。

一、人口调查

（一）计算人口的标准

（1）居住在调查范围内，有住房和户籍的人口。

（2）长期居住在调查范围内，有户籍和生产资料的无住房人口。

（3）上述家庭中超计划出生人口和已婚嫁入（或入赘）的无户籍人口。

（4）暂时不在调查范围内居住，但有户籍、住房在调查范围内的人口，如升学后户口留在原籍的学生、外出打工人员等。

（5）在调查范围内有住房和生产资料，户口临时转出的义务兵、学生、劳改劳教人员。

（6）户籍不在调查范围内，但有产权房屋的常住人口。

但是，下列情况人口不作为移民人口统计：

（1）户籍在调查搬迁范围内，但无产权房屋和生产资料，且居住在搬迁范围外的人口。

（2）户籍在调查范围内，未注销户籍的死亡人口。

（二）调查方法及要求

（1）调查人口以其实际居住房屋地面高程位置为准，判别其是否在建设征地范围内。

（2）被调查户应以调查时的户籍为准。调查内容包括被调查户的户主姓名、家庭成员、与户主关系、出生日期、民族、文化程度、身份证号码、户口性质、劳动力及其就业情况等。

（3）调查人员应查验被调查户的房屋产权证、户口簿、土地承包册等。户籍不在调查范围内的已婚嫁入（或入赘）人口，应查验结婚证、身份证后予以登记；对超计划出生的无户籍人口，应在出具出生证明或乡级人民政府证明后予以登记；符合计算人口标准但无户籍人口，均应出具乡级人民政府的有关证明。

(4)项目建议书阶段以村民小组为单位进行调查，由行政村、村民小组负责人根据调查范围统计填报，调查人员现场查对。

(5)可行性研究报告阶段以户为单位进行全面调查。调查人员会同项目业主、地方政府及村、组负责人，现场逐户调查，登记造册。

(6)初步设计阶段、技施设计阶段，必要时按可行性研究报告阶段要求，进行补充调查和复核。

二、房屋及附属设施调查

(一)房屋分类

1.按所有权和隶属关系划分

农村房屋划分为居民私有房屋、农村经济组织集体所有房屋。国有的、乡以上行政、企业、事业单位所有的房屋列入城镇、集镇调查。

2.依据承重构件材料划分

依据承重构件材料将农村房屋结构区分为五类，相似结构应尽量合并，对于特殊结构不能合并的可在此基础上增加分类。

(1)框架结构，以钢筋混凝土浇捣成承重梁柱，再用预制的加气混凝土、膨胀珍珠岩、浮石、蛭石、陶柱等轻隔墙分户装配而成的房屋。

(2)砖混结构，砖或石质墙身，有钢筋混凝土承重梁或钢筋混凝土屋顶的房屋。

(3)砖木结构，砖或石质墙身，木楼板或房梁，瓦屋面房屋。

(4)土木结构，木或土质打垒土质墙身，瓦或草屋面。

(5)窑洞，在土坡上特为住人挖成的洞。窑洞分土窑洞、石窑洞、砖窑洞等。

3.按层高划分

层高(屋面与墙体的接触点至地面)大于等于2.2m，楼板、四壁、门窗完整者，有人居住的房屋称正房；拖檐房、偏厦房、吊脚楼底层等楼板、四壁、门窗完整，层高小于2.2m的房屋称为杂房。主房、杂房均区分不同结构进行调查。

4.按房屋用途分

(1)主房是指层高(屋面与墙体的接触点至地面)大于等于2.2m，楼板、四壁、门窗完整的房室；

(2)杂房是指拖檐房、偏厦房、吊脚楼底层等楼板、四壁、门窗完整，层高小于2.2m的附属房屋。

(二)房屋面积计算规则

房屋建筑面积系指房屋外墙(柱)勒脚以上各层的外围水平投影面积，包括阳台、挑廊、地下室、室外楼梯等，且具备有上盖，结构牢固，层高2.2m以上(含2.2m)的永久性建筑物。除参照《房产测量规范》(GB/T17986.1—2000)中的规定外，考虑农村房屋的实际情况补充规定如下：

(1)房屋建筑面积按房屋勒脚以上外墙的边缘所围的建筑水平投影面积(不以屋檐或滴水线为界)计算，以m^2为单位，取至$0.01m^2$。

(2)楼层面积计算：楼层层高(房屋正面楼板至屋面与墙体的接触点的距离，见图

3-3-1）$H \geqslant 2.0$m，楼板、四壁、门窗完整者，按该层的整层面积计算。对于不规则的楼层，分不同情况计入楼层面积：

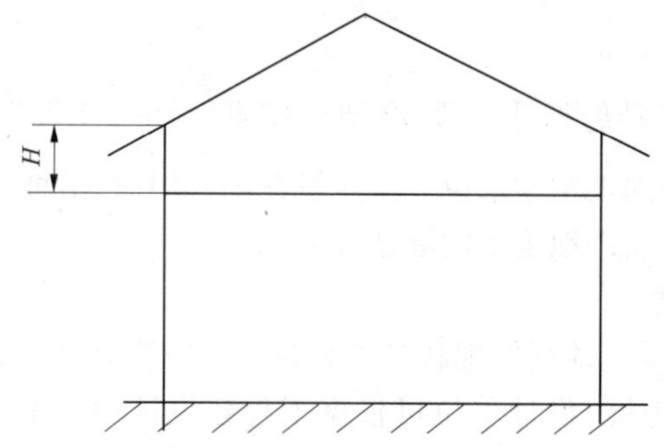

图 3-3-1　房屋楼层层高示意图

当 $1.8\text{m} \leqslant H < 2.0\text{m}$，增加该房屋面积 80%，即该房屋面积为房屋建筑面积的 1.8 倍；

$1.5\text{m} \leqslant H < 1.8\text{m}$，增加该房屋面积 60%，即该房屋面积为房屋建筑面积的 1.6 倍；

$1.2\text{m} \leqslant H < 1.5\text{m}$，增加该房屋面积 40%，即该房屋面积为房屋建筑面积的 1.4 倍；

$H < 1.2\text{m}$，不计算楼层面积。

（3）屋内的天井，无柱的屋檐、雨篷、遮盖体以及室外简易无基础楼梯均不计算房屋面积。有基础的楼梯计算一半面积。

（4）室外走廊面积计算：没有柱子的不计面积；有柱子的，以外柱所围面积的一半计算，并计入该幢房屋面积。

（5）室外阳台，封闭的全算面积，不封闭的计算一半面积。

（6）在建房屋面积，按计划建筑面积统计。

（三）房屋的内外装饰

在房屋调查时要对不同结构房屋的内外装饰作调查。房屋内外装饰的分类和调查方法，可根据各个工程建设征地区各类房屋的装饰特点确定。

（四）附属设施调查

附属设施包括围墙、门楼、水井、晒场、粪池、地窖、玉米楼、沼气池、禽舍、畜圈、厕所、堆货棚等，不同项目以反映其特征的相应单位计量，如 m^2、个、处等。

（五）调查方法及要求

（1）国家颁布停止基本建设令日之前建设的房屋计入调查面积；调查时正在建设，还没有颁布停建令按批复的建设面积登记。

（2）房屋登记以产权人名称登记，没有办产权证的，根据批复的建设许可登记。

（3）项目建议书阶段，选取典型村（组）、典型农户调查其不同结构房屋面积，以不同结构的人均房屋面积推算调查范围内的各种结构房屋面积。房屋面积调查典型村（组）、典型农户样本，应占总数的 25% ~30%。

（4）可行性研究报告阶段，应逐村、逐组、逐户、逐幢进行房屋面积及附属设施测量登记造册，分户调查成果由产权所有人（户主）签字认可，各单位参加调查人员确认签字。可行性研究报告阶段，应采用数码技术建立实物调查音像档案。

(5)初步设计阶段、技施设计阶段,必要时,按可行性研究报告阶段要求,进行补充调查和复核。

三、土地调查

(一)调查范围

调查范围为水库不同正常蓄水位方案淹没范围和坍岸、滑坡、浸没、孤岛、岩溶倒灌等影响范围以及工程建设征用地范围的陆地和水域。

(二)土地调查分类

土地调查分类执行《土地利用现状分类标准》(GB/T21010—2007),结合水库征地移民的具体情况,在不同地区,设计单位可根据工程建设征地区的具体情况和补偿政策要求,适当增减分类。

1. 耕地

耕地是指种植农作物的土地,包括熟地,新开发、复垦、整理地,休闲地(含轮歇地、轮作地);以种植农作物(含蔬菜)为主,间有零星果树、桑树或其他树木的土地;平均每年能保证收获一季的已垦滩地和海涂。临时种植药材、草皮、花卉、苗木等的耕地,以及其他临时改变用途的耕地。耕地中还应包括南方宽度小于1m、北方宽度小于2.0m固定的田间沟、渠、道路和田埂(坎),调查时应按相应地类计列。

(1)水田是指用于种植水稻、莲藕等水生农作物的耕地,包括实行水生、旱生农作物轮种的耕地。

(2)水浇地是指有水源保证和灌溉设施,在一般年景能正常灌溉,种植旱生农作物的耕地,包括种植蔬菜的非工厂化的大棚用地。

(3)旱地是指无灌溉设施,主要靠天然降水种植旱生农作物的耕地,包括没有灌溉设施,仅靠引洪淤灌的耕地。旱地可分为旱平地、坡地、陡坡地。

(4)河滩地是指平均每年能保证收获一季的已垦滩地和海涂。

2. 园地

园地是指种植以采集果、叶、根茎等为主的集约经营的多年生木本和草本作物,覆盖度大于50%或每亩株数大于合理株数70%的土地,包括用于育苗的土地。

(1)果园:种植果树的园地。

(2)茶园:种植茶树的园地。

(3)桑园:种植桑树的园地。

(4)橡胶园:种植橡胶树的园地。

(5)其他园地:指种植可可、咖啡、油棕、胡椒、药材等其他多年生作物的园地。

3. 林地

林地是指生长乔木、竹类、灌木、沿海红树林的土地。包括迹地;不包括居民点内部的绿化林木用地,铁路、公路征地范围内的林木,以及河流、沟渠的护堤岸林。

(1)有林地:树木郁闭度大于等于20%的乔木林地,包括红树林地和竹林地。

(2)灌木林地:灌木覆盖度大于等于40%的林地。

(3)疏林地:树木郁闭度大于等于10%但小于20%的林地。

(4)未成林造林地：造林成活率大于等于合理造林数的41%，尚未郁闭但有成林希望的新造林地（一般指造林后不满3～5年或飞机播种后不满5～7年的造林地）。

(5)迹地：森林采伐、火烧后，5年内未更新的土地。

(6)苗圃：固定的林木育苗地。

4. 草地

草地是指生长草本植物为主的土地。

(1)天然牧草地：以天然草本植物为主，用于放牧或割草的草地。

(2)人工牧草地：人工种植牧草的草地。

(3)其他草地：树木郁闭度小于10%，表层为土质，生长草本植物为主，不用于畜牧业的草地。

5. 商服用地

商服用地是指主要用于商业、服务业的土地。

(1)批发零售用地指主要用于商品批发、零售的用地，包括商场、商店、超市、各类批发（零售）市场，加油站等及其附属的小型仓库、车间、工场等的用地。

(2)住宿餐饮用地指主要用于提供住宿、餐饮服务的用地，包括宾馆、酒店、饭店、旅馆、招待所、度假村、餐厅、酒吧等。

(3)商务金融用地指企业、服务业等办公用地，以及经营性的办公场所用地，包括写字楼、商业性办公场所、金融活动场所和企业厂区外独立的办公场所等用地。

(4)其他商服用地指上述用地以外的其他商业、服务业用地，包括洗车场、洗染店、废旧物资回收站、维修网点、照相馆、理发美容店、洗浴场所等用地。

6. 工矿仓储用地

工矿仓储用地是指主要用于工业生产、物资存放场所的土地。

(1)工业用地指工业生产及直接为工业生产服务的附属设施用地。

(2)采矿用地指采矿、采石、采砂（沙）场，盐田、砖瓦窑等地面生产用地及尾矿堆放地。

(3)仓储用地指用于物资储备、中转的场所用地。

7. 住宅用地

住宅用地是指主要用于人们生活居住的房基地及其附属设施的土地。

(1)城镇住宅用地指城镇用于生活居住的各类房屋用地及其附属设施用地，包括普通住宅、公寓、别墅等用地。

(2)农村住宅用地指农村用于生活居住的宅基地。

8. 公共管理与公共服务用地

公共管理与公共服务用地是指用于机关团体、新闻出版、科教文卫、风景名胜、公共设施等的土地。

(1)机关团体用地指用于党政机关、社会团体、群众自治组织等的用地。

(2)新闻出版用地指用于广播电台、电视台、电影厂、报社、杂志社、通讯社、出版社等的用地。

(3)科教用地指用于各类教育、独立的科研、勘测、设计、技术推广、科普等的用地。

(4)医卫慈善用地指用于医疗保健、卫生防疫、急救康复、医检药检、福利救助等的用地。

(5)文体娱乐用地指用于各类文化、体育、娱乐及公共广场等的用地。

(6)公共设施用地指用于城乡基础设施的用地，包括给排水、供电、供热、供气、邮政、电信、消防、环卫、公用设施维修等用地。

(7)公园与绿地用地指城镇、村庄内部的公园、动物园、植物园、街心公园和用于休憩及美化环境的绿化用地。

(8)风景名胜设施用地指风景名胜(包括名胜古迹、旅游景点、革命遗址等)景点及管理机构的建筑用地。景区内的其他用地按现状归入相应地类。

9. 特殊用地

特殊用地是指用于军事设施、涉外、宗教、监教、殡葬等的用地。

(1)军事设施用地指直接用于军事目的的设施用地。

(2)使领馆用地指用于外国政府及国际组织驻华使领馆、办事处等的用地。

(3)监教场所用地指用于监狱、看守所、劳改场、劳教所、戒毒所等的建筑用地。

(4)宗教用地指专门用于宗教活动的庙宇、寺院、道观、教堂等宗教自用地。

(5)殡葬用地指陵园、墓地、殡葬所用地。

10. 交通运输用地

交通运输用地是指用于运输通行的地面线路、场站等的土地，包括民用机场、港口、码头、地面运输管道和各种道路用地。

(1)铁路用地指用于铁道线路、轻轨、场站的用地，包括设计内的路堤、路堑、道沟、桥梁、林木等用地。

(2)公路用地指用于国道、省道、县道和乡道的用地，包括设地内的路堤、路堑、道沟、桥梁、汽车停靠站、林木及直接为其服务的附属用地。

(3)街巷用地指用于城镇、村庄内部公用道路(含立交桥)及行道树的用地，包括公共停车场、汽车客货运输站点及停车场等用地。

(4)农村道路指公路用地以外的南方宽度≥1.0m、北方宽度≥2.0m 的村间、田间道路(含机耕道)。

(5)机场用地指用于民用机场的用地。

(6)港口码头用地指用于人工修建客运、货运、捕捞及工作船舶停靠的场所及其附属建筑物的用地，不包括常水位以下部分。

(7)管道运输用地指用于运输煤炭、石油、天然气等管道及其相应附属设施的地上部分用地。

11. 水域及水利设施用地

水域及水利设施用地是指陆地水域、海涂、沟渠、水工建筑物等用地。不包括滞洪区和已垦滩涂中的耕地、园地、林地、居民点、道路等用地。

(1)河流水面指天然形成或人工开挖河流常水位岸线之间的水面。不包括补堤坝拦截后形成的水库水面。

(2)湖泊水面指天然形成的积水区常水位岸线所围成的水面。

(3)水库水面指人工拦截汇集而成的总库容≥10 万 m^3 的水库正常蓄水位岸线所围成的水面。

(4)坑塘水面指人工开挖或天然形成的蓄水量<10 万 m^3 的坑塘常水位岸线所围成的水面。

(5)沿海滩涂指沿海大潮高潮位与低潮位之间的潮浸地带。包括海岛的沿海滩涂,不包括已利用的滩涂。

(6)内陆滩涂指河流、湖泊常水位至洪水位间的滩涂;时令湖、河洪水位以下的滩地;水库、坑塘的正常蓄水位与洪水位间的滩地。包括海岛的内陆滩地,不包括已利用的滩地。

(7)沟渠指人工修建,南方宽度≥1.0m、北方宽度≥2.0m 用于引、排、灌的渠道,包括渠槽、渠堤、取土坑、护堤林。

(8)水工建筑物用地指人工修建的闸、坝、堤路、水电厂房、扬水站等常水位岸线以上的建筑物用地。

(9)冰川及永久积雪地指表层被冰雪常年覆盖的土地。

12. 其他用地

其他用地是指上述地类以外的其他类型的土地。

(1)空闲地是指城镇、村庄、工矿内部尚未利用的土地。

(2)设施农用地指直接用于经营性养殖的畜禽舍、工厂化作物栽培或水产养殖的生产设施用地及其附属用地,农村宅基地以外的晾晒场等农业设施用地。

(3)田坎主要指耕地中南方宽度≥1.0m、北方宽度≥2.0m 的地坎。

(4)盐碱地指表层盐碱集聚,生长天然耐盐植物的土地。

(5)沼泽地指经常积水或渍水,一般生长沼生、湿生植物的土地。

(6)沙地指表层为沙覆盖、基本无植被的土地。不包括滩涂中的沙地。

(7)裸地指表层为土质、基本无植被覆盖的土地;或表层为岩石、石砾,其覆盖面积≥70%的土地。

(三)土地面积量算要求

(1)土地面积以水平投影面积为准;计算机量图面积以 mm^2 为计算单位;统计面积采用亩,对使用其他非标准计量面积单位的要换算成亩后分类填表。

(2)采用计算机量图,同时建立各方案以行政村、组为单位的土地面积数据库。

(3)应对每幅图的量算成果应进行图幅内平差,允许误差 $F < \pm 0.0025P$,其中 F 为图幅理论面积允许误差;P 为图幅理论面积。

(4)园地或林地(含天然林)面积大于 0.3 亩(含 0.3 亩)或林带冠幅的宽度 10 m 以上的成片土地应按面积计算;园地或林地不符合以上规定的按株数或丛(蔸)数计量,可统计为零星林(果)木,其面积计入其他农用地地类。

(四)调查方法及要求

(1)调查人员应会同有关单位(项目法人、国土、林业等)工作人员一起持图现场调查核实行政界线、地类分界线和必要的线状地物,落实土地权属。应根据现场调查核实结果,分不同方案的淹没影响范围及征地范围,分行政村、组量算各类土地面积。

(2)典型调查线状地物面积时,应分析调查范围内各类土地利用系数,用图上量得的各类土地面积乘以各类土地利用系数以确定各类土地的实际面积。

(3)种植油桐、油茶、油棕、八角、花椒等产干果的土地按经济林调查,分幼龄林和成熟林调查权属、面积、年产量、产值。

(4)林地调查项目根据林业资源补偿要求,按林种划分林地为用材林、经济林、防护林、薪炭林、特种林;按树种划分为松、杨、榆、槐、杉、桉、竹等;按树龄分为幼龄林、中龄林、成熟林、过熟林。以产出林木为主的各类林地要调查蓄积量和出材量;经济林种按优势树种调查产量和产值。

(5)项目建议书阶段,对于工程建设征地范围内的耕地、园地和林地等各类土地面积,应用不小于1:10 000比例尺地形图、林相图或遥感成果,按地类界和乡村行政区划进行量算,并以土地详查资料和实地典型调查进行校核;现场逐片落实土地权属。对正常蓄水位选择有控制作用的土地调查,宜应用不小于1:5 000比例尺的地类地形图或遥感成果进行量算。

(6)可行性研究报告阶段,应用不小于1:5 000(平原低丘区)或1:2 000(山岭重丘区)比例尺地类地形图,实地测量土地征用和居民迁移界线,设置临时标志,现场逐地块查清各类土地权属,以村民小组为单位,量算各类土地面积。

(7)初步设计阶段、技施设计阶段,对建设征地范围等原因引起的变化,应按可行性研究报告阶段调查方法进行补充调查和复核。

(五)土地调查成果分析

(1)抽查承包户承包的耕地面积台账,比较量图成果中的各类耕地面积,分析耕地调查成果。

(2)利用各村统计资料中的耕地、林地、草地面积数,分析调查成果。

(3)利用各县(市)土地详查资料,分析土地调查成果。

(4)淹没区土地面积平衡:①水库死水位或汛限水位以下淹没区土地面积平衡;②不同正常蓄水位以下淹没区土地面积平衡;③不同方案耕地征用线以下土地面积平衡。

四、水利设施调查

(一)调查内容

(1)调查征地范围内的村组所有的水库、山塘、引水坝、机井、渠道、水轮泵站和抽水机站,以及配套的输电线路等项目。

(2)调查其建成年月、规模、效益、主要建筑物名称、所在地面高程、原投资、固定资产原值、净值等。

(3)灌溉渠道仅调查干渠、支渠、斗渠,田间的农渠、毛渠不予调查。

(二)调查方法及要求

(1)项目建议书阶段,应由产权所有人填报,调查人员重点抽查复核。

(2)可行性研究报告阶段,调查人员应持不小于1:5 000地类地形图现场逐项调查。

(3)初步设计阶段、技施设计阶段,对建设征地范围变化,应按可行性研究报告阶段调查方法进行补充调查和复核。

五、农副业设施调查

（一）调查内容

农副业设施是指行政村、居民组或农民家庭兴办的小型采集、加工、服务业，包括榨油坊、砖瓦窑、采石场、米面加工厂、农机具维修厂、酒坊、豆腐坊等。调查内容包括主产品、原料来源、生产规模，年产量、产值、年利税，主要设备、设备原值、净值，从业人员数量等。

（二）调查方法及要求

（1）项目建议书阶段，应由产权人填报，调查人员重点抽查复核。

（2）可行性研究报告阶段，调查人员应根据工商营业执照、税务登记证明、纳税证明等资料现场逐项调查。

（3）初步设计阶段、技施设计阶段，对建设征地范围变化，应按可行性研究报告阶段调查方法进行补充调查和复核。

六、文教卫设施调查

文化、教育、卫生服务设施应包括文化活动站点、小学校、幼儿园、卫生所、兽医站、商业网点等。

项目建议书阶段，可由产权单位（人）填报，主要填报内容有地点、产权单位（人）名称、规模、从业人员、年效益等。

可行性研究报告阶段，应由调查人在填报的基础上逐项核实。

初步设计阶段、技施设计阶段，对建设征地范围变化，应按可行性研究报告阶段调查方法进行补充调查和复核。

七、其他项目调查

（一）零星林（果）木

零星林（果）木（指果树、经济树、用材树、风景树）应包括征地范围内房屋四周的零星林（果）木和植株面积小于0.3亩或林带冠幅的宽度小于10m的林（园）地的林（果）木。

项目建议书阶段采用抽样调查方法调查，选择有代表性的典型村，分类调查其建设征地范围内的零星林（果）木的数量，按典型村人数计算人均占有量，以此推算调查范围内零星林（果）木数量。典型调查村数占调查范围内总村数的比例不小于20%。

可行性研究报告阶段逐户全面调查。

初步设计阶段、技施设计阶段，对建设征地范围变化的应按可行性研究报告阶段调查方法进行补充调查和复核。

（二）坟墓调查

调查的坟墓为近三代以内的坟墓。

项目建议书阶段，选择有代表性的典型村，分类调查建设征地范围内的坟墓数量，按典型村户数计算户均数量，以此推算调查范围内坟墓数量。典型调查村数占调查范围内总村数的比例不小于20%。

可行性研究报告阶段应全面调查填报。可由户主自报，调查人员现场复核。

初步设计阶段、技施设计阶段，对建设征地范围变化，应按可行性研究报告阶段调查方法进行补充调查和复核。

（三）电信、广播电视设施调查

项目建议书阶段，依据有关资料，分析确定当地的农村居民固定电话、有线广播、有线电视拥有率，计算建设征地范围内的数量。

可行性研究报告阶段，应逐户调查电信、广播电视设施数量。

初步设计阶段、技施设计阶段，对建设征地范围变化，应按可行性研究报告阶段调查方法进行补充调查和复核。

（四）居民点基础设施调查

调查了解居民点基础设施情况，主要包括给水、排水、道路、电力、通信等。

第四节　城（集）镇调查

一、城（集）镇及建成区概念

城（集）镇包括城镇、集镇。城镇是指县级及以上人民政府驻地，包括城市和县城；集镇是指乡级人民政府驻地或经县级以上人民政府批准确认的建制镇和非建制镇，或集市贸易、市政工程和公用设施已形成一定规模，已成为农村一定区域经济文化和生活服务中心的场镇。

城市是指国家按行政建制设立的直辖市、市、镇。城市按照其市区和近郊区的非农业人口总数，划分为以下 3 种：

（1）大城市是指市区和近郊区非农业人口 50 万以上的城市。

（2）中等城市是指市区和近郊区非农业人口 20 万以上、不满 50 万的城市。

（3）小城市是指市区和近郊区非农业人口不满 20 万的城市。

建成区指中国的市中的城市化区域。中国的市并不是地理学上的城市化区域，而是一个行政区划单位，管辖以一个集中连片或者若干个分散的城市化区域为中心，大量非城市化区域围绕的大区域。所以，市的面积并不能反映城市化的区域即地理学意义上城市的面积。中国统计部门用建成区来反映一个市的城市化区域的大小。具体指一个市政区范围内经过征用的土地和实际建设发展起来的非农业生产建设的地段，包括市区集中连片的部分以及分散在近郊区域城市有密切联系，具有基本完善的市政公用设施的城市建设用地（如机场、污水处理厂、通信电台）。

二、一般规定

（一）应收集的资料

收集城（集）镇性质、功能、规模、高程分布、设施、对外交通和防洪等方面的基本资料，全面了解城（集）镇的全貌。

（1）性质及功能：城（集）镇的分类，在区域中的作用。同时收集城（集）镇的发展规划资料。

(2)规模:管辖范围、占地面积(建成区面积)及土地分类面积、总人口及其分类、近3年人口变化情况、房屋总面积及分类面积。

(3)高程范围:街道的最低、最高高程,主要街道的高程范围、红线宽度、车行道宽度、路面材料等。

(4)文化教育卫生设施:学校、医院、图书馆、影剧院、文化站等的座数及规模。

(5)基础设施:道路、供水、排水、供电、邮电通信、广播电视、广场、公园等。

(6)对外交通:对外交通的方式、等级等。

(7)防洪:防洪工程、防洪标准、历史洪水位及相应频率,淹没范围、历时、灾害损失等。

(二)调查内容与方法

城(集)镇调查范围为其建成区内的工程建设征地影响范围。位于城(集)镇建成区内的农业村(组),调查内容和方法与农村调查相同。

位于城(集)镇建成区外的乡级以上(含乡级)所属的单位,包括农(林、牧、渔)场、学校等单独调查、汇总。

三、调查项目

(1)建成区范围和调查范围的占地面积及用地分类面积。

(2)居民户、单位集体户的人口。

(3)房屋、附属建(构)筑物、零星果木树等。

(4)工副业设施。

(5)机关事业单位、工商企业、镇外单位。

(6)市政工程设施。

四、占地面积及其地类

(1)建成区范围和调查范围的占地面积及用地分类调查,可向当地有关部门收集资料,同时可持图现场查勘勾绘,并量算其面积。

(2)根据《土地利用现状分类》(GB/T21010—2007),城(集)镇建设用地可分为商服用地、工业仓储用地、住宅用地、公共管理与公共服务用地、特殊用地、交通运输用地、水域和其他用地等。建成区内若有耕园地,按农村土地的调查方法进行调查。

(3)项目建议书阶段,在收集城(集)镇建成区建设用地等基本资料的基础上,持不小于1:10 000比例尺地形图调查核实,量算征(占)用的建成区面积。

可行性研究报告阶段,在收集城(集)镇建成区建设用地等基本资料的基础上,持不小于1:5 000比例尺的地类地形图现场查勘调绘,分类量算征(占)用的建成区面积。

初步设计阶段,必要时进行复核。

五、人口调查

(1)城(集)镇人口包括居民、机关单位集体户、工商企业集体户人口,寄住人口。按户口性质分为农业人口、非农业人口。

(2)人口调查应以长期居住的房屋为基础,以户口簿、房产证为依据进行调查登记。无户籍的超计划出生人口,户口临时转出需回原籍的义务兵、学生、劳改劳教人员,在提交乡级以上人民政府相关证明材料后,可纳入人口调查登记。

(3)有户籍、无房产的租房常住户,可纳入人口调查登记。

(4)无户籍但与上述家庭户主常住的配偶、子女及父母,在查明原户口所在地情况,提交乡级以上人民政府相关证明材料后可按寄住人口登记。

(5)具有住房产权的常住无户籍人口在查明原户口所在地情况,提交乡级以上人民政府相关证明材料后,可纳入人口调查登记。

(6)无户籍但居住在调查范围内的机关、企事业单位正式职工、合同工,在查明原户口所在地情况,提交乡级以上人民政府相关证明材料后,可纳入人口调查登记。

(7)无户籍、无房产的流动人口和有户籍无房产且无租住地的空挂户不应列入人口调查。

(8)寄宿学生登记为寄住人口。

(9)调查方法

项目建议书阶段,人口调查应以常住的房屋为基础,根据公安派出所提供的户口情况,以居委会或村为单元调查统计。

可行性研究报告阶段,现场逐户、逐单位全面调查登记每个家庭成员名单及有关情况。

初步设计阶段,必要时进行复核。

六、房屋和附属建(构)筑物调查

(一)房屋调查分类

房屋调查应区分权属、用途、结构。按权属可分为居民私房、机关及企事业单位公房等。按结构分为框架、砖混、砖木、土木4类;居民房屋包括独户居民房屋和单元楼居民房屋,按用途可分为主房、杂房;居民临街商业门面房应区分有无营业执照单独调查登记。机关、企事业单位房屋按用途可分为住宅、工商业用房、办公用房、文化体育场馆、仓库和其他用房等。

(1)住宅:供单位职工居住尚未出售给职工的房屋(含学生宿舍等);

(2)工商业用房:对外营业,以经营为主的各种用房;

(3)办公用房:行政机关、企事业单位等的办公用房;

(4)文化体育场馆:从事体育训练比赛、文艺演出的各类场馆;

(5)仓库:储存粮食、各种原材料和成品物资的仓库;

(6)其他用房:不在上述用途内的房屋。

(二)房屋建筑面积测算

1. 房屋建筑面积

房屋建筑面积测量应按国家标准《房产测量规范》(GB/T17986.1—2000)的有关规定执行。

房屋建筑面积是指房屋外墙(柱)勒脚以上各层的外围水平投影面积,包括阳台、挑廊、地下室、室外楼梯等，且具备有上盖，结构牢固，层高2.2m以上(含2.2m)的永久性建筑。

2. 计算全部建筑面积的范围

计算全部建筑面积的房屋和附属建(构)筑物如下：

(1)永久性结构的单层房屋，应按一层建筑面积计算；多层房屋应按各层建筑面积总和计算。

(2)房屋内的夹层、插层、技术层及楼梯间、电梯间等，高度在2.2m以上部位，均应计算建筑面积。

(3)穿过房屋的通道，房屋内的门厅、大厅，均应按一层计算建筑面积。门厅、大厅内的回廊部分，层高在2.2m以上(含2.2m)的，应按其水平投影面积计算。

(4)楼梯间、电梯(观光梯)井、垃圾道、管道井等均应按房屋自然层计算建筑面积。

(5)在房屋屋面以上、属永久性建筑且层高在2.2m以上(含2.2m)的楼梯间、水箱间、电梯机房及斜面结构屋顶高度在2.2m以上(含2.2m)的部位，应按其外围水平投影面积计算。

(6)挑楼、全封闭的阳台应按其外围水平投影面积计算。

(7)属永久性结构有上盖的室外楼梯，应按各层水平投影面积计算。

(8)与房屋相连的有柱走廊，两房屋间有上盖和柱的走廊，均应按其柱的外围水平投影面积计算。

(9)房屋间永久性的封闭的架空通廊，应按外围水平投影面积计算。

(10)地下室、半地下室及其相应出入口，层高在2.2m以上(含2.2m)的，应按其外墙(不包括采光井、防潮层及保护墙)的外围水平投影面积计算。

(11)有柱或有围护结构的门廊、门斗，均应按其柱或围护结构的外围水平投影面积计算。

(12)玻璃幕墙等作为房屋外墙的，应按其外围水平投影面积计算。

(13)属永久性建筑的有柱的车棚、货棚等，应按柱的外围水平投影面积计算。

(14)依坡地建筑的房屋，利用吊脚做架空层、有围护结构，且高度在2.2m(含2.2m)以上部位，应按其外围水平面积计算。

(15)与房屋室内相通的伸缩缝，应计入建筑面积。

(16)居民2.2m以下的杂房调查方法，应与农村房屋调查的规定相同。

3. 计算一半建筑面积的范围

计算一半建筑面积的附属建(构)筑物如下：

(1)与房屋相连有上盖无柱的走廊、檐廊，应按其围护结构外围水平投影面积的一半计算。

(2)独立柱、单排的门廊、车棚、货棚等属永久性建筑的，应按其上盖水平投影面积的一半计算。

(3)未封闭的阳台、挑廊，应按其围墙结构外围水平投影面积的一半计算。

(4)无顶盖的室外楼梯，应按各层水平投影面积的一半计算。

(5)有顶盖、不封闭的永久性的架空通廊，应按其外围水平投影面积的一半计算。

4. 不计算建筑面积的范围

不计算建筑面积的附属建(构)筑物如下：

(1)层高小于2.2m以下的夹层、插层、技术层和层高小于2.2m的地下室和半地下室。

(2)突出房屋墙面的构件、配件、装饰柱、装饰性的玻璃幕墙、垛、勒脚、台阶、无柱雨篷等。

(3)房屋之间无上盖的架空通廊。

(4)房屋的天面、挑台、天面上的花园、泳池。

(5)建筑物内的操作平台、上料平台及利用建筑物的空间安置箱、罐的平台。

(6)骑楼、过街楼的底层用做道路街巷通行的部分。

(7)利用引桥、高架路、高架桥、路面作为顶盖建造的房屋。

(8)活动房屋、临时房屋、简易房屋。

(9)独立烟囱、亭、塔、罐、池、地下人防干(支)线。

(10)与房屋室内不相通的房屋间伸缩缝。

(三)房屋装饰

在房屋调查时，应对不同结构房屋的内外装饰作调查，具体的分类可由调查单位结合各工程征地范围各类房屋的具体情况划分。

(四)附属建(构)筑物

附属建(构)筑物包括围墙、门楼、地坪、水井、水池、水塔、独立的烟囱、绿化地及花坛、零星果(树)木、电话、空调等，并分别调查其结构、规格、数量。有中央空调、电梯等特殊设施设备的参照工商企业的方法单独调查。

对油库、加油站、火葬场、运动场等特殊项目，应逐项另表登记其型式、结构、数量。

对有农用地的单位，按农村的有关规定调查。根据土地使用证调查登记居民、机关、企事业单位用地面积。

(五)在建房屋调查

经规划、建设部门批准，正在施工的房屋可按批准的面积登记，并备注为在建房屋。占用街道的临时性商业棚架房不作调查。

(六)调查方法及要求

(1)项目建议书阶段，房屋调查可直接采用房产证登记其建筑面积；附属构筑物由户主或单位申报，调查人员可现场重点抽样复核；对房产证未覆盖的房屋可采用遥感成果、地图量算或进行现场调查。

(2)可行性研究报告阶段，房屋调查应逐户(单位)现场测量建筑面积，也可采用经过验证符合国家建筑面积测量规定和本规范规定的无争议的房产证登记，杂房、附属构筑物调查应现场逐处丈量或清点。

(3)初步设计阶段，必要时进行复核。

七、工商企业调查

（一）工商企业

工商企业是指注册资金在10万元以上，有营业场所、营业执照，从事商业、贸易或服务的企业。注册资金在10万元（含10万元）以下的，纳入商业门面房调查。

固定资产原值小于100万元的小型工业企业可按本节规定调查。

（二）工商企业调查内容

工商企业调查内容包括工商企业名称、所在地、隶属关系、经济成分、业务范围、经营方式、从业人数、集体户口人数、房屋面积；注册资金；近3年年税金、年利润、年工资总额；固定资产原值；设备和设施名称、规模或型号、数量等，并调查设备和设施是否可搬迁。

（三）调查方法及要求

（1）项目建议书阶段，由产权所有人填报，调查人员现场复核。

（2）可行性研究报告阶段，应进行全面调查，逐项核定。人口、房屋调查方法与机关、事业单位相同。

（3）初步设计阶段，必要时进行复核。

八、基础设施调查

（一）调查内容

道路、广场：应调查广场面积，调查道路主、次干道红线宽度，车行道宽度、路面材料等。

供电工程：应调查配变电所等级和容量、高压线路等级及街灯布置等。

给水工程：应调查水源位置、水质、高程、设计及实际供水能力、主次管网布置方式、供水普及率等。

排水工程：应调查其排水制式、污水处理工程规模等。

电信、广播电视工程：调查电信、广播电视的设施、设备、普及率等。

燃气及供热工程：调查种类、规模及普及率。

其他工程：包括公园、人防工程、环卫设施等，调查其规模、主要设施等。

（二）调查方法及要求

（1）项目建议书阶段，基础设施调查以收集资料为主，辅以现场复核主要项目和指标。

（2）可行性研究报告阶段，应在收集资料基础上现场逐项核实。

（3）初步设计阶段，必要时进行复核。

九、镇外单位调查

（一）调查内容

镇外单位调查内容，包括单位名称、所在位置、权属、占地面积、农用地面积及分类构成、职工人数及构成、房屋及附属物；道路、电力、供水和通信设施；经济效益指标等。

(二)调查方法及要求

(1)占地面积、农用地面积及分类构成,按土地调查相应项目的调查方法及要求进行。

(2)人口、房窑、附属物,按农村或城(集)镇相应项目的调查方法及要求进行。

(3)道路、电力、供水和通信等设施,按专业项目的规定进行调查。

(4)职工人数、职工工资、利润、税收等指标,按工业企业的调查方法及要求进行。

第五节　工业企业调查

一、工业企业类别及规模划分

(1)工业企业包括采矿业,制造业,电力、燃气及水的生产供应业三个行业的企业。工业企业规模,按国家有关规定划分为大、中、小型。

(2)大、中型工业企业及具备以下条件的小型工业企业,应进行单独调查。

①在当地工商行政管理部门注册登记,有营业执照、税务登记证,对特殊行业,在上述有效证件的基础上,还需有生产许可证等有关证件;

②有固定的(或相对固定的)生产组织、场所、生产设备和从事工业生产人员;

③具有单独的账目,能够同农业及其他生产行业分开核算;

④常年从事工业生产活动或季节性生产,全年开工时间在 3 个月以上;

⑤固定资产原值在 100 万元(含 100 万元)以上。

(3)固定资产原值在 100 万元以下的工业企业,对非工业企业中符合上述条件的具有大量设施、设备的交通运输、石油中转等企业以及已停产的工业企业,按本规定进行调查。

二、调查内容

(1)调查工程建设征地范围内的人口、房屋、设施、设备等。

(2)对主要生产车间在建设征地范围内的企业,其建设征地范围外的实物也应调查并予以注明;主要生产车间在建设征地范围外的企业,只登记建设征地范围内的实物。

(3)分散在厂区范围外但在建设征地范围内的住宅、办公用房等按城(集)镇房屋调查方法进行调查。

(4)对于具有一定规模和设备的非独立核算工业企业,应根据其实际占用资产调查。

(5)对部分受淹的企业,应按主要生产车间是否受淹来划分固定资产调查范围,主要车间不受淹的,只对淹没线以下部分进行调查;主要车间受淹,而不能就地后靠复建的,则应对全厂进行调查。

三、收集基本资料

调查收集的资料包括:企业名称、所在地点、行业分类、权属关系、经济成分、建设日期、设计规模、高程范围、占地面积;全厂员工人数及户口在厂人数,各类房屋结构与面积,主要设施设备名称、结构、数量；固定资产、近 3 年年产值，年利税、年工资总额；主要产品种类及产量，原材料、原材料来源地，并收集厂区平面布置图（标有高程）、设计文件等。

四、调查方法

（一）调查程序

（1）设计单位在建设征地涉及县（市、区）有关部门配合下，召集企业负责人、财会人员开会，由调查人员讲解调查内容及方法，给受淹企业分发调查表格，讲明填表方法，约定调查组进企业核查时间。

（2）调查组收到各企业报表后，在约定的时间内进入现场进行核查。调查组应在厂方填表的基础上，对房屋面积逐栋核定，设施、设备逐项核定，资产情况依据固定资产查账本，经营情况依据年报报表核实。

（3）调查（核查）表应由企业负责人、企业填表人、调查人员签字并盖章。

（二）房屋调查

房屋按用途可分为生产用房和生活办公用房。生产用房按结构可分为排架、刚架、框架、砖混、砖木、土木等；生活办公用房，按城（集）镇房屋调查规定调查。

（1）排架：是指主要由柱、基础、屋架、吊车梁、联系梁构成横向、纵向骨架体系的结构型式。按排架所用材料可分为装配式钢筋混凝土排架、钢屋架与钢筋混凝土柱排架、砖墙（柱）与钢筋混凝土屋架（木屋架、钢木轻型屋架）排架。

（2）刚架：是指屋架与柱合并为同一构件，屋架与柱连接处为整体刚接，柱与基础一般为铰接的结构形式。按刚架所用材料可分为装配式钢筋混凝土门式刚架和钢结构（屋架、柱采用钢材）刚架。

房屋调查的内容包括房屋名称、层数、用途、结构、建筑面积等，建筑面积测量方法与城（集）镇房屋测量规定相同。

（三）人口调查

调查员工人数时，应根据劳动合同、工资报表等资料调查统计正式工、合同工、临时工人数。户口在企业的人口调查，参照城（集）镇人口调查方法调查。

户口在居委会的人口应纳入城（集）镇统一调查。

（四）附属设施调查

包括围墙、门楼、地坪、水井、水池、水塔、独立的烟囱、绿化地及花坛、零星果（树）木、电话、空调等，并分别调查其结构、规格、数量。有中央空调、电梯等特殊设施设备的参照城（集）镇调查方法调查。

（五）设施调查

工业企业设施包括基础设施和专用设施。其中基础设施包括供水、排水、供电、电信、广播电视、各种道路、场地以及绿化设施等；专用设施包括各种管线、井巷工程及池、窖、炉座、机座、窑、烟囱等。企业设施应调查其结构、规格尺寸、数量，并根据账本填写固定资产原值。

位于城（集）镇建成区以外的工业企业，在调查厂区内基础设施的同时，应调查其厂区对外连接的专用（拥有所有权）道路、电力、电信、供水工程等。

（六）设备调查

按车间分类逐台调查其名称，购置年月，规格、型号、数量，可否搬迁，并根据固定资产明细账统计其固定资产原值。包括需要拆卸安装或部分不可搬迁的蒸汽锅炉、发电机、电动机、水泵、平炉、高炉、转炉、轧钢机、粉碎机、各种机床、气锤、铸造机、电解槽等各种设备。

（七）实物形态的流动资产调查

调查原材料、低值易耗品、半成品、在制品、辅助材料等具有实物形态资产的数量。

（八）厂区面积调查

利用1∶10 000地形图或比例尺不小于1∶5 000的地类地形图量算厂区占地面积和分类面积。

五、调查方法及要求

（1）项目建议书阶段，先由工业企业填报，调查人员根据统计资料、年报报表、固定资产账簿核查填报成果，并现场核实主要指标。

（2）可行性研究报告阶段，应在工业企业填报的基础上全面核查员工及户口在企业的人数，房屋结构及面积，设施结构、规格尺寸及数量、设备规格、型号及数量，实物形态流动资产的规格、数量以及企业资产情况、经营情况，并利用不小于1∶5 000比例尺的地类地形图核定厂区总面积、征地面积和分类面积。

（3）初步设计阶段、技施设计阶段，必要时进行补充调查或复核。

第六节　专业项目调查

一、交通工程调查

（一）公路调查

1. 调查分类

公路分为等级公路（高速、一级、二级、三级、四级公路）、汽渡和机耕路等。

（1）等级公路应按交通部门的技术标准划分。等级划分标准见表3-6-1。

（2）汽渡是指连接江（河、湖）两岸公路的渡口，包括连接道路和运载车辆的设施、设备。

（3）机耕路是指四级公路以下可以通行机动车辆的道路。

2. 公路调查内容

调查内容包括线路的名称、起止点、长度、权属、等级、建成通车时间、总投资等；受征（占）地影响线路段的长度和起止地点，路基和路面的最低、最高高程和宽度，路面材料、设计洪水标准等；受征（占）地影响的大、中型桥梁的座数、名称及其宽度、长度、结构、荷载标准，以及建设时间；受征（占）地影响的道班的人数，占地面积，房屋面积及结构，附属设施数量，其他建（构）筑物类别、结构、数量等。

3. 调查方法及要求

(1)公路、桥梁、汽渡调查：

项目建议书阶段，向公路主管部门收集该公路、桥梁和汽渡的设计报告等有关资料。对等级公路及大、中型桥梁，应持不小于1∶10 000比例尺地形图实地核查征(占)长度和数量。对于征地范围内的机耕路，应采用1∶10 000比例尺地形图量算有关指标。

表3-6-1　等级公路主要技术指标简表

公路等级		高速公路、一级公路									二级公路、三级公路、四级公路				
计算行车速度(km/h)		120			100			80		60	80	60	40	30	20
车道数		8	6	4	8	6	4	6	4	4	2	2	2	2	1或2
行车道宽度(m)		3.75			3.75			3.75		3.5	3.75	3.5	3.5	3.25	3.5或3.0
路基宽度(m)	一般值	45	34.5	28	44	33.5	26	32	24.5	23	12	10	8.5	7.5	6.5或4.5
	最小值	42	—	26	41	—	24.5	—	21.5	20	10	8.5	—	—	—
停车视距(m)		210			160			110		75	110	75	40	30	20
圆曲线最小半径(m)	一般值	1 000			700			400		200	400	200	100	65	30
	极限值	650			400			250		125	250	125	600	30	15
最大纵坡(%)		3			4			5		6	5	6	7	8	9
路基设计洪水频率		高速公路、一级公路1/100，二级公路1/50，三级公路1/25，四级公路按具体情况确定													
汽车荷载等级		公路－Ⅰ级									公路－Ⅱ级				

注：本表根据相关技术标准简单汇总，等级公路各项技术指标应按其有关条文规定选用。

可行性研究报告阶段，在收集所需资料的基础上，与公路主管部门人员一起，持不小于1∶5 000比例尺地形图现场调查核对，必要时应对重点路段进行测量。对于征地范围内的机耕路，应采用不小于1∶5 000大比例尺地形图量算有关指标，并现场核实。

初步设计阶段，必要时应复核。

(2)道班调查：人口、占地、房屋及附属设施调查，按镇外事业单位的调查规定调查。

(二)铁路

1. 调查项目

铁路调查内容应包括线路的名称、长度、权属、等级、投入运营时间、设计运输能力、营运状况、总投资；受征(占)地影响线路段的长度和起止地点，路轨最低、最高高程，路轨类型，路基和路肩宽度，设计洪水标准；建设征地影响的车站和机务段名称、等级、房屋(包括仓库)结构和面积、设备名称、型号和数量，其他建筑物名称、数量、结构等。

2. 调查方法

(1)线路调查：

项目建议书阶段，向主管部门收集该线路等有关资料，应持不小于1∶10 000比例尺地形图实地核查征(占)长度。

可行性研究报告阶段，在收集所需资料的基础上，应持不小于1∶5 000比例尺地形图与有关人员到现场对线路进行全面调查。

初步设计阶段，必要时进行复核。

(2)人口、房屋和站场用地等实物，按城(集)镇的方法及要求调查。

(三)水运设施调查

1. 水运设施分类

水运设施应包括港口、码头、航道设施等。

(1)港口是指具有一定水、陆区域和设施规模，并能供船舶停泊、旅客上下、货物装卸，在城镇建成区内并有专业港务管理机构的港区。

(2)码头包括客货码头以及停靠点。客货码头是指有固定设施和设备用于停靠船舶、方便旅客上下和装卸货物的场所；停靠点是指设施、设备简陋，用于船只临时停靠的场所。

(3)航道设施包括助航设施(航行标志、信号标志、航行设施)、测量控制网、航行锚地等。

2. 水运设施调查内容

(1)港口调查应包括其名称、隶属关系、设计和实际年吞吐量、港区面积、设施、设备、职工人数、房屋、其他建筑物、固定资产等。

(2)码头调查包括其名称、隶属关系、用途(客运、货运)、水位运行范围、设施、设备、靠泊能力、引道长度等；停靠点调查包括其名称、地点和设施等。

(3)航道设施调查包括名称、位置、隶属关系、设施、设备数量等。

3. 调查方法及要求

(1)项目建议书阶段，向主管部门收集有关资料，应持不小于1∶10 000比例尺地形图实地核查；可行性研究报告阶段，在收集所需资料的基础上，应持不小于1∶5 000比例尺地形图与有关人员到现场进行全面调查；初步设计阶段，必要时进行复核。

(2)人口、房屋和港区用地等实物，按城(集)镇的方法及要求调查。

二、输变电工程设施调查

输变电设施指电业部门建设的10kV(或6kV)以上线路和有关变电设施。

(一)调查项目

(1)输电线路：包括建设征地涉及线路的名称、权属、起止点、电压等级、杆(塔)型式、导线类型、导线截面等，受征(占)地影响线路段的长度、铁塔高度和数量等。

(2)变电设施：包括变电站(所)名称、位置、权属、占地面积、地面高程、电压等级、变压器容量、设备型号及台数、出线间隔和供电范围、建筑物结构和面积，构筑物名称、结构及数量等。

(二)调查方法及要求

(1)项目建议书阶段，向主管部门收集有关资料，应持不小于1∶10 000比例尺地形图实地核查;可行性研究报告阶段,在收集所需资料的基础上,应持不小于1:5 000比例尺地形图与有关人员到现场进行全面调查;初步设计阶段,必要时进行复核。

(2)变电站(所)人口、房屋和站(所)用地等实物,按城(集)镇的方法及要求调查。

三、电信工程设施调查

电信设施指电信部门建设的通信线路、基站及其附属设施。

(一)调查项目

(1)电信线路:包括征(占)地涉及的线路名称、权属、起止点、等级、建设年月、线路类型、容量、布线方式、受征(占)地影响长度等。

(2)通信基站:包括征地涉及的通信基站的名称、位置、权属,设施名称、数量,设备名称、型号、数量及其技术指标或参数,占地面积。

(二)调查方法及要求

项目建议书阶段,向电信部门收集电信设施资料和设计图纸等,对主要线路和基站进行现场调查。

可行性研究报告阶段,在收集资料的基础上,调查人员应与电信部门人员一起到现场全面调查。

初步设计阶段,必要时进行复核。

四、广播电视工程设施调查

广播电视设施是指有线广播、有线电视线路,接收站(塔)、转播站(塔)等设施设备。

(一)调查项目

(1)有线广播、有线电视线路:包括征(占)地涉及线路名称、权属、起止点、线路材质与线径、影响长度和杆数等。

(2)接收站(塔)、转播站(塔):应包括征(占)地涉及站(塔)的名称、位置、权属、设施、设备及其技术特征等。

(二)调查方法及要求

项目建议书阶段,向有关部门收集资料和设计图纸等,对其中的主要线路和设施进行现场调查。

可行性研究报告阶段,在收集资料的基础上,调查人员应与有关部门人员一起到现场全面调查。

初步设计阶段,必要时进行复核。

五、管道工程设施调查

管道工程设施包括输油、输气和供水管道等。

(一)调查内容

调查内容包括征地涉及的管道名称、权属、起止点、管道材质、管径、输送介质、输送能力,受征(占)地影响段长度、相关设施设备的主要技术经济指标、线路最低高程等。

(二)调查方法及要求

项目建议书阶段,向有关部门收集资料和设计图纸等,对其中的主要管道、设施进行现场调查。

可行性研究报告阶段,在收集资料的基础上,调查人员应与有关部门人员一起到现场全面调查。

初步设计阶段,必要时进行复核。

六、水利水电工程设施调查

水利水电工程包括水电站和乡级(含乡级)以上单位直属的水库、提水泵站、引水闸(坝)、渠道(管道)等及其配套设施。

(一)调查项目

调查内容包括项目名称、位置、权属、建成年月、规模、效益,主要建筑物名称、高程、数量、结构、规格,受益区受影响程度,职工人数等。

(二)调查方法

项目建议书阶段,调查人员向有关部门收集有关水利水电设施的资料,现场核对高程、影响程度及重要实物。

可行性研究报告阶段,在收集资料的基础上,调查人员应与有关部门人员一起到现场全面调查。

初步设计阶段,必要时进行复核。

七、国有农(林、牧、渔)场调查

(一)调查项目

调查内容包括单位名称、所在位置、场部占地、生产用地、职工人数及构成、房屋及附属物;道路、电力、供水和通信设施等;经济效益指标等。

(二)调查方法

(1)场部占地、生产用地按农村调查方法进行。

(2)人口、房窑、附属物按城镇调查方法进行。

(3)道路、电力、供水和通信等设施参照专项调查规定进行调查。

(4)职工人数、职工工资、利润、税收等指标按工业企业调查方法进行。

八、矿产资源调查

(一)调查项目

调查内容包括影响矿产资源名称、所在地理位置、矿藏种类、品位、储量、矿藏埋置深度及矿层分布标高、矿藏已探测工作量及其工作深度、开采条件,已建开采企业个数、年开采能力、已开采数量,建设征地对矿藏开采的影响,以及提前开采可能性等方面的资料。

(二)调查方法及要求

项目建议书阶段,由地质矿产部门提供征(占)地区矿藏普查资料,初步划定影响范围。

可行性研究报告阶段，由地质矿产部门提供征（占）地区矿产资源资料、分布图和开发利用情况，现场调查影响范围和程度。

初步设计阶段，必要时进行复核。

九、文物古迹调查

（一）调查项目

分地上文物和地下文物两部分。地上文物调查内容包括文物名称、文物年代、建筑形式、结构、规模、数量、价值、保护级别等。地下文物调查内容包括文物名称、年代、位置、埋藏深度、规模及其价值等。

（二）调查方法及要求

项目建议书阶段，收集征地区有关文物的文字资料和重要文物照片，初步调查上述内容。若该区域没有文物古迹，需文物部门出具证明。

可行性研究报告阶段，按文物保护的有关规定进行调查。

十、水文站

（一）调查项目

调查内容包括征地涉及的水文站名称、隶属关系、所在河流、测站位置、高程、测站等级、测验项目、测验设施、职工人数、占地面积、建筑物结构及面积、附属物名称及数量，以及交通、供电、供水、通信等基础设施。

（二）调查方法及要求

（1）职工人数、占地面积、建筑物及附属设施，按镇外事业单位的规定调查。

（2）交通、供电、供水、通信等基础设施，按专业项目的规定调查。

项目建议书阶段，向有关部门收集资料，现场核对重要实物。

可行性研究报告阶段，在收集资料基础上，调查人员应与有关部门人员一起到现场全面调查。

初步设计阶段，必要时进行复核。

十一、测量标志

（一）调查内容

调查内容包括测量标志的编号、等级、位置、分布情况、数量等。

（二）调查方法及要求

项目建议书阶段，向主管部门收集有关资料，现场核对。

可行性研究报告阶段，在收集所需资料的基础上，与主管部门人员一起，持不小于1∶5 000比例尺地形图到现场调查。

初步设计阶段，必要时应复核。

十二、军事设施调查

(一)调查内容

调查内容包括军事设施名称、所在河流、主管单位、位置、高程、主要设施、基础设施、建筑物及附属物等。

(二)调查方法及要求

项目建议书阶段,向主管部门收集有关资料,现场核对。

可行性研究报告阶段,在有关部门的配合下,进行现场调查。

初步设计阶段,必要时应复核。

第七节 调查成果

一、调查成果的整理

(一)基本要求

(1)人口、房屋等项指标,应尽可能在同一年份内一次完成调查,如调查年份不同,应按照该项指标的实际年增减率将分年调查数统一计算到同一年份。

(2)各项淹没和影响数量指标,应按照淹没、浸没、坍岸滑坡、库周影响区分高程进行统计汇总。枢纽工程建设区实物,应按永久占地和临时占地分别统计汇总。

(3)调查指标应按行政区划分级统计。分为省(自治区、直辖市)、地区(市、州、盟)、县(市、旗、区)、乡、村、组(或分区、街道办事处、居委会等)。

(二)基本资料整理

(1)分户或分组调查资料整理。要逐户、逐组进行核算,做到准确无误。

(2)县、乡、村统计资料整理。需将不同来源的资料进行核对,如有项目划分不一、统计口径有异、数据不同的现象,要进行分析,求得准确可靠的数据。

(3)图面清绘。需将外业调查用图进行清绘,并将土地利用现状分类上色。

(4)各类用地面积量算。现在通常使用计算机量图。

(三)成果核定

实物调查工作涉及面广、工作量大,稍有疏忽,往往容易发生差错。因此,需对调查成果进行核定。首先要在调查现场以村或组为单位,逐项核定调查成果,如有疑问或差错,要核对有关资料或进行复查。若在资料整理汇总过程中发现疑问,要分析原因,并作出合理处理。必要时,需再去现场采用相同的调查方法进行复查,直至查清问题,取得符合精度要求的资料为止。

核定成果的方法,一般有下列几种方法:

(1)严格执行检查制度。采取自检与互检相结合的方法,对每道工序进行认真的检查,把差错消除在第一线。

(2)现场调查数据要与统计年报数据进行核对,扣除不可比因素后,核定采用的数据。

(3)量图的土地面积要与土地详查成果进行对比核对。

(4)土地总面积与分类面积核对。各类土地面积之和应等于整个水库淹没影响土地总面积。如果两者不相符,就需分析原因,经修正后才能采用数据。

(四)实物统计

(1)按高程分级统计。按设计正常蓄水位比较方案的水位高程或确定的高程分级进行统计;枢纽工程建设区,按用途分永久、临时占地分别进行统计。

(2)按行政区划分级统计。按征地影响对象所在地的省(市)、自治区、地(自治州)、县(市、自治县)、乡(镇乡)、村、村民小组(或居民小组)及其隶属关系逐级统计,求得分省、分地、分县、分乡、分村和小组的各项实物数量。

(3)按权属分别统计

按征地影响对象的所有权和使用权,即个人、集体、企事业单位分别进行统计。

(4)按类别分项统计

按征地影响对象的性质、结构、功能、等级、用途等分类分项进行统计。例如,土地按地类、房屋按建筑结构分类,城镇房屋按用途分项,专项设施按其功能和等级标准,分类分项统计。

(5)按淹没区和影响区分别统计汇总。

(五)调查成果合理性分析

调查所得的成果,一般需进行合理性分析。通常采用的方法如下:

(1)总量控制分析法。即以调查地区有关项目的统计数据的总量为控制,分析调查成果合理性的方法。

(2)相关比例分析法。即以调查地区相关项目指标的比例,分析调查成果合理性的方法。

(3)典型抽样分析法。即选择典型村、组的调查资料,从中抽查所需项目与其他村、组的同类项比较,以此分析调查成果合理性的方法。

二、调查精度

(1)不同设计阶段主要实物调查的精度,系指同一阶段用同样方法所取得的调查数与抽样调查数相比的允许误差。抽样调查的样本数可取调查数的15% ~25%。各设计阶段的主要实物调查精度,应符合表3-7-1规定。

表3-7-1 水利水电工程建设征地移民主要实物调查精度要求

项 目	精 度(%)	
	项目建议书阶段	可行性研究阶段
人 口	±10	±3
房 屋	±10	±3
耕地、园地	±10	±3
林地、牧草地	±15	±5

(2)调查成果应及时整理汇总,发现差错(包括整个外业结束后发现的)或有异议,应采取相同的调查方法进行复查。

(3)采用抽样调查的方法检查调查成果的精度。如抽样调查结果达不到表 3-7-1 规定的精度要求时,应扩大复查面,必要时再进行全面复查。

三、调查成果

(1)征地移民实物调查报告或篇章,可行性研究报告阶段、初步设计阶段应提出实物调查专题报告。

(2)征地移民实物调查大纲、测量任务书、地勘任务书及其他专项委托调查协议。

(3)工程建设征地区近 3 年的国民经济统计和年报资料、农村经济典型调查和其他社会经济统计调查资料。

(4)分户、分单位的实物调查表,统计表、汇总表。

(5)测量和地勘工作报告,不同频率洪水回水计算成果等。

(6)有关审查意见,往来文件、会议纪要和有关协议。

(7)界桩测设成果。

(8)有关图件和影像资料:①行政区划图;②1:10 000 地形图;③1:2 000 或 1:5 000 地类地形图;④水库淹没影响范围示意图;⑤工程建设征地范围示意图;⑥实物调查有关的影像资料;⑦其他图件。

第八节　经济社会调查

经济社会调查的目的是了解涉及地区的经济社会状况和近期发展规划,为分析、评价征地移民对区域经济、社会影响,进行移民安置规划,编制补偿投资概(估)算提供基础资料。经济社会调查的范围为工程建设征地区和移民安置区。

一、经济社会调查的内容

(1)经济社会现状,包括户数、人口、文化程度、民族构成、宗教信仰、风俗习惯、劳力及其就业,自然资源及开发利用,工农业生产情况(产值、产业结构等),基础设施,居民经济收入等。

(2)国民经济和社会发展近期计划和远景规划,包括人口增长率、人民群众的收入水平预测、工农业生产发展等规划资料。

二、应收集的主要资料

(一)以行政村、居民组为单位的经济社会资料

根据村级统计年报,调查前一年的户数、人口、人口结构、民族构成、职业构成、文化程度、土地面积,产值、户均收入和支出情况等,以及调查年前 3 年的耕地面积、农作物播种面积和产量等资料。

（二）以县（市、区、旗）、乡（镇、办事处）为单位的经济社会资料

（1）土地利用总体规划和土地利用现状资料。

（2）可供开发利用的自然资源的数量和质量，开发规划、计划及利用现状。

（3）调查年前3年的国民经济统计资料，国民经济和社会发展的近期计划和远景规划，近期的人口普查资料。主要指标包括农作物播种面积和产量，工农业总产值、农民收入总量以及各项指标的构成等。

（4）农业生产经营状况、农业区划报告、农业综合开发规划；林业生产状况，包括用材林的蓄积量、出材量，经济林优势树种的产量、产值，以及林业资源普查成果。

（5）城（集）镇规划和现状资料。

（6）工业发展规划，工业普查报告以及工业生产现状资料。

（7）水利、电力、交通、邮电、文教、卫生等行业发展规划。

（8）县（市、区、旗）、乡（镇、办事处）、行政村、村民小组的个数、人口、民族组成、宗教信仰、地方风俗、生产生活方式和历史沿革等。

（三）农户抽样调查

（1）人口、性别、年龄、受教育程度、劳动力及就业状况、收入状况、拥有财产、社会关系、环境条件、搬迁意愿、要求安置方式等。

（2）调查年前3年的土地面积、播种面积、产量等资料。

（3）调查年前一年的家庭收入和支出情况。

（四）行政村（组）抽样调查

（1）调查前一年的土地等资源状况、产值、收入和支出等。

（2）基础设施、文教卫生状况及搬迁意愿等。

（五）有关价格资料

（1）农、林、牧、副、渔主产品及副产品价格。

（2）有关建筑材料、人工工资、定额等资料。

三、调查方法

（1）收集县（市、区、旗）的国民经济统计资料和乡（镇、办事处）、行政村统计报表、农村经济调查资料，加盖单位公章。

（2）行政村（组）抽样调查，选择不同类型的样本村（组），村（组）填报，调查人员实地核实。

（3）农户抽样调查，选择样本农户，对样本农户进行入户调查。可引用工程建设涉及地区的农村社会经济调查队样本户资料。

四、调查要求

（1）项目建议书阶段，收集县（市、区、旗）、乡（镇、办事处）、行政村（组）基本情况和统计资料。

（2）可行性研究报告阶段，以行政村（组）为单位收集基本情况和统计资料，并进行抽样调查。

行政村(组)、农户抽样调查样本数,枢纽工程水库区分别取涉及行政村(组)个数和总户数的5%~8%,工程建设区取10%。

(3) 初步设计阶段,调查更新可行性研究阶段相应的样本资料。

(4)技施设计阶段,按初步设计阶段确定的抽样村(组)和农户,进行跟踪调查。

第九节 调查报告编写

征地移民实物调查、统计汇总结束后,应当编写调查报告。由于各设计阶段调查工作的要求不同,所以各设计阶段调查报告的内容也有所不同。下面列示了可行性研究报告阶段调查报告编制提纲。项目建议书阶段可在此基础上,按照项目建议书阶段的调查要求适当简化;初步设计阶段和技施设计阶段只对有必要复核的指标内容加以说明,复核的实物成果与可行性研究报告阶段成果对比出入较大时,应进行逐项对比,说明其原因。枢纽工程和其他水利工程建设区征地实物调查报告可参照本提纲的要求编制。

一、调查依据

(1)工程主管机关下达的指令性文件或业主的委托任务书(或合同)。

(2)国家有关水利水电工程建设征地移民的法律、法规和政策。

(3)有关水利水电工程建设征地移民的规程规范。

(4)水利水电工程建设征地移民影响实物调查大纲或细则。

二、基本资料

(1)建设征地移民影响涉及地区的社会、经济、自然资源等方面的基础资料。

(2)建设征地范围比例尺1∶2 000~1∶5 000地类地形图。

(3)城(集)镇比例尺1∶1 000或1∶2 000地类地形图。

(4)水库浸没、坍岸、滑坡区及喀斯特影响区的地质勘察成果。

(5)建设征地范围土地详查及林相、林班图。

(6)工业企业、各专业项目原有设计资料和图纸。

(7)上一阶段建设征地实物调查成果、有关技术文件和枢纽工程设计单位与地方政府、专业单位有关协议、来往文件等。

(8)工程施工总进度、施工期水库水位(含汛期回水计算成果)和水库蓄水计划。

三、调查范围

(1)各淹没对象所采用的设计洪水标准、水位及采用的安全超高值。

(2)各正常蓄水位方案不同设计洪水频率回水(考虑淤积)计算成果。

(3)各频率水库回水末端设计终点位置确定。

(4)风浪爬高、船行波浪高的计算和确定。

(5)浸没、坍岸、滑坡等影响范围的确定。

(6)水库淹没处理范围的确定。

(7)枢纽工程建设区的范围确定。

四、调查组织

(1)组织领导、分工协作情况。
(2)调查人员组成及分工情况。

五、工作过程

六、调查方法

分项说明人口、房屋、土地等各种受淹没、影响对象所采用的调查方法(包括抽样调查、全面调查等);调查精度要求。

七、调查成果

(1)建设征地区概况、本工程建设征地移民特点。
(2)建设征地移民实物汇总成果及各类土地面积平衡表。
(3)农村部分调查成果及附表。
(4)城(集)镇部分调查成果及附表。
(5)工业企业部分调查成果及附表。
(6)专业项目部分调查成果及附表。
(7)建设征地实物汇总表;分县汇总表。

八、分析评价

(1)分析评价各项调查成果的可靠程度,对调查成果精度抽查的比较结果。
(2)分析对正常蓄水位方案有制约作用的主要淹没对象的分布高程和控制高程。
(3)本阶段主要实物与前阶段调查成果比较分析。
(4)分析评价建设征地移民对涉及地区社会、经济、环境等方面的影响。

九、意见及建议

(1)根据调查成果和分析评价,提出对正常蓄水位方案选择和建设规模的意见。
(2)提出本阶段建设征地移民安置规划设计工作的建议。

十、有关附件

(1)水库淹没影响范围示意图、工程建设征地范围示意图。
(2)推荐正常蓄水位方案回水断面图。
(3)重要淹没影响对象平面位置图(比例尺1∶2 000～1∶5 000)。
(4)各正常蓄水位方案回水计算成果。
(5)建设征地影响区分乡(村)基本情况统计表。
(6)不同正常蓄水位方案淹没影响实物调查成果分县汇总表,分类统计表。

(7)推荐正常蓄水位方案淹没区分县、乡(镇)土地面积平衡表。
(8)与有关单位来往函件、协议。
(9)库区界桩测设报告,并附界桩测设平面位置图以及验收报告。
(10)有关照片、录像资料等。

十一、地方政府和有关部门对调查成果的意见(含有关会议纪要)

第四章　移民安置总体规划方案

第一节　概　述

一、目的和意义

征地移民安置是一个十分复杂的系统工程，我国大中型水利水电工程建设征地移民达 2 300 多万人，个体工程多达几十万甚至上百万人，涉及到农村、城（集）镇、耕地、交通及各类生活生产设施，使征地区域内的经济社会文化网络解体，需在周围地区、移民安置区恢复和重建，对生产力布局和配置进行重新调整。当地的生态环境会受到较大冲击，需寻求新的平衡，其影响面广而深远。移民安置是地区经济社会的区域整体系统，影响地区的经济发展和社会稳定；同时又是水利水电工程的子系统，制约工程的建设和正常运行。移民工程的建设和运行必须与地区经济的发展及水电工程的建设相协调。

征地移民安置包括农村移民安置及生产开发、城（集）镇迁建、基础设施配套、专项设施恢复建设和安置区环境保护，这些要素互相联系、互相影响。农村移民安置是其中的重点和难点，涉及生产要素的重新组合和分配，以及不同产业的调整和发展。移民安置既有确定的具体内容，又是一个开放的巨大系统，和地区社会、经济、环境及市场有着密切联系，也是不断发展的动态系统。

就时序上来说，征地移民大体上可分为三个阶段，即规划设计、迁建实施和后期扶持发展。移民安置工程有一个漫长的过程，一般要历时 10 ~ 20 年，不同阶段有各自的重点，实际执行中互相交叉。随着经济体制改革的发展，移民安置方式有新的演变，需要经过试点以取得经验，不断优化进步。

从学科上讲，征地移民是跨自然科学、社会科学两大领域的边缘学科。经济社会系统的重建主要属于社会科学的研究领域；生产安置与基础设施、生态环境主要属于自然科学领域。移民安置是将一个小社会移往别的地区重建，通常要拆散原有的社会整体功能，在安置区与新的社会功能因素组合，开始新的社会生活，因此具有社会学的特点。它要处理多方面的利益关系，要贯彻党的方针政策。移民为了国家和整体的利益，舍弃了原来的家园，并要服从全局、艰苦创业，故必须对他们进行深入的思想政治工作，对他们的损失进行合理的补偿，并创造适宜的生产生活环境，因此具有很强的政治性；移民安置要由当地政府负责完成，很多问题的最后决策要依靠政府部门运用行政手段来处理；开发性移民要遵循经济规律，要参与市场竞争，要依靠科学技术，要更新观念，提高经济效益，只能用经济手段促使移民经济得到较快的发展。

因此，征地移民安置规划，必须运用系统分析的观点和方法，广泛研究有关的社会、政治、经济、技术和生态环境问题。移民安置总体规划就是从战略的角度出发，研究移民安置总体规划方案，即是对农村移民安置、城镇、集镇迁建及专项设施复建的全面部署。一般根据当地的农业区划、国民经济发展计划及长远发展规划，在分析当地经济社会现状的基础上，按照移民安置条件、安置标准、安置任务，对移民安置所需的生产生活的建设项目进行全面规划。具体来讲就是研究征地移民区各县的县情（包括人口、资源、社会、经济、环境等方面），认真分析项目建设区经济发展在全县经济发展中所处的地位和作用、分析征地移民对各县经济造成的影响，通过环境容量分析论证，确定移民安置区域和安置方式，研究移民生产安置总体规划方案，初步制订移民生活设施、基础设施恢复建设规划。

制订移民安置总体规划方案的目的和意义就是统筹考虑移民和安置区居民之间的经济社会联系，水、电、路、文、教、卫等各方面设施的配置，主要生产基地的分布，安置区居民与附近城（集）镇的经济联系和经济发展；从整体上使移民新居住点、城（集）镇和基础设施建设布局相互协调，形成整体优势，避免单项规划各行其是、相互脱节的弊端。同时，总体规划方案对单项规划具有重要的指导意义。

二、总体规划方案的内容

移民安置总体规划方案是移民安置规划工作的基础和依据。农村移民安置规划、居民点迁建规划、城（集）镇迁建规划、工业企业处理规划、专业项目迁（改）建规划等都必须在总体规划方案的指导下完成。

移民安置总体规划应分析确定移民安置规划设计的水平年、移民安置任务、移民安置规划目标和标准、移民工程建设规模和标准、移民安置容量和移民安置方式、移民安置方式，研究减少征地的措施，协调移民安置各项目间关系，分析拟定移民安置方案，并进行移民生活水平评价、预测等。

三、指导思想和原则

制订移民安置总体规划方案的指导思想是贯彻执行开发性移民方针，从工程项目建设区的实际情况出发，使移民安置与资源开发、经济发展、生态环境保护相结合，以规划设计基准年移民生产生活条件为基础，保证移民拥有可靠的生产生活条件、稳定的经济收入及必需的生活环境，并为移民安置区经济可持续发展创造条件，从而达到移民搬得出、安得下、稳得住、能致富的目的。为此，在编制征地移民规划设计时应遵循以下原则：

（1）坚持对国家负责、对移民负责，实事求是的原则，做到移民安置与资源开发、环境保护、经济社会发展紧密结合，将移民安置纳入到当地经济发展规划之中，并以此为契机，促进当地经济发展，同时必须考虑对环境的影响因素，重视库周及安置区的环境建设。

（2）贯彻“移民安置与库区建设、资源开发、水土保持、经济发展相结合”、“前期补偿、补助与后期生产扶持”的指导思想，逐步使移民生活达到或超过原有水平。前期补偿、补助为移民恢复生产奠定必要的物质基础；后期生产扶持则是帮助移民达到或者超过原有生活水平。

（3）全面考虑，统筹兼顾。正确处理国家、集体、个人三者之间的关系，以及国家与地方、部门与部门之间的关系。应从国家整体利益出发，兼顾各方面的利益。编制移民安置规划以征地对象及其各项指标为基础，按照“三原”原则和经济合理的原则，优化规划方案。

(4)农村移民安置,集镇、工业企业迁改建,专业项目的复建规划的建设规模和标准,以恢复其原规模、原标准和原功能为原则,并应节约土地,讲求实效。结合地区经济发展,扩大规模、提高标准以及远景规划所需的投资,需由地方人民政府和有关部门自行解决。

(5)认真分析安置区的环境容量,防止人口超载。必须保证移民有足够的生产资料(劳动对象)和移民生产、生活所必需的基础设施,使移民具有发展生产的基本条件。现阶段移民的生产门路,要因地制宜,宜粮则粮、宜林则林。在移民安置方式上,是后靠或外迁,也要因地制宜。对于就近后靠的移民数量,必须根据水库库周剩余土地和其他资源可能承载的环境容量,以及经济合理的原则,具体分析确定,切忌不顾条件盲目后靠。对于二、三产业安置移民,必须落实相应的资源和生产条件,做到基础牢固,切不可盲目从事。

(6)尽可能以原行政村组为单位设置安置点,以利于组织生产,便于管理。

(7)合理开发资源,防止污染和其他公害,注意水土保持,保护生态环境。

四、方法和步骤

移民安置是一个复杂的系统工程,其组成要素包括农村移民安置及经济开发,城(集)镇迁建、基础设施配套,专项设施处理和安置地区环境保护等,这些要素既相互联系,又相互影响。农村移民生产安置是其中重点和难点,涉及生产要素的重新组合和配合,以及不同产业的开发和发展,是一个不断发展的动态系统。

为此,移民安置规划需要有一套行之有效的科学方法来分析问题、解决问题。科学的规划方法论,通常采取2个阶段8个步骤(如图4-1-1所示)。其工作深度和精度要求,随着设计阶段的不同有所不同。一般按项目建议书阶段、可行性研究报告阶段、初步设计阶段、技施设计阶段,工作深度要求逐步提高。

(一)准备工作阶段

本阶段的重点是编制规划工作大纲和计算移民安置任务。

1.规划工作大纲编制

(1)编制依据。应扼要说明开展本项工作的主要上级文件、已选定的蓄水方案、工程建设征地方案、已确定的方针政策规范标准、回水计算成果、实物调查资料、工程建设进度计划,以及上级或地方政府涉及移民安置方面的重要文件或协议等。

(2)工作原则。明确设计的阶段,规定各项指标采用的时间,规划的目标年限,以及以前工作阶段成果的应用问题等,提出原则规定。

(3)规划任务。根据已掌握资料情况和设计阶段的要求,明确规划的主要任务。

(4)规划内容。明确本阶段的规划单元(如以县、乡、村、组为单位)、安置的基本原则(如后靠或外迁,务农或农转非),各类资源和资料的调查方法及统计要求,环境容量状况,各产业的可能发展规模及相应的移民安置数量,安置移民的企业及第二、第三产业的项目情况,以及安置区域周围的环境(包括交通、市场、水土保持与生态环境、人畜饮水、环境保护等)状况。

(5)组织协作。说明参加规划工作的单位、人数及其组织形式和分工,协作单位及要求提供资料成果的内容、规划工作经费预算及来源。

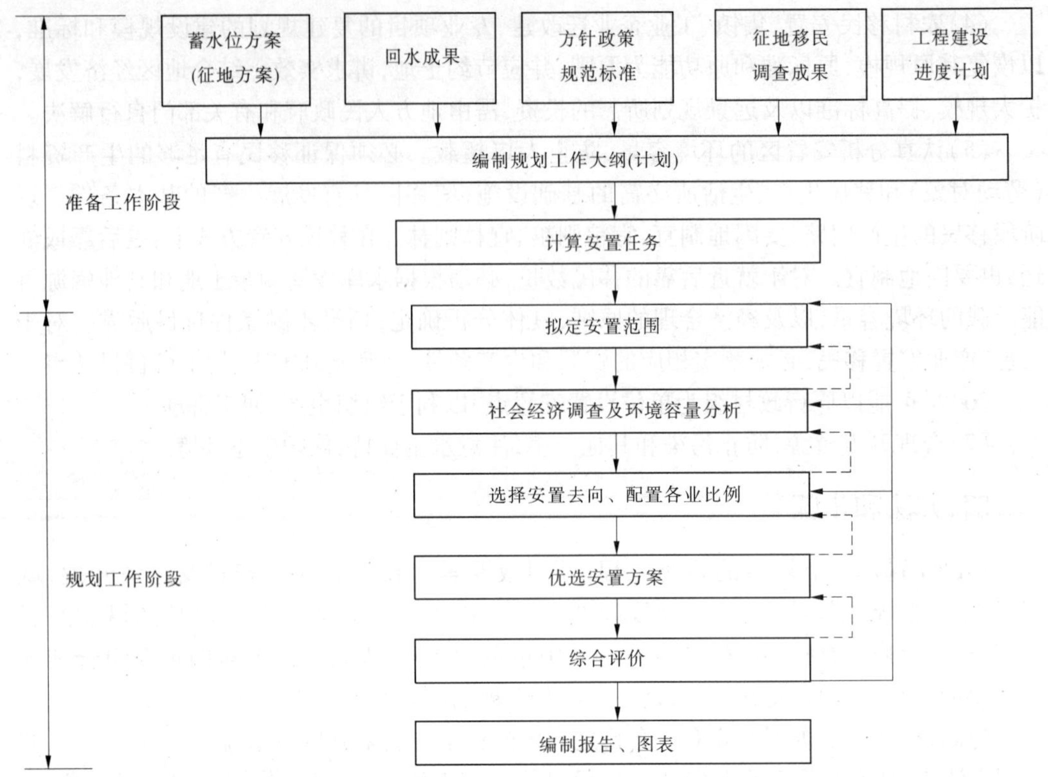

图 4-1-1　移民安置总体规划方案程序和方法框图

(6)进度安排。具体规定各项工作完成的起讫时间及规划报告的提交日期。

(7)成果。明确规定应提交的规划图、规划统计汇总表、规划报告及有关附件材料。

2. 安置任务计算

安置主要是指对农村土地被淹后需就业人口的安置,它与直接被淹没的迁移人口不完全相同,同时还必须考虑时间因素。采用简单的数学方程即可计算,淹没的地域单元划分得越小,其精度则越高。

(二)规划工作阶段

1. 拟定安置范围,进行经济社会调查及环境容量分析

根据地方政府初步提出的移民安置方案和安置区范围,进行经济社会调查。本阶段是移民安置规划的基础和重要依据。

2. 选择安置方向,配置各业比例

根据移民环境容量分析结果,选择移民安置方向,进行产业配置,把移民安置的人力、财力、物力在安置区域进行合理使用与安排,把移民安置就业的有关产业、有关部门甚至有关企业科学地组合起来,使整个社会生产协调发展,达到最佳的安置效果。只有把生产力布局这个战略问题解决好,才能有效地发挥优势,保障移民的妥善安置。

对于移民安置而言,在生产力布局上面临着战略性的转变。当前,多数安置区开发的关键是要打破单纯搞粮食的小农业思想。山区的自然资源丰富,生产粮食虽比不过平原,

农副特产则具有优势，开发潜力很大，因而应扬长避短，发展优势产业。

移民安置方向选择是生产力的基础布局，应在安置区背景材料科学分析的基础上，对安置方向和产业配置提出多方案比较，论证各种组合的优劣，为优选提供依据。

3. 优选安置方案

根据移民环境容量分析结果，优化移民安置方案。移民安置规划工作是进行一种特殊形式的人口再分布，涉及自然资源、经济社会、风俗习惯、群众心理等诸多方面，既要面向实际，又要瞻前顾后、统筹兼顾，远近结合，留有余地。不仅需要数据文字工作，还需要宣传教育的思想政治工作。因此，方案的优选不能局限于简单的平衡计算，应该因地制宜、谨慎选择、反复比较、科学决策。

4. 综合分析

上述各个阶段之间既有区别，又有联系，互相影响，彼此制约，需要较多的试算过程，甚至交叉重复。如拟定的安置范围，通过环境容量调查，认为不能满足要求时，则需扩大安置范围；当环境容量足够，而安置的产业比例不合理时，又可能影响环境容量和安置范围的重新分析调整。因此，移民安置方案需要综合分析、合理论证。

第二节　基本资料

编制农村移民安置规划设计时，应具备真实、客观反映建设征地区和移民安置区的自然、经济和社会等方面的基本资料。

移民安置区社会经济调查是在征地实物调查的基础上，对征地影响区及移民安置区内现有城乡居民及其所从事的各类生产、生活等经济活动进一步调查，研究移民安置的合理性与经济可行性，为征地移民设计各个阶段的移民安置规划，提供基本依据。通常在河流规划阶段，结合征地实物调查，广泛搜集工程建设区、移民安置区以行政区划为单元的自然、社会等统计资料，并听取地方部门对征地移民安置有关方式、数量和分布等意向性方案；对移民安置区有关环境容量等重大疑难问题，要有重点地进行实地查勘、调查；要组织移民安置区选址实地查勘，提供编制移民安置总体规划所需的第一手基础资料。

一、自然特征资料

(1)地形地貌、地层岩性、地质构造、地震、土壤、气候、水文、植被等概况，以及主要自然灾害及其危害程度的专题报告。

(2)土地利用现状详查资料。

(3)土地利用总体规划资料。

(4)林地调查及规划、利用资料。

(5)农业区划资料。

二、经济资料

(1)国民经济和社会发展现状及近期发展计划和远景发展规划资料。

(2)近3~5年的国民经济主要指标，以及财政收入、劳动工资、城乡居民生活状况等。

(3)农、林、牧、副、渔和第二、三产业生产现状和规划发展资料。

(4)近3～5年农业经济典型抽样调查资料。

(5)近3～5年县、乡、村、村民组的经济社会统计资料和农业生产年报。

(6)农民收入及其构成。

(7)当地主要建材价格与人工工资。

(8)主要农业生产项目的投入产出分析计算资料。

三、社会资料

(1)近3～5年的人口年龄、职业和民族构成,人口变动和劳动力流动情况,人口普查和地方风俗及历史沿革等资料。

(2)移民安置区基础设施,文化、教育、卫生设施,农业生产设施的现状及发展规划。

(3)移民对安置的意愿与要求及少数民族风俗习惯、宗教信仰等。

(4)公众健康、环境保护等资料。

(5)行政区划图。

四、有关技术资料

(1)征地影响主要实物统计成果。

(2)建设征地及移民安置区地形图1∶10 000地形图。

(3)建设征地1∶2 000～1∶5 000地类地形图。

(4)成片开发土地的地形图。

(5)集中居民点新址地形图。

(6)水库库周坍岸、滑坡、浸没、可溶岩的调查评价资料。

五、水库回水及水库运行调度资料

(1)水库干、支流天然和建库后汛期和非汛期不同洪水频率的沿程回水位。

(2)枢纽工程施工期分期、分年度汛水位及不同洪水频率的回水位。

(3)冰冻河流的壅水计算成果。

(4)水库运行调度方案。

六、枢纽工程施工进度计划

(1)枢纽工程施工总进度。

(2)水库分期、分年蓄水计划。

七、上阶段建设征地移民规划设计资料

搜集和调查得到的资料,应进行认真的整理汇总。对于互相有矛盾的资料,应加以鉴别,务求真实可靠。对基本资料应从资源来源分析评价其可靠程度,并从调查方法分析评价其精度。

第三节　征地移民安置任务

征地移民安置任务主要是安置受工程建设征地影响而丧失土地或其他生产、生活条件的人口，为他们创造重新的就业机会或生存条件，也就是为他们创造一个新的生存与发展的环境，使其长居久安。目前，征地移民安置任务的大小主要通过征地人口的多少来反映。移民安置人口是做好移民安置规划的基础，它从一个侧面反映了水利水电工程的建设规模。移民安置人口一般包括征地影响的农村移民人口、城（集）镇人口、受淹的镇外事业单位人口和工业企业单位人口等。

实物调查，对征地影响人口进行了详细调查。但由于实物调查年份一般距工程计划开工建设或移民计划搬迁年份会有一定的时间差，且时间较长。在此期间征地影响人口会有增长（包括自然增长和机械增长），需要在进行移民安置规划时考虑这一部分增长人口。因此，征地移民安置任务应是移民安置规划设计水平年的移民人口。由于农村移民、城（集）镇人口、受淹的镇外事业单位人口和工业企业单位人口等安置对象的不同，移民安置人口的计算方法有所差别。

一、农村移民安置人口

农村移民安置任务主要是移民的搬迁和劳动力的生产再安置。根据其安置性质不同，可分为生产安置人口和搬迁安置人口。

（一）生产安置人口

生产安置人口，是指因工程建设征收或影响主要生产资料（土地），需进行生产安置的人口。生产安置人口应以其主要收入来源受淹没影响的程度为基础计算确定。

1. 以耕（园）地为主要生活来源的生产安置人口计算

对以耕（园）地为主要生活来源者，按库区涉淹村、组受淹没影响的耕（园）地，除以该村、组征地前平均每人占有的耕（园）地数量计算，其计算公式为：

$$K = \frac{S}{S'/K'} \tag{4-3-1}$$

式中　K——涉及村、组规划设计基准年的生产安置人口，人；

S——涉及村、组规划设计基准年被征用的耕（园）地面积，亩；

K'——涉及村、组规划设计基准年农业人口的数量，人；

S'——涉及村、组规划设计基准年实有耕（园）地的数量，亩；

S'/K'——村、组规划（设计）基准年农业人均耕（园）地，亩/人。

2. 其他

对于以草地为主要生活来源的牧民、以养殖水面为主要生活来源的渔民或经济林地为主要生活来源者，可参照上述方法计算。

上述以淹没耕地和人均占有耕地指标推算生产安置人口，方法简单直观，但不能反映出被淹没耕地和剩余耕地在土、肥、水、气等生产条件和生产水平等方面的差异。因此，生产安置人口的计算，应考虑土地级差因素、统计年鉴面积与标准亩面积差别。

3. 土地级差

土地级差是同类型耕地不同地区的差异和不同类型耕地的差异，通过抽样调查，分析拟定修正系数，即采用质量系数法计算生产安置人口。

$$R = A \times S_{征地影响} / (S_{征前} / R_{基准}) \quad (4\text{-}3\text{-}2)$$

式中 R——基准年生产安置人口，人；

A——土地质量级差系数，为计算单元征收或影响的耕(园)地质量与该计算单元总耕((园)地质量的比值；

$S_{征地影响}$——基准年征收或影响的耕(园)地面积，亩；

$S_{征前}$——基准年征地前的耕(园)地总面积，亩；

$R_{基准}$——基准年农业人口，人。

考虑统计年鉴面积与标准亩面积差异的处理，可取若干个村或整组的耕地被征用的调查面积与统计年鉴面积对比，分析确定其修正系数折算标准土地，即标准地法计算生产安置人口。

把计算单元征收或影响的耕(园)地和该计算单元总耕(园)地用土地质量系数折算为标准地后计算生产安置人口：

$$R = S_{b征地影响} / (S_{b征前} / R_{基准}) \quad (4\text{-}3\text{-}3)$$

式中 $S_{b征地影响}$——基准年征收或影响的标准地面积；

$S_{b征前}$——基准年征地前的标准地总面积。

4. 生产安置人口的计算分析

(1)生产安置人口不能大于征地影响村组的原有总人口。

(2)耕地和房屋均不受淹没或耕地及房屋受淹没而后靠有土地容量，但因水库蓄水后交通、电力中断或位于孤岛失去对外联系的村或居民组，要严谨对待，需做外迁或就地安置经济对比论证，并结合县情确定安置方案，若论证后需外迁的农业人口可作为生产安置人口。

(二)搬迁安置人口

搬迁安置人口系指由于水利水电工程建设征地而导致必须拆迁的房屋内所居住的人口，含农业人口和非农业人口。

搬迁安置人口应以征地影响涉及单元(行政村、居民组)基准年的资料为基础，可按下述公式计算：

$$D = D_1 + D_2 + D_3 + D_4 \quad (4\text{-}3\text{-}4)$$

$$D_4 = (R - R_1) - (D_{1农} + D_{2农} + D_{3农}) \quad (4\text{-}3\text{-}5)$$

式中 D——基准年搬迁安置人口；

D_1——基准年居住在建设征地范围内人口；

D_2——基准年居住在坍岸、滑坡、孤岛、浸没等建设征地影响区需要搬迁的人口；

D_3——库边地段因建设征地影响失去生产生活条件的需要搬迁安置人口，包括移民迁移线以上的零星住户，受水库淹没影响后，交通难以恢复或生产生活条件明显恶化，必须搬迁安置的人口；

D_4——征地范围外因建设征地影响主要生产资料而不能就近生产安置需搬迁的

人口（淹地不淹房需搬迁安置人口）；

R——基准年生产安置人口；

R_1——基准年生产安置人口中就近生产安置人口；

$D_{1农}$、$D_{2农}$、$D_{3农}$——基准年 D_1、D_2、D_3 三部分人口中的农业人口。

若计算结果 $D_4 \leqslant 0$，则 $D_4 = 0$；若 $D_4 > 0$，则 D_4 即为征地不征房需搬迁安置人口。

（三）规划设计水平年安置人口

生产安置人口和搬迁安置人口，均应按拟定的规划设计水平年计算自然增长的人口。规划设计水平年安置人口是依据规划设计基准年人口数量，按照有关预测方法预测水平年需搬迁安置的人口。一般预测方法以设计基准年相应指标为基数，根据人口自然增长率分时段、分村组计算。基本计算公式为：

$$A = A_0 \times (1 + i)^t \tag{4-3-6}$$

式中 A——移民安置规划设计水平年人数，人；

A_0——规划设计基准年人数，人；

i——人口自然增长率（‰）；

t——移民规划期限，年。

移民安置规划水平年是指移民搬迁或耕地征用过程的重心所在年份，拟定作为预测计算移民搬迁安置人口、生产安置人口和确定移民安置目标值（如人均占有粮食及人均收入等指标）的时间标准。

（四）各设计阶段深度要求

（1）项目建议书阶段：以行政村为单元计算移民安置人口。

（2）可行性研究报告阶段：以村民小组为单元计算移民安置人口。生产安置人口计算宜考虑土地质量级差因素。

（3）初步设计阶段：以村民小组为单元复核移民安置人口。

（4）技施设计阶段：以户为单元分解落实移民安置人口。

（五）生产安置人口、搬迁安置人口计算实例

某水利工程（初步设计阶段）水库淹没涉及平安乡高耀村，该村村民农业收入为主要生活来源。设计基准年 2003 年资料为：总人口 1 500 人，其中农业人口 1 424 人，非农业人口 76 人，总耕地 3 560 亩。经实物调查，截至 2003 年年底，水库淹没该村耕地 1 268 亩，人口 180 人（其中非农业人口 15 人）。工程将于 2004 年开工，水库下闸蓄水年为 2008 年，2009 年竣工。工程所在省的人口自然增长率是 12‰。

（1）根据题意，该工程移民安置规划设计水平年应为 2008 年。

（2）设计水平年生产安置人口计算：

该村农业收入为其主要生活来源，因此生产安置人口计算以涉淹村组受淹没影响的耕地面积，除以基准年该村组征地前平均每人占有耕地数量计算，不考虑土地级差因素。即：该村组征地前平均每人占有耕地数量为 3 560 亩 ÷ 1 424 人 = 2.5 亩/人；设计水平年该村的生产安置人口为 $(1\,268 \div 2.5) \times (1 + 0.012)^5 = 538$（人）。

（3）搬迁安置人口计算：

该工程移民全部农业安置，其安置标准为移民安置后保证每个农村移民不少于 2 亩口粮田，同样不考虑土地级差因素，则该村设计基准年的搬迁安置人口为 1 424 - {(3 560 - 1 268) ÷ 2} + 15 = 293(人)；设计水平年该村的生产安置人口为 $293 \times (1+0.012)^5 = 311$(人)。

二、城(集)镇人口规模

城(集)镇移民规划人口是决定城(集)镇迁建用地、基础设施配置、生产建筑等规模大小的重要指标，是确定城(集)镇建设和发展的依据。

(一)集镇、城镇迁建规划基准年人口规模

城(集)镇规划的人口规模，分为常住人口规模和总人口规模，常住人口由户籍人口和寄住人口构成，是衡量城(集)镇用地的主要指标，总人口规模应考虑常住人口、通勤人口和流动人口，是确定集镇新址公共建筑和公用工程设施规模、城镇新址公共设施和市政公用设施的规模的依据。受淹城(集)镇迁建的人口规模一般指常住人口，包括随城(集)镇迁移的原建成区淹没影响人口、新址征地范围内规划留居建设区的人口、规划进迁建城(集)镇的移民人口和规划的寄住人口。其中淹没影响常住人口包括移民迁移线下人口和移民迁移线上需随迁的人口。

(二)集镇、城镇迁建规划水平年人口规模

规划水平年人口按表 4-3-1 分类测算。

表 4-3-1 城(集)镇规划期内人口分类预测

人口类别		统计范围	预测计算
常住人口	户籍人口	户籍在镇区规划用地范围内的人口	按自然增长和机械增长计算
	寄住人口	居住半年以上的外来人口，寄宿在规划用地范围内的学生	按机械增长计算
通勤人口		劳动、学习在镇区内，住在规划范围外的职工、学生等	按机械增长计算
流动人口		出差、探亲、旅游、赶集等临时参与镇区活动的人员	根据调查进行估算

通勤人口和流动人口应根据原址前三年的统计资料分析和调查研究的基础上确定。

三、其他人口

其他人口主要有工业企业、镇外事业单位人口。这些单位的人口统计以职工及其家属计列为征地移民。

第四节　移民安置目标及规划设计标准

一、水平年的选取

征地移民实物是动态的，征地移民规划设计又历经各个不同的设计时段，各项指标随时间推移而变化。因此，移民安置规划设计应有一定年限控制问题，即水平年的选取问题。

移民安置规划的水平年分规划设计基准年、规划设计水平年。规划设计基准年是指编制规划设计的当年或实物调查结束的年份，对于大型水利水电工程，二者有一定的差别，应合理分析确定。除实物统一采用规划设计基准年数据之外，移民安置规划设计有关的经济社会资料也应统一到规划设计基准年。

规划设计水平年是指移民搬迁结束的年份。对于水库移民而言，下闸蓄水的当年作为规划水平年；对于分期蓄水的水库，应以分期蓄水的年份，分别作为规划设计水平年。枢纽工程建设区移民和其他水利工程移民，规划设计水平年则是工程征用土地的当年。

二、移民安置时段划分

水利水电工程征地移民安置时段一般根据工程建设进度计划、水库蓄水计划及移民安置计划确定。移民通过搬迁、开发建设到安居乐业一般要经历搬迁安置、恢复完善、巩固发展三个阶段。

搬迁安置阶段：就是自移民搬迁开始至移民搬迁安置到位的时期（即到规划设计水平年止），一般需要 1 ~ 3 年时间。这期间主要任务是完成移民征地、居民点建设，道路、电力、通信、广播、水利等公共设施和基础设施的施工建设以及农田基本改造等生产开发建设；完成集镇迁建、文物清理、县及县以上大专项的迁建处理工作。该阶段可以说是移民重建家园和转产就业阶段，在此阶段中，移民非自愿地离开故土，迁往他乡，不仅生活上要克服一定困难，精神上要受到一定的冲击，且由于受到实际环境的限制，收入水平很难提高，有的甚至比原来降低，因此要采取妥善措施给予补偿。

恢复完善阶段：是指自移民搬迁到位（即规划设计水平年）到生产生活水平恢复到原有水平时期（即到校核水平年），一般需要 3 ~ 5 年，应与国民经济发展时段相一致。在此期间的主要任务是大力进行农业及第二、三产业的生产开发建设，进一步完善居民点公共设施、基础设施建设，使移民的生活水平和经济收入恢复到原有水平，达到或超过当地农村非移民人均水平。因此，该阶段需要国家扶持，使他们有较强的发展后劲和较快的发展速度，经过一段时间就能赶上或超过当地农村非移民的平均收入水平，而且可能更快的增长。

巩固发展阶段：校核水平年以后，各项生产措施均已正常发挥效益，通过移民的努力和在国家进行后期扶持的政策指导下,利用已有的技术、资金、力量发展高效、高产生态农业,进一步调整生产布局,使移民的经济发展迅速有较大的飞跃,能与当地居民同步或超越当地居民经济发展。

三、移民安置目标

移民安置目标体系包括经济发展目标、社会发展目标、生态环境目标。经济发展目标要提出移民系统内农业人口在规划设计水平年应达到的经济水平,比较直观地反映经济水平的指标有人均收入、人均粮食占有量两项;社会发展目标包括移民应达到的文化素质、科学技术水平,交通、电力、水利、通信、广播等社会公用事业和基础设施的发展目标;生态环境目标包括森林覆盖率、水土流失治理、环境保护、疾病防治等。这些目标体系的制定不但要与移民安置前的水平相结合,还要与安置区、全县的经济社会发展水平相结合,但至少不低于移民安置前的水平,这是最基本的安置目标。安置目标通过安置标准来实现。

安置标准系指农村移民至规划设计水平年要达到的目标。安置标准既是规划方案的控制依据,又是检验移民安置成功与否的主要指标。《大中型水利水电工程建设征地补偿和移民安置条例》明确了移民安置的目标:“逐步使移民生活达到或者超过原有水平”。这个“原有水平”是指不建水库时当地同期发展水平。因此,确定农村移民安置标准需要对水库淹没区和移民安置区的现状做客观评价,并且对其发展进行科学预测。

农村移民安置标准主要包括生产安置和搬迁安置(居民点建设及基础设施)两方面的标准。农村移民安置规划目标值,应按生产安置人口和搬迁安置人口分别确定。移民安置规划的目标值,应本着安置后使移民生活达到或者超过原有水平的原则,根据移民各村(组)原有生活水平及收入构成,结合安置区的资源情况及其开发条件和经济社会发展计划,具体分析拟定。

农村移民具体规划目标值,可采用移民人均资源占有量、移民人均粮食拥有量、移民人均年纯收入等指标。

同一工程应尽可能相同,如同一工程涉及的区域经济状况有较大差异时,经分析论证后,可按不同区域分别确定。

(一)生产安置规划目标

生产安置规划目标由下列主要指标构成:

(1)移民人均资源(主要为耕(园)地)占有量。

(2)移民人均年纯收入。

(3)移民人均粮食拥有量。

(4)其他定量指标。

(二)搬迁安置规划目标

搬迁安置规划目标由下列主要指标构成:

(1)移民居民点基础和公用设施应达到的基本指标(用地标准、供水、供电、内部道路和对外交通)。

(2)移民居住环境质量指标。

(3)其他定量指标。

四、移民安置目标的确定方法

(一)生产安置规划目标值

1. 依据

拟定生产安置规划目标可采用以下依据:

(1)移民在搬迁前的人均资源占有量、粮食占有量、年纯收入以及居住环境质量等。

(2)移民安置区的资源状况及其开发条件。

(3)移民安置区规划设计基准年的经济社会现状、国民经济发展规划。

2. 方法

根据以下方法拟定生产安置规划目标:

(1)调查分析农村移民人均耕(园)地、人均粮食占有量。

(2)调查分析农村移民收入水平及构成。

(3)分析建设征地对农村移民的生产和生活水平,特别是经济收入的影响程度。

(4)调查分析征地区主要农业生产项目的投入产出水平。

(5)根据征地区经济发展规划,预测至规划设计水平年的移民收入增长水平及构成。

(6)调查分析移民安置区的资源情况,初步提出可用于移民安置的各类土地资源分布及数量、质量。

(7)综合分析拟定移民安置人均资源(主要为耕(园)地)占有量、移民人均年纯收入和移民人均粮食占有量等目标。

(二)搬迁安置人口规划目标值

搬迁安置规划目标值按下列步骤和方法分析确定:

(1)调查分析移民居民点基础和公用设施现状人均指标(用地标准、供水、供电、内部道路和对外交通)。

(2)根据国家和涉及省(自治区、直辖市)的有关规定,按原标准并结合其建设条件综合分析确定,但一般不得高于国家和涉及省(自治区、直辖市)的有关规定的中限指标。如居民点基础和公用设施现状人均指标低于国家和涉及省(自治区、直辖市)的有关规定的下限,则直接采用国家和涉及省(自治区、直辖市)的有关规定的下限指标。

(3)能够定量的项目,采用定量指标;不能定量的项目,则用文字表述移民搬迁前后的变化情况。

五、规划设计标准

规划设计标准,既是规划设计的控制依据,也是实现移民安置目标的基本保障。规划设计标准的确定是一项十分复杂的工作,不仅需要对淹没区和安置区的基本情况作出客观评价,而且需要对其发展进行科学预测。规划设计标准包括生产搬迁安置和搬迁建设等方面的标准,应结合国家有关法规、标准和移民政策制定。对于大型项目,移民规划设计标准需要国家审批确定。

(一)生产安置标准

生产安置标准采用人均土地资源和其他生产资料配置标准等指标,一般以人均占有基本生产资料和人均纯收入来表示,标准的高低直接影响移民安置方案和移民规模。以人均占有耕(园)地标准为例,标准过高将导致移民大量远迁、外迁,移民安置范围分散,后期难以扶持;标准过低则可能加剧人与土地资源的矛盾,使生态环境恶化,产生大量遗留问题。因此,人均耕(园)地标准要根据当地资源及经济社会条件合理确定。人均纯收入标准则以不低于不建水库时同期发展水平来确定。

人均耕(园)地标准适合以耕地为约束条件的移民安置,其标准的高低还应按移民安置的相对地理位置加以调整:在本村组安置的移民,安置标准应不高于原有水平;在城(集)镇附近安置的移民,可适当降低标准;迁出本村组安置的移民,且安置区土地充裕者,可适当提高标准。由于人均耕(园)地未考虑各地类的生产力差异,在一些水库的农村移民安置规划中采用了“标准耕地”的方法来确定种植业安置标准,有效地处理了耕地数量与耕地质量之间的关系。

(二)居民点建设及基础设施建设标准

居民点建设及基础设施建设标准,包括移民居民点迁建用地、供水、用电及其他基础设施的配置标准。

(1)居民点的用地规模,应根据《镇规划标准》和原有用地面积,参照国家和省(自治区、直辖市)的有关规定合理确定。

(2)供水标准指移民人均生活用水量,在确定供水量时应考虑企业用水和老居民用水。

(3)用电负荷包括移民人均生活用电负荷和农用电负荷,如三峡库区农村移民生活用电负荷为100W/人、农用电负荷为15W/亩。

(4)居民点内部交通(主支街道),根据《镇规划标准》和原居民点内部交通特点合理确定。文化、教育、卫生、商业等设施,原则上按原有的水平、考虑当地新农村建设标准,经济合理地配置。

(三)城(集)镇规划设计标准

城(集)镇迁建规划设计标准应贯彻“原规模、原标准、恢复原功能”的“三原”原则,根据《镇规划标准》、《中华人民共和国城市法》等有关规定,合理确定。人均建设用地指标应根据原址的用地情况和人口规模,新址的地形、地质条件,参照国家和省(自治区、直辖市)的有关规定合理选用,以确定新址的用地规模。

城(集)镇迁建建设用地规模,除用规划人口规模和人均建设用地标准计算建设用地规模外，还要考虑通勤人口和流动人口，计算基础设施建设用地规模。

城（集）镇迁建新址域内主要道路交通、公用工程设施、公共服务设施以及生态环境、历史文化保护、防灾减灾防疫系统规划设计标准，根据城（集）镇规模按照《镇规划标准》合理选定。

（四）工业企业处理

根据工业企业受建设征地影响的程度，结合地区经济产业结构调整、技术改造及环境保护要求，在征求地方政府、主管部门和企业主管部门意见的基础上进行统筹规划，确定防护、改建、迁建或关、停、并、转的处理方式。

工业企业迁建新址，应根据其受建设征地影响程度和企业生产的特征、地质、地形、交通、水源等条件以及环境保护的要求合理选定。

工业企业迁建用地，原则上按其原有占地面积控制，在规划中应注意节约用地、尽量少占耕地、多利用荒地或劣地。

工业企业迁建应按原规模、原标准、恢复原有生产能力的原则进行规划设计。

（五）专业项目

对受建设征地影响的铁路、公路、航运、电力、电信、广播电视等设施，需要恢复的，应根据受影响情况，按原规模、原标准（等级）、恢复原功能的原则，选定经济合理的复建方案。属于地方性的基础设施，应结合农村移民安置、城（集）镇迁建，统筹规划，提出经济合理的复建方案。不需要或难以恢复的，应根据受影响的具体情况，给予合理补偿。

受建设征地影响的国营或具有企业法人资格的农、林、牧、渔场，应根据影响情况，按原规模、原标准选定迁建方案。无条件迁建恢复的，给予合理补偿。

受建设征地影响的县级以上单位管理的水电站、抽水站、水库、闸坝、渠道、水文站，测量永久标志等设施，应根据影响的程度和具体情况，提出经济合理的复建方案。不需要或难以恢复的，给予合理补偿。

受建设征地影响而必须保护的文物古迹，应根据其文物保护单位的级别、影响程度，提出搬迁、发掘、防护或其他保护措施。

受建设征地影响的风景名胜区、自然保护区等，应根据其影响程度、保护级别，提出保护或其他措施。

对建设征地影响具有开采价值的重要矿藏，应查明影响程度，提出处理措施。

对于水库淹没库周交通恢复，应根据淹没影响程度和建库后居民点分布的具体情况，按照有利生产、方便生活、经济合理的原则，提出库周交通恢复方案。

各专业项目的恢复改建，应按原规模、原标准（等级）、恢复原功能的原则，进行规划设计，所需投资列入水利水电工程补偿投资。因扩大规模、提高标准（等级）或改变功能需要增加的投资，不列入水利水电工程补偿投资。

例如，某一水利工程，经过对库区经济社会调查，根据国家有关移民政策规定，制定的规划设计标准如表4-4-1所示。

表 4-4-1 某水利工程水库移民有关规划设计部分标准

类别	内容	单位	标准		备注
			平原区	山丘区	
一、农村	生产用地	亩/人	1.7	1.7	全旱地 1.7,水: 旱 =2:1
	村庄占地	m^2/人	80	90	
	居民宅基地	亩/户	0.25~0.3	0.25~0.3	
	生活用水量标准	L/(人·d)	60	60	
	农村用电标准	W/户	300	300	
	村内道路建设标准				
	主街	m	≤6	≤6	
	支街	m	3.5	3.5	
二、城(集)镇	占地规模	m^2/人	90	90	
	基础设施标准				
	主街	m	6~7	6~7	车行道
	支街	m	4	4	车行道
	用电标准	W/人	150	150	
	生活用水标准	L/(人·d)	60	60	
	公共建筑用水	%	12.5	12.5	占生活用水量
	消防用水	L/s	5	5	
	不可预见水量	%	25	25	占生活用水量
三、专业项目	县级公路	m	8.5/7	7.5/6	路基/路面
	县乡公路	m	7/6	7/6	路基/路面
	乡村公路	m	4.5	4.5	路面
	机耕路	m	2	2	路面
	临时搬迁路	m	2	2	路面
	电力、通信	原标准恢复			

第五节 移民安置环境容量分析

环境容量是指一个地区在一定生产力、经济条件、生活水平和环境质量条件下所能承受的人口数量。移民安置环境容量是指一定区域一定时期内,在保证自然生态向良性循环演变,并保持一定生活水平和环境质量的条件下,按照拟定的规划目标和安置标准,通过对该区域自然资源的综合开发利用后,该区域经济所能供养和吸收的移民人口数量。

移民安置环境容量分析的总体目标是把移民安置、地区经济建设、生态与环境的保护和治理结合起来,使社会、经济、生态系统向良性循环方面发展,保证移民和当地居民安居乐业。移民环境容量分析是移民安置规划的前提。

移民安置环境容量分析是农村移民安置规划的主要工作之一,必须根据移民安置目标和规模,进行认真的调查研究。移民安置环境容量分析是在地方政府初步拟定的移民安置方案、移民安置区的基础上,按照有关规范、规程要求分析拟定移民安置区所能容纳的人口数量,进一步确定移民安置区和移民安置方案。

一、环境容量分析的内容

环境容量是受多种因素制约的变量,它与时间、空间、土地资源、矿产资源、生物资源、水资源、气象因素、经济水平、消费水平、人口素质,乃至社会制度、法律、道德、观念、习惯以及环境意识等众多因子有关,最主要的因素是土地资源和水资源。

移民环境容量分析是利用现有的和可以开发利用的各种资源,测算所选移民安置区可能容纳的人口数量。考虑的主要资源包括耕地、林地、矿产、水面等。《水利水电工程建设征地移民安置规划设计规范》规定,“根据规划设计水平年生产安置人口和安置区的居民人口进行分析计算。安置区可容纳移民人数应根据安置规划拟定的安置标准和资源的数量与质量确定。在确定安置区容纳人口时,应为当地经济社会的可持续发展留有余地”。移民安置环境容量的分析,应以移民搬迁后在不同年份人均资源占有量、粮食占有量、经济收入、生活条件为主;同时,应保障移民群体所在地的自然环境、社会环境与安置区周围居民区的自然环境、社会环境相协调。

对于城镇或工业安置移民,可进行城镇或工业环境容量分析。城镇人口容量,根据移民安置的可能方式,研究城镇发展可能容纳的人口数量,应考虑区域城镇发展规划、水库库区受淹城镇的搬迁发展规划、结合移民安置需要而发展的农村新兴城镇以及城镇二、三产业就业容量等因素。工业安置人口容量计算,可采用最新地区工业经济统计资料、工业安置移民所从事的行业等分析确定。

二、移民安置环境容量分析范围与调查

移民安置环境容量调查应以移民人均占有基本生产资料为基础。在基本生产资料中应以土地为依托,如移民人均占有耕地、林地、草地等,必须根据移民生产安置目标保证每个从事农业生产安置的移民占有一定数量和质量的可开发利用的土地。

(一)移民安置环境容量分析范围

由地方政府根据本行政区规划生产安置人数和本行政区范围内资源状况推荐拟选安置区。拟选安置区按本组、本村、本乡(镇)、本县(市、区)、本省(自治区、直辖市)的顺序,由近到远,受益区优先、经济合理的原则逐步扩大选择范围。本省(自治区、直辖市)内安置不了的,应按照经济合理、稳妥可靠的原则迁至外省(自治区、直辖市)安置。

根据拟选安置区经济社会状况、土地资源状况以及基础设施等因素,对拟选安置区进行初步筛选。

在现场综合查勘的基础上,结合安置目标、安置标准等对拟选安置区进行综合分析比

较，提出移民安置环境容量分析范围。

(二)移民安置环境容量分析调查

(1)收集和调查初拟移民安置区土地利用现状，基本查清可用于安置移民的现有耕(园)地和宜农荒地的数量。

(2)根据移民安置生产安置目标分析当地可安置移民的数量。

(3)如通过调查分析认为当地移民安置环境容量不足，则按行政单位由近及远的顺序扩大移民安置区进行分析，使移民安置区的移民安置环境容量大于需要安置的移民数量。

(4)在进行移民安置环境容量分析时，还需考虑宜农荒地的开发成本，移民区与安置区的生产方式和生活习惯差异、民族文化差异，移民和安置区居民意愿等诸多因素，只有经济合理、移民能够适应和接受的安置资源，才能用来计算可以安置移民的环境容量。

(5)如可利用第二、三产业安置移民，需调查和分析第二、三产业的现状，从业人员及其构成，发展方向和可安置的移民数量。

(三)移民安置环境容量分析资料收集

根据地方政府初步提出的移民安置区，收集安置区有关自然资源、经济社会以及发展计划等资料，从人口、社会、经济、资源、环境各种关系协调发展的角度出发，定性定量分析安置区可安置移民人口的数量。

1. 资料收集

收集工程建设征地区和移民安置区行政区划图，农业区划，国土规划，林业规划，水资源规划，经济作物发展规划，交通运输发展规划，国民经济规划，第二、三产业规划，集镇发展规划；土壤普查，交通、电力、地貌、植被、土壤、水文、地质等专业调查资料；各种比例尺的地形图，航片；经济社会情况资料。

2. 资源利用状况调查

(1)土地资源利用现状调查。到野外了解移民安置区的自然条件、景观特点、农业生产概况。按土地利用分类系统和标准，分类统计土地面积，编制土地利用现状图，统计各组、村、乡(镇)、县(市)的土地总面积和各类土地面积。

(2)水资源调查。水资源对安置移民起决定性作用，有的地方有土地但水源缺，有的地方水质不符合饮用质量标准。因此，要调查水资源总量、质量及其时空分布。收集掌握安置区历史上水旱灾害资料。调查分析安置区工农业发展规划及其需水量预测，包括生活用水、农业用水、工业用水、生态环境用水等。调查现有水域的水产养殖情况以及新水库可利用的水产养殖面积。

(3)气候资源调查。

(4)矿产资源及地质情况调查，查清安置区各类矿产资源的数量和质量，并根据市场技术、资金等因素分析开发利用的可行性。

(5)能源资源与交通运输调查。

(6)旅游资源调查。

(7)新城市、集镇市场发展预测。对新城市、集镇和居民点的商业设施、工业布局、文化教育、交通系统、人口流、信息流，要按照其服务范围进行预测，确定第二、三产业发展的方向和数量，分析潜在安置的能力。

(8)技术经济方面的调查。

三、环境容量分析计算方法

环境容量分析计算是查清一定区域环境容量的大小，并在环境容量允许的范围内进行合理的开发，妥善解决移民安置问题，避免资源破坏，避免生态与环境的恶化。一般说来，一个区域的资源越丰富、生产技术越先进、经济越发达、环境质量越好，其环境容量也越大。同时移民环境容量与生活标准有关，生活标准低，移民环境容量则相应提高；反之，则相应降低。

移民安置环境容量分析的内容包括农业安置环境容量分析，第二、三产业安置容量分析以及其他方式安置容量分析，其中农业安置应作为移民安置环境容量分析的重点。

(一)农业安置环境容量分析方法

环境容量的大小和优劣，应该反映在质和量两个方面。它受多种因素影响和制约，难于规定统一的指标或标准，只能因地制宜，采取参照比较的办法进行具体分析研究。例如，生活标准可根据移民安置区和建设征地区的人均水平拟定，主要指标有人均粮食、人均收入、人均住房面积、人均用水量，居民文化生活水平，区域环境质量，生活服务设施等。

农业安置环境容量分析有定性分析和定量分析两种方法。移民环境容量分析时，常常是两种方法相结合。

1. 定性分析

根据自然资源和社会环境等因素，如土地资源、气候条件、移民和安置区居民意愿、经济发展水平、生产生活习惯、基础设施、宗教信仰、民族习俗等，初选移民安置区，分析安置移民的适宜性。

移民环境容量的定性分析，一般采用意见汇集法和决策偏好法。

(1)意见汇集法。即主观判断法，由相关主管人员和业务人员集思广益，最后对各种不同意见综合评价后作出判断进行预测。此种方法费时不长，耗费小，比较实用。

(2)决策偏好法。即决策者根据决策目标，在决策过程中，依据实际情况及个人经验在多种方案中做出偏好选择。

2. 定量分析

环境容量是一个收敛的多元函数，根据微分理论，它存在着极值，而寻找这个极值困难。只能模拟高等数学求多元函数偏微分的办法，把其余因子相对固定，找出环境容量和某一项因子的关系。

移民环境容量分析以计算单元(乡(镇)或村民委员会或村民小组或安置点)为单位计算。计算单元的选择依据设计阶段要求和基础资料情况具体分析确定。

移民环境容量计算方法比较多。目前采用较多的主要是结合各地的实际情况，按人均占有生产资料的数量或人均占有实物量的指标，估算人口容量。常采用的方法有单因子分析法、综合指数法、最小值法、O&I 法即目标与影响法、资源综合平衡法、土地资源分析法、系统动力学法等，下边介绍几种常用的方法。

(1)单因子分析法。单因子分析法主要依据农业生产所提供的粮食、某种资源的食物生产能力或以某种资源对食物生产的主导限制进行人口容量分析估算。依据粮食生产进行容量估算方法应用最广,简单易行,是进行区域人口容量分析的常用方法。计算公式为:

$$P = \frac{Y}{L} \tag{4-5-1}$$

式中 P——区域内土地承载人口数量,人;

Y——区域在一定水平年可利用资源总量;

L——一定水平年人均生活占有资源水准量。

(2)综合指数法。根据规划目标及各指标权重,以规划目标为基准值,用各安置区的各指标值(农民人均纯收入、农民人均粮食和农民人均耕地)与基准值各指标值求差异率,再分别乘以权重值后求和,得到一个综合指数。

该指数有三个取值范围,分别是大于0、等于0、小于0。大于和等于0的值,则说明该区域适合安置移民,小于0则不适合安置移民。

具体公式如下:

$$\begin{cases} a_j = (a_i - a_1)/a_1 & (i,j = 1,2,\cdots,n) \\ b_j = (b_i - b_1)/b_1 & (i,j = 1,2,\cdots,n) \\ c_j = (c_i - c_1)/c_1 & (i,j = 1,2,\cdots,n) \end{cases} \tag{4-5-2}$$

式中 a_1、b_1、c_1——基准值的3个指标;

a_i、b_i、c_i——各区县(市、区)的3个指标值;

a_j、b_j、c_j——各区县(市、区)的3个指标值与基准值3个指标间的增长率。

$$A_j = (a_j \times a_0 + b_j \times b_0 + c_j \times c_0) \quad (j = 1,2,\cdots,n) \tag{4-5-3}$$

(A_j 的值为≥0或<0)

式中 A_j——综合指数;

a_0、b_0、c_0——3个指标的权重值。

综合指数法适用于宏观理论分析,如确定大区域的移民环境容量分析的范围,或评价移民环境容量分析结果等。

(3)最小值法。根据现场调查并结合图上量算出的安置区可利用的耕地资源数量,分析其土地适宜性及土地开发利用方向,结合产业结构调整及种植业效益预测,计算出到规划设计水平年经过土地开发后的耕地面积、园地面积、粮食总产、种植业收入、总收入及纯收入等经济总量指标;根据拟定的移民规划目标分别按人均耕地、人均粮食、人均纯收入计算环境容量值,取其中最小值为该片土地资源所能承载的移民环境容量。

最小值法的基本逻辑程式是:

①确定和筛选出影响移民环境容量的几个关键因素(指标),这些关键因素包括:规划设计水平年人均耕地量、人均粮食占有量、农民人均纯收入等。

②以国家经济发展趋势和库区、安置区的背景值为依据,给定以上关键指标的目标值作为基准值。

③预测移民安置区(土地开发片区)各关键指标在规划设计水平年的值。

④用基准值与预测值进行对比,每一指标均满足基准值要求的被纳入预选安置区。

⑤与基准值比较,关键指标中值最小者作为移民安置环境容量。

最小值法具有简洁、明了,操作性、应用性强的特征,适用于土地开发的移民安置方式以及经济发展水平与库区相当甚至低于库区发展水平的区域。

(4)O&I 法。O&I 法即目标与影响法。在人均耕地较多、经济条件较好、粮食平均亩产水平较高的计算单元,通过分析、预测该计算单元规划设计水平年的人口、耕地、纯收入和粮食等指标;在该计算单元规划设计水平年人均纯收入、人均粮食占有量达到一定目标值的基础上,再分析对原居民规划设计水平年人均耕地一定影响率(若在计算耕地对人均纯收入贡献率后,分析一定影响率下调剂耕地对人均纯收入的影响率较小,则可忽略)的前提下,同时满足移民人均耕地底限为一定目标值的条件下,计算可调整出供安置移民的耕地数量;在调整出的耕地中以原居民调整后的人均耕地数量为标准,计算出可安置移民数量,即为该计算单元的环境容量。并自下而上逐级汇总得各上一级计算单元的移民环境容量。

具体的计算、分析公式为:

$$L = R \times (G \times m) \tag{4-5-4}$$

$$K = \frac{L}{G \times (1 - m)} \tag{4-5-5}$$

式中 L——可调剂耕地;

R——原居民人口;

G——原居民人均耕地;

K——可安置移民数;

m——对原居民影响率。

通过以上几种分析方法的比较,在确定环境容量分析范围时,对于县(市、区)采用综合指数法进行筛选,对于乡(镇)以及村民委员会,采用决策偏好法及定性与定量分析相结合的方法;在对安置点进行环境容量分析时,对于调剂耕地分散安置运用 O&I 法,对于开发土地集中安置则采用最小值法,对于复合安置方式的移民环境容量分析则因地制宜地采用相应的方法等。

(二)第二产业安置

第二产业安置移民,只考虑结合地方资源优势,利用移民生产安置资金新建的第二产业项目。可按以下步骤进行分析:

第一步:根据当地资源特点、可开发的资源数量、开发的难易程度、主要产品市场前景和人员素质(主要是移民素质),选择合适的开发项目,并对拟开发项目进行可行性论证。

第二步:根据拟开发项目的所有权性质、经营体制以及人力资源配置中对经营者、管理人员、技术人员和生产工人数量的安排,按拟配置的生产工人数量确定接纳移民劳动力的数量。

第三步:结合移民总人口与移民劳动力的比例关系,计算可容纳的移民数量。

第四步:根据拟开发项目财务评价结论,结合移民生产安置标准(人均年纯收入)分析可容纳的移民数量。

第五步:比较上述可容纳的移民数量,取较小值即为拟开发第二产业项目的移民环境容量。

(三)第三产业安置

第三产业安置主要指依托城市集镇和居民点的建设,通过发展运输、商业、餐饮、旅店、旅游、服务等第三产业安置移民。

第三产业安置移民容量宜根据当地第三产业从业人数、第三产业占国民经济的比重以及近年来的发展趋势综合分析,以预测的移民安置规划设计水平年当年可增加的第三产业从业人数为依据确定。

(四)其他方式安置

安置移民容量应分析社会保障、投亲靠友、自谋职业、一次性补偿、长效补偿等安置方式的条件,确定可安置的移民数量。

四、各设计阶段工作深度

(1)项目建议书阶段以乡(镇)为单元初步分析移民安置环境容量。拟选移民安置区的移民环境总容量宜达到移民生产安置总人口的1.5倍以上。

(2)可行性研究报告阶段以行政村为单元分析移民安置环境容量。备选移民安置区的移民环境总容量宜达到移民生产安置总人口的1.2倍以上。

(3)初步设计阶段以村民小组为单位分析移民安置环境容量。

五、环境容量分析示例

以小浪底水库库区第一期移民安置环境容量分析为例,介绍环境容量方法。

(一)小浪底水库库区概况

小浪底水库正常蓄水水位275m时,水库淹没涉及到河南、山西两省8个县(市),其中河南省有济源市、孟津县、新安县、渑池县和陕县,山西省有垣曲县、夏县和平陆县。8个县(市)区域地势处于我国第二、三级阶梯过渡带,西高东低,以山地丘陵为主,总土地面积10 997km^2,其中山区面积为5 596km^2,占总面积的51%;丘陵面积为4 948km^2,占总面积的45%;川地面积为453km^2,占总面积的4%。

1993年底8县(市)总人口为296.1万人,其中农业人口247.24万人,占总人口的83%,非农业人口占16%。人口平均密度为269人/km^2。从分布情况看,人口密度东部高于西部,河川平地高于丘陵、山区。其中东部的孟津县人口平均密度最高为560人/km^2,西部的垣曲县人口平均密度最低为134人/km^2。

1993年底库区8县(市)总耕地面积434.36万亩,占总土地面积的26%,人均耕地1.76亩,其中水浇地129.92万亩,占总耕地面积的30%,人均0.53亩。河川地区主要为水浇地、旱平地和菜地;丘陵地区多为旱坡地、梯田及果粮间作地;这些地区是当地的主要粮食产区。低、中山区土地利用以林、牧业为主,具有全面发展农、林、牧的良好基础。

库区内属暖温带大陆性干旱季风气候,夏季温暖多雨,冬季寒冷干燥,四季分明。多年平均气温在12.4~14.3℃,平均年降水量600mm左右,不同地区有一定差别,表现为从西到东、从北到南气温和降水量递增现象。无霜期为200~240天,气候条件对当地农作物生长比较有利,适宜种植小麦、玉米等粮食作物和棉花、花生、烟叶等经济作物。但由于该地区内植被缺乏,致使水土流失严重,加之年降水量分布不均,经常发生旱灾,所以干旱缺水成了当地农业发展的制约因素。此外,干热风、大风、冰雹和低温等对该地区都有不同程度的影响,严重危害了该地区的农业生产。

库区土壤多为红黏土、两合土和白土,部分地区有砂砾土、砂土和盐渍土。红黏土分布面积较广,是本地区内最主要的耕地土壤。该区域主要粮食作物有小麦、玉米、谷子、豆类和薯类等。小麦播种面积占60%左右。玉米及其他作物占40%左右,耕地复种指数在112% ~162%。经济作物有棉花、花生、油菜、烟叶和药材等,品种繁多,但商品率较低,从数量到成色,形不成商品优势。

库区矿产资源丰富,种类繁多,其主要矿藏有煤、铝矾土、铜、铁、石英砂岩、瓷土和硫磺等。改革开放以来,库区8县(市)工业企业发展较快,利用当地矿产资源,发展了一批能源、采矿、建材和化工等工业项目。乡(镇)企业及民办企业的迅速发展,带动了当地经济的腾飞。

近几年来,随着农村产业结构的调整,农民生活水平不断提高,到1993年底,8县(市)工农业总产值已达到162.8亿元,其中工业总产值134.51亿元,占工农业总产值的82.6%;农业总产值为28.31亿元,占工农业总产值的17.4%。

库区8县(市)自农村实行联产承包责任制以来,多种经营及工副业生产发展较快,群众生活水平也有较大幅度的提高。到1993年底,库区各县人均纯收入平均为773元。收入较高的济源市人均达1 237元,较1986年增加408元。

小浪底水库受淹各县1993年基本情况见表4-5-1。

表4-5-1　小浪底水库受淹各县基本情况(1993)

项　目	单位	总计	济源市	孟津县	新安县	渑池县	陕县	垣曲县	夏县	平陆县
幅员面积	km^2	10 997	1 931	759	1 160	1 368	1 763	1 578	1 322	1 116
耕地面积	万亩	434.36	60.37	56.69	60.5	57.79	56.06	32.4	58.5	52.05
其中:水浇地	万亩	129.92	33.48	13.26	8.31	5.34	11.78	7.28	32.3	18.17
总人口	万人	296.1	61.75	42.5	49.98	31.21	33.65	21.14	32.93	22.94
其中:农业人口	万人	247.24	41.05	38.76	45.48	26.08	28.73	15.49	30.49	21.16
人口密度	人/km^2	269.25	320	560	431	228	191	134	249	206
人均耕地	亩/人	1.76	1.47	1.46	1.33	2.22	1.95	2.09	1.92	2.46
播种面积	万亩	592.86	97.95	82.95	86.34	81.06	75.68	42.27	68.36	58.25
其中:粮播面积	万亩	494.67	81.11	67.53	79.92	65.67	63.51	34.17	53.15	49.61
复种指数		1.36	1.62	1.46	1.43	1.4	1.35	1.3	1.17	1.12
粮食总产量	万kg	96 622	25 142	13 848	9 835	9 769	8 835	7 590	11 675	9 928

续表 4-5-1

项　目	单位	总计	济源市	孟津县	新安县	渑池县	陕县	垣曲县	夏县	平陆县
耕地亩产	kg/亩	222	416	244	163	169	158	234	200	191
人均产量	kg/人	391	612	357	216	375	308	490	383	469
工农业总产值	万元	1 628 249	756 605	222 706	218 259	181 512	119 123	52 831	40 824	36 389
其中:工业	万元	1 345 111	644 895	191 303	191 569	149 906	88 306	40 800	21 787	16 455
农业	万元	283 138	111 710	31 313	26 690	31 606	30 817	12 031	19 037	19 934
人均纯收入	元/人	773	1 237	748	684	762	838	579	656	679

库区第一期移民涉及河南省的济源市、孟津县、新安县 3 个县(市)7 个集镇 27 个行政村,涉及集镇政府所在地 1 处,工业企业 236 个及集镇外事业单位 17 个,设计基准年总移民人口 44 590 人,其中农村人口 40 917 人。设计水平年移民 46 133 人,其中农村人口 42 425 人。移民安置环境容量分析,主要是对农村移民环境容量进行分析。

(二)安置区选择及环境容量分析

小浪底水库初步设计阶段,从宏观上进行了环境容量初步分析工作,提出了河南省的新安县在县内无论是耕地资源还是水资源都是限制安置移民的因素,在全县范围内进行农业安置移民有一定难度,提出了出县外迁一部分移民的安置方案和部分移民工业安置方案;山西省垣曲县主要限制因素是水资源条件,其次是耕地资源,提出了开发后河水库水资源是县内安置移民的重要条件;其他县移民在本县内安置是基本可行的。小浪底水库新安县移民人数多,本县水土资源有限,对该县环境容量进行了专题的研究,分析认为,该县移民不能全部本县安置,必须出县外迁一部分移民。

技施设计阶段以村为单位进行了环境容量复核,主要是在国家批复的初步设计移民安置总体方案的基础上,充分考虑河南、山西两省地方政府对移民安置方案的优化结果,按照库区移民分期分别对移民安置从微观上进行环境容量分析。

1. 移民安置区基本情况

小浪底水库库区第一期移民安置区涉及孟津、济源、新安、义马及温县、孟州黄河滩区(以下简称温孟滩区)、原阳等 7 个县(市)。各县政府根据其移民安置任务,从当地的实际情况出发,初选 5 个乡(镇、办事处)、77 个行政村和温孟滩区作为移民安置区。按 1993 年各县(市)国民经济统计资料,以行政村为单位统计,安置区涉及农业人口 13.1 万人,总耕地 29.31 万亩,其中水浇地 9.95 万亩。农业人均耕地 1.47 ~ 2.92 亩,其中水浇地 0.76 亩,耕地平均亩产 256 ~ 754kg。小浪底水库移民第一期移民安置区基本情况见表 4-5-2。

2. 移民安置环境容量分析

1)农村安置移民环境容量分析

农村安置移民的决定因素是土地资源和水资源,即土地产出的粮食和经济作物所能供养的人口数量。由于移民安置区以生产粮食为主，且水资源是移民生存的制约因素，因此农村安置移民以粮食人口容量分析为主，并进行水环境容量分析。城市安置移民，主要以工业固定资产值测算移民环境容量。

表 4-5-2　小浪底水库移民第一期移民安置区基本情况

项　目	合计	孟津县	济源市	新安县				
				合计	本县安置区	出县安置区		
						小计	温孟滩区	原阳县
安置区涉及集镇(个)	14	2	6	6	5	1		1
安置区涉及行政村(个)	77	14	33	30	28	2		2
1993 年农业人口(人)	130 953	29 532	52 370	49 051	47 235	1 816		1 816
总耕地面积(亩)	293 092	53 535	76 867	162 690	99 090	63 600	58 290	5 310
其中:水浇地面积(亩)	99 496	13 912	64 487	21 097	15 790	5 307		5 307
耕地平均亩产(kg/亩)		323	628		256		270	745
农业人均耕地(亩/人)		1. 81	1. 47		2. 1			2. 92
人均产量(kg/人)		586	922		537			2 178

(1)移民粮食人口容量分析。移民安置区 1993 年耕地面积 29. 31 万亩，其中水浇地面积 9. 95 万亩，依据 1993 年粮食亩产，考虑耕地递减因素和粮食增产速度，计算设计水平年和校核水平年安置区粮食产量分别为 14 624 万 kg 和 15 776 万 kg。根据各县移民安置规划确定的人均拥有粮食指标计算，安置区设计水平年粮食人口容量 27. 71 万余人，校核水平年粮食人口容量 29. 4 万余人。安置区 1993 年人口 13. 13 万人，考虑人口自然增长，设计水平年人口 13. 72 万人，校核水平年人口 14. 27 万人。安置区粮食人口容量扣除安置区当地人口，设计水平年和校核水平年移民粮食人口容量分别为 13. 99 万人和 15. 13 万人。其中温孟滩区设计水平年可安置移民 38 857 人，校核水平年 39 377 人。各县所选安置区粮食人口环境容量均远远超过需要安置的移民人口的数量，可以满足移民安置的要求。小浪底水库第一期移民环境容量分析见表 4-5-3。

(2)移民水环境容量分析。水资源的质量和数量是维持人类生存的重要指标。移民安置区水资源的质和量满足人的生存条件，是能够安置移民的前提。根据所选定移民安置区的实际情况分析，各县(市)安置区水环境容量如下：

济源市、温孟滩区、原阳县移民安置区，地理位置决定了水资源条件优势，安置移民不存在水环境制约。济源市移民安置区地处济源市近郊的平原地区，地下水资源丰富；温孟滩区、原阳移民安置区地处黄河沿岸滩地，受黄河径流的影响，地下水资源条件优越，主要表现在水量大、埋藏浅、宜开采、水质好，可以满足移民生活和工农业生产需要。

孟津县移民安置区地处邙山丘陵区，区内水资源条件较好，地下水资源开采利用程度较高，根据当地水资源利用现状和潜力分析，安置移民后，当地的水资源可以供给移民的用水。

新安县移民安置区，地处丘陵地区，水资源埋藏较深，开采困难，根据安置地群众的生产、生活用水情况，通过开采地下水和利用当地的地表水，基本可以满足移民的生活用水要求，有条件的尚可发展部分农业灌溉。

表 4-5-3　小浪底水库第一期移民粮食人口容量分析成果

项目	年份	合计	孟津县	济源市	新安县				
					小计	本县安置	出县安置		
							小计	温孟滩区	原阳县
安置区人口（人）	1996	137 210	30 741	54 889	51 580	49 689	1 891		1 891
	2000	142 720	31 984	57 086	53 650	51 684	1 966		1 966
粮食总产量（万 kg）	1996	14 624	1 590	4 755	8 279	3 255	5 024	1 632	3 392
	2000	15 776	1 850	5 273	8 653	3 489	5 164	1 772	3 392
粮食人口容量（人）	1996	277 107	37 852	113 767	125 488	81 380	44 108	38 857	5 251
	2000	294 013	42 050	123 490	128 473	84 285	44 188	39 377	4 811
可安置移民人口（人）	1996	139 897	7 111	58 878	73 908	31 691	42 217	38 857	3 360
	2000	151 293	10 066	66 404	74 823	32 601	42 222	39 377	2 845
人均粮食指标（kg/人）	1996		420	418		400		420	646
	2000		440	427		414		450	705

2）城市安置移民环境容量分析

由于新安县土地资源较少，水资源条件较差，地方政府对新安县部分移民提出了义马市进行工业安置为主的方案。根据义马市的实际情况，安置移民环境容量主要从万元固定资产就业人数和水环境容量进行分析。根据义马市国民经济和社会发展“九五”计划及到 2010 年长远规划测算，到 2000 年市（区）总人口将达到 18 万人，按规划的固定资产测算就业机会为 15.84 万人，扣除义马市需安置的就业人口 11.16 万人，可用于安置移民的人口容量为 4.68 万人。与需安置的新安县狂口村移民 5 486 人相比，容量相对较大。

义马市是以煤炭、电力、化工工业为主的小型城市，水是该市经济发展的制约因素。依据该市的供水规划，1993 年市政府实施从市（区）外渑池县洪阳乡引水，日引水能力 1.73 万 t，基本解决了城市生产、生活用水；远期，靠实施国家批准的槐扒引黄提水工程供水，以满足该市的工农业供水需要。水环境不是该市安置移民的制约因素。

第六节　移民安置方式

合理确定移民安置方式是建设征地移民安置规划工作的首要任务。移民安置方式应根据移民安置环境容量分析成果确定，按移民迁移地域划分，有就近安置和远迁安置两种方式；按移民生产安置后从业情况划分，有大农业安置、非农业安置和其他安置三种方式；按移民安置集中度划分，有集中安置、分散安置和进城（集）镇安置三种方式。

一、按移民迁移地域划分

(一)就近安置

就近安置就是在本村组安置或出本村组在合理耕作半径内安置的方式,这种安置模式主要是开发当地剩余资源、发展经济、安置移民。就近安置移民一般是利用本村征地后的剩余的土地资源或从邻村划拨一部分土地资源进行安置。这种安置模式的好处是移民习惯于当地的生产生活环境,人际关系容易处理,有利于开发当地的资源,发展经济;缺点是大部分良田征用、土地资源紧缺,通过开发剩余耕地和在邻村划拨一部分土地进行安置来弥补耕地资源的不足。就地安置往往属于本村后靠,后靠区往往由于工程建设征地后剩余的土地质量不好,地形复杂,交通不便,文化经济落后,需花大量投资修建水、电、路等基础设施。因此,就近安置需要高度重视环境容量的限制并留有发展的余地,以避免环境容量不足造成移民的二次搬迁。

(二)远迁安置

远迁安置就是相对就近安置而言,即指就近安置外的安置方式,按其安置区行政区分布,又可分本乡远迁安置、本县远迁安置、出县远迁安置、出省远迁安置。远迁安置远离工程建设区,受工程建设影响较小,安置区资源环境条件相对优越。这种安置模式是优先选择在水土资源开发潜力大的乡村安置,即所谓的“资源优先”。在安置区选择时一般选择耕地资源较多、水源条件好或工程受益地区,通过调剂或开垦大片土地集中安置移民,移民可成建制搬迁,生产可以很快达到原有的水平,移民容易接受。

二、按移民生产安置划分

移民生产安置方式包括大农业安置、非农业安置、其他安置等方式。

(1)以农业生产为主的移民宜选择大农业安置方式。

(2)具有一定生产技能或有经商、办厂能力的移民可选择非农业安置方式。

(3)在人多地少或市场经济比较发达、有条件的地方,根据移民的素质和意愿,可与非土地安置相结合,适当发展第二、三产业。

(4)具有社会保障、投亲靠友、自谋职业、一次性补偿、长效补偿等条件的移民可选择相应的安置方式。

(一)大农业安置

以土地为依托,以大农业为主进行安置是农村移民的主要生产安置方式。这种安置方式移民比较熟悉,不存在从业条件调整,可以较快地适应安置区的条件和相关的生产技术,适应生产力发展要求。大农业安置风险小,很受移民欢迎,是解决移民温饱最有效、最可靠的措施。

大农业是移民生产安置优先开发的产业,同时也是其他产业赖以发展的基础。根据环境容量分析和地方政府提出的移民安置方案,确定大农业安置移民的数量。

(二)非农业安置

1. 工业安置

工业安置也就是企业安置移民,风险较大,工业安置要有必要的经济条件和社会环境。一是要有资金,就安置移民来说,工业安置每个移民所需的资金比大农业安置要高1倍多;二是企业要求有一定的合格经营管理人才、技术人才、合格的工人;三是企业要有原料、有市场,信息灵通,产品要有较强的竞争能力。而农村移民一般比较封闭,市场观念不强,劳动力文化水平较低。我国水利水电工程移民工业安置教训深刻,因此工业安置应严格控制,不宜作为安置移民的主渠道。

农村进入城市进行工业安置,其生产生活方式会发生较大变化,生产由原来的农工结合转为纯粹的工矿业生产,生活由原来农村消费型变为城市消费型。

根据环境容量分析和地方政府提出的移民安置方案,确定工业安置移民的数量。

2. 其他安置

其他安置主要是指干部职工家属农转非、合同工、临时工转正安置。这部分移民有的是家属在外就业,就是常说的"一头沉",在自愿的前提下,可以进行农转非进入城镇自谋职业。有的是移民本身现在外地打工(临时工、合同工),有一定的工作经验,可在移民自愿、所在单位接收的前提下,户口迁往工作单位,进行非农业安置。

根据地方政府意见,经分析论证,确定其他安置移民的方式和数量。

三、按移民安置集中度划分

按移民安置集中度划分,有集中安置(居民点规模在100人以上)、分散安置和进城(集)镇安置三种方式。

集中安置模式就是把整个移民村或多个移民村集中安置在某一个开发区内,统一进行布局,统筹规划。

分散安置就是受安置地区水土资源条件的制约,必须打乱原行政村建制,把较大的行政村移民分散安置在不同地区或同一地区不同地方,建立多个居民点安置。

某水库农村移民生产安置方式和安置途径见表4-6-1。

表4-6-1　某水库农村移民生产安置方式和安置途径　　(单位:人)

省、县	大农业安置					出县工业安置	县内农转非安置	总计
	就地后靠	县内近迁	县外远迁	分散插迁	合计			
总计	21 969	84 562	49 715	248	156 494	5 486	6 306	168 286
××省小计	10 770	64 896	49 715	248	125 629	5 486	2 581	133 696
××市	2 837	24 386	4 479	248	31 950		129	32 079
××县	1 342	9 908			11 250		789	12 039

续表 4-6-1

省、县	大农业安置					出县工业安置	县内农转非安置	总计
	就地后靠	县内近迁	县外远迁	分散插迁	合计			
××县	5 385	18 698	45 236		69 319	5 486	1 663	76 468
××县	666	11 904			12 570			12 570
××县	540				540			540
××省小计	11 199	19 666			30 865		3 725	34 590
××县	10 282	18 720			29 002		3 725	32 727
××县	917	388			1 305			1 305
××县		558			558			558

第七节　移民安置总体布局

一、农村移民安置布局

根据环境容量分析结论，研究确定搬迁后恢复移民生产条件的安置措施。确定移民搬迁新址的布局。根据移民搬迁安置点的人口规模，按照《镇规划标准》规定和规划的移民村庄在村镇体系中的地位和职能，划分基层村、中心村的个数。村庄规划规模，应按其不同层次及规划常住人口数量，划分为大、中、小型三级。

二、城（集）镇迁建布局

城（集）镇迁建布局要按照《镇规划标准》（GB50188—2007）、《中华人民共和国城乡规划法》、《城市用地分类与规划建设用地标准》（GBJ137—90）的规定和要求进行。城（集）镇迁建布局要根据工程建设对其影响程度、工程建设和移民安置后经济腹地的变化情况，综合研究确定。当城（集）镇全部被占用或受淹，而对其腹地影响不大，在政治、经济、文化、交通方面需要保持其中心职能者，应选择新址复建；如腹地也大部分被占用或受淹，不需单独存在时，可建议撤销或与邻近城镇合并；若城（集）镇仅部分占用或受淹，可采取防护处理或就地后靠搬迁。

城（集）镇的撤销或合并，涉及行政区划的变更，应根据其规模、等级按照国家的规定，报县、市或省、自治区、直辖市或国务院审批。

三、专业项目复建布局

研究确定公路、电力、电信、广播电视线路及设施等专业项目的复建布局。对公路网络、电力系统及容量、电信网络、广播电视网络等的功能进行分析,需要改建或新建的,应合理选择走向及位置,并提出经济合理的复建规划方案;对已失去原有功能不需要恢复重建的设施,不再进行规划;对需要恢复原功能但又难以复建的项目,经主管部门同意后,根据淹没影响的具体情况,给予合理补偿。

第五章　农村移民安置规划

第一节　概　述

农村移民安置规划是建设征地移民规划设计的重要组成部分，是移民安置规划的重点和难点。妥善解决农村移民安置问题，保证农村移民安居乐业，不仅能促进地区经济的发展和生态环境的改善，同时也是工程顺利进行和提高工程整体效益的关键因素之一。

一、农村移民安置规划的特点

城(集)镇、专业项目、工业企业的移民安置，在其房屋重建和基础设施配套建设后，移民原有的生产、生活条件得到恢复或保留，仍可从事原有职业，不存在重新就业问题，其移民安置规划只涉及搬迁(或恢复)规划。农村移民安置除需房屋重建和基础配套建设外，由于赖以生存的生产资料——土地的建设征收，还需要为他们提供可替代的土地资源或提供新的就业机会。因此，农村移民安置规划必须对移民就业方式进行研究、规划，即所谓生产安置规划。

农村移民的安置规划主要包括生产安置规划、搬迁安置规划两部分。搬迁安置规划，依据生产安置规划而制定，并反作用于生产安置规划，使移民生产安置和搬迁安置规划有机结合。

二、农村移民安置规划的主要任务

(1)总体规划指导下，制定生产安置规划。

(2)总体规划指导下，编制搬迁安置规划。

(3)根据编制的移民安置方案，编制移民分年迁建进度计划。

(4)分析移民安置对安置区原居民的影响，并提出影响处理措施。

(5)对移民搬迁前后的生活水平进行分析和预测，并对移民安置方案进行综合评价。

三、农村移民安置规划深度

农村移民安置规划一般按项目建议书、可行性研究报告、初步设计、技施设计几个阶段进行。

(一)项目建议书阶段

初步确定移民安置规划设计水平年，初步确定人口自然增长率等有关参数，以行政村为单位计算生产安置人口和搬迁安置人口，以乡(镇)为单位初步分析移民安置区环境容量，在征求有关地方政府意见的基础上，初步确定农村移民安置规划方案和生产恢复与开发措施、基础设施建设规模和建设标准，编制农村移民安置初步规划。

（二）可行性研究报告阶段

以村民小组为单位确定生产安置人口和搬迁安置人口，以行政村为单位分析移民安置区环境容量，确定农村移民安置标准、去向和方案，进行移民生产和搬迁安置的规划设计，编制农村移民安置规划，计算移民安置补偿投资。

（三）初步设计阶段

复核生产安置人口和移民搬迁安置人口；落实农村移民安置规划，进行项目的单项设计；分项计算农村移民安置补偿投资，编制农村移民安置进度计划和年度投资计划。

（四）技施设计阶段

按初步设计批准的项目进行施工图设计。

农村移民安置涉及面广，政策、技术性强，问题复杂，是一项复杂的系统工程。编制农村移民安置规划须严格遵守国家现行法规，深入调查研究工程建设征地区和移民安置区的实际情况，运用新技术、新方法优化规划设计方案，这对实施移民安置具有重大的现实意义。

第二节　规划原则

一、坚持开发性移民方针

《大中型水利水电工程建设征地补偿和移民安置条例》规定："国家实行开发性移民方针，采取前期补偿、补助与后期扶持相结合的办法，使移民生活达到或者超过原有水平。"开发性移民方针是农村移民安置规划总的指导思想和基本方针，它将过去单纯的赔偿安置改变为开发性移民安置，把农村移民安置的重点放在帮助移民寻找新的生产门路上，在科学的规划指导和各级政府的组织领导下，合理开发安置区资源，建设可持续发展的生产基地，为农村移民的安居乐业打下坚实的物质基础。

二、正确处理移民安置规划与区域经济发展的关系

农村移民安置规划的目的是满足农村移民生产生活恢复的需要，在力所能及的范围内兼顾区域经济发展的需要。规划的内容和主体是农村移民，其生产、生活项目的规划不能代替为安置区总体服务的发展规划，而只能与发展规划相协调，尤其是与区域近阶段发展规划的结合，通过移民工程促进地区经济的发展和生态环境的改善。

三、农村移民安置以大农业为基础

大农业安置方式中主要是种植业，它通过有偿调整和开发安置区土地资源，建设稳定高产耕（园）地，使每位农村移民拥有一份可耕作的土地。种植业安置使移民仍从事原来的农业生产，是一种比较稳定的安置方式，它适合广大农村移民，可以有效地避免市场经济条件下第二、三产业安置风险给移民生产、生活带来的冲击。在农业开发的基础上，根据当地资源和经济技术水平，因地制宜地逐步发展第二、三产业，为移民生活水平的持续提高创造条件。

四、正确处理农村移民安置与生态环境的关系

在进行移民安置规划时，应扩大对生态环境有利的一面，通过移民安置缩小对环境的不利影响，促进生态环境向良性循环发展。因此，应加强安置区农田水利基本建设的规划，把重点放在改善耕地质量以提高耕地生产力和增加科技投入以发展高效农业、生态农业等方面，合理开发利用安置区土地资源，以确保既安置了移民，又保护和改善了环境。

五、坚持整体性的原则

农村移民安置规划与城（集）镇迁建、专业项目复建、工业企业迁建等各项建设规划存在着密切的关系，且各个项目之间也有横向联系，农村移民安置规划必须与各专业规划相协调，才能达到移民安置总体规划最优的效果。

六、搬迁安置与生产安置规划相协调

农村移民搬迁安置规划是在生产安置规划基础上形成的，以有利生产、方便生活为目的，应与生产安置规划紧密结合。

第三节　生产安置规划

一、概述

农村移民生产安置规划，就是在总体规划的指导下，具体安排生产恢复与发展的措施。它是农村移民安置规划的主要组成部分，也是整个建设征地移民安置规划的重要内容之一，它关系到水利水电工程建成以后，移民的生产生活、工程建设区的经济恢复与可持续发展，必须遵循国家有关方针、政策和法规，正确处理国家、地方、集体和个人之间的利益关系，统筹兼顾，实事求是，全面规划。生产安置规划的目的是要妥善安排农村移民的生产活动，使移民的生产生活水平尽可能在最短的时间内达到或超过原有水平，并能逐步有所改善。生产安置规划要与区域经济发展规划相结合，使自然资源的开发和经济社会发展相互协调，以取得最佳效益。

农村移民生产安置应以有土安置为主，在市场经济发达和有条件的地方可与非土地安置相结合。一般以大农业安置为主，通过调剂土地，兴修农田水利和水土保持设施，改造中、低产田，开垦土地后备资源等措施，发展种植业、养殖业和加工业，提高农业综合生产能力，使移民具备恢复原有生活水平必要的生产条件。

农村移民生产安置规划设计，应拟定移民农业生产安置的方案，提出开发项目的规模和投资。对成片土地的开发项目，应进行勘测规划设计；对第二、三产业的开发项目，应对其可行性进行论证。移民生产安置方案的制定包括种植业开发，养殖业开发，林果业开发，第二、三产业开发等内容。

二、规划的指导思想和原则

生产安置规划的指导思想是贯彻开发性移民方针，将过去单纯的赔偿安置改变为开发性移民安置，把生产安置的重点放在帮助移民寻找新的生产门路上，即农村移民迁移到安置区后，依靠自身力量开荒造地，改造土地质量（包括坡耕地改造为梯田），兴修水利工程，发展农、林、牧、副、渔业以及第二、三产业等改善生产条件，使安置区当地居民的生产生活不受或少受影响，使移民的生产有基础、生活有保障。进行生产安置应遵循以下原则：

（1）珍惜土地资源，保证移民基本口粮田。

粮食问题是移民安置必须解决的一个突出问题。移民迁移前土地资源比较丰富，土地质量较好，耕地产量高，移民粮食富裕有余；移民搬迁后多数安置区适宜种粮的耕地不足，缺少其他土地和自然资源供其开发利用。

生产安置规划要珍惜土地资源，优先开发利用建设征地后的剩余土地、宜垦荒地、水库库区有防护条件的耕地，应积极采取防护措施以减少土地资源的浪费，作为安置移民的一种措施。

（2）以土地为依托，进行大农业安置。

土地开发涉及广大农村群众的利益。土地开发搞好了，就可以解决农村移民的温饱问题，可以消除移民的后顾之忧安心发展经济。由于移民安置后土地资源的限制，应采取有效措施搞好种植业，提高产量和粮食的自给率。同时，调整种植业结构及产业结构，改善农业生产条件，提高土地生产力，在保证基本口粮的前提下，因地制宜发展林果业、养殖业或发展以加工业为主的乡村企业。有条件的地区可以适当发展具有一定规模的第二、三产业，确立移民生产安置的支柱产业，以提高移民经济收入，使移民安置后达到或超过原有生活水平。

（3）正确处理生产安置与区域经济可持续发展的关系，正确处理生产安置与生态环境保护的关系。

农村移民生产安置规划的主要任务是满足农村移民生产生活恢复的需要，规划的内容和主体是农村移民，生产安置规划不可能代替区域经济总体发展规划，但必须与之相协调，通过移民开发项目促进区域经济的可持续发展。生产安置规划既要考虑经济效益，更要注意保护生态环境，合理开发资源，所有开发建设项目符合环境保护法、森林法、水法和水土保持法等有关法规，把开发和治理有机结合起来，促进区域生态环境向良性循环方向发展。

（4）生产安置规划实行的是限额规划，生产安置要与后期扶持相结合。

《大中型水利水电工程建设征地补偿和移民安置条例》明确规定："国家实行开发性移民方针，采取前期补偿、补助与后期扶持相结合的办法。"就是说，移民生产安置所需资金受到被征用土地的补偿补助费数额的制约，生产安置措施项目要结合当地条件进行优化组合，不能脱离实际盲目扩大安置措施和项目。同时，生产安置措施和项目正常发挥经济效益需要一个过程，农村移民搬迁后其生活水平必将有一个恢复期，需要通过后期扶持措施尽量缩短恢复期，最快实现达到和超过原有生活水平的安置目标。

三、种植业规划

种植业是农村经济的主要来源，种植业主要由谷类作物、经济作物、园艺作物、饲料作物（包括栽培牧草）组成。目前，我国大部分农村地区仍然是以种植业的谷类作物、经济作物为主。农村劳动力的年龄结构、文化素质与第二、三产业的要求还有很大差距，不能满足第二、三产业的发展要求。在未来一定时期内，种植业仍是农村经济的基础。因此，农村移民生产安置应从我国农村的现实情况出发，编制种植业发展规划。

（一）土地划拨与调整

（1）现有耕（园）地等土地所有权的调整和使用权的流转。调查落实移民安置区可以进行土地所有权的调整和使用权的流转的耕（园）地数量、分布，按总体规划确定的移民生产安置标准，分析计算可安置的移民数量。

（2）开垦土地。调查落实移民安置区宜农、宜林和可开垦土地的数量、分布，按照国家有关林业和水土保持的政策与规定，提出开垦土地的技术标准、规模和数量，明确利用方式，按总体规划确定的移民生产安置标准，分析计算可安置的移民数量。

（二）农耕地的改造

移民安置后，移民接收的耕地、调整和开垦的土地资源，其数量和质量与搬迁前有很大的差别，与安置区原居民也有一定的差别。因此，必须采取一定的措施，改善土地立地条件、改良土壤、优化种植业结构，提高土地生产力，才能保证移民生产生活达到或超过原有水平。

依据土地利用总体规划和土地开发整理规划，对农耕地进行改造。改造采用工程、生物等措施，平整土地，归并零散地块，修筑梯田，整治养殖水面；建设道路、机井、沟渠、护坡、防护林等农田和农业配套工程；治理沙化地、盐碱地、污染土地，改良土壤，恢复植被。移民划拨、调整和开垦的土地各种各样，各个工程千差万别，其开发改造的措施也各不相同。总结起来，主要有以下几方面。

1. 坡改梯

我国山地面积约占土地总面积的33%，高原占26%，丘陵占10%，盆地占19%，平原占12%。山地多、平地少，这对发展林业、牧业和开展多种经营有利，但农业（耕作业）发展受到一定限制。

移民安置以大农业为主，移民划拨、调整和开垦的土地，可能会有大量的坡耕地，这些耕地坡度一般在5°~25°，质地松疏，水土流失较重，土壤贫瘠。为适宜发展灌溉和蓄水保墒、防止水土流失，改善农业生产条件，提高耕地质量，必须对其改造，加工修筑成水平土坎或石坎梯田，梯田断面要素如图5-3-1所示。梯田的高度取决于修梯田区的坡度和土质情况。

梯田的高度及梯田工程土石方量计算公式如下：

$$H = B/(\cot\alpha - \cot\beta) \tag{5-3-1}$$

$$V = 83.3H + 100 \tag{5-3-2}$$

式中 H——上下两梯田田面垂直高差，m；

B——梯田田面的水平宽度，m；

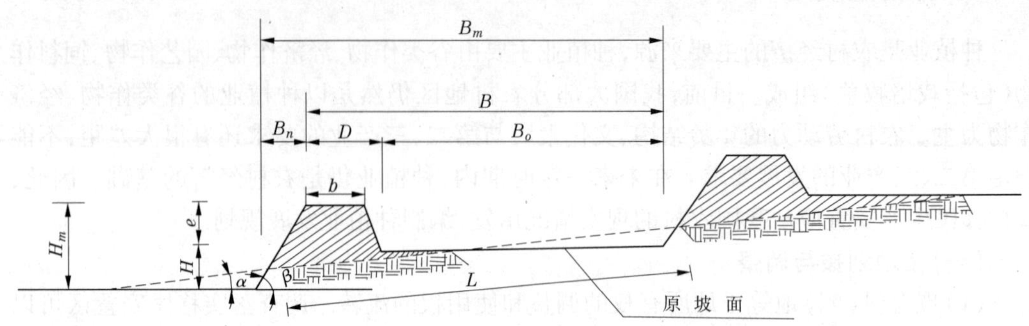

图 5-3-1 梯田断面要素示意图

α——原地面坡度；

β——梯田外侧坡；

V——每亩梯田面积挖填土石方量，m^3；

100——坡改梯表土处理经验方量，m^3，因地区不同有所差异。

2. 土地平整、土壤改良

安置区为移民划拨、调整的土地，大多位于几个村庄土地交叉地段，土地坡度较大，土质较差，需要进行必要的土地平整和土壤改良工作，以满足农田灌溉要求。

3. 土地开垦开发

成片(200 亩以上)土地开发项目应依据土地利用总体规划，进行土地开发整理规划设计。土地开发整理规划设计包括地形测量、土地利用现状调查、土地利用规划、建立耕作制度、工程规划设计、耕作条件恢复等，要注意土地沉陷、坍滑、膨胀、浸没等对开发利用的不利情况，以及生态环境保护。

工程规划设计应根据相关技术规范的规定，提出安置区土地开发、整理的技术要求，进行平面布置、竖向设计、道路及农田水利设施设计。平面布置设计包括台地布置、道路布置、水利工程布置等；竖向设计包括平整工程设计、梯坎工程设计；道路设计是指耕作区对外联络和田间联系道路的设计，道路可分为机耕道和人行道(含梯道)。

耕作条件恢复包括底层、耕作层的厚度、工程量以及土壤培肥的措施及数量。

(三)农田水利工程规划

根据移民划拨、调整、开垦的土地情况和安置区的水资源条件，因地制宜地进行农田水利工程规划，使移民拥有一定数量旱涝保收的水田、水浇地，保证移民安置后能在有限的土地上生存。

农田水利工程设计，主要项目包括水源工程、输水工程和田间配水工程。农田水利工程设计原则、内容及采用标准等执行相应规范。

四、种植业结构优化调整

种植业(指谷类作物、经济作物、饲料作物)结构优化调整是农业生产开发的重要措施。移民安置区土地资源有限，农业基础薄弱，种植模式很单一，农作物种植业结构不能适应形势发展要求,因此在保证移民基本口粮的前提下,通过种植结构的优化配置,既能使农业整体经济效益达到最佳的结构,又能使农业向生态农业方面良性发展。

(一)种植结构优化原则

(1)满足社会需要。即种植业的发展应当在可能条件下尽量满足移民对粮食、经济作物的需要。

(2)改善生态条件。农业生产依赖于良好的土壤条件和生态条件。人们在安排农业生产时,不仅要考虑移民当前对农产品的需求,而且还要考虑今后的农业生产发展问题。也就是说,不能采取掠夺式的经营方式,应为今后农业生产的发展创造良好的条件,使农业生产逐步走向良性循环。

(3)提高经济效益,增加移民收入。即不仅要生产出更多的农产品,而且要降低农业生产费用,提高移民收入。为此,在考虑种植业结构时,应从各安置区的自然条件出发,扬长避短;安排农业生产,也应在采取各种具体农业措施时,充分考虑实际经济效益。

(二)最优种植结构模型设计

最优种植结构模型设计方法主要采用运筹学中的线性规划方法。

1. 变量设置

移民安置区域内,适合播种的农作物主要有谷类作物、经济作物、饲料作物等。变量按不同安置区域、不同作物、不同地类(水浇地、旱地)设置;同时,在进行种植业结构设置时考虑与种植业有关联的养殖业如牛、猪、羊、家禽等。

2. 目标函数的建立

移民安置的目标重点体现在增加收入上,因此必须明确把增加移民收入作为种植业结构调整和优化的基本目标。函数以种植业系统净收入作为衡量库区移民经济系统经济效果的目标,反映生产发展水平和成本支出两方面的情况。种植业结构调整和优化模型建立目标函数如下:

$$\begin{cases}\max s = \sum_{i=1}^{n} c_i x_i \\ x_i \geqslant 0 \ (i = 1,2,\cdots,n)\end{cases} \quad (5\text{-}3\text{-}3)$$

式中 s——目标函数值;

x_i——系统活动变量;

c_i——变量利益系数;

n——系统活动变量。

3. 约束条件的设置

约束条件设计方程如下:

$$\begin{cases}\sum_{j=1}^{m} \sum_{i=1}^{n} (A_{ij} x_i) = B_{ij} \\ x_i \geqslant 0\end{cases} \quad (5\text{-}3\text{-}4)$$

式中 A_{ij}——不同区域不同作物技术系数;

B_{ij}——各种资源的需求或限制量。

约束条件内容包括土地及作物种植面积平衡约束、耕地平衡约束(总面积、水浇地面积)、农产品最低需求约束、小麦最低需求约束、蔬菜需求面积约束、种植棉花面积约束、肥料需求约束、精饲料及粗饲料约束、养牛约束、养猪约束、家禽约束、用工约束、投资约束等。

(三)模型求解方法及实例

上述模型为单目标最优化线性规划模型,可采用单纯型线性规划方法求解。例如,××水库××县农村移民分后靠、某灌区安置、近迁安置、远迁安置四个安置区安置,按照上述方法建立了数学模型进行了分析计算。该模型考虑了种、养、加(粮食加工)一条龙生产体系,提高土地开发生产潜力,既为扩大后续增值系列奠定了基础,又对农业生态易形成良性循环。规划设计水平年移民系统经济总收入2 799.4万元,人均914元;粮食总产1 706.2万kg,人均557kg;耕地复种指数174%,粮食作物占总播种面积的79%。系统内生产粮食除基本口粮外,主要用于饲料生产和加工。系统内土地资源开发后可供发展养牛10 211头,养猪7 905头,以供后续增值系列的发展。计算结果见表5-3-1。

表5-3-1 ××水库××县移民安置区种植业结构调整与优化成果

项目区	后靠安置区	某灌区安置区	近迁安置区	远迁安置区	合计
一、种植业					
1. 总耕地(亩)	14 254	17 398	4 237	1 240	37 129
2. 播种面积(亩)	24 312	31 132	7 460	1 922	64 826
粮食作物(亩)	22 887	23 295	5 483	1 364	53 029
小麦	11 671	13 734	3 223	682	29 310
玉米	9 137	8 076	1 757	682	19 652
豆类	739	1 485	235		2 459
谷子	1 340		268		1 608
经济作物(亩)	1 425	7 837	1 977	558	11 797
棉花		6 862	1 014		7 876
蔬菜	970			558	1 528
油料	455	975	963		2 393
二、养殖业					
养牛(头)	5 440	3 463	1 308		10 211
养猪(头)	2 875	3 780	1 250		7 905
外购精饲料(万kg)		38.04			38.04
外购粗饲料(万kg)	207.3	60.5	43.6		311.5
三、经济效果					
1. 总收入(万元)	1 210.2	1 259.2	215.1	114.9	2 799.4
种植业	817.4	984.4	111.3	114.9	2 028
养殖业	392.8	274.8	103.8		771.4
2. 粮食总产量(万kg)	676.2	838.9	137.5	53.6	1 706.2
3. 人均指标					
人均粮食(kg)	599	599	564	418	557
人均收入(元)	1 073	899	882	895	914
种植业	725	703	456	895	662
养殖业	348	196	425		252

五、园艺作物种植规划

园艺作物通常是指蔬菜、果树、花卉和观赏苗木等,其品种具有多样性和复杂性,它涵盖了通常所指的林果业、大棚蔬菜种植、花卉种植、观赏苗木等,很难加以概括。园艺作物种植作为现代农业的代表,具有广阔的市场、可观的经济效益。对于移民来讲,移民利用征地补偿资金,在划拨、调整或开垦的有限的土地面积上开展园艺作物种植,是增加移民收入的一项重要措施,要因地制宜,搞好规划。

六、养殖业开发

养殖业主要包括畜禽养殖和水产养殖。改革开放以来,随着经济的发展和人民生活水平的提高,养殖产品已成为人们生活的优质食品,需求量大,增长很快;发展养殖业,直接占用土地很有限,在现今的科技发展水平下,类似工厂化生产,几乎不受土地限制,养殖业周期短、收益快,可滚动发展,能较快地增加移民经济收入,可缓解移民搬迁初期的收入下降状况,稳定移民情绪。养殖业发展与种植业是相辅相成的,除能获得较好的经济效益外,还可为农业提供大量的有机肥料,促进种植业的发展。与种植业相比,养殖业受自然条件和灾害的影响相对较小,发展速度加快,甚至能超常规增长。

发展养殖业要根据市场需求和当地资源条件及经济条件选择市场需求量大、经济效益好的产品作为开发的重点,以建立基地和专业大户带动、推动养殖业的规模经营。一个乡、一个村要围绕一个主导产品搞规模经营,这样有利于搞社会化服务、建立种苗基地、科技推广、信息指导、饲料供应、防疫保健、商品流通等,为养殖业快速健康发展提供主要保证,也为养殖业加工增值、组建龙头企业、实行产业化经营提供条件,逐步实现由浅层开发向科技含量高的深层开发的转变。

(一)家庭养殖

家庭养殖是针对目前我国农户的特点开展的养殖项目,主要有养猪、养鸡、养鸭、养牛、养羊等,养殖方式有分户散养和“公司+农户”模式,因地而宜。养殖又分特种养殖和一般养殖。

(二)水产养殖

水产养殖主要针对水库近迁移民,充分利用水库水面水资源开展网箱养鱼、库湾库汊养鱼,根据移民安置区的自然条件,也可以开展池塘养鱼。水库养殖要满足水库水质保护的要求。

七、第二、三产业开发

改革开放以来,我国第二、三产业也有了较快的发展,有许多地区农村第二、三产业的增加值在农村社会总产值中已占很大比重,甚至超过农业增加值,其发展速度也远超出农业的发展速度。总体来讲,我国广大农村第一产业仍占主导地位。移民安置后,原有生产结构体系发生重大变革,在新的安置区,土地面积大幅度减少,仅能保证基本口粮,移民人均拥有的土地面积数量、土地的质量都比安置前有较大幅度下降。为了保证移民生产生活水平达到或超过原有水平,在调整农村产业结构、提高土地生产力、发展好第一产业的同时,必须因地制宜地发展第二、三产业,提高第二、三产业在移民新的经济体系中的地位。

(一)建设征地拆迁企业的规划

建设征地受影响的企业,位于工程建设征地区域。征地之前,就有当地的移民劳力在这些企业工作或打工,是移民的一定经济收入来源。

受影响企业的恢复建设,除安置原有职工和部分移民劳力外,迁建企业的发展仍能进一步吸收移民劳力,减少农业安置压力,增加移民的经济收入。

(二)新建第二、三产业的开发

移民安置后,由于受土地面积的制约,为恢复原有生活水平,在开发大农业的同时,还必须开发第二、三产业。大农业是第二、三产业的基础,对农村移民来说,又是解决温饱问题最可靠、最有效的措施。移民对大农业比较熟悉和习惯,人均所需投资少,风险也小,覆盖面大,千家万户都可以搞,承包经营,最容易调动移民的生产积极性,所以必须把发展大农业放在优先地位,特别是在大多数移民温饱问题未解决之前,必须集中主要人力、财力搞好大农业。但现在的大农业是市场经济条件下的大农业,离不开科学技术和第二、三产业的支持,没有肥料饲料及产前、产中、产后服务,没有加工运输销售,就无法实现优质高产高效,道理是很清楚的。农村移民安置后人均耕地较少、耕地质量相对较差,仅靠种植业难以恢复到原来的生产生活水平,农村劳力向第二、三产业转移是一个必然趋势,无论从农业现代化,还是从转移农村剩余劳力、提高农民的劳动生产率和收入水平、尽快奔小康的要求出发,都需要发展第二、三产业。

第二、三产业的发展需要有必要的条件,比起大农业来,它更为复杂,需要更高的科学技术和经营管理水平,需要素质较高的劳力和人才,需要大量的资金。建设征地区原来文化经济都很落后,交通困难,信息不通,思想封闭,缺乏市场观念和对价格规律的认识,大多数劳力不适合第二、三产业的要求。再者土地补偿费和安置补助费用于大农业安置移民尚嫌不足,所以对第二、三产业发展必须很慎重。我国曾有不少库区移民,没有规划,没有项目可行性研究,不顾客观条件,不作周密的调查研究,不经基层移民代表同意,挪用土地费用,盲目办厂,结果项目建设质量差,或者企业管理混乱,或者生产的产品质量低劣,在市场上没有竞争力,最终导致大量的所谓移民企业亏损倒闭,以失败而告终。

第二、三产业项目的选择与评估对其生存与发展至关重要,在选择评估时要充分考虑移民安置的特定条件,遵循以下原则:

(1)要优先考虑大农业发展的要求。如大农业的产前、产中、产后的服务,包括种苗培育、病疫防治、科技服务、人员培训、饲料加工和供应、产品贮存、保鲜、加工、运销等,这些都直接促使大农业优质、高产、低耗、高效,实际上是大农业的配套和延伸,有利于推进大农业产业化的进程。

(2)对于经济基础比较差的库区移民,由于技术水平和资金的限制,要先易后难、积极稳妥、循序渐进,不能拔苗助长、急于求成,应先发展短、平、快确有资源优势的劳动力密集型企业,随着资金的积累、管理水平和技术水平的提高,再发展资金技术含量高的企业。

(3)新建乡村企业产业所需投资一般是占用大农业安置移民的生产开发费或多方筹

集，因此投资必须有偿使用。企业要实行法人负责制，政企分开，以减少资金浪费、挪用和风险，保护移民群众的合法权益。

(4)新建项目的选择、评估、立项、审批，要有科学的程序和制度，严格遵守基建程序。认真做好项目规划的前期论证工作，一般选择新产品开发应按照13种因素进行分析(见表5-3-2)。严格控制投资大的工业项目，凡工业项目的立项，都必须由申请单位提出可行性论证报告，逐级申报审批。为了使新上项目切实可行，县市移民部门应在深入调查研究的基础上，经过严格筛选，储备一批可供选择的项目。为了保证所选项目能充分发挥效益，县市可成立项目评审小组，由移民部门领导和科技人员组成，并聘请有关专家参加评审，凡新开工的项目必须经评审小组评审，并经所有成员签字方可立项。

表5-3-2　企业产品开发13种因素主要内容

序号	因素	主要内容
1	原材料	原材料来源、运输条件、价格、可能发生的变化预测
2	市场	用户心理变化、用户需要量、市场变化分析预测
3	产品生命期	新产品生命期及目前所处状态、改变状态的对策
4	生产技术	技术来源、技术可行性分析、实验或试制
5	经济效益	投资效益分析、盈亏转折分析和敏感度分析、社会效益等
6	潜在价值	潜在的市场、新产品的潜在性能、用途、价值及改进可能性
7	竞争对手分析	竞争对手的技术特长、地点分布、市场占有率、经营战略、发展规划分析
8	资金来源	投资渠道、利率及其他条件
9	能源条件	可提供的水、电、煤、油等渠道条件
10	环境保护	可能产生的污染、处理方案及满足环保要求的可能性分析
11	企业条件	产品结构和发展规划、技术水平(现有、潜在)经营能力、管理水平及领导素质
12	协作条件	技术上的协作、销售上的协作、新产品加工件的协作
13	挫折估计	各种可能出现的潜在危机分析，包括生产管理中和各种环境下可能出现的不利影响、风险估算等

(5)立项的项目应符合国家产业政策，没有严重环境污染，市场需求呈上升趋势，技术、资金和管理方面可以适应，经济效益好，资金回报率高与对库区经济发展有较强的带动能力。

(6)要避免低水平的重复建设。第二产业的发展，要充分注意集约式增长，选择一些基础好、班子强的已建企业，进行设备更新和技术改造，以扩大生产规模，效益可能更好。同时要注重资源的深度、系列开发，提高科技含量，不断调整结构，建立完善的运行机制，推动科技进步和经济效益增长。

(7)在第三产业发展上,应支持多轮驱动,即部门、集体、个体一起上,以点带面,积极引导,实现快速发展。

第二、三产业的开发要选择优势资源,以市场为导向,以效益为中心,进行深度开发,形成支柱产业,向产业化发展。区位优势对发展第二、三产业也很重要,第二、三产业的布局要选择区位好的地方,相对集中,以形成企业群体,将来有利于形成小城镇。

新项目立项前要进行可行性研究。如果可行性研究后认为符合国家产业政策,没有环境污染,是短线产品,需求呈上升趋势,技术、资金和管理可以适应,经济效益好,经过专家评估和有关部门批准,就可以正式立项。

八、综合评价

农村移民生产开发规划综合评价,一方面要反映移民安置对安置区当地居民的影响程度,包括对安置区居民人均耕地和园地、人均粮食、人均收入及剩余劳动力安排,并要求提出对策措施,也就是如何利用所得到建设征地补偿投资,进行投资开发;另一方面要反映建设征地移民搬迁安置后在预定的时期内安置的效果,包括移民劳动力就业的程度和就业结构的变化、移民生产开发规划的投资平衡情况以及生产开发的投资效果、移民在预期时间内生活水平的变化情况。

(一)移民劳力安置情况

综合农村移民生产安置措施,分析各种措施(种植业,养殖业,第二、三产业)安置的移民劳动力数量,与总体规划分析确定的移民劳动力进行对比,论证移民迁移前后农村劳动力是否能够全部得到妥善安置。

如某水库,移民安置总体规划确定设计水平年需要大农业安置 156 494 人,其中劳力为 70 563 个。通过农村移民生产安置规划,移民劳动力全部得到了安置,其中种植业 50 885人,占总劳动力的 72%,村办企业安置 11 004 人,占 15%,做到了移民生产有出路、劳力有安排、收入有保证。某水库农村移民劳动力安置情况见表 5-3-3。

表 5-3-3　某水库农村移民劳动力安置情况　　（单位:人）

项目		济源市	孟津县	新安县	温孟滩	原阳县	中牟县	渑池县	陕县	垣曲县	平陆县	夏县	小计
总计	农业安置总劳动力	13 657	5 341	12 231	16 506	1 862	1 558	5 531	238	12 760	622	257	70 563
	种植业安置	11 971	3 720	7 381	12 219	1 669	1 528	4 275	184	7 402	385	151	50 885
	林果业安置	1 073	740	448	597			463			107	33	3 461
	畜牧业安置	152	81	1 896	778	35		359	129	3 110		10	6 550
	村办企业安置	461	870	3 573	3 219			420		2 270	130	61	11 004
	第三产业安置												
	实际可安置劳动力	13 657	5 411	13 298	16 813	1 704	1 528	5 517	313	12 782	622	255	71 900

续表 5-3-3

项目		济源市	孟津县	新安县	温孟滩	原阳县	中牟县	渑池县	陕县	垣曲县	平陆县	夏县	小计
第一期	农业安置总劳动力	5 460	2 166	5 481	2 031	385							15 523
	种植业安置	3 774	867	3 135	1 199	168							9 143
	林果业安置	1 073	600	154	40								1 867
	畜牧业安置	152	81	314	12	35							594
	村办企业安置	461	618	1 878	780								3 737
	第三产业安置												
	实际可安置劳动力	5 460	2 166	5 481	2 031	203							15 341
第二、三期	农业安置总劳动力	8 197	3 175	6 750	14 475	1 477	1 558	5 531	238	12 760	622	257	55 040
	种植业安置	8 197	2 853	4 246	11 020	1 501	1 528	4 275	184	7 402	385	151	41 742
	林果业安置		140	294	557			463			107	33	1 594
	畜牧业安置			1 582	766			359	129	3 110		10	5 956
	村办企业安置		252	1 695	2 439			420		2 270	130	61	7 267
	第三产业安置												
	实际可安置劳动力	8 197	3 245	7 817	14 782	1 501	1 528	5 517	313	12 782	622	255	56 559

(二)生产安置规划投资平衡

对生产安置规划投资与移民生产安置的费用进行平衡分析。

生产安置规划投资主要包括获得土地的投资,土地开发整理投资,第二、三产业安置投资,其他安置方式投资等。其中获取土地的投资是指为使移民所在集体获得土地所有权、移民个人获得承包经营权,所付给安置区集体的土地调整费用;土地开发整理投资是指对土地进行开发整理需要的资金投入,包括土地平整、道路、水利设施、土壤培肥措施等投资;第二、三产业安置方式的投资是指第二、三产业安置所需投入的资金;其他安置方式投资是指投亲靠友安置、自谋职业安置、一次性补偿安置、长效补偿安置所需投入的资金。

移民生产安置的费用来源于村(组)集体被征收所有土地的土地补偿费及安置补助费、水利设施补偿费,其中园地及林地应扣除其地面附着物即林木的补偿费。

当移民生产安置的费用小于生产安置规划投资时,应优化安置方案或提出解决资金缺口的办法;当移民生产安置的费用大于生产安置规划所需投资时,应说明富余资金的使用去向。

(三)移民生活水平分析

移民生活水平分析,主要分析人均粮食和人均纯收入两项指标,通常采用有、无工程(即修建该工程和不修建该工程)情况有关指标进行对比分析。

无工程情况下,移民按原生产体系正常发展,其规划设计水平年及校核水平年生活水平,采用规划设计基准年有关指标、结合各县(市)国民经济增长速度推算;有工程情况下,移民原有生产体系破坏,移民到达安置区后建立新的生产体系,首先恢复种植业收入水平,待移民生产体系完全建立后,恢复移民原有生活水平。

例如,某世行贷款工程水库移民安置规划生活水平分析。有、无工程情况下,规划设计水平年、校核水平年移民生活水平情况见表5-3-4。有、无工程情况下,各个水平年移民生活水平对比见图5-3-2。

表5-3-4 某世行贷款工程水库移民生活水平(经济收入)分析对比

(单位:元/人)

移民安置县	有、无工程对比	规划设计水平年		校核水平年	
		总收入	其中:种植业收入	总收入	其中:种植业收入
济源市	无工程时	720	482	1 238	867
	有工程时	368	368	1 886	340
孟津县	无工程时	807	541	1 115	747
	有工程时	449	449	1 488	485
新安县	无工程时	733	440	1 000	600
	有工程时	286	286	1 413	604
温孟滩	无工程时	1 070	642	1 567	940
	有工程时	648	648	1 394	815
原阳县	无工程时	733	440	1 000	600
	有工程时	576	576	1 211	618

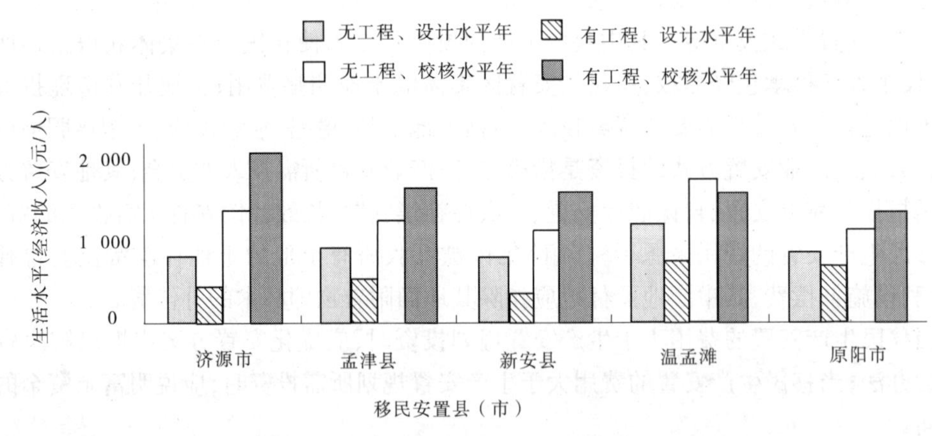

图5-3-2 某世行贷款工程水库移民生活水平对比

从表5-3-4中对比分析结果可以看出,规划设计水平年由于移民生产开发措施未能全部实施,移民生活水平未能全部达到原有标准,生活水平略有降低;校核水平年,按照生产措施规划安排,搞好农田建设,发展农田水利工程,优化种植结构,兴办乡村企业和养殖业等,移民群众经济收入迅速增长,同无工程时相比,各县移民安置区生活水平基本达到和超过原有生活水平。其中,温孟滩安置移民来自新安县,原来矿产资源丰富、工业基础比较好,移民的经济收入比较高;而迁移到温孟滩后,靠开发黄河滩涂进行农业安置,相对来讲,其经济发展速度较慢,到校核水平年仍比无工程情况低11%,规划通过兴办适时、适(应)市(场)的第二、三产业解决其经济发展速度较慢的问题。

九、各设计阶段工作深度

(一)项目建议书阶段

初步了解移民意愿,初步拟定各种安置方式移民人数,以行政村为单元进行生产安置人口平衡,以县为单元进行投资平衡分析。

(二)可行性研究报告阶段

进行移民意愿抽样调查,确定各种安置方式移民人数,对有代表性的成片土地测绘不小于1:5 000的地形图,进行同等深度的开发整理典型规划设计,以村民小组为单元进行生产安置人口平衡,以行政村为单元进行投资平衡分析。

(三)初步设计阶段

分户落实生产安置对象,并进行意愿调查;复核各种安置方式移民人数,对成片土地进行开发整理初步设计,以村民小组为单元进行生产安置人口平衡复核,以行政村或村民小组为单元进行投资平衡分析。

(四)技施设计阶段

必要时复核各种安置方式移民人数,分户落实生产安置去向,进行成片土地开发整理施工图设计。

第四节　搬迁安置规划设计

搬迁安置规划设计包括搬迁安置方案与农村居民点新址选择、搬迁安置人口平衡、标准与规模确定、集中居民点规划设计。农村居民点指农村居民居住、生活的场所,一般指行政村或村民小组。农村居民点规划设计,是指对受建设征地影响的行政村或村民小组,因工程建设不能在原居住地生存,需另择新址重建房屋和有关基础设施等合理的规划设计。

农村居民点规划设计,其内容包括新址移民征地、场地平整(含挡土墙和护坡)、基础设施(包括街道、用电、供排水、广播电视、绿化工程等)规划或防护工程设计、投资概(估)算编制。

一、农村居民点规划设计原则

(1)农村居民点规划设计应满足建设社会主义新农村的要求。

(2)依据《镇规划标准》(GB50188—2007)和当地政府《土地管理法》实施办法,结合移民原居民点的实际情况,确定农村居民点性质和发展规模。

(3)居民点布设,结合农村移民生产安置规划,遵循因地制宜、保障安全、有利生产、方便生活、保护生态、节约用地的原则合理规划;有条件的地方,可以结合小城镇建设进行。

(4)居民点设计包括居民的选址、居民点布局规划和基础设施规划设计。

(5)移民居民点新址应布设在居民迁移线以上和浸没、滑坡、坍岸等地段以外的安全地带。防洪库容设置在正常蓄水位以上的水库,移民居民点一般应设在防洪高水位以上。应避开山洪、风口、滑坡、泥石流、洪水淹没、地震断裂带等自然灾害影响的地段;并应避开自然保护区、地下采空区和有开采价值的地下资源区域。

(6)居民点选择应和生产条件、地形地质、水源、交通条件相结合,宜选在水源充足、水质良好、便于排水、通风向阳和地质条件适宜的地段,做到合理规划布局,方便移民生产生活。

(7)对集中安置移民的居民点,应根据不小于1∶1 000比例尺的地形图,合理规划布局。

(8)居民点的用地规模,应根据国家和省(自治区、直辖市)有关规定,参照原有用地情况综合分析合理确定。

(9)集中安置的农村居民点应当进行水文地质与工程地质勘察,进行场地稳定性及建筑适宜性评价,并依法做好地质灾害危险性评估。

(10)对移民居民点的供水、供电、交通和文化教育、医疗卫生等设施,考虑原有的水平和安置区的具体条件,按有关规定进行经济合理的配置。

对场地平整(竖向工程)、交通、供水、供电等基础设施,应进行勘测规划设计。

(11)对集中安置居民点应进行环境保护、水土保持设计,落实相关措施。

(12)宜避免被铁路、重要公路和高压输电线路所穿越。

(13)注意近远期结合,考虑人口增长和耕地减少等因素,留有适当的发展余地。

二、规划设计内容及方法

(一)农村居民点总体布局

农村居民点总体布局是结合安置区域范围内的土地利用规划和经济发展规划,调查分析拟定的安置区规划设计基准年基本情况及其发展趋势,选定农村移民安置方式、安置模式和新址居民点的合适位置及基础设施建设总体方案。居民点的布局是一个很复杂的问题,没有固定的模式,制约居民点布局的主要因素,一是自然地理条件,二是农村移民的合理耕作半径,三是社会服务体系和基础设施建设。

一般来说,丘陵山地地形复杂,生产用地较分散,交通不方便,居民点宜依山就势规划布局;平原地区,耕地集中,交通方便,居民点布局应适当集中;为便于生产,保证合理的耕作半径,从我国现实条件出发,生产工作半径不宜过大,到作业地点的时间以不超过半小时为宜。否则,移民出工在路上的时间过长,使工效降低,管理不便,生产成本增加。

居民点布局相对集中,有利于基础设施建设和学校、卫生防疫等社会服务体系建设,有利于发展第二、三产业,符合我国目前倡导农村集镇化建设;居民点过于分散,在社会服务体系建设和基础设施建设上可能会遇到困难。

农村居民点总体布局比较复杂,要根据当地的自然条件和移民的生产、生活习惯等特点综合考虑,采取因地制宜、灵活多样的布局方法,为移民创造舒适、卫生的生产生活环境。同时对规划布局方案的选择,应进行技术经济论证,不仅要求技术上可靠,还要经济合理。

(二)农村居民点级别划分

根据《镇规划标准》和移民安置总体规划的居民点人口规模,村庄的规划规模应按人口数量划分为特大、大、中、小型四级。

确定农村居民点在村镇体系中的地位和职能。一般可分为基层村和中心村。每个层次按照规划常住人口数量分别划分为大、中、小三级。中心村即建制村或行政村,为村委会所在地。其规模分级见表5-4-1。

表5-4-1 居民点规划规模分级 (单位:人)

规划人口规模分级	村庄
特大型	>1 000
大型	601 ~ 1 000
中型	201 ~ 600
小型	≤200

(三)居民点建设用地标准

新居民点的占地标准,依据《镇规划标准》合理确定。

新居民点的用地应按土地使用的主要性质划分为:居住用地、公共设施用地、生产设施用地、仓储用地、对外交通用地、道路广场用地、工程设施用地、绿地、水域和其他用地9大类、30小类。

根据《镇规划标准》,人均建设用地指标分为四级,见表5-4-2。

表5-4-2 人均建设用地指标分级

级别	一	二	三	四
人均建设用地指标(m^2/人)	>60 ≤80	>80 ≤100	>100 ≤120	>120 ≤140

(四)居民点规划布局

各个居民点的规划布局应根据当地的地形、地貌条件确定,大体上分为以下三种:

(1)集团式:其优点是布局紧凑,用地经济,工程投资省,施工方便,便于组织生产和改善物质文化生活条件。主要缺点是易受地形条件限制,由于布局集中,使劳动者生产半径大。此方式适用于平原地区集中安置的移民点。

(2)卫星式:是一种分级布局的形式,也是由分散型向集中型布局的一种过渡形式。它是以一个较大型的中心村为中心,周围带几个小居民点。其最大优点是现状和远景相结合,既能从现有生产水平出发,又能照顾到生产发展对居民点和生产中心布局的新要求。

(3)自由式:这种形式一般适用于山区。村落房屋沿着山坡、公路、河流、沟汊等呈带状布置或无规则散居。它因受地形等条件的限制,布局宜采用依山就势、错落有致,可避免大挖大填,减少工程量,节约投资。但对居民点的长久发展和改善人民生活条件不太有利。

(五)农村居民点的基础设施配置

农村居民点的基础设施如街道、给排水、供电工程、绿化工程等,应根据工程占地影响居民点的情况和移民安置区的实际,按照《镇规划标准》有关规定合理确定。

(六)新址的规划设计

新址的规划设计包括总体设计和竖向设计。基础设施的规划设计在遵守"原标准、原规模、恢复原功能"的原则下,符合社会主义新农村建设要求,使规划设计方案经济、可行。

三、居民点迁建规划设计

(一)人口规模

人口规模是搬迁安置规划设计的基础,是确定居民点建设规模及投资的重要依据。人口规模的计算,在总体规划中已详细描述。

(二)居民点用地规模

农村新居民点用地规模的计算方法为:

$$M = C \times D \tag{5-4-1}$$

式中 M——新村占地总面积,m^2;

C——规划设计水平年搬迁安置人口,人;

D——人均建设用地指标,m^2/人。

(三)基础设施规划设计

1.新村内部道路交通规划

新村内部道路交通规划应根据村村、村镇之间的联系和新村各项用地的功能、交通流量,结合自然条件与现状特点,确定道路交通系统,并有利于建筑布置和管线敷设。

新村内部道路可分为四级,其规划的技术指标应符合表5-4-3的规定。村内道路系统的组成,按照《镇规划标准》有关规定合理确定。

表5-4-3 村镇道路规划技术指标

规划技术指标	道路级别			
	一	二	三	四
计算行车速度(km/h)	40	30	20	—
道路红线宽度(m)	24~36	16~24	10~14	—
车行道宽度(m)	14~24	10~14	6~7	3.5
每侧人行道宽度(m)	4~6	3~5	0~3	0
道路间距(m)	≥500	250~500	120~300	60~150

2. 竖向规划

新村建设用地的竖向规划，包括确定建筑物、构筑物、场地、道路、排水沟等的规划标高；确定地面排水方式及排水构筑物；估算土石方挖填工程量，进行土方初平衡，合理确定取土和弃土的地点。

竖向规划要充分利用自然地形地貌，减少土石方工程量，宜保留原有绿地和水面；要有利于地面排水及防洪、排涝，避免土壤受冲刷；要有利于建筑布置、工程管线敷设及景观环境设计；要符合道路、广场的设计坡度要求。

3. 给水工程规划设计

给水工程规划设计中，集中式给水应包括确定用水量、水质标准、水源及卫生防护、水质净化、给水设施、管网布置；分散式给水应包括确定用水量、水质标准、水源及卫生防护、取水设施。集中式给水的用水量应包括生活、生产、消防、浇洒道路和绿化、管网漏水量和未预见水量。

1）生活用水量

生活用水量的计算应符合下列要求：

（1）居住建筑的生活用水量应按现行的有关国家标准进行计算。

（2）公共建筑的生活用水量，应符合现行的国家标准《建筑给水排水设计规范》（GB 50015—2003）的有关规定，也可按居住建筑生活用水量的8%～25%进行估算。

2）生产用水量

生产用水量应包括村内工业用水量、畜禽饲养用水量和农业机械用水量，按所在省、自治区、直辖市政府的有关规定进行计算。

对规模较小的移民安置新村，规划中可不考虑消防用水量、浇洒道路和绿地的用水量、管网漏失水量及未预见水量。

3）生活饮用水

生活饮用水的水质应符合现行的有关国家标准的规定。

水源的选择应考虑以下几个方面：①水量充足，水源卫生条件好、便于卫生防护；②原水水质符合要求，优先选用地下水；③取水、净水、输配水设施安全经济，具备施工条件；④选择地下水作为给水水源时，不得超量开采；选择地表水作为给水水源时，其枯水期的保证率不得低于90%。

4）给水管网系统的布置

给水管网系统的布置，干管的方向应与给水的主要流向一致，并应以最短距离向用水大户供水。给水干管最不利点的最小服务水头，单层建筑物可按5～10m计算，建筑物每增加一层应增压3m。

根据居民点的人口规模、生活用水量标准、生产用水量，分居民点计算日用水总量；根据居民点的地形条件和民房建设高度，确定储水型式（水塔、高位水池、蓄水池）；根据用水户的用水量分布，计算水压力，选定干、支给水管材和管径；根据居民点平面布置和用水户的分布，规划给水管网系统。

4. 排水工程规划

农村排水工程规划包括确定排水量、排水系统布置。

新居民点排水工程设计要满足生活污水排放和天然降水排放，主要考虑天然降水。排水的计算以安置区域多年平均24h最大降水量为基础，集水区域按村庄占地面积计算，径流系数取0.7。生活污水量按生活用水量的75%～85%估算。75%年份雨水一般要求在3～6h排完。

排水系统布置分村内排水和村外排水。

居民点排水工程排放型式采用雨、污合流制。根据居民点规模和排水量，设计居民点内部的排水沟断面。根据居民点雨、污水量的构成，设计排水沟的型式和结构，采用明排、暗排。

为减免居民点排水汇流后对周围农田的影响，根据居民点周围的地形条件和居民点的大小，规划排水型式，使农村居民点的排水有归宿通道。

5. 电力工程规划设计

1）供电工程规划的内容

供电工程规划应包括预测农村新居民点范围内的供电负荷、确定电源和电压等级，布置供电线路、配置供电设施和投资概算。农村移民新村范围内的供电负荷的计算包括以下两部分的内容：

（1）生活用电负荷，包括居民生活照明、家用电气用电负荷。生活用电负荷，根据搬迁安置人口规模和移民现状人均生活用电水平确定，并考虑留有适当的发展余地。

（2）生产用电负荷。在移民新居民点用电规划时只考虑生活用电、农副业用电负荷。生产用电负荷包括居民点周边的农业生产用电和小型农副产品加工用电等。农业用电负荷，根据安置移民的土地面积、亩均土地综合用电负荷指标计算；农副业用电负荷，按农副产品加工项目数量和规模。生产用电负荷根据上述规定综合分析确定，并考虑留有适当的发展余地。

2）供电工程规划的标准

（1）变电站的出线电压应按所在地区规定的电压标准确定。

（2）供电线路的布置应符合下列规定：

——宜沿居民点主、支街道布置；

——宜采用同杆并架的架设方式；

——线路走廊不应穿过乡镇住宅、危险品仓库等地段；

——应减少交叉、跨越，避免对弱电的干扰；

——变电站出线宜将工业线路和农业线路分开设置。

（3）供电变压器的选择，应根据生活用电、生产用电的负荷确定。

（4）电力线路的输送功率、输送距离执行表5-4-4的规定。

3）供电工程规划设计的方法

（1）分析预测农村移民新村供电范围内的用电负荷，选择配电变压器的容量。一般参照《农村低压电力技术规程》（DL/T 499—2001）计算用电用量，计算公式为：

$$S_H = R_S P_H \tag{5-4-2}$$

式中　S_H——配电变压器在计划年限内（一般取5年）所需容量，kVA；

P_H——当年的用电负荷，kW；

R_S——容载比，一般不大于3。

表5-4-4　电力线路的输送功率、输送距离

序号	线路电压(kV)	线路结构	输送功率(kW)	输送距离(km)
1	0.22	架空线	50以下	0.15以下
		电缆线	100以下	0.20以下
2	0.38	架空线	100以下	0.50以下
		电缆线	175以下	0.60以下

容载比可参照下式估算：

$$R_S = K_1 K_4 / \cos\phi K_3 \quad (5\text{-}4\text{-}3)$$

式中　K_1——负荷系数，农村电压电力网取1.1；

$\cos\phi$——功率因数，一般取0.8以上；

K_3——配电变压器经济负荷率，取0.6或0.7；

K_4——电力负荷发展系数，一般取1.3～1.5。

（2）根据用电量和供电半径选择电力线材料，并结合新村平面布置图布置电力线路。

（3）计算投资概算。

6. 通信、广播电视网络规划设计

根据建设征地区农村居民的通信、广播电视网络情况和移民安置区的通信、广播电视网络发展规划，规划新居民点的通信、广播电视网络。

7. 绿化工程及新村环境保护规划

根据《镇规划标准》（GB50188—2007），一般镇区的公共绿地面积所占建设用地比例在6%～10%，没有明确规定村镇的公共绿地面积。根据《镇规划标准》，结合工程建设区农村居民点和移民安置区的实际情况，分析确定人均绿化面积，确定移民新居民点的绿化方式。移民新村主要以村庄周围绿化和建设主支街道绿化地带为主。对于规模较大的新村，广场绿化依其规模进行景观设计。

根据环境保护规划要求，进行新村环境保护设计。

四、各设计阶段深度

（一）项目建议书阶段

以乡（镇）为基本单元，初步拟定移民安置去向和搬迁安置方式，并进行搬迁安置人口平衡。

（二）可行性研究报告阶段

以行政村为基本单元，拟定移民安置去向和搬迁安置方式，并进行搬迁安置人口平衡。选定集中居民点位置，确定人口规模和用地规模，对居民点新址初步进行水文地质与工程地质勘察，进行场地稳定性及建筑适应性评价，地质灾害危险性评估。选择有代表性的集中居民点，测绘不小于1∶1 000的地形图，并进行典型规划设计。

(三)初步设计阶段

以村民小组为单元分析搬迁安置去向及搬迁安置方式,进行搬迁安置人口平衡。必要时复核集中居民点位置、人口规模和用地规模,对居民点新址进行水文地质与工程地质勘察,进行场地稳定性及建筑适应性评价,地质灾害危险性评估。对集中居民点测绘不小于1∶1 000 的地形图,并进行规划设计。

(四)技施设计阶段

分户落实移民搬迁安置去向及搬迁安置方式,必要时对集中居民点的基础设施进行施工图设计。

五、迁建投资

搬迁安置规划设计投资费用的构成,包括新村规划项目中的新址征地、场地平整、新村防护、街道规划、供排水工程投资、电力规划投资等内容。各类概算标准的确定,由概算编制人员深入工程建设征地区及移民安置区,收集、分析、测算各种建设项目的标准及定额,合理进行测算。较大项目的投资应由专业部门设计,经审查后列入居民点建设投资;新址征地投资根据各村各类土地的淹没补偿和安置补助费计算。

第五节　规划方法与步骤

农村移民安置规划工作程序一般包括资料准备、外业规划、报告编制等三个阶段。

一、资料准备

资料准备是整个规划工作中的一项基础性工作。包括对工程建设征地影响的实物和环境容量调查资料的分析整理,对工程建设征地区和安置区自然资源、经济社会资料的搜集、分析和整理;同时还应编制农村移民安置规划工作细则,其内容包括规划的依据、原则、安置标准、内容、方法及提交的成果等。规划工作应具备以下基本资料:

(1)建设征地实物调查成果;

(2)安置区环境容量分析成果;

(3)地形地质资料;

(4)移民安置区国民经济统计年报资料;

(5)移民安置区土地详查资料;

(6)移民安置区自然资源和环境的现状资料;

(7)移民安置区各行业发展规划资料;

(8)工程施工进度计划。

二、外业规划

外业规划是整个农村移民安置规划的核心,规划设计人员应深入现场进行调查研究,其主要内容包括生产安置人口和搬迁安置人口的计算,拟定生产安置人口的方式、规模及相应的生产安置措施,拟定搬迁安置人口的居民点迁建形式、规模及基础设施的配置,拟定生产安置和搬迁安置方案。

三、报告编制

报告的编制包含了对移民规划方案的比选过程,通过对大量数据的整理、汇总分析,进一步优化并确定移民安置规划方案。农村移民安置规划报告一般包括以下内容:

(1)县(区)域概论;

(2)建设征地对农村经济的影响评价;

(3)移民安置区环境容量分析;

(4)生产安置规划;

(5)迁建规划;

(6)移民补偿投资概算;

(7)移民安置迁建进度计划;

(8)各类附图、附表。

第六章　集镇、城镇迁建规划设计

第一节　集镇、城镇规划概述

一、有关集镇、城镇的基本概念

(1)居民点是人类按照生产和生活需要而形成的集聚定居地点。按性质和人口规模,居民点分为城市和乡村两大类。我国的居民点分为城市和乡村两大类,城市又分为市和建制镇,县城均设建制镇;乡村分为集镇和村庄,集镇是乡人民政府所在地。

(2)城市(城镇)是以非农产业和非农业人口聚集为主要特征的居民点。包括按国家行政建制设立的市和镇。城市是一定地区的经济、政治和文化中心。城市的行政概念,在我国是指按国家行政建制设立的直辖市、市和建制镇。国家要求县人民政府所在地的县城均设建制镇。

(3)市是经国家批准设市建制的行政地域。在我国的行政区划中,市是经国家批准建制的行政地域,是中央直辖市、省辖市和地辖市的统称。市按人口规模又分为大城市、中等城市和小城市。

(4)镇是经国家批准设镇建制的行政地域。在我国的行政区划中,镇是建制镇的简称。我国的镇是包括县人民政府所在地的建制镇和县以下的建制镇。

(5)市域是城市行政管辖的全部地域。在我国现行行政区划中,实行市领导县(又称市带县)的市,其市域包含所领导县的全部行政管辖范围。实行县改市的市,其市含原县的全部行政管辖范围。

(6)城市规划区是指城市市区、近郊区以及城市行政区域内其他因城市建设和发展需要实行规划控制的区域。

(7)城市建成区是指城市行政区内实际已成片开发建设、市政公用设施和公共设施基本具备的地区。城市建成区在单核心城市和一城多镇有不同的反映。在单核心城市,建成区是一个实际开发建设起来的集中连片的、市政公用设施和公共设施基本具备的地区,以及分散的若干个已经成片开发建设起来、市政公用设施和公共设施基本具备的地区。对一城多镇来说,建成区就由几个连片开发建设起来的、市政公用设施和公共设施基本具备的地区所组成。如连云港市和淄博市。

(8)开发区是由国务院和省级人民政府确定设立的实行国家特定优惠政策的各类开发建设地区的统称。包括在城市规划区内设立的经济技术开发区、保税区、高新技术产业开发区,国家旅游度假区等实行国家特定优惠政策的各类开发建设地区。

(9)旧城改建是指对城市旧区进行的调整城市结构、优化城市用地布局、改善和更新基础设施、整治城市环境、保护城市历史风貌等的建设活动。

（10）城市基础设施是指城市生存和发展所必须具备的工程性基础设施和社会性基础设施的总称。城市基础设施分为工程性基础设施和社会性基础设施两类。工程性基础设施一般指能源供应、给水排水、交通运输、邮电通信、环境保护、防灾安全等工程设施；社会性基础设施则指文化教育、医疗卫生等设施。我国一般讲城市基础设施多指工程性基础设施。

（11）城市化是人类生产和生活方式由乡村型向城市型转化的历史过程，表现为乡村人口向城市人口转化以及城市不断发展和完善的过程。又称城镇化、都市化。

（12）城市化水平是衡量城市化发展程度的数量指标，一般用一定地域内城市人口占总人口比例来表示。

（13）城市群是一定地域内城市分布较为密集的地区。

（14）城镇体系是一定区域内在经济、社会和空间发展上具有有机联系的城市群体。

（15）卫星城（卫星城镇）是在大城市市区外围兴建的、与市区既有一定距离又相互间密切联系的城市。卫星城镇是城市发展过程中的一种城市类型。兴建卫星城镇的目的在于防止大城市市区人口规模的过度膨胀，旨在吸引大城市市区人口前往居住，并吸引从外地准备进入大城市市区的人口。

二、集镇、城镇规划

《中华人民共和国城乡规划法》（2008 年施行）规定，城乡规划，包括城镇体系规划、城市规划、镇规划、乡规划和村庄规划。城市规划、镇规划分为总体规划和详细规划。详细规划分为控制性详细规划和修建性详细规划。

（一）城镇体系规划

城镇体系规划是指一定地域范围内，以区域生产力合理布局和城镇职能分工为依据，确定不同人口规模等级和职能分工的城镇的分布和发展规划。

根据建设部颁布的《城市规划编制办法》（2006 年施行），城市总体规划包括市域城镇体系规划和中心城区规划。市域城镇体系规划应当包括下列内容：

（1）提出市域城乡统筹的发展战略。其中位于人口、经济、建设高度聚集的城镇密集地区的中心城市，应当根据需要，提出与相邻行政区域在空间发展布局、重大基础设施和公共服务设施建设、生态环境保护、城乡统筹发展等方面进行协调的建议。

（2）确定生态环境、土地和水资源、能源、自然和历史文化遗产等方面的保护与利用的综合目标和要求，提出空间管制原则和措施。

（3）预测市域总人口及城镇化水平，确定各城镇人口规模、职能分工、空间布局和建设标准。

（4）提出重点城镇的发展定位、用地规模和建设用地控制范围。

（5）确定市域交通发展策略；原则确定市域交通、通信、能源、供水、排水、防洪、垃圾处理等重大基础设施，重要社会服务设施，危险品生产储存设施的布局。

（6）根据城市建设、发展和资源管理的需要划定城市规划区。城市规划区的范围应当位于城市的行政管辖范围内。

（7）提出实施规划的措施和有关建议。

（二）城市规划

城市规划是指对一定时期内城市的经济和社会发展、土地利用、空间布局以及各项建设的综合部署、具体安排和实施管理。城市规划一般分总体规划和详细规划两个阶段进行。

从学科上讲，城市规划是一门综合性学科，它涉及社会学、建筑学、地理学、经济学、工程学、环境科学、美学等多种学科。从行政上讲，城市规划是政府的一项重要职责和重要工作。

20 世纪 50 年代，称城市规划是国民经济计划的继续和具体化。到了 20 世纪 80 年代初，称城市规划是一定时期内城市发展的计划和各项建设的综合部署。随着改革的深入发展，大家普遍认为，城市规划不应该只是编制物质环境规划，而应该包括城市的经济和社会发展的设想、土地利用、空间布局及工程建设的综合性规划。

从制定到贯彻，城市规划应经过编制、审批和实施管理的步骤。当发现城市规划与城市经济和社会发展需要有较大的不适应时，可经法定手续，对城市总体规划进行局部调整甚至作某些重大变更。

（三）城市设计

城市设计是指对城市体型和空间环境所作的整体构思和安排，贯穿于城市规划的全过程。城市设计所涉及的城市体型和空间环境，是城市设计要考虑的基本要素，即由建筑物、道路、绿地、自然地形等构成的基本物质要素，以及由基本物质要素所组成的相互联系的、有序的城市空间和城市整体形象，如从小尺度的亲切的庭院空间、宏伟的城市广场，直到整个城市存在于自然空间的形象。

城市设计的目的，在于提高城市的环境质量、城市景观和城市整体形象的艺术水平，创造和谐宜人的生活环境。

（四）城市总体规划纲要

城市总体规划纲要是确定城市总体规划的重大原则的纲领性文件，是编制城市总体规划的依据。根据建设部颁发的《城市规划编制办法》，编制城市总体规划应当先组织编制总体规划纲要，研究确定总体规划中的重大问题，作为编制规划成果的依据。城镇总体规划纲要应当包括下列内容：

（1）市域城镇体系规划纲要，内容包括：提出市域城乡统筹发展战略；确定生态环境、土地和水资源、能源、自然和历史文化遗产保护等方面的综合目标和保护要求，提出空间管制原则；预测市域总人口及城镇化水平，确定各城镇人口规模、职能分工、空间布局方案和建设标准；原则确定市域交通发展策略。

（2）提出城市规划区范围。

（3）分析城市职能、提出城市性质和发展目标。

（4）提出禁建区、限建区、适建区范围。

（5）预测城市人口规模。

（6）研究中心城区空间增长边界，提出建设用地规模和建设用地范围。

（7）提出交通发展战略及主要对外交通设施布局原则。

（8）提出重大基础设施和公共服务设施的发展目标。

(9)提出建立综合防灾体系的原则和建设方针。

(五)城镇总体规划

城镇总体规划是指对一定时期内城市性质、发展目标、发展规模、土地利用、空间布局以及各项建设综合部署和实施措施。

城镇总体规划的主要任务是:综合研究和确定城市性质、规模和空间发展形态,统筹安排城市各项建设用地,合理配置城市各项基础设施,处理好远期发展和近期建设的关系,指导城市合理发展。规划期限一般为 20 年。城镇总体规划包括市域城镇体系规划和中心城区规划。

《中华人民共和国城乡规划法》(2008 年施行)第十七条规定,城市总体规划、镇总体规划的内容应当包括:城市、镇的发展布局,功能分区,用地布局,综合交通体系,禁止、限制和适宜建设的地域范围,各类专项规划等。

建设部颁发的《城市规划编制办法》规定,城市总体规划的强制性内容应当包括:

(1)城市规划区范围。

(2)市域内应当控制开发的地域。包括:基本农田保护区,风景名胜区,湿地、水源保护区等生态敏感区,地下矿产资源分布地区。

(3)城市建设用地。包括:规划期限内城市建设用地的发展规模,土地使用强度管制区划和相应的控制指标(建设用地面积、容积率、人口容量等);城市各类绿地的具体布局;城市地下空间开发布局。

(4)城市基础设施和公共服务设施。包括:城市干道系统网络、城市轨道交通网络、交通枢纽布局;城市水源地及其保护区范围和其他重大市政基础设施;文化、教育、卫生、体育等方面主要公共服务设施的布局。

(5)城市历史文化遗产保护。包括:历史文化保护的具体控制指标和规定;历史文化街区、历史建筑、重要地下文物埋藏区的具体位置和界线。

(6)生态环境保护与建设目标,污染控制与治理措施。

(7)城市防灾工程。包括:城市防洪标准、防洪堤走向;城市抗震与消防疏散通道;城市人防设施布局;地质灾害防护规定。

(六)分区规划

分区规划是指在城市总体规划的基础上,对局部地区的土地利用、人口分布、公共设施、城市基础设施的配置等方面所作的进一步安排。

根据建设部颁发的《城市规划编制办法》,编制城市分区规划,应当依据已经依法批准的城市总体规划,对城市土地利用、人口分布和公共服务设施、基础设施的配置做出进一步的安排,对控制性详细规划的编制提出指导性要求。

建设部颁发的《城市规划编制办法》规定中心城区规划的内容应包括:

(1)分析确定城市性质、职能和发展目标。

(2)预测城市人口规模。

(3)划定禁建区、限建区、适建区和已建区,并制定空间管制措施。

(4)确定村镇发展与控制的原则和措施;确定需要发展、限制发展和不再保留的村庄,提出村镇建设控制标准。

(5)安排建设用地、农业用地、生态用地和其他用地。

(6)研究中心城区空间增长边界,确定建设用地规模,划定建设用地范围。

(7)确定建设用地的空间布局,提出土地使用强度管制区划和相应的控制指标(建筑密度、建筑高度、容积率、人口容量等)。

(8)确定市级和区级中心的位置和规模,提出主要的公共服务设施的布局。

(9)确定交通发展战略和城市公共交通的总体布局,落实公交优先政策,确定主要对外交通设施和主要道路交通设施布局。

(10)确定绿地系统的发展目标及总体布局,划定各种功能绿地的保护范围(绿线),划定河湖水面的保护范围(蓝线),确定岸线使用原则。

(11)确定历史文化保护及地方传统特色保护的内容和要求,划定历史文化街区、历史建筑保护范围(紫线),确定各级文物保护单位的范围;研究确定特色风貌保护重点区域及保护措施。

(12)研究住房需求,确定住房政策、建设标准和居住用地布局;重点确定经济适用房、普通商品住房等满足中低收入人群住房需求的居住用地布局及标准。

(13)确定电信、供水、排水、供电、燃气、供热、环卫发展目标及重大设施总体布局。

(14)确定生态环境保护与建设目标,提出污染控制与治理措施。

(15)确定综合防灾与公共安全保障体系,提出防洪、消防、人防、抗震、地质灾害防护等规划原则和建设方针。

(16)划定旧区范围,确定旧区有机更新的原则和方法,提出改善旧区生产、生活环境的标准和要求。

(17)提出地下空间开发利用的原则和建设方针。

(18)确定空间发展时序,提出规划实施步骤、措施和政策建议。

(七)近期建设规划

近期建设规划是指在城市总体规划中,对短期内建设目标、发展布局和主要建设项目的实施所作的安排。

建设部颁发的《城市规划编制办法》明确,编制城市近期建设规划,应当依据已经依法批准的城市总体规划,结合国民经济和社会发展规划以及土地利用总体规划,明确近期内实施城市总体规划的重点和发展时序,确定城市近期发展方向、规模、空间布局、重要基础设施和公共服务设施选址安排,提出自然遗产与历史文化遗产的保护、城市生态环境建设与治理的措施。

近期建设规划的内容应当包括:

(1)确定近期人口和建设用地规模,确定近期建设用地范围和布局。

(2)确定近期交通发展策略,确定主要对外交通设施和主要道路交通设施布局。

(3)确定各项基础设施、公共服务和公益设施的建设规模和选址。

(4)确定近期居住用地安排和布局。

(5)确定历史文化名城、历史文化街区、风景名胜区等的保护措施,城市河湖水系、绿化、环境等保护、整治和建设措施。

(6)确定控制和引导城市近期发展的原则和措施。

（八）城市详细规划

城市详细规划是指以城市总体规划或分区规划为依据，对一定时期内城市局部地区的土地利用、空间环境和各项建设用地所作的具体安排。城市详细规划分为控制性详细规划和修建性详细规划。

1. 控制性详细规划

控制性详细规划是指以城市总体规划或分区规划为依据，确定建设地区的土地使用性质和使用强度的控制指标、道路和工程管线控制性位置以及空间环境控制的规划要求。

建设部颁发的《城市规划编制办法》明确，城市控制性详细规划编制，应当依据已经依法批准的城市总体规划或分区规划，考虑相关专项规划的要求，对具体地块的土地利用和建设提出控制指标，作为建设主管部门（城乡规划主管部门）作出建设项目规划许可的依据。

控制性详细规划应当包括下列内容：

（1）确定规划范围内不同性质用地的界线，确定各类用地内适建，不适建或者有条件地允许建设的建筑类型。

（2）确定各地块建筑高度、建筑密度、容积率、绿地率等控制指标；确定公共设施配套要求、交通出入口方位、停车泊位、建筑后退红线距离等要求。

（3）提出各地块的建筑体量、体型、色彩等城市设计指导原则。

（4）根据交通需求分析，确定地块出入口位置、停车泊位、公共交通场站用地范围和站点位置、步行交通以及其他交通设施。规定各级道路的红线、断面、交叉口形式及渠化措施、控制点坐标和标高。

（5）根据规划建设容量，确定市政工程管线位置、管径和工程设施的用地界线，进行管线综合。确定地下空间开发利用具体要求。

（6）制定相应的土地使用与建筑管理规定。

2. 修建性详细规划

修建性详细规划是指以城市总体规划、分区规划或控制性详细规划为依据，制订用以指导各项建筑和工程设施的设计和施工的规划设计。修建性详细规划应当包括下列内容：

（1）建设条件分析及综合技术经济论证。

（2）建筑、道路和绿地等的空间布局和景观规划设计，布置总平面图。

（3）对住宅、医院、学校和托幼等建筑进行日照分析。

（4）根据交通影响分析，提出交通组织方案和设计。

（5）市政工程管线规划设计和管线综合。

（6）竖向规划设计。

（7）估算工程量、拆迁量和总造价，分析投资效益。

（九）村镇规划

建设部颁布2000年2月14日起施行的《村镇规划编制办法》（试行），将编制村镇规划一般分为村镇总体规划和村镇建设规划两个阶段。村镇总体规划是对乡（镇）域范围内村镇体系及重要建设项目的整体部署，其规划期限一般为十年至二十年。村镇建设规划是在村镇总体规划的指导下对镇区或村庄建设进行的具体安排,分为镇区建设规划和村庄建设规划。

1. 村镇总体规划

村镇总体规划的主要任务是:综合评价乡(镇)发展条件;确定乡(镇)的性质和发展方向;预测乡(镇)行政区域内的人口规模和结构;拟定所辖各村镇的性质与规模;布置基础设施和主要公共建筑;指导镇区和村庄建设规划的编制。

在编制村镇总体规划前可以先制定村镇总体规划纲要,作为编制村镇总体规划的依据。村镇总体规划纲要应当包括下列内容:

(1)根据县(市)域规划,特别是县(市)域城镇体系规划所提出的要求,确定乡(镇)的性质和发展方向。

(2)根据对乡(镇)本身发展优势、潜力与局限性的分析,评价其发展条件,明确长远发展目标。

(3)根据农业现代化建设的需要,提出调整村庄布局的建议,原则确定村镇体系的结构与布局。

(4)预测人口的规模与结构变化,重点是农业富余劳动力空间转移的速度、流向与城镇化水平。

(5)提出各项基础设施与主要公共建筑的配置建议。

(6)原则确定建设用地标准与主要用地指标,选择建设发展用地,提出镇区的规划范围和用地的大体布局。

村镇总体规划应当包括下列内容:

(1)对现有居民点与生产基地进行布局调整,明确各自在村镇体系中的地位。

(2)确定各个主要居民点与生产基地的性质和发展方向,明确它们在村镇体系中的职能分工。

(3)确定乡(镇)域及规划范围内主要居民点的人口发展规模和建设用地规模。

(4)安排交通、供水、排水、供电、电信等基础设施,确定工程管网走向和技术选型等。

(5)安排卫生院、学校、文化站、商店、农业生产服务中心等对全乡(镇)域有重要影响的主要公共建筑。

(6)提出实施规划的政策措施。

2. 村镇建设规划

村镇建设规划的任务是:以村镇总体规划为依据,确定镇区或村庄的性质和发展方向,预测人口和用地规模、结构,进行用地布局,合理配置各项基础设施和主要公共建筑,安排主要建设项目的时间顺序,并具体落实近期建设项目。

镇区建设规划应当包括下列内容:

(1)在分析土地资源状况、建设用地现状和经济社会发展需要的基础上,根据《村镇规划标准》确定人均建设用地指标,计算用地总量,再确定各项用地的构成比例和具体数量。

(2)进行用地布局,确定居住、公共建筑、生产、公用工程、道路交通系统、仓储、绿地等建筑与设施建设用地的空间布局,做到联系方便、分工明确,划清各项不同使用性质用地的界线。

(3)根据村镇总体规划提出的原则要求,对规划范围的供水、排水、供热、供电、电信、燃气等设施及其工程管线进行具体安排,按照各专业标准规定,确定空中线路、地下管线的走向与布置,并进行综合协调。

(4)确定旧镇区改造和用地调整的原则、方法和步骤。

(5)对中心地区和其他重要地段的建筑体量、体型、色彩提出原则性要求。

(6)确定道路红线宽度、断面形式和控制点坐标标高,进行竖向设计,保证地面排水顺利,尽量减少土石方量。

(7)综合安排环境保护和防灾等方面的设施。

(8)编制镇区近期建设规划。

(十)城乡规划管理

城乡规划管理是城乡规划编制、审批和实施等管理工作的统称。城乡规划管理包括城乡规划编制管理、城乡规划审批管理和城乡规划实施管理。城乡规划编制管理主要是组织城乡规划的编制,征求并综合协调各方面的意见,规划成果的质量把关、申报和管理。城乡规划审批管理主要是对城乡规划文件实行分级审批制度。城乡规划实施管理主要包括建设用地规划管理、建设工程规划管理和规划实施的监督检查管理等。

第二节　集镇、城镇迁建规划概述

一、工程建设征地受影响的集镇、城镇处理原则

集镇、城镇是随着人类的活动和经济的发展自然地逐步形成的区域经济中心。江河两岸因交通便利、经济发达,形成的集镇、城镇比较密集,并成为所在区域的政治、经济和文化中心,交通枢纽港和物资集散地。

水利水电工程建设对集镇、城镇的影响主要是水库对集镇、城镇的淹没。其他水利工程建设如江河防洪工程、引(供)水系统工程、堤防工程等,对集镇、城镇的影响仅仅是对其局部征地拆迁,迁建处理是在本建成区内调整和扩大建成区面积,处理方式和迁建规划比较简单,本书不做重点介绍,可参照本书水库淹没集镇、城镇的迁建处理进行规划设计。

水库淹没集镇和城镇的迁建方案,应根据其淹没影响程度、水库淹没后其经济腹地的变化状况,以及交通网络、行政区划的调整,综合分析确定。并提出易地迁建、建议撤销与合并、后靠迁建及工程防护等迁建方案。大致可分为以下几种情况:

(1)集镇、城镇大部或全部受淹,但其所辖行政区域内的土地受淹比重不大,迁出居民也不多,即水库淹没对集镇、城镇的中心职能淹没影响不大,则应在该集镇、城镇所辖区内或经济腹地范围内择址重建。

集镇、城镇大部或全部受淹,且其所辖行政区域内的土地受淹比重较大,迁出居民较多,即水库淹没对集镇、城镇的中心职能淹没影响较大,已经失去集镇、城镇中心职能,则应研究邻近未受淹地区的主要集镇、城镇情况,撤销或与邻近集镇、城镇合并。

(2)集镇、城镇仅小部分受淹,或者受淹极轻微,但其所辖区域内土地大部受淹,迁移

出的居民很多，或者其经济腹地大部受淹，则应考虑调整行政区划，其受淹部分相应地就地迁建。

(3)集镇、城镇仅部分受淹，或者其主要城区部分或大部受淹，而其辖区或经济腹地受淹面积较少，则应视受淹集镇、城镇未受淹部分的自然条件，并考虑保持集镇、城镇的整体作用，具体分析后确定处理方案。

(4)水库淹没涉及重大工业中心城镇时，一般应限制或改变工程对库水位的要求，尽量避免遭受根本性的重大影响。如只有部分受淹没，对城镇整体功能影响不大，则应研究防护的可能性和经济性，或调整这个工业中心城镇的区域规划或市区规划，使少部分受淹区的各类企业及居民迁移到城市区域内适当地点，继续经营发展。

二、集镇、城镇迁(改)建规划原则

水库淹没集镇、城镇的迁(改)建处理规划，是水库所在地区集镇、城镇经济建设重新布局的重要环节，必须根据国家或地方有关集镇、城镇建设的方针、政策、结合水库淹没和迁(改)建等具体条件，认真研究，合理安排，正确处理整体与局部、近期与远景、工业与农业、生产与生活、需要与可能之间的关系。因此，集镇、城镇迁(改)建的基本原则如下：

(1)受淹集镇、城镇的迁建方案，应根据其淹没影响程度、水库淹没后其经济腹地的变化状况，以及交通网络、行政区划的调整，综合分析确定。并提出撤销与合并、易地迁建、后靠迁建及工程防护等处理方案。

(2)集镇、城镇迁建应按原规模、原标准和恢复原功能的原则，确定迁移人口和用地规模，参照国家规定的规划工作程序，编制各设计阶段的迁建规划。

(3)集镇、城镇新址，应选择在地理位置适宜、能发挥原有功能、地形相对平坦、地质稳定、防洪安全、交通方便、水源可靠、便于排水的地点。选择新址，还应与国家拟建的重要设施的布局相协调，并为远期发展留有余地。

(4)受淹集镇、城镇迁建的人口规模，应按迁建规划设计水平年的规划人口数量确定。其规划人口，应包括原址淹没影响的人口，新址就地居留的人口，安置库区农村移民需迁入的人口，还应计及原址淹没影响人口中的自然增长和机械增长人口。

确定集镇新址公共建筑和公用工程设施规模、城市新址公共设施和市政公用设施的规模，应考虑通勤人口和流动人口。

远期人口规模，应按集镇、城镇的地位、性质和可能的经济发展目标合理预测，另行计列，供拟定远期用地规模参考。

(5)集镇、城镇迁建应贯彻节约用地、少占耕地，多利用劣地、荒地的原则。人均建设用地指标应根据原址的用地情况和人口规模，新址的地形、地质条件，参照国家和省(自治区、直辖市)的有关规定合理选用，以确定新址的用地规模。

(6)建立符合地区经济发展方向的中、小城镇，与库区迁建的工业企业规划紧密结合，调整城市工业布局。

(7)集镇、城镇迁建新址的对外交通，集镇的公共建筑与公用工程设施，城市的公共设施与市政公用设施的规划设计，所采用的各项技术标准和指标，应结合原址的状况，参照相关专业的技术标准确定。

集镇的公用工程设施和城镇的市政工程公用设施，主要包括街（巷）道、给水、排水、供电、交通、照明、邮电、广播电视、防洪、环卫、消防、农贸市场、绿化等项目。对外交通主要指连接镇（市）外的公路。

（8）集镇、城镇迁建新址应根据用地范围，调查用地范围内的各项实物指标，对新址征地影响人口，应提出安置措施。

（9）集镇、城镇迁（改）建所需的补偿投资列入水利水电工程投资概（估）算，因扩大规模和提高标准需要增加的投资，不列入水利水电工程投资概（估）算。

（10）集镇、城镇迁（改）建必须认真贯彻执行环境保护法和水土保持法，不得在城区建设有害于居民身心健康和有损于城镇环境的工业设施；不得污染水库水质。

三、各设计阶段的主要设计任务及其工作深度

（一）集镇、城镇迁（改）建规划设计的主要任务及要求

集镇、城镇迁（改）建规划的主要任务为，拟定受淹集镇、城镇的迁（改）建方式；选择迁建新址；合理确定集镇、城镇迁建人口规模和建设用地规模；参照国家对集镇、城镇规划工作程序的规定，编制各设计阶段的迁建规划设计文件；计算迁（改）建补偿投资（费用）。

根据《中华人民共和国城乡规划法》（2008 年施行）规定，城市规划、镇规划分为总体规划和详细规划，详细规划分为控制性详细规划和修建性详细规划。依据国家对集镇、城镇规划工作程序的规定，结合水库淹没集镇、城镇迁建规划的任务，集镇、城镇迁建规划设计包括迁建方案规划、控制性详细规划、修建性详细规划、建设规划及基础设施设计等。基础设施设计分初步设计和施工图设计等。控制性详细规划、修建性详细规划、建设规划、基础设施设计应满足相关专业规划设计内容要求。

（二）各设计阶段规划设计要求

1. 水利水电工程

（1）项目建议书阶段：调查集镇、城镇的受淹影响程度，拟定迁建方式；初选迁建新址，进行地质调查，提出迁建方案；估算迁建投资。

（2）可行性研究报告阶段：全面调查分析集镇、城镇受淹影响程度，选定迁建方式和新址位置，并进行初步地质勘察；确定规划人口规模和建设用地规模，编制集镇建设规划；编制城镇控制性详细规划；估算补偿投资，编制迁建进度计划和年度投资计划。

（3）初步设计阶段：复核集镇、城镇人口规模和建设用地规模，进行详细地质勘察，编制城镇修建性详细规划和道路及竖向工程初步设计文件、编制集镇迁建基础设施初步设计文件，提出补偿投资概算，编制迁建进度计划和年度投资计划。

（4）技施设计阶段：进行集镇、城镇迁建基础设施单项工程施工图设计。

2. 水电工程

（1）预可行性研究报告阶段：①初步调查分析城镇、集镇受影响程度，初拟处理方案。需要迁建的，初选迁建新址，初拟迁建规划人口规模、标准和方案；可以防护的，初拟防护方案，按防护工程设计规定提出设计成果。②需对各初拟新址进行地质调查，提出初步地质评价意见；并在此基础上进行迁建新址方案初步比选，提出推荐处理方案。③初拟迁建城市集镇总体布置方案，初拟迁建用地规模和用地范围；初步调查各新址方案的占地实物

指标,初拟外部基础设施的方案。④估算费用。

(2)可行性研究报告阶段:①按照审批的移民安置规划大纲和城市集镇迁建总体规划,按城市修建性详细规划、集镇建设规划深度要求和市政工程初步设计深度要求,并提出城市集镇迁建规划和相应基础设施工程设计成果。②编制迁建城市集镇的基础设施工程费用概算。

(3)移民安置实施阶段:①必要时复核城市集镇的规划人口规模、用地规模和近期用地范围。②按施工图设计要求补充必要的地质勘察工作。③提出城市集镇的基础设施工程施工图设计成果。④进行设计技术交底及现场施工配合。

参照城乡规划的管理规定,水利水电工程和水电工程各设计阶段的工作深度要求如表 6-2-1 所示。

表 6-2-1 各设计阶段集镇、城镇迁建规划工作深度的要求

<table>
<tr><td rowspan="2">项目</td><td colspan="4">设计阶段及迁建规划工作深度</td></tr>
<tr><td>项目建议书</td><td>可行性研究报告</td><td>初步设计</td><td>技施设计</td></tr>
<tr><td>水利水电工程</td><td>提出迁建方案</td><td>选定迁建方案;编制集镇建设规划;编制城镇控制性详细规划;估算迁建投资</td><td>复核集镇、城镇规模;城镇修建性详细规划和道路及竖向工程初步设计,编制集镇迁建基础设施初步设计</td><td>开展施工图设计</td></tr>
<tr><td rowspan="2">水电工程</td><td>预可行性研究报告</td><td colspan="2">可行性研究报告</td><td>移民安置实施</td></tr>
<tr><td>初拟迁建处理方案</td><td colspan="2">确定迁建处理方案;编制城市控制性详细规划;编制城市修建性详细规划、市政工程初步设计;编制集镇建设规划、基础设施初步设计</td><td>进行施工图设计</td></tr>
</table>

第三节 集镇、城镇迁建规划的依据

一、有关勘测设计委托文件

其包括各设计阶段下达的水利水电工程项目规划设计任务书,如可行性研究、初步设计、技施设计等。

二、水库淹没处理设计有关资料

各设计阶段委托有关城市规划设计部门的水库受淹集镇、城镇迁(改)建规划任务书或有关协议文件。委托任务书附有下列各项工程规划设计指标,作为开展集镇、城镇迁(改)建规划设计的依据:

(1)水利水电工程地理位置、总布置图。

(2)水库正常蓄水位等特征水位资料。

(3)水库设计洪水回水与淹没影响范围界定资料。

(4)水库受淹集镇、城镇位置及集镇、城镇特征指标:①集镇、城镇总人口和受淹没影响人口;②集镇、城镇工业企业总数及受淹没影响的工业企业个数、名称、规模;③集镇公共建筑和公用工程设施、城镇公共设施和市政公用设施及其淹没影响相应指标。

(5)库岸可能受浸没、滑坡塌岸影响地段勘察预测资料。

(6)工程建设进度计划和相应水库蓄水位或分期(年)蓄水位。

(7)与分期(年)蓄水位相应的设计洪水回水线。

(8)各类图纸:①水库淹没范围示意图;②水库地形图(不小于1∶10 000);③水库所在地区地形图(不小于1∶50 000)。

三、国家有关规定

水库淹没集镇、城镇的迁建规划,必须依据国家有关法规规定执行,主要依据有:

(1)第十届全国人民代表大会常务委员会第三十次会议2007年10月28日通过、2008年1月1日起施行的《中华人民共和国城乡规划法》。

(2)国务院第三次常务会议于1993年5月7日通过、自1993年11月1日起施行的《村庄和集镇规划建设管理条例》。

(3)建设部颁布2006年4月1日起施行的《城市规划编制办法》。

(4)建设部颁布2000年2月14日起施行的《村镇规划编制办法》(试行)。

(5)建设部颁布2007年5月1日起施行的《镇规划标准》(GB50188—2007)。

(6)建设部2000年4月6日颁布施行的《县域城镇体系规划编制要点》(试行)。

四、基础资料

基础资料是迁建规划的重要依据。应按照国家颁发的集镇、城镇规划有关的规定,做好集镇、城镇迁建规划基础资料的搜集等准备工作。基础资料包括以下内容:

(1)迁建集镇、城镇自然条件及历史资料。地形图、气象、水文、地质和地震、集镇、城镇历史等资料。

(2)迁建集镇、城镇技术经济资料。集镇、城镇及所在地区自然资源(含地下矿藏)、人口、土地利用、工矿、企事业单位的现状及发展、对外交通运输部门(铁路、公路、水运、空运)用地等,各类仓库、货场用地等,学校、科研和非市属行政机关、团体职工人数、学生,用地面积等。

(3)迁建集镇、城镇现有建筑物及工程设施资料。住房建筑、公共建筑、市政工程和公用事业、重要建筑物和工程构筑物的设计、集镇、城镇人防设施等资料。

(4)迁建集镇、城镇环境状况资料。环境监测成果、厂矿和单位排放的三废及危害情况、其他影响城市环境的有害因素的分布状态,数量、危害情况等资料。

(5)涉及区域县级城镇体系规划及当地国民经济和社会发展规划。

(6)建设征地范围、实物指标调查成果、移民安置初步规划。

(7)新址区域地质资料。

在集镇建设规划、城镇详细规划方面,除上述总体规划所规定的资料外,还需要搜集、研究详细规划地区的下列资料:

①现状人口详细资料。包括人口密度、分布构成、平均每户人数等。

②近期建设项目资料。包括基建投资、修建量、生产规模、用地面积、职工人数等。

③土地利用现状资料(1:2 000 或 1:1 000 图)。

④建筑现状资料。包括工业和民用建筑质量、层数、用途等(1:2 000 或 1:1 000 图纸表示)。

⑤工程设施及管线现状资料。

⑥1:2 000 或 1:1 000 地形图。

第四节　集镇、城镇迁建规划内容及要求

集镇、城镇迁建规划设计包括迁建方案规划,城镇控制性详细规划、修建性详细规划和集镇建设规划,以及基础设施设计等。基础设施设计分初步设计和施工图设计等。

一、规划基本要求

(1)集镇、城镇迁(改)建规划应根据受淹集镇、城镇原有性质、规模、建设标准,结合工程建设地区经济建设规划合理安排。

(2)从全局出发,科学合理地确定迁建集镇、城镇发展规模,解决好各种错综复杂的矛盾。总体规划方案必须以水库地区国民经济发展计划或县域规划为依据,要体现"工农结合、城乡结合,有利生产,方便生活"的原则,处理好建设用地与农业用地的关系。

(3)迁建集镇、城镇规划应在满足迁建集镇、城镇正常功能充分发挥的前提下,力求集中、紧凑,减少集镇、城镇道路及管线长度,节约建设资金,经济合理地估算集镇、城镇用地和选择集镇、城镇用地位置和范围。

(4)迁建集镇、城镇规划要合理布局功能分区,要将性质相同、生产协作关系密切的工业企业组成适当的工业区,既要减少工业布局对居民的干扰和污染,又要做到工业区与居住区的有机结合,联系方便,减轻对集镇、城镇交通的压力。

(5)迁建集镇、城镇规划应选择便于生活又经济合理的街道网密度,将集镇、城镇功能分区各组成部分有机联系起来,使各类供需点尽可能接近,应将最大的交通车流量置于最短的距离上,合理组织各种交通,最大限度地发挥道路及公共车辆的作用,达到节约人、财物的目的。

二、迁建方案规划内容

集镇、城镇迁建方案规划包括集镇、城镇迁建新址选择和集镇、城镇总体规划及投资估算。迁建方案规划的内容如下:

(1)初步调查分析城镇、集镇受影响程度,初步确定处理方案;分析需要迁建的城镇、集镇的性质和发展方向,分析受淹城镇、集镇的迁建规模和范围。

(2)初拟迁建新址方案,对各初拟新址进行地质调查,并在此基础上进行迁建新址方案初步比选,提出推荐迁建新址位置,并提出初步地质评价意见。

(3)结合推荐新址位置情况和移民安置总体规划,拟定迁建集镇、城镇的性质和发展方向;划定集镇、城镇迁建规划范围。

(4)初步调查各新址方案的占地实物指标,初拟迁建规划的近、远期人口规模、用地标准;初步确定用地规模、范围。

(5)初步确定集镇、城镇的交通、给水、排水、防洪、供电、通信、消防、环卫等设施的发展目标和总体布局;确定集镇、城镇园林绿地的发展目标和总体布局。

(6)初拟迁建城镇、集镇总体布置方案。包括迁建城镇交通发展策略,主要对外交通设施和主要道路交通设施布局;各项基础设施、公共服务和公益设施的建设规模和选址;居住用地安排和布局;综合协调抗震、防灾和文物、风景、环境保护方面的规划。

(7)进行迁建集镇投资估算。

(8)提出迁建城镇、集镇规划实施的建议。

(9)编制城市集镇迁建新址初步选择篇章报告及有关图件。图件包括城市集镇新址位置示意图、城市集镇原址布局示意图(建制镇以上)、城市集镇规划布局和外部基础设施初步规划示意图(建制镇以上)等。

三、集镇、城镇迁建总体规划内容

(1)现状调查和资料收集。应对城市原址的人口和占地规模、基础设施项目的标准和规模、城市新址的占地情况以及周边基础设施条件等现状情况进行调查,并收集相关资料。

(2)迁建新址地质勘察与用地评价。调查规划区的工程地质及水文地质条件,进行新址地质灾害危险性评价。

(3)移民安置初步规划。对城镇、集镇内需要安置的农业移民提出的生产安置初步方案。

(4)城镇、集镇性质和规模确定。分析城镇、集镇各项条件和新址移民安置方案对其性质的影响,确定城镇、集镇的性质和远期发展方向。确定城镇、集镇迁建规划水平年的搬迁安置人口规模、人均建设用地标准。

(5)规划布局确定。包括新址建设用地与发展用地的布局,建设用地、道路和市政设施的规划标准确定;新址内部与外部基础设施的连接方案及用地布局协调、城市新址内部基础设施的布局方案确定;绿地空间布局和景观规划;城市特色和景观布局对建筑风貌的要求。

(6)竖向规划。包括确定防洪排涝及排水方式,确定岸线、桥梁、港口、码头、道路交叉口、排水排污口、主要景观的控制性标高,初步确定道路、建筑台地的标高;估算土方、石方开挖工程量和填筑工程量。

(7)市政工程规划。综合协调并初步确定规划范围内的给水、排水、电力、电信、广播电视、燃气、供热、防洪、消防等市政公用设施的总体布局、标准和规模;道路、桥梁的等级、宽度、长度及主要工程量。

(8)防灾减灾和环境保护规划。

(9)提出城镇、集镇详细规划建议。

(10)编制城市迁建总体规划专题报告及图件。图件包括市(县)域城市布局现状图、城市原址布局图、新址用地评定图、新址征地范围总体规划图、新址道路交通规划图、新址竖向规划图、新址各项专业规划图。

四、集镇迁建建设规划内容

(1)现状调查和资料收集。应对集镇原址的人口和占地规模、基础设施项目的标准和规模、城市新址的占地情况以及周边基础设施条件等现状情况进行调查,并收集相关资料,测绘新址规划范围1:500～1:2 000地形图。

(2)地质勘察与用地评价。进行新址地质灾害危险性评价;查明新址区的工程地质及水文地质条件,对存在的主要工程地质问题提出处理建议;市政、桥梁等工程地质勘察应满足相应行业初步设计的要求。

(3)集镇移民安置规划。根据本阶段确定的农村移民安置规划,说明集镇内需要安置的农业移民生产安置方案。

(4)集镇性质和规模。分析集镇的各项条件和新址移民安置方案对城市性质的影响,确定城市的性质和远期发展方向。确定城市迁建规划水平年的搬迁安置人口规模、人均建设用地标准、用地规模。

(5)规划布局。包括城市新址建设用地与发展用地的布局,建设用地、道路和市政设施的规划标准确定;新址内部与外部基础设施的连接方案及用地布局协调、城市新址内部基础设施的布局方案确定;绿地空间布局和景观规划;城市特色和景观布局对建筑风貌的要求。

(6)场地规划设计。在规划布局的基础上,进行场地的规划设计,进行挖填平衡分析,计算土石方挖、填工程量和挡护工程量;进行集镇的防洪规划设计,确定修筑防洪堤、蓄洪水库、排洪渠管、排除内涝、整修河道、填土垫高等工程措施的标准、规模及工程量;确定建筑密度、道路布局及其标准、供水管道布局及其管径等;对道路路基开挖和填筑地段提出技术要求。道路、桥梁工程设计应满足初步设计文件编制深度的要求。

(7)基础设施工程规划设计。包括供水、排水、供电、供气、供热、电信和广播电视、环卫设施方案的确定及规划设计,计算主要设施工程量、主要设备、材料清单。

(8)防灾减灾及环境保护规划设计。

(9)编制集镇迁建基础设施工程费用概算。

(10)编制集镇迁建建设规划设计专题报告及主要图纸。主要图纸包括集镇现状分析图、用地评定图、集镇迁建规划总平面图、道路交通规划图、竖向规划图、基础设施工程规划设计图、土石方开挖图及场地剖面图等。

五、城镇迁建详细规划内容

城镇迁建详细规划设计的内容包括:资料收集、地质勘察与用地评价、农业移民安置方案、规划布局、场地规划设计、基础设施工程规划设计、防灾减灾及环境保护规划设计、城市迁建基础设施工程费用概算、编制专题报告和有关图纸。与集镇迁建建设规划的内容基本一致。不同之处有两个:一是迁建城镇占地面积大,应利用本阶段的地质勘察和用地评价成果,复核新址用地布局;二是由于迁建城镇本身规模较大,新址占地移民和农业移民安置对集镇的性质和规模影响较小,应在总体规划阶段确定迁建城镇规模,本阶段不再进行论证。

第五节　集镇、城镇迁建规划设计

一、集镇、城镇迁建方式

受淹集镇、城镇的迁建,主要考虑其受水库淹没影响的程度与集镇受淹后其功能是否发生变化。一般有以下四种迁建方式:

(1)对于全部受淹或大部分受淹后的集镇、城镇,如其所控制的经济腹地和行政管辖范围,还保留相当多的或经行政区划调整后增补了管辖范围,仍需恢复其原有功能的,应选择易地迁建。

(2)对于经济腹地及所管辖的行政区域全部或大部分受淹而基本丧失功能的,可建议撤销或与邻近集镇、城镇合并。

(3)对于仅部分受淹的,应采取就地迁建。

(4)对有条件防护的,可采取工程防护。

对受淹集镇、城镇的撤销或合并,涉及行政区划的变更,应根据其规模、等级按照《国务院行政区划管理的规定》的规定,报请县、市或省、自治区、直辖市或国务院审批。

二、新址选择

(一)新址选择要求

(1)新址应选择在地理位置适中,交通、供电、通信方便的地方,有利于发挥一定区域范围内的政治、经济、文化中心的作用。

(2)新址的地质、地形、水文、气象、环境等条件要符合集镇城镇建设的要求,并有充分的水源保证,水质良好,便于排水的地段。

(3)新址的选择应进行必要的水文地质和工程地质勘察,避开山洪、滑坡、泥石流等自然灾害影响的地段和已探明有可供开采的地下资源地区。

(4)新址尽可能少占农田、少拆房屋,减少对生态环境的影响,避开重要矿产资源、文物古迹和各种自然保护区等环境敏感区域。

(5)新址选择应有利于恢复和完善城镇体系,便于利用现有或新建设对外交通、能源设施,与国家拟建重要项目相协调。

(6)便于进行新址场地平整和移民房屋建设。

(7)新址既要考虑近期迁建的规模,还要结合长远发展计划,适当留有发展余地。

(8)新址选择应进行多方案比选,统筹考虑,确定推荐新址。

(二)所需的基础资料

(1)涉及区域县级城镇体系规划。

(2)当地国民经济和社会发展规划。

(3)新址区域地质资料,水文、气象资料。

(4)县级地方志,以及社会、经济、资源、环境等方面的资料。

(5)新址区域1∶10 000地形图。

(6)建设征地范围、实物指标调查成果、移民安置初步规划。

(7)其他相关资料。

(三)新址选择的内容及程序方法

新址选择宜以水电工程移民安置规划编制单位为主,地方人民政府配合。主要工作内容及方法如下:

(1)提出集镇、城镇迁建新址。需要迁建的集镇、城镇政府应在综合考虑各个方面意见的基础上,提出2~3个可能的迁建新址供比选。

(2)开展新址地质条件调查和勘查。其主要内容包括:新址地质(地貌)单元、地质构造,地下水埋藏条件,冷冻深度;新址不良地质现象(包括构造带、岩溶、崩塌、泥石流等)的成因、分布和对新址稳定性的影响;岩土技术参数;水库蓄水区产生诱发地震的可能性及其对新址影响的预测评价;基础设计与防治建议。对地质不复杂的新址可适当简化地勘工作内容。

(3)确定迁建集镇、城镇性质。分析原集镇、城镇的主要功能性质;进行新址所在区域各类资源调查,分析资源开发利用和当地经济社会发展对新址性质的影响;统筹考虑新迁建集镇、城镇性质。

(4)确定规划水平年新址人口规模。包括原址迁往新址的人口,新址占地拆迁人口,迁入新址的其他移民人口,集镇、城镇原址寄宿学生等。首先,确定规划基准年的新址人口规模;然后,考虑自然增长和机械增长确定规划水平年的人口规模。

规划基准年人口规模的分类确定,其中原址迁往新址的人口根据移民安置初步规划确定;新址占地拆迁人口通过收集资料或现场调查确定;迁入新址的其他移民人口根据农村移民安置初步规划确定;集镇、城镇原址寄宿学生通过收集资料和调查确定。

(5)确定新址的人均用地标准和占地规模。根据《城市用地分类与规划建设用地标准》(GBJ137—90)、《镇规划标准》(GB50188—2007)等有关规定确定占地规模。

(6)进行初步的总体规划布局和竖向规划和基础设施规划。重点是场地平整规划、给水工程规划、道路规划和外部交通规划等。

(7)估算集镇、城镇迁建投资。

(8)新址方案比较及经济环境可行性评价。新址方案比较内容包括:地理位置和地质条件、水源条件、建设用地和拆迁情况、移民安置、环境保护,对外交通,公共设施及防洪等各项工程措施,现有设施利用的可能性,投资大小、当地政府意见等。重点比较新址场地建设用地、给水、地理位置、移民安置、环境保护、基础设施费用等基本条件。在满足基本条件的前提下,再进一步比较影响新址选择的其他因素。通过综合比较,统筹考虑各方面因素,提出新址初步选择方案。

(9)迁建集镇、城镇人民政府将初选方案上报备案。对城镇的初选新址由迁建城镇人民政府报上一级人民政府备案,对集镇的初选新址迁建集镇人民政府报县级人民政府备案。备案文件作为设计文件的附件。

(四)各设计阶段工作深度要求

水利水电工程项目建议书阶段和水电工程预可行性研究报告阶段:根据本阶段实物指标调查成果和有关资料,分析集镇、城镇的受淹影响程度,拟定迁建方式;进行迁建新址方案比选,对各新址方案开展地质调查,初步确定新址人口和用地规模,对各个新址的建设条件进行初步调查和分析,进行建设用地和外部基础设施初步规划,估算基础设施工程费用,推荐的新址方案。提出集镇、城镇迁建处理方案。

水利水电工程可行性研究报告阶段和水电工程可行性研究报告阶段:根据本阶段实物指标调查成果和有关资料,复核集镇、城镇的受淹影响程度,确定迁建方式;在新址方案初步勘查的基础上,复核迁建新址比选成果,确定迁建新址方案。

三、集镇、城镇规模

(一)集镇、城镇人口规模标准

按国家行政建制设立的直辖市、市和建制镇。市按人口规模又分为大城市、中等城市和小城市。建制镇包括县人民政府所在地的建制镇和县以下的建制镇。集镇包括乡、民族乡人民政府所在地和经县级人民政府确认由集市发展而成的作为农村一定区域经济、文化和生活服务中心的非建制镇。根据国家的现行有关规定对需要迁建的县以下的建制镇、非建制镇执行《镇规划标准》(GB50188—2007)的人口规模标准,根据《镇规划标准》,集镇按其地位和职能分为一般镇和中心镇。按规划期末常住人口的数量,分为特大型、大型、中型、小型四级,见表6-5-1。

表6-5-1　规划规模分级　　(单位:人)

规划人口规模分级	镇区	规划人口规模分级	镇区
特大型	>50 000	中型	10 001 ~ 30 000
大型	30 001 ~ 50 000	小型	≤10 000

(二)集镇、城镇迁建规划人口规模

集镇、城镇规划人口规模一般分为近期规模和远期规模。近期规划的期限一般为5年,远期规划期限一般为15至20年。对于水库淹没迁建的集镇、城镇,规划人口规模是指集镇、城镇新址规划水平年搬迁安置人口规模,是确定集镇、城镇新址用地规模和基础设施的依据。规划人口规模以基准年人口规模为基础,分类预测确定。

1. 集镇、城镇迁建基准年人口规模

集镇、城镇迁建基准年人口规模由移民安置规划确定,一般包括以下部分:

(1)原址水库淹没影响范围以内须随集镇、城镇迁移的人口。原址水库淹没影响范围以外为恢复集镇、城镇功能须随集镇、城镇迁移的人口,以及通过移民安置规划确定必须随集镇、城镇迁移的人口。

(2)集镇、城镇新址征地拆迁并经移民安置规划确定在集镇、城镇安置的人口。

(3)通过移民安置确定迁入集镇、城镇新址的其他移民人口。

(4)迁建集镇、城镇范围内学校的寄宿学生。

2. 集镇、城镇迁建规划人口规模

集镇、城镇迁建规划人口规模应为其行政地域内常住人口(包括户籍、寄住人口数),其预测宜按下式计算:

$$Q = Q_0(1 + k)^n + P \tag{6-5-1}$$

式中 Q —— 规划水平年的集镇、城镇迁建搬迁安置人口规模;

Q_0—— 规划基准年的集镇、城镇迁建搬迁安置人口规模;

k —— 规划期限的年人口自然增长率(‰),应按计划生育的要求和当地发展规划控制指标确定;

n —— 规划期限,为规划基准年到规划水平年之间的年限;

P —— 规划水平年的机械增长人口,机械增长人口应根据原址前三年的统计资料分析确定。

不同人口类别应分类预测,宜按《镇规划标准》(GB50188—2007)规定计算(见表6-5-2)。

表6-5-2 集镇、城镇规划期内人口分类预测

人口类别		统计范围	预测计算
常住人口	户籍人口	户籍在镇区规划用地范围内的人口	按自然增长和机械增长计算
	寄住人口	居住半年以上的外来人口,寄宿在规划用地范围内的学生	按机械增长计算
通勤人口		劳动、学习在镇区内,住在规划范围外的职工、学生等	按机械增长计算
流动人口		出差、探亲、旅游、赶集等临时参与镇区活动的人员	根据调查进行估算

确定集镇新址公共建筑和公用工程设施规模、城镇新址公共设施和市政公用设施的规模,应考虑常住人口、通勤人口和流动人口。通勤人口和流动人口应根据原址前三年的统计资料分析和调查研究的基础上确定。

对规划期在5年以内的淹没迁建集镇、城镇,应进行近、远期规划人口规模预测。远期规划人口规模应按集镇、城镇的地位、性质和可能的经济发展目标合理预测,另行计列,供拟定远期用地规模参考。远期人口规模的确定,目的是对集镇、城镇的发展进行预测,为发展留有余地,但不考虑预留地补偿。

对集镇迁建的按照规划的常住人口和表6-5-2确定迁建集镇的分级。

(三)迁建集镇、城镇规划建设用地规模

集镇、城镇规划建设用地标准应包括规划人均建设用地指标、规划人均单项建设用地指标和规划建设用地结构三部分。迁建集镇、城镇规划建设用地规模按规划人均建设用地指标和常住人口确定。

1. 城镇用地分类与规划建设用地标准

根据《城市用地分类与规划建设用地标准》(GBJ137—90),迁建城镇用地分类采用大类、中类和小类三个层次的分类体系，共分10大类、46中类、73小类。城镇建设用地应包括分类中的居住用地、公共设施用地、工业用地、仓储用地、对外交通用地、道路广场用地、市政公用设施用地、绿地和特殊用地9大类用地，不应包括水域和其他用地。

人均建设用地指标应为规划范围内的建设用地面积除以常住人口数量的平均数值。人口统计应与用地统计的范围相一致。城镇规划人均建设用地指标的分级应符合表6-5-3的规定。

表6-5-3　规划人均建设用地指标的分级

指标级别	用地指标(m^2/人)	指标级别	用地指标(m^2/人)
Ⅰ	60.1~75.0	Ⅲ	90.1~105.0
Ⅱ	75.1~90.0	Ⅳ	105.1~120.0

迁建城镇规划人均建设用地指标，应根据现状人均建设用地水平，参照表6-5-4的规定合理确定。一般情况，可按“现状低于国家标准的取国家标准的下线，有条件的适当提高；现状高于国家标准上线的取国家标准上线；现状在国家标准之内的取现状标准，有条件的适当提高”原则执行。

表6-5-4　人均建设用地指标

现状人均建设用地水平(m^2/人)	人均建设用地指标级别	规划人均建设用地指标(m^2/人)	允许提高幅度(m^2/人)
≤60	Ⅰ	60.1~75.0	+0.1~+25.0
60.1~75.0	Ⅰ	60.1~75.0	>0
	Ⅱ	75.1~90.0	+0.1~+20.0
75.1~90.0	Ⅱ	75.1~90.0	不限
	Ⅲ	90.1~105.0	+0.1~+15.0
90.1~105.0	Ⅱ	75.1~90.0	-15.0~0
	Ⅲ	90.1~105.0	不限
	Ⅳ	105.1~120.0	+0.1~+15.0
105.1~120.0	Ⅲ	90.1~105.0	-20.0~0
	Ⅳ	105.1~120.0	不限
>120	Ⅲ	90.1~105.0	<0
	Ⅳ	105.1~120.0	<0

迁建城镇规划建设用地结构，以居住、工业、道路广场和绿地四大类主要用地占建设用地的比例衡量，应符合表6-5-5的规定。对于设有大中型工业项目的中小工矿城市，其工业用地占建设用地的比例可大于25%，但不宜超过30%；对规划人均建设用地指标为第Ⅳ级的小城市，其道路广场用地占建设用地的比例宜取下限；对风景旅游城市及绿化条件较好的城市，其绿地占建设用地的比例可大于15%。居住、工业、道路广场和绿地四大类用地总和占建设用地比例宜为60%~75%。其他各大类用地占建设用地的比例可根

据城市具体情况确定。

表 6-5-5 规划建设用地结构

类别代号	类别名称	占建设用地比例(%)	类别代号	类别名称	占建设用地比例(%)
R	居住用地	20~32	S	道路广场用地	8~15
M	工业用地	15~25	G	绿地	8~15

2. 集镇用地分类与规划建设用地标准

集镇用地分类与规划建设用地标准根据《镇规划标准》确定。

集镇用地按其性质划分为:居住用地、公共设施用地、生产设施用地、仓储用地、对外交通用地、道路广场用地、工程设施用地、绿地、水域和其他用地9大类、30小类。建设用地包括居住用地、公共设施用地、生产设施用地、仓储用地、对外交通用地、道路广场用地、工程设施用地和绿地8大类用地之和。

人均建设用地指标分为四级(见表6-5-6)。一般情况,规划人均建设用地指标应按表6-5-6中第二级确定;当地处现行国家标准《建筑气候区划标准》(GB50178)的Ⅰ、Ⅶ建筑气候区时,可按第三级确定;在各建筑气候区内均不得采用第一、四级人均建设用地指标。迁建集镇规划人均建设用地指标应在现状人均建设用地指标的基础上,按表6-5-7规定的幅度进行调整。第四级用地指标可用于Ⅰ、Ⅶ建筑气候区的迁建集镇。迁建集镇规划人均建设用地指标的调整原则与城镇一致。对地多人少的边远地区的镇区,可根据所在省、自治区人民政府规定的建设用地指标确定。

表 6-5-6 人均建设用地指标分级

级别	一	二	三	四
人均建设用地指标(m^2/人)	>60 ~≤80	>80 ~≤100	>100~ ≤120	>120~ ≤140

表 6-5-7 规划人均建设用地指标 (单位:m^2/人)

现状人均建设用地指标	规划调整幅度	现状人均建设用地指标	规划调整幅度
≤60	增0~15	>100~≤120	减0~10
>60~≤80	增0~10	>120~≤140	减0~15
>80~≤100	增、减0~10	>140	减至140以内

注:规划调整幅度是指规划人均建设用地指标对现状人均建设用地指标的增减数值。

迁建集镇规划建设用地结构,居住、公共设施、道路广场以及绿地中的公共绿地四类用地占建设用地的比例宜符合表6-5-8的规定。对邻近旅游区及现状绿地较多的镇区,其公共绿地所占建设用地的比例可大于所占比例的上限。

表 6-5-8　建设用地比例

类别代号	类别名称	占建设用地比例(%)	
		中心镇镇区	一般镇镇区
R	居住用地	28～38	33～43
C	公共设施用地	12～20	10～18
S	道路广场用地	11～19	10～17
G1	公共绿地	8～12	6～10
四类用地之和		64～84	65～85

四、总体规划布局

(一)总体规划布局的内容

集镇、城镇新址规划布局要根据选定区域的地形、地质、地貌条件,坚持合理布局、节约用地、因地制宜、量力而行的原则。总体规划布局的内容包括以下几个方面:

(1)在新址建设用地评价、移民安置规划用地要求、建设征地范围的基础上,经过多方案比较后,确定城市新址建设用地与发展用地的布局。

(2)合理划分集镇、城镇的功能区及各功能区的用地规模。根据进入集镇、城镇安置的行政、事业、企业单位的情况和移民初步安置方案进行用地规划布局。

(3)确定建设用地、道路和市政设施的规划标准。

(4)协调新址内部与外部基础设施的连接方案及用地布局。

(5)选址在水库周边的城市,其用地布局应符合水库运行的要求,确保岸坡和边坡的安全,做好防洪护岸和环境保护规划。

(6)根据新址的用地评价和移民初步规划用地的要求,本着节约用地和节省工程量的原则,确定城市新址内部基础设施的布局方案。完成绿地空间布局和景观规划。指出城市特色和景观布局对建筑风貌的要求。

(二)功能区划分

规划布局的核心主要是功能区的划分。根据用地项目的配置和性质,在进行总体规划功能分区时,应把握好以下几点:

(1)住宅建筑用地布局,要选择在自然环境良好,空气、水质不受污染,符合居住卫生和安全防火的地段;住宅一般布置在大气污染源的上风位和水污染的上游,并与工副业、畜牧业用地以及易燃、易爆仓库等有一定的隔离;要注意防止对引水源的污染;在山区丘陵区尽量选择阳坡,避开风口或窝风地段,以便住宅建筑有良好的日照通风条件。

(2)公共建筑用地一般采取集中布置的方式,性质相近或有联系的项目可以安排在一片,对规模较大的要分别布置。

(3)生产建筑用地要安排在靠近电源、水源,对外交通方便的地段,生产上协作关系密切的项目,要临近布置;相互间有干扰的,则要适当分离;易燃或重要的物资仓库,必须符合防火、安全的要求;要特别注意建筑物之间有足够的防火安全距离,安排好消防车通行路线和消防用水的可靠水源；有爆炸危险的生产建筑，要设立在独立地段，以确保安全。

(4)道路及交通运输用地，要根据集镇的布局及车流和人流的数量等因素确定，力求达到通畅短捷，节约用地；道路的走向、坡度、宽度、交叉口等，要根据自然地形条件和现状条件合理设计，不宜追求街道“横平竖直”、“直角交叉”、“间距相等”等固定的模式。在山区、丘陵地区，要结合地形，依山就势，不要大动土方，强求平直。集镇道路一般设置主、支街道，较大集镇增设巷道。按照节约用地的原则，因地制宜地确定道路红线宽度，要结合地形做好竖向设计，确定道路的标高和坡度；一般情况下，道路中心线的标高应低于两侧(至少其中一侧)建筑的室外标高，使建筑地段能通畅地排除地面水。

(5)绿化，包括各项用地分区之间的隔离绿化带，路旁、宅旁和一些公共建筑周围的绿化以及集镇边缘的防护林、不宜建筑的零星地段、山岗等都要进行绿化，以形成绿化系统，改善局地气候，美化环境。

五、场地及竖向规划设计

(一)竖向规划设计的内容

(1)确定建筑物、构筑物、场地、道路、排水沟、主要景观等的规划标高。

(2)确定地面排水方式及排水构筑物。根据地形特点、降水量和汇水面积等因素，划分排水区域，确定建设用地的地面排水坡向、坡度及管沟系统。

(3)进行土方平衡及挖方、填方的合理调配，确定取土和弃土的地点；估算土方、石方开挖工程量和填筑工程量。

(4)依据城市新址的规划布局，确定城镇新址征地范围。

(二)竖向规划设计的原则

(1)应充分利用自然地形地貌，减少土石方工程量，宜保留原有绿地和水面。

(2)应有利于地面排水及防洪、排涝，避免土壤受冲刷。

(3)应有利于建筑布置、工程管线敷设及景观环境设计。

(4)应符合道路、广场的设计坡度要求。

六、岸坡防护工程设计

根据各集镇竖向规划，由于划分不同的高程面，致使各台阶间高差较大，同时也对新址周围山体破坏和影响很大，为防止坍塌，需要进行防护工程设计。防护分护坡和挡土墙两种形式，依台阶间高差情况设计不同的防护形式。

七、街道规划

街道是指集镇、城镇的内部道路，是集镇、城镇的骨架，是影响规划布局的重要因素，合理选择道路建设标准、走向与线型，对减少工程量、降低投资是十分重要的。同时，集镇、城镇内部道路的布局应与对外的等级公路相衔接，使各项技术指标经济合理。

(一)街道规划的内容和标准

街道规划的内容是，根据各项用地功能、交通流量，结合自然条件与现状特点，并在有利于建筑布置和管线敷设的基础上，合理确定街道系统布置。

街道分为主干路、干路、支路、巷路四级。街道规划应符合道路广场用地占建设用地的比例要求(见表 6-5-5、表 6-5-8)。集镇道路中各级道路的规划技术指标应符合表 6-5-9 的规定。

表 6-5-9　镇区道路规划技术指标

规划技术指标	道路级别			
	主干路	干路	支路	巷路
计算行车速度(km/h)	40	30	20	—
道路红线宽度(m)	24～36	16～24	10～14	—
车行道宽度(m)	14～24	10～14	6～7	3.5
每侧人行道宽度(m)	4～6	3～5	0～3	0
道路间距(m)	≥500	250～500	120～300	60～150

街道设置标准应结合各集镇的规模来进行配置,具体应符合表 6-5-10 的规定。

表 6-5-10　镇区道路系统组成

规划规模分级	道路级别			
	主干路	干路	支路	巷路
特大、大型	●	●	●	●
中型	○	●	●	●
小型	—	○	●	●

注:●表示应设的级别;○表示可设的级别。

(二)集镇街道规划

交通量是设计街道宽度的主要因素。集镇街道规划根据集镇原有街道标准、集镇新址交通量预测和表 6-5-9、表 6-5-10 分析确定。集镇内道路规划,依地形条件和集镇整体布局选定,或以一条主街为中心骨架,辅以多条支街组成了乡址的交通网络;或以“十”字主街辅以多条支街为模式。

八、给水、排水、供电、通信等公用设施规划设计

(一)给水工程

给水工程规划设计的内容包括确定用水量,给水方式、水质及水源规划,给水设施、管网布置规划设计。

1. 用水量确定

集镇规划用水量包括生活、生产、消防、浇洒道路和绿化用水量,管网漏水量和未预见水量,可分项按下列规定计算。

(1)生活用水量计算。

居住建筑的生活用水量可根据现行国家标准《建筑气候区划标准》(GB50178)的所

在区域按表 6-5-11 进行预测。

表 6-5-11 居住建筑的生活用水量指标 （单位：L/（人·d））

建筑气候区划	镇 区	镇区外
Ⅲ、Ⅳ、Ⅴ区	100～200	80～160
Ⅰ、Ⅱ区	80～160	60～120
Ⅵ、Ⅶ区	70～140	50～100

公共建筑的生活用水量应符合现行国家标准《建筑给水排水设计规范》（GB50015）的有关规定，也可按居住建筑生活用水量的 8%～25% 进行估算。

（2）生产用水量应包括工业用水量、农业服务设施用水量，可按所在省、自治区、直辖市人民政府的有关规定进行计算。

（3）消防用水量应符合现行国家标准《建筑设计防火规范》（GB50016）的有关规定。

（4）浇洒道路和绿地的用水量可根据当地条件确定。

（5）管网漏失水量及未预见水量可按最高日用水量的 15%～25% 计算。

给水工程规划的用水量也可按表 6-5-12 中人均综合用水量指标预测。

表 6-5-12 人均综合用水量指标 （单位：L/（人·d））

建筑气候区划	镇 区	镇区外
Ⅲ、Ⅳ、Ⅴ区	150～350	120～260
Ⅰ、Ⅱ区	120～250	100～200
Ⅵ、Ⅶ区	100～200	70～160

注：1. 表中为规划期最高日用水量指标，已包括管网漏失及未预见水量；

2. 有特殊情况的镇区，应根据用水实际情况，酌情增减用水量指标。

2. 给水方式、水质及水源规划

给水方式包括集中式给水和分散式给水。根据集镇的实际情况和水源条件确定给水方式。集镇、城镇一般按集中供水进行规划设计。

水源可分为地表水和地下水两类。地表水来源于大气降水，直接与大气接触，在各种因素影响下，地表水水源一般浑浊度较高，细菌含量多，水质变化较大并易受周围环境的污染，如选作饮用水，必须做净化处理。地下水受地层吸附、过滤和微生物作用，一般具有水质洁净、无色无味、悬浮杂质少且不易受环境污染等优点，但矿化度较高。地下水可就地开采利用，投资少、见效快。水源的选择应符合下列规定：

（1）水量应充足，水质应符合使用要求。

（2）应便于水源卫生防护。

（3）生活饮用水、取水、净水、输配水设施应做到安全、经济和具备施工条件。

（4）选择地下水作为给水水源时，不得超量开采；选择地表水作为给水水源时，其枯水期的保证率不得低于 90%。

（5）水资源匮乏的镇应设置天然降水的收集贮存设施。

(6)生活饮用水的水质应符合现行国家标准《生活饮用水卫生标准》(GB5749)的有关规定。

当水源的水质分析结果不符合现行国家标准《生活饮用水卫生标准》(GB5749)的有关规定,且限于条件必须加以利用时,应采取预处理或深度处理措施。

3. 给水设施、管网布置规划设计

(1)蓄水设施:集镇蓄水设施根据集镇的地形地质条件,选用水塔、水池或二者相结合的方式,其容积按日用水量、日给水计划确定。

(2)给水压力:给水压力的计算是确定给水管网的依据。给水压力应视给水区内的地形和楼房层高而定。给水干管最不利点的最小服务水头,单层建筑物可按 10 ~ 15m 计算,建筑物每增加一层应增压 3m。

(3)管网布置:给水管网系统的布置和干管的走向应与给水的主要流向一致,并应以最短距离向用水大户供水。可采用生产、生活、消防共用的方式,管网呈树枝状布设。管径、管材根据给水压力分析确定。

4. 给水工程规划设计方法步骤

(1)收集资料:资料内容包括给水工程所在地区的水资源勘察、水资源利用规划资料,给水工程所处的地理位置、自然环境(水文、地形、地貌、地质、气象等)、水资源条件等。

(2)确定供水范围;根据供水范围,计算用水量,确定供水规模。

(3)选择水源,确定给水方式;进行水源工程和取水工程规划设计。

(4)确定给水设施,计算给水压力,进行给水管网布设规划设计。

(5)编制给水工程投资概(估)算。

(二)排水工程

排水工程规划包括确定排水量、排水体制、排水系统布置规划、污水处理方法和投资。

1. 排水量的计算

排水量应包括污水量、雨水量,污水量应包括生活污水量和生产污水量。排水量可按下列规定计算:

(1)生活污水量可按生活用水量的 75% ~85% 进行计算。

(2)生活污水量及变化系数可按产品种类、生产工艺特点和用水量确定,也可按生产用水量的 75% ~90% 进行计算。

(3)雨水量根据 $P = 5\%$ 降雨强度和汇流面积计算。降雨强度根据当地水文气象资料确定,汇流面积根据地形图量算。排放时间一般在 3 ~ 5h 排完。雨水量也可按邻近城市的标准计算。

2. 排水体制的确定

排水体制宜选用分流制,条件不具备的集镇可选择合流制,但在污水排入系统前,应采用化粪池、生活污水净化沼气池等方法进行处理。

3. 污水排放标准的确定

污水排放应符合现行的国家标准《污水综合排放标准》的有关规定;污水用于农田灌溉应符合现行的国家标准《农田灌溉水质标准》的有关规定。

4. 排水管渠布置

按照集镇规划区的地形确定分水线,划分排水区域。根据排水区域编制排水管线。布置排水管渠时,雨水应充分利用地面径流和沟渠排除;污水应通过管道或暗渠排放。一般情况,主、支排水沟沿主、支街两边布置,根据道路走向确定排水沟的坡度,并选择出水口的位置。对集镇排水对新址周围耕地、村庄产生冲刷影响的,应规划集镇外排水通道。

5. 污水处理措施规划

(1)分散式与合流制中的生活污水,宜采用净化沼气池、双层沉淀池或化粪池等进行处理;集中式生活污水,宜采用活性污泥法、生物膜法等技术处理。生活污水的处理措施,应与生产设施同步进行。

(2)污水采用集中处理时,污水处理厂的位置应选在集镇的下游,靠近受纳水体或农田灌溉区。污水处理厂设计包括确定其规模和处理级别,进行工艺流程比选,推荐处理工艺和方法,给出处理工艺流程图,对各处理单元进行设计,提出总平面布置图和剖面图等内容。

6. 排水工程规划方法步骤

(1)收集集镇、城镇安置区域的水文、气象资料和地形、地貌资料。

(2)确定集水区域和分析外来水量以及排放标准。

(3)计算集水区域内排水量。

(4)根据分析计算的排水量,确定排水系统的布置和断面尺寸。

(5)根据规划设计成果确定排水工程规划投资。

(三)供电工程规划设计

供电工程规划主要包括预测集镇所管辖地域范围内的供电负荷,确定电源和电压等级、供电线路、供电设施和投资概(估)算。

1. 供电负荷的计算

集镇所管辖地域范围内的供电负荷的计算包括生产和公共设施用电、居民生活用电。用电负荷因其地理位置、经济社会发展与建设水平、人口规模及居民生活水平的不同,可采用现状年人均综合用电指标乘以增长率进行预测。

规划期末年人均综合用电量可按下式计算:

$$Q = Q_1(1 + K)^n \tag{6-5-2}$$

式中 Q——规划期末年人均综合用电量,kWh/(人·a);

Q_1——现状年人均综合用电量,kWh/(人·a);

K——年人均综合用电量增长率(%);

n——规划期限,年。

年人均综合用电量增长率 K 值应根据历年来增长情况并考虑发展趋势等因素加以确定,一般为5%~8%,位于发达地区的镇可取较小值,地处发展地区的镇可取较大值;K 值也可根据规划期内的发展速度分阶段进行预测。同时,还可根据当地实际情况,采用其他预测方法进行校核。

用电负荷也可按以下内容分项测算:

(1)生产用电负荷,包括工业企业生产和农业生产用电。工业用电负荷应以迁入新址的工业企业年用电量和单位产品或产值用电量进行计算,农业用电负荷可按每亩用电量计算。

(2)生活用电负荷,包括居民生活照明、电气设备的用电负荷,同时可以人均居民生活用电量指标进行测算。人均居民生活用电量指标,应以原址人均居民生活用电量水平为基础,参考《城市电力规划规范》(GB50293—1999)4.3 中等城市和较低城市居民人均生活用电量标准选取。城镇居民生活用电一般取 600kWh/(人·a),集镇居民 400 kWh/(人·a)。

(3)公共设施用电负荷,包括市政设施、服务性、娱乐性等设施的用电负荷。公共设施用电可根据城市总体规划布局及用地分类采用综合指标法,也可按生活用电和工业用电总和的百分比取值,县城可取 20%,集镇 5%。具体可结合当地实际情况和规划要求,因地制宜确定。

2. 电源和电压等级、供电线路、供电设施的确定

1)规划原则

(1)变电所的选址应做到线路进出方便和接近负荷中心。

(2)电网规划应符合下列规定:①镇区电网电压等级宜定为 110、66、35、10kV 和 380V/220V,采用其中 2~3 级和两个变压层次;②电网规划应明确分层分区的供电范围,各级电压、供电线路输送功率和输送距离应符合表 6-5-13 的规定。

表 6-5-13　电力线路的输送功率、输送距离及线路走廊宽度

线路电压(kV)	线路结构	输送功率(kW)	输送距离(km)	线路走廊宽度(m)
0.22	架空线	50 以下	0.15 以下	—
	电缆线	100 以下	0.20 以下	—
0.38	架空线	100 以下	0.50 以下	—
	电缆线	175 以下	0.60 以下	—
10	架空线	3 000 以下	8~15	—
	电缆线	5 000 以下	10 以下	—
35	架空线	2 000~10 000	20~40	12~20
66、110	架空线	10 000~50 000	50~150	15~25

(3)供电线路的设置应符合下列规定:①架空电力线路应根据地形、地貌特点和网络规划,沿道路、河渠和绿化带架设;路径宜短捷、顺直,并应减少同道路、河流、铁路的交叉;②设置 35kV 及以上高压架空电力线路应规划专用线路走廊,并不得穿越镇区中心、文物保护区、风景名胜区和危险品仓库等地段;③镇区的中、低压架空电力线路应同杆架设,镇区繁华地段和旅游景区宜采用埋地敷设电缆;④电力线路之间应减少交叉、跨越,并不得对弱电产生干扰;⑤变电站出线宜将工业线路和农业线路分开设置。

(4)重要工程设施、医疗单位、用电大户和救灾中心应设专用线路供电,并应设置备用电源。

2)电源及电源等级确定

一般情况下,迁建集镇、城镇的电源为当地的电力系统电能的电源变电所。

集镇、城镇配电网的电压等级一般采用10kV、380V、220V,配电网主网宜选用10kV,干线、支线宜选用380V,进户线宜选用380V/220V。

3)变压器容量计算

一般可参照《农村低压电力技术规程》(DL499—2001),根据规划集镇、城镇供电范围内的用电负荷按以下公式计算所需的变压器容量:

$$S = R_S P \tag{6-5-3}$$

式中 S——规划水平年配电变压器所需容量,kVA;

P——规划水平年年内最高用电负荷,kW,若为年用电量或平均用电负荷时,应考虑最高用电负荷年利用小时数换算为年内最高用电负荷,根据历史统计数字和诸多地区的情况分析,居民生活用电年最高负荷利用小时通常取2 000~3 000h;

R_S——容载比,一般取1.5~2。

4)供电设施配置

供电设施配置主要包括确定新集镇内需设置的变电所具体位置、出线回路数、主变容量及台数,选择变压器的安装方式(杆上、箱式、独立变电所)。应根据《城市电力规划规范》、《10kV及以下变电站设计规范》等行业规定,结合迁建集镇、城镇的具体情况分析确定。

5)供电线路布置

供电线路的布置主要包括确定中、低压线路的具体走向,架空线路需确定电杆的具体位置,选择电杆、横担的形式,确定各回路导线的线质、线径,埋地电缆需确定电缆沟、电缆井的设置位置、规格,进行路灯规划。应根据《城市电力规划规范》、《66kV及以下架空电力线路设计规范》、《电力工程电缆设计规范》等行业规定,结合迁建集镇、城镇的具体情况分析确定。

3. 电力工程规划设计方法步骤

(1)收集有关资料,包括移民安置规划资料,电网现状及近期规划资料、地理接线图、主接线图,迁建集镇、城镇新址地形图、平面布置图。涉及35kV变电站的还需要水文、气象、地质等资料。

(2)确定规划用电标准,计算规划用电负荷。

(3)根据当地电网系统情况,确定电源及电压等级。

(4)根据规划用电负荷,计算配电变压器所需容量。

(5)根据迁建新址平面布置图,安排集镇、城镇内变电所的位置;根据负荷情况分台区进行供电设施布置和电力线路布置。

(6)计算市政电力设施的工程量和主要设备清单。

(7)编制市政电力设施投资概(估)算。

(四)通信工程规划设计

通信工程主要包括电信、邮政、广播、电视等。其规划设计内容包括确定用户数量、局

(所)位置、发展规模和管线布置,编制投资概(估)算。

1.规划原则

(1)邮政局(所)的选址应利于邮件运输,方便用户。

(2)电信局(所)的选址宜设在环境安全和交通方便的地段。

(3)电信线路的布置,应符合下列规定:

①应避开易受洪水淹没、河岸塌陷、土方塌方以及有严重污染等地区;

②应便于架设、巡查和检修;

③宜设在电力线走向的道路另一侧。

(4)广播、电视线路应与电信线路统筹规划。

2.规划内容及方法

(1)调查和收集淹没区各集镇通信工程的现状资料,分析现状电话用户普及率(部/百人)。

(2)根据新址人口规模和当地经济发展状况,按照“三原”原则,分析确定新址通信工程规模、设施水平。

(3)结合平面布置图,确定邮政、电信、广播、电视设施的位置。

(4)选择机器设备和光缆、电缆材料以及各线路的布置。

(5)分别计算邮政电信设施、广播电视设施投资。

九、防灾减灾规划

防灾减灾规划主要应包括消防、防洪、抗震防灾和防风减灾的规划。镇的防灾减灾规划应依据地区防灾减灾规划的统一部署进行规划。集镇、城镇迁建规划中重点是消防规划和防洪规划。

(一)消防规划

迁建集镇、城镇消防规划主要为消防安全布局和确定消防站、消防给水、消防通信、消防车通道、消防装备。

(1)迁建集镇、城镇消防安全布局应符合下列规定:

①生产和储存易燃、易爆物品的工厂、仓库、堆场和储罐等应设置在镇区边缘或相对独立的安全地带;

②生产和储存易燃、易爆物品的工厂、仓库、堆场、储罐以及燃油、燃气供应站等与居住、医疗、教育、集会、娱乐、市场等建筑之间的防火间距不应小于50m。

(2)消防给水应符合下列规定:

①具备给水管网条件时,其管网及消火栓的布置、水量、水压应符合现行国家标准《建筑设计防火规范》(GB50016)的有关规定;

②不具备给水管网条件时应利用河湖、池塘、水渠等水源规划建设消防给水设施;

③给水管网或天然水源不能满足消防用水时,宜设置消防水池,寒冷地区的消防水池应采取防冻措施。

(3)消防站的设置应根据镇的规模、区域位置和发展状况等因素确定,按《城市消防站建设标准》的规定执行;中、小型镇区尚不具备建设消防站时,可设置消防值班室。

(4)消防通信、消防通道、消防设备的确定可参照国家标准《城市消防规划规范》。

(5)城镇消防规划投资按"三原"原则计列。

(二)防洪、防护规划

集镇、城镇的防洪、防护规划,应与当地农田水利建设、水土保持、绿化等的规划相结合。易受内涝灾害的,其排涝工程应与排水工程统一规划。防洪标准按防护对象的性质和重要性进行选择,集镇一般为10~20年一遇标准,城市可按20~50年一遇洪水标准。集镇、城镇的防洪、防护规划设计应符合现行行业标准《城市防洪工程设计规范》(CJJ50)的有关规定。

十、环境保护规划设计

(一)主要技术标准

(1)水环境:生活水源水质执行《生活饮用水卫生标准》(GB5749—85),生活污水排放执行《污水综合排放标准》(GB8978—1996),污水处理厂污水排放执行《城镇污水处理厂污染物排放标准》(GB18908—2002),建设执行《城市污水处理工程项目建设标准》(GB. J43—82)。

(2)大气环境:大气环境质量执行《环境空气质量标准》(GB3095—1996),废气排放执行《大气污染物综合排放标准》(GB16297—1996)。

(3)声环境:声环境质量执行《城市区域环境噪声标准》(GB3096—93),噪声排放执行《建筑施工场界噪声限值》(GB12523—90)。

(4)水土保持:执行《开发建设项目水土保持方案技术规范》(SL204—98)和《水土保持综合治理技术规范》(GB/T16452.1~16453.6—1996)。

(5)固体废弃物:生活垃圾处置执行《城市垃圾转运站设计规范》(CJJ47—91)和建城[2000]120号《城市生活垃圾处理和污染防治技术政策》。

(二)环境保护规划设计内容及方法

集镇、城镇迁建环境保护规划的内容包括环境影响评价和环境保护规划设计。

1. 环境影响评价

环境影响评价一般分为迁建施工期和迁建安置后两个阶段,评价要素主要包括生态环境、水环境、固体废弃物处理等方面。环境影响评价工作内容包括:评价范围的确定,集镇、城镇迁建规划分析,环境现状评价及影响预测,环境保护措施制定及措施效果分析等。主要环境要素影响预测方法如下:

(1)生态环境影响预测:主要是水土流失影响预测。根据规划中扰动地面的面积和区域土壤侵蚀背景值,分区计算产生的水土流失量,分析可能带来的环境影响。

(2)水环境影响预测:根据城市集镇规模计算废水排放量,采用《环境影响评价导则—水环境》的预测模型预测对水环境的影响。处理后的污水排入河道的采用河道预测模型预测;污水排入水库的采用湖库预测模型预测。

(3)固体废弃物影响预测:预测居民生活垃圾等废弃物产生量,分析其对环境可能产生的影响。

在环境影响预测评价的基础上,提出环境保护规划措施。环境保护规划措施的内容主要包括水土保持、生产污染防治、环境卫生、环境绿化和景观的规划。

2. 环境保护规划设计

在环境影响评价提出的环境保护措施的基础上，开展环境保护规划设计。

（1）水土保持：主要是对场地规划设计中可能产生的水土流失进行治理。治理工程包括挡土（渣）墙、排水沟、护坡等工程措施和植树种草等植物工程措施。通过对场地开挖边坡、回填边坡、土石料场和弃渣场进行防护工程典型设计，提出典型设计图。通过典型设计推算水土保持各项工程量。边坡、料场等采用经验公式法。弃渣场采用类比和经验相结合的方法。

（2）生产污染防治：主要应包括生产的污染控制和排放污染物的治理。应在迁建规划布局中统筹考虑，二、三类工业用地应布置在常年最小风向频率的上风侧及河流的下游；产生有害因素的企业、场所与相邻用地间设置隔离带，其卫生防护距离应符合现行国家标准《村镇规划卫生标准》（GB18055）的有关规定。生产中的固体废弃物的处理场设置应进行环境影响评价，并宜逐步实现资源化和综合利用。

（3）环境卫生：包括垃圾转运站、垃圾收集容器（垃圾箱）、公共厕所、环卫站等的规划。应按以下要求规划：

①应符合现行《城镇环境卫生设施设置标准》（CJJ27—2005）、国家标准《村镇规划卫生标准》（GB18055）的有关规定；

②垃圾转运站宜设置在靠近服务区域的中心或垃圾产量集中和交通方便的地方。生活垃圾日产量可按每人 1.0 ~ 1.2kg 计算；

③镇区应设置垃圾收集容器（垃圾箱），每一收集容器（垃圾箱）的服务半径宜为 50 ~ 80m。镇区垃圾应逐步实现分类收集、封闭运输、无害化处理和资源化利用；

④居民粪便的处理应符合现行国家标准《粪便无害化卫生标准》（GB7959）的有关规定；

⑤镇区主要街道两侧、公共设施以及市场、公园和旅游景点等人群密集场所宜设置节水型公共厕所；

⑥镇区应设置环卫站，其规划占地面积可根据规划人口每万人 0.10 ~ 0.15hm^2 计算。

（4）环境绿化和景观的规划：

镇区环境绿化规划应根据地形地貌、现状绿地的特点和生态环境建设的要求，结合用地布局，统一安排公共绿地、防护绿地、各类用地中的附属绿地，以及镇区周围环境的绿化，形成绿地系统。镇区级公园、街区公共绿地，以及路旁、水旁宽度大于 5m 的绿带等公共绿地在建设用地中的比例宜符合有关规定。

镇区景观规划应充分运用地形地貌、山川河湖等自然条件，以及历史形成的物质基础和人文特征，结合现状建设条件和居民审美需求，创造优美、清新、自然、和谐、富于地方特色和时代特征的生活和工作环境，体现其协调性和整体性。

十一、迁建投资

库区受淹的集镇、城镇，一般年代久远，多数布局混乱，基础设施差；随着经济的发展，对集镇、城镇建设的城市化要求越来越高，因此结合集镇、城镇迁建，在集镇、城镇建设的基础设施配套方面，考虑长远的发展是必要的，而且以迁建为契机，加速提高城镇化的速度，也是国家积极倡导的一项政策。但从投资来源划分，水利水电工程只承担受淹集镇、城镇迁建中按“三原”原则恢复的投资，不承担集镇、城镇建设中超规模部分的投资，超规模超标准部分投资，应由地方有关部门多渠道筹集。

集镇、城镇部分投资概算项目包括房屋及附属建筑物、新址征地、基础设施建设、搬迁补助、工商企业、行政事业单位、其他补偿等。其中房屋及附属建筑物、搬迁补助、工商企业、行政事业单位、其他补偿等费用以实物补偿为主，主要依据实物调查成果进行补偿费计算；新址征地、基础设施建设以规划投资为主，以规划工程量进行投资计算，主要包括新址场地平整及挡护工程、道路广场、给水、排水、供电、电信、广播电视、防洪（防灾减灾）、环卫园林绿化（环境保护）等。

第六节　城乡规划建设管理

2008 年实施的《中华人民共和国城乡规划法》，规定了城乡规划的总则、城乡规划的制定、城乡规划的实施、城乡规划的修改、监督检查、法律责任、附则。明确规定城乡规划包括城镇体系规划、城市规划、镇规划、乡规划和村庄规划。城市规划、镇规划分为总体规划和详细规划。详细规划分为控制性详细规划和修建性详细规划。

城乡规划组织编制机关应当委托具有相应资质等级的单位承担城乡规划的具体编制工作。

一、城镇体系规划的编制与审批

城镇体系规划分为全国城镇体系规划和省域城镇体系规划。

全国城镇体系规划用于指导省域城镇体系规划、城市总体规划的编制，由国务院城乡规划主管部门会同国务院有关部门组织编制，由国务院城乡规划主管部门报国务院审批。

省域城镇体系规划的内容应当包括：城镇空间布局和规模控制，重大基础设施的布局，为保护生态环境、资源等需要严格控制的区域。由省、自治区人民政府组织编制，由省、自治区人民政府报国务院审批。在报国务院审批前，应当先经本级人民代表大会常务委员会审议，常务委员会组成人员的审议意见交由本级人民政府研究处理。

二、城市规划、镇规划的编制与审批

（一）城市总体规划、镇总体规划的编制与审批

城市总体规划、镇总体规划的内容应当包括：城市、镇的发展布局，功能分区，用地布局，综合交通体系，禁止、限制和适宜建设的地域范围，各类专项规划等。

城市人民政府组织编制城市总体规划。直辖市的城市总体规划由直辖市人民政府报国务院审批。省、自治区人民政府所在地的城市以及国务院确定的城市的总体规划，由省、自治区人民政府审查同意后，报国务院审批。其他城市的总体规划，由城市人民政府报省、自治区人民政府审批。

县人民政府组织编制县人民政府所在地镇的总体规划,报上一级人民政府审批。其他镇的总体规划由镇人民政府组织编制,报上一级人民政府审批。

在报上一级人民政府审批前,应当先经本级人民代表大会常务委员会审议,常务委员会组成人员的审议意见交由本级人民政府研究处理。

镇人民政府组织编制的镇总体规划,在报上一级人民政府审批前,应当先经镇人民代表大会审议,代表的审议意见交由本级人民政府研究处理。

(二)城市详细规划、镇详细规划的编制与审批

城市人民政府城乡规划主管部门根据城市总体规划的要求,组织编制城市的控制性详细规划,经本级人民政府批准后,报本级人民代表大会常务委员会和上一级人民政府备案。

镇人民政府根据镇总体规划的要求,组织编制镇的控制性详细规划,报上一级人民政府审批。县人民政府所在地镇的控制性详细规划,由县人民政府城乡规划主管部门根据镇总体规划的要求组织编制,经县人民政府批准后,报本级人民代表大会常务委员会和上一级人民政府备案。

城市、县人民政府城乡规划主管部门和镇人民政府可以组织编制重要地块的修建性详细规划。修建性详细规划应当符合控制性详细规划。

(三)乡规划、村庄规划的编制与审批

乡规划、村庄规划的内容包括:规划区范围,住宅、道路、供水、排水、供电、垃圾收集、畜禽养殖场所等农村生产、生活服务设施、公益事业等各项建设的用地布局、建设要求,以及对耕地等自然资源和历史文化遗产保护、防灾减灾等的具体安排。乡规划还应当包括本行政区域内的村庄发展布局。

乡、镇人民政府组织编制乡规划、村庄规划,报上一级人民政府审批。村庄规划在报送审批前,应当经村民会议或者村民代表会议讨论同意。

非建制镇规划的编制与审批执行乡规划、村庄规划的审批程序。

三、城乡规划的修改及其审批

经依法批准的城乡规划,是城乡建设和规划管理的依据,未经法定程序不得修改。对有下列情形之一的,组织编制机关方可按照规定的权限和程序修改省域城镇体系规划、城市总体规划、镇总体规划:

(1)上级人民政府制定的城乡规划发生变更,提出修改规划要求的;

(2)行政区划调整确需修改规划的;

(3)因国务院批准重大建设工程确需修改规划的;

(4)经评估确需修改规划的;

(5)城乡规划的审批机关认为应当修改规划的其他情形。

修改省域城镇体系规划、城市总体规划、镇总体规划前,组织编制机关应当对原规划的实施情况进行总结,并向原审批机关报告;修改涉及城市总体规划、镇总体规划强制性内容的,应当先向原审批机关提出专题报告,经同意后,方可编制修改方案。

修改后的省域城镇体系规划、城市总体规划、镇总体规划,应当依照规定的审批程序报批。

修改控制性详细规划的,组织编制机关应当对修改的必要性进行论证,征求规划地段内利害关系人的意见,并向原审批机关提出专题报告,经原审批机关同意后,方可编制修改方案。修改后的控制性详细规划,应当依照规定的审批程序报批。控制性详细规划修改涉及城市总体规划、镇总体规划的强制性内容的,应当先修改总体规划。

修改乡规划、村庄规划的,应当依照规定的审批程序报批。

城市、县、镇人民政府修改近期建设规划的,应当将修改后的近期建设规划报总体规划审批机关备案。

经依法审定的修建性详细规划、建设工程设计方案的总平面图不得随意修改;确需修改的,城乡规划主管部门应当采取听证会等形式,听取利害关系人的意见;因修改给利害关系人合法权益造成损失的,应当依法给予补偿。

四、城乡规划的实施

经依法批准的城乡规划,是城乡建设和规划管理的依据。城乡规划的实施应按照规定办理"一书两证","一书"指选址意见书,"两证"指建设用地规划许可证和建设工程规划许可证。

选址意见书:对按照国家规定需要有关部门批准或者核准的建设项目,以划拨方式提供国有土地使用权的,建设单位在报送有关部门批准或者核准前,应当向城乡规划主管部门申请核发选址意见书。不以划拨方式提供国有土地使用权的,不需要申请选址意见书。

建设用地规划许可证:在城市、镇规划区内以划拨方式提供国有土地使用权的建设项目,经有关部门批准、核准、备案后,建设单位应当向城市、县人民政府城乡规划主管部门提出建设用地规划许可申请,由城市、县人民政府城乡规划主管部门依据控制性详细规划核定建设用地的位置、面积、允许建设的范围,核发建设用地规划许可证。

建设单位在取得建设用地规划许可证后,方可向县级以上地方人民政府土地主管部门申请用地,经县级以上人民政府审批后,由土地主管部门划拨土地。

在城市、镇规划区内以出让方式提供国有土地使用权的,在国有土地使用权出让前,城市、县人民政府城乡规划主管部门应当依据控制性详细规划,提出出让地块的位置、使用性质、开发强度等规划条件,作为国有土地使用权出让合同的组成部分。未确定规划条件的地块,不得出让国有土地使用权。

以出让方式取得国有土地使用权的建设项目,在签订国有土地使用权出让合同后,建设单位应当持建设项目的批准、核准、备案文件和国有土地使用权出让合同,向城市、县人民政府城乡规划主管部门领取建设用地规划许可证。

建设工程规划许可证:在城市、镇规划区内进行建筑物、构筑物、道路、管线和其他工程建设的,建设单位或者个人应当向城市、县人民政府城乡规划主管部门或者省、自治区、直辖市人民政府确定的镇人民政府申请办理建设工程规划许可证。

申请办理建设工程规划许可证,应当提交使用土地的有关证明文件、建设工程设计方案等材料。需要建设单位编制修建性详细规划的建设项目,还应当提交修建性详细规划。对符合控制性详细规划和规划条件的,由城市、县人民政府城乡规划主管部门或者省、自治区、直辖市人民政府确定的镇人民政府核发建设工程规划许可证。

在城市、镇规划区内进行临时建设的，应当经城市、县人民政府城乡规划主管部门批准。临时建设和临时用地规划管理的具体办法，由省、自治区、直辖市人民政府制定。

取得建设工程规划许可后，方可办理施工手续。

五、城乡规划建设的监督检查

县级以上人民政府及其城乡规划主管部门应当加强对城乡规划编制、审批、实施、修改的监督检查。地方各级人民政府应当向本级人民代表大会常务委员会或者乡、镇人民代表大会报告城乡规划的实施情况，并接受监督。

第七章 工业企业迁建处理规划

工业企业是指具有一定规模的机器设备，并直接从事机械、化工、冶金、电子、食品、造纸、采矿等工业化生产的独立核算企业，以及在内部财务和固定资产与上级单位划开的直接从事工业化生产活动的非独立核算企业。

第一节 概 述

工业企业是当地国民经济的重要组成部分，征地受影响的企业如何复建与发展，直接影响到当地经济持续发展，它不仅是受影响的企业迁建问题，而且关系到水利水电建设区域工业发展与布局。因此，工业企业迁建处理应受到工程建设管理单位、设计单位、迁建处理企业和地方政府及主管部门的高度重视，工业企业迁建处理方案应符合国家的产业政策，符合当地的资源状况、市场条件、经济发展水平，技术可行，经济合理。

工程建设征地受影响的企业处理方式有防护、改建、迁建及关、停、并、转等。受影响工矿企业的具体处理方案，由设计单位会同地方政府或主管部门根据受影响企业的实物指标调查成果和企业受影响程度，以及地区经济的产业结构和产品结构调整发展规划及环境保护要求，结合当地的资源状况、市场条件、经济发展水平，按照技术可行、经济合理的原则，通过方案比较，综合论证，提出合理妥善的处理方案及迁、改建规划设计。

工程建设征地影响的工业企业，大多为水库淹没影响，迁建处理方案考虑的因素多，处理规划也较为复杂，因此本书以水库淹没影响企业迁建处理规划为主介绍。其他水利工程建设征地影响的工业企业，分析建设征地对其的影响程度，参照水库淹没企业的处理规划，进行相应的迁建规划设计。

受影响工业企业的补偿，根据受影响程度，按原规模、原标准、恢复原有生产能力的原则合理确定。因提高标准、扩大规模、技改以及转产所需增加的投资，由企业或有关部门自行解决。通过对受影响工业企业的迁、改建，使企业现有职工得到妥善的生产安置，同时也使职工及其家属的居住和生活得到妥善安排。

一、规划的主要任务及内容

不同设计阶段，受影响工业企业处理规划的工作深度要求不同，主要规划任务是基本一致的，从总体上来看有以下几个方面：

(1)分析企业的受影响程度。此项工作是企业迁建处理规划的基础。根据水库淹没设计水位线和调查的淹没影响企业实物指标情况，分析企业全部受淹、部分受淹及淹没影响情况。

(2)初步确定受淹企业处理方案。按受淹企业隶属关系，根据受淹企业的生产状况和受影响程度、移民安置去向、当地的资源条件，结合市场预测和近、远期经济发展规划，提出淹没企业的处理方式及建设规模方案。

(3)对迁建(重建)企业,结合安置地的交通、电力、通信、水源、地质等条件,设计单位会同有关部门,在技术经济比较的前提下,选定企业的迁建新址,并进行迁建方案的规划设计。

(4)工业企业迁建规划设计主要内容包括:选址论证、生产规模分析、厂(矿)区布置、土建工程和工艺流程设计、实施进度计划、投资概(估)算、分年投资计划及经济分析等,并提出规划设计书及图纸。

(5)对防护、局部改建的企业,设计单位会同有关部门,在技术可行、经济合理的条件下,进行方案比较,确定合理的方案,并进行相应规划设计。

(6)对撤项处理的工业企业,由地方政府和企业主管部门提出原企业就业人员的安置方案。

(7)按照国家的有关规范规定,计算补偿投资。

(8)编制工业企业处理报告。

二、不同设计阶段的规划设计要求

(1)水利水电工程项目建议书阶段和水电工程预可行性研究报告阶段,调查工业企业的受淹影响程度,初步提出处理方案,估算补偿投资。

(2)可行性研究报告阶段,对每个淹没影响工业企业逐项进行调查,提出处理方案。对其资产通过资产评估的方式或相关方认可的方式计算,根据水库淹没处理原则,估算补偿投资。

(3)初步设计阶段,复核工业企业处理方案,编制补偿投资概算。

(4)水利水电工程技施设计阶段和水电工程移民实施阶段,必要时补充相应的工作。

第二节　受淹工业企业资产评估

一、基本思路

水库淹没影响工业企业补偿投资,应以调查的淹没实物指标和企业迁建规划为依据,按照国务院颁布的《水利水电工程建设征地移民安置条例》规定,并参照国家和有关省、自治区、直辖市人民政府颁布的有关规定计算,按照原规模、原标准、恢复原功能迁移或复建所需的投资,列入水利水电工程补偿投资。凡结合迁移、改建或防护需要提高标准或扩大规模增加的投资,应由地方人民政府或有关单位自行解决。不需要或难以恢复、改建的淹没对象,可给予拆卸、运输费和合理补偿费。

水库淹没影响工业企业数量多,行业广泛,情况复杂,实物指标调查工作专业性强,难度大。为满足工业企业补偿投资测算的可靠性、准确性,总结20世纪90年代以来的水库淹没企业处理的实践经验,《水利水电工程建设征地及移民安置规划设计规范》规定,迁建受淹工业企业的有形资产,可采用重置成本法进行资产评估,以资产评估成果为基础,按水库淹没处理原则逐项核定其补偿费,结合规划的道路、电力等连接工程投资,计算迁建企业补偿投资。因此,水库淹没工业企业迁建处理规划设计,应采用企业资产评估的方法对企业的实物指标、重置价和现行价值进行评估,为企业补偿投资的测算提供可靠的依据。

二、资产评估的基本理论

(一)资产评估的概念

随着我国改革开放和社会主义在市场经济的建设条件下,产权交易、产权变动等经济行为大量增加,资产评估作为一种动态的、市场化的社会经济活动,得到了极大的发展。资产评估,是指由专门机构和人员,按照国家的法律、法规,根据按照特定目的,遵循评估原则,依照法定或公允的标准相关和程序,选择适当的价值类型,运用科学的方法,对被评估资产价值进行分析、估算并发表专业意见的行为和过程。

资产评估的基本组成要素由以下内容组成:

一是评估主体,即从事资产评估的机构和人员,他们是资产评估工作的主导者。

二是评估客体,即被评估的资产,它是资产评估的具体对象,也称为评估对象。

三是评估依据,也就是资产评估工作所遵循的法律、法规、经济行为文件、重大合同协议以及取费标准和其他参考依据。

四是评估目的,即资产业务引发的经济行为对资产评估结果的要求,或资产评估结果的具体用途。它直接或间接地决定和制约资产评估的条件,以及价值类型的选择。

五是评估原则,即资产评估的行为规范,是调节评估当事人各方关系、处理评估业务的行为准则。

六是评估程序,即资产评估工作从开始准备到最后结束的工作顺序。

七是评估价值类型,即对评估价值质的规定,它对资产评估参数的选择具有约束性。

八是评估方法,即资产评估所运用的特定技术,是分析和判断资产评估价值的手段和途径。

九是资产评估假设,即资产评估得以进行的前提条件的假定说明等。

十是资产评估基准日,即资产评估的时间基准。

以上基本要素构成了资产评估活动的有机整体。

(二)资产评估的特点

一般来说,资产评估具有市场性、公正性、专业性和咨询性的特点。

(1)市场性是资产评估的一个突出特点。资产评估是适应市场经济需要和要求而产生的专业中介服务活动,其基本目标就是根据资产业务的不同性质,通过模拟市场对资产价值做出经得起市场检验的判断和报告。

(2)公正性也是资产评估的一个显著特点。公正性是指资产评估行为服务于资产业务的需要,而不是服务于资产业务当事人的任何一方的需要。资产评估是站在独立客观的立场上对资产的价值发表专家的意见。

(3)专业性和咨询性同样是资产评估的一个明显特点。首先,从事资产评估服务的应是一批不同类型的专家及专业人士并形成专业化分工,使得评估活动专家化和专业化;其次,评估人员对资产价值的估计判断都是建立在专业技术知识和经验的基础之上;再次,尽管资产评估是一些专家行为,评估结果是一种专家意见。但是,资产评估结论是为资产业务提供专业化估价意见,该意见本身并无强制执行的效力,从性质上讲属于咨询而不是定价。

(三)资产评估的目的

资产评估的目的分为一般目的和特定目的。一般目的包含着特定目的,特定目的则是一般目的的具体化。

(1)资产评估一般目的(或资产评估的基本目标)是由资产评估的性质及其基本功能决定的。资产评估作为一种专业人士对特定时点及特定条件约束下资产价值的估计和判断的社会中介活动,它一经产生就具有了为委托人以及资产交易当事人提供合理的资产价值咨询意见的功能。不论是资产评估的委托人,或是与资产交易有关的当事人,他们所需要的都是评估师对资产在一定时间及一定条件约束下资产公允价值的判断。在不考虑资产交易或引起资产评估的特殊需求时,资产评估所实现的一般目的只能是资产在评估时点的公允价值。

(2)资产评估的特定目的。资产评估作为资产估价活动,总是为满足特定资产业务的需要而进行的,资产业务是指引起资产评估的经济行为。通常把资产业务对评估结果用途的具体要求称为资产评估的特定目的。资产评估特定目的对评估结果的性质、价值类型等有重要的影响。在现实的市场经济条件下,资产业务多种多样,其性质也各不相同,因而决定了评估目的的多样性。资产评估的目的主要有:资产转让;企业兼并;企业出售;企业联营;股份经营;中外合资、合作;企业清算;抵押;担保;企业租赁;债务重组。

(四)资产评估的基本假设和原则

1. 基本假设

资产评估作为一门学科,其理论体系和方法的形成建立在一定的假设之上,这些假设包括:交易假设;继续使用假设,即在用续用、转用续用、移用续用;公开市场假设;清算假设。

2. 原则

资产评估涉及面广,综合性强,是一项具有较高技术含量的工作,评估结果将涉及资产所有者、经营使用者等各方面的产权和利益关系,要作到公平合理,被社会承认,评估人员必须具有独立性和专业性,评估工作必须遵循客观公正性、科学性的原则,资产评估经济技术必须遵循预期收益原则、供求原则、贡献原则、替代原则和估价日期原则。

(五)资产评估的基本方法

在我国进行资产评估的基本方法一般有三种,即市场法、收益法和成本法。

1. 市价法

市场法是指利用市场上同样或类似资产的近期交易价格,经过直接比较或类比分析以估测资产价值的各种评估技术方法的总称。市场法是资产评估中最为直接、最具说服力的评估方法之一。

市场法依据的原则是替代原则。市场法中的具体评估方法可分直接比较法和类比调整法。直接比较法细分为现行市价法、市价折扣法、功能价值类比法、价格指数法、成新率价格调整法。类比调整法细分为市场售价类比法、市价法、市盈率乘(倍)数法。

2. 收益法

收益法是指通过估测被评估资产未来预期收益的现值来判断资产价值的各种评估方法的总称。典型的收益法是以利索本,即知道收益率然后反求本金,通过测算被评估资产的未来预期收益,按恰当的折现率,将被评估资产剩余寿命周期的预期收益折算成现值,并将其累计之和作为被评估资产的评估价值的一种方法。

3. 成本法

成本法是指首先估测被评估资产的重置成本,然后估测被评估资产业已存在的各种贬损因素,并将其从重置成本中予以扣除而得到被评估资产价值的各种评估方法的总称。采用重置成本法进行评估的一般步骤是:第一,确定被评估资产,并估算重置成本;第二,确定被评估资产的已使用年限;第三,估算资产的有形损耗和功能性损耗;第四,计算确定被评估资产的评估值。

上述评估各有优点和缺点,成本法比较充分地考虑了资产的损耗,评估结果更趋于合理,使用比较广泛,但工作量较大;市场法能比较现实地反映市场价格,但受到市场资料的限制;收益法能真实和较准确地反映评估资产的本金化的价格,宜与投资决策相结合,但预期收益测算难度大,且适用范围较小。资产评估方法的选择,要与评估目的、评估的市场条件、评估对象在评估过程中所处的状态以及由此决定的评估价值类型相适应,要考虑所选评估方法的评估资料以及技术参数的约束。统筹考虑,合理确定采用的资产评估方法。

(六)资产评估的结果

通过资产评估提出被评估企业某一评估基准日有效价格标准的各类资产和负债以及总资产、净资产的评估价和重置价,并提出资产评估报告书,作为资产业务的参考依据。资产评估报告书包括正文和附件两部分,其内容主要是报告评估结论,阐述评估结果成立的前提条件,说明取得评估结果的主要过程、方法和依据,以及必要的文件资料附件。

三、受淹没影响企业的资产评估

资产评估是近十多年形成的一个完整的、系统的学科,利用资产评估理论和方法,对受淹企业进行资产评估,既扩充了资产评估的适用范围,又充实了水库淹没工业企业补偿投资计算的理论和方法,使水库淹没企业各项实物调查、补偿投资计算的程序更加规范合理,使受淹企业补偿投资计算结果更加完善、依据可靠。

(一)受淹企业资产评估的对象及目的

一般来说,资产评估的对象不仅包括具有独立实物形态的有形资产,而且包括不具有实物形态的无形资产。有形资产包括固定资产、流动资产、对外投资、自然资源等。无形资产是指那些没有物质实体而以某种特殊权利和技术知识等经济资源存在并发挥作用的资产,包括专利权、商标权、非专利技术、土地使用权、商誉等。水库淹没企业资产评估的主要对象结合迁建转产规划确定,一般情况下仅指企业受淹影响的资产,主要为固定资产,企业流动资产在迁建规划中考虑安排合理的时间进行搬迁或变现等处理,自然资源属国家所有,至于受淹企业土地使用权之外的无形资产,随企业的搬迁仍然存在,所以对受淹企业的资产评估对象主要为受淹影响的固定资产,不包括债权债务、流动资产及无形资产。

受淹企业资产评估的目的主要是完善实物调查成果，为企业迁建处理补偿投资计算提供全面的技术资料和依据。

（二）资产评估操作程序

受淹工业企业资产评估在外业实地调查掌握的资料基础上，业主（业主委托的设计单位）组织专门机构和人员，按以下程序开展评估工作：

（1）签订资产评估业务委托协议。根据资产评估有关规范、准则和水库淹没处理设计的有关规范，以业主（业主委托的设计单位）为委托方，评估机构为被委托方，双方签订评估协议，协议内容包括评估项目的名称、评估目的、评估对象、评估范围、评估期限、收费办法、收费金额和双方的责任、权利和义务等。

（2）成立资产评估工作协调小组。由于水库受淹企业资产评估工作政策性强，涉及面宽，情况复杂，任务繁重，面临许多新问题。为此，由业主单位牵头，有关部门派人参加组成领导小组，协调解决评估工作中的有关问题，以保证评估工作顺利进行。

（3）制订评估工作大纲。承担资产评估任务的评估机构，应根据评估工作协议的规定，资产评估操作规范的要求，移民补偿及受淹企业的特点，制订受淹企业资产评估工作大纲，选定评估基准日，拟定评估方案，编制受淹企业基本情况调查、资产申报核查的各种表格等。评估工作大纲征求委托方意见后组织实施。

（4）成立评估工作组。选派精干的评估人员和有关专业方面的专家组成评估工作组，明确项目负责人，在开展评估工作前，要组织评估人员学习有关政策法规、资产评估操作规范和评估工作大纲等文件。

（5）外业调查核实。指导受淹企业对所属资产全面清查盘点，填写资产申报核查明细表；对受淹企业提供有关财务会计资料、土地使用证、煤炭生产许可证等证明文件（复印件）进行验证；全面了解受淹企业情况，核对财务账目，对所属的企业占地、房屋建筑物、机器设备、基础设施、生产设施（井巷工程）等资产进行实地检查核实，验证资料，检测鉴定资产。

（6）内业分析计算，编制资产评估报告。对调查核实所收集到的资料进行分析、归纳、整理，并对评估资产进行最终鉴定，同时收集有关相应的评估基准日市场价格资料；选择适宜的评估方法和计算公式，逐项对各类资产在评估基准日时的价格标准进行评定估算；在资料分析和评估计算的基础上，确定评定结果，撰写评估说明；汇总编写资产评估报告；评估机构内部审核、检验评估结果，向委托方提交资产评估报告，并按规定报送有关材料和归档。

（三）受淹企业评估基准日的取定

受淹企业资产评估基准日取实物指标调查时间，应与规划（设计）基准年一致。

（四）受淹企业项目分类资产评估方法

1. 占地

受淹企业占地，多为集体所有，评估仅评估土地使用权的价值，因此土地使用权的价值即土地资产评估现值。

2. 房屋及附属建筑物

房屋及附属建筑物按完全重置值计算。重置值的确定方法有多种:直接费计算单价法;单价的市场调查法。

(1)直接费计算单价法。所谓直接费计算单价法,是指利用概预算中概预算定额、用工、材料耗量来计算项目工程的直接费。根据评估中可替代原则,选择评估项目中有代表性的房屋及附属建筑物,用已有的工程图纸或模拟一座与被评估的建筑物相类似的,即结构、材料、装修、设备以及尺度均相同的建筑物,分别计算出相应工程量,然后依据所在地区的概预算定额计算出全部直接费,最后用直接费的造价比计算出单价(对建筑物单价的单位为元/m^2;基础设施和生产设施单价的单位为元/m 或元/m^2 或元/m^3)。

(2)单价的市场调查法。在工程建设区域内进行市场调查,分析不同房屋及附属物的单位造价指标。

3. 机器设备

(1)重置值的确定。机器设备的重置单价(即现行购置成本)按基准日的市场价格,其价格主要参照中国建设工程造价管理协会设备价格信息委员会编制的《工程建设全国机电设备价格汇编》,并参考同行业及当地产品价格表,以及有关制造厂的出厂价格综合确定;凡无型号设备的重置单价,则以同类规格的设备的市场价格为参照物确定。

$$\text{重置值} = \text{数量} \times (\text{重置单价} + \text{运杂费} + \text{安装费}) \tag{7-2-1}$$

(2)评估值的确定。其计算公式如下:

$$\text{机器设备评估值} = \text{重置值} \times \text{成新率} \tag{7-2-2}$$

成新率的确定。成新率是评估对象评估时点的价值与其全新状态重置价值的比率。计算成新率时,首先要综合分析影响评估对象的价值的因素及其影响程度——要考虑制造、实际使用、维护保养、大修、更新改造情况,以及设计使用年限、物理寿命、现有性能、运行状态和技术进步等因素的影响,将评估对象的现有状态与其全新状态相比较,相应得到价值影响因素的分值,累加后得出成新率。

对于不同的固定资产分析计算,其成新率采用不同的方法,总括起来有两大类:

①使用年限法。其计算公式如下:

$$\text{成新率} = \frac{\text{尚可使用年限}}{\text{已经使用年限} + \text{尚可使用年限}} \times 100\% \tag{7-2-3}$$

本公式对中小煤矿较为适用。由于设计、施工、管理不够规范,缺少许多原始资料,有的甚至连制造、购置、投产日期都不详,有的本身就是“二手货”,无法查证设备寿命年限。

对于正常的机器设备(平常保持正常维护保养,又无超负荷运行),且有明确的设备寿命年限的,可采用下式:

$$\text{成新率} = \frac{\text{已使用年限}}{\text{设备寿命年限}} \times 100\% \tag{7-2-4}$$

对于贵重大型机器设备,尽可能不采用使用年限法,最多作为一种校核性计算。上述公式中:已经使用年限,是按设备正常运行情况(每天 8 小时工作制)考虑的,对于连续二班倒或三班倒,则应适当增加时间数;尚可使用年限,是参考了大修、扩大性大修(换了主要零部件等),适当延长运行小时数,实际上是依靠有关技术专家、现场技术操作人员一起进行的技术鉴定法来确定的。

②技术鉴定法。本方法是按实际考察,由评估的技术专家和现场的技术操作人员一起进行技术鉴定,以确定评估对象的成新率(即新旧程度)。对缺少许多原始资料,不少机器设备既无制造日期(无铭牌)又无购进日期,有些购进时本身就是二手货,根本无法确定已经使用年限,只能靠专家技术鉴定。大多数情况均由有经验的专家在现场评定有关设备的新旧程度(有称其:观察判定法、类比法、打分法等);对某些贵重、大型、高精尖设备,则需靠专用的仪器设备进行技术鉴定,根据设备组成的不同系统,或按其功能、技术性能分项,进行静态检查(包括外观检查和内部各系统检查)和动态检查(运行工作正常和稳定性——振动和噪音等),逐项打分,最后定出其综合性的成新率。

对不同的设备还有采用不同的确定成新率的方法,例如某些重大、贵重设备的成新率也有采用修复费用法,计算公式为:

$$成新率 = \frac{修复费用}{重置值} \times 100\% \tag{7-2-5}$$

4. 基础设施

按完全重置值计算。重置值的确定,按原规模、原标准、原功能的原则进行设计确定。

5. 生产设施

采用重置成本法,计算重置值及评估值。具体计算办法参照房屋及附属建筑物的有关项目。

6. 井巷工程

(1)重置值的确定。应根据井巷实体特征(如类别、围岩条件、支护形式、结构、规格、材质等基本情况),按照规定的某一时点的市价估算其重置值。计算公式如下:

$$M = \sum M_i \times D_i \times Z_i \tag{7-2-6}$$

$$D_i = (E_i + F_i) \times (1 + L) \times J \tag{7-2-7}$$

式中 M——井巷工程重置价;

M_i——第 i 规格井巷工程有效长度;

D_i——第 i 规格井巷工程重置单价;

Z_i——第 i 规格井巷的质量系数(根据调查 J_i 取值范围为 0.7 ~ 1.0);

E_i——定额直接费;

F_i——定额辅助费;

L——其他费率;

J——物价上涨指数。

(2)评估值的确定。其计算公式如下:

$$评估值 = 井巷工程重置价 \times 成新率 \tag{7-2-8}$$

(3)成新率的确定。井巷工程的成新率有多种方法求得,但都与煤田的可开采量有关,主要有以下几种方法:

①设计储量法:

$$成新率 = \frac{设计可开采量 - 累计开采量}{设计可开采量} \times 100\% \tag{7-2-9}$$

②回采储量法：

$$成新率=\frac{实际可回采储量-累计开采量}{实际可回采储量}\times 100\% \qquad (7\text{-}2\text{-}10)$$

③开采年限法：

$$成新率=\frac{设计开采年限-已开采年限}{设计开采年限}\times 100\% \qquad (7\text{-}2\text{-}11)$$

以上介绍了三种成新率的计算方法，因为已开采年限和设计开采年限容易求得，在实践中采用较多的是开采年限法。

第三节　工业企业淹没处理方案规划

一、主要依据和基本资料

(一)主要依据

包括《中华人民共和国宪法》、《中华人民共和国土地管理法》、《中华人民共和国水法》、《中华人民共和国环境保护法》、《中华人民共和国经济合同法》等基本的和通用的法律法规；《大中型水利水电工程建设征地补偿和移民安置条例》、《水利水电工程建设征地移民设计规范》、《水电工程水库淹没处理规划设计规范》等专用法规以及工矿企业迁建规划涉及交通、电力、资源等其他专用法规。

(二)基本资料

(1)水库淹没工矿企业实物指标调查成果。

(2)水库淹没工矿企业资产评估报告及有关资料。

(3)水库移民安置总体规划成果。

(4)水库移民安置涉及县市的国民经济发展规划及工业发展规划。

二、规划原则

(1)工业企业处理要与库区建设、资源开发、水土保持、经济发展相结合，与移民安置相结合。工业企业迁建和处理，不仅要使迁建企业恢复原有的生产水平，企业职工恢复原有的收入水平，而且要尽可能使移民受益，为逐步使移民生活达到或者超过原有水平创造条件。

(2)正确处理受淹工业企业迁(改)建与区域经济发展的关系，正确处理近期利益与长远利益的关系。受淹工业企业的处理既要结合所在市、县经济发展规划、国土资源的开发利用与保护规划，确定各工业企业的迁(改)建发展目标；更要从各工业企业现状出发，按原标准、原规模或恢复原功能的受淹企业处理原则，切实妥善安排好工业企业迁(改)建的新址布局，实现迁(改)建工业企业的自身利益；在发展生产的基础上逐步达到发展目标；并使迁(改)建各工业企业有机地结合，协调发展。

(3)工业企业的迁建处理方案，应根据受淹程度和市场发展前景，结合地区经济产业结构、产品结构调整、职工安置、技术改造及环境保护要求，按技术可行、经济合理的原则，统筹考虑,综合分析确定。

(4)工业企业迁建新址,应根据其淹没影响程度和企业生产的特征、地质、地形、交通、水源等条件以及环境保护的要求合理选定,应避开居民区和不良地质及自然灾害影响区。对新址应进行相应的工程地质和水文地质的勘察工作。

(5)工业企业迁建用地,原则上按其原有占地面积控制,在规划中应注意节约用地、尽量少占耕地、多利用荒地或劣地。

(6)工业企业迁建应按原规模、原标准、恢复原有生产能力的原则进行规划设计。因提高标准,扩大规模,进行技术改造以及转产所需增加的投资,不列入水利水电工程补偿投资。

三、规划设计内容

(一)受淹企业淹没影响程度分析

受淹企业淹没影响程度分析是受淹企业处理规划的基础。根据水库淹没设计水位线和调查的淹没影响企业实物情况,分析其受淹情况,区分部分厂区受淹、主要生产厂区受淹、全部企业受淹,主要原材料生产场地受淹等情况,以及淹没深度、面积等。

(二)受淹企业处理方案确定

1. 迁建处理方式

受淹工矿企业处理方式一般分三类,包括迁建、防护或部分改建、撤项(补偿自行处理)。

(1)迁建方式,是指受淹没影响企业,在淹没影响区以外重新选址,恢复重建的情况。这种方式主要适用于全部企业受淹、主要生产厂区受淹且不具备后靠条件和防护条件等两种情况。

按照企业新址的位置,迁建方式又可分为随集镇、城镇迁建和城镇、集镇外易地迁建。

(2)防护或局部改建方式,是指对淹没影响企业采取防护工程措施,或者对淹没部分设施在淹没线以外改建,与原企业连为一体,使企业继续原有生产的处理方式。这种方式适用于主要车间不受淹没,且具备后靠改建或采取防护的条件的情况。采用防护方式,还是采用局部改建方式,应通过经济比较确定。

(3)撤项(补偿自行处理)处理方式,包括关、停、并、转等。适用于生产设施和依靠的资源被淹没影响,且不具备资源条件的企业;按照地方产业结构调整和环境保护要求,需要预期关、停、并、转的淹没影响企业;企业法人承诺不再迁建或自己负责重建的淹没影响企业。

2. 迁建处理方式及迁改建企业规模、标准的确定

按受淹企业隶属关系,由企业主管部门或企业根据工矿企业受淹没影响的程度和移民安置去向,企业现状,当地的资源条件,结合市场预测和当地近、远期经济发展规划,提出淹没企业的是防护或局部改建,还是迁建,还是撤项。对采用迁建处理方式或改建处理方式的企业,应提出建设规模和标准。

采用迁建处理方式或改建处理方式的企业,应按原规模、原标准或恢复原有生产能力的原则,确定建设规模和建设标准。对结合迁建、改建进行技改、扩建,提高规模和标准的

企业,应明确增加投资的资金来源。

采取关、停、并、转处理方式的企业,应提出在职职工安置方案。

必要时,对受淹企业拟定不同迁建处理方式,通过技术经济比较,选定技术可行、经济合理的迁建处理方式。

(三)迁建、改建企业新址的选择

对迁建、改建的企业,结合安置区的交通、电力、通信、水源、地质等条件,设计单位会同有关部门,在技术经济比较的前提下,选定企业的迁建新址。新址选择应考虑以下要求:

(1)应选在交通比较方便、水源可靠的地方。

(2)应考虑地形条件,应注意节约用地、尽量少占耕地、多利用荒地或劣地。

(3)应避开不良地质及自然灾害影响区。对新址应进行相应的工程地质和水文地质的勘察工作。

(4)对居住和公共环境基本无干扰、无污染的迁建工业企业(一类工业)可布置在城镇、集镇的居住用地或公共设施用地附近。

(5)对居住和公共环境有干扰、有污染的迁建工业企业(二、三类工业)应布置在常年最小风向频率的上风侧及河流的下游,并应符合现行国家标准《村镇规划卫生标准》(GB18055)的有关规定。

(四)迁建企业规划设计

迁建企业规划设计内容包括新址选择(改建原因)、经营性质、生产规模、产品名称、市场状况、建设规模、占地面积、原料来源、厂(矿)区布置、土建工程和工艺流程设计、主要技术经济指标和方案比较、实施进度、投资估算、分年投资计划及经济分析等,以及上级主管部门的审查意见、扩大规模和提高标准时增加投资的来源说明等;附图、附表、附件。

一般由企业主管部门或企业根据国家的有关政策、迁建企业的淹没影响情况和企业的经营状况,提出规划意见。必要时,提出可行性研究报告、项目建议书等文字材料。在工程可行性研究报告阶段,迁建(或改建)企业规划的深度应符合可行性研究阶段的要求。

第四节　受淹没影响企业补偿投资

一、补偿投资确定的基本原则

水利水电工程建设征地影响工业企业的补偿采用资产评估方法,但具体补偿费用的计算与资产评估值有一定的区别。补偿投资确定的基本原则如下:

(1) 按“三原”原则确定补偿标准。即应当按照其原规模、原标准或者恢复原功能的原则制定补偿标准。

(2)投资分摊的原则。按照按原规模、原标准或者恢复原功能的原则规划迁建投资列入水利水电工程概算,对因扩大规模和提高标准需要增加的投资应由有关单位自行解决。

(3)统筹兼顾的原则。既考虑工程建设的投资能力,又要考虑企业迁建的实际难度和需要,妥善处理好国家、地方、集体、个人之间的关系。

(4)按国家法规规范补偿范围的原则。对于没有矿产资源开采手序的，属于非法开采国有矿产资源，原则上不予补偿；对于停建令后建成的或早已关、停的企业以及废弃的矿坑，按规定不予补偿；对于环境污染十分严重的工业企业，如硫磺加工厂，按环保规定属取缔的范畴，但应按移民政策给予适当的补偿。

(5)补偿项目的设置原则。项目的设定考虑水库淹没工矿企业处理的项目情况，结合企业实物指标调查的项目分类，并参考企业资产评估项目的分类。

(6)补偿标准的拟定原则。补偿标准的拟定按照国家、地方和行业现行规范、规定执行，凡国家有规定和地方有规定的，按规定确定；对无规定的，可依据库区实际情况，考虑工矿企业不同经济性质、不同生产能力、不同行业类别资产形成的差异性，并参考其他已建或在建大中型水利水电工程的补偿标准，合理确定。

(7)受淹没影响的企业补偿对象主要是受淹影响的固定资产，不包括债权债务、流动资产及无形资产。对企业的淘汰、报废设施一般不予补偿；对企业的闲置设施可根据实际情况予以适当补偿。

(8)明确迁建补偿投资的物价水平年。

二、补偿项目的设置

水库淹没影响工矿企业补偿项目根据受淹没影响的企业的实物指标、参考企业资产评估的项目分类进行设置。受淹企业补偿投资项目设置主要有企业占地补偿、场地平整费、房屋及附属建筑物补偿费、机器设备补偿费、基础设施补偿费、生产设施补偿费、井巷工程补偿费、停产损失补偿费、搬迁运输费等。

三、补偿标准的确定

(一)占地补偿及场地平整费

占地补偿及场地平整费采用建设征地移民相应的补偿标准。

(二)房窑及附属物

特殊的厂房宜采用资产评估值；通常的房屋及附属物，采用征地移民有关城镇相应的补偿标准。

(三)基础设施

工矿企业基础设施主要指企业道路、输变电设施、通信、广播、供排水设施等基础工程，按“原有规模、原有标准、原有功能”采用相应的补偿单价计算。

(四)生产设施

企业的生产设施指矿业企业的井巷工程、洗煤池、澄煤池、煤仓、装车平台及其他企业直接用于生产的建筑设施。

1. 井巷工程

井巷工程是矿业企业的主要设施，其投资占企业投资的绝大部分。按照规范规定，淹没企业井巷工程一般按原有规模（等级）和标准，考虑可利用的设备材料后的重建造价给予补偿。对于单独的矿业企业，以资源为依托，资源的多少决定了企业的开采年限，也决定了企业的开采总规模。在企业的总体开采规模一定的情况下，企业的年生产规模与企业的使用年限成反比，企业的使用年限越短，年生产规模越大；使用年限越长，年生产规模越小。在企业总体开采规模一定和年生产规模一定的情况下，企业的开采年数也是确定的。在有限的开采年限内，随着企业的生产时间增加，企业的井巷工程在逐渐贬值，当企业生产达到了它的开采年限，企业的井巷工程就失去原有的价值。因此，对正在生产的矿业企业的补偿，应考虑总体开采规模、已生产时间、剩余的生产时间等因素确定，为此，井巷工程补偿单价按其重置价乘以成新率计算。

1）重置单价的确定

矿业企业井巷工程包括竖井、斜井、平硐平巷、回风巷、井底车场、水仓等。根据井巷工程的特点，分不同技术特征、不同企业性质、不同生产能力按下列公式计算井巷的重置单价：

重置单价 =［定额直接费 + 辅助费］× 物价上涨系数 ×［1 + 间接费率］× 质量系数 （7-4-1）

定额直接费：按照煤炭工业的《煤炭井巷工程综合预算定额》，根据库区企业井巷的各项特征指标查得。

辅助费：按照煤炭工业的《煤炭井巷工程辅助费综合预算定额》，结合库区企业井巷的实际情况确定，并考虑物价水平年因素，适当调整。

间接费率：主要指地方煤炭建设管理费等，按 10% ~15% 计列。

质量系数：视企业井巷工程的质量情况，主井取 0.3 ~1.0；斜井、平硐平巷及回风巷取 0.5 ~1.0；井地车场及水仓取 0.4 ~1.0。

2）井巷工程成新率的确定

井巷工程的成新率是反映其使用价值的一个主要指标，与其以后的经济使用年限（矿井的有效开采年）有直接的关系。成新率计算公式如下：

井巷成新率 = 尚可开采年限/（已使用年限 + 尚可开采年限） （7-4-2）

（1）尚可开采年限的计算。计算公式如下：

尚可开采年限 = 剩余开采量/年平均实际生产能力 （7-4-3）

剩余开采量 = 实际回采储量 − 采出矿量 （7-4-4）

实际回采储量 = 设计可采储量 × 实际回采率 （7-4-5）

设计可采储量根据矿区地质条件及矿层基本情况进行计算：

设计可采储量 = 地质储量 × K （7-4-6）

矿区地质储量 = 矿区面积 × 矿层平均厚度 × 矿石容重 （7-4-7）

矿层平均厚度：煤矿指煤层平均厚度；其他矿层指矿石层平均厚度。

K 指经济可采系数，根据地方煤炭部门有关资料，合理取值。

实际回采率由库区矿业企业生产经营特点决定。各类工矿企业回采率的大小由典型资料分析确定。

（2）已使用年限的确定。计算公式如下：

已使用年限 = 已采出矿量/年平均实际生产能力 （7-4-8）

2. 其他生产设施

其他生产设施采用资产评估值。

（五）机械设备

机械设备的补偿标准按设备的重置单价乘补偿比例确定。

1. 重置单价的确定

由于库区淹没企业所属机械设备原始资料不全，绝大部分设备无管理台账，且设备铭牌不详，因此准确制定出机械设备重置单价非常困难。为此，采用由设备工程师的现场判别办法，对既无购置设备的年份及账面购置设备单价，也无设备铭牌的，按照当地所产同类设备处理，相对准确地确定机械设备型号和规格，再依据有关资料和有关规定计算机械设备重置单价。依据资料主要有：财政部清产核资办公室编制的《价值重估统一标准目录》；《煤炭工业常用设备价格汇编》；工程造价管理协会设备价格信息委员会编制的《工程建设全国机电设备××××年价格汇编》等。

2. 设备补偿比例的确定

设备补偿比例分以下三种情况：

一是可搬迁设备，包括矿业企业通用设备，考虑设备的运输、安装、调试等费用，根据国家规定，设备的运杂费率可按设备重置单价的 4% 计取；安装、调试费率可按设备单价的 6% 计取，其补偿比例可按 10% 计算。

二是可搬迁的矿业专用设备，尚有一定的回收处理价值，成新率在 60% 左右，其补偿比例按 30% 计算。

三是不可搬迁设备，主要指化工企业，按重置单价乘以成新率计算补偿，设备成新率根据设备使用年限及运行状况确定。计算公式如下：

$$\text{成新率} = 1 - (\text{已使用年限}/\text{规定折旧年限}) \times k_1 \times k_2 \times k_3 \tag{7-4-9}$$

式中 k_1——机械设备的技术状态系数，其取值在 0.85 ~ 1.15；

k_2——机械设备的功能系数，其取值在 0.85 ~ 1.15；

k_3——机械设备的完好系数，其取值在 0.85 ~ 1.15。

（六）停产损失补偿

企业停产损失指企业迁建改建造成的企业停产引起的职工工资、福利费、管理费、利润等损失，按企业迁建改建造成的停产时间和职工工资、福利费、管理费、利润等计算。年职工工资、福利费、管理费、利润等根据企业的特点、库区有关市县的统计资料以及企业自报的工资、利润、职工人数、企业产值等指标对比分析后确定。

（七）搬迁运输

主要指企业的人员搬迁和实物形态的流动资产搬迁费用补偿标准。人员搬迁根据对库区典型企业需要搬迁的办公设备和生活用具的运输量及运距测算，按合同工、正式工人均需要的运输费作为搬迁运输补偿标准；实物形态的流动资产可按单位重量或单位体积和规划运距测算搬迁运输补偿标准。

四、补偿投资的计算

根据淹没影响企业实物调查成果、资产评估成果确定企业搬迁规划方案，合理确定补偿的各项实物指标和基础设施规划（补偿）指标，按各项实物的补偿标准和相应实物（规划）数量计算企业的补偿投资。

第八章　专项设施恢复处理规划

专项设施恢复处理规划，是水利水电工程建设征地处理设计的重要内容之一。专业项目恢复处理，包括铁路、公路、航运、电力、电信、广播电视、军事、水利水电设施，取水工程，水文站，测量永久标志，农、林、牧、渔场，文物古迹，风景名胜区，自然保护区等。

第一节　概　述

专业项目的恢复处理方案应符合国家的有关政策规定，遵循技术可行、经济合理的原则。专业项目的恢复改建，应遵循"原规模，原标准（等级），恢复原功能"的原则，进行规划设计，所需投资列入水利水电工程补偿投资。因扩大规模，提高标准（等级）或改变功能需要增加的投资，不列入水利水电工程补偿投资。

一、规划设计内容

（1）对受影响的铁路、公路、航运、输变电、电信、广播电视等设施，应根据各项目的特点、受淹没影响的程度和移民安置需要，结合专业项目的规划布局，提出处理方式。处理方式包括复建、改建、迁建、防护、一次性补偿等。对需要恢复的，应根据受影响程度和影响情况，选定经济合理的复建、改建、迁建、防护方案。属于地方性的基础设施，可结合库区农村移民安置，集镇、城镇迁建，统筹规划，提出经济合理的复建、改建、迁建、防护方案。不需要或难以恢复的，应根据影响的具体情况，给予合理补偿。

（2）受影响的国营或具有企业法人资格的农、林、牧、渔场，应根据其影响情况，按原规模、原标准选定迁建方案。无条件迁建恢复的，给予合理补偿，对其原有职工提出就业安置方案。

（3）受影响的县级以上单位管理的水电站、抽水站、水库、闸坝、渠道、水文站，测量永久标志等设施，应根据其影响的程度和具体情况，提出经济合理的复建方案。不需要或难以恢复的，给予合理补偿。

（4）受影响而必须保护的文物古迹，应根据其文物保护单位的级别、影响程度，提出搬迁、发掘、防护或其他保护措施。

（5）受影响的风景名胜区、自然保护区等，应根据其影响程度、保护级别，提出保护或其他措施。

（6）水库淹没区若具有开采价值的重要矿藏，应查明淹没影响程度，提出处理措施；其他水利工程占地影响地下矿藏的，分析其影响程度，提出相应的处理措施。

（7）库周交通恢复，应根据淹没影响程度和建库后居民点分布的具体情况，按照有利生产、方便生活、经济合理的原则，提出库周交通恢复方案。

二、不同设计阶段的规划设计要求

(1)水利水电工程项目建议书阶段和水电工程预可行性研究报告阶段,初拟专业项目的处理方案,提出投资估算。

(2)水利水电工程项目可行性研究报告阶段,确定专业项目的处理方案。对规模较大、投资较多的专业项目,应按各专业相当于初步设计深度的要求进行典型设计,提出投资估算。

(3)水利水电工程项目初步设计阶段和水电工程项目可行性研究报告阶段,复核各专业项目的处理方案,提出专业项目的初步设计文件,提出投资概算。

(4)水利水电工程项目技施设计阶段和水电工程项目移民实施阶段,进行施工图设计。

第二节　交通复建

水利水电工程建设如水库淹没、输水渠道、堤防工程等,打乱了建设区域原有的交通运输网络,使公路、铁路运输中断,水运条件变化等,影响区域经济的发展和周围居民的生产生活。水利水电工程水库淹没,使位于河谷川地的道路交通中断,河道水运条件发生根本性变化,需要根据工程建设对道路交通的影响、周围居民的生产生活影响以及对地区国民经济的影响进行分析,提出新的交通网络恢复规划。

移民搬迁到安置区,需要新建道路与安置区原有的交通网络相连接,形成新的交通网络。需要提出移民安置区的交通网络恢复规划。

因此,交通复建规划分工程建设区影响交通复建规划和移民安置区交通规划。

一、公路复建规划

调查分析工程建设受影响公路的有关技术标准、公路的服务功能,按照“原规模,原标准(等级),恢复原功能”的原则,依据《公路工程技术标准》(JTGB01—2003)、《厂矿道路设计规范》(GBJ22—87)、《林区公路工程技术标准》(LYJ104—88)等国家和行业技术标准,结合移民道路的实际情况,进行公路恢复改建设计。

(一)交通复建选线原则

(1)贯彻工程经济与营运经济相结合的原则,充分利用有利地形,避开不利地形和工程地质不良地段,做到路线短捷平直,保证行车安全,注意经济效果。这就要求在不过分增加工程造价前提下,尽量提高技术标准,在不降低技术标准的情况下尽量降低造价。

(2)尽量利用现有道路及其附属建筑物,尽量结合过境的国家公路,尽量不占或少占耕地,把筑路造田、建村、治水工程有机结合起来,公路相交尽可能正交或交角不小于45°。

(3)乡村主干道最大坡度不大于9%,最小曲率半径在平原区不应小于50m,山岭垂直区不小于15m。沿河流选线时要考虑洪水位变化,对四级和等外公路保证路基高出一般年份最高洪水位0.5m以上。

（4）在地面坡度平缓、高差变化不大的平丘区，耕地连片，居民点密度大，路线应力求顺直。微丘区纵坡约束小，为节省土石方，路线往往顺地形面走，遵循原则是“先山后土少占田，山坡取土变梯田，梯田取土变平田”。

（5）路线尽可能不穿越集镇、工矿和较密集的居民点，但也不要距离太远，必要时可修支线连系。做到靠村不进村，利民不扰民，既方便运输，又保证安全。

（6）合理处理路桥关系，大中桥位服从路线总方向，路、桥综合考虑，小桥服从路线走向。

（7）山丘区地形复杂，路线弯急坡陡。公路应有足够的稳固性，保证汽车以计算的车速安全行驶。利用地形展线，减少工程量，保证日后养护和运输线经济合理，选线应结合高低定位（低位要考虑在洪水位以上）、选岸（走河谷的哪一岸）和选择桥位。

（二）有关公路技术标准

我国公路工程技术标准主要指标如表 8-2-1 ~ 表 8-2-8 所示。

表 8-2-1　车道宽度

设计速度（km/h）	120	100	80	60	40	30	20
车道宽度（m）	3.75	3.75	3.75	3.50	3.50	3.25	3.00 （单车道时为 3.50）

注：高速公路为 8 车道，当设置左侧硬路肩时，内侧车道宽度可采用 3.50m。

表 8-2-2　各级公路路基宽度

公路等级		高速公路、一级公路								
设计速度（km/h）		120			100			80		60
车道数		8	6	4	8	6	4	6	4	4
路基宽度（m）	一般值	45.00	34.50	28.00	44.00	33.50	26.00	32.00	24.50	23.00
	最小值	42.00	—	26.00	41.00	—	24.50	—	21.50	20.00

公路等级		二级公路、三级公路、四级公路					
设计速度（km/h）		80	60	40	30	20	
车道数		2	2	2	2	2 或 1	
路基宽度（m）	一般值	12.00	10.00	8.50	7.50	6.50（双车道）	4.50（单车道）
	最小值	10.00	8.50	—	—	—	

注：（1）“一般值”为正常情况下的采用值；“最小值”为条件受限制时可采用的值；

（2）8 车道高速公路路基宽度“一般值”为设置左侧硬路肩、内侧车道采用 3.50m 时的宽度；

8 车道高速公路路基宽度“最小值”为不设置左侧硬路肩、内侧车道采用 3.75m 时的宽度。

表 8-2-3　圆曲线最小半径

设计速度（km/h）		120	100	80	60	40	30	20
一般值（m）		1 000	700	400	200	100	65	30
极限值（m）		650	400	250	125	60	30	15
不设超高最小半径（m）	路拱≤2.0%	5 500	4 000	2 500	1 500	600	350	150
	路拱>2.0%	7 500	5 250	3 350	1 900	800	450	200

表 8-2-4　最大纵坡

设计速度（km/h）	120	100	80	60	40	30	20
最大纵坡（%）	3	4	5	6	7	8	9

表 8-2-5　路基设计洪水频率

等级公路	高速公路	一级公路	二级公路	三级公路	四级公路
设计洪水频率	1/100	1/100	1/50	1/25	按具体情况确定

表 8-2-6　路面面层类型及适用范围

面层类型	使用范围
沥青混凝土	高速公路、一级公路、二级公路、三级公路、四级公路
水泥混凝土	高速公路、一级公路、二级公路、三级公路、四级公路
沥青贯入、沥青碎石、沥青表面处治	三级公路、四级公路
砂石路面	四级公路

表 8-2-7　桥涵设计洪水频率

公路等级	设计洪水频率				
	特大桥	大桥	中桥	小桥	涵洞及小型排水构造物
高速公路	1/300	1/100	1/100	1/100	1/100
一级公路	1/300	1/100	1/100	1/100	1/100
二级公路	1/100	1/100	1/100	1/50	1/50
三级公路	1/100	1/50	1/50	1/25	1/25
四级公路	1/100	1/50	1/50	1/25	不作规定

表 8-2-8　汽车荷载等级

公路等级	高速公路	一级公路	二级公路	三级公路	四级公路
汽车荷载等级	公路－Ⅰ级	公路－Ⅰ级	公路－Ⅱ级	公路－Ⅱ级	公路－Ⅱ级

公路设计，应根据公路的使用任务、性质，合理利用地形，正确运用标准，并根据当地材料及自然条件，进行综合设计。

（三）公路设计原则

（1）对新建和改建的公路网和个别公路进行调查和技术勘测，根据国家和地方公路建设方针、技术政策及勘测调查的资料，便可较好地解决经济发展对公路提出的要求与自然条件障碍之间的矛盾。

（2）为节约公路建筑费，满足汽车行驶对公路的要求，要采取方案比较的方法，同时拟出若干可能的路线方案，然后对各个方案进行经济上或技术上的权衡比较，最后采纳其中最优方案。

（3）为使公路建设最大程度地满足需要，可采取分期修建的原则，逐步提高公路的质量和改善公路的设备。

（4）为保持公路应有的技术质量和加速公路建设速度，应贯彻就地取材因地制宜的原则，从而降低工程造价。

（5）公路设计应采用新的结构和新的施工技术，尽可能采用机械化施工缩短工期，降低造价。

（6）公路工程设计应依据交通部现行的《公路基本建设工程投资估算编制办法》、《公路工程估算指标》及各省（直辖市、自治区）有关公路工程概、预算编制补充规定等文件的要求编制投资概（估）算；也可采用工程类比的方法，按综合单价进行投资估算。

二、渡口、码头复建规划

码头是船舶停泊场所，是水运货物装卸、仓储集散地。码头及船舶为河道两岸居民来往提供了很大的便利。水利水电工程水库淹没库区的渡口、码头较多，为方便库周居民的生产生活，需要进行复建。渡口、码头复建规划宜参照《河港工程设计规范》（GB50192）等相应行业标准执行。

复建规划原则如下：

（1）渡口、码头复建要与库区乡（镇）、居民点迁建规划和公路复建规划相衔接，对渡口码头进行统一规划。

（2）渡口码头规划必须满足建库后的水位变动情况。

（3）根据渡口功能确定码头复建位置，码头尽量按后退复建，不能后退复建的码头，按性质迁入相应功能的规划港区。

（4）按原标准、原规模或恢复原功能的原则，提出复建、改建方案。

（5）对重要码头复建要做多方案对比分析，并同库区经济发展相结合。

对于原来不通航河流的库区，蓄水后形成稳定的广阔水面，为水上运输提供了条件，可以发展长途航运，同时由于水面宽阔，加上支流库汊的形成，增加了当地居民的交通困难，需要修建固定的交通设施。为此，应结合库周村镇规划及交通恢复规则，在适宜的地点设置小型渡口和码头。

第三节　电力设施复建

电力设施复建，应根据工程建设征地实物指标调查成果，如电压等级、杆线长度、规格、数量、变电站位置、高程、容量及输变电线路隶属关系，根据工程建设区域、移民安置区域的电力网络、设备荷载，按照《城市电力规划规范》（GB50293—1999）、《35～110kV 变电所设计规范》、《66kV 及以下架空电力线路设计规范》、《110～500kV 架空送电线路设计技术规程》、《电力建设工程预算定额》、《电力工业基本建设预算管理制度及规定》（或各省有关电力工程预算定额及预算编制规定文件）等现行的技术标准，提出变电站、输电线路改建的规划设计，主要内容如下。

一、电力设施迁改建恢复遵循的原则

电力设施包括高、低压供电线路及变电站、低压变电器等。根据工程建设对电力设施的影响，分析移民搬迁安置后电力负荷的变化，进行复建规划，以恢复原有的供电水平。电力工程设施复建规划时应结合移民安置规划进行。一般要遵循以下原则：

（1）要对受影响高压电力线路进行功能分析，应结合城乡移民安置规划，提出经济合理的改建规划方案，包括线路走向、规模以及补偿投资，一般对受淹后其功能丧失的线路就不再进行规划，受淹后其功能存在的，需要恢复或新建的高压线，应合理规划线路的走向，按原标准进行恢复改建。对外迁移民点的供电线路规划，在线路负荷满足的条件下，本着就近接线的原则进行规划。

（2）变电站的复建，既要考虑原来该电站的供电范围，又要考虑移民安置后的供电范围及用电负荷的变化，迁建变电站应迁移到供电负荷中心地带，迁建后变电站的容量应根据新的供电范围的用电负荷预测确定。

（3）移民迁移后对当地供电系统的影响要进行分析。若一定区域需要安置大量移民，系统供电负荷满足不了新的用电量，需对当地变电站进行扩容或新建，应本着经济合理的原则扩容或新建变电站。

（4）对低压系统包括线路和低压变压器，不在本专业项目中规划考虑。低压输电线路及低压变压器设施，纳入城镇、集镇、居民点规划中解决。

二、变电站位置选择

变电站位置选择要遵循以下原则：

（1）要尽量接近负荷中心，减少电能损耗和输电线路的投资。

（2）要考虑进出线方便，确保安全。

（3）要注意附近生产企业所排放的“三废”是否影响变电站的安全或对变电站产生危害。

三、输电线路电压等级选择

变电站的送配电线路的电压，根据负荷大小及负荷的密度来确定。按国家规定分为以下 3 种：

(1)高压。高压的标准电压有 35kV、110kV、154kV、220kV 等，多用于城镇。

(2)中压。中压的标准电压有 3kV、6kV、10kV 三种，要根据现状使用情况，进行技术经济比较后确定。

(3)低压。低压网络直接供电给用户，一般采用 380V/220V 系统。

要依据当地供电电压级别选择配电电压的级别，也决定于电网内线路容量的大小和送电距离的远近，一般各级电压输送能力见表 8-3-1。

表 8-3-1　各级电压输送能力

额定电压(kV)	输送容量(万 kW)	输送距离(km)	备　注
0.38	0.01 以下	0.6 以下	低压动力与三相照明
3	0.01 ~ 0.1	1 ~ 3	高压电动机
6	0.01 ~ 0.12	4 ~ 15	发电机电压、高压电动机
10	0.02 ~ 0.2	6 ~ 20	配电线路、高压电动机
35	0.2 ~ 1.0	20 ~ 100	县级输电网、用户配电网
110	1.0 ~ 5.0	30 ~ 150	地区级输电网、用户配电网
220	10 ~ 20	100 ~ 300	省、区级输电网

要绘制电网平面布置图，即显示导线怎样分布。它要求在节约用地的原则下，把电安全送到用户，做到供电可靠，尽可能不间断或少间断，电压稳定，接线简单，运行方便，投资少，适当考虑发展，确定送配电线路的走向及具体位置。

四、高压架空线设计

(一)基本规定

应根据不同情况，确定高压架空线走廊宽度。在没有建筑物、较宽敞的地段要考虑倒杆的危险，并以大于杆高的两倍为准。在已有建筑物地区通过时，只能从安全距离出发，而不考虑倒杆情况，以避免拆除大量建筑物，可按电力技术设计规程确定。

(二)确定高压线走向的一般原则

(1)线路短捷投资省。

(2)保证安全，符合规定。

(3)尽可能不拆迁房屋。

(4)避免穿过居民点，减少与铁路、公路、管道及其他线路的交叉。

(5)线路走廊要避开洪水、危岸、沉陷地及对线路有腐蚀性损害或空气污浊的地方。当高压线路接近村镇或跨越公路、铁路等建筑物时，要执行电力部门的规定。

第四节　电信、广播电视设施复建

水利水电工程建设征地影响电信、广播电视设施、长途电话线路及相关设施、地方通信线路及相关设施、移动（联通）基站、广播电视接收（转播）设施、有线电视线路等。对电信、广播电视设施复建，应按照《综合交换机技术规范》（YD1123—2001）、《长途通信干线光缆传输系统线路工程设计规范》（YD5102—2003）、《900/1800MHZ TDMA 数字蜂窝移动通信网工程设计规范》（YD5104—2003）、《有线电视广播系统技术规范》（GY/T106—1999）等技术标准进行规划设计。

一、规划原则

随着国民经济和信息产业的发展，电信、广播电视成为重要的传媒工具。电信、广播电视线路复建应遵循以下原则：

（1）长途电话线大多是局部地段的线路改建，一般按原等级恢复，其线路走向应选择合理方案。电信改建规划要把需要与可能结合起来考虑，处理好近期与远景的关系，改善线路的传递性能，提高通话质量。

（2）地方通信线路、广播电视线路及设施复建规划，根据受工程建设征地影响的集镇（城镇）迁建、农村居民点的安置规划，提出网络复建规划，包括线路走向、规模，规划到村一级。电信、广播电视复建，在不影响当地原有系统正常运行情况下，以就近接线为主。

（3）专用线（如军用通信设施）改建，由其主管部门提出复建规划，经水利水电工程建设设计单位组织专家审查后，纳入水利水电工程建设征地移民安置报告。

二、规划方案

电信、广播电视设施复建规划，在工程建设征地实物调查成果的基础上，按照“原规模，原标准（等级），恢复原功能”的原则进行规划设计，考虑到电信、广播电视飞速发展的实际情况，适当考虑设计水平年电信、广播电视发展的实际需要，以保证其复建规划的顺利实施。

电信、广播电视设施复建规划，以专业部门为主，其成果经水利水电工程建设设计单位组织专家审查后，纳入水利水电工程建设征地移民安置报告。

第五节　水利水电设施复建

水利水电设施指乡级（含乡级）以上单位直属的小水库、小水电站、提水站、闸坝、引水坝、渠道（管道）等及其配套设施，水文站，测量永久标志等设施。

水利水电设施复建规划，根据受影响程度和具体情况，按照水利行业的技术标准，提出经济合理的复建方案。不需要或难以恢复的，给予合理补偿。

第六节 文物古迹处理

我国历史悠久，杰出人物辈出，历代社会物质文明与精神文明的开拓和继承者，给我们留下了丰富而又极为珍贵的历史文化遗产。

水利水电工程建设涉及文物勘探、发掘和古迹迁移、保护。根据《中华人民共和国文物保护法》的要求，进行水利水电工程建设，建设单位应当事先报请省、自治区、直辖市人民政府文物行政部门组织从事考古发掘的单位在工程范围内有可能埋藏文物的地方进行考古调查、勘探。在项目建议书阶段，工程设计单位应到有关文物主管部门收集工程建设区域内的文物古迹分布情况。

一、处理原则

(1)文物古迹处理应坚持"保护为主、抢救第一、合理利用、加强管理"的方针。实行重点保护、重点发掘。根据文物保护单位的级别、淹没影响程度，提出复建、发掘、防护或其他措施。

(2)实行易地保护措施，应依法审批，在获批准后方可实施。

(3)考古发掘应注意保护实物遗存。有计划的考古发掘，应当尽可能提出发掘中和发掘后可行的保护方案同时报批，获准后同时实施；抢救性发掘，也应对可能发现的文物提出处置方案。

(4)对水利水电工程建设需要的考古调查、勘探、发掘及文物保护、迁移、拆除等所需费用，由建设单位列入建设工程预算。

(5)文物处理实施计划编制，要与工程建设进度和施工期水库壅、蓄水位相适应，保证水库运行投产之前，按设计的技术要求完成文物处理措施。

二、规划设计内容

(一)文物古迹调查

文物古迹调查包括普查、复查和重点调查。调查对象为工程建设范围内的历史遗迹和有关文献，以及周边环境。通过调查与研究工作，摸清工程建设区内文物古迹的分布特征、类型、数量、意义、价值，编制文物分布、位置、类型、数量等统计表，并编制详细调查报告和图册。

(二)文物古迹保护措施制定

鉴别文物的类型、性质、历史价值、艺术价值和科学价值，要区分国家、地方和一般保护文物对象，确定其保护权属范围。根据文物的保护级别和权属，按照专业规定，分别提出处理措施和相应的文物保护、复原和发掘设计。

古遗址、古墓葬等地下文物的处理，宜采用普探、密探、重点发掘、收藏、资料保护等保护措施。古遗址宜进行普探，通过普探了解遗址的中心区或重要遗迹分布区域以及城址的大致布局、文化层厚度和保存情况；古墓葬宜进行密探，通过密探了解古墓葬的分布和数量。对确认的重要的遗址和墓葬区域进行抢救性的考古发掘工作；对破坏严重或开发价值不大的地下文物遗址，采用清理的办法进行处理。

古建筑、纪念建筑等地上文物的保护，宜视文物的保护级别和权属、价值，进行分类保护。对于价值较高的地面文物，宜采取防护或整体易地搬迁重建的保护方法；对于一般性的地面文物，应采取全面测绘以保存资料，并将主要构件进行搬迁予以保护。对无法搬走的则进行考察、测绘、制作标本，加以保存。

(三)文物古迹处理投资计算

根据制定的文物保护措施工作量和工程量，按照国家文物部门的技术规定，编制文物处理费用概(估)算。

三、规划设计组织分工

文物古迹处理规划设计，由工程建设单位委托具有专业资质的文物保护单位和工程设计单位，协作配合，共同完成。

第七节　专项设施复建规划管理

专项复建规划应以设计单位为主、地方政府和相关部门参与共同提出可能的建设方案或处理措施，由设计单位完成各方案的比选、规划设计及报告的编制工作。规划设计报告需要另行上报有关部门审批的，由当地人民政府组织有关专业部门按规定报批。

一、《中华人民共和国公路法》关于公路规划管理的规定

《中华人民共和国公路法》明确了公路规划的编制和报批程序，国道规划由国务院交通主管部门会同国务院有关部门并商国道沿线省、自治区、直辖市人民政府编制，报国务院批准；省道规划由省、自治区、直辖市人民政府交通主管部门会同同级有关部门并商省道沿线下一级人民政府编制，报省、自治区、直辖市人民政府批准，并报国务院交通主管部门备案；县道规划由县级人民政府交通主管部门会同同级有关部门编制，经本级人民政府审定后，报上一级人民政府批准；乡道规划由县级人民政府交通主管部门协助乡、民族乡、镇人民政府编制，报县级人民政府批准。依照前述规定批准的县道、乡道规划，应当报批准机关的上一级人民政府交通主管部门备案。专用公路规划由专用公路的主管单位编制，经其上级主管部门审定后，报县级以上人民政府交通主管部门审核。

二、《中华人民共和国电力法》关于电力建设管理的规定

电力事业应当适应国民经济和社会发展的需要，适当超前发展。国家鼓励、引导国内外的经济组织和个人依法投资开发电源，兴办电力生产企业。电力事业投资，实行谁投资、谁收益的原则。

国务院电力管理部门负责全国电力事业的监督管理。国务院有关部门在各自的职责范围内负责电力事业的监督管理。县级以上地方人民政府经济综合主管部门是本行政区域内的电力管理部门，负责电力事业的监督管理。县级以上地方人民政府有关部门在各自的职责范围内负责电力事业的监督管理。

电力发展规划应当根据国民经济和社会发展的需要制定,并纳入国民经济和社会发展计划。

城市电网的建设与改造规划,应当纳入城市总体规划。城市人民政府应当按照规划,安排变电设施用地、输电线路走廊和电缆通道。

任何单位和个人不得非法占用变电设施用地、输电线路走廊和电缆通道。

电力建设项目使用土地,应当依照有关法律、行政法规的规定办理;依法征用土地的,应当依法支付土地补偿费和安置补偿费,做好迁移居民的安置工作。

电力建设应当贯彻切实保护耕地、节约利用土地的原则。地方人民政府对电力事业依法使用土地和迁移居民,应当予以支持和协助。

电力设施与公用工程、绿化工程和其他工程在新建、改建或者扩建中相互妨碍时,有关单位应当按照国家有关规定协商,达成协议后方可施工。

第九章　水库防护工程

第一节　概　述

在水库淹没或淹没影响范围内，对于水库淹没深度不大或淹没影响范围有成片的农田、居民点、集镇、城镇、工矿区、文物古迹、重要专项设施等项目的地区，具备防护条件，在技术可行、经济合理的原则下，采取一定的工程防护措施可减少相应的淹没损失，以达到保护资源、发展生产的目的。这种工程，通常称为水库防护工程。

在我国已建的水利水电工程中，采取工程措施防护成片的农田、重要的城镇、较大的工矿企业等已有许多成功事例，如富江春、三门峡等水库采取防护工程防护大片的耕地；丰满水库、水口水库采取防护措施防护受淹的桦甸县城、南平市；沙溪口水库采取防护措施防护青州造纸厂；刘家峡水库防护重要文物——炳灵寺石窟等。这些防护工程以较小的代价换取较大的效益，既可减少移民征地和对当地社会经济的影响，又可使工程建设为地方政府和库区群众所接受，有利于促进水利水电工程的建设。因此，在水库淹没处理设计中，防护措施已显得十分重要。

一、防护工程的作用

（一）保护土地

土地是最宝贵的财富，是人们立足生存的基础。水库淹没大量耕地资源，迁移大量移民，使原本稀缺的土地资源更加紧张。防护库区消落区成片的土地，既可减轻移民安置压力，又可保护利用珍稀的土地资源。

（二）保护工业企业

工业企业的迁移重建，也需要另行开发一片土地作为厂址和设立各项基础设施，满足工业企业的营运需要。且建厂期长、停产损失大，对企业及职工的收入也有影响。采用防护工程，能起到以下作用：①节约建厂新址用地；②节约各类不可移动的固定资产的拆卸费和可移动资产的搬迁运输费；③节约新址建厂所需相关费用；④可继续发挥企业的功能，满足社会对其产品的需求，从而也保证了职工的福利和收入，节约了国家对企业停产损失的补助费用。

（三）保护城（集）镇

位于水库周边的城（集）镇，受变动回水淹没影响，其淹没历时短，具有防护条件且技术上可行、经济上合理，可进行防护工程设计，减少城（集）镇搬迁。城（集）镇是一个庞大的复杂社会系统，是一个有机的整体，如果采取迁移重建的办法，一是要占用大量土地；二是要耗费巨大的人力、物力、财力；三是迁建期城镇对外经济活动不便利，甚至受到阻滞，城镇居民生活的稳定也会受到不同程度的影响。如采取防护工程措施，与城镇沿河岸线上已有的防洪设施相结合,则可维护城镇经济活动的正常进行,取得费省效优的结果。可见,水库防护工程对城镇在政治、经济、环境的保护等方面都具有重大意义。

(四)保护重要的文物古迹

江河两岸是世界各国文明的发源地,有大量的文化遗存,有许多是世界上绝无仅有的文物古迹。国民经济发展、大江大河的治理开发建设会涉及这些文物古迹的搬迁处理。有些文物遗存因其地域而存在,不能搬迁保护,如黄河上游刘家峡水库库区的重要文物——炳灵寺石窟、丹江口大坝加高对世界文化遗产——武当山遇真宫的淹没影响,必须采取相应的防护工程处理措施加以保护。

二、防护工程的原则

(1)尽量避免在正常蓄水位以下的经常淹没范围内布置防护工程。如认为有必要修建防护工程,且经常淹没水深小于2m,对库容和水库开发目标影响较小,则应编制防护设计专题报告。由水库工程规划设计部门,根据水库工程的建设任务,统一研究防护工程的可行性、经济合理性,以及安全可靠性。

(2)在水库淹没区内的干、支流末端布置防护工程时,要考虑防护工程对入库洪水的约束作用,避免水库入库洪水受束壅高,导致末端上游河岸的居民点、农田以及厂矿企业受到不应发生的回水临时淹没影响。

(3)在下列情况下应掌握不予防护的原则:①零星分布在淹没范围内的村房、农田等设施;②有些村、组的房屋、田地虽大部或部分在淹没范围内,但没有防护的必要或虽有防护的条件,但不经济;③分期建设的水库工程,在初期蓄水位以上的水库淹没范围内的村、镇、农田等;④防护后对防洪库容有较大影响的。

总之,建设水库是用以调蓄江河水流,达到实现水资源综合利用的目标,满足国民经济发展对防洪、供水和发电等多方面的需要,它的巨大效益超过水库淹没所付的代价。因此,进行防护工程规划设计,应在满足水库开发任务的前提下,作出在技术上、经济上和环境等方面的分析比选。

三、防护工程类型

水库防护工程的类型,从其功能上可分为筑堤挡水、填筑抬高、护岸、防浸(没)四种情况。筑堤防护为修筑防洪堤(墙)抵御外河洪水。填筑抬高为垫高地面至水库淹没处理高程以上以满足防洪要求。护岸防护工程为修筑护岸工程改善岸坡稳定条件,以保护岸顶边的防护对象。除此之外,也有将防护区的排水工程(排水沟渠、排涝站、涵闸等)纳入水库防护工程。以上防护工程以防护堤最为常见。

防护堤的类型,根据筑堤材料可分为土堤、石堤、混凝土或钢筋混凝土防洪墙、分区填筑的混合材料堤等;根据堤身断面型式,可分为斜坡式堤、直墙式堤或直斜复合式堤等。根据防渗体设计,可分为均质土堤、斜墙式或心墙式土堤等。

水库防护工程的类型应根据水库淹没影响对象情况并通过技术经济比较确定。对直接淹没,且淹没深度不大的淹没对象宜采用防护堤防护;对塌岸、滑坡影响及风浪影响宜采用护岸工程;对水库浸没影响宜采用防浸(没)工程。

防护堤工程的型式，应按照因地制宜、就地取材的原则，根据防护区所在的地理位置、重要程度、堤址地质筑堤材料、水流及风浪特性、施工条件运用和管理要求、环境景观、工程造价等因素，经过技术经济比较综合确定。

四、不同设计阶段的设计深度要求

（1）水利水电工程项目建议书阶段初步分析防护可行性，提出防护工程初步方案，提出投资估算。

（2）水利水电工程可行性研究报告阶段和水电工程预可行性报告阶段，对防护工程方案进行论证比较，提出防护工程可行性研究报告，编制投资估算。

（3）水利水电工程初步设计阶段和水电工程可行性报告阶段，对确定的防护工程开展初步设计，编制初步设计文件，编制投资概算。

（4）水利水电工程技施阶段和水电工程移民实施阶段，开展防护工程施工图设计。

第二节　防护工程规划设计

一、防护对象及防护地点的选择

（一）防护地点选择的基本原则

防护地点选择，应从技术、经济、生态环境、公众安全以及对社会的影响等诸方面做出科学的评价和比选，阐明利弊，要“防的所需，防有所得”。防护选点通常遵循如下原则：

（1）应阐明通过水库的优化调度（如控制汛前水位或洪水前的预测等）依然不能保护的防护对象，不得不采取的工程措施进行防护保护。

（2）防护与水库建设的开发目标、效益没有重大的矛盾，不会对水库的防洪库容、兴利库容有很大的影响，不会影响水库的防洪、供水能力，不致使水库电站的保证出力和发电量等有明显的减少。

（3）不会对原有水系洪水排泄产生较大影响，即无束水现象，不会因壅高防护区上游的洪水回水位而增加上游的淹没损失；不扩大水库的淹没界限和延长淹没历时；也不致加重防护区对岸的防洪任务和产生不良的影响。

（4）防护面积大且集中连片，防护价值较高，有明显的经济效益，防护工程建设费及运行费低，防护方案要比迁移方案在经济上有利或二者相当。

（5）防护区地形、地质条件好，防护工程技术上必须安全可行。

（6）防护工程的维修，不至于与水电站的蓄水发电计划发生矛盾。

（二）防护区域及对象的确定

防护区域及防护对象，分为以下三种：

（1）位于水库回水地区或浅水区的大片农田、城（集）镇、工矿区以及建筑物、构筑物、公共设施、文物古迹等具有较高的政治、经济、文化、科学、艺术价值的淹没对象。

（2）预测水库建成后，受水库水位涨落、风浪侵蚀致使库岸变形（塌岸、滑坡等）位移的地段，由此而使该地段的耕地、建筑物无法正常使用，而需要进行防护的对象。

(3)预测水库形成后由于地下水位上升而可能出现沼泽化的地区,浸没耕地或建筑物等,影响正常使用的对象。

二、防护工程的设计标准

(一)防护对象的防洪标准

1. 洪水标准

防护工程防护对象的防洪标准应按照水库淹没设计洪水标准(见表9-2-1)、现行国家标准防洪标准和专业规范确定。

表9-2-1 不同淹没对象设计洪水标准

淹没对象	洪水标准(频率,%)	重现期(年)
耕地、园地	50~20	2~5
农村居民点、集镇、一般城镇和一般工矿区	10~5	10~20

2. 排涝标准

排涝标准应按防护对象的性质、重要性和地区经济社会发展程度选择。农田可采用3~5年一遇暴雨;农村居民点、集镇可采用5~10年一遇暴雨,城镇及大中型工业企业等重要防护对象,可适当提高。暴雨历时和排涝时间应根据防护对象可能承受淹没的状况,依表9-2-2分析确定。

表9-2-2 防护对象暴雨历时和排涝时间

防护对象		暴雨历时	排涝时间
农田	旱地	1~3日	1~3日
	水田	1~3日	3~5日
农村居民点、集镇		24小时	24小时
城镇和大中型工业企业		12~24小时	12~24小时

3. 防浸没(渍)标准

防浸没(渍)标准应根据水文地质条件、水库运用方式和防护对象的耐浸能力,综合分析确定不同防护对象容许地下水位的临界深度值。

排涝工程的内外设计水位应根据防护对象的除涝防渍要求、主要防护对象的高程分布和水库调度运用资料,综合分析,合理确定。

(二)防护工程等级标准

堤防工程的防洪标准,根据《堤防工程设计规范》,应按防护区内防洪标准较高防护对象的防洪标准确定。防护工程等级确定应符合表9-2-3的有关规定。遭受洪灾或失事后损失巨大、影响十分严重的堤防工程其级别可适当提高,遭受洪灾或失事后损失及影响较小或使用期限较短的堤防工程其级别可适当降低。对等级需要降低或提高的,应加以论证。

表 9-2-3 堤防工程的级别

防洪标准重现期(年)	≥100	<100 且≥50	<50 且≥30	<30 且≥20	<20 且≥10
堤防工程的级别	1 级	2 级	3 级	4 级	5 级

三、工程防护方案

(一)防护方式

防护方式一般由非工程措施和工程措施两类。

(1)非工程防护措施。常见的库岸植树造林、岸坡植草等都属于非工程防护措施。水库回水影响的临时淹没区,若水库水位变幅不大,受淹历时不长,对这部分耕地的利用可采取综合性的非工程措施。如调整农作物的播种期,选择耐淹品种等。非工程防护措施的优点是简便、经济,但有较大的局限性,超过一定的水位变幅或浪高即影响作物生长,保证率较低。

(2)工程措施。采取工程措施的主要方式是修筑防护堤和排涝设施,使防护区在一定洪水标准内不受淹没和影响。另一种方式是护岸工程,防止库岸坍塌和滑坡。

(二)工程布置

防护工程应根据水库运用方式、水文、工程地质、防洪规划和河流治导线的要求,并按因势利导的原则,根据具体条件确定工程布置。

在选定的防护区域内,防护工程布设长度一般应从防护起点至防护终止点,并加一定的安全长度。坡式护岸工程一般以死水位为界分为两部分,死水位以上称护坡工程,以下称护脚工程。死水位的标准根据水库运用方式而定。护岸工程的原则是先护脚后护坡。

防护工程的布置形式一般可分为以下几种:①坡式护岸,或称平顺护岸,即顺岸坡及坡脚一定范围内覆盖抗冲材料,这种护岸形式对河床边界条件改变和对近岸水流条件的影响均较小,是一种较常采用的形式;②墙式护岸,即顺堤岸修筑竖直陡坡式挡墙,这种形式多用于城区河流或海岸防护;③防护堤,包括土堤和沙砾石堤等。

(三)防护堤堤线布置及堤型选择

堤线布局,应结合当地地形特点、地质条件及防护对象、防护面积等基本情况,选定多个方案进行设计比选。分别布置一个或两个方案。堤型选择,根据防护对象、防护面积,本着就地选料、节约投资的原则,选择多个方案进行设计比选。

四、防护堤工程设计

(一)防护堤布置

堤线是指堤所经的路线,即堤中心线。堤线所经过的地方,是筑堤的基地,基地的宽度与地面高程和堤高度相关。即堤高度愈高,所需基地的宽度愈大;反之,堤较矮小及地面高程较高一些,则所需的基地宽度都较小。为尽可能减少堤的土方填筑量,应在防区库岸选择地面高程较高、土壤坚实、地势较平坦的地方布置堤线,保持线路顺直,并与库岸之间留有一定的安全距离。如受库岸地形限制,临库岸布置堤线,应视库岸情况,采取加固岸坡措施,如护岸工程、设置岸墙等。如果堤线必须通过防区内自然沟、壅水及水库建成后正常蓄水位以下形成浅水区的港汊，则应在堤线上设置与防区排水布置相适应的涵管、闸等排水设施；其中通过港汊的堤要严格按照土坝设计的要求进行规划设计。

(二)防护堤断面尺寸确定

1. 堤顶高程

堤顶高程应以设计水位加一定的超高值确定。超高值主要考虑水库风浪高和安全加高两个因素。风浪超高值按有关规范规定计算，安全加高值应按防护堤的高度及其重要性来考虑。一般为0.3～0.5m。

2. 堤顶宽度

堤顶宽度应根据坝的构造确定。

3. 堤坡

堤坡应根据堤防等级、堤身结构、堤基、筑堤土质、风浪情况、护坡型式、堤高、施工及运用条件，经稳定计算确定。既要使堤体断面填筑量少，又要保持堤坡有足够的稳定性。较高的堤防，可分段筑成不同坡比的堤坡，即分段变坡，在变坡处通常均设置马道，以加强堤坡的稳定性，又便于行走、管理和检修。

对于其他工程，如防区内的排水工程、加固堤岸的护岸工程或岸墙工程等，按照有关规范的要求进行设计。

防护工程设计内容很多，具体设计按照有关设计规范要求进行。

第三节　防护工程方案比选

对水库淹没对象采取工程措施予以保护，是一件较之移民迁移、安置和开发资源更具有开发意义的经济活动。它对于促进水库工程建设、节约与保护地区资源，充分发挥既有生产、生活资源的作用，持续发展地区经济，满足地区及社会的需求，都有积极的政治、经济意义。这是评价防护工程的基本点。

一、防护工程评价的基本内容

防护工程评价的基本内容和其他工程项目一样，主要包括以下几个方面。

(一)防护工程安全可靠性评价

首先，评价防护工程的位置和防护对象是否合适。一般来说，在正常蓄水位以上回水临时淹没区，特别是水库干、支流末端回水临时淹没区，适宜采取防护工程防护耕地、居民点等；在正常蓄水位以下浅水区，尤其在水库末端，防护农业用地，经济价值高，安全性要求较低，比较适宜，但对防护居民点来说，应全面衡量，慎重考虑。其次，评价防护工程方案本身设计是否安全可靠，主要评价地基处理、防渗排水、可能被淹没的机会等预期效果及各方案之间的差异。

(二)技术可行性评价

主要评价防护工程建设是否存在技术方面的制约因素，防护工程方案是否影响水库工程功效能发挥，防护工程设计考虑的项目内容是否全面，防护工程设计是否采用了先进的技术。

（三）经济合理性评价

评价内容涉及防护工程的设计标准、建设规模、效益和防护工程管理的合理性。

（1）防护工程的设计标准、建设规模和其效益等方面是否合理。水库防护工程的经济效益主要体现在减少水库对耕地、园地淹没，减少移民的搬迁，以及减免对淹没对象处理费用，减少淹没损失及移民搬迁重建费用。设计标准、建设规模和工程效益应是合理的。如果防护标准过高，建设规模过大，不仅防护工程一次性投资比重高，而且年管理维护成本也高，一方面对国家有限的资金是一种积压，另一方面受益区按保护对象分摊的年成本费用可能较高，也可能创造的年纯利益所得还抵不上应分摊的防护工程年管理维护费用，会造成工程运行困难。

（2）防护工程管理是否落实。主要从工程管理组织、工程管理费用、工程的年维护费等方面进行评价。工程净效益应能够满足年管理维护成本的需要，工程的运行费和维护费应落实来源。

（四）环境影响评价

环境影响评价，分防护工程建设期、运行期两个时期，对防护工程建设的环境影响进行分析预测，提出有利影响和不利影响，对不利影响制定对策措施。重点评价各防护方案之间的环境影响差异。

（五）综合评价

从工程安全可靠、技术先进可行、经济合理、环境影响等方面，衡量工程方案的利弊，统筹考虑，提出推荐方案。

二、防护工程方案比选实例

清江高坝洲水库的初步设计中有关防护工程的效用，如表 9-3-1 所示，供比较参考。

表 9-3-1　清江高坝洲水库库区防护段防护投资与淹没补偿对比

防护区名	防护工程（万元）	淹没迁建补偿（万元）	备注
龙舟坪镇	2 192.91	1 745.28	
津洋口镇	443.64	1 175.43	
菖蒲溪	33.41	102.64	
李家河	58.31	36.66	
总计	2 728.27	3 060.01	

从表 9-3-1 可以看出，防护方案与淹没重建投资相比较，津洋口镇防护费用小于迁建费用甚多，而龙舟坪镇防护费用又略大于重建费用。

龙舟坪镇是长阳县政治、经济、文化中心，历来具有重要的地理位置优势，且其沿江地面高程一般均高于正常蓄水位，但低于水库洪水回水位，仅属临时淹没区范围，有条件进行防护，且防护堤不长。

经方案比选、专家论证，确定龙舟坪镇、津洋口镇采用防护方案。

第十章　水库库底清理

在水库蓄水前,为保证水库水质和水库运行安全,必须对淹没范围内涉及的房屋及附属建筑物、地面附着物(林木)、坟墓、各类垃圾和可能产生污染的固体废弃物采取拆除、砍伐、清理等处理措施。这些工作称为水库库底清理。

水库库底清理,是在水库蓄水前必须认真做好的一项重要工作。这项工作做的好坏,将直接关系到水利水电工程的安全运行及水库综合利用效益的发挥和环境保护。长期以来,水利水电工程水库淹没处理设计对水库库底清理十分重视,1986 年原水电部以(86)水电水规字第 59 号颁发了《水库库底清理办法》,作为《水利水电工程水库淹没处理设计规范》(SD130—84)的补充规定;1996 年颁布的《水电工程水库淹没处理规划设计规范》(DL/T5064—1996)和 2003 年颁布的《水利水电工程建设征地移民设计规范》(SL290—2003 替代 SD130—84),都将水库库底清理作为专章明确技术要求,2007 年国家颁布了《水电工程水库库底清理设计规范》(DL/T5381)。因此,在前期工作和工程建设中,水库库底清理设计及实施应按照国家对水库库底清理的规定,符合卫生、环保、劳动安全等行业部门的相关要求,有计划、有步骤地做好该项工作。

第一节　库底清理的目的

水库库底清理的目的有以下几个方面:

(1)保证水利水电工程安全运行。库区移民搬迁之后,遗留的垃圾、房屋废旧料、墙壁、植物茎叶、秸秆、枝杈;施工场地留下的草袋、模板、脚手架等易漂浮物,水库蓄水前如不进行彻底清理,蓄水后,就会随水流漂至坝前,影响水利水电工程的安全运行。

(2)保护水库环境卫生和库周、下游及受益区人群健康。库区一般是河谷地带,土地肥沃,人口密集。乡村所在地必然有很多的厕所、垃圾、粪堆、粪坑、畜舍、家禽饲养场、坟墓、污水坑等污染源;乡镇及工业企业所在地还可能有皮革、造纸、农药、化肥厂和屠宰场及医院、防疫站等大量的废水和污水。这些污物与污地含有大量的腐烂物质和病源菌,如霍乱、痢疾、炭疽等传染性病源菌,通过水体可以传播。工业废水中含有害化学成分。如果大量的污染源在蓄水之前不进行清理,必然会使水质受到污染,库周、下游及受益区的人群健康受到威胁。有时,还会把严重的病疫细菌带到下游,例如炭疽病细菌随尸体埋入土中,二三年后仍然有活动能力,如水库蓄水之前不加处理,就会造成严重的危害。

(3)为发展水产养殖、航运等事业创造条件。库区的森林、灌木丛、零星树木、果树、电杆、残垣断壁、牌坊、石柱、石碑、寨墙、水利工程等,原本都露出了地面,水库蓄水后则要隐没在水下。如果这些障碍物位于航道、码头、避风港、捕捞场,就会成为渔区、航运的隐患及危害物。如上述对象位于航道与码头船只的吃水深度内,就会成为暗礁,危害船只;而位于捕捞地段,就会拉坏鱼网,影响捕捞。

(4)预防蚊蝇发生,防止疟疾流行。由于库区地形不同,某些地段可能形成有1.0m左右水深的浅水区。这些地区水流缓慢,在每年夏、秋季节成为蚊蝇孳生繁殖的场所;另外,在水库水位消落区,如遗留有水井、地窖、污水坑等,当库水位消落时水积其中,也是蚊蝇孳生繁殖的场所。

综合各类易漂浮物和污染物对各个方面的危害,在水库蓄水前,必须按照库底清理规定要求,对库区残存的建筑物及污染物进行彻底清理。

第二节　库底清理设计内容及要求

水库库底清理设计任务是根据水利水电工程水库淹没影响范围、淹没特点、水库运行方式、水库综合利用要求,确定清理对象及清理范围,确定清理项目内容及其工作量,制定清理工作技术要求及清理办法,计算库底清理费用。

一、库底清理范围及清理对象

根据水库运行方式和水库综合利用的要求,库底清理分为一般清理和特殊清理两部分。一般清理分为卫生清理、建(构)筑物清理、林木清理等三类。特殊清理是指为开发水域各项事业而需要进行的特殊清理。水库库底清理范围应根据水库运行方式和各项事业发展的要求而定。

一般清理范围根据清理对象不同分为以下4种情况:

(1)卫生清理范围为居民迁移线以下(不含影响区)区域。

(2)一般建(构)筑物,包括房屋、附属建筑物清理,其清理范围为居民迁移线以下区域。

(3)大体积建(构)筑物清理范围为居民迁移线以下至死水位(含极限死水位)以下3m范围内。

(4)林木清理范围为正常蓄水位以下的水库淹没区。在坍岸地段,为了加固库岸岸坡,林地可不清理,保留下来起护岸作用。

特殊清理的范围是水库淹没处理范围内选定的水产养殖场、捕捞场、游泳场、水上运动场、航道、港口、码头、泊位、供水工程取水口、疗养区等所在地的水域。

水库库底清理范围与对象见表10-2-1。

二、库底清理项目内容及其工作量的确定

库底清理项目内容及其工作量按照库底清理对象的分类,根据水库淹没实物调查成果分析或通过调查确定。

(一)卫生清理

卫生清理内容分为常规(一般)污染源、传染性污染源、生物类污染源、一般固体废物、危险废物,以及地面上各种易漂浮的物质的清理等。

1.常规(一般)污染源

常规(一般)污染源包括:化粪池、沼气池、粪池、厕所、牲畜栏、污水池;生活垃圾及其堆放场;普通坟墓。

表 10-2-1　水库库底清理范围与对象

清理类别	清理范围	清理对象
一般清理	居民迁移线以下库区	卫生清理:包括污染源与污染物,如油库、有毒固体废物、特殊物品仓储地以及医院、卫生所、屠宰场、兽医站、厕所、粪坑(池)、畜厩、污水池、坟墓、垃圾等,以及地面上各种易漂浮的物质的清理 各类建筑物清理:包括房屋、附属建筑物清理
	居民迁移线至死水位(含极限死水位)以下3m库区	各种构筑物清理:包括大中型桥梁、各种线杆、砖(石、混凝土)墙体、坝(闸)、水井、烟囱、高牌坊以及地下建筑物(地窖、隧道、井巷、人防工程)等清理
	正常蓄水位以下库区	林木清理:包括各种林地、迹地、零星树木的清理
特殊清理	选定的水产养殖场、捕捞场、游泳场、水上运动场、航道、港口、码头、泊位、供水工程取水口、疗养区等所在区域	可根据开发利用的不同要求,确定清理对象

化粪池、沼气池、粪池、厕所、牲畜栏、生活垃圾堆放场清理包括粪便清掏、坑穴消毒、覆土等项目,一般按调查的污染源体积、坑穴表面积和体积计算工作量。

坟墓清理包括对坟墓搬迁、墓穴消毒、覆土等项目,可根据实物指标调查成果的坟墓数量作为计算工作量。

2. 传染性污染源

传染性污染源包括:传染病疫源地;医疗卫生机构工作区和医院垃圾;兽医站、屠宰场及牲畜交易所;传染病死亡者墓地和病死畜掩埋地。

传染病疫源地的卫生清理主要包括对污水、污物、垃圾和粪便的无害化处置,一般按调查的传染性污染源体积作为计算工作量。

医疗卫生机构工作区、兽医站、屠宰场及牲畜交易所清理包括生石灰、上清液喷洒、覆土等项目,一般按调查的清理面积作为计算工作量。

传染病死亡者墓地和病死畜掩埋地清理包括开挖、覆土、生石灰、漂白粉、上清液喷洒等项目,工作量可按调查的墓地、掩埋地数量计算。

3. 生物类污染源

生物类污染源包括:居民区、集贸市场、仓库、屠宰场、码头、垃圾堆放场及耕作区的鼠类和钉螺、蟑螂等其他生物类污染源,以及浅水区、消落区洼地、沼泽化浸没区蚊蝇孳生繁殖的场所。其清理工作包括投放毒饵、收集鼠尸、喷洒灭害药剂等项目,工作量可按调查的清理面积计算。

4. 一般固体废物

一般固体废物包括:一般工业固体废物、废弃建筑材料、不属于危险废物的废弃尾矿渣等。固体废物清理包括收集、清除、装运、处置等项目,工作量按调查的清理体积计算。

5. 危险废物

危险废物指医疗垃圾、矿物油、废放射源等列入《国家危险废物名录》(环发[1998]89

号文件的47种危险废物)或根据《危险废物鉴别标准》认定的具有危险特征的固体废物。工作量按调查的清理体积计算。

6. 地面上各种易漂浮物质

宜调查各种易漂浮物质的分布及清理量。按照各种易漂浮物质的分布面积或体积计算清理工作量。

(二)建(构)筑物的清理

按建(构)筑物的清理对象分为清理范围内的建(构)筑物和易漂浮物,以及清理范围内大体积建筑物和构筑物残留体(如桥墩、牌坊、线杆、墙体等)。建筑物是指用于生产生活的各种类型、结构的房屋,包括城乡居民、单位、工矿企业的各类房屋,按结构分为钢筋混凝土结构、混合结构、砖木结构、土木结构、木(竹)结构、窑洞等。构筑物是指非居住性的各类构筑物,包括大中型桥梁、围墙、独立柱体、砖(瓦、石灰)独窑、砖厂砖窑、各类线杆、人防井巷、闸坝、烟囱、牌坊、水塔、储油罐、水泥窑、冶炼炉等。易漂浮物是指建(构)筑物拆除物中比重小于水的材料,如木质门窗、木檩椽、木质杆材等,以及农舍旁堆置的柴草、秸秆等。

建(构)筑物拆除与清理包括拆除、爆破、运输、平整等项目,清理工作量按实物调查成果计算;易漂浮物清理包括收集、运输等项目,其工作量按调查清理体积计算;人防、井巷工程清理包括填塞、封堵、覆盖等项目,清理工作量按实物调查成果计算。

(三)林木清理

林木清理对象为清理范围内园地、林地、零星树木。清理工作包括砍伐、移植、运输及易漂浮物清理等项目,清理工作量按实物指标调查数量计算。

三、清理工作技术要求及清理方法

(一)基本要求

(1)库底清理设计应符合卫生、环保、劳动安全等行业部门的相关要求。

(2)一般清理根据清库工作量和清理措施计算所需投资,列入水利水电工程建设移民投资概(估)算;特殊清理所需投资按照谁受益、谁投资的原则由有关部门自行承担;各种特殊清理,应符合有关行业的技术要求。

(3)对具有供水(饮用水)任务的水库,应根据清理范围内的污染源分布、污染物性质、污染程度及传染病谱等环境状况,提出特定的清理措施和防止污染方案。

(4)库底清理设计方案应经济合理,便于操作,并与枢纽工程建设进度衔接,满足水库蓄水要求。

(5)卫生清理工作应在建(构)筑物拆除之前、在地方卫生防疫部门的指导下进行。

(二)技术要求及清理方法

1. 卫生清理

(1)常规(一般)污染源清理。对于属常规污染源的化粪池、沼气池、粪池、厕所、牲畜栏、污水坑池、生活垃圾及其堆放场、普通坟墓等应进行清理、消毒。库区内的污染源及污染物应进行卫生清除、消毒。如厕所、粪坑(池)、畜厩、垃圾等均应进行卫生防疫清理,将其污物尽量运出库外,或薄铺于地面曝晒消毒,对其坑穴应进行消毒,污水坑池以净土填塞;对无法运出库外的污物、垃圾等,则应在消毒后就地填埋,然后覆盖净土,净土厚度应在1m以上且须夯实。

淹没范围内坟墓,对坟龄小于15年的,必须迁出库区或就地烧毁,对每一坑穴用1kg漂白粉或生石灰消毒处理。坟龄大于15年的,可按当地习惯而定,如不迁移,必须把墓碑推倒摊平。对埋葬15年以上的坟墓,是否迁移,按当地民政部门规定,并尊重当地习俗处理,对无主坟墓压实处理。对于烈士墓碑等地面建筑物,应在当地主管部门的指导下进行妥善处理。

库区内的工业企业积存的废水,应按规定方式排放。有毒固体废物按环境保护要求处理。

(2)传染性污染源清理。包括传染病疫源地,医疗卫生机构工作区和医院垃圾,兽医站、屠宰场及牲畜交易所,传染病死亡者墓地和病死畜掩埋地等清理,应在当地卫生部门的指导下进行彻底清理。凡埋葬结核、麻风、破伤风等传染病死亡者的坟墓和炭疽病、布鲁氏菌病等病死牲畜掩埋场地,应按卫生防疫的要求,由专业人员或经过专门技术培训的人员进行处理。对具有严重传染性的污染源,应委托有资质的专业部门予以清理。

(3)生物类污染源。对于属生物类污染源的居民区、集贸市场、仓库、屠宰场、码头、垃圾堆放场及耕作区的鼠类和钉螺、蟑螂等其他生物类污染源,以及浅水区、消落区洼地、沼泽化浸没区蚊蝇孳生繁殖的场所,应按卫生防疫的要求,提出处理方案。凡有钉螺存在的库区周边,其水深不到1.5m的范围内,在当地血防部门指导下,提出专门处理方案。

(4)一般固体废物清理。固体废物应按生活垃圾、工业固体废物、危险废物和废放射源分类进行清理和处理处置。固体废物的处理处置,应根据国家有关环境标准、规定进行判定,按类分别采取措施。固体废物经县以上(含县级)环境保护主管部门鉴别后,对环境没有危害的可就地处理。工矿企业内污水处理收集设施中的污泥,有关生产、销售企业的生产车间、仓库被污染的残留物,应全部清除,进行无害化处理。有毒固体废物按环境保护要求处理。固体废物的收集、清除、装运、处置过程中,应采取密闭、遮盖、捆扎、喷淋、建密封容器、防渗层等防扬散、防流失、防渗漏及其他防止污染环境的措施。运输过程中不得沿途丢弃、遗撒。

库底固体废物清理过程中,一般不进行贮存作业。如特殊需要进行临时贮存,需对贮存场所和贮存设施进行专门设计。

(5)危险废物清理。对库区清理范围内存在的列入《国家危险废物名录》(环发[1998]89号文件的47种危险废物)或根据《危险废物鉴别标准》认定的具有危险特征的固体废物,如医疗垃圾、矿物油、废放射源和经营、储存农药和化肥的仓库、油库等具有严重化学性的污染源,应按环境保护要求处理。

(6)地面上各种易漂浮物质清理。地面上各种易漂浮物质,在水库蓄水前,应集中收集处理或采取防漂措施。

(7)专门的防污染处理。具有供水任务的水库,除依据本规范要求进行规划设计外,还应根据其供水要求,污染源的分布、数量、种类,污染程度、水库功能以及清理范围内的环境医学状况,在当地卫生和环保部门指导下进行专门防污染处理。

(8)卫生清理验收应由县以上卫生防疫部门提供检测报告。

2. 建筑物的拆除与清理

当库区清理范围内的农村居民、乡镇单位以及工厂的职工可拆除利用的物资全部迁往新居后，剩余的建筑物应予拆除，墙壁（除土墙外）应推倒摊平，不能利用又易于漂浮的废旧料应按有关要求进行处理。

清理范围内的各种基础设施，凡妨碍水库运行安全和开发利用的必须拆除，设备和旧料应运出库外。残留的较大的障碍物要炸除，其残留高度一般不得超过地面0.5m。对确难清除的较大障碍物，应设置蓄水后可见的明显标志，并在水库区地形图上注明其位置与标高。

对于水库消落区的水井、水坑、地窖、隧道、人防工程以及矿区的井巷等地下建（构）筑物，应根据地质情况，采取封堵、填塞、覆盖等清理措施。对于多泥沙河流上的水库，因水库蓄水后的泥沙淤积作用，能够达到堵塞的目的，可做简化处理，以节约投资。但若有污染水质的源地，仍应采取必要的清理措施。

工程施工时在库区内修建的临时建筑物，应在水库蓄水前，由施工单位负责拆除清理。库区文物古迹经挖掘迁移后，原遗址的残料及废弃物，由文物主管部门按库底清理要求进行清理。

（三）森林采伐与林地清理

在水库蓄水前，凡需要清理的用材林、防护林、薪炭林、经济林，房前屋后、田间地头的零星树（果）木，应全部砍伐，残留树桩不得高出地面0.3m；凡有用的树木，运出库外利用，凡利用价值不大，又不便运出的枝桠、梢头藤条、灌木丛、枯木等宜漂物质应进行清理和就地烧毁，或采取防漂措施。农作物秸秆及泥炭等其他各种易漂浮物，在水库蓄水前，应就地处理或采取防漂措施。林木清理过程中，应按照当地有关部门的防火规定，注意防火安全。

（四）特殊清理

凡位于重点捕捞场、航道、码头、港口、停泊场、避风港内的房屋、堤坝、电线杆等建筑物，要全部推倒摊平，并全部清除不得遗弃。林木、灌木丛必须齐地伐除，拉网收口处及码头、避风港内的坡生林木须挖除树根。碾、磨、石磙等有碍网具作业的要运出库外或挖坑掩埋。

水上运动场内的一切障碍物应清除，水井、地窖、人防及井巷工程的进出口等，应进行封堵、填塞和覆盖。

对捕捞场的专项清理，必须与鱼具、养鱼方法、养殖措施相结合。水库形成之后流速减缓，泥沙淤积，浮游生物增多，给利用水库水域养殖创造了有利条件。可以充分利用水体分层放养，用网箱养成鱼，用脉冲捕鱼。因此，捕捞场的清理要结合渔业生产新技术的采用而提出相应的要求，即应根据水库水质、水深、水位变化、地形、养殖措施及鱼具等条件确定清库的标准。

四、库底清理设计深度要求

（1）水利水电工程项目建议书阶段和水电工程预可行性研究报告阶段，采取扩大指标估算库底清理投资。

(2)水利水电工程可行性研究报告阶段,确定库底清理范围,基本查明库底清理的主要对象及其工作量,提出库底清理技术要求和清理措施,编制清理规划,提出库底清理投资估算。

(3)水利水电工程初步设计阶段和水电工程可行性研究报告阶段,编制库底清理设计,编制库底清理投资概算。

(4)水利水电工程技施设计阶段和水电工程移民实施阶段,提出库底清理实施办法。

第三节　库底清理的设计、实施与验收

一、库底清理的设计

由水库工程设计单位负责编制不同设计阶段水库库底清理规划设计文件,在设计文件中确定清理范围和清理对象,提出技术要求与实施办法。

二、库底清理的实施

水库库底清理的实施工作,应根据枢纽工程施工总进度安排和库底清理设计文件,由库区所在的地方县级人民政府负责水库蓄水前的库底清理工作组织实施;地方各有关专业部门负责库底清理实施中的技术指导。在地方政府的领导下,由政府移民、卫生防疫部门和工程建设管理、施工、监理等单位以及有关专项清理部门成立临时清库组织,采取招标承包、分工负责办法,明确任务,做好清理工作。各部门各单位的分工如下:

(1)有关专业部门。负责清理的项目包括:公路、输电、电信、广播、航运、水利工程等设施的建筑物拆迁、旧料运输、障碍物清除、场地平整;城镇机关、工业企业等建筑物及设施的拆迁、材料运输、障碍物清除、场地平整;人防、井巷工程等的封堵或覆盖;文物古迹的发掘、迁移与场地清理;大片国有森林的采伐、木材运输、林地清理。

(2)移民机构。组织清理的项目包括:乡村居民区房屋及附属建筑物的拆除、旧料运输、障碍物清除、场地平整;厕所、粪堆、粪坑、垃圾、牲畜栏圈、家禽饲养场、坟墓、污水坑等的清理与消毒处理;集体与个人所有山林、灌木丛、零星果树、树木的采伐,林地清理,木材运输,漂浮物处理等;卫生防疫措施。

(3)枢纽工程施工单位。负责清理的项目包括:水库蓄水前,需进行施工场地的临建工程拆除、材料运输、障碍物清除、场地平整、漂浮物处理等;电站进水口拦污栅前,设置防漂设施。

三、库底清理的验收

水库库底清理验收,是枢纽工程整体验收的重要组成部分,必须按照设计的清库标准和要求,由省级主管移民的机构会同当地人民政府组织有关部门和单位共同进行初验,并将初验结果和必需的资料,在工程建设各阶段验收时报送工程验收委员会。经复验合格并批准后,方可下闸蓄水。

第十一章　建设征地移民投资概(估)算编制

建设征地移民投资概算是根据国家现行建设征地移民安置政策、技术经济政策、实物指标调查成果、移民安置规划设计文件,以及建设征地和移民安置所在地区建设条件编制的以货币表现的建设征地移民安置费用额度的技术经济文件。该项工作是建设征地移民安置规划设计的重要内容,是工程设计概算的重要组成部分。经批准的建设征地移民安置补偿投资概算是签订移民安置协议、编制移民安置实施规划或计划、组织实施移民安置工作、进行移民安置验收的基础依据。在水利水电工程初步设计阶段和水电工程的可行性研究报告阶段编制建设征地移民投资概算,在水利水电工程项目建议书阶段、可行性研究报告阶段和水电工程的预可行性研究报告阶段编制投资估算,在水利水电工程技施设计阶段和水电工程移民安置实施阶段编制执行概算。

第一节　编制的依据、原则和特点

建设征地移民投资概(估)算编制是一项政策性、专业性很强的工作,它涉及国家、集体和个人三者的利益,必须依据国家发布的法律、法规和其他有关规定进行编制。

一、投资概(估)算编制的依据

建设征地移民投资概(估)算编制依据主要是国家和工程所在地地方有关法规政策、建设征地实物指标调查成果和移民安置规划等。采用概(估)算编制当年颁布、执行的最新的法律法规。具体包括以下几个方面:

(一)国家有关法律法规

(1)《中华人民共和国土地管理法》;

(2)《中华人民共和国土地管理法实施条例》;

(3)《大中型水利水电工程建设征地补偿和移民安置条例》,以下简称《条例》;

(4)《水利水电工程建设征地移民设计规范》,以下简称《规范》;

(5)《镇规划标准》(GB50188—2007);

(6)中华人民共和国耕地占用税暂行条例》及《中华人民共和国耕地占用税暂行条例实施细则》;

(7)其他有关行业规范、规定、定额及概预算编制办法、造价管理资料;

(8)其他有关征地拆迁补偿的法规、与移民补偿有关的政策性文件。

(二)地方政府有关法规

(1)《中华人民共和国土地管理法》实施办法;

(2)关于工程建设征用土地地上附着物补偿标准的规定;

(3)《中华人民共和国耕地占用税暂行条例》实施办法;

(4)其他有关规定、定额;

(5)其他有关征地拆迁补偿的规定和移民补偿有关的政策性文件。

(三)有关资料和规划设计成果

(1)有关国民经济统计资料和典型调查材料;

(2)建设征地实物指标调查成果;

(3)移民安置相关规划设计成果。

二、投资概(估)算编制的原则

(1)建设征地移民投资概(估)算,以调查的实物和移民安置规划成果为基础,按照国务院颁布的有关法规和地方政府的有关规定计算。

(2)遵循法规,实事求是。凡国家和地方政府有规定的,按规定执行;对无规定的,可根据库区实际,参考全国已建、在建水利水电工程执行标准,实事求是地合理确定。

(3)既考虑国家的承受能力,又考虑移民安置的实际难度和需要,妥善处理好国家、地方、集体、个人以及中央与地方、部门与部门之间的关系。贯彻国家提倡和支持的开发性移民方针,采取“前期补偿、补助,后期扶持”的办法,使移民安置后达到或超过原有生活条件、水平,包括住宅、基础设施和经济收入。

(4)需要恢复改建或防护的淹没对象,如城(集)镇迁建、工矿企业迁建以及专业项目,按“原规模、原标准,恢复原有功能”的原则确定补偿投资标准;凡结合迁移、改建或防护需提高标准或扩大规模增加的投资,应由地方人民政府或有关单位自行解决;对不需要恢复改建或难以恢复改建的影响对象,可给予拆卸、运输费和合理的补偿费。

(5)有关部门利用水库发展兴利事业所需的投资,按“谁经营、谁出钱”的原则,由兴办这些事业的部门自行承担。

(6)对所有权属于个人的财产项目,应尽可能以受影响实物为依据编制补偿投资概(估)算;对因安置环境的改变使原有受影响对象恢复所需投资变化较大的项目,尽可能以规划设计指标为依据,计算补偿投资概(估)算。

(7)对上等级的、规模较大的专业项目,应根据规划成果进行专项设计,并经专业部门审查后,由设计部门技术归口,将审查后的投资列入水库移民概(估)算。

(8)水库库底一般清理的投资列入建设征地移民投资概(估)算内;特殊清理的投资,由有关部门自行承担。

(9)物价水平年应与枢纽工程总概(估)算编制的价格水平一致。

三、建设征地移民投资概(估)算的特点

(1)建设征地移民投资概(估)算的政策性强。征地移民投资概(估)算投资费用由补偿补助费、工程建设费、其他费用、预备费、有关税费等项构成,补偿补助费中的土地补偿补助、地上附着物补偿和有关税费等,都依据国家和地方政府的有关法律规定执行。一方面,随着国家“十分珍惜、合理利用土地和切实保护耕地”基本国策的进一步落实,建设征地移民投资概(估)算中土地补偿补助费和有关税费等占的比重将越来越大。另一方面,法律法规规定的适用范围多种多样,如何适用具体工程,需要具体情况具体分析。因

此,按照国家和地方政府的法律法规编制征地移民投资概(估)算又有一定的弹性和灵活性。编制征地移民投资概(估)算要把握政策,实事求是。

(2)小型项目多,建设地点分散。征地移民规划设计涉及不同规模的居民点、乡镇基础设施建设、不同等级的道路、电力、水利等专项工程恢复改建,这些项目分布范围广而分散,项目小而多。概(估)算编制要分类编制基础价格、单价,认真审视项目之间基础价格的一致性和具体工程单价的平衡。

(3)涉及行政区域多。大中型水利水电工程水库淹没往往涉及多个县市,甚至多个省区,地区之间的地方政策存在一定的差别,物价也不一样,容易造成地区之间的攀比。概(估)算编制要按就高不就低思路,注意地区之间的投资单价平衡。

(4)涉及行业多。建设征地移民投资概(估)算由许多单项工程的概(估)算组成,这些单个工程涉及城乡建设、交通、电力、通信、工业企业、水利、水电多个行业。原则上每个单项工程都应以各专业规范、定额和概(估)算编制办法为依据编制概(估)算。这就要求编制征地移民投资概算、估算应兼顾各行业的利益,统筹考虑行业之间取费的平衡。

(5)建设征地移民投资概(估)算是补偿概(估)算和规划设计概(估)算的混合体,既有按补偿计算费用的项目,又有按规划设计编制投资概(估)算的项目。涉及项目业主、移民群众、地方政府、企业等多方面的利益,利益者是明晰的。因此,征地移民概(估)算的编制要客观公正、科学合理,统筹各方利益和社会利益,既要考虑项目业主的利益,又要照顾移民群众的利益。专业项目按照"原规模,原标准,恢复原有功能"原则的恢复规划投资计入建设征地移民投资概(估)算;对结合地方长远发展规划、超标准的规划投资,应进行投资的合理分摊,超出部分由地方筹资。

(6)建设征地移民投资概(估)算是补偿性的,不是一次性的投资或赔偿。建设征地移民投资概(估)算要求体现"前期补偿、补助,后期扶持"的原则。

第二节　项目设置及费用构成

一、项目设置

水利水电工程建设征地移民补偿投资概算项目包括农村部分、城(集)镇部分、工业企业、专业项目、防护工程、库底清理六个部分和其他费用、预备费、有关税费等。水电工程建设征地移民补偿投资概算包括农村部分、城市集镇部分、专业项目、库底清理、环境保护和水土保持五个部分和独立费用、预备费、有关税费等。两者的基本项目是一致的,差别在于,水电工程征地移民概算项目的专项部分包括水利水电工程征地移民概算项目的工业企业、专业项目、防护工程,水电工程将环境保护与水土保持投资单列,而水利水电工程将其包含在六个部分之中,前者是其他费用与后者的独立费用所包含的内容也有所差别,后者的独立费用除包含前者的内容外,还包含有关税费。本书重点介绍《水利水电工程建设征地移民规划设计规范》的项目设置情况,并对两者的主要差别进行说明。

水利水电工程项目组成可根据具体工程情况分别按一至五级设置。

(一)农村部分

农村部分包括征地补偿补助、房屋及附属建筑物、居民点基础设施建设、农副业设施、小型水利水电设施、工商企业、文化教育和医疗卫生等单位、搬迁补助、其他补偿、过渡期补助等项目。农村部分项目划分见表11-2-1。

表11-2-1　农村部分项目划分

序号	一级项目	二级项目	三级项目	四级项目	五级项目	技术经济指标
1	征地补偿补助					
1.1		征收土地补偿和安置补助				
1.1.1			耕地			元/亩
				水田		元/亩
				水浇地		元/亩
				旱地		元/亩
				河滩地		元/亩
				……		
1.1.2			园地			
				果园		元/亩
				茶园		元/亩
				桑园		元/亩
				橡胶园		元/亩
				其他园地		元/亩
				……		
1.1.3			林地			
				经济林		元/亩
				用材林		元/亩
				防护林		元/亩
				特种用途林		元/亩
				薪炭林		元/亩
				竹林		元/亩
				疏、灌木林		元/亩
				苗圃		元/亩
				……		元/亩
1.1.4			草地			元/亩

续表 11-2-1

序号	一级项目	二级项目	三级项目	四级项目	五级项目	技术经济指标
				天然牧草地		元/亩
				人工牧草地		元/亩
				……		元/亩
1.1.5			商服用地			元/亩
1.1.6			工矿仓储用地			元/亩
1.1.7			住宅用地			元/亩
1.1.8			公共管理与公共服务用地			元/亩
1.1.9			特殊用地			元/亩
1.1.10			交通运输用地			元/亩
1.1.11			水域及水利设施用地			元/亩
				坑塘水面		元/亩
				……		元/亩
1.1.12			其他用地			元/亩
				设施农业用地		元/亩
				……		元/亩
			……			元/亩
1.2		征用土地补偿				
1.2.1			耕地			元/亩
				水田		元/亩
				水浇地		元/亩
				旱地		元/亩
				河滩地		元/亩
				……		
1.2.2			园地			
				果园		元/亩
				茶园		元/亩
				桑园		元/亩
				橡胶园		元/亩
				其他园地		元/亩

续表 11-2-1

序号	一级项目	二级项目	三级项目	四级项目	五级项目	技术经济指标
				……		
1.2.3			林地			
				经济林		元/亩
				用材林		元/亩
				防护林		元/亩
				特种用途林		元/亩
				薪炭林		元/亩
				竹林		元/亩
				疏、灌木林		元/亩
				苗圃		元/亩
				……		元/亩
1.2.4			草地			元/亩
				天然牧草地		元/亩
				人工牧草地		元/亩
				……		元/亩
1.2.5			商服用地			元/亩
1.2.6			工矿仓储用地			元/亩
1.2.7			住宅用地			元/亩
1.2.8			公共管理与公共服务用地			元/亩
1.2.9			特殊用地			元/亩
1.2.10			交通运输用地			元/亩
1.2.11			水域及水利设施用地			元/亩
				坑塘水面		元/亩
				……		元/亩
1.2.12			其他用地			元/亩
				设施农业用地		元/亩
				……		元/亩
			……			元/亩
1.3		林木补偿				

续表 11-2-1

序号	一级项目	二级项目	三级项目	四级项目	五级项目	技术经济指标
			林地林木补偿			元/亩
				经济林		元/亩
				用材林		元/亩
				……		元/亩
			园地林木补偿			元/亩
				果园		元/亩
				茶园		元/亩
				桑园		元/亩
				橡胶园		元/亩
				其他园地		元/亩
				……		元/亩
1.4		耕地青苗补偿				
1.4.1			耕地			元/亩
				水田		元/亩
				水浇地		元/亩
				旱地		元/亩
				河滩地		元/亩
				……		
1.4.2			园地			
				果园		元/亩
				茶园		元/亩
				桑园		元/亩
				橡胶园		元/亩
				其他园地		元/亩
				……		
			……			
1.5		征用耕地复垦				
			耕地			元/亩
				水田		元/亩
				水浇地		元/亩
				旱地		元/亩

续表 11-2-1

序号	一级项目	二级项目	三级项目	四级项目	五级项目	技术经济指标
				……		
			园地			
				果园		元/亩
				桑园		元/亩
				茶园		元/亩
				……		
2	房屋及附属建筑物					
2.1		房屋				元/m^2
2.1.1			主房屋			
				框架结构		
				砖混结构		
				砖木结构		
				土木结构		
				窑洞		
				……		
2.1.2			杂房			
				砖混结构		
				砖木结构		
				土木结构		
				窑洞		
				……		
2.2		房屋装修补助				元/m^2
			室内装修			
			室外装修			
2.3		附属建筑物				
2.3.1			围墙			
				砖石围墙		元/m^2
				土围墙		元/m^2
				混合围墙		元/m^2
2.3.2			门楼			元/m^2

续表 11-2-1

序号	一级项目	二级项目	三级项目	四级项目	五级项目	技术经济指标
2. 3. 3			水井			元/眼
			……			
3	居民点基础设施建设					
3. 1		新址征地				元/亩
3. 1. 1			征收土地补偿和安置补助			元/亩
3. 1. 1. 1				耕地		元/亩
					水田	元/亩
					水浇地	元/亩
					旱地	元/亩
					……	元/亩
3. 1. 1. 2				园地		元/亩
					果园	元/亩
					桑园	元/亩
					茶园	元/亩
					……	元/亩
				……		元/亩
3. 1. 2			青苗补偿			元/亩
				水田		元/亩
				旱地		元/亩
				水浇地		元/亩
				……		元/亩
			……			
3. 2		基础设施工程				
3. 2. 1			场地平整和新址挡护			
				挖土方		元/m^3
				填土方		元/m^3
				石方		元/m^3
				浆砌石护坡		元/m^3

续表 11-2-1

序号	一级项目	二级项目	三级项目	四级项目	五级项目	技术经济指标
				……		
3.2.2			居民点内道路			
				主街道		元/km
				支街道		元/km
				巷道		元/km
				……		
3.2.3			供水			
				供水管道		元/km
					……	
				机电井		元/m(眼)
				……		
3.2.4			排水			
				排水沟(管)		元/km
					……	
				……		
3.2.5			供电			
3.2.5.1				线路		元/km
					……	
3.2.5.2				变压器		元/台
					……	
3.2.6			电信			
				线路		元/km
					……	
				设施、设备		元/处
					……	
3.2.7			广播电视			
				线路		元/km
					……	
				设施、设备		元/处
			……		……	

续表 11-2-1

序号	一级项目	二级项目	三级项目	四级项目	五级项目	技术经济指标
4	农副业设施					
		榨油坊				元/处
		砖瓦窑				元/处
		米面加工厂				元/处
		农机具维修厂				元/处
		……				
5	小型水利水电设施					
		水库				元/m^3
		小水电				元/kW
		山塘				元/m^3
		……				
6	工商企业					
6.1		房屋及附属建筑物				
			房屋			元/m^2
				主房屋		元/m^2
					框架结构	元/m^2
					砖混结构	元/m^2
					……	
				杂房		元/m^2
					砖木结构	元/m^2
					土木结构	元/m^2
					……	
			房屋装修补助			元/m^2
				室内装修		元/m^2
				室外装修		元/m^2
			附属建筑物			
				围墙		元/m^2
				门楼		元/m^2
				……		

续表 11-2-1

序号	一级项目	二级项目	三级项目	四级项目	五级项目	技术经济指标
6.2		搬迁补助				
			人员搬迁			
				车船运输		元/人
				途中食宿		元/人
				物资装卸		元/人
				搬迁保险		元/人
				物资损失补助		元/人
				误工补助		元/人
				临时住房补贴		元/人
			流动资产搬迁			
				车船运输		元/处
				物资装卸		元/处
				物资损失补助		元/处
6.3		生产设施				
6.4		生产设备				
6.5		停产损失				
6.6		零星树木				
			果木			元/株
			林木			元/株
7	文化教育和医疗卫生等单位					
7.1		房屋及附属建筑物				
			房屋			
				主房屋		元/m^2
					框架结构	元/m^2
					砖混结构	元/m^2
					……	元/m^2
				杂房		
					砖木结构	元/m^2

续表 11-2-1

序号	一级项目	二级项目	三级项目	四级项目	五级项目	技术经济指标
					土木结构	元/m^2
					……	元/m^2
			房屋装修补助			
				室内装修		元/m^2
				室外装修		元/m^2
			附属建筑物			
				围墙		元/m^2
				门楼		元/m^2
				……		
7.2		搬迁补助				
			人员搬迁			
				车船运输		元/人
				途中食宿		元/人
				物资装卸		元/人
				搬迁保险		元/人
				物资损失补助		元/人
				误工补助		元/人
				临时住房补贴		元/人
			流动资产搬迁			
				车船运输		元/处
				物资装卸		元/处
				物资损失补助		元/处
7.3		设施				
7.4		设备				
7.5		学校和医疗卫生单位增容补助				
7.6		零星树木				
			果木			元/株
			林木			元/株
8	搬迁补助					

续表 11-2-1

序号	一级项目	二级项目	三级项目	四级项目	五级项目	技术经济指标
		车船运输				元/人(户)
		途中食宿				元/人(户)
		物资装卸				元/人(户)
		搬迁保险				元/人(户)
		物资损失补助				元/人(户)
		误工补助				元/人(户)
		临时住房补贴				元/人(户)
9	其他补偿					
9.1		零星树木				
9.1.1			果木			元/株
9.1.2			林木			元/株
9.2		鱼塘设施				
			……			
9.3		坟墓				
			单棺			元/冢
			双棺			元/冢
9.4		贫困移民 建房补助				元/户
10	过渡期补助					元/人

(二)城(集)镇部分

城(集)镇部分应包括房屋及附属建筑物、新址征地、基础设施建设、搬迁补助、工商企业、行政事业单位、其他补偿等项目。城(集)镇部分项目划分见表 11-2-2。

表 11-2-2　城(集)镇部分项目划分

序号	一级项目	二级项目	三级项目	四级项目	五级项目	技术经济指标
1	房屋及附属 建筑物					
1.1		房屋				元/m^2
			主房			元/m^2
				框架房		元/m^2
				砖混房		元/m^2
				砖(石)木房		元/m^2

续表 11-2-2

序号	一级项目	二级项目	三级项目	四级项目	五级项目	技术经济指标
				土木房		元/m^2
				砖石窑洞		元/m^2
				土窑洞		元/m^2
				……		元/m^2
			杂房			元/m^2
				砖混房		元/m^2
				砖(石)木房		元/m^2
				土木房		元/m^2
				砖石窑洞		元/m^2
				草房		元/m^2
				……		元/m^2
1.2		房屋装修				元/m^2
			室内装修			元/m^2
			室外装修			元/m^2
1.3		附属建筑物				
			围墙			元/m^2
				砖石围墙		元/m^2
				土围墙		元/m^2
				混合围墙		元/m^2
			门楼			元/m^2
			水井			元/眼
			地窖			元/孔
			粪池			元/处
			晒场			元/m^2
			沼气池			元/m^3
			……			
2	新址征地					
2.1		土地补偿补助				
2.1.1			征收土地补偿和安置补助			
				耕地		元/亩

续表 11-2-2

序号	一级项目	二级项目	三级项目	四级项目	五级项目	技术经济指标
					水田	元/亩
					水浇地	元/亩
					旱地	元/亩
					……	元/亩
				园地		
					果园	元/亩
					桑园	元/亩
					茶园	元/亩
					……	元/亩
				……		元/亩
			征用土地补偿和安置补助			
				耕地		
					水田	元/亩
					水浇地	元/亩
					旱地	元/亩
					……	
				园地		
					果园	元/亩
					桑园	元/亩
					茶园	元/亩
					……	
				……		
			青苗补偿			
				耕地		
					水田	元/亩
					水浇地	元/亩
					旱地	元/亩
					……	
				园地		

续表 11-2-2

序号	一级项目	二级项目	三级项目	四级项目	五级项目	技术经济指标
					果园	元/亩
					桑园	元/亩
					茶园	元/亩
					……	
			征用耕地复垦			
			……			
2.1.2		房屋及附属建筑物				
			房屋			元/m^2
				主房屋		
					框架结构	元/m^2
					砖混结构	元/m^2
					砖木结构	元/m^2
					土木结构	元/m^2
					窑洞	元/m^2
					……	元/m^2
				杂房		元/m^2
					砖混结构	元/m^2
					砖木结构	元/m^2
					土木结构	元/m^2
					窑洞	元/m^2
					……	
			房屋装修补助			
				室内装修		元/m^2
				室外装修		元/m^2
			附属建筑物			
				围墙		元/m^2
					砖石围墙	元/m^2
					土围墙	元/m^2
					混合围墙	元/m^2
				门楼		元/m^2

续表 11-2-2

序号	一级项目	二级项目	三级项目	四级项目	五级项目	技术经济指标
				水井		元/眼
				地窖		元/孔
				粪池		元/处
				晒场		元/m^2
				沼气池		元/m^3
				……		
2. 1. 3		农副业设施				
			榨油坊			元/处
			砖瓦窑			元/处
			米面加工厂			元/处
			……			
2. 1. 4		小型水利水电设施				
			水库			元/m^3
			小水电			元/kW
			塘坝			元/m^3
			渠道			元/km
			……			
2. 1. 5		行政事业单位				
			房屋及附属建筑物			
				主房		元/m^2
					框架结构	元/m^2
					……	
				杂房		元/m^2
					砖混结构	元/m^2
					……	
				附属建筑物		
			搬迁补助			元/人
				人员搬迁		元/人
				流动资产搬迁		元/人(t)

续表 11-2-2

序号	一级项目	二级项目	三级项目	四级项目	五级项目	技术经济指标
			设施设备			
				……		
			零星树木			
				……		
			……			
2. 1. 6		搬迁补助				元/人
			车船运输			元/人
			途中食宿			元/人
			物资搬运			元/人
			搬迁保险费			元/人
			物资损失补助			元/人
			误工补助			元/人
			临时住房补贴			元/人
		过渡期补助				元/人
		其他补偿				
			零星树木			元/株
			鱼塘设施			
			坟墓			元/冢
			贫困移民建房补助			元/户
		……				
2. 2	基础设施工程					
2. 2. 1		新址场地平整及挡护工程				
			挖土方			元/m^3
			填土方			元/m^3
			石方			元/m^3
			浆砌石护坡			元/m^3
			……			
2. 2. 2		道路广场工程				
2. 2. 3		给水工程				

续表 11-2-2

序号	一级项目	二级项目	三级项目	四级项目	五级项目	技术经济指标
2. 2. 4		排水工程				
2. 2. 5		防洪工程				
2. 2. 6		供电工程				
2. 2. 7		电信工程				
2. 2. 8		广播电视工程				
2. 2. 9		环卫工程				
2. 2. 10		园林绿化工程				
2. 2. 11		……				
3	搬迁补助					元/人
3. 1		车船运输				元/人
3. 2		途中食宿				元/人
3. 3		物资装卸				元/人
3. 4		搬迁保险				元/人
3. 5		物资损失补助				元/人
3. 6		误工补助				元/人
3. 7		临时住房补贴				元/人
4	工商企业					
4. 1		房屋及附属建筑物				
			房屋			元/m^2
				……		
			附属建筑物			
				……		
4. 2		搬迁补助				
			人员搬迁			元/人
			流动资产搬迁			元/人
4. 3		设施				
			……			
4. 4		设备				
			……			
4. 5		停产损失				

续表 11-2-2

序号	一级项目	二级项目	三级项目	四级项目	五级项目	技术经济指标
4.6		零星树木				元/株
		……				
5	行政事业单位					
5.1		房屋及附属建筑物				
			房屋			元/m^2
				……		
			附属建筑物			
				……		
5.2		搬迁补助				
			人员搬迁			元/人
			流动资产搬迁			元/人
5.3		设施				
5.4		设备				
5.5		零星树木				元/株
5.6		……				
6	其他补偿					
6.1		零星树木				元/株
6.2		鱼塘设施				
6.3		坟墓				元/冢
6.4		贫困移民建房补助				元/户

(三)工业企业

工业企业应包括用地补偿、房屋及附属建筑物、基础设施和生产设施、设备、搬迁补助、停产损失、零星树木等。工业企业项目划分见表 11-2-3。

表 11-2-3　工业企业项目划分

序号	一级项目	二级项目	三级项目	四级项目	技术经济指标
1	用地补偿				
1.1		用地征收补偿补助			元/亩
			耕地		
				水田	元/亩

续表 11-2-3

序号	一级项目	二级项目	三级项目	四级项目	技术经济指标
				水浇地	元/亩
				旱地	元/亩
				……	
			园地		
				果园	元/亩
				桑园	元/亩
				茶园	元/亩
				……	
			……		
1. 2		场地平整			元/亩
			……		
1. 3		……			
2	房屋及附属建筑物				
2. 1		办公用房			元/m^2
			框架结构		
			砖混结构		
			砖木结构		
			土木结构		
			窑洞		
			……		
2. 2		生活用房			元/m^2
			框架结构		
			砖混结构		
			砖木结构		
			土木结构		
			窑洞		
			……		
2. 3		生产用房			元/m^2
			……		
2. 4		附属建筑物			元/m^2

续表 11-2-3

序号	一级项目	二级项目	三级项目	四级项目	技术经济指标
			……		
2.5		……			
3	基础设施和生产设施				
		供水			
		排水			
		供电			
		电信			
		广播电视			
		道路			
		绿化设施			
		井巷工程			
		池			
		窖			
		炉座			
		机座			
		烟囱			
		……			
4	设备				
		不可搬迁设备			
			……		
		可搬迁设备			
			……		
5	搬迁补助				元/人
		人员搬迁			
		流动资产搬迁			
6	停产损失				
		职工工资			
		福利费			
		管理费			
		利润			
		……			
7	零星树木				
		……			
8	……				

（四）专业项目

专业项目包括铁路工程、公路工程、库周交通工程、电信工程、输变电工程、广播电视工程、航运工程、水利水电工程、国有农（林、牧、渔）场、文物古迹和其他项目等，专业项目划分见表11-2-4。

表11-2-4　专业项目划分

序号	一级项目	二级项目	三级项目	四级项目	技术经济指标
1	铁路工程				
		站场			
		线路			
		其他			
2	公路工程				
		公路			
			高速公路		元/km
				……	
			一级公路		元/km
				……	
			二级公路		元/km
				……	
			三级公路		元/km
				……	
			四级公路		元/km
				……	
		桥梁			元/延米
			……		
		汽渡			元/座
			……		
		机耕路			元/km
			……		
		……			
3	库周交通工程				
		机耕路			元/km
			……		
		人行道			元/km
			……		
		人行渡口			元/处
			……		
		农村码头			元/座
			……		

续表 11-2-4

序号	一级项目	二级项目	三级项目	四级项目	技术经济指标
		……			
4	电信工程				
		线路			
			光缆		元/km
			……		
		基站			元/处
		附属设施			
5	输变电工程				
		输电线路			
			110kV		元/km
			……		
		变电设施			
			……		
6	广播电视工程				
		广播			
			线路		元/km
			设施设备		
		电视			
			线路		元/km
			设施设备		
7	航运工程				
		港口			
			……		
		码头			
			……		
		航道设施			
			……		
		……			
8	水利水电工程				
		水电站			元/kW
			……		
		泵站			元/处
			……		
		水库			元/m^3
			……		
		渠(管)道			元/km

续表 11-2-4

序号	一级项目	二级项目	三级项目	四级项目	技术经济指标
			……		
		……			
9	国有农（林、牧、渔）场				
		征地补偿补助			
			……		
		房屋及附属建筑物			
			……		
		居民点基础设施			
			……		
		农副业设施			
			……		
		小型水利水电设施			
			……		
		工商企业			
			……		
		文化教育和医疗卫生等单位			
			……		
		搬迁补助			
			……		
		其他补偿			
			……		
		……			
10	文物古迹				
		地面文物			
		地下文物			
11	其他项目				
		水文站			
			……		
		气象站			
			……		
		军事设施			
			……		
		测量设施及标志			
			……		
		……			

(五)防护工程

防护工程包括建筑工程、机电设备及安装工程、金属结构设备及安装工程、施工临时工程、独立费用和基本预备费。防护工程项目划分见表 11-2-5。

表 11-2-5　防护工程项目划分表序号

序号	一级项目	二级项目	三级项目	四级项目	技术经济指标
1	建筑工程				
		主体建筑工程			
			……		
		交通工程			
			……		
		房屋建筑工程			
			……		
		……			
2	机电设备及安装工程				
		泵站设备及安装			
			……		
		公用设备及安装			
			……		
		……			
3	金属结构设备及安装工程				
		闸门			
			……		
		启闭机			
			……		
		压力钢管			
			……		
		……			
4	施工临时工程				
		施工导流			
		施工交通			
		施工场外供电			

续表 11-2-5

序号	一级项目	二级项目	三级项目	四级项目	技术经济指标
		……			
5	独立费用				
		建设管理费			
		生产准备费			
		科研勘测设计费			
		建设及施工场地征用费			
			征地补偿		
				……	
			建筑物迁建		
				……	
			居民迁移		
				……	
			林木		
				……	
			青苗		
				……	
			耕地占用税		
			……		
		其他			
6	基本预备费				

（六）库底清理费

包括建筑物清理费、卫生清理费、坟墓清理费和林木清理费等。库底清理项目划分见表 11-2-6。

表 11-2-6　库底清理项目划分

序号	一级项目	二级项目	三级项目	技术经济指标
1	建筑物清理			
1.1		建筑物清理		
1.2		构筑物清理		
1.3		易漂物清理		
2	卫生清理			
		一般污染源清理		
			粪池清理	
			牲畜栏清理	

续表 11-2-6

序号	一级项目	二级项目	三级项目	技术经济指标
			坟墓清理	
		传染性污染源清理		
			疫源地清理	
			医疗机构工作区清理	
			医疗垃圾处理	
		固体废物清理		
			生活垃圾清理	
			工业固体废物清理	
			危险废物清理	
3	林地与迹地清理			
		林地砍伐清理		
		迹地清理		
4	其他清理			
		其他清理项目		

（七）其他费用、有关税费、预备费

其他费用应包括前期工作费、综合勘测设计科研费、实施管理费、实施机构开办费、技术培训费、监督评估费、咨询服务费。

有关税费包括耕地占用税、耕地开垦费、森林植被恢复费。

预备费包括基本预备费和价差预备费。

需要说明的是，水电工程项目划分的独立费用包括项目建设管理费、移民安置实施阶段科研和综合设计费、其他税费等，其中的项目建设管理费包括建设单位管理费、移民安置规划配合工作费、实施管理费、移民技术培训费、移民安置监督评估费、咨询服务费、项目技术经济评估审查费等二级项目。与水利水电工程项目划分区别有两处：一是水电工程项目划分的独立费用包括水利水电工程项目划分的其他费用和有关税费的基本项目；二是分别列出了建设单位的管理费、地方移民机构的建设征地移民安置实施管理费。

其他费用、有关税费、预备费所含的详细项目见表 11-2-7。

表 11-2-7　其他费用、有关税费、预备费详细项目

序号	一级项目	技术经济指标
其他费用		
1	前期工作费	
2	综合勘测设计科研费	
3	实施管理费	
4	实施机构开办费	
5	技术培训费	
6	监督评估费	

表 11-2-7

序号	一级项目	技术经济指标
7	咨询服务费	
有关税费		
1	耕地占用税	
2	耕地开垦费	
3	森林植被恢复费	
预备费		
1	基本预备费	
2	价差预备费	

二、费用构成

建设征地移民补偿费用由补偿补助费、工程建设费、其他费用、预备费、有关税费等构成(见图 11-2-1)。

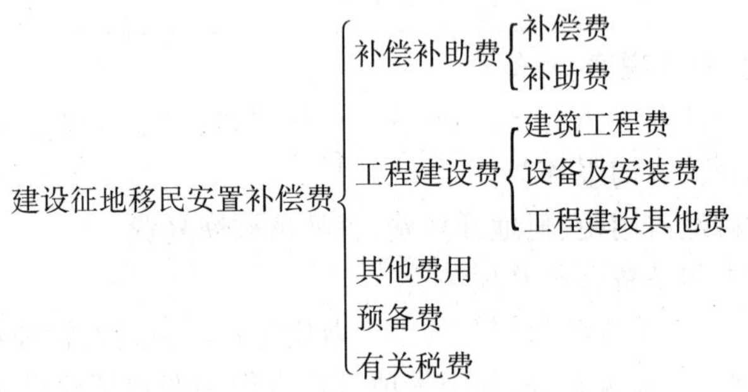

图 11-2-1　建设征地移民安置补偿费构成

(一)补偿补助费

补偿费包括征收土地补偿和安置补助费、征用土地补偿费、房屋及附属建筑物补偿费、房屋装修补偿费、青苗补偿费、林木补偿费、零星树木补偿费、鱼塘设施补偿费、农副业设施补偿费、小型水利水电设施补偿费、工商企业设施设备补偿费、文化教育和医疗卫生等单位设施设备补偿费;行政事业单位等的设备设施补偿费、工业企业设施设备补偿费、停产损失、搬迁补助费、坟墓补偿费等。

补助费包括贫困移民建房补助、文教卫生增容补助和过渡期补助等费用。

(二)工程建设费

工程建设费包括农村、城镇、集镇基础设施工程项目,专业项目、防护工程和库底清理等所发生的费用。

工程建设费由建筑工程费、设备及安装费及工程建设其他费构成。

1. 建筑工程费

建筑工程费包括直接工程费、间接费、利润和税金。

(1)直接工程费:是指建筑安装工程施工过程中直接消耗在工程项目上的活劳动和

物化劳动。直接工程费由直接费(包括人工费、材料费、施工机械使用费)、其他直接费、现场经费组成。

(2)间接费:是指承包商为建筑安装工程施工而进行组织与经营管理所发生的各项费用,由企业管理费、财务费用和其他费用组成。

(3)企业利润是指按规定应计入建筑安装工程费中的利润。

(4)税金指国家对施工企业承担建筑、安装工程作业收入所征收的营业税、城市维护建设税和教育费附加。

2. 设备购置费

设备购置费包括设备原价、运杂费、运输保险费、采购及保管费。

3. 工程建设其他费

工程建设其他费用是指应在建设项目的建设投资中开支的固定资产其他费用,主要包括建设用地费、建设管理费、研究试验费、勘察设计费、环境影响评价费、劳动安全卫生评价费、场地准备及临时设施费、引进技术和引进设备其他费、工程保险费、联合试运转费、特殊设备安全监督检验费、市政公用设施建设及绿化费、生产准备及开办费等,具体按行业相关规定执行,但其中的科研勘察设计费只计列初步设计阶段以后的设计费用。

按工程建设费计算的项目按项目类型和规模,根据相应行业和地区的有关规定计列费用。

(三)其他费用

其他费用包括前期工作费、综合勘测设计科研费、实施管理费、实施机构开办费、技术培训费、监督评估费和咨询服务费等费用。

(1)前期工作费:在水利水电工程项目建议书阶段和可行性研究报告阶段开展建设征地移民安置前期工作所发生的各种费用,主要包括前期勘测设计、移民安置规划大纲编制、移民安置规划配合工作。

(2)综合勘测设计科研费:为初步设计和技施设计阶段征地移民设计工作所需要的勘测设计科研费用。主要包括两阶段设计单位承担的实物复核,农村、城镇、工业企业及专业项目处理综合勘测规划设计发生的费用和地方政府必要的配合费用。

(3)实施管理费:移民实施机构和项目建设单位的经常性管理费用。

(4)实施机构开办费:包括征地移民实施机构,为开展工作所必须购置的办公及生活设施、交通工具等,以及其他用于开办工作的费用。

(5)技术培训费:用于农村移民生产技能、移民干部管理的培训所发生的费用。

(6)监督评估费:实施监督评估所需费用。

(7)咨询服务费:指建设单位委托中介机构等进行咨询服务所发生的费用。

(四)预备费

预备费应包括基本预备费和价差预备费两项费用。

基本预备费主要是指在建设征地移民安置设计及补偿费用概(估)算内难以预料的项目费用。费用内容包括:经批准的设计变更增加的费用,一般自然灾害造成的损失、预防自然灾害所采取的措施费用和其他难以预料的项目费用。

价差预备费是指建设项目在建设期间,由于人工工资、材料和设备价格上涨以及费用标准调整而增加的投资。

(五)有关税费

水利水电工程建设用地的有关税费,包括耕地占用税、耕地开垦费、森林植被恢复费。

(1)耕地占用税是指根据《中华人民共和国耕地占用税暂行条例》,按省(自治区、直辖市)的有关规定,对占用耕地从事非农业建设需交纳的耕地占用税。

(2)耕地开垦费是指根据《中华人民共和国土地管理法》的有关规定,由占用耕地的单位负责开垦与所占用耕地的数量和质量相当的耕地,对没条件复垦或复垦不符合要求的,应当按省(自治区、直辖市)的有关规定缴纳的费用。

(3)森林植被恢复费是指按照国家政策法规,对建设征地占用的林地所缴纳森林植被恢复费。

第三节　编制方法

补偿投资概(估)算应依据国家和省(自治区、直辖市)的法律、法规及有关规定,以建设征地移民实物调查成果、移民安置规划成果为基础进行编制。本节按照第二节的费用构成说明补偿补助费、工程建设费、其他费用、预备费、有关税费的编制方法。

一、补偿补助费概算编制方法

(一)补偿补助费概算编制方法

补偿补助费按需要补偿补助项目的实物数量和补偿补助单价计算。其中,补偿补助项目的实物数量主要根据实物调查成果分析确定,补偿补助单价应按照国家和有关省(自治区、直辖市)的政策、规定和价格水平,按具体项目分别分析确定。

1. 征收土地补偿费和安置补助费的单价计算

1)征收耕地补偿补助单价计算

征收耕地的补偿补助单价应按该耕地被征收前三年平均年亩产值和相应的补偿补助倍数计算。

$$\text{征收耕地的补偿补助单价} = \text{该耕地被征收前三年平均年亩产值} \times \text{补偿补助倍数} \tag{11-3-1}$$

式中的补偿补助倍数是征收耕地的补偿倍数和安置补助倍数之和。

(1)补偿补助倍数。征收耕地的补偿倍数和安置补助倍数之和,应执行《大中型水利水电工程建设征地补偿和移民安置条例》规定的16倍。土地补偿费和安置补助费不能使需要安置的农民保持原有生活水平、需要提高标准的,由项目法人或者项目主管部门报项目审批部门批准。

(2)该耕地被征收前三年平均年亩产值。应按基准年耕地亩产值,考虑当地耕地亩产量的实际增长率推算至规划设计水平年,即:

$$\text{该耕地被征收前三年平均年亩产值} = \text{基准年耕地亩产值} \times (1+P)^n \tag{11-3-2}$$

式中　P——亩产量实际年增长率,根据调查的历年实际年亩产量分析确定;

　　　n——从基准年到规划水平年的增长年数。

在实际规划设计工作中，对一些地方政府规定基本建设征收耕地补偿补助的亩产值标准的，宜按地方政府规定计算该耕地被征收前三年平均年亩产值。

(3)基准年耕地亩产值。基准年耕地亩产值是耕地年主产品亩产值和副产品亩产值之和。耕地年主产品亩产值根据年主产品亩产量和农产品综合价格计算。

基准年主产品亩产量：主产品亩产量指被征收耕地调查时前三年农作物的年均亩产量。应根据调查时被征地单位所在县(市、区)前三年的统计年鉴、乡(镇)统计报表、当地农调队的调查资料，结合典型村和典型户的调查资料，各类耕地的耕作制度和种植结构，分析计算出各类耕地各种作物的年均亩产量，以此作为基准年亩产量。

农产品综合价格：指当地现行的农产品综合收购价。应按调查收集的各种收购价的加权平均值计算。每种农产品的各种收购价应取中等产品的价格。

农作物副产品产值：指农作物的秸秆等副产品产值，有两种计算方法：第一种方法是按取主产品年产值的比例计算，其比例宜按有关统计资料分析确定，或通过抽样调查计算确定，也可按地方政府的有关规定。第二种方法是按副产品产量和价格计算，农作物副产品的亩产量及价格均通过调查取得。

2)征收其他土地的补偿补助单价

其他土地，指耕地以外的各类土地，如园地、林地、塘地等。一般省(自治区、直辖市)规定补偿补助标准单价也是按年亩产值和补偿补助倍数计算的。其中年亩产值确定计算方法不尽一致，补偿补助倍数各省规定也有较大的差异。因此，征收其他土地的补偿补助单价应依据所在省(自治区、直辖市)人民政府的规定计算，对需要计算其他土地亩产值的可参照耕地的亩产值计算方法。

林木补偿单价，可按照征地所在省(自治区、直辖市)人民政府的规定确定。对省(自治区、直辖市)人民政府没有具体规定的，林木补偿单价可参照本省类似水利水电工程林木补偿单价分析确定，本省没有的，可参照邻省类似水利水电工程林木补偿单价分析确定。在参照本省或邻省类似水利水电工程林木补偿单价时，应考虑物价水平年和影响林木的具体情况进行调整。

3)征用土地补偿

征用土地补偿即临时占用土地的补偿，包括占用期间补偿、青苗补偿及土地复垦等，其中占用期补偿单价为亩产值乘以征用年限；青苗补偿单价一般按照规划设计水平年一季亩产值确定，对地方政府有规定的应按照规定执行；征用耕地的复垦单价应采用相关省(自治区、直辖市)人民政府的规定，对地方政府没有规定的，根据土地复垦方案及相关行业的定额分析确定。

2. 房屋及其装修、附属建筑物补偿单价

(1)房屋补偿单价：对主要结构的房屋，应进行典型设计；按地方建筑工程概算定额和编制办法及当地人工、材料、机械等价格，按重置价计算其造价，并以此为依据确定相应结构房屋的补偿单价。对其他结构的房屋，可参照主要结构房屋补偿单价分析确定。

(2)房屋装修补助单价：参照房屋补偿单价分析方法确定。

(3)附属建筑物补偿单价：应采用省(自治区、直辖市)人民政府规定的补偿单价；没有规定的，按重置单价或参照类似工程相应补偿单价确定。

3. 农副业设施补偿单价

农副业设施补偿单价采用省(自治区、直辖市)人民政府规定的补偿单价。没有规定的,可参照类似工程相应补偿单价确定。

4. 小型水利水电设施补偿单价

对需要恢复的,参照同类型工程建设项目的单价分析方法确定;对不需要恢复的按照适当补偿的原则确定。

5. 搬迁补助单价

(1)车船运输单价,根据移民安置规划确定的搬迁距离、运输方案和相应的费用,分就近和远迁确定。

(2)途中食宿单价,根据移民安置规划确定的搬迁距离、途中时间和相应的费用,分就近和远迁确定。

(3)物资装卸单价,典型推算人均或房屋的单位面积(主房)的物资搬运量,根据移民安置规划确定的搬迁距离、运输方式及相应费用,分就近和远迁确定人均或房屋的单位面积的物资搬运单价。

(4)搬迁保险费单价,根据保险业相关人身意外伤害险规定确定。

(5)物资损失补偿单价,按搬迁过程中人均物资损失价值计列。

(6)误工补助,误工期根据搬迁距离可取 1 ~2 个月,补助单价可根据当地人均纯收入情况分析确定。

(7)移民临时住房补贴单价,采用人均指标。可按户均租房面积 30 ~40 m^2、租期 3 个月和当地房租单价分析确定。

上述计算方法,需要说明的是,对农村个人搬迁补助一般按人分项计算;对农村和城(集)镇的工商企业、事业单位以及工业企业的搬迁补助中的人员搬迁补助应以人口为单位确定单价,物资装卸应以生活用房中的主房面积为基础确定单价。远迁移民搬迁补助应结合搬迁规划,根据远迁距离再细分。

6. 工业企业、工商企业基础设施和生产设施、设备补偿单价

(1)基础设施和生产设施补偿单价:可按国家和省(自治区、直辖市)有关规定分别计算补偿单价,也可根据工程所在地区造价指标或有关资料,采用类比扩大单位指标计算补偿单价。对于不需要或难以恢复的对象,可按适当补偿的原则计算单价。对闲置的设施可根据实际情况予以适当补偿,对淘汰、报废的设施一般不予补偿。

(2)生产设备补偿单价:包括不可搬迁设备补偿单价和可搬迁设备补偿单价。

不可搬迁设备:应按设备重置价扣减可变现的残值计算,设备重置价包括设备购置(或自制)到正式投入使用期间发生的费用,含设备购置费(或自制成本)、运杂费、安装调试费等。

可搬迁设备:应按该设备在搬迁过程中的拆卸、运输、安装、调试费用计算。

停产损失:根据工业企业的年工资总额、福利费、管理费、利润等测算。

7. 学校和医疗卫生单位增容补助单价

根据国家和省(自治区、直辖市)的有关规定,结合当地的实际情况分析确定。

8. 其他补偿单价

其他补偿包括零星树木、鱼塘设施、坟墓、贫困移民建房补助等。

(1)零星树木,应根据省(自治区、直辖市)人民政府的规定计算。对没有具体规定的,可参照林木补偿标准计算。

(2)鱼塘设施,可按照征地所在省(自治区、直辖市)人民政府的规定确定。

(3)坟墓,按照征地所在省(自治区、直辖市)人民政府的规定确定。

(4)贫困移民建房补助,宜按照实物指标调查成果,通过测算补助比例和补助标准。实施中宜由县级移民机构统一掌握,按照一定的程序发放和验收。

9. 过渡期补助

过渡期补助应根据农村移民安置规划合理确定。

(二)工程建设费计算

工程建设费按照规划指标(或工程量)和工程投资单价计算。规划指标(或工程量)依据规划设计成果确定。

工程投资单价是指以价格形式表示的完成单位工程量所耗用的全部费用。工程单价分为建筑工程单价和安装工程单价两类,其中安装工程单价又有实物形式的安装单价和费率形式的安装单价两种形式。

建筑、安装工程单价由"量、价、费"三要素组成。量是指完成单位工程量所需的人工、材料和施工机械台班(时)数量;价是指人工预算单价、材料预算单价和施工机械台班(台时)费等基础单价;费是指按规定计入工程单价的其他直接费、现场经费、间接费、企业利润和税金等。其中人工、材料和施工机械台班(时)的数量应当根据设计图纸、施工组织设计等资料,选用合适的概算定额确定。

1. 建筑工程单价

(1)农村居民点、集镇的场地平整及新址挡护,宜采用水利工程概(估)算编制办法和定额,其他基础设施可采用市政和相应行业概(估)算编制办法和定额。

(2)城镇部分的基础设施,宜采用市政和相应行业概(估)算编制办法和定额。

(3)专业项目,宜采用相应行业的概(估)算编制办法和定额。

(4)防护工程,应采用水利行业的概(估)算编制办法和定额。

(5)库底清理,按清理技术要求分项计算。

2. 设备及安装单价

按照相应行业的概(估)算编制办法和定额计算,当地有规定的按当地规定执行。

3. 工程建设其他费

工程建设其他费按有关行业的相应规定计算。

(三)其他费用的计算

(1)前期工作费:可按农村部分、城(集)镇部分、工业企业、专业项目、防护工程、库底清理等六部分费用之和的1.5% ~2.5%计列。

(2)综合勘测设计科研费:可按农村部分、城(集)镇部分、工业企业、专业项目、防护工程、库底清理等六部分费用之和的2% ~3%计列。初步设计阶段勘测设计科研费占45%,技施设计阶段占55%。

(3)实施管理费:可按农村部分、城(集)镇部分、工业企业、专业项目、防护工程、库底清理等六部分费用之和的3%计列。

(4)实施机构开办费:考虑征地移民管理工作要求,可参考表11-3-1取值。

表11-3-1　开办费标准

移民人数	1 000 人以下	1 000 ~ 10 000 人	10 000 ~ 25 000 人	25 000 ~ 50 000 人	50 000 人以上
开办费(万元)	200 以下	200 ~ 300	300 ~ 500	500 ~ 800	800 ~ 1 000

注:涉及两省的应取上限;淹没区已有移民管理机构的,适当减少开办费。

(5)技术培训费:可按农村部分补偿费用的0.5%计列。

(6)监督评估费:可按农村部分、城(集)镇部分、工业企业、专业项目、防护工程、库底清理等六部分费用之和的1.0% ~1.5%计列。

(7)咨询服务费:按农村部分、城(集)镇部分、工业企业、专业项目、防护工程、库底清理等六部分费用之和的0.1% ~0.2%计列。

(四)预备费

(1)基本预备费:按农村部分、城(集)镇部分、工业企业、专业项目、防护工程、库底清理、其他费用等七部分费用之和乘以费率计列。基本预备费费率初步设计阶段为8%,技施设计阶段为5%。

(2)价差预备费:应以分年度的静态投资(包括分年度支付的有关税费)为计算基数,按照枢纽工程概算编制所采用的价差预备费率计算。其计算公式如下:

$$E = \sum_{n=1}^{N} [F_n(1 + P)^n - 1] \tag{11-3-3}$$

式中 E——价差预备费;

N——合理建设工期;

n——实施年度;

F_n——在实施期间第 n 年的分年投资,应根据移民安置规划总进度及其分年实施计划确定的各年完成工作量,编制分期分年度投资计划;

P——年物价指数。

(五)有关税费的计算

(1)耕地占用税:应根据国家和省、自治区、直辖市规定的计税面积和单位面积税额计算。

(2)耕地开垦费:应根据国家和各省、自治区、直辖市规定标准进行计算。

(3)森林植被恢复费:按照国家有关规定执行。

需要说明的是水电工程征地移民独立费用、基本预备费的计算,在项目划分、取费费率与水利水电工程的不同之处如下:

(1)建设单位管理费:按建设征地移民安置补偿项目(包括农村部分、城市集镇部分、专业项目、库底清理、环境保护和水土保持,下同)费用的0.5% ~1.0%计算。

(2)移民安置规划配合工作费:按建设征地移民安置补偿项目费用的0.5% ~1%计算。

(3)实施管理费:按建设征地移民安置补偿项目费用的3% ~4%计算。

（4）移民技术培训费：按农村部分补偿费用的0.5%计算。

（5）移民安置监督评估费包括移民综合监理费和移民安置独立评估费。移民综合监理费按建设征地移民安置补偿项目费用的1%～2%计算；移民安置独立评估费按国家有关规定计算。

（6）咨询服务费：按建设征地移民安置补偿项目费用的0.5%～1.2%计算。

（7）项目技术经济评估审查费：按建设征地移民安置补偿项目费用的0.1%～0.5%计算。

（8）移民安置实施阶段科研和综合设计（综合设代）费：科研试验费根据设计提出的研究试验内容和要求进行编制；综合设计（综合设代）费指用于移民安置实施阶段实施移民安置规划而进行的综合设计和综合设代的费用，按建设征地移民安置补偿项目费用的1%～1.5%计算。

（9）可行性研究报告阶段基本预备费计算，各项目费用分别计算，统一归入基本预备费。其中，农村部分补偿费用、城市集镇部分补偿费用、库底清理费用、独立费用等部分的基本预备费按5%的费率取值计算，专业项目处理补偿费用、环境保护和水土保持费用等部分的基本预备费执行相应行业的规定取值计算。

二、建设征地移民补偿投资估算编制方法

水利水电工程项目建议书阶段、可行性研究报告阶段及水电工程预可行性研究报告投资估算项目组成，一、二级项目按相关规范执行，三、四、五级项目可适当简化合并。

补偿投资单价分析应注意：土地、房屋等主要实物应进行单价分析；城（集）镇基础设施应按迁建规划设计成果计列；重要或投资较大的专业项目应按典型设计计算单位造价；其他项目可采用同类工程的造价扩大指标估算投资；库底清理费可分项计列或按平方千米单价估算。

基本预备费费率不同设计阶段是不一样的。水利水电工程可行性研究报告阶段基本预备费率取12%；项目建议书阶段基本预备费率取15%。水电工程在预可行性研究报告阶段及其之前阶段基本预备费率可取20%。

价差预备费按国家有关规定计算。

三、不同设计阶段投资概（估）算编制深度

水利水电工程项目建议书阶段和可行性研究报告阶段、水电工程预可行性研究报告阶段，以征地移民实物指标为基础，结合移民安置初步规划方案，编制补偿投资估算，列出静态投资和总投资。

水利水电工程初步设计阶段、水电工程可行性研究报告阶段，以本阶段确定的征地移民实物指标为基础，结合移民安置规划设计成果，编制补偿投资概算，列出静态投资和总投资。

水利水电工程技施设计阶段和水电工程移民实施阶段，根据本阶段核定的补偿实物、各项设计成果及补偿单价，分项核定补偿投资，编制补偿投资执行概算。